建设工程质量安全风险管理

孙建平　主编

内 容 提 要

本书内容由四篇 18 章组成，主要有，"制度篇"：风险管理制度设计、运营机制；"概念篇"：建设工程风险与保险；"风险篇"：各类建设工程技术风险；"实务篇"：管理投标与策划、勘察设计阶段风险管理、施工准备阶段风险管理、施工阶段风险管理、竣工验收阶段风险管理等。

本书内容详尽，实用性强，可作为建设工程质量安全风险管理参与各方的指导手册和其他工程界、保险界人士的普及读本。

图书在版编目(CIP)数据

建设工程质量安全风险管理/孙建平主编. --上海：同济大学出版社，2016. 11

ISBN 978 - 7 - 5608 - 6585 - 0

Ⅰ. ①建… Ⅱ. ①孙… Ⅲ. ①建筑工程—质量管理—基本知识 ②建筑工程—安全监察—基本知识 Ⅳ. ①TU712 ②TU714

中国版本图书馆 CIP 数据核字(2016)第 260475 号

建设工程质量安全风险管理

孙建平 主编

策　　划：赵泽毓　高晓辉
责任编辑：马继兰
责任校对：徐春莲
装帧设计：陈益平

出版发行　同济大学出版社　www. tongjipress. com. cn
（地址：上海市四平路 1239 号　邮编：200092　电话：021 - 65985622）
经　　销　全国各地新华书店、建筑书店、网络书店
排版制作　南京新翰博图文制作有限公司
印　　刷　常熟市华顺印刷有限公司
开　　本　787 mm×1 092 mm　1/16
印　　张　29. 25
字　　数　730 000
版　　次　2016 年 11 月第 1 版　　2016 年 11 月第 1 次印刷
书　　号　ISBN 978 - 7 - 5608 - 6585 - 0
定　　价　98. 00 元

《建设工程质量安全风险管理》

编　委　会

再版序言

PREFACE

上海城市的快速发展和互联网的广泛应用，不断催化城市管理理念和管理方式的变革，各行业各领域的风险意识和风险管理理念逐渐深入人心，风险管理的社会共识度越来越高。尤其是经历了上海12·31外滩踩踏、11·15大火和莲花河畔景苑倒楼等事故所带来的惨痛教训，我们深感风险仍伴左右，危机依旧四伏，不能有任何松懈。

安全质量是城市建设发展的生命线。城市建设管理要秉持贯彻创新、协调、绿色、开放、共享的发展理念，关键是要建立起对质量安全风险管理的有效机制。市委、市政府也要求站高望远，对比世界一流找差距，不断提升上海特大型城市综合管理水平。城市建设管理迫切需要探索管理模式的深化改革，应对城市发展中出现的新形势、新问题、新风险，以机制创新来弥补质量安全管理短板。

我们提出的风险管理机制的核心理念，就是利用市场来实现风险管理资源的有效配置，变简单的风险转移、经济补偿型保险为制度性、管控型保险，识别、防范和控制风险，从而提升建设和运行安全质量，促进城市宜居宜行的目标。城市风险管理引入保险机制，实现风险控制市场化是一个必然的选择。在合理利用现有保险的基础上，在重点加大对公共安全和公众利益保障的原则下，针对当下复杂灾害天气、城市设施运营期间公共突发事件所引发风险，探索研究新设险种，扩展保障覆盖面。

同时我们相信，保险业在深化改革，发挥参与社会管理、社会治理功能的进程中，会关注城市社会在风险管控方面的需求，能适应并结合形势的发展。比如在建设工程领域，由保险公司委托的风险管理机构融合勘察、设计、施工领域专业技术人才，在建设全过程实施风险管控；在设施运行中，建立监控信息平台；并结合配套政府管理节点调整和针对性措施，促进各方主体责任的有效落地。真正使得风险能在事前被预防，在事中被控制，如发生有补偿。城市发展呼唤风险管理，切实做好“五个转变”即：一是在理念确立上，要从以事件为中心转变为以风险为中心；二是在原则坚持上，要从亡羊补牢转变为未雨绸缪；三是在重点把握上，要从事后应急转变为事前、事中防控；四是在落实环节上，要从习惯行政推动转变为更多发挥市场作用的机制创设；五是在社会参与上，要从忙于应对媒体转变为主动引导公众。

2016 年 10 月

序 言

PREFACE

伴随着中国市场经济改革的滚滚洪流和上海申办2010年世博会的百年契机，上海城市发展正以一种超常规、跨越式、非线性的形式在这伟大的历史进程中扮演着闪亮的角色。当我们为有幸置身其中而豪情满怀时，也深切地感受到其背后隐藏着的风险。在迎击云娜、麦莎的时刻，在抗击非典、禽流感的日子，在一次次事故抢险的过程中，我们不断地在思考，是否有一种合理的制度能使我们更好地应对那些突如其来的意外，减少建设中的人为风险，更好地享受建设带给我们的成就和喜悦。

两年来，在杨雄副市长的亲自关心下，在建设部的大力支持下，在社会各界有识之士的热情帮助下，一批有志于此的学术界、工程界、保险界的朋友对工程建设风险和风险管理进行了卓有成效的研究，并在两个工程开展了试点实践。研究所探索提出的“政府淡出，保险介入，中介服务”制度理念及相配套的一系列体制、机制打破了原先建筑业业内封闭的管理模式，形成了工程现场、工程市场、保险市场各主体之间的有机制衡。初步达到了转变政府职能和化解技术风险的统一，提高建筑企业管理水平与提升保险机构专业服务水平的统一，解决当前矛盾与建立长效机制的统一。一个开放的市场化的建筑业管理的形象展现在人们的眼前。

编写本书的初衷是为上海市进一步推进风险管理制度试点工作而形成的一本普及读本和实务指导手册，当然也是为下一步研究进行文字材料上的积累铺垫。在风险管理研究方兴未艾的今天，各种研究所提出的模式可谓众说纷纭、各有特色。本书所介绍的仅是一家之言，内中的观点和程序设计也是阶段性的，均有待进一步完善和改进。希望得到专家的指正和支持，共同来促进全社会对建设工程风险管理制度的关注和研究，也为我国从工程建设的大国向工程管理的强国迈进尽我们的努力。

回首两年前，风险管理只是专业人士研究的课题，而如今已成为业内街谈巷议的话题，让人感叹潮流和浩浩荡荡，欣然作序。

孙建平

二〇〇六年六月

目 录

CONTENTS

再版序言

序　言

绪　论 …… 1

第一篇　制度篇

1 风险管理制度设计 …… 6

1.1 制度设计目标 …… 6

1.2 制度设计思想 …… 6

1.3 建设工程风险管理制度的基本原则 …… 7

1.3.1 共同投保原则 …… 7

1.3.2 共同保障原则 …… 7

1.3.3 共同控制原则 …… 8

1.3.4 相互制衡原则 …… 8

1.4 风险管理机构委托模式分析 …… 8

1.4.1 国外的质量检查机构的委托模式 …… 8

1.4.2 我国的风险管理机构委托模式的选择 …… 9

2 风险管理制度运营机制 …… 11

2.1 风险管理制度下的项目关系 …… 11

2.1.1 风险管理制度下的相关主体 …… 11

2.1.2 各相关主体间的相互关系 …… 11

2.1.3 共投体和共保体 …… 11

2.2 各方权利和义务界定 …… 12

2.2.1 建设工程保险投保人的责任和义务 …… 12

2.2.2 保险公司的责任和义务 …… 12

2.2.3 风险管理机构的责任和义务 …… 13

2.2.4 检测机构的责任和义务 …… 13
2.2.5 质量安全鉴定机构的责任和义务 …… 13
2.2.6 保险经纪公司的责任和义务 …… 13
2.2.7 保险公估公司的责任和义务 …… 13
2.3 建设工程风险管理制度试点的保险公司的介入 …… 14
2.4 建设工程风险评估 …… 15
2.4.1 建设工程风险评估的概述 …… 15
2.4.2 建设工程风险评估的内容 …… 16
2.5 建设工程保险的投保与承保 …… 17
2.5.1 建设工程保险的组成 …… 17
2.5.2 建设工程质量保修保险 …… 17
2.5.3 建设从业人员工伤(或意外伤害)和住院医疗保险 …… 18
2.5.4 建筑与安装工程一切险附加约定责任险 …… 18
2.5.5 建设工程保险合同的签订 …… 19
2.5.6 建设工程保险的保险合同 …… 20
2.6 建设工程保险费率的确定 …… 20
2.6.1 建设工程保险的保险费 …… 20
2.6.2 建设工程保险的保险费率的浮动机制 …… 21
2.7 建设工程风险管理委托 …… 21
2.8 建设工程风险管理 …… 23
2.8.1 建设工程风险管理的概述 …… 23
2.8.2 建设工程风险管理的期间和方法 …… 23
2.8.3 建设工程风险管理机构的权利 …… 23
2.8.4 建设工程风险管理中其他单位的配合 …… 23
2.9 保险索赔与理赔 …… 23
2.9.1 建设工程保险保险索赔与理赔原则 …… 23
2.9.2 建设工程保险保险索赔与理赔流程 …… 24
2.9.3 建设工程保险各类保险责任的保险索赔与理赔 …… 25

第二篇 概念篇

3 建设工程风险 …… 28
3.1 风险的基本概念 …… 28
3.1.1 风险的定义 …… 28

3.1.2 风险的要素 …… 29
3.1.3 风险的属性 …… 31
3.1.4 风险的分类 …… 32
3.2 建设工程风险 …… 35
3.2.1 建设工程风险的含义 …… 35
3.2.2 建设工程风险的特点 …… 36
3.2.3 建设工程风险的分类 …… 37
3.3 建设工程风险管理 …… 43
3.3.1 风险管理的含义 …… 43
3.3.2 风险管理过程 …… 43

4 建设工程风险与保险 …… 57
4.1 工程保险的发展 …… 57
4.2 工程保险在风险管理中的地位和作用 …… 58
4.3 工程保险的基本原则 …… 59
4.3.1 最大诚信原则 …… 59
4.3.2 保险利益原则 …… 60
4.3.3 近因原则 …… 60
4.3.4 损害补偿原则 …… 60
4.4 工程风险的可保风险 …… 60

5 建设工程保险 …… 62
5.1 工程保险的特点 …… 62
5.2 建筑工程一切险(包括建筑工程第三者责任险) …… 63
5.2.1 保险标的与保险特点 …… 63
5.2.2 保险责任与除外责任 …… 64
5.2.3 保险期限 …… 66
5.2.4 保险金额 …… 67
5.2.5 保险费率 …… 69
5.2.6 保险的赔偿处理 …… 70
5.3 安装工程一切险(包括安装工程第三者责任险) …… 71
5.3.1 保险标的与保险特点 …… 71
5.3.2 保险责任与除外责任 …… 72

5.3.3 保险期限 …… 73
5.3.4 保险金额 …… 74
5.3.5 保险费率 …… 75
5.3.6 投保实务 …… 76
5.4 职业责任保险 …… 77
5.4.1 保险标的与保险特征 …… 77
5.4.2 保险责任与除外责任 …… 79
5.4.3 保险期限 …… 81
5.4.4 保险金额 …… 81
5.4.5 保险费率 …… 81
5.4.6 建设工程设计责任保险 …… 82
5.4.7 工程监理职业责任保险 …… 84
5.5 建筑职业伤害保险 …… 86
5.6 意外伤害保险 …… 86
5.6.1 保险的种类 …… 87
5.6.2 保险责任 …… 87
5.6.3 保险期限与保险金额 …… 87
5.7 工程质量保证保险 …… 88
5.7.1 保险标的与保险特点 …… 88
5.7.2 被保险人与投保人 …… 89
5.7.3 保险责任与除外责任 …… 89
5.7.4 保险期限 …… 89
5.7.5 保险金额 …… 89
5.7.6 保险费率确定 …… 90

第三篇 风险篇

6 工程勘察技术风险 …… 92
6.1 工程勘察的阶段和内容 …… 92
6.1.1 工程勘察的阶段 …… 92
6.1.2 工程勘察的内容 …… 92
6.2 工程勘察风险识别 …… 93
6.3 工程勘察风险控制措施 …… 93

7 基坑工程技术风险 …… 94
7.1 支护结构施工风险 …… 94
7.1.1 地下连续墙 …… 94
7.1.2 SMW 工法 …… 95
7.1.3 钻孔灌注桩 …… 95
7.1.4 土钉支护 …… 96
7.1.5 重力式挡墙 …… 96
7.1.6 钻孔咬合桩 …… 96
7.1.7 支撑体系 …… 97
7.2 基坑降水风险 …… 97
7.3 基坑加固风险 …… 98
7.4 基坑开挖风险 …… 98

8 隧道工程技术风险 …… 99
8.1 软土盾构隧道工程风险 …… 99
8.1.1 盾构设备风险 …… 100
8.1.2 盾构进出洞 …… 100
8.1.3 盾构掘进 …… 100
8.1.4 管片 …… 102
8.1.5 注浆系统 …… 102
8.1.6 联络通道 …… 103
8.2 隧道工程沉管法的风险 …… 103
8.2.1 干坞施工 …… 104
8.2.2 管段制作 …… 104
8.2.3 基槽浚挖和回填覆盖 …… 104
8.2.4 管段浮运和沉放 …… 105
8.3 隧道工程顶管法的风险 …… 105

9 轨道交通工程技术风险 …… 107
9.1 地铁工程风险识别 …… 107
9.1.1 地下车站结构 …… 107
9.1.2 地下区间隧道 …… 108
9.1.3 联络通道 …… 108

9.2 轻轨工程风险识别 …… 108
9.2.1 高架车站 …… 108
9.2.2 高架区间 …… 109
9.2.3 地面区间 …… 111

10 大型桥梁工程的技术风险 …… 112
10.1 概述 …… 112
10.2 自然灾害与意外事故风险 …… 113
10.2.1 大风引起桥梁施工风险 …… 113
10.2.2 船撞引起的桥梁施工风险 …… 114
10.2.3 地震引起的桥梁施工风险 …… 114
10.2.4 洪水引起的桥梁施工风险 …… 116
10.2.5 冰凌引起的桥梁施工风险 …… 117
10.3 桥梁主要分项工程风险 …… 117
10.3.1 明挖地基施工风险 …… 117
10.3.2 基础工程施工风险 …… 117
10.3.3 混凝土工程施工风险 …… 118
10.3.4 预应力工程施工风险 …… 118
10.3.5 钢结构工程施工风险 …… 118
10.3.6 高处作业施工风险 …… 119
10.3.7 吊装作业施工风险 …… 119
10.4 各种体系梁桥施工风险 …… 119
10.4.1 大跨径梁桥施工风险 …… 119
10.4.2 大跨径拱桥施工风险 …… 120
10.4.3 斜拉桥施工风险 …… 121
10.4.4 悬索桥施工风险 …… 124
10.5 各种施工方法的特殊风险 …… 125
10.5.1 支架施工 …… 125
10.5.2 悬臂浇筑 …… 126
10.5.3 转体施工 …… 126
10.5.4 顶推施工 …… 127

11 道路工程技术风险 …… 129
11.1 概述 …… 129

11.2 自然灾害与意外事故 …… 130

11.2.1 滑坡 …… 130

11.2.2 崩塌 …… 130

11.2.3 泥石流 …… 131

11.2.4 地面沉降 …… 131

11.2.5 洪水 …… 131

11.2.6 地震 …… 132

11.3 路基工程技术风险 …… 132

11.3.1 路基工程技术风险的基本特点 …… 132

11.3.2 路基稳定性风险 …… 133

11.4 路面工程技术风险 …… 135

11.5 其他构造物技术风险 …… 135

11.5.1 挡土墙技术风险 …… 135

11.5.2 管线工程技术风险 …… 135

11.6 特殊环境公路技术风险 …… 136

11.6.1 岩溶地区公路技术风险 …… 136

11.6.2 软土泥沼地区公路技术风险 …… 136

11.6.3 多年冻土地区公路技术风险 …… 137

11.6.4 膨胀土地区公路技术风险 …… 138

11.6.5 黄土地区公路技术风险 …… 140

11.6.6 盐渍地区公路技术风险 …… 140

11.6.7 风沙地区公路技术风险 …… 141

11.6.8 雪害地区公路技术风险 …… 141

11.6.9 冻胀与翻浆地区公路技术风险 …… 142

11.6.10 涎流水地区公路技术风险 …… 142

12 大型公共建筑工程的技术风险 …… 143

12.1 我国大型公共建筑技术风险概论 …… 143

12.1.1 我国大型公共建筑的发展概况 …… 143

12.1.2 大型公共建筑工程的技术风险 …… 143

12.1.3 大型公共建筑工程的施工技术 …… 144

12.2 大型公共建筑工程的技术风险识别 …… 144

12.2.1 土方工程施工技术风险识别 …… 144

12.2.2 桩基工程施工技术风险识别 …… 145
12.2.3 预应力混凝土工程施工技术风险识别 …… 150
12.2.4 吊装工程技术风险识别 …… 152
12.2.5 钢结构施工技术风险识别 …… 153
12.2.6 屋面渗漏技术风险识别 …… 155
12.2.7 钢网架结构大跨屋面施工技术风险识别 …… 158
12.3 大型公共建筑工程的技术风险评估 …… 158
12.3.1 风险估计的基本方法 …… 158
12.3.2 风险评价的方法 …… 159
12.3.3 大型公共建筑风险评价模型框架图(图 12-36) …… 161
12.4 大型公共建筑工程的技术风险控制 …… 164
12.4.1 土方工程施工技术风险控制 …… 164
12.4.2 桩基工程施工技术风险控制 …… 166
12.4.3 混凝土工程施工技术风险控制 …… 175
12.4.4 预应力混凝土工程施工技术风险控制 …… 180
12.4.5 吊装工程技术风险控制 …… 192
12.4.6 钢结构施工技术风险控制 …… 193
12.4.7 屋面渗漏技术风险控制 …… 196
12.4.8 大跨屋面钢网架结构施工技术风险控制 …… 202

第四篇 实务篇

13 管理投标与策划 …… 207
13.1 风险管理投标 …… 207
13.1.1 概述 …… 207
13.1.2 风险管理服务建议书的编制 …… 207
13.1.3 风险管理委托合同的签订 …… 209
13.2 风险管理策划 …… 209
13.2.1 概述 …… 209
13.2.2 目标体系 …… 210
13.2.3 项目风险识别与评估 …… 212
13.2.4 项目风险应对计划 …… 219
13.2.5 工作内容 …… 222
13.2.6 工作流程 …… 223

13.2.7 组织建设 …… 226
13.2.8 工作制度 …… 231

14 勘察设计阶段风险管理 …… 234
14.1 工程勘察风险管理 …… 234
14.1.1 工作月标 …… 234
14.1.2 工作依据 …… 234
14.1.3 工作内容 …… 235
14.1.4 工作流程 …… 235
14.1.5 工作方法和措施 …… 235
14.1.6 工作表单 …… 238
14.2 工程设计风险管理 …… 239
14.2.1 工作目标 …… 239
14.2.2 工作依据 …… 239
14.2.3 工作内容 …… 240
14.2.4 工作流程 …… 240
14.2.5 工作方法和措施 …… 242
14.2.6 工作表单 …… 246

15 施工准备阶段风险管理 …… 249
15.1 工作目标 …… 249
15.2 工作内容 …… 249
15.3 工作流程 …… 250
15.4 工作方法和措施 …… 252

16 施工阶段风险管理 …… 255
16.1 施工质量风险管理 …… 255
16.1.1 工作目标 …… 255
16.1.2 工作依据 …… 255
16.1.3 工作内容 …… 256
16.1.4 工作流程 …… 256
16.1.5 工作方法和措施 …… 259
16.2 施工阶段安全风险管理 …… 263

16.2.1 工作目标 …… 263
16.2.2 工作内容 …… 263
16.2.3 工作流程 …… 263
16.2.4 工作方法和措施 …… 263

17 竣工验收阶段风险管理 …… 268
17.1 工作目标 …… 268
17.2 工作依据 …… 268
17.3 工作内容 …… 269
17.4 工作方法和措施 …… 269
17.4.1 竣工验收风险管理实施细则 …… 269
17.4.2 竣工验收技术资料准备 …… 269
17.4.3 工程实物预验收 …… 270
17.4.4 正式竣工验收 …… 270
17.4.5 工程收尾和交接 …… 271
17.4.6 工程质量评估报告 …… 271

18 一年运营保修期风险管理 …… 272
18.1 工作目标 …… 272
18.2 工作依据 …… 272
18.3 工作内容 …… 272
18.4 工作方法和措施 …… 273

附录A 建设工程风险管理下相关保单示例 …… 275
A.1 建筑工程一切险及第三者责任险 …… 275
一、第一部分　物质损失 …… 275
二、第二部分　第三者责任 …… 276
三、总除外责任 …… 276
四、保险金额 …… 277
五、保险期限 …… 277
六、赔偿处理 …… 278
七、被保险人的义务 …… 279
八、总则 …… 279

九、特别条款 …… 280
A.2 安装工程一切险及第三者责任险 …… 286
一、第一部分 物质损失 …… 286
二、第二部分 第三者责任 …… 287
三、总除外责任 …… 288
四、保险金额 …… 288
五、保险期限 …… 289
六、赔偿处理 …… 289
七、被保险人的义务 …… 290
八、总则 …… 291
A.3 建筑设计职业责任险 …… 292
A.4 工程监理责任保险条款 …… 299
A.5 建筑工程团体人身意外伤害保险 …… 302
A.6 机器损坏保险 …… 306
A.6.1 机器损坏险条款 …… 306
A.6.2 机器损坏险扩展条款集 …… 310
A.7 雇主责任险 …… 313
A.7.1 雇主责任保险条款 …… 313
A.7.2 雇主责任险扩展条款集 …… 323

附录B 建设工程风险管理制度下相关合同范本 …… 331
B.1 建设工程保险与风险管理顾问服务委托协议书示例 …… 331
B.2 建设工程保险招标文件示例 …… 333
B.3 建设工程保险合同示例 …… 348
B.4 建设工程委托监理(含风险管理)合同示例 …… 402

附录C 建设工程风险管理案例 …… 411
C.1 试点项目事故处理案例 …… 411
C.2 关于地下室施工对周围居民楼的影响风险管理 …… 412
C.2.1 工程概况 …… 412
C.2.2 风险管理机构对围护结构产生风险的分析、控制和报警 …… 413
C.2.3 风险管理效果评估 …… 415

附录D　建筑工程保险与风险管理的相关政策与法规 …… 416
D. 1　建设工程风险管理工作方案示例 …… 416
D. 2　上海市工伤保险条例 …… 423
一、2003年职工工资性收入的申报 …… 435
二、缴费基数的确定 …… 436
三、几类人员的缴费基数 …… 436
四、稽核与审计 …… 436
D. 3　上海市外来人员综合保险条例 …… 437
八、意外伤害的规定 …… 438
D. 4　国家工伤保险条例 …… 439
一、关于行业划分 …… 440
二、关于费率确定 …… 440
三、关于费率浮动 …… 440
D. 5　建设部关于加强建筑意外伤害保险工作的指导意见 …… 442
一、全面推行建筑意外伤害保险工作 …… 442
二、关于建筑意外伤害保险的范围 …… 442
三、关于建筑意外伤害保险的保险期限 …… 443
四、关于建筑意外伤害保险的保险金额 …… 443
五、关于建筑意外伤害保险的保险费 …… 443
六、关于建筑意外伤害保险的投保 …… 443
七、关于建筑意外伤害保险的索赔 …… 443
八、关于建筑意外伤害保险的安全服务 …… 444
九、关于建筑意外伤害保险行业自保 …… 444
参考文献 …… 445

绪　论

一、引言

改革开放20多年以来,我国建筑业取得了长足的发展,但是还存在着一些不足之处,尤其是建设工程风险管理方面。现代建设工程多具有投资大、周期长、工程参与方多、技术难度大、环境干扰因素多以及不可预见性大等特点。在建设过程中,建设参与各方不可避免地面临着各种安全质量风险;在完工后的使用期里,业主或建筑的使用者也面临着完工时未能发现的潜在质量缺陷风险。对于这些风险如不加以管理,很可能会影响工程建设的顺利进行和建筑的正常使用,甚至酿成严重后果。因此,加强建筑工程的风险管理已经迫在眉睫。本书是对建设工程风险管理的研究成果,旨在指导建筑工程风险管理工作,以适应建筑市场发展的客观要求,推动国家基本建设和国民经济的平稳发展。

二、我国建筑工程风险管理现状

与发达国家相比,中国的工程风险管理仍处于起步阶段。这主要是由于在计划经济时期,工程项目的投资是以国家为主,企业也以国有单位为主体,风险主要由国家承担,与企业的直接利益关系不大,因而,企业的工程风险管理意识极为淡薄。改革开放以来,随着建设项目拨款改贷款、建设项目多元化投资、项目资本金制度、项目法人责任制、建设项目招标投标制等改革措施的逐步出台,我国工程运作模式正逐步向市场经济的运作方式迈进,但建筑市场各方主体尚不成熟,存在业主擅自降低质量等级、指定过短工期、不合理压价、监理和检测单位的独立公正性缺失、施工图审查与现场监理的阶段性割裂等问题,这些问题都增加了工程的质量安全风险,再加上我国正处于建设高峰期,整体建设风险庞大,亟待有效管理。而另一方面,我国目前的风险管理水平较低,有关政策措施的制定也相对滞后,但有幸的是,工程风险管理作为建设领域的薄弱环节已引起政府有关部门和工程界、金融界的重视。

近几年来,中国相继颁布了《建筑法》《保险法》《合同法》《招标投标法》和《建设工程质量管理条例》等一系列的法律、法规,为推行工程保险制度提供了重要的法律依据。一些地方也陆续开展了工程保险的试点工作。如上海市,1996年依据《建筑法》开展了建筑职工意外伤害保险试点工作,后又在18个区县(除崇明县)普遍推行,2002年起又在建设工程领域逐步开展了针对农民工的外来从业人员综合保险，对外来农民工的人身意外伤害、疾病住院医疗等方面予以保障。山东、河北、辽宁、重庆等省市也开展了建筑工程意外伤害保险试点工作。但从总体上看，我国的工程风险管理水平仍十分落后，实行工程保险的范围极为有限。当前，影响建立和推行工程风险管理制度的主要问题是：

1. 缺乏相应的法律、法规作保障

投保工程保险是国际上建筑工程风险管理的重要手段，工程保险制度在国外已经实行了 70 多年，许多市场经济发达国家专门制定了强制工程保险的法规。我国尽管已出台了《保险法》，但由于缺乏针对工程建设特点的具体规定，在实践中仍难以操作。在《建筑法》和《招标投标法》中，对意外伤害保险和履约保证金虽有规定，但对其他的工程保险却未作规定。在建设部和国家工商局新修订的《建设工程施工合同示范文本》中，虽已增加了有关工程保险的条款，但属于推荐性，没有法律强制力。

2. 工程参与各方风险意识不强

由于多方面的原因，工程参与各方（包括业主、承包商等）的工程风险意识依然不足，或是存有风险侥幸心理，或是认为会加大工程成本而得不偿失。一旦出现重大风险事故，往往最终还是要由政府承担事故损失。

3. 风险管理技术和风险管理能力落后

风险管理技术是 20 世纪 60 年代以来的现代项目管理中不可缺少的工具。我国在 70 年代末、80 年代初引进项目管理理论与方法时，风险管理理论与方法未能及时引进，直到 80 年代中期，风险管理理论才逐渐被引入，但也仅在一些大型土木工程项目中运用。在发达国家均有专门的风险研究报告或风险一览表，一些大型企业或专业的保险经纪人公司、项目咨询公司还制定自己的风险管理手册。而我国很多企业决策者对项目的风险缺少识别能力，对潜伏的风险缺少前瞻性、推测、判断，项目风险处理的手段单一落后。

4. 工程风险管理方面的理论研究与实践操作还有待深化

发达国家的保险业经营经验丰富、技术精良，险种设计能力高强，它们的工程保险已相当全面而完善。而国内对工程风险管理方面的理论研究与实践操作还有待深化，如保险公司开发的险种十分欠缺，而且保单形式单一，缺乏灵活性，不能适应市场和工程建设的要求。我国工程参与各方、政府、高校相关专家等应该联手进行相关的理论研究和实践操作。

随着建设体制改革的进一步深化，客观上要求必须用市场经济的手段来解决市场经济的问题。采用经济和法律手段合理分析风险和有效调控风险，逐步建立符合中国特色的工程项目风险管理制度体系，已成为深化建设体制和建筑业改革的客观要求。加强建设工程风险管理，建立适合我国国情的工程风险管理制度已势在必行。

三、建立建设工程风险管理制度的思路

从传统的项目管理来看，投保建设工程保险，即为转移风险，一旦发生事故，在保单责任内，保险人将给予补偿，建设工程就可以避免或减少事故带来的损失。而从整个社会的角度上看，虽然建设工程得到了保障，风险转移给保险人，但是保险人的出险理赔，仍然是一种社会资源的损失，这种损失也应降低和减少，因此建设工程风险控制应与建设工程保险作为一个完整的体系。

建设工程风险管理制度一方面应通过建设工程参与各方与保险公司订立建设工程保险合同，将建设工程中由于自然灾害、意外事故和约定责任导致经济损失的风险根据合同约定向保险公司转移。另一方面，通过风险管理机构进行建设工程的风险控制，来降低风险事故的发生频率和事故造成的损失程度。

从工程保险来看，我国虽然已经实行了建安工程一切险以及附加第三者责任险、建筑意外伤害保险、建设工程设计职业责任险和监理职业责任险，但无论在推广程度和工程险种类别上都与国外相差甚远，特别是国际上较为广泛的工程质量保险，在我国还未建立，而且各相关主体参加保险的意识薄弱。因此在建设工程风险管理制度中，应要求参与工程建设的建设单位、勘察设计单位、施工承包单位共同投保多个工程保险险种，这有利于确保工程建设期间和竣工后的一段时期内的工程事故损失和质量缺陷损失能获得及时的经济补偿，并可减少面对以往的繁琐的责任界定程序。

目前，保险公司能够对建筑工程的经济损失给予及时补偿，但对于建设工程质量安全管理存在不熟悉、不连续、不专业等问题，并难以通过自身力量控制保险中投保人的道德风险。研究认为保险公司可以委托风险管理机构协助对建设工程进行质量安全风险管理，使建设工程质量安全管理具有专业性、公正性、独立性，有效化解保险中的道德风险；同时，改变原来割裂的工程监督管理流程，使风险管理一头向前延伸，从方案设计抓起，另一头向后延伸，实施保修期质量保险制度，同时兼顾勘察设计、工程施工、使用保修三个阶段，可实现全过程全方位的风险管理。

另外通过工程保险在分散工程建设各方风险的同时，可建立起一种“守信者得到酬偿，失信者得到惩罚”的诚信机制，规范市场主体行为，优化市场竞争环境，保证工程质量和安全。

通过建设工程风险管理制度，最终要形成施工现场投保方和承保方的双重控制机制，以及业主、工程承包、保险公司（风险管理机构）三方制衡的关系，使市场配置资源的功能得以充分发挥，同时使政府真正实现职能转变，从工程质量安全的直接管理转向间接管理。

第一篇 制 度 篇

1 风险管理制度设计

2 风险管理制度运营机制

1 风险管理制度设计

1.1 制度设计目标

建设工程风险管理制度的实施，实质上是使市场与现场联动、各类要素融贯、新旧资源整合、管理流程再造，从而实现建设工程与社会双重效益。

建设工程保险与风险管理一方面通过建设工程参与各方与保险公司订立建设工程保险合同，将建设工程中由于自然灾害、意外事故和约定责任导致经济损失的风险根据合同约定向保险公司转移；另一方面，通过风险管理机构进行建设工程的风险管理，来降低风险事故的发生频率和事故造成的损失程度；同时通过费率浮动机制的引入，促进营造主体对工程安全质量管理责任的进一步落实。

在建设工程风险管理制度下，建设工程保险投承保双方以及工程建设其他参与各方对建设工程实施的全过程、全方位、各个环节进行管理和控制，遏制事故萌芽，以达到降低出险概率和减少损失的目标。

1.2 制度设计思想

建设工程风险管理制度设计的主要思想是：在对于建设工程风险的管理上，实现“政府部门淡出，保险公司进入，中介现场服务”。实现政府职能由“权重威严”的刚性管理向“有效服务”的柔性管理转变；实现行业“垂直封闭”型管理向“社会开放”型管理转变。

建设工程风险管理制度的主要构想是：

参与工程建设的建设单位、勘察设计单位、施工承包单位组成共同投保体（简称“共投体”）共同向保险公司投保建设工程保险，确保工程建设期间和竣工后一段时期内，出现建筑工程保险事故后能获得及时的经济补偿，同时减少各单位之间的纠纷。

建设工程风险管理制度涵盖了建安一切险、附加第三者责任险等约定责任险和人身伤害险，拓展了工程质量保修保险，推动了工程保险的开展，进一步优化了保险的经济保障作用，并赋予了以保险为代表的市场配置手段的新含义。

建设工程风险管理制度使风险管理在勘察设计阶段将审图向前向后扩展到方案设计和施工设计修改，更贴近工程；在施工阶段设立数字控制平台和视像控制平台，形成动态监控;在使用保修阶段内,竣工后一年内由承包方维修,一年后由保险公司负责维修,同时兼顾勘察设计、工程施工、使用保修三个阶段,实现了全过程全方位的风险管理,使得原先割裂的控制流程实现了有机的连接融贯。

建设工程风险管理制度通过对投保方式、现场监督委托、中介委托三方面转变,即由参建各方分头投保转变为由业主牵头的共投体投保;由业主单方委托监理转变为业主委托项目顾问方和保险公司委托风险管理公司;由建设单位委托审图机构和承包单位委托检测机构转变为由风险管理公司统一委托或联合。建设工程风险管理制度催化了市场资源的独立公正,提升了各市场主体服务能级,同时也为贯通建设工程各个阶段的管理提供了保证。

总体上,建设工程风险管理制度强化了质量安全保证机制、信息机制、诚信机制和互动机制,实现了建筑市场、保险市场和工程现场的三场联动,并使政府职能真正得以转变。

1.3 建设工程风险管理制度的基本原则

建设工程风险管理制度以"共同投保、共同保障、共同控制、相互制衡"为原则实施建设工程风险管理。

1.3.1 共同投保原则

建设工程风险管理制度的共同投保,即在建设工程保险与风险管理中,参与工程建设的建设单位、勘察设计单位、施工承包单位共同投保建设工程保险,确保工程建设和竣工后一段时期内的质量安全事故和缺陷损失能获得及时的经济补偿。

建设工程保险的安排与风险管理着眼于整个建设工程项目的建设期和一段时间的使用期,不只强调施工阶段,在工程设计阶段以及工程竣工后阶段都要考虑保险和风险管理。建设工程保险涉及建设工程项目的勘察、设计、施工、竣工使用等各个方面,即由建设单位、设计单位、施工单位,并扩展至分包或材料供应商等组成共投体,联合投保建设工程保险。

在具体操作上采取多险合一的捆绑式投保方式,由建设单位、承包单位和其他工程建设参与各方组成的共同投保体向保险人投保。这样既可以降低投保成本和减少出险后共投体之间的纠纷,同时也避免了保险公司对共投体成员的代位追偿,在操作上较为简便。

1.3.2 共同保障原则

建设工程风险管理制度的共同保障,即在建设工程保险与风险管理中,由保险公司及其委托的风险管理机构组成共同保障体,简称"共保体",对建设工程进行质量安全风险管理,共同保障工程质量安全,并在出险时给予及时的足额理赔。

保险公司虽然能够对建筑工程的经济损失给予及时补偿,但对于建设工程质量安全管理中存在的不熟悉、不连续、不专业等问题，难以通过自身力量控制投保人的道德风险，而由保险公司及其委托的风险管理机构共同对建设工程进行质量安全风险管理则使得建设工程质量安全管理特别是对一些行为的监管更具有专业性、公正性、独立性，也可以有效控制投保人的道德风险。

保险学中的道德风险理论认为，投保人一旦投保，投保人（被保险人）对投保标的物发生意外的关心程度会有所下降。特别是发生事故或可能发生事故的情况下，投保人（被保险人）的态度可能是消极的。比如，投保情况下发生火灾时的抢救投入与未保险情况下是不同的；再如，投保情况下楼房可能倒塌的补救措施投入与未保险情况下也是不同的。这时，被保险人可能会由于可以从保险公司得到理赔而不愿增加额外的投入。而在建设过程中，由风险管理公司对保险人负责，对工程风险进行控制管理必将减少道德风险的发生。

1.3.3 共同控制原则

建设工程风险管理制度的共同控制，即在建设工程保险与风险管理中，共同投保单位和共同保障单位，共同参与建设工程现场质量安全风险控制。

在现行管理模式中，各个阶段的监督检查制度已经建立，比如施工图审查、施工过程旁站、质量保修期，等等。但是各个阶段缺乏有机连接，如铁路警察，各管一段，形成事实上的割裂，未能实现从头到尾的整个过程的有机、有效控制。而管理工作的重点又仅放在施工阶段，对整个工程没有统一的管理。

共同控制要求共同投保单位和共同保障单位一起对工程进行全过程风险管理，使工程风险管理一头向前延伸，从方案设计抓起；另一头向后延伸，实施质量保修保险。

1.3.4 相互制衡原则

建设工程风险管理制度的相互制衡，即在建设工程保险与风险管理中，引入保险制度，通过经济手段将建设工程质量、安全的部分监督管理责任赋予保险公司和风险管理机构，对建设、设计和施工单位的质量、安全控制行为形成第三方制衡机制，互相制约，共同规范市场。

引入保险机制后，通过委托关系的改变，形成了施工现场共同投保体和共同保障体双重控制机制，以及业主、工程承包、保险公司（风险管理机构）三方制衡的关系，使市场配置资源的功能得以充分发挥，同时政府管理也从工程质量安全的直接管理向间接管理转变。

另外，以建设工程风险管理制度的建立为契机，建立起建筑业的诚信评价体系，通过将诚信评价结果与经济上的奖罚有机结合的办法，约束建设工程参与各方的行为。

1.4 风险管理机构委托模式分析

1.4.1 国外的质量检查机构的委托模式

国外质量检查机构的委托存在三种模式：由业主委托；由保险公司委托；由承包商

委托。

1）由业主委托模式

国外目前多由业主来聘请质量检查机构，并由业主支付质量检查费，保险公司只有对于质量检查机构的确认权。检查机构也愿意选择与业主签订合同，认为与业主签合同是最可靠的。例如法国 99%的检查机构都是与业主签合同并从业主方取费的。

这种模式的优点是：业主作为投资方有最终的权力来控制承包商和设计者改正错误。质量检查机构与业主建立委托合同关系，便于质量检查机构借助业主的投资者地位来开展质量检查服务，更方便对设计、施工等相关各方进行质量检查和提出整改意见。但同样存在缺点：由业主支付质量检查服务费，不利于质量检查机构保持其独立性，当业主行为较为规范，对质量关心程度高时，这个问题并不明显，但当业主有违规行为时，就会突出出来。比如业主在质量和工期产生矛盾时要求确保工期；或为了节约成本要求施工方采用低质量材料，这时质量检查机构会面临类似目前我国监理机构所面临的独立性问题。

2）由保险公司委托模式

也有一些检查机构由保险公司聘请并支付费用的，这种方式的优点是质量检查机构可以站在完全独立于建设主体各方的公正的立场上，特别是在业主存在较多不规范行为的背景下更加适用。

3）由承包商委托模式

法国也存在业主同意由承包商委托工程质量检查机构，并支付检查服务费的情况，但很少而且多为交钥匙工程，承包商也多为大承包商。与总承包商签合同的缺点在于：

(1) 因为工程质量检查机构一方面从总承包商那里取费，另一方面又要检查总承包商的不规范行为，检查出问题后如果总承包商不肯改，就会面临困境，非常公正写入报告就会面临总承包商不肯支付监督费的风险。除非总承包商是非常规范的国际性总承包商，才不会出现这样的问题。

(2) 工程质量检查机构没有权利要求设计部门修改设计，而且还受总承包商的制约。

由于我国目前承包商的诚信状况并不比国外乐观，容易得出结论，即由承包商委托的模式同样不适合我国。

1.4.2 我国的风险管理机构委托模式的选择

我国的风险管理机构的主要任务之一是控制质量缺陷。要正确选择适合我国的风险管理机构的委托模式，首先要对于我国与国外建筑市场主体的不同之处加以分析。

国外的业主行为较规范，较少的介入具体的工程建设当中。而且私有投资者多，对房屋质量的关心程度普遍较高。工程主要质量问题是由承包商、设计者、材料供应商等引起的。业主更大程度上是需要保护的主体。因此质量检查机构由业主委托，保险公司认可即可。质量检查所指向的对象主要是承包商、设计者、供应商等直接从事建筑实体生产的主体而不是业主。

相比之下，目前我国的业主存在大量不规范行为，违反建设程序、降低质量标准、要求不合理工期、强制要求承包商等采纳其推荐的不合格分包商或供应商、明示或暗示监理降低质量检查要求等，都会影响建筑的安全和质量，因此业主的很多不合理的质量行为也应受到风险管理机构的制约。

有鉴于此，我国风险管理机构对于业主的独立程度应该更高，而且风险管理机构的服务（检查报告）也主要是向保险公司提供，因此在风险管理制度试点中选择保险公司委托模式更加可行。

2 风险管理制度运营机制

2.1 风险管理制度下的项目关系

2.1.1 风险管理制度下的相关主体

风险管理制度下的主体，包括建设单位、勘察单位、设计单位和施工单位，保险公司、风险管理机构、审图机构和检测机构、质量鉴定机构，也包括保险中介机构，如保险经纪公司、保险公估公司等。

设想中的风险管理公司由一些监理公司、质量检测机构或审图公司等转化而来；具有很强的专业背景，并能够独立于业主，具有公正和独立性，真正能把工作重点全部放在工程质量和安全监督上，从而能够对建设工程项目和保险公司承担起建设工程质量安全责任。

2.1.2 各相关主体间的相互关系

建设工程保险涉及建设工程项目的勘察、设计、施工、竣工使用等参与各方，即由建设单位、设计单位、施工单位和业主顾问等组成共同投保体，联合投保建设工程保险。保险公司对建筑工程的经济损失给予及时补偿，并由保险公司及其委托的风险管理机构共同对建设工程进行质量安全风险管理。风险管理制度也进一步保证了审图机构和检测机构的独立性。保险中介机构中的保险经纪公司主要是基于建设单位的利益，通过对保险人的保险条款、保险费率、保险服务承诺等环节的比较，择优向建设单位推荐承保人，以及向建设单位提供防灾防损建议、索赔服务等专业服务，从而保证风险转嫁机制有效运行；保险公估公司则发挥独立第三方对标的的评估、鉴定等作用。基于风险管理制度，各相关主体应建立的关系如图2-1所示。

2.1.3 共投体和共保体

风险管理制度下各方主体形成共投体和共保体两个组织。其中，共投体包括建设单位、勘察单位、设计单位和施工单位；共保体包括保险公司、风险管理机构。共投体和共保体成为风险控制同一目标的两个控制体系，成为“殊途同归”的合作者。

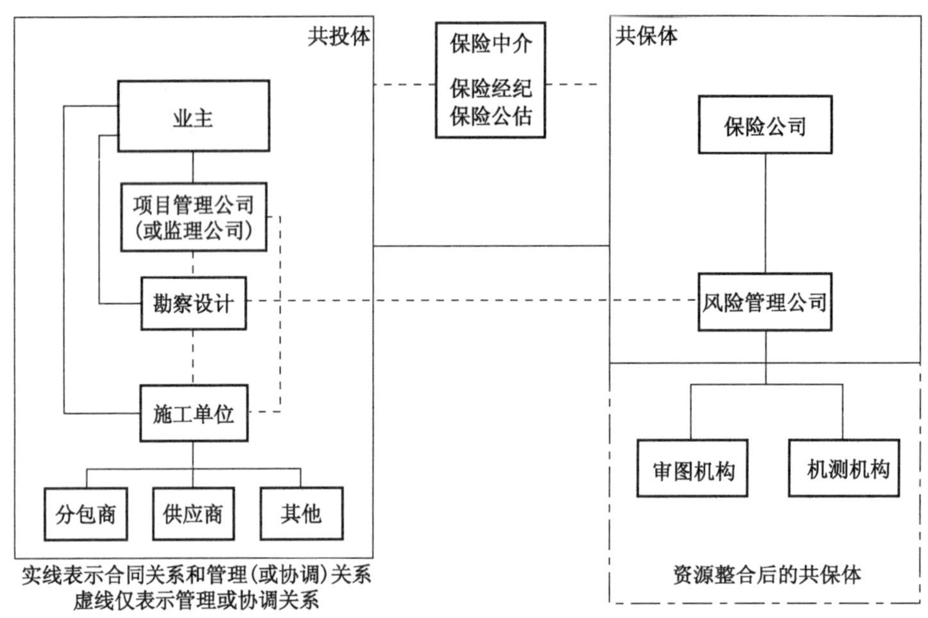

图 2-1　相关主体关系图

2.2　各方权利和义务界定

2.2.1　建设工程保险投保人的责任和义务

(1) 建设工程保险投保人即共同投保体,共同投保体成员应依法承担建设工程质量和安全管理责任。

(2) 共同投保体应严格按照合同约定支付建设工程保险费。

(3) 在发生建设工程质量和安全事故时,共同投保体应及时采取一切必要措施防止损失扩大并将损失减少到最低程度。

(4) 建设工程在竣工后一年内出现质量缺陷的,由施工承包单位负责维修,维修费用由施工承包单位承担。

2.2.2　保险公司的责任和义务

(1) 保险公司对合同约定的建设工程保险责任负有经济赔偿义务。

(2) 保险公司收到共同投保体要求赔偿或者给付保险金的请求后,应当及时做出核定。对属于保险责任的,应及时赔偿或者给付保险金。对应理赔的金额超过 500 万元的重大赔案,在赔偿限额内应及时预付赔款。

(3) 保险公司应严格按照风险管理委托合同向风险管理机构支付风险管理费。

(4) 保险公司应制定工程防灾防损制度、事故应急预案、重大损失报告制度、预付赔款制度和保险理赔绿色通道制度。

(5) 保险公司应对建设工程保险单独核算，对出险和赔付情况进行统计分析，定期向上海市建设工程风险管理试点工作推进小组上报当年的赔付情况。

2.2.3 风险管理机构的责任和义务

(1) 风险管理机构应对建设工程质量安全承担监督和控制责任。

(2) 风险管理机构应该按照国家和地方的相关工程勘察、设计和施工的规范规程对工程勘察、设计和施工进行监督检查，发现违规行为应及时提出建议要求责任方修改，并将违规行为记录和责任方整改情况上报保险公司和业主。责任方的违规记录和整改情况将作为费率调整和确定保险承保责任范围的依据。

(3) 风险管理机构不按照委托合同约定履行风险控制义务，给保险公司造成损失的，应当承担相应的赔偿责任。

2.2.4 检测机构的责任和义务

检测机构应对工程现场检测对象负责，加强对现场材料和重要试块、试件的现场取样，对样本的生产厂家和代表性进行确认。检测机构因自身过错对保险当事人造成损害的，应当承担相应的经济赔偿责任。

2.2.5 质量安全鉴定机构的责任和义务

质量安全鉴定机构从事质量安全事故、质量缺陷和保险责任事故的认定，应当遵守法律、法规和相关规定，坚持客观、公正、公平的原则。质量安全鉴定机构因自身过错对保险当事人造成损害的，应当承担相应的经济赔偿责任。

2.2.6 保险经纪公司的责任和义务

在风险管理制度中，保险经纪人基于投保人(建设单位等)的利益，接受投保人的委托，为投保人提供防灾、防损或风险评估、风险管理咨询服务，帮助客户确定保险方案和再保险方案，办理投保手续，并在出险后向投保人或受益人提供专业索赔服务。《保险法》第一百二十六条规定:“保险经纪人是基于投保人的利益，为投保人与保险人订立保险合同提供中介服务，并依法收取佣金的单位”。《保险法》第一百二十六条规定:“因保险经纪人在办理保险业务中的过错，给投保人、被保险人造成损失的，由保险经纪人承担赔偿责任”。

2.2.7 保险公估公司的责任和义务

在风险管理制度中，保险公估人受保险合同当事人委托，收取合理的费用，运用科学技术手段和专业知识，以保险关系当事人之外的独立的第三方身份，专门从事评估、勘验、鉴定、估损、理算等业务，对保险标的进行合理、公正、科学的评估和鉴定。《保险公估机构管理规定》第六条规定:“保险公估机构因自身过错给保险当事人造成损害的，应该依法承担相应的法律责任。”

2.3 建设工程风险管理制度试点的保险公司的介入

建设工程保险与风险管理模式改变了建设单位与保险人之间简单的保险与被保险关系。建设参与各方对建设工程实施全过程、全方位、各个环节的管理，形成了一体化的运作体系。在这个体系中保险公司的介入非常关键。

保险公司介入的时间为方案设计阶段，保险服务结束时间为工程竣工满一年后的第十年末。其服务的时间范围如图 2-2 所示。根据工程各阶段风险不同的特点，保险公司可聘请不同类型的风险管理公司进入工程进行风险管理。风险管理机构介入的时间，从项目初步设计起到竣工后满一年止的工程建设全过程。

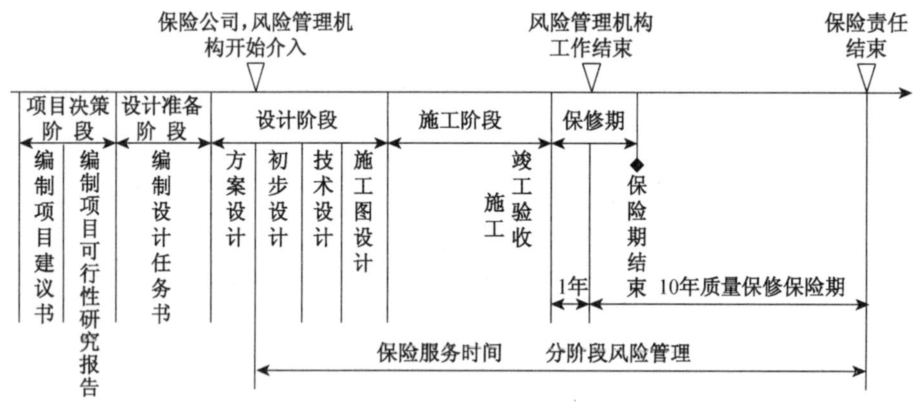

图 2-2 建设工程风险管理与保险阶段示意图

(1) 建设单位在建设工程方案设计上报规划部门审批时，应提供建设单位与保险公司签订保险意向书和保险公司与风险管理单位签订的风险管理意向书。保险公司委托风险管理单位不迟于初步设计阶段，并从初步设计阶段开始风险管理工作。

(2) 在办理施工许可证时，应提供：

① 共投体与共保体签订保险合同(质量保险为保险意向证明)；

② 保险公司与风险管理单位签订的风险管理合同；

③ 共投体的第一笔保险费支付证明；

④ 保险公司的第一笔风险管理服务费证明。

(3) 在工程竣工备案时，要出具风险管理单位的评估报告以及保险公司的正式质量保险合同。

建设工程保险阶段控制点流程如图 2-3 所示。

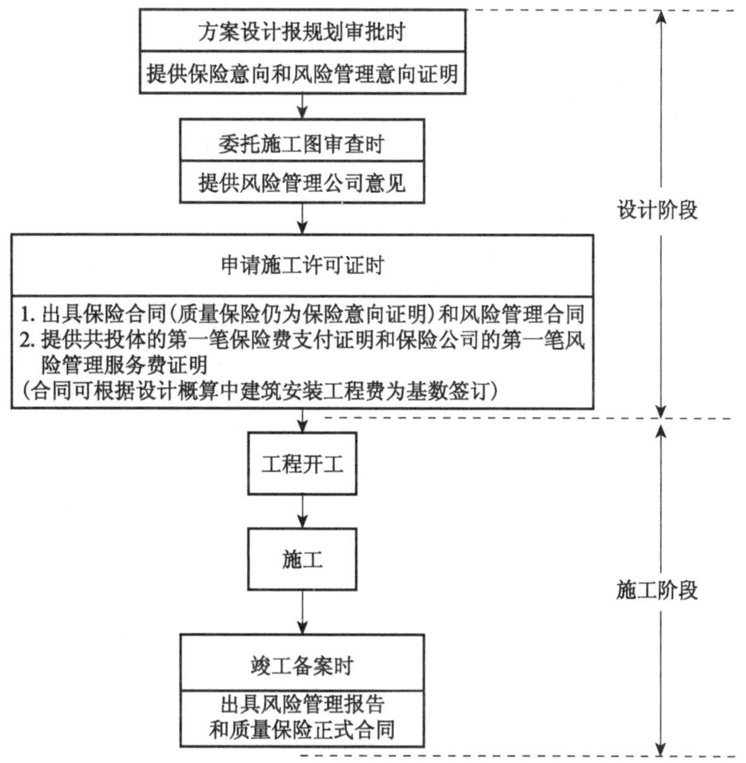

图 2-3　建设工程保险阶段控制点流程图

2.4　建设工程风险评估

2.4.1　建设工程风险评估的概述

(1) 建设工程开工前,建设单位或保险人委托风险评估单位在承包单位选定后对建设工程以及工程建设参与各方进行风险评估。建设单位或保险人与其委托的风险评估单位应当订立书面委托合同。

风险评估是对建设工程可能出现的风险因素、风险出现的概率及其所造成的损失进行分析、预测,找出各风险所在和主要风险点(危险源),并据此提出风险管理计划和防范风险的技术措施,为最终实施风险管理创造条件,并将工程实施中的风险和可能发生的赔付大小告诉投保人和保险人,在此基础上,设计合理的保单和确定较为公正的保险费率。

(2) 风险评估单位可以是具有建设工程风险评估经验的保险经纪人、具有建设工程风险评估经验的保险公估人、施工现场安全保证体系审核认证中心等中介服务机构。

(3) 各地方建设行政主管部门和保监局成立风险评估单位资质认定委员会,对风险评估单位的能力进行认可。在试点期间，由试点指导小组对风险评估单位的能力进行认可。

2.4.2 建设工程风险评估的内容

（1）风险评估单位从事的工作

① 建立建设工程风险管理策略和程序；

② 确定工程建设风险点（危险源）；

③ 评估建设工程风险；

④ 制定、审查、监督和评价工程风险管理计划；

⑤ 以风险管理为目的检查工程合同和文件；

⑥ 安排或购买保险；

⑦ 安排非投保赔偿计划。

（2）风险评估的主要步骤

① 现场踏勘及资料收集；

② 进行建设工程风险评估；

③ 编写风险评估报告。

（3）风险评估报告的主要内容

① 标的简介；

② 风险严重性与出险概率划分标准；

③ 主要工程风险因素与评定，以及施工单位现场安全管理能力和现状的评定；

④ 确定工程出险事故发生地段及保险覆盖的范围；

⑤ 列出主要防范风险和安全事故的技术措施；

⑥ 确定可保风险项目，提出风险转移的措施；

⑦ 评估总体意见与建议。

（4）风险评估费用包含在投保单位向保险人缴纳的保险费内。

（5）对建设单位、承包单位和其他工程建设参与各方组成的共投体综合评价的方法如所附“建设工程保险共投体综合评价”所述，综合评价结果与风险系数对应的关系如表 2-1 所示。

表 2-1　　建设工程保险共投体风险系数表

共投体综合评价结果	AAAA	AAA	AA	A	0
共投体风险系数	0.5	0.8	1.0	1.4	1.7

（6）建设工程基本风险指数如所附“建设工程基本风险评价”所述，建设工程风险指

数与风险系数对应关系如表 2-2 所示。

表 2-2　　建设工程风险系数表

风险指数	1	2	3	4	5	6	7	8	9	10
风险系数	0.5	0.6	0.7	0.8	0.9	1	1.1	1.3	1.5	1.8

2.5 建设工程保险的投保与承保

2.5.1 建设工程保险的组成

建设工程保险采取以项目为核心的投保方式，基本涵盖工程建设期间的质量安全风险以及竣工满一年后十年内的质量缺陷风险。该保险包括建设工程质量保修保险、建设从业人员人身伤害保险和建筑与安装工程一切险附加约定责任险。

2.5.2 建设工程质量保修保险

(1) 建设工程质量保修保险承保被保险财产因设计错误、材料缺陷或工艺不善等原因造成的在竣工验收时未发现的，在保险期限内由于结构工程(承重构件)缺陷、屋面、外墙和楼地面渗漏等而造成的建筑物的任何物质损失。

(2) 保险期从竣工满一年后开始起算，最低保险期限：

① 基础设施工程、房屋建筑的地基基础工程和主体结构工程，为 10 年；

② 屋面防水工程、有防水要求的卫生间、房间和外墙面的防渗漏，为 5 年；

③ 供热与供冷系统，为 2 个采暖期、供冷期；

④ 电气管线、给排水管道、设备安装和装修工程，为 2 年；

⑤ 其他项目的保险期限由双方约定。

(3) 建设工程质量保修保险的被保险人为对该建设工程具有所有权的个人、法人、其他组织及其合法继承人和受让人。合法继承人和受让人必须得到保险人书面同意后才具有被保险人资格并在保单上进行批注。

(4) 建设工程质量保修保险的保险金额是保险财产在保险责任起始日起的重置金额，可按照有关条款进行调整。

(5) 建设工程质量保修保险的保险费率为主体结构部分的保险费率、地下渗漏保险费率、屋面和外墙渗漏保险费率及通货膨胀条款费率之和。根据国外情况及国内情况的估计，主体结构部分的保险费率为 4‰，地下渗漏保险费率为 1.5‰，屋面和外墙渗漏保险费率为 2‰，通货膨胀条款费率为 5‰，可根据投保当时的通货膨胀率确定比例。这些保险费率为基础费率，实际费率可视具体风险状况，在基础费率上进行上下 30%的浮动。正常情况下，建设工程质量保修保险不设置免赔额。

(6) 在工程竣工时，施工单位可通过投保维修保证保险或提供维修保函来替代竣工后的建设工程质量保修金。

2.5.3 建设从业人员工伤(或意外伤害)和住院医疗保险

(1) 建设从业人员人身伤害保险是为了保障与所承保工程直接相关的建设从业人员因遭受事故伤害或者患职业病获得医疗救治和经济补偿,保障与所承保工程直接相关的外来建设从业人员因住院获得医疗救治和经济补偿,并促进工伤预防和职业康复。

(2) 建设从业人员人身伤害保险采用不计名、不计数方式,其基本保险费率为工程合同造价的5‰。

(3) 建设从业人员人身伤害保险的工伤职工将依照国家《工伤保险条例》和各地工伤保险实施办法的有关规定享受保险待遇。

2.5.4 建筑与安装工程一切险附加约定责任险

(1) 建筑与安装工程一切险承保被保险财产在保险期限和工地范围内,因自然灾害或意外事故造成的物质损失。其附加的第三者责任险承保在保险期限内,因发生与所承保工程直接相关的意外事故引起工地内及邻近区域的第三者人身伤亡、疾病或财产损失,依法应由被保险人承担的经济赔偿责任。

建筑与安装工程一切险的被保险人包括建设单位、总承包单位、分包单位、设计单位、材料和设备供应单位、技术顾问以及提供资金的金融机构等相关利益各方。

(2) 必须投保建筑与安装工程一切险的建设工程包括隧道、地铁、地下管道、地下厂房、桥梁、码头、机场、水电站、火电站、核电站、石油化工工程等。其他项目可自愿选择投保建筑与安装工程一切险。

(3) 建筑与安装工程一切险保险金额应不低于:

① 建筑工程概算总造价;

② 施工用机器、装置和机械设备重置费用;

③ 保险人与保险公司商定的其他保险项目。

第三者责任险的保险金额应根据工程的风险情况,按工程造价的一定比例确定,也可按最大可能损失投保。

(4) 建筑与安装工程一切险基本费率如表2-3所示。

表2-3　建筑与安装工程一切险基本费率表

序　号	工程类别	C值/‰
1	隧　道	3
2	水电站	1.7
3	桥　梁	1.4
4	普通机械工业工程	3.5

续 表

序　　号	工程类别	C值/‰
5	码　头	2.4
6	机　场	1.7
7	火电站、核电站	3.3
8	化工石油工业工程	1
9	高速公路	2.5
10	非工业用8层以下房屋建筑	1.5
11	非工业用8～20房屋建筑	1.6
12	非工业用20层以上房屋建筑	1.8
13	非高速公路	1.6
14	地铁、地下管道、地下厂房	2.6

(5) 建筑与安装工程一切险的投保实行浮动费率。费率浮动因素包括共投体风险系数和建设工程风险系数，以及免赔额及特种危险的赔偿限额的高低、保险人以往对此类工程的赔付情况和国际再保险市场行情。

2.5.5 建设工程保险合同的签订

(1) 建设工程保险可由一家保险公司承保，也可由几家保险公司共保。保险人应具有类似建设工程风险管理和保险的经验。

(2) 各地方建设行政主管部门和保监局根据保险公司的偿付能力、以往承保建设工程保险的经验、拥有建设工程风险管理知识和经验的人员的数量和层次、风险管理水平、保险赔付率等建立保险公司名录。试点工程的投保人在投保时，在该名录中选择保险人。

(3) 建设工程方案设计评审后，建设单位根据保险公司的管理水平、偿付能力、信誉水平、类似工程保险经验、风险管理服务水平、基本费率，保险方案、拟聘请的风险管理公司等条件通过招标、比选等方式自主选择试点保险公司，并签订保险意向书，建设单位也可通过聘请经纪公司协助选择保险公司。

(4) 保险公司确定后，及时聘请风险管理公司开展设计风险管理工作。

(5) 建设单位确定勘察、设计、施工承包单位后，保险公司委托保险中介机构等具有风险评价能力的单位实施工程项目的风险评价，该保险中介机构应得到建设单位的认可。保险中介机构在风险评价后出具风险评价报告，风险评价包括共同投保体风险评价和工程风险评价。风险评价所确定的共同投保体风险系数和工程风险系数作为确定建设工程保险费率浮动的依据。

(6) 共同投保体根据该建设工程的风险评估报告与保险公司商定保险费率,并签订保险合同(工程质量保修保险合同待工程竣工后根据质量检查报告确定最终保险费率并签订保险合同。)共同投保体办理投保手续后,应将投保有关信息及时上报各地方建设行政主管部门。

(7) 建设工程保险投保流程如图 2-4 所示。

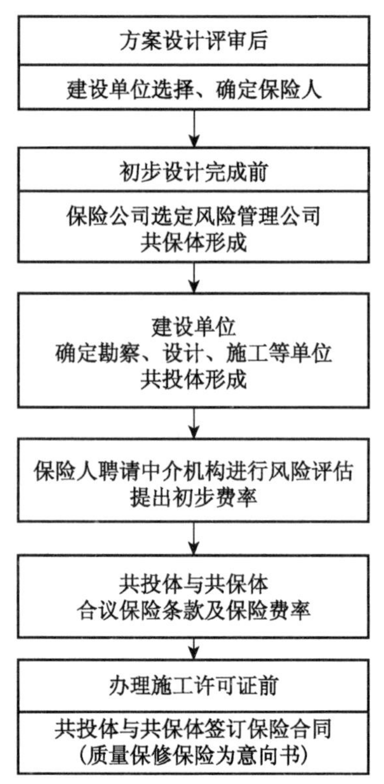

图 2-4 建设工程保险投保流程图

2.5.6 建设工程保险的保险合同

(1) 建设工程保险合同包括保险责任、除外责任、保险费及费率、保险期限、被保险人义务、风险控制、保险理赔等主要内容。

(2) 建设工程保险合同条款主要由以下部分构成。

① 建设工程质量保修保险条款;

② 建设从业人员工伤(或意外伤害)和住院医疗保险条款;

③ 建筑与安装工程一切险条款,包括第三者责任保险及有关的其他扩展条款;

④ 其他保险条款。

(3) 保险合同自领取施工许可证之日或投保工程动工之日、自保险工程材料、设备运抵工地时起生效(工程质量保修险自工程竣工后的一年后生效)。

2.6 建设工程保险费率的确定

2.6.1 建设工程保险的保险费

(1) 建设工程保险费=建设工程合同价×建设工程保险综合费率+附加风险管理费。

(2) 建设工程保险综合费率=[建设工程质量保修保险基本费率+建设从业人员工伤(或意外伤害)和住院医疗保险基本费率+建筑与安装工程一切险基本费率]×(共投体风险系数×65%+工程风险系数×35%)。

(3) 建设工程各种保险费率=建设工程保险各基本费率×(共投体风险系数×65%+工程风险系数×35%)。

(4) 建设单位向保险公司支付的费用包括建设工程保险费和风险管理费。风险管理费的计算详见本书“2.7 建设工程风险管理委托”一节。

(5) 建设工程保险的保险费根据共投体成员的责任实行分担制,其中建筑和安装工程一切险建设单位一般分担 80%左右,设计单位一般分担 20%左右。人身伤害险建设单位一般分担30%左右,施工承包单位一般分担70%左右。建设工程质量保修保险建设单位一般分担20%左右,施工承包单位一般分担80%左右。附加风险管理费全部由建设单位承担。

(6) 投保建设工程保险的建设单位在领取施工许可证之前应缴纳40%的建设工程质量保修保险费、100%的建筑从业人员工伤(或意外伤害)和住院医疗保险费和建筑与安装工程一切险保险费。在领取建设工程竣工证明之前缴纳剩余建设工程质量保修保险费,保险费根据风险管理机构出具的最终检查报告在原定建设工程质量保修保险费的基础上进行浮动。

对于质量缺陷较大,并难以修复的工程,在征得建设主管部门和保险监督行政主管部门同意后可以拒绝承保,并不返还已支付的质量保修保险金,或在设立一定的保险责任范围限制、免赔额、赔偿限额后承保。

在领取施工许可证时,应提供保单、保费付款凭证和保险公司的偿付能力证明等资料。

(7) 已投保设计职业责任险的设计单位,在实行工程建设保险和风险管理时按具体工程情况适当减少保费。

2.6.2 建设工程保险的保险费率的浮动机制

建设工程保险的保险费率采取浮动费率机制,在基本费率的基础上根据共同投保体风险系数和工程风险系数,以及风险管理公司最终的质量检查报告实行相应浮动。保险公司聘请评估公司对工程本体风险和共投体的组织风险进行评估,根据评估结果确定费率,事故少、业绩好、出险低的设计、施工单位,其组织风险小,授信度高,保险费率低,反之则高。浮动费率机制促使建设单位为降低保险成本,必须重视工程质量安全,选择好的设计、施工单位,形成优胜劣汰的市场选择机制,从而促进整个建筑市场的诚信建设。

2.7 建设工程风险管理委托

(1) 建设单位在投保建设工程保险后,保险人应当委托工程风险管理机构进行工程风险管理和事故防范。风险管理机构受保险公司委托后,对建设工程潜在的安全和质量事故损失风险因素实施辨识、评估、控制、处理,促进工程质量的提高,减少和避免质量安全事故的发生。

(2) 保险人应委托工程风险管理机构进行工程风险管理。保险人委托风险管理单位的方式可采用公开招标、邀请招标和直接委托等方式,保险人委托工程风险管理机构应遵循国家、各地方相关的法律和法规进行。

保险人应与工程风险管理机构签订工程风险管理合同,目前可参照“工程监理合同”。

保险人向建设单位承担工程风险管理责任和工程保险责任。工程风险管理机构在工作过程中由于自身错误或疏忽给建设单位工程造成的安全质量事故损失和竣工后一年后的质量缺陷损失由保险人承担。

(3) 保险人所委托的工程风险管理机构需满足工程对风险管理机构资质的要求。

参与风险管理制度试点的风险管理机构应符合下列基本条件:

① 具备甲级监理资质;

② 具备施工图审图资格;

③ 具备工程检测资格。

目前,融上述条件于一身的机构可谓凤毛麟角,因此在当前阶段可以以监理公司为主采取委托形式联合具有相应资质的设计审图机构和检测机构组成联合形式,共同参与工程风险管理。也可以将现有的工程监理、设计审图机构、检测机构通过改组、合并等方式发展成为风险管理机构。试点工程的工程监理单位应逐步成立风险管理部门。提倡部分工程监理单位向专业化、社会化的风险管理机构转化。

经认定的风险管理机构可以参与工程风险管理制度试点。为了适应风险管理的需求,风险管理机构从事风险管理工作的人员应经过相应的培训。

(4) 风险管理的工作内容,具体如下:

① 工程风险管理机构应根据工程具体特点,编制风险管理实施方案和程序,并报建设单位和保险人备案。

② 工程风险管理机构应定期(一个月)以书面形式向建设单位和保险人报告风险管理状况或者按工程的实施阶段提供服务范围内的专项报告。

③ 加强风险的预控和预警工作。在项目实施过程中,要不断地收集和分析各种信息和动态,捕捉风险的前奏信号,以便更好地准备和采取有效的风险对策,控制或管理可能发生的风险,并且把相关的情况及时向保险人反映。

在风险发生时,给出建议,并向建设单位和保险人报告,以便施工单位或其他责任方及时采取措施控制风险发生的损失。

④ 在风险发生后,尽力保证工程的顺利实施,迅速恢复生产,按原计划保证完成预定的目标,防止工程中断和成本超支,抓住一切机会对已发生和还可能发生的风险进行良好的控制。

⑤ 要对工程建设参与各方尤其是施工单位加强风险管理的教育,激励施工单位加强风险防范的意识。

(5) 建设工程风险管理费包括设计阶段质量风险管理费,及施工阶段和竣工后一年的质量安全风险管理费,计算方法如下:

建设工程风险管理费=设计阶段风险管理费+施工阶段和竣工后一年的风险管理费

试点阶段参照各地建设工程监理与咨询服务收费政府指导价中设计、施工、保修三个阶段的监理取费标准再增加10%安全管理费。

(6) 工程风险管理费的支付办法。

建设工程风险管理费、保险费由建设单位支付给保险人。建设工程风险管理费由保险人支付给风险管理机构。

2.8 建设工程风险管理

2.8.1 建设工程风险管理的概述

（1）建设工程风险管理机构在现场直接为建设工程提供风险管理服务，并接受保险人在风险管理方面的指导。实行项目风险经理负责制，试点期间由项目风险经理负责风险管理。保险人有权确认风险经理和更换其他参与风险管理的人员。

（2）建设工程风险管理机构应按照所签订的工程风险管理合同，本着为建设单位和保险人服务，向建设单位和保险人热情、谨慎、主动地提供咨询和服务。

2.8.2 建设工程风险管理的期间和方法

（1）风险管理机构的风险控制应贯穿于从项目初步设计起到竣工后满一年止的工程建设全过程。

（2）风险管理机构根据工程具体特点，以建设工程保险合同和风险管理委托合同为依据，编制风险管理大纲、各阶段风险管理实施方案和程序、事故应急预案，加强风险的预控和预警工作。

（3）风险管理机构对初步设计进行风险指导和质量预控，对施工图设计进行审查，并出具施工图审查报告。

（4）风险管理机构建立风险预防清单，确定风险控制对策，及时建立视像监控平台和信息处理平台等技术监控手段，通过现场跟踪管理，实现风险动态管理和节点控制。

2.8.3 建设工程风险管理机构的权利

（1）风险管理机构认为施工不符合工程设计要求、施工技术标准和合同约定的，或者可能产生工程质量、安全隐患的，有权要求建筑施工企业改正。对影响工程主体结构质量和安全的建筑材料、构配件和设备，未经风险管理机构签字认可，不得在工程上使用。

（2）风险管理机构出具的风险最终检查报告，应当作为工程竣工验收备案的必备资料。建设单位申请办理工程竣工验收备案时未提交风险最终检查报告的，建设工程质量监督机构不予受理。

2.8.4 建设工程风险管理中其他单位的配合

建设工程风险管理合同签订以后，建设单位应该及时将各方相关资料汇总后向建设工程风险管理机构提供，并支持风险管理工作的进行。在工程实施过程中设计单位、施工单位、设备供应单位等等工程参与各方也应该及时根据工程的动态变化，按要求向风险管理公司提供有关数据和资料，主动配合风险管理工作。

2.9 保险索赔与理赔

2.9.1 建设工程保险保险索赔与理赔原则

投保人、被保险人应提高保险索赔意识。在发生保险责任事故时，积极向保险人索赔，以便被保险人能够得到及时、足额的赔付，以充分发挥保险的保障作用。保险公司应按照保险合同约定，以统一理赔标准、缩短理赔周期的原则进行建设工程保险理赔。

保险事故的责任确定产生纠纷时，最终根据保险合同约定采取协商、仲裁或诉讼的方式解决。

2.9.2 建设工程保险保险索赔与理赔流程

投保人和保险人应及时确认保险事故所造成的损失。在必要时，保险人可委托保险中介机构和工程咨询组织核定保险事故损失，但该保险中介组织和工程咨询组织应得到被保险人的认可。具体建设工程保险理赔流程如图 2-5 所示。

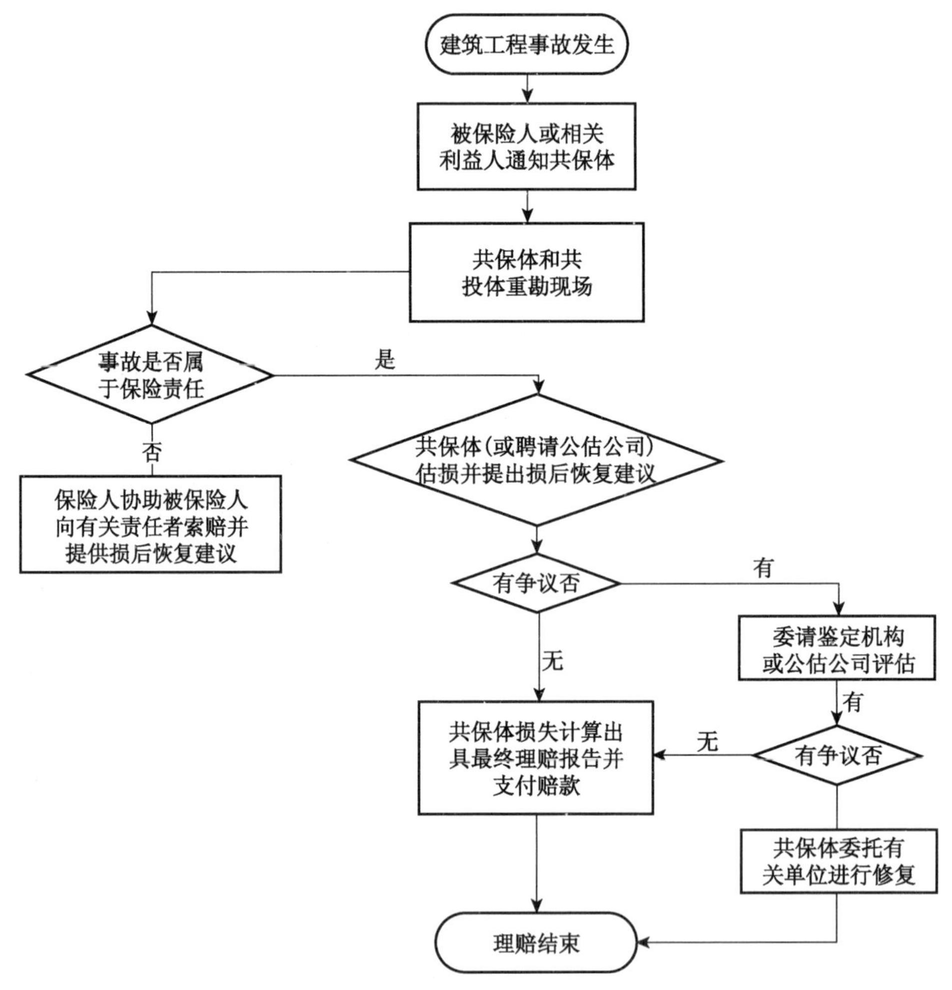

图 2-5　建设工程保险理赔流图

(1) 保险工程发生保险事故后，被保险人或其他事故受害人在核实事故后须在第一时间向共保体或其牵头保险公司报告,采取施救措施并保留事故现场。

(2) 报案一般应先通过电话将出险时间、地点、投保险种向共保体或其牵头保险公司报告,随后将书面出险通知书提交保险公司。

(3) 共保体或其牵头保险公司理赔中心接到出险通知并通过单证审核后立即指派核赔人员赶赴出险现场,进行现场查勘。

(4) 保险公司核赔人在出险现场了解出险经过、受损工程的现状、明确受损工程的范围、拍摄现场照片。

(5) 经事故责任认定,如不属保险责任范围的,共保体或其牵头保险公司可协助被保险人向有关责任人索赔并提出恢复建议。

(6) 共保体或其牵头保险公司与被保险人对于受损工程的保险责任、损失金额意见基本一致即可进入下一步理赔程序,如双方意见有较大分歧,则可提请鉴定机构或公估公司对于质量事故以及损失金额进行鉴定。

(7) 共保体或其牵头保险公司根据双方协商意见或鉴定机构的鉴定结果,对于属于保险责任的质量事故计算赔款金额。对于重大赔案,共保体或其牵头保险公司应该按照合同约定支付预付赔款。在牵头保险公司先支付预付赔款的情况下,支付后可要求各家保险公司按承保比例分摊。

(8) 由于被保险人自行修复的案件,被保险人根据保单规定以及保险人的要求提供相应的书面材料、单证。在全部单证提交共保体或其牵头保险公司后,核赔人进行结案处理,财务部支付赔款。在牵头保险公司先支付预付赔款的情况下,各保险公司按承保比例向牵头保险公司支付。

(9) 经公估、鉴定依然无法达成一致意见的情况下,由共保体或其牵头保险公司委托相关单位对受损保险标的进行修复,修复标准为恢复原样或恢复使用功能,二者满足一个即可。对于共保体或其牵头保险公司委托工程公司修复的案件,共保体或其牵头保险公司收集相关单证,并结案。在牵头保险公司先行委托修复的情况下,可要求各家保险公司按承保比例分摊修复费。

2.9.3 建设工程保险各类保险责任的保险索赔与理赔

(1) 保险事故属于建设工程质量保修保险责任时,保险人应给予被保险人赔偿。建设工程在竣工验收后的第一年出现质量缺陷,由施工单位负责维修,维修费用由施工单位承担;在竣工验收第一年后的保险期内出现质量缺陷,由承保的保险公司负责维修,维修费用由承保的保险公司承担。建设工程在竣工验收后的第一年内出现质量缺陷,施工单位不及时负责维修,经催告仍不履行责任的,承保的保险公司负责维修,维修费用由施工单位承担。

(2) 保险事故属于建设从业人员的工伤(或者意外伤害)和住院医疗保险的责任范围时,建设从业人员将依照国家《工伤保险条例》和各地方工伤保险实施办法的有关规定享受保险待遇。

(3) 保险事故属于建筑与安装工程一切险(包括第三者责任险)的保险责任范围时,保险人应给予被保险人赔偿。具体赔偿金额应根据具体损失金额、保险额、赔偿限额、免赔额等确定,并按照建筑与安装工程一切险的保险合同的赔偿处理条款给予赔付。

第二篇 概　念　篇

3　建设工程风险
4　建设工程风险与保险
5　建设工程保险

3 建设工程风险

3.1 风险的基本概念

3.1.1 风险的定义

“风险”这个词来源模糊，充满争议。据艾瓦尔德(Ewald)考证，这个词来自意大利语的 risque，是在早期的航海贸易和保险业中出现的。在老的用法中，风险被理解为客观的危险，体现为自然现象或者航海遇到礁石、风暴等事件；而这个词的现代意思已经不是最初的“遇到危险”，而是“遇到破坏或损失的机会或危险”。经过两个多世纪的发展，风险这个概念与人类的决策和行动的后果联系更加紧密，并被视为影响个人或群体的事件的不确定性。

从近代保险业产生以来，特别是 20 世纪 60 年代以来，风险研究出现了大量的文献，涉及自然科学、社会科学中的诸多学科。塞尔顿·科里姆斯基与多米尼克·古尔丁说，对风险的研究一度只局限在学术团体和保险业狭小的领域，但现在已经在公共政策需求的推动下发展起来，迅速成为一个多学科的研究领域。风险的基本含义是损失的不确定性。但是，对这一基本概念，经济学、统计学、决策理论和保险学这些学科从各自的角度，对风险进行了定义。其中有代表性的简述如下：

1) 损失机会和损失可能性

统计学、精算学、保险学等学科把风险定义为一件事件造成破坏或伤害的可能性或概率。通用的公式是风险(R)＝伤害的程度(H)×发生的可能性(P)。这个定义带有明显的经济学色彩，采用的是成本减去收益的逻辑。

把风险定义为损失机会，这表明风险是一种面临损失的可能性状况，也表明风险是在一定状况下的概率度。当损失机会(概率)是 0 或 1 时，就没有风险。对这一定义持反对意见的人认为，如果风险和损失机会是同一件事，风险度和概率度应该总是相等的。但是，当损失概率是 1 时，就没有风险，而风险总应该是有些结果不确定的。

把风险定义为损失可能性是对上述损失机会定义的一个变种，但损失可能性的定义意味着风险是损失事件的概率介于 0 和 1 之间，它更接近于风险是损失的不确定性的定义。

2) 实际与预期结果的离差

长期以来,统计学家把风险定义为实际结果与预期结果的离差度。例如,一家保险公司承保 10 万幢住宅,按照过去的经验数据估计火灾发生概率是 0.1%,即 1 000 幢住宅在一年中有 1 幢会发生火灾,那么这 10 万幢住宅在一年中就会有 100 幢发生火灾。然而,实际结果不太可能会正好是 100 幢住宅发生火灾,它会偏离预期结果,保险公司估计可能的偏差域为±10%,即在 90 幢和 110 幢之间,可以使用统计学中的标准差来衡量这种风险。

3) 风险是实际结果偏离预期结果的概率

有的保险学者把风险定义为一个事件的实际结果偏离预期结果的客观概率。在这个定义中风险不是损失概率。例如,生命表中 21 岁的男性死亡率是 1.91%,而 21 岁男性实际死亡率会与这个预期的死亡率不同,这一偏差的客观概率是可以计算出来的。这个定义实际上是实际与预期结果的离差的变换形式。

总而言之,风险是指产生损失后果的不确定性。这种不确定性又可分为客观的不确定性和主观的不确定性。客观的不确定性是实际结果与预期结果的离差,它可以使用统计学工具加以度量。主观的不确定性是个人对客观风险的评估,它同个人的知识、经验、精神和心理状态有关,不同的人面临相同的客观风险时会有不同的主观的不确定性。

风险有三个内涵。它必须与人们的行为相联系,否则就不是风险,而是危险。客观条件的变化是风险的重要成因。风险是指可能的后果与项目的目标发生负偏离。

3.1.2 风险的要素

风险的要素是构成风险属性及影响风险产生、存在和发展的因素。在认知风险的要素时,除涉及风险的定义和一般概念外,还应明确下列概念,即风险因素、风险事件、损失以及三者的关系。

1) 风险因素(Hazard)

风险因素是指促使损失频率和损失幅度增加的要素,是导致事件发生的潜在原因,是造成损失的直接的或间接的原因。例如,一栋建筑大楼所用建筑材料的质量和建筑结构的合理性都是造成房屋倒塌风险的潜在因素。再比如资本市场中的经纪人超越委托人的授权投资范围进行证券投资,这种越权代理是导致投资亏损的潜在因素。总之不同领域的风险因素的表现形态各异。根据风险因素的性质,可将风险因素分为三种。第一,物理风险因素系有形因素,并能直接影响某事物的物理性质,如建筑物、建材的质量缺陷和施工技术缺陷风险因素将直接影响风险标的的结构和性能等,又如汽车的生产厂家、传动系统、刹车系统的不安全风险因素等直接影响汽车的安全使用。第二,道德风险因素系无形因素,与人的修养和品质有关,如人的欺诈行为等。第三,心理风险因素,也是一种无形因素,它与人的心理状态有关,如侥幸心理,又如投保后不注意对损失的防范等。

2）风险事件(Peril)

风险事件是指造成生命财产损失的偶发事件，是直接或间接造成损失的事件，因此可以说风险事件是损失的媒介物，即风险只有通过风险事件的发生才能导致损失。例如，雪天路很滑，导致发生车祸，造成人员伤亡。这时“雪”是风险因素，“车祸”就是风险事件。

3）损失(Loss)

损失是指非正常的、非预期的经济价值减少，通常以货币衡量，必须同时满足“非预期”和“经济价值减少”两个条件才能称其为损失。如固定资产的折旧，它满足了经济价值减少这个条件，但由于它是有计划的和预期可知的经济价值的减少，因此不满足损失的所有条件，故不能称其为损失。损失可分为直接损失和间接损失两种。直接损失也可理解为实质性的损失，间接损失则包括额外费用损失、收入损失和责任损失三种。例如，某企业因遭受火灾导致设备损毁就属于直接损失，额外费用损失则是指必须修理或重置设备而支出的费用。收入损失是指由于该设备损毁以致无法生产产品而减少的利润。责任损失是指由于设备无法正常生产，不能履行供货合同而造成违约，依法应负的赔偿责任，如违约金或罚款等。

4）风险因素、风险事件和损失三者的关系

解释风险因素、风险事件和损失三者关系的理论有两种。一是亨利希(H. W. Heinrich)的骨牌理论；二是哈同(W. Haddon)的能量释放理论。虽然他们都认为风险因素引发风险事件，而风险事件又导致损失，但这两种理论的区别在于侧重点不同。前者强调风险因素、风险事件和风险损失这三张骨牌之所以倾倒，主要是人的错误所致。后者则强调，之所以造成损失是因为事物承受了超过其能容纳的能量所致，物理因素起主要作用。综上所述，可以把风险因素、风险事件和损失三者的关系组成一条因果关系链条，即风险因素的产生或增加，造成了风险事件的发生，风险事件发生则又成为导致损失的直接原因。认识这种关系的内在规律是研究风险管理和保险的基础。风险作用链条图展现了风险的动态过程。在对风险进行认识的同时，认识风险的作用链条对预防风险、降低风险损失有着十分重要的意义。风险作用链条图如图3-1 所示。

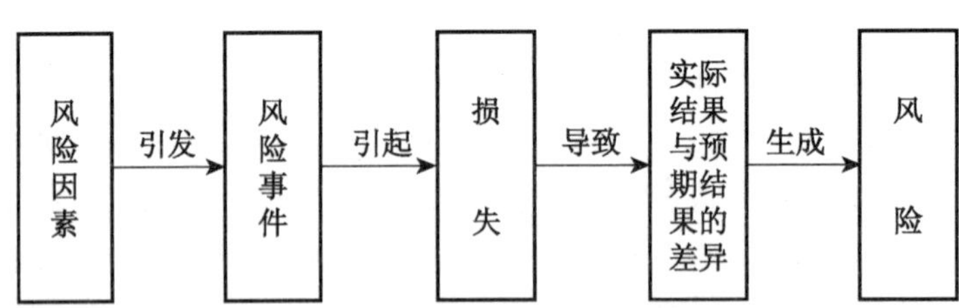

图 3-1　风险作用链条图

建筑工程风险作用链条图如图 3-2 所示。

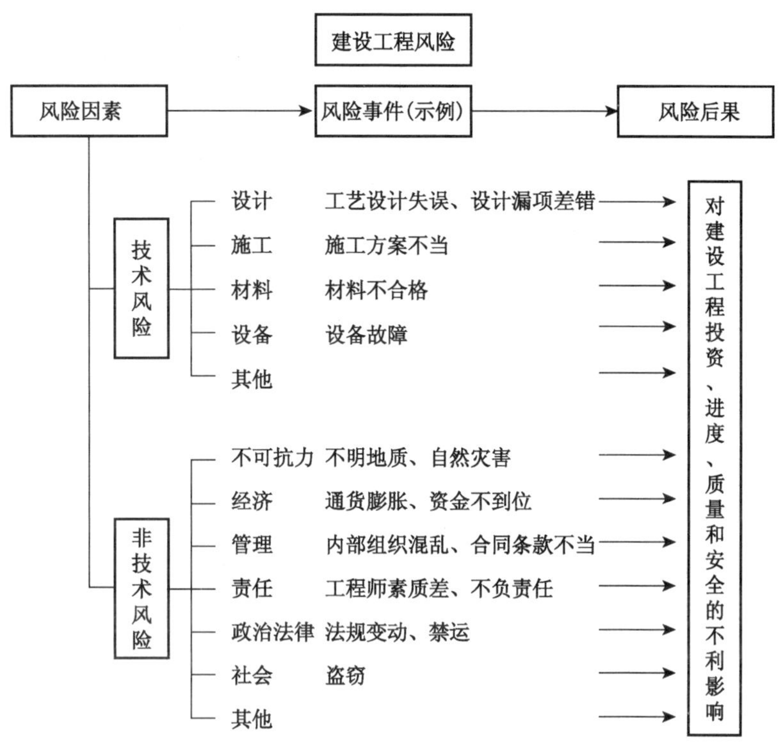

图 3-2 建筑工程风险作用链条图

3.1.3 风险的属性

1）风险事件的随机性

风险事件的发生及其后果都具有偶然性。风险事件是否发生，何时发生，发生之后会造成什么样的后果？人类通过长期的观察发现，许多事件的发生都遵循一定的统计规律，这种性质叫随机性。大量事实表明，风险事件具有随机性。

2）风险的相对性

风险总是相对项目活动主体而言的。同样的风险对于不同的主体有不同的影响。人们对于风险事件都有一定的承受能力，但是这种能力因活动、人和时间而异。对于项目风险，人们的承受能力主要受下列因素的影响。

(1) 收益的大小。收益总是有损失的可能性相伴随。损失的可能性和数额越大，人们希望为弥补损失而得到的收益也越大。反过来，收益越大，人们愿意承担的风险也就越大。

(2) 投入的大小。项目活动投入的越多，人们对成功所抱的希望也越大，愿意冒的风险也就越小。投入与愿意接受的风险大小之间的关系如图 3-3 所示。一般人希望活动获得成功的概率随着投入的增加呈 S 曲线规律增加。当投入少时，人们可以接受较大的风险，即获得成功的概率不高也能接受。当投入逐渐增加时，人们就开始变得谨慎起来，希望活动获得成功的概率提高了，最好达到百分之百。

图 3-3 还表示了另外两种人对待风险的态度。风险的态度图如图 3-3 所示。

(3) 项目活动主体的地位和拥有的资源。管理人员中级别高的同级别低的相比，能够承担大的风险。同一风险，不同的个人或组织承受能力也不同。个人或组织拥有的资源越多，其风险承受能力越大。

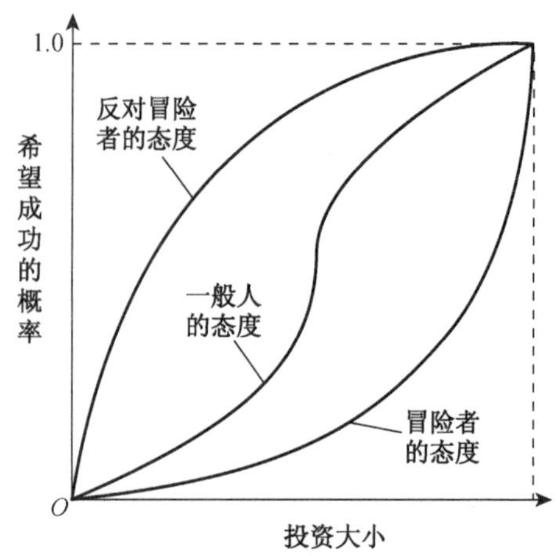

图 3-3　风险的态度图

3) 风险的可变性

辩证唯物主义认为，任何事情和矛盾都可以在一定条件下向自己的反面转化。这里的条件指活动涉及的一切风险因素。当这些条件发生变化时，必然会引起风险的变化。风险的可变性有如下含义。

(1) 风险性质的变化。例如，十年前熟悉项目进度管理软件的人不多，出了问题，常常使人手足无措。那个时候使用计算机管理进度风险很大。而现在，熟悉的人多了起来，使用计算机管理进度不再是大的风险。

(2) 风险后果的变化。风险后果包括后果发生的频率、收益或损失大小。随着科学技术的发展和生产力的提高，人们认识和抵御风险事件的能力也逐渐增强。能够在一定程度上降低风险事件发生的频率并减少损失或损害。在项目管理中，加强项目班子建设，增强责任感，提高管理技能，就能使一些风险变成非风险。

(3) 出现新风险。随着项目或其他活动的展开，会有新的风险出现。特别是在活动主体为回避某些风险而采取行动时，另外的风险就会出现。例如，为了避免项目进度拖延而增加资源投入时，就有可能造成费用超支。有些建设项目，为了早日完成，采取边设计、边施工或者在设计中免除校核手续的办法。这样做虽然可以加快进度，但是增加了设计变更、降低施工质量和提高造价的风险。

3.1.4　风险的分类

1) 按风险后果划分

按照后果的不同，风险可划分为纯粹风险和投机风险。

(1) 纯粹风险。纯粹风险系指只会造成损失而不会带来收益的风险。例如，自然灾害，一旦发生，将会造成重大损失，甚至人员伤亡。如果不发生，只是不造成损失而已，但不会带来额外的收益。这种只有损失机会而没有意外收益可能的风险也称为纯风险。

(2) 投机风险。投机风险则不同，它可能造成损失，但也可能创造额外收益。一项重大投资活动可能因决策错误或因碰上不测事件而使投资者蒙受灾难性的损失。但如果决策正确,经营有方或赶上大好机遇,则有可能给投资人带来巨额利润。例如房地产经营,有些人因善于利用机遇,决策果断,因而成为暴发户,而另一些人则走投无路,只好破产倒闭。投机风险具有极大的诱惑力,人们常常注重其有利可图的一面,却忽视其带来厄运的可能。

纯风险与投机风险还有另外的区别。在相同的条件下,纯风险一般可重复出现,因而人们更能成功地预测其发生的概率,从而相对容易采取防范措施。投机风险则不然,其重复出现的概率小,因而预测的准确性相对较差。

纯风险和投机风险两者常常同时存在。例如,房产所有人就同时面临纯风险(如财产损坏)和投机风险(如一般经济条件变化所引起的房产价值的升降)。

纯粹风险和投机风险在一定条件下可以相互触发。项目管理人员必须避免投机风险导致纯粹风险。

2) 按风险来源划分

按照风险来源或损失产生的原因可将风险划分为自然风险和人为风险。

(1) 自然风险。由于自然力的作用,造成财产毁损或人员伤亡的风险属于自然风险。例如,水利工程施工过程中因发生洪水或地震而造成的工程损害以及材料和器材损失。

(2) 人为风险。人为风险是指由于人的活动而带来的风险,可分为行为、经济、技术、政治和组织风险等。

① 行为风险是指由于个人或组织的过失、疏忽、侥幸、恶意等不当行为造成财产毁损、人员伤亡的风险。

② 经济风险是指人们在从事经济活动中,由于经营管理不善、市场预测失误、价格波动、供求关系发生变化、通货膨胀、汇率变动等所导致经济损失的风险。

③ 技术风险是指伴随科学技术的发展而来的风险。如核燃料出现之后产生了核辐射风险;由于海洋石油开采技术的发展而产生的钻井平台在风暴袭击下翻沉的风险;伴随宇宙火箭技术而来的卫星发射风险。日本关西国际机场在填海筑造人工岛时,遇到了许多特殊的技术问题。最严重的是“人工岛沉降”,这个问题大大影响了整个项目的工期和造价。

④ 政治风险是指由于政局变化、政权更迭、罢工、战争等引起社会动荡而造成财产损失和损害以及人员伤亡的风险。1990 年,伊拉克入侵科威特引起海湾战争,使我国在那里的几家建筑公司蒙受了很大损失。

⑤ 组织风险是指由于项目有关各方关系不协调以及其他不确定性而引起的风险。现代的许多合资、合营或合作项目组织形式非常复杂。有的单位既是项目的发起者,又是投资者,还是承包商。由于项目有关各方参与项目的动机和目标不一致,在项目进行过程中常常出现一些不愉快的事情影响合作者之间的关系、项目进展和项目目标的实

现。组织风险还包括项目发起组织内部的不同部门由于对项目的理解、态度和行动不一致而产生的风险。例如我国的一些项目管理组织，各部门意见分歧，长时间扯皮，严重地影响了项目的准备和进展。

3）按风险是否可管理划分

可管理的风险是指可以预测，并可采取相应措施加以控制的风险；反之，则为不可管理的风险。风险能否管理，取决于风险不确定性是否可以消除以及活动主体的管理水平。要消除风险的不确定性，就必须掌握有关的数据、资料和其他信息。随着数据、资料和其他信息的增加以及管理水平的提高，有些不可管理的风险可以变为可管理的风险。

4）按风险影响范围划分

风险按影响范围划分，可以有局部风险和总体风险。局部风险影响的范围小，而总体风险影响范围大。局部风险和总体风险也是相对的。项目管理班子特别要注意总体风险。例如，项目所有的活动都有拖延的风险，但是处在关键路线上的活动一旦延误，就要推迟整个项目的完成日期，形成总体风险。而非关键路线上活动的延误在许多情况下是局部风险。

5）按风险的可预测性划分

按这种方法，风险可以分为已知风险、可预测风险和不可预测风险。

（1）已知风险。已知风险就是在认真、严格地分析项目及其计划之后就能够明确的那些经常发生的，而且其后果亦可预见的风险。已知风险发生概率高，但一般后果轻微，不严重。项目管理中已知风险的例子有：项目目标不明确，过分乐观的进度计划，设计或施工变更，材料价格波动等。

（2）可预测风险。可预测风险就是根据经验，可以预见其发生，但不可预见其后果的风险。这类风险的后果有时可能相当严重。项目管理中的例子有：业主不能及时审查批准，分包商不能及时交工，施工机械出现故障，不可预见的地质条件等。

（3）不可预测风险。不可预测风险就是有可能发生，但其发生的可能性即使最有经验的人亦不能预见的风险。不可预测风险有时也称未知风险或未识别的风险。它们是新的、以前未观察到或很晚才显现出来的风险。这些风险一般是外部因素作用的结果。例如，地震、百年不遇的暴雨、通货膨胀、政策变化等。

6）其他的风险分类方法

按风险所处层次分为决策层风险、管理层风险、执行层风险；按风险持续时间又分为短期风险、中期风险、长期风险；按风险损失形态又分为财产风险、人身风险、责任风险、信用风险。各种风险分类方法如表 3-1 所示。

表 3-1　　风险分类表

风险划分方法	风险划分分类	简　　述
风险后果或效应	纯粹风险	不能带来机会，无法获得利益可能的风险
	投机风险	既可带来机会获得利益，又可造成损失的风险
风险来源	自然风险	由自然力作用造成财产毁损或人员伤亡的风险
	人为风险	由人的活动而带来的风险
风险是否可管理	可管理的风险	可预测并可以采取相应措施加以控制的风险
	不可管理的风险	不可预测并不能采取措施加以控制的风险
风险影响范围	局部风险	仅影响项目局部的风险
	总体风险	影响项目总体的风险
风险可预测性	已知风险	能够明确发生且后果可以预见的风险
	可预测风险	可以预见发生但不可以预见后果的风险
	不可预测风险	有可能发生且发生的可能性不可预见的风险
风险所处层次	决策层风险	在决策层产生的风险
	管理层风险	在管理层产生的风险
	执行层风险	在执行层产生的风险
风险持续时间	短期风险	持续时间较短的风险
	中期风险	有一定持续时间的风险
	长期风险	持续时间较长的风险
风险损失形态	财产风险	引起财产损失的风险
	人身风险	引起人身伤亡的风险
	责任风险	专业人士的责任风险
	信用风险	由信用方面引起的风险

3.2 建设工程风险

3.2.1 建设工程风险的含义

由于建设工程的施工周期较长、施工过程和施工工艺复杂、建筑材料和设备器具繁多，因而建设工程的风险是普遍存在的。建设工程风险是指建设工程在包括设计、施工和移交运行各个环节的建设工程实施阶段，建设工程投资、进度、质量的实际结果与主观预料之间差异的可能性。

3.2.2 建设工程风险的特点

建设工程风险附着在建设工程的建筑安装施工过程中，与建设工程的施工过程紧密相关。同其他一般产品的生产过程相比，建设工程的施工工艺和施工流程是非常复杂的，环境影响因素也很多，因而期间潜伏的建设工程风险就具有不同于一般风险的特殊属性，具体表现在如下四个方面。

1）建设工程风险管理对工程方面的专业知识要求较高

工程风险出现于工程施工和使用过程中，若要识别工程风险，首先需要具备建筑安装方面的专业知识。比如土方工程中经常发生挖方边坡滑坡、塌方、基地扰动、回填土沉陷、填方边坡塌方、冻胀、融陷或出现橡皮土等情况，只有具备了建筑安装工程的基础知识，才能凭借工程专业经验识别出这些风险。建设工程风险的估计和评价更需要工程专业知识，这样才能比较准确地估计风险发生几率的大小以及风险可能给整体工程造成的风险损失。此外，对基础工程、钢筋混凝土结构工程、钢结构、砌体工程、建筑幕墙等施工过程可能出现的风险，皆需要具备深厚的建设工程专业知识和经验，才能发现和解决建设工程中出现的问题，实施有效的建设工程风险管理。

2）建设工程风险发生频率高

由于建设工程建设周期长、施工工艺复杂、施工现场的危险因素也很多，因而一些危险因素相互集结，最终形成危害整体工程管理目标实现的风险。在一些工程尤其是大型工程的施工过程中，人为原因和自然原因造成的工程事件频发。施工期内经常出现建筑工人意外伤亡、建筑材料和设备丢失损坏的事件，工程施工设计或现场管理不当也成为导致工程缺陷或事件的人为风险源。此外，地震、洪水和其他自然不可抗力等自然风险源引发的工程风险事件的频率也是比较高的。

3）工程风险的承担者具有综合性

当一项工程风险的发生给工程整体造成损失时，一般按照谁造成损失谁负责的原则，由责任方承担相应的损失责任。在判定责任时，需要识别和分析风险源、风险转化的条件等，据此来判断是谁造成的风险损失。由于建设工程的施工过程往往涉及众多责任方参与，比如建筑材料和构件由供应商供给，施工机械由承包商提供，施工图由设计单位提供，工程施工由若干承包商参与施工、业主负责采购，有些项目还涉及提供贷款的银行和担保公司等。因此，一项工程风险事件的责任可能涉及业主、承包商、分包商、设计方、材料设备供应商等多方。比如工程工期延误了，可能是业主资金或物资不到位造成的，可能是承包商施工组织不利造成的，也可能是供应商供货延期造成的，或者是这些原因共同造成的。总之，一项工程风险事件的发生通常有多个风险承担者。

4）建设工程风险造成的损失具有关联性

由于建设工程涉及面较广，同步施工和接口协调问题比较复杂，各分部分项工程之间关联度很高，所以各种风险相互关联将形成相关分布的灾害链，使得建设工程产生出特有的风险组合。

3.2.3 建设工程风险的分类

建设工程项目投资巨大、工期长，从其筹划、设计、建造到竣工后投入使用，整个实施过程都存在着各种各样的风险。为了能够更全面地认识项目风险，并有针对性地进行管理，有必要将工程项目风险进行分类。建设工程的风险可以从很多不同的角度及根据不同的标准进行，但其分类方法与前述风险的一般分类方法有很多共同之处，这里不再赘述，在此主要按照损害对象、工程项目风险的不同后果承担者两个角度来划分。

1）按建设工程风险造成损失的对象划分

建设工程风险可分为实物资产风险，金融资产风险，法律责任风险和人力资本风险。其具体形式如图 3-4 所示。

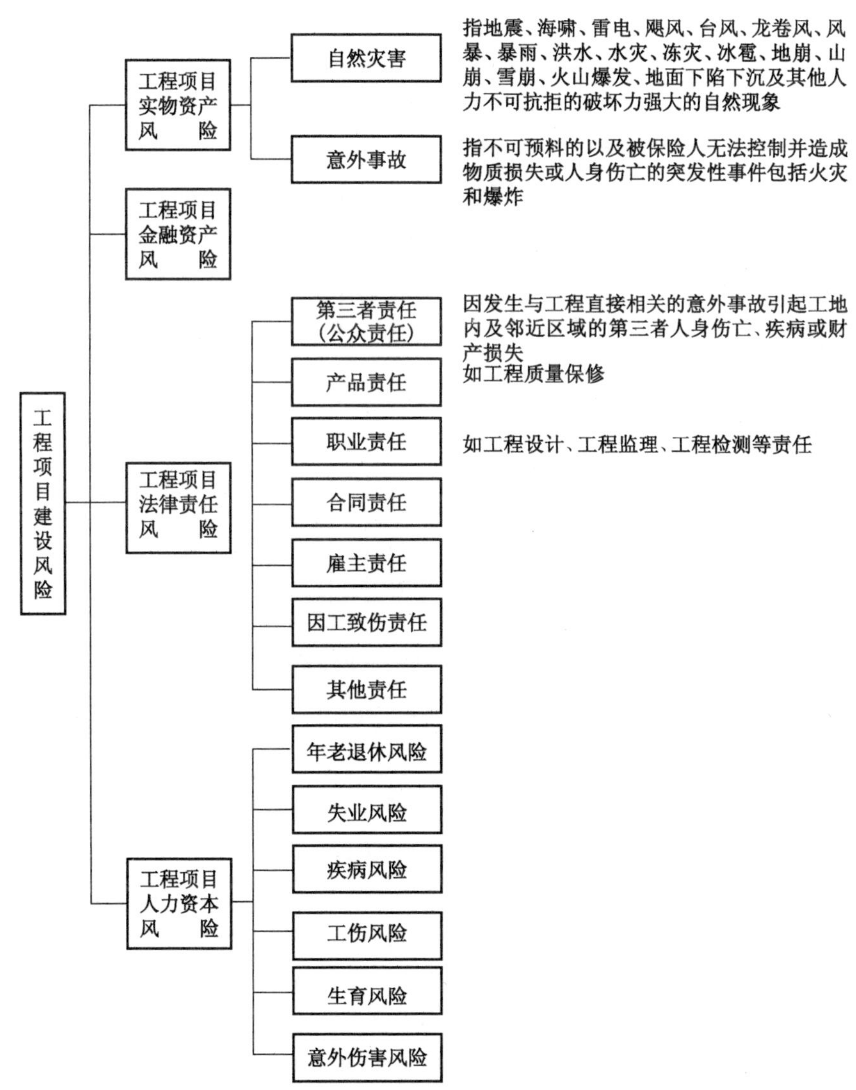

图 3-4 建设工程风险按照损害对象分类

2）按建设工程风险后果承担者划分

在任何地方，只要发生这类风险，各行各业都会受到影响。建设工程当然也不例外。建筑产品与其他产品相比，具有规模大、周期长、生产的单件性和复杂性等特点，在实施过程中存在着许多不确定的因素，因此比一般产品生产具有更大的风险。由于牵涉各方关系复杂，这就有必要把建设工程风险按不同的参与者分类，以便在风险管理中起到识别衡量风险的作用，从而减低风险。

按建设工程风险的不同参与者可将建设工程风险分为业主方或投资方（一般以业主方表示）风险、担保人风险、担保方风险、咨询或监理单位（一般以咨询单位表示）风险、承包商风险、供应商风险、政府风险等，如图 3-5 所示。

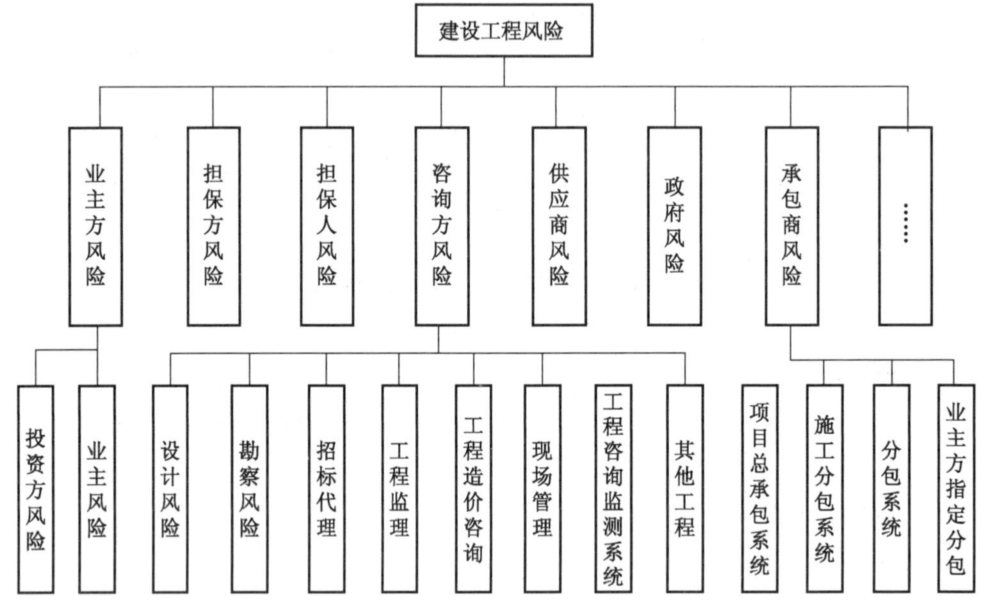

图 3-5　工程项目风险的不同参与者

下面将重点对业主方、承包方和工程咨询方经常遇到的风险分类，这样可以明确各自的风险来源，以便在风险管理中对风险进行识别、衡量和监控。

工程建设参与各方都不可避免地面临着各种风险，而且伴随建设工程规模和技术难度不断加大，风险程度日益提高。建设工程的风险，有些是建设参与各方当事人所共有的，带有共性化，有些则是一方单独面临的风险，是不同当事人所特有的，带有个性化。在此仅对建设工程中的几个主要参与方，包括业主方、承包商、咨询单位，在建设工程项目实施过程中所面临的风险进行分析。

（1）业主方的风险

业主或投资商通常遇到的风险可归纳为七种类型，即不可抗力风险、技术风险、经济风险、管理风险、责任风险、政治法律风险、社会风险。

① 不可抗力风险。该风险包括台风、洪水、地震、战争等带来的投资损失的风险。

② 技术风险。该风险包括因建设工程所选用的工艺、设备在项目建成时已过时，或者由于设计施工单位的技术管理水平不高，造成对项目费用估算不准、建设工程出现质量缺陷或事件等的风险。

③ 经济风险。

a. 宏观形势不利。投资环境差劣、市场物价不正常上涨、通货膨胀幅度过大。任何经济活动都离不开宏观形势。在世界经济萧条的形势下很难有某一区域的微观形势不受丝毫影响。苏联的解体，其社会制度的彻底变革导致独联体诸国的经济濒于崩溃，大批在建工程下马，物价飞涨，面对这种形势的业主或投资商也只能望天兴叹，毫无办法。

b. 投资回收期长。有些工程属于长线工程，投资规模大，回收期长。虽然总利润可能比较高，但由于资金具有时间价值，加之商场上风云多变，很可能因周期长而出现各种不测事件，从而导致预期的利润不能实现。

c. 基础设施落后。外部的客观环境，尤其是公共基础设施的好坏对工程影响极大。交通落后，能源不足，必然严重制约工程的正常进行。例如，公路质量太差会影响材料供应的及时性，会加大运输设备的损耗，能源供应不足会影响施工进度，延误工期，而这些制约因素无疑会导致加大承包商的报价。这笔增加费用只能由业主或投资商承担。

d. 财务风险。如资金筹措无门、外资款因汇率发生不理想的变化而造成的损失的风险。

④ 管理风险。如由于缺乏经验和常识、合同条款不严谨、工期拖延、材料供应商履约不力或违约、指定分包商履约不力、监理工程师失职、承包商缺乏合作诚意、承包商履约不力或不履约或因施工现场协调和督导不利而出现工程质量事件和安全事件的风险。

⑤ 责任风险。如决策风险，在工程项目的可行性研究阶段，由于信息的不完备，往往会导致建设项目的受益损失，形成决策失误的风险。

⑥ 政治法律风险。如政府产业政策或环保政策的变化导致项目多缴纳税款或追加投资，造成费用上涨的风险。再如有些企业的主管部门常常有意无意地给企业设置重重障碍，致使企业或业主和投资商的种种努力付之流水。例如业主或投资商根据其业务特征选好建房用地，而拥有地皮的当地政府却图谋私利，将周围的用地卖给另一家从事严重影响该业主或投资商经营目标的房地产经营商，从而严重破坏项目未来的外部环境条件。

⑦ 社会风险。如道德风险，系指业主或投资商的执行人员应有的品行道德发生背离，失去应有的事业心和责任感，道德败坏、贪污受贿，对工程材料设备明取暗偷，玩忽职守等行为不轨，致使业主或投资商的财产遭受损失，或工程质量缺乏监督保证。

(2) 承包商的风险

① 不可抗力风险。承包商的不可抗力风险大致与业主相同。该风险包括台风、洪

水、地震、战争等带来的投资损失的风险。

② 技术风险。承包商的技术风险主要体现于工程的技术和质量。任何工程都有严格的质量要求,不具备相应的专业技术是无法承揽工程的。技术的高低、质量的好坏对工程具有相当重要的影响。

③ 经济风险。如财务风险,就一个具体项目而言,最初的财务工作是筹资。工程筹资的渠道很多:有承包商自己垫付资金的,有通过银行或信贷机构融资的,也有采取由股东投资或社会集资的……不管采取什么筹资手段,都需要周密计划部署,要认真比较利弊得失,还应充分考虑不同筹资办法所导致的效益差别和税负情况。这里尤其要注意的是存款与借贷利息的正确比较和最终决策。如果筹划不当或计算不周,就会导致资金运用不当,从而造成损失。

④ 管理风险。承包商管理风险主要包括工程管理风险、合同管理风险、物资管理风险、决策风险。

a. 工程管理风险。工程管理对于有经验的承包商来说通常并不算困难,但若是大型复杂工程,参与实施的分包公司太多,工序错综复杂,加上地质、水文及自然条件发生意外变化,总包商将面临很多风险。

b. 合同管理风险。合同管理主要是利用合同条款保护自己,扩大收益。要求承包商具有渊博的知识和娴熟的技巧,要善于开展索赔,精通纳税技巧,擅长运用价格调值。

c. 物资管理风险。物资管理直接关系到工程能否顺利地按计划进行,材料能否充足供应,人员能否充分发挥效力等一系列问题。物资管理同样要求科学化,既要保证工程的需要,又不能大量囤积材料而占用大笔资金,尤其是资金具有时间价值,材料早购与晚购结果大不一样。对物价变化趋势缺乏预见,其可能遭受的损失将是巨大的。

d. 决策风险。承包商在考虑是否进入某一市场、是否承包某一项目时,首先要考虑是否能承受进入该市场或承揽该项目可能遭遇的风险。承包商首先要对此做出决策。而在做出决策之前,承包商必须完成一系列的工作。所有这些工作无不潜伏着各具特征的风险。

报价失误风险是决策风险之一。报价策略是承包商中标获取项目的保证。策略正确且应用得当,承包商自然会获取很多好处,但如果出现失误或策略应用不当,则会造成重大损失。

潜伏有风险的报价策略主要有以下情况:

a) 低价夺标风险　这有两个方面。一是寄赢利希望于索赔。这是当前国际承包商普遍采用的基本策略。在遵循国际惯例的承包市场上,这种策略应该说是可行的,且一般都能奏效。但在一些缺乏惯例意识的国家和地区,索赔往往成为刺激人的字眼,在合同实施期间很难依法索赔。二是低价夺标进入市场,寄赢利希望于后续项目。但是,如果承包商判断失误,承包商花了血本完成第一个项目后,未能获得后续项目,其购置的大批机械设备下场后将不得不转移,前一个工程的亏损额难以找到补偿机会,最后不得不付出巨大代价接受更为苛刻的条件。

b）高价中标风险　高价中标也有两个方面。一是倚仗技术优势拒不降价。有些承包商自恃拥有优越于旁人的技术和实力，在竞标时不愿降价。目前，若倚仗技术优势不愿降价，只能失去得标机会。二是倚仗关系优势拒不降价。如果承包商寄希望于打通关系和疏通渠道，甚至赠以重金，一旦事情败露，无疑将被取消得标资格。

c）合作风险　若承包商夺标心切，对合作对象依赖过多，而较少警惕，在合作中往往自觉地听命于人。结果是好处被人占尽，而风险全落自身。

⑤ 责任风险。承包商责任风险主要有人事责任风险。

承包商系企业之主，对企业的每个成员的人身安全、就业保证及福利待遇都负有责任。任何雇员，尤其是关键人员的潜在损失都将可能成为承包商的责任风险。承包商的雇员由于死亡、失业、生病或衰老而面临着潜在收益能力的损失和意外支出的损失。

承包商的工作责任心并不是任何时候都能令人绝对满意或绝对信服的，加之工程设备差异较大，常常会因某一局部的疏忽差错或施工拙劣而影响全局，甚至给工程留下隐患。这些失误都会构成承包商的职业责任风险。

承包商还必须对由其活动产生的相关损失或过失承担责任。例如非法侵占土地、妨害公共利益或私人利益，进入工地的物资受损或被盗等。

⑥ 政治法律风险。政治法律风险主要是法律责任。法律责任包括民事责任和刑事责任。承包商应承担的法律责任主要是民事责任。民事责任的起因可以有多种：如合同、行为疏忽、欺骗或错误、其他诉讼和赔偿等。

民事责任的后果是经济赔偿，这对承包商无疑是一项不容忽视的风险。

除了民事责任外，承包商有时也难免承担刑事责任，特别是由于技术错误或人为造成房屋倒塌、伤害人命等，承包商都必须承担刑事责任。而这类责任的损失风险丝毫不比民事责任小。

⑦ 社会风险。如替代责任。如果实行工程分包，承包商还应承担因分包商过失或行为而造成损失的连带责任。

（3）咨询方风险

① 来自业主的风险。业主聘用工程师作为其技术咨询人，为其项目进行咨询、设计和监理。许多情况下，工程师的任务贯穿于自项目可行性研究直至工程正式验收的全过程。工程师的责任自始至终都是很大的，所承担的风险自然也不会少。归纳起来，来自业主方面的风险主要产生于以下原因：

a. 业主希望少花钱多办事。有些业主不遵循客观规律，对工程提出的要求往往有些过分。例如要求工程标准高、实施速度超出可能性。工程师常常不能说服业主改变观点，不得不勉为其难。这就有可能导致投资难以控制或者质量难以保证，由此而导致工程师的责任风险。

b. 可行性研究缺乏严肃性。有些业主凭着一时的感情冲动或心血来潮，一心只想上项目,委托咨询公司完成可行性研究时常常附加种种倾向性要求。咨询工程师在做可行性研究时,业主的主意已定,可行性研究实则只是出于向上级报批的需要,而不是真正研究项目是否可行。这样,咨询公司的可行性研究实则变成可批性研究。一旦付诸实施,各种矛盾都将暴露出来,而这些矛盾处理不好,所导致的责任自然都得由工程师来承担。

c. 宏观管理不力;投资先天不足。许多业主或投资人只片面追求投资效益,对于如何获得投资预期效益却很少考虑,特别是对项目的宏观管理,既缺乏能力,又缺乏意识,不努力改善投资环境,创造条件,把一切工作全推给咨询公司去办,而咨询公司在许多方面却又不具备条件和相应的权力,因而项目实施严重受阻,而这些责任则通常落在咨询公司身上。

d. 盲目干预。有些业主虽然与工程师签有服务协议书,但并不把权力交给工程师。项目实施期间,随意做出决定,对工程师的工作干扰过多,甚至横加指责,严重影响工程师行使权利,影响合同的正常实施,而责任却由工程师来承担。

② 来自承包商的风险。由于工程师作为业主委聘的工程技术负责人,在合同实施期间代表业主的利益,在与承包商的交往中难免会出现分歧和争端。有的承包商出于自己的利益,常常会有种种不轨图谋,势必给工程师的工作带来许多困难,甚至导致工程师蒙受重大风险。

来自承包商方面的风险通常有以下情况。

a. 承包商投标不诚实。承包商出于策略需要,投标时往往施用种种不光明正大的手段,例如投钓鱼标,即投标时报价很低,一旦获得项目后,施工过程中层层加码。若工程师不答应,则以停工相要挟。虽然工程师可以凭着合同条款对其惩罚,甚至撤销合同,但这样做的结果对业主并没有什么好处。而业主总是希望工程能早日竣工投产,取得效益,对于承包商所采取的策略并不曾防范,且承包商若真的因罚款而破产,对业主并不是一件好事,至少工程竣工投产时间要大大推迟。若发生这种情况,业主常常迁怒于工程师,抱怨咨询公司管理不严或迁就承包商,而工程师则有苦难言。

b. 承包商缺乏商业道德。有些承包商缺乏应有的商业道德,对工程师软硬兼施。通常情况下,承包商总是千方百计地争取工程师手下留情,对其履约不力或质量不合要求能网开一面。如果承包商的企图不能得逞,则有可能走向反面,给工程师出难题,蓄意败坏工程师的名誉,以达借业主之手驱逐工程师之目的。

c. 承包商素质太差。承包商的素质太差,履约不力,甚至没有履约诚意或者弄虚作假,对工程质量极不负责,都有可能使工程师蒙受责任风险。

③ 职业责任风险。工程师的职业要求其承担重大的职业责任风险。这种职业责任风险一般由下述因素构成。

a. 设计风险。在担设计任务情况下,若设计不充分、不完善,无疑是工程师的失职。设计错误和疏忽还可以铸成重大责任事件,不仅会造成财产损失,甚至可能发生人员伤亡。一旦发生这种因设计错误或疏忽而造成的风险损失，咨询工程师不仅要承担经济赔偿责任，还要承担相应的刑事责任。

b. 工作技能风险。咨询和监理业务是一项高难度的技术工作，要求担负这项工作的技术人员掌握投资、金融、财会、经济、贸易、法律、工程、物资管理及外语等多学科知识，还要具有在多方位、多领域工作的丰富阅历和经验，要善于处理各种繁杂的事务纠纷，还要有高度的应变能力。施工监理必须熟悉规范、细节、人工以及材料等级和处理方法。除此以外，还必须及时掌握各种发展态势，不断掌握新的知识，而高度的事业心和责任感以及正直、廉洁的道德水平更是不可缺少的。不具备这些条件，就很难完成咨询和监理这一艰难的任务，随之而来的风险自然就难以避免。

c. 职业道德风险。这是指咨询人士不能遵守职业道德的约束，自私自利，敷衍了事，回避问题，甚至为谋求私利偏袒一方而损害工程利益的风险。

3.3 建设工程风险管理

3.3.1 风险管理的含义

风险管理是研究工程风险发生的规律和风险控制技术，通过对工程风险识别、估测、评价，并在此基础上优化组合各种工程风险管理技术，对工程风险实施有效的控制，妥善处理工程风险所致损失的后果，期望达到以最小的成本获得最大安全保障的目的。

风险管理并不是一项局限于风险管理部门本身的独立的活动，它实际上是总体的项目管理的一部分。风险管理应该与关键的项目实施过程紧密相连。所谓关键过程包括总体项目管理、系统工程、成本、质量、范围及进度等，但不仅限于此。

风险管理是一项主动性强的管理工作。举例来讲，某一项网络工程需要开发一种新技术，该工程所要求的进度为 6 个月，但项目设计者却认为 9 个月的时间较接近实际情况。如果项目管理者是主动反应类型的，他会马上拟定一份处理风险的计划。如果项目管理者是被动反应型的，他可能无动于衷，直至有事件发生。在那时项目管理者必须快速做出反应，但可能已经因此失掉了大量宝贵的时间。一些偶然事件早已露出端倪。因此，合理的风险管理应尽力减少某个事件发生的概率(可能性)。如果发生，则应尽力缩小其影响范围。

3.3.2 风险管理过程

风险管理应在项目之初建立，并将项目工期内所发生的风险记录在案，风险管理过程包含以下几个互相关联的部分，即计划、评估(识别及分析)、处理和监控。

3.3.2.1 风险计划

在风险计划阶段，管理者应研究并依程序以文字形式形成一套易掌握、条理性强并具有互动性的战略和方法。这些战略和方法主要用来识别并追踪风险、研究处理风险的计划、持续地评估并分析风险以发现风险是如何改变的，以及分配足够资源等。风险计划是项目风险管理的一系列行动的总结，其目标如下。

(1) 研究并依程序以书面形式形成一套有条理的、易理解的、互动的风险管理战略。

(2) 决定采用何种方法执行该策略。

(3) 资源分配。

计划是不断重复的，包含了全部风险管理的过程。它包括评估（识别及分析）、处理、监控（及记录），计划的工作成果是形成一份风险管理计划（RMP）。

计划首先从开发和形成战略开始，先致力于建立管理的目标，分派不同工作领域的责任归属，识别所需要的专业技术，描述形成风险处理方法的程序，建立监控标准，并明确报告、记录、沟通等需要。

风险管理计划（RMP）实际上类似于一张地图。告诉风险管理者应从何处着手并要达到何种目的。做好一份 RMP 的关键是将尽可能多的资料提供给项目小组，使每个成员对项目风险管理的目的、过程都心知肚明。因为是一张地图，所以它在某些领域非常具体。比如不同员工的责任分派及确定，而在某些领域则较为宏观，以使执行者自己选择最有效率的方法，比如风险评估者可能会有几种可供选择的评估方法。计划中关于评估技术的描述可能会笼统一些，使评估者可以依当时当地的具体情况进行选择。

3.3.2.2 风险评估

风险评估是风险管理中明确问题的阶段。在这个阶段用事件发生的概率及结果（有时还用持续时间等因素）来识别、分析、量化项目中的风险，其工作成果对后续的风险管理工作来说是一个关键部分，它是风险管理过程中最艰苦、耗时最长的一个阶段，并且无任何捷径可走。评估者可采用某些工具来帮助评估，但没有一种工具可以完全适用于任何项目。若评估者对评估工具使用不当（不会使用或无法传达结果），则会误导评估过程。尽管评估过程极为复杂，但它仍是风险管理中最为重要的阶段之一，因为评估水平和质量会给项目的结果造成极大的影响。

风险评估阶段主要包括识别及分析两大领域。它是尽可能达到成本、进度及各方面运行目标的关键技术过程。风险的识别过程实际上就是对各个领域检查，以便发现风险并记录下来。风险的分析过程就是对每一项已识别出的风险事件进行检查以精确描述风险，分析出风险产生的原因并确定其结果。

评估的两个要素——识别及分析是前后衔接的，识别在前面。

1. 风险识别

风险管理的第二步是识别所有潜在风险事件。所谓风险识别，是对潜在的和客观存在的各种风险进行系统地、连续地识别和归类，并分析产生风险事故的原因的过程。

识别的第一步是收集有关风险事件的资料。风险事件必须加以检查及识别。将事件分解到足够细致的程度以使评估者能了解风险发生的原因及结果，这是识别大中型项目中经常发生的多种多样的风险的一种实用的方法。在风险识别过程中应遵循准确性、完整性和系统性的原则。

1）风险识别的特点

（1）主观性大。即人们对待项目风险的态度和对未来变化的预测能力有很大差异。某人认为很严重的难以管理的风险，在他人看来不一定就是风险。

（2）没有任何两个项目的风险是完全一致的。因为只要项目的建设时间、建设地点不同，即使是同一类型的工程项目，它们所具有的风险不可能完全一致。因此，每一个工程项目的风险识别都是重新开始的过程。

（3）风险识别很大程度建立在可靠、完整和及时的数据收集、分析和预测上。

（4）风险识别成本。即为了风险识别而进行数据收集、调查研究或科学实验将消耗一定的费用。

2）风险识别的步骤

风险的识别过程通常分六个步骤。

（1）确认不确定性的客观存在。首先，要辨认所发现或推测的因素是否存在不确定性。如果是确定无疑的，则无所谓风险。众所周知的结果不会构成风险。然后，确认这种不确定性的客观存在，即这种不确定性是确定无疑的，而不是凭空想象的。

（2）建立初步清单。建立初步清单是风险识别的操作起点。清单中应明确列出客观存在的和潜在的各种风险，包括各种影响生产效率、操作运行、质量和经济效益的各种因素。建立清单可采用商业清单办法或通过对一系列调查表进行深入研究、分析而制定。

（3）确立各种风险事件并推测其结果。这也是确立项目风险清单的过程，即根据初步风险清单中开列的各种重要的风险来源，推测与风险相关联的各种合理的可能性，包括盈利和损失、人身伤害、自然灾害、时间和成本、节约或超支等方面。通过风险调查、专家咨询和试验论证等手段增添被遗漏的项目风险，剔除一些次要项目风险，确定重要的项目风险。

（4）制定风险预测图。等风险量曲线图如图 3-6 所示。

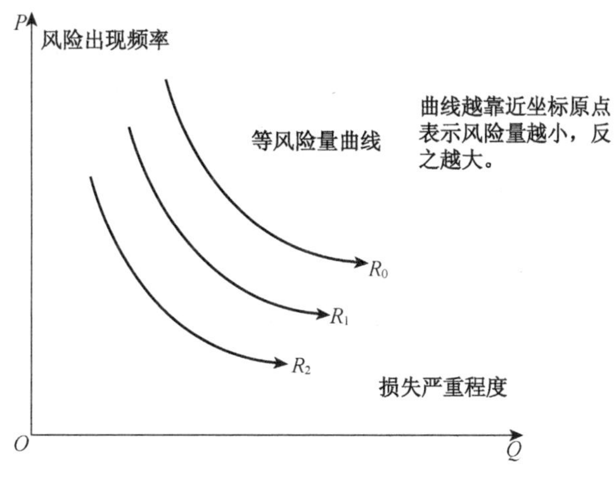

图 3-6　等风险量曲线图

(5) 进行风险分类。对风险进行分类具有双重目的。首先,对风险进行分类能加深对风险的认识和理解,其次,通过分类,辨清了风险的性质,从而有助于制定风险管理的目标。

(6) 建立风险目录摘要。通过建立风险目录摘要,可将项目风险汇总并排列出轻重缓急,形成风险印象图,能给人一种总体风险印象,而且能够统一全体项目人员的风险意识,使各人不再仅仅考虑自己所面临的风险,而且能够自觉地意识到项目的其他管理人员的风险,预感到项目中各种风险之间的联系和可能发生的连锁反应。

在风险识别过程中还应遵循以下原则,即由粗及细,由细及粗;项目风险的内涵大致不要重复,以区别各种风险的性质;先怀疑,后排除。对于所遇到的问题都要考虑其是否存在不确定性,再通过分析,进行确认或排除;排除与确认并重;对于上述步骤难以判定项目风险的存在以及对项目目标影响程度的,可做实验论证。

3) 风险识别的方法

风险识别的方法有很多,主要有风险资料法、询问法、专家调查法、情景分析法、安全检查表法、事故树分析法等,这些方法通常可以实现工程风险识别的两项任务即一是判断风险是否存在,二是认识风险属性。但在实际操作中各种方法均有利弊。下面分别介绍工程风险的识别方法。

(1) 资料法。这是工程风险识别中常用的辅助风险识别方法。由于工程风险的复杂性以及工程项目的子工程之间的某些风险状态的相似性,可以通过收集各种有关工程的文字和图表资料识别目标工程的风险。尤其对尚未施工或刚刚动工的工程就进行风险识别的项目,难以通过实地观察风险识别,使用资料法较为合适。但是资料法本身具有一定的局限性,资料的真实性、完整性和有效性影响着风险分析的结论,因而资料法一般作为辅助的风险识别方法,配合其他方法进行风险识别。

(2) 询问法。识别工程风险仅靠资料是不够的,还要对具体工程具体分析,询问即是比较适合的方法。风险管理者可以询问专家、承包商或施工现场的技术人员及管理人员。在工程受保工程保险的情况下,也可以询问投保人。我国保险法规定,保险人可以就保险标的或被保险人情况提出询问,投保人应履行如实告知义务。询问调查法一般有两种形式即一是依据投保单询问,投保单根据风险评估和保险条款需要制定,适用一般的询问。二是依据询问表询问,询问表是对投保单的补充,是根据具体工程情况制定的附加询问表。在采用询问法获取风险资料时,可以事先拟定风险询问调查表,让被询问者根据调查表的内容,提供风险资料。这样,询问有一个纲目可以遵循,使得风险询问过程变得更容易。

(3) 实地观察法。风险识别实质上就是客观地反映目标工程项目的风险状况。若要保证风险分析的微观性就要实地观察,通过实地观察发现现场可能存在的风险。使用此法时可借鉴资料法收集类似工程的风险资料,到工程现场实地观察询问,印证某一风险存在的可能性。

(4) 专家调查法。专家调查法也是常用的风险识别方法。专家调查法中被调查的专家主要分为两类即一类是从事标的工程项目风险管理的技术人员和管理人员，另一类是从事与工程项目相关领域研究的工作人员。专家调查法就是通过对多位相关专家的反复咨询、反馈，确定影响项目投资的主要风险因素，然后制成项目风险因素估计调查表，再由专家和相关工作人员对各风险因素在项目建设期内出现的可能性以及风险因素出现后对项目投资的影响程度进行定性估计，最后通过对调查表的统计整理和量化处理获得各风险因素的概率分布和对项目投资可能的影响结果。专家调查法主要包括德尔菲法和头脑风暴法等。

① 德尔菲法。德尔菲法，或者称为专家调查法，它起源于 20 世纪 40 年代末期，由美国的兰德公司(Rand Corporation)首先使用，很快就在世界上盛行起来，目前此法已经在经济、社会、工程技术等领域广泛应用。采用该方法，首先是由项目风险管理人员选定和该项目有关领域的专家，并与之建立直接的函询联系，通过函询进行调查，收集意见后加以综合整理，然后将整理后的意见通过匿名的方式返回专家再次征求意见，如此反复多次后，专家之间的意见将会逐渐趋于一致，可以作为最后预测和识别的依据。经验表明，采用该方法预测的时间不宜过长，时间越长准确性越差，而且，分析结果往往受组织者、参加者的主观因素影响，因此，有可能发生偏差。

② 头脑风暴法。所谓头脑风暴法，有时又称为智爆法，这是最常用的风险识别方法，它是借助于专家的经验，通过会议，集思广益来获取信息的一种直观的预测和识别方法。该方法由美国专家奥斯本于 1939 年首创，从 20 世纪 50 年代起得到了广泛的应用。这种方法要求会议的领导者要善于发挥专家和分析人员的创造性思维，通过与会专家的相互交流和启发，达到相互补充和激发的效应，使预测的结果更加准确。

③ 情景分析法。情景分析法，也称幕景分析法，是由美国科研人员于 1972 年提出的。该方法根据发展趋势的多样性，通过对系统内外的相关问题的分析，设计出多种可能的未来前景，然后用类似于撰写电影剧本的手法，对系统发展态势做出自始至终的情景和画面的描述。当一个项目持续的时间较长时，往往要考虑各种技术、经济和社会因素的影响，对这种项目进行风险预测和识别，就可用情景分析法来预测和识别其关键风险因素及其影响程度。情景分析法对以下情况是特别有用的即提醒风险决策者注意某种措施可能引起的风险或危机性的后果，建议需要进行监视的风险范围，研究某些关键性因素对未来过程的影响，提醒注意某种技术的发展会给人们带来哪些风险。情景分析法是一种适用于对可变因素较多的项目进行风险预测和识别的系统技术，它在假定关键影响因素有可能发生的基础上，构造出多重情景，提出多种未来的可能结果，以便采取适当措施防患于未然。

④ 安全检查表法。安全检查表法是根据系统工程的分析思想，在对系统进行分析的基础上，找出所有可能存在的风险因素，然后以提问的方式将这些风险因素列在表格中。安全检查表法可以用于施工过程中影响施工安全的风险因素的调查，达到既可以判断风险是否存在，又可以在发生事故后帮助查找事故原因的目的。安全检查表的编

制程序一般分为四个步骤即工程风险系统分解为若干子系统；运用事故树，查出引起风险事件的风险因素，作为检查表的基本检查项目；针对风险因素，查找有关控制标准或规范；根据风险因素的风险程度，依次列出问题清单。最简单的安全检查表由四个栏目组成，包括序号栏、检查项目栏、判断栏（以“是”或“否”来回答）和备注栏（与检查项目有关的需说明的事项）。

⑤ 事故树分析法。事故树分析法最早是由美国贝尔实验室于 20 世纪 60 年代在从事空间项目研究时提出的。该方法在此后的运用过程中不断完善。事故树分析法主要是以树状图的形式表示所有可能引起主要事件发生的次要事件，揭示风险因素的聚集过程和个别风险事件组合可能形成的潜在风险事件。在构造事故分析树时，被分析的风险事件在树的顶端，树的分支是考虑到的所有可能的风险因素，同一层次的风险因素用“门”与上一层次的风险事件相连接。“门”存在“与门”和“或门”两种逻辑关系。“与门”表示同一层次的风险因素之间是“与”的关系，只有这一层次的所有风险因素都发生，它们的上一级的风险事件才能发生。“或门”表示同一层次的风险因素之间是“或”的关系，只要其中的一个风险因素发生，它们的上一级的风险事件就能发生。

风险还可用项目生命周期进行识别，如图 3-7 所示。在项目早期，通常是整体风险较大，而后期则是财务风险较为突出。

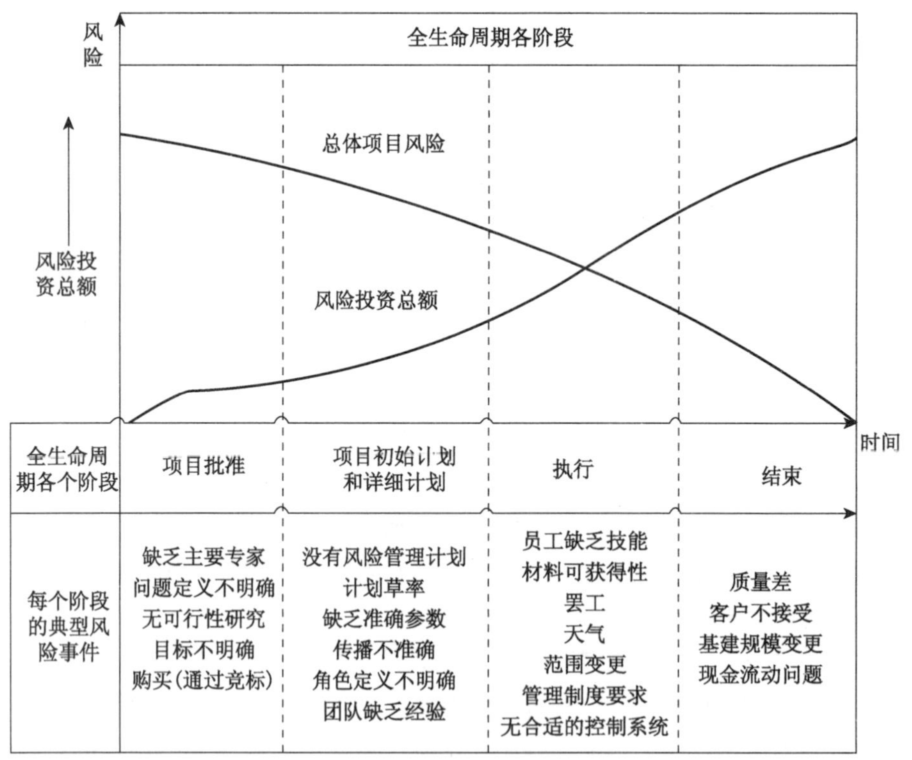

图 3-7　生命周期风险分析

在实际中经常采用多种方法相结合的方式进行风险识别。

2. 风险分析

风险分析是一个系统的技术性过程，包括对风险发生原因的分析、对此风险与其他风险关系的分析以及对已识别出的风险的检查，还采用发生概率及事件结果的形式将风险的影响表示出来。

风险分析首先要对已识别出的风险进行详细的研究，其目的是通过收集与风险事件有关的信息来判断该事件的发生概率。如果该事件发生，则还需要判定其对成本、进度及技术方面的影响有多大。

1）风险分析资料来源

所需的资料一般来源于以下几个方面：

(1) 与类似系统所做的比较。

(2) 对相关经验教训所进行的研究。

(3) 经验。

(4) 测试结果及原型的开发。

(5) 从工程及其他模型中获得数据。

(6) 专家判断。

(7) 对计划及相关文件的分析。

(8) 模拟分析。

(9) 敏感性分析。

2）风险范畴

每一个风险范畴（成本、进度或技术）都包括一套核心的评估工作，这些工作与另外两个风险范畴也是相关的，这要求工作人员能在不同领域内进行分析，以确保全部评估工作的整合。成本、进度及技术评估的一些特点如下：

(1) 成本评估的特点如下：

① 以进度及技术评估的结果为基础；

② 将技术及进度风险反映到成本风险当中；

③ 通过整合技术风险、进度风险及成本估算不确定性对资源的影响，导出成本估算；

④ 记录成本基础和风险评估中的风险问题。

(2) 进度评估的特点如下：

① 估计进度底线；

② 反映技术基础、活动的界定及其他技术和成本领域的因素；

③ 将成本和技术评估与进度中的不确定性因素结合到进度模型中；

④ 对进度计划进行分析；

⑤ 记录进度基础及风险评估中的风险问题。

(3) 技术评估的特点如下：

① 提供技术基础；

② 识别并描述程序风险(如技术风险)；

③ 分析风险并将其与其他内部、外部风险联系起来；

④ 根据对程序的影响对风险排序；

⑤ 用持续时间和所用资源两个要素量化相互关联的行为；

⑥ 量化成本评估和进度评估的过程；

⑦ 记录技术的基础及风险问题。

3) 风险分析方法的工具

对风险和风险范围的描述及量化需要有一定的分析，可用于分析的典型工具有以下方法：

(1) 生命周期成本分析。

(2) 概率分析。

(3) 网络分析。

(4) 图形分析。

(5) 蒙特卡罗模拟法。

(6) 决策分析。

(7) 关系估算。

(8) 德尔菲法。

(9) 风险范围(概率及结果范围)。

(10) 工作分解结构模拟。

(11) 快速反应比率或性能影响分析。

(12) 逻辑分析。

(13) 技术工艺倾向。

4) 风险分析定性评比形式

如果没有特别过硬的数据，定性分析在对潜在风险的评估上远比定量分析更有必要。通常的定性评比形式如下：

(1) 高风险　对成本、进度、技术有较强影响，人们需要采取重大行动来缓解事态，管理部门应对其高度重视；

(2) 中等风险　对成本、进度、技术都有影响，需要采取特定行动来缓解事态，管理部门需对此多加关注；

(3) 低风险　对成本、进度、技术影响较小，可以容许一般的管理部门忽略它。

风险定级是风险对程序的潜在影响的表现，它们是对问题发生概率及影响后果的测评，通常用高、中、低表示出来(其他因素也可以表示风险问题的重要程度，如发生频率、时间敏感性、与其他风险问题的相互依赖程度等)。

在这里关注的一个主要问题是确定风险等级。在评估过程中使用大家都认可的定义和程序是很重要的，因为每个人都可能对用来描述概率和风险的典型词语有着完全不同的理解。

有些管理者认为容易管理的风险，可能被另外一些经验不足和阅历不足的管理者视为难题。因此，所谓的“高”“中”“低”完全是相对的概念。有些人是风险厌恶者，因此不惜代价规避风险，而有些人是风险偏好者，因此倾向于更多风险的选择。因此，依事件本身、管理者等因素的不同，“高”“低”的定义也在变化。

5）蒙特卡罗方法

应用于风险管理的蒙特卡罗过程，是指对潜在风险事件建立一系列概率分布，对这些分布进行随机抽样，再将这些数据转化成能反映现实世界中潜在风险的量化的有用信息。

蒙特卡罗方法（Monte Carlo Simulation）又称随机抽样技巧或统计试验方法，它是估计经济风险和工程风险常用的一种方法。在一般研究不确定因素问题的决策中，通常只考虑最好、最坏和最可能的三种估计，如敏感性分析方法。如果这些不确定的因素有很多，只考虑这三种估计便会使决策发生偏差或失误。例如一个保守的决策者，他若使用所有因素的最坏即最保守的估计，所得出的决策便可能过于保守，会失掉不应失掉的机会；同理，如果一个乐观的决策者，他若使用所有因素的最好（即最乐观的）估计，便可能得出过于乐观的估计，他所冒的风险要比他原来所估计的大得多，也会造成决策的失误或偏差。而蒙特卡罗方法的应用就可以避免这些情况的发生，使在复杂情况下的决策更为合理和准确。

使用蒙特卡罗模拟技术分析工程风险的基本过程如下。

（1）编制风险清单：通过结构化方式，把已识别出来的影响项目目标的重要风险因素构造成一份标准化的风险清单。在这份清单中能充分反映出风险分类的结构和层次性。

（2）采用专家调查法确定风险因素的影响程度和发生概率。这一步可以制定出风险评价表。

（3）采用模拟技术，确定风险组合：这一步就是要对上一步专家的评价结果加以定量化。在对专家观点的统计评价中，关联量相对地增加很快，这样完整、准确的计算就不太可能。因此，可以采用模拟技术评价专家调查中获得的主观数据，最后在风险组合中表现出来。

（4）分析与总结：通过模拟技术可以得到项目总风险的概率分布曲线。从曲线中可以看出项目总风险的变化规律，据此确定应急费的大小。

应用蒙特卡罗模拟技术可以直接处理每一个风险因素的不确定性，并把这种不确定性在成本方面的影响以概率分布的形式表示出来。可见，它是一种多元素变化方法，在该方法中所有的元素都同时受风险不确定性的影响，由此克服了敏感性分析方法受一维元素变化的局限性。另外，可以编制计算机软件来对模拟过程进行处理，大大节约了时间。该技术的难点在于对风险因素相关性的识别与评价。总之，该方法无论在理论上，还是在操作上都较前几种方法有所进步，并且这种技术既有对项目结构分析，又有对风险因素的定量评价，因此比较适合在大中型项目中应用。

3.3.2.3 风险处理

风险管理是将风险控制在项目本身的约束和目标范围之内的过程。它应回答以下问题：谁去完成？应该在什么时间完成？谁应对此负责？相关的成本和进度情况如何？风险的处理方法不外乎承担、回避、控制（又叫减少）及转移几种，最理想的处理方法一旦确定就为此设计出相关的途径方案。

风险处理包括用特定的方法和技术处理已知的风险，识别谁对风险事件负责，并对因降低风险而产生的成本及进度方面的影响做出估计。风险处理主要是指以把风险降至理想程度为目标的计划和执行过程。在这个过程中，评估者先对潜在的风险进行识别并研究具体的处理方法，评估者还将可选择的处理办法报告给项目经理，由后者挑选合适的方法。以下有几个因素可以影响我们对风险的反应。

(1) 关于危险(引起风险的原因)的信息的质量和数量。

(2) 关于损失范围的信息的质量和数量。

(3) 关于事件发生概率的信息的质量和数量。

(4) 如接受风险，管理者能获得的好处(自愿风险)。

(5) 管理者被迫接受的风险(非自愿风险)。

(6) 困惑及对风险的规避。

(7) 暴露在风险状态中的时间。

(8) 存在一种更有效率的选择。

(9) 没有选择余地或可选策略的成本很高。

1. 风险处理的影响因素

风险处理必须与风险制计划及项目中其他的指导性计划相协调。风险处理中的一个关键部分是精选最合适的处理方法，对于某些风险事件（大多是风险程度中等或较高的事件），还应研究出特定的方案。

一般把以下几个考虑标准作为评估的起点：

(1) 该方法是否具有现实的可用性并能满足使用者的需要？

(2) 在将风险减低至一个理想状态的过程中，人们对该方法的期望效果是什么？

(3) 该方法会对系统的绩效产生何种影响？

(4) 是否有充足时间来形成该方法并实施它？该方法对整个项目的进度有何影响？

(5) 考虑到资金和其他资源，该方法的价格是否可以承受？

2. 风险处理的方法

风险处理方法包括风险自留、风险回避、风险控制及风险转移。尽管风险控制的方法在许多高科技的项目中都有应用,但并不因此就一定选它。所有方法都必须经过评估,在评估中选择最佳方法。

以下是四种可选择的方法:

(1) 风险自留。项目管理者会说:“我知道风险存在并了解其结果,我乐于等待其发生,我接受风险及其产生的后果。”

(2) 风险回避。项目管理者会说:“我不会接受这个选择,因为潜在结果不利。”

(3) 风险控制。项目管理者说:“我会采用必要的手段来控制风险,主要是对其进行连续地重复评估,研究出偶然事件处理计划或反馈机制,我会做人们期望的事情。”

(4) 风险转移。项目管理者说:“我会通过保险和担保等方法与他人共担风险或完全将风险转嫁给他人,也许我会化风险为机会。”

现在我们可以更细致地考察这四类方法:

1) 风险自留

风险自留即是将风险留给自己承担,不予转移。这种手段有时是无意识的,即当初并不曾预测到,不曾有意识地采取种种有效措施,以致最后只好由自己承受,但有时也可以是主动的,即经营者有意识、有计划地将若干风险主动留给自己。这种情况下,风险承受人通常已做好了处理风险的准备。

主动的或有计划的风险自留是否合理明智取决于风险自留决策的有关环境。不过应指出,风险是否自己承担,这是一项困难的抉择。

风险自留在一些情况下是唯一可能的对策。有时企业不能预防损失,规避又不可能,且没有转移的可能性,企业别无选择,只能自己承担风险。

决定风险自留必须符合以下条件之一。

(1) 自己承担费用低于保险公司所收取的费用。

(2) 企业的期望损失低于保险人的估计。

(3) 企业有较多的风险单位(意味着单位风险小,且企业有能力准确地预测其损失)。

(4) 企业的最大潜在损失或最大期望损失较小。

(5) 短期内企业有承受最大潜在损失或最大期望损失的经济能力。

(6) 风险管理目标可以承受年度损失的重大差异。

(7) 费用和损失支付分布于很长的时间里,因而导致很大的机会成本。

(8) 投资机会很好。

(9) 内部服务或非保险人服务优良。

如果实际情况与以上条件相反,无疑应放弃自己承担风险的决策。

自我保险是风险自留的一种形式,自我保险系指企业内部建立保险机制或保险机构,通过这种保险机制或由这种保险机构承担企业的各种可能风险。尽管这种办法属于购买保险范畴,但这种保险机制或机构终归隶属于企业内部,即使购买保险的开支有时可能大于自己承担风险所需开支，但因保险机构与企业的利益一致，各家内部可能有盈有亏，而从总体上依然能取得平衡，好处未落入外人之手。因此，自我保险决策在许多时候也具有相当重要的意义。

2）风险回避

风险回避主要是中断风险源，使其不致发生或遏制其发展。这种手段主要包括以下几种。

（1）拒绝承担风险

采取这种手段有时可能不得不做出一些必要的牺牲，但较之承担风险，这些牺牲比风险真正发生时可能造成的损失要小得多，甚至微不足道。例如投资因选址不慎而在河谷建造的工厂，而保险公司又不愿为其承担保险责任。当投资人意识到在河谷建厂将不可避免要受到洪水威胁，且又别无防范措施时，他只好放弃该建厂项目。虽然他在建厂准备阶段耗费了不少投资，但与其厂房建成后被洪水冲毁，不如及早改弦易辙，另谋理想的厂址。这种破财消灾的办法在国际事务中也是常见的。

（2）放弃业经承担的风险

实践中这种情况经常发生。事实证明这是紧急自救的最佳办法。作为工程承包商，在投标决策阶段难免会因为某些失误而铸成大错。如果不及时采取措施，就有可能一败涂地。例如某承包商在投标承包一项皇宫建造项目时，误将纯金扶手译成镀金扶手，按镀金扶手报价，仅此一项就相差 100 多万美元，而承包商又不能以自己所犯的错误为由要求废约，否则要承担违约责任。风险已经注定，只有寻找机会让业主自动提出放弃该项目。于是他们通过各种途径，求助于第三者游说，使国王自己主动下令放弃该项工程。这样承包商不仅避免了业已注定的风险，而且利用业主主动放弃项目进行索赔，从而获得一笔可观的额外收入。

规避风险虽然是一种风险防范措施，但应该承认这是一种消极的防范手段。因为规避风险固然能避免损失，但同时也失去了获利的机会。处处规避，事事规避，其结果只能是停止生存。如果企业家想生存图发展，又想规避其预测的某种风险，最好的办法是采用除规避以外的其他手段。

3）风险控制

风险控制不仅要努力剔除有风险的来源，而且要尽可能地降低其风险或控制风险。损失控制包括两方面的工作即减少损失发生的机会即损失预防和降低损失的严重性即遏制损失加剧，设法使损失最小化。

（1）预防损失

预防损失系指采取各种预防措施以杜绝损失发生的可能。例如房屋建造者通过改变建筑用料以防止用料不当而倒塌，供应商通过扩大供应渠道以避免货物滞销；承包商通过提高质量控制标准以防止因质量不合格而返工或罚款；生产管理人员通过加强安全教育和强化安全措施，减少事故发生的机会等等。在商业交易中，交易的各方都把损失预防作为重要事项。业主要求承包商出具各种保函就是为了防止承包商不履约或履约不力；而承包商要求在合同条款中赋予其索赔权利也是为了防止业主违约或发生种种不测事件。

（2）减少损失

减少损失系指在风险损失已经不可避免地发生的情况下，通过种种措施以遏制损失继续恶化或局限其扩展范围使其不再蔓延或扩展，也就是说使损失局部化。例如承包商在业主付款误期超过合同规定期限情况下采取停工或撤出队伍并提出索赔要求甚至提起诉讼；业主在确信某承包商无力继续实施其委托的工程时立即撤换承包商；施工事故发生后采取紧急救护；安装火灾警报系统；投资商控制内部核算；制定种种资金运筹方案等都是为了达到减少损失的目的。

4）风险转移

风险转移是在系统内各个部分之间进行风险的再分配，以此降低全面系统。它可以是买者（如政府）和卖者（如主要承包人）之间风险的再分配、也可以是买者之间、卖者之间的再分配。风险转移应该被视为系统要求分析过程的一部分。风险转移实际上是风险分担的一种形式，而不是单方面（买者或卖者）风险的消除。它可能会影响成本目标。风险转移的效果取决于成功的系统设计技术的使用。有时候经营者只能采取转移手段以保护自己。风险转移并非损失转嫁。这种手段也不能被认为是损人利已有损商业道德，因为有许多风险对一些人的确可能造成损失，但转移后并不一定同样给他人造成损失。其原因是各人的优劣势不一样，因而对风险的承受能力也不一样。

（1）风险的合同转移

风险转移的手段常用于工程承包中的分包和转包、技术转让或财产出租。合同、技术或财产的所有人通过分包或转包工程、转让技术或合同、出租设备或房屋等手段将应由其自身全部承担的风险部分或全部转移至他人，从而减轻自身的风险压力。

（2）风险的财务转移

所谓风险的财务转移，系指风险转移人寻求用外来资金补偿确实会发生或业已发生的风险。风险的财务转移包括保险的风险财务转移即通过保险进行转移，和非保险的风险财务转移即通过合同条款达到转移之目的。例如，根据工程承包合同，业主可将其对公众在建筑物附近受到伤害的部分或全部责任转移至建筑承包商，这种转移属于非保险的风险财务转移，而建筑承包商则可以通过投保第三者责任险又将这一风险转移至保险公司，这种风险转移属于保险的风险财务转移。

非保险的风险财务转移的另一种形式就是通过担保银行或保险公司开具保证书或保函。根据保证书或保函，保证人保证委托人对债权人履行某种明确的义务。保证人必须履行担保义务。否则债权人可以依据保证书或保函向保证人索要罚金，然后保证人可以向委托人赔偿其损失。通常情况下，保证人或担保人签发保证书或保函时，要求委托人提交一笔现金或债券或不动产作抵押，以备自己转嫁损失赔偿。通过这种形式，债权人可将债务人违约的风险转移给保证人。

非保险的风险财务转移还有一种形式——风险中性化。这是一个平衡损失和收益机会的过程。例如承包商担心原材料价格变化而进行套期交易，出口商担心外汇汇率波动而进行期货买卖等。不过采取风险中性化手段没有机会从投机风险中获益。因此，这种手段只是一种防身术，只能保证自己不受风险损失而已。

风险处理方法及其应用拓宽了成本的含义，这些成本的范围要依环境而定。对风险处理方法的审批、拨款都应由项目管理委员会中的项目经理来完成，并应该使之成为成本计划和进度计划的一部分。为确定的风险问题选定的风险处理方法应当包括在项目的获取战略中。

一旦企业获取战略包含了对待定风险问题的风险处理方法，成本和进度的影响就能被识别出来，并被包括在行动计划及进度中。

3.3.2.4 风险监控

风险监控实际上是对风险处理行为的系统化的追踪和评估过程，其实施依赖于已经建立的监控标准系统，通过对监控信息的反馈可不断对风险的处理方法进行调整，使其适应项目的发展。

风险监控过程是系统化的风险追踪过程，也是运用已建立的标准体系评估风险处理效果的过程。监控结果不仅是开发其他风险处理方法的基础，是更新目前的风险处理方法的基础，还是重新分析已知风险的基础。在某些情况下，监控结果甚至可用来识别新的风险或对原有的风险计划进行部分修正。监控过程的关键是在项目中建立有效的成本、进度、绩效的指示系统，项目管理人员可采用这一系统对项目所处的状态进行评估。指示系统应能及时反映出潜在风险，以使管理者及时解决问题。从某种意义上讲，风险监控并非是解决问题的技术，而是一种为降低风险而预先主动地获取信息的技术。某些适用于风险监控的技术也可运用到整个项目的监控系统，这些技术包括以下几个方面。

(1) 挣值(EV)　这是采用标准成本/进度数据从整体上对成本和进度的实际执行进行对照、评估。它为判断风险处理活动是否达到预期目的提供了基础。

(2) 程序标准　这是对运营过程的一种正式的。周期性的评估行为。以考察运营过程是否达到了预期目标。

(3) 进度绩效监控　这是采用进度表中的数据对运营过程进行监控，以评估风险处理活动是否状况良好。

(4) 技术性能测评(TPM)　通过工程分析和险测，评估在采用某种风险处理方法之后设计中的一些关键性参数的值。它实际上是产品设计评估技术。

指示系统和对风险的周期性重新评估能将风险管理与全面程序管理结合起来。最终，一个高度精确的检测和评估系统在风险监控和重新评估风险过程中发挥关键作用。

4 建设工程风险与保险

工程保险是风险管理计划最重要的转移技术和基础，在实施过程中总是与风险控制和风险自留等对策有着密切的联系。工程保险的目的在于通过把伴随着工程的进行而发生的大部分风险作为保险对象，从而减轻工程建设参与各方的损失负担，以及围绕负担这种损失所发生的纠纷，清除工程进行中的某些障碍，谋求工程实施的顺利完成。虽然投保者将为这种服务付出额外的一笔工程保险费，但是由于因此提高了损失控制效率，损失发生后能得到及时补偿，使得项目实施能不中断、稳定地进行，从而最终保证了项目进度和质量，而且降低总的工程费用。利用工程保险进行风险转移，风险管理人员必须考虑以最优惠的保险费获得最理想的保障。

4.1 工程保险的发展

工程保险作为一个相对独立的险种起源于20世纪初，第一张工程保险单是1929年在英国签发的承保泰晤士河上的拉姆贝斯大桥建筑工程的。所以，工程保险的历史相对于财产保险中的火灾保险来讲要短得多，可以说是财产保险家族中的新成员。但是，由于工程保险针对的是具有规模宏大、技术复杂、造价昂贵和风险期限较长特点的现代工程，其风险从根本上有别于普通财产保险标的的风险。所以，工程保险是在传统财产保险的基础上有针对性地设计风险保障方案，并逐步发展形成自己独立的体系。

工程保险的发展是在第二次世界大战之后，首先，当时的欧洲几乎是一片废墟，战后各国为重建国家而大兴土木。客观上形成了一种对工程保险的需求，因而促使工程保险得以迅速发展。其次，工程市场本身的规范化，主要表现工程中大量采用公开招标的方式，在工程招标中大量使用完善和标准的工程承包合同，大大提高了工程合同的规范程度，进一步明确了合同双方的风险和义务，从而，为工程保险的发展创造了良好的条件。

在我国，尽管保险业的历史可以追溯20世纪初叶，但是，工程保险是在近二十年伴随着改革开放的形势而出现和发展的。究其原因：一是随着我国的对外开放，大量的国外投资者到中国投资，兴建大量的工程项目，而这些国外的投资者从自身风险分散的角度出发需要工程保险的保障。二是在对外开放的形势下我国的一些工程企业开始涉足海外工程市场，而这些工程企业在海外工程的投标过程中作为履约的条件需要办理工程保险。三是国内的一些建设项目由于业主单位的企业化和承包单位推行项目经理制，客观上需要对风险进行有效的控制和管理，也为工程保险的发展提供了机会。从1979年中国人民保险公司开办工程保险至今，我国的工程保险已经发展成为财产保险领域中的一个主要的险种，发挥着巨大的风险保障作用。在80年代，工程保险主要是在一些利用外资或中外合资的工程项目上实行。一些地方集资、企业自筹资金和国家拨款的建设项目没有参加工程保险，工程概算中也没有保险费的内容。进入90年代，在1994年建设部和中国建设银行为了适应市场经济的变化，印发了《关于调整建设安装工程费用项目组成的若干规定》，调整后的建设安装费用增加了保险费的内容。但我国工程保险的发展现状还不尽如人意，国内工程保险的业务量在国内财产保险业务中所占的比重微乎其微。造成这种状况的主要原因是长期以来，在计划经济体制下，建设项目主要是靠国家拨款，企业没有后顾之忧，缺乏投资风险意识，保险观念淡薄，不少企业认为，项目是由国家来承担的，与企业的利益关系不大。

4.2 工程保险在风险管理中的地位和作用

随着工程建设项目越来越多，建筑安装设计和施工工艺越来越复杂，工程保险分散风险的作用就越发明显，投保人可以较少的保费获得较多的风险保障。工程保险中一人出险多人分担的保障机制将起到有效分散工程风险损失的作用，这里首先分析工程保险在微观层面的作用。

第一，保护工程承包商或分包商的利益。在建筑安装过程中，由于施工操作或者施工管理出现问题，导致工程质量受到影响，这些责任应由承包商或分包商承担。如果承包商或分包商投保了工程一切险或质量责任险等险种，风险损失赔偿责任就转移给保险公司，这样承包商或分包商就不至于陷入风险损失赔偿的泥潭，不至于影响工程合同的履行。

第二，保护业主利益。业主投保工程保险有利于减少损失赔偿责任。比如雇主责任险即承保雇主对雇员在受雇期间因工作原因而遭受意外等情况下，支付医疗费和工伤休假期间的工资等费用所承担的经济责任。如果雇主投保了雇主责任险，则工程施工过程中可能造成的雇员人身伤亡和疾病的经济赔偿风险就转嫁给了保险公司。另外在工程通过验收投入使用后，因建筑设计缺陷或隐患造成损失赔偿或者需要修缮的，业主可以通过自己投保或要求承包商投保两年或十年责任险，将风险损失赔偿责任转移给保险公司。

第三，减少工程风险发生造成的损失。防损减灾是保险公司承保服务的重要环节。保险公司除承诺保险责任范围内的损失赔偿之外，还从自身利益出发，为被保险人等提供灾害预防、损失评价、损失控制等风险管理指导，借其积累的工程风险与保险的工作经验，有的放矢地参与投保人的风险管理工作，并采取合理的措施尽量减少风险发生的几率和风险损失程度。保险公司凭这样既减少投保人的损失，又减少了保险公司的赔偿责任。从这个意义上来看，工程保险是使保险双方双赢的模式。

工程保险除了有保护保险合同当事人的利益、分散个体风险等微观层面的作用外，还具有宏观层面的重要作用。

第一，工程建筑安装领域引入工程保险机制，保险公司作为工程利益相关者，必然关心工程施工的费用和质量等问题，自然而然地关注承包商等的行为，这相当于工程领域又引入了独立于承包商和业主以及其他政府部门的第三方监督者，进一步规范了工程建筑安装市场。保险人从自身利益出发，独立客观地监督施工过程，保险公司在监督建筑安装工程方面的独立性和监督力度要强于工程监理行政部门或行业协会等部门，所以发展工程保险市场有利于规范工程建筑安装市场。

第二，发展工程保险市场，创新工程保险险种，完善工程保险机制，有利于健全我国的金融体系，带动相关产业发展。英、美发达国家普遍推行工程保险制度，因此这些国家工程保险相当成熟。随着我国保险业的逐步开放，外资保险公司的介入必然对我国内资保险公司构成威胁，应对策略即是发展保险市场、完善保险机制，工程保险亦是如此。作为重要的金融市场之一，保险市场的繁荣发展将促进金融行业乃至社会经济和保障制度的发展。

第三，有利于鼓励业主和承包商积极投资工程项目。国际上一些工程保险比较普及的国家，工程保险已经成为项目投融资的必备条件和投标的资质。工程项目只有投了保险才会得到银行贷款。在工程招投标中，如果承包商不投保相应的工程保险，就没有资格投标，只有投保了必要的险种，才有资格投标。由此看来、社会环境已经作造了鼓励业主和承包商等各方投保工程保险的机制。相应地，工程保险机制的健全出使业主和承包商投资工程项目更放心，更有积极性。

第四，有利于改善融资环境。国外投资、融资(以下称投融资)领域非常重视工程保险问题。某些投资人一般是在工程施工合同具备了足够的保险保障之后才肯投资。银行为工程项目提供贷款时。一般把项目是否办理了工程保险作为贷款审批条件之一。工程保险作为商业保障机制为被保险人提供了风险保障，进一步增加了项目投资的安全系数，有利于吸引潜在的投资者。因此，工程保险制度为社会投融资创造了良好的氛围，有利于加速社会资本的良性循环。

4.3 工程保险的基本原则

4.3.1 最大诚信原则

最大诚信原则的含义是保险合同当事人订立合同及在合同有效期内，应向对方提供影响对方做出订约与履约决定的全部实质性重要事实；同时绝对信守合同订立的约定与承诺。否则，受到损害的一方，可以此为由宣布合同无效或不履行合同的约定义务或责任，甚至对因此而受到的损害要求对方予以赔偿。

4.3.2 保险利益原则

保险利益，是指投保人对投保标的所具有的法律上承认的利益。他体现了投保人或被保险人与保险标的之间存在的利害关系，倘若保险标的安全，投保人可以从中获益；倘若保险标的受损，被保险人必然会蒙受损失。正是由于保险标的维系着被保险人的经济利益，投保人才会将保险标的的各种风险转嫁给保险人，而保险人则通过风险分摊保障被保险人的经济利益。

保险利益原则的本质内容是投保人以不具有保险利益的标的投保，保险人可单方面宣布合同无效；保险标的发生保险责任事故，被保险人不得因保险而获得不属于保险利益限度内额外利益。

4.3.3 近因原则

所谓近因并非指时间上或空间上与损失最接近的原因，而是指造成损失的最直接、最有效并起主导性作用或支配性作用的原因。

近因原则是判明风险事故与保险标的损失之间因果关系，以确定保险责任的一项基本原则。按照这一原则，当被保险人的损失是直接由于保险责任范围内的事故造成时，保险人才给予赔付。即保险人的赔付限于以保险事故的发生为原因，造成保险标的的损失为结果，只有在风险事故的发生与造成损失结果之间具有必然的因果关系时才构成保险人的赔付责任。

4.3.4 损害补偿原则

损害补偿原则的基本含义是指在补偿性的保险合同中，当保险事故发生造成保险标的毁损致使被保险人遭受经济损失时，保险人给予被保险人的经济赔偿数额，恰好弥补其因保险事故所造成的经济损失。

4.4 工程风险的可保风险

工程风险的客观存在是工程保险产生和存在的前提条件，但并非一切工程风险保险人都可以承保，保险人承保的工程风险必须是符合保险人承保条件的特定风险才可保风险。一般而论，理想的可保风险应具备下列条件。

（1）不是投机风险

保险公司可承保的风险，大都是纯粹风险，即有损失可能而无获利可能的风险；一般是静态风险而非动态风险，即在社会经济结构条件不变的情况下可能发生的风险。之所以可保风险不能是投机风险、动态风险，其原因在于投机风险、动态风险的运动不规则、重复性差。

规律性不强、难以准确预测估量，而且，有些投机风险还为国家法律所禁止，不为社会道德所公允。据此，火灾、爆炸等风险为可保风险，而股票炒买炒卖、赌博等投机风险,不可能成为可保风险。

(2) 具体风险事件的发生具有偶然性

尽管风险威胁着每个具体标的,但是风险本身是否发生、是否危及具体标的以及风险的危害程度等,对于经济单位和个人来说都是不可能预先知道的。只有这样的风险才是保险公司可能承保的风险。对具体标的而言,如果肯定不会遭受某种风险危害,保险转移也就没有必要。也就是说,具有偶然性和不可知性的风险才可能是可保风险。如对于建筑物的火灾风险,在风险发生前,人们无法知道火灾是否发生、何时发生,以及火灾发生后是否使这一建筑物遭受损害、损害程度如何等。

(3) 总体而言风险事件的发生具有必然性

尽管人们可以感受到风险的威胁,但是,要准确地认识风险,则必须通过大量的风险事故,才可能对风险进行测定,认识风险的运动规律。如果某种风险在历史时空中只是偶尔发生的,人们就无法把握风险运动的规律,从而也就不可能采取有效的措施预防风险、降低风险发生的频率、控制风险损失。因此,如果没有大量的标的遭受风险危害的历史资料,就无法利用数理方法来探究风险的运动、发展规律,保险人也就失去了经营基础。所以,作为保险人可以承保的风险,对众多的标的而言,具有发生的必然性。

需要指出的是,可保风险的内容是随时间、空间条件的变化而变化的。有些风险在某一历史时期是不可保风险,但在另一历史时期却可能是可保风险,即不可保风险可转化为可保风险。转化的关键是这种风险要积累到一定的量。

(4) 风险事件的发生是意外的

所谓意外,具有两层含义:①非人们的故意行为所致;②对具体标的的损害并非必然发生。故意行为引致的风险为法律所禁止,与社会道德相悖;必然发生的风险则为人们准确预期。

因此,故意引致的风险及必然发生的风险,都不可能通过保险来转移。如赌博、自然损耗、机器磨损等为不可保风险,赌博为法律所禁止,自然损耗、机器磨损为必然发生的,因此就不可能为保险公司承保。

(5) 风险损失较大

风险发生所致损失如果太小,就没有通过保险转移的必要。因为无论是对经济单位来讲,还是对保险公司来讲,经济上都是不合算的。因此,作为可保的风险,其发生所致的损失必然要求较大。

5 建设工程保险

5.1 工程保险的特点

工程保险与普通的财产保险相比具有显著的特点。

(1) 风险的特殊性

首先,工程保险既承保被保险人财产损失的风险,同时还承保被保险人的责任风险。其次,承保的风险标的中大部分裸露于风险中,对于抵御风险的能力大大低于普通财产保险的标的。第三,工程在施工中始终处于一种动态的过程,各种风险因素错综复杂,使风险程度加大。

(2) 保障具有综合性

工程保险针对承保风险的特殊性提供的保障具有综合性,工程保险的主要责任范围一般由财产损失部分和第三者责任部分构成。同时,工程保险还可以针对工程项目风险的具体情况提供运输、工地外储存、保证期等各类风险的专门保障。

(3) 被保险人具有广泛性

普通财产保险的被保险人比较单一,而工程保险由于工程建设过程中的复杂性,可能涉及的当事人和关系方较多,包括业主、总承包商、分包商、设备供应商、设计单位、技术顾问、工程监理单位等,他们均可能对工程项目拥有保险利益,均可作为被保险人。

(4) 保险期限具有不确定性

普通财产保险的保险期限是相对固定的,通常是一年,而工程保险的保险期限一般是根据工期确定的,往往是几年,甚至是几十年。与普通的财产保险不同的是,工程保险的保险期限的起止点也不是确定的具体日期,而是根据保险单的规定和工程的具体情况确定的。为此,工程保险采用的是工期费率,而不是年度费率。

(5) 保险金额具有变动性

普通财产保险的保险金额在保险期限内相对不变,而工程保险的保险金额在保险期限内是随着工程建设的进度不断增长的。所以,在保险期限内的不同时间,工程保险的保险金额是不同的。

5.2 建筑工程一切险(包括建筑工程第三者责任险)

随着二战的结束,重建家园以及现代科学技术带来的规模宏大、技术复杂、造价昂贵的建筑或安装工程,给工程所有人和承包人在工程建设期间带来了难以承担的各种风险。建筑、安装工程一切险正是为了使工程所有人和承包人的风险能得以转移而发展起来的。建筑工程一切险是以承包合同价格或概算价格作为保额,以重置基础进行赔偿的,承保以土木建筑为主体的工程在整个建设期间由于保险责任范围内的风险造成保险工程项目的物质损失和列明的费用的保险。

建筑工程一切险适用于各种形式筹集资金所进行的改建、扩建及新建的建筑工程项目。

5.2.1 保险标的与保险特点

1) 保险标的

在我国建设工程领域,工程保险一般指以下险别:

建筑工程一切险(Contractor All Risk Insurance),即建筑工程一切险,简称建工险,是承保以土木建筑为主体的工程在整个建设期间因自然灾害和意外事故造成的物质损失,以及被保险人对第三者人身伤亡或财产损失依法应承担的赔偿责任为保险标的的保险。

建筑工程一切险的第三者责任险是指被保险人在工程保险期限内因意外事故造成工地附件的第三者人身伤亡或财产损失,依法应负的赔偿责任。

2) 被保险人

工程的建设通常由业主通过招标或其他形式将工程发包给工程承包人。因此,在工程建设期间,业主和承包人对所建工程都承担有一定风险,即具有可保利益,可向保险公司投保建筑工程一切险。保险公司则可以在一张保险单上对所有涉及该项工程的有关各方都予以合理的保险保障。建筑工程一切险一张保单下可以有多个被保险人,这是工程保险区别于其他财产保险的特点之一。

建筑工程一切险的被保险人一般可包括以下各方:

(1) 业主:建设单位或工程所有人。

(2) 承包人:负责承建该项工程的施工单位。

(3) 分承包人:与承包人订立分承包合同,负责承建该项工程中部分项目的施工单位。

(4) 技术顾问:业主聘请的建筑师、设计师、工程师和其他专业顾问。

(5) 其他关系方。

为避免有关各方相互之间的追偿责任,大部分建筑工程一切险单附加交叉责任条款。其基本内容是:各个被保险人之间发生的相互责任事故造成的损失,均可由保险人负责赔偿,无需根据各自的责任进行相互追偿。

5.2.2 保险责任与除外责任

1）保险责任

建筑工程一切险的保险责任分为物质损失部分的保险责任和第三者责任部分的保险责任。

现行的建筑工程一切险承保物质损失部分的保险责任主要有以下几项：

(1) 在保险期限内,在保单列明的工地范围内的保险财产,因除外责任之外的任何自然灾害或意外事故造成的物质损失,保险人予以负责赔偿。自然灾害包括地震、海啸、雷电、飓风、台风、龙卷风、风暴、暴雨、洪水、水灾、冻灾、冰雹、山崩、雪崩、火山爆发、地面下沉下陷及其他人力不可抗拒的破坏力强大的自然灾害。意外事故是指不可预料的以及被保险人无法控制并造成物质损失或人身伤亡的突发性事件,包括火灾和爆炸。

(2) 因发生除外责任之外的任何自然灾害或意外事故造成损失的有关费用,保险人也予以负责。所谓有关费用包括必要的场地清理费用等,但不包括被保险人采取施救措施而支出的合理费用等。但这些费用并非自动承保,保险人在承保时须在明细表中列明有关费用,并加上相应的附加条款。如果被保险人没有向保险公司投保清理费用,保险公司将不负责该项费用的赔偿。

国际保险市场一般对地震、洪水一类危险,不包括在基本保险条款之内,但可以另行协议加保。

第三者责任部分的保险责任实质上是一种以工程施工为经营活动,以工地为场所的公众责任保险。他承保建筑工程因意外事故造成工地以及邻近地区第三者人身伤亡或财产损失而依法应当由被保险人承担的赔偿责任,以及事先经保险人书面同意的被保险人因此而支付的诉讼费用和其他费用,但是不包括任何罚款。这里,建筑工程第三者责任险的“第三者”是指除所有被保险人以及与工程相关的雇员以外的任何自然人和法人;赔偿责任是被保险人在民法项下应对第三者承担的经济赔偿责任,不包括刑事责任和行政责任;赔偿责任不得超过保险单中规定的每次事故赔偿限额或保险单有效期内的累计赔偿限额。

2）除外责任

建筑工程一切险物质损失部分的除外责任主要有：

(1) 设计错误引起的损失和费用。设计错误造成物质本身的损失和引起的费用都属于除外责任范围。设计错误引起的损失是一种必然的风险;另一方面,这也是设计师应承担的责任,他可以投保相应的职业责任险转嫁这一风险。

(2) 自然磨损、内在或潜在缺陷等。这也是一种必然的损失,不属于不可预料的突然事故引起的损失,因此不是保险人的责任范围。与此相关的被保险人支付的维修费用,保险人也不负责赔偿。

(3) 因原材料缺陷或工艺不善引起保险财产本身的损失以及为换置、修理或矫正这些缺点错误所支付的费用。这里指的是对于原材料缺陷或工艺不善的本身所引起的一切费用不予负责，不论其造成事故与否。如果已造成事故，保险人仅负责由此造成其他保险财产的损失，对于其本身的损失，仍应由被保险人向供货商或制造商索赔。

(4) 非外力引起的机械或电气装置的本身损失，或施工用机具、设备、机械装置失灵造成的本身损失。但是如果由于外来原因导致机器的损失，保险人是要负责赔偿的。

(5) 维修保养或正常检修费用。这是一种可以预料的费用，因而不属于保险责任。

(6) 档案、文件、账簿、票据、现金、有价证券、图表资料及包装物料的损失。这类财产的价值不易确定，又具有易损易丢的特性，因此不能成为本保险项下的保险财产。如果被保险人确有保险要求，如现金可另行投保现金保险。

(7) 盘点时发现的短缺。因为盘点无法证明是意外事故所致，保险人不予负责。

(8) 领有公共行驶执照的车辆、船舶和飞机的损失。这些运输工具如领有公共行驶执照，可以在保险区域之外的范围内活动，风险较大，不宜用建筑工程险承保。但对没有公共行驶执照仅在工地上行驶作业的推土机、吊车等，可作为施工机具设备投保建工险。

(9) 除另有约定外，在保险工程开始之前已经存在或形成的位于工地范围内或其周围的属于被保险人的财产的损失。

(10) 除另有约定外，在保险单的有效期内，保险财产中已由工程所有人签发完工验收证书，或验收合格或实际占有或使用或接受的部分发生损失。

3) 第三者责任部分的除外责任

(1) 保险单物质损失项下或本应在该项下予以负责的损失及各种费用。

(2) 由于震动、移动或减弱支撑而造成的任何财产、土地、建筑物的损失及由此造成的任何人身伤害和物质损失。这是因为建筑施工中的震动(如打桩)可能会给周围财产带来严重损坏的后果，是可以预见的危险。移动和减弱支撑都是建筑施工中最常见的现象，如浇灌混凝土时的支撑一定要牢靠，否则发生坍塌事故就会造成严重损失。这些风险属于设计或管理方面的，保险人一般不予承保。

(3) 工程所有人、承包人或其他关系方或他们所雇用的在工地现场从事与工程有关工作的职员、工人以及他们的家庭成员的人身伤亡或疾病。

(4) 工程所有人、承包人或其他关系方或他们所雇用的职员、工人所有的或由其照管、控制的财产发生的损失。上述两条所提到的人员都不属于第三者的范畴，因此第三者责任保险对其人身伤亡和财产损失不予承保。

(5) 领有公共运输行驶执照的车辆、船舶、飞机造成的事故。

(6) 被保险人根据与他人的协议应支付的赔偿或其他款项。在责任保险中，保险人通常不承保被保险人承担的合同责任，而对被保险人承担的民事赔偿责任予以负责。

3) 总除外责任

总除外责任既适用于物质损失部分又适用于第三者责任部分：

(1) 战争、类似战争行为、敌对行为、武装冲突、恐怖活动、谋反、政变引起的任何损失、费用和责任；

(2) 政府命令或任何公共当局的没收、征用、销毁或毁坏；

(3) 罢工、暴动、民众骚乱引起的任何损失、费用和责任；

(4) 被保险人及其代表的故意行为或重大过失引起的任何损失、费用和责任；

(5) 核裂变、核聚变、核武器、核材料、核辐射及放射性污染引起的任何损失、费用和责任；

(6) 大气、土地、水污染及其他各种污染引起的任何损失、费用和责任；

(7) 工程部分停工或全部停工引起的任何损失、费用和责任；

(8) 罚金、延误、丧失合同及其他后果损失；

(9) 保险单明细表或有关条款中规定的应由被保险人自行负担的免赔额。

5.2.3 保险期限

建筑工程一切险的保险期限，是在保险单列明的建筑期限内，自投保工程动工日或自被保险项目被卸至建筑工地时起生效，直至建筑工程完毕经验收合格或实际投入使用时终止。

1) 建筑期

(1) 保险责任的开始有两种情况：①工程破土动工之日；②保险工程材料、设备运抵至工地时。以先发生者为准，但不得超过保单规定的生效日期。

(2) 保险责任的终止也有两种情况：①工程所有人对部分或全部工程签发验收证书或验收合格时；②工程所有人实际占有或使用或接受该部分或全部工程时。以先发生者为准且最迟不得超过保单规定的终止日期。在实际承保中，在保险期限终止日前，如其中一部分保险项目先完工验收移交或实际投入使用时，该完工部分自验收移交或交付使用时，保险责任即告终止。

2) 试车期

对于安装工程项目，如全部或部分是旧的机械设备，则试车开始时，保险责任即告终止；如安装的是新机器，保险人按保单列明的试车期，对试车和考核引起的损失、费用和责任负责赔偿。

3) 保证期

自工程验收完毕移交后开始，至保单上注明的加保日期或合同规定的日期满时终止，以先发生者为准。保证期长短应根据合同规定采确定。保证期投保与否，由投保人自己决定，需要投保时，必须加批单，增收相应的保费。保证期有两种加保办法：

(1) 有限责任保证期，主要承保在保单上载明的保证期内，因承包人履行工程合同所规定的保证期责任而进行整修保养的过程中，因保险责任范围内的风险所造成工程标的的损失，对于火灾、爆炸以及自然灾害造成的损失一概不负责。

(2) 扩展责任保证期，是指在承保上项责任的同时还对保证期开始前已存在并由原材料缺陷、工艺不善等原因所造成在保证期内保险财产的损失负责赔偿。同样对于火灾、爆炸以及自然灾害造成的损失不负责。对于第三者责任也不予承保。

（3）特别扩展保证期。根据特别扩展保证期条款，特别扩展保证期开始后对材料缺陷、工艺不善、安装错误以及设计错误等原因造成保险财产的损失负责赔偿。同样也对火灾、爆炸以及自然灾害造成的损失不负责。对于第三者责任损失也不予负责。

4）保险期限的扩展

在保险单规定的保险期内如工程不能完工，经投保人申请并加缴规定的保费后，可签发批单延长保险期限。

5.2.4 保险金额

1）保险金额的确定

建筑工程一切险的保险金额为工程概算总造价，包括原材料费用、设备费用、建造费、安装费、运输费、保险费、关税、其他税项和费用，以及由工程所有人提供的原材料和设备的费用。

工程施工现场内在建的主体工程，为主体工程建设服务的临时工程，机器设备、施工机械及原材料等都可以作为建筑工程一切险的保险项目并分别计算保险金额。

（1）建筑工程，包括永久和临时性工程及物料。这是建筑工程一切险的主要保险项目。该项目下主要包含有建筑工程合同内规定建设的建筑物主体，建筑物内的装修设备，配套的道路、桥梁、水电设施、供暖取暖设施等土建项目；存放在工地的建筑材料、设备、临时建筑物。该部分保险金额为承包工程合同的总金额，也即建成该项工程的实际价格，其中应包括设计费、材料设备费、施工费（人工及施工设备费）、运杂费、税款及其他有关费用在内。

（2）安装工程，是指承包工程合同中未包含的机器设备安装工程项目，如办公大楼内发电供暖、空调等机器设备的安装项目。该项目的保险金额为该项目的重置价值。有的工程该项目已包括在承包合同之内，在保险中应予以说明。

（3）建筑用机器、装置及设备，是指施工用的推土机、钻机、脚手架、吊车等机器设备。此类物品一般为承包人，即施工单位所有，其价值不包括在工程合同价之内。该项保险金额应按重置价值即重新换置同一厂牌、型号、规格、性能或类似型号、规格、性能的机器、设备及装置的价格，包括出厂价、运费、关税、安装费及其他必要的费用在内。有时，在合同价格内也包括了一部分施工设备。

（4）业主提供的物料及项目，是指未包括在工程合同价格之内的，由业主提供的物料及负责建筑的项目。该项保险金额应按这一部分标的的重置价值确定。

（5）工地内现场的建筑物，是指不在承保的工程范围内的，业主或承包人所有的或由其保管的工地内已有的建筑物或财产。该项保险金额要与投保人商定，但最高不得超过该建筑物的实际价值。

(6) 业主或承包人在工地上的其他财产,是指上述五项范围之外的其他可保财产。该项保险金额可与投保人商定。

(7) 清理费用,这是建筑工程险所特有的一个保险项目,指发生承保危险所致损失后,为清理工地现场所必须支付的一项费用,不包括在工程合同价格之内。建筑工程在遇到危险并造成损失时,常在施工现场产生大量残砾,包括工程的受损部分及任何外来无用的土石、泥沙等物体。为恢复现场、保证施工顺利进行、必须将这些残砾清理出去、为此要支付为数不小的费用。所以,特将此项费用单独列出作为一个保额。该项保险金额一般按大工程不超过其工程合同价格的5%,小工程不超过工程合同价格的10%计算。

以上为可以承保的物质部分的保险项目。但货币、票证、有价证券、文件、账簿、图表、技术资料,领有公共运输执照的车辆、船舶以及其他无法鉴定价值的财产,不能作为建筑工程险的保险项目,即保险人对这类财产不予承保。

以上各部分之和为建筑工程险物质损失部分总的保险金额。

2) 保险金额的调整

如果被保险人在投保时按照保险工程合同规定的工程概算总造价确定投保金额,那么被保险人在保险期限内必须调整保险金额。

(1) 在保险工程造价中包括的各项费用因涨价或升值原因而超出原保险工程造价时,必须尽快以书面形式通知保险人,保险人据此调整保险金额。

(2) 在保险期限内相应的工程细节做出精确记录,并允许保险人在合理的时候对该项记录进行查验。

(3) 如果保险工程的建造期超过3年,必须从保险单生效日起每隔12个月向保险人申报当时的工程实际投入金额及调整后的工程总造价,保险人将据此调整保险费。

(4) 在保险期限届满3个月内向保险人申报最终的工程总值,保险人据此以多退少补的方式对预收保险费进行调整。总之,保险人必须按照上述情况对保险金额进行调整。否则,被保险工程将视为保险金额不足。

3) 赔偿限额

在建筑工程一切险中,地震、海啸、洪水、风暴和暴雨都被视作特种风险。为了控制这类风险的赔偿责任,除了规定免赔额之外,保险人还规定有赔偿限额。凡保险单中列明的特种风险造成的物质损失,无论发生一次或者多次,其赔款均不得超过该限额。限额的高低主要根据工程所处的自然地理条件、该地区发生此类灾害的历史记录以及工程本身的抗灾能力等因素综合考虑后确定。

第三者责任险的赔偿限额应根据责任风险的大小确定,一般有两种规定方法:1)只规定每次事故赔偿限额。保险人承担保险责任以约定的每次事故赔偿限额为限,因此保险单要对"每次事故"做出明确定义。2)规定保险期间累计赔偿限额。即保险人规定一个保险期内总的赔偿限额,同时对于每次事故的赔偿要受事故发生时的有效限额的限制。在使用保险期间累计赔偿限额时，被保险人需要考虑是否选择恢复赔偿限额的问题。

5.2.5 保险费率

1）建筑工程一切险费率的考虑因素

建筑工程一切险的费率依各个工程的具体情况分别确定。一般来讲，制定建筑工程险的费率应考虑以下因素：

（1）工程的性质、建筑材料、建筑物的高度和总造价。

（2）工地及邻近地区的自然条件、有无特别危险存在。

（3）工程所处的地理位置。

（4）工期长短及施工季节。

（5）巨灾的可能性，最大可能损失程度。

（6）施工现场安全防护条件。

（7）承包人及工程其他有关方的资信情况，施工人员的素质及承包人的管理水平。

（8）免赔额的高低及特种危险的赔偿限额。建筑工程险规定特种危险的赔偿限额是为了控制巨灾损失。特种危险的赔偿限额是指由于保险单中列明的地震、洪水、暴风等特种危险造成保险财产物质损失的赔偿总额，不论发生一次或多次事故，赔款均不能超过该限额。特种危险的赔偿限额的确定要根据工地自然地理条件，以往发生灾害的记录以及工程本身的抗灾能力等因素确定。如果工程的位置在遭受这类灾害可能性较大的地区，赔偿限额应稍低一些；反之，可稍高一些。一般可按物质损失部分总保险金额的80%左右确定。

（9）保险公司以往对类似工程的赔付情况。

2）建筑工程一切险费率的组成

在承保时，由于同一工程，尤其是大型工程，其不同保险项目的风险程度是不一样的，因此，建筑工程险的费率应分项厘定，一般可以分为以下几项：

（1）建筑工程、安装工程、业主提供的物质及项目、工地内现成的建筑物、业主或承包人在工地上的其他财产等，这些项目的费率按整个工期费率计收保险费。

（2）建筑用机器、装置及设备为单独的年费率，保险期不足一年的，按短期费率计收保险费。

（3）第三者责任保险费率亦为工期性费率，按每次事故赔偿限额计算保险费。

（4）试车期和保证期费率是按照工期性费率乘以总保险金额计收保险费。

（5）各种附加险也是按照整个工期一次性费率计收保险费。

对于一般的工程项目，为方便起见，在费率构成考虑了以上因素的情况下，可以只规定整个工程的平均工期性费率。但是，在任何情况下，建筑用施工机器装置以及设备都必须单独以年费率为基础开价承保，不得与总的平均工期性费率混在一起；如果被保险人采用工程概算总造价投保，保险人在开具保险单时所收取的保险费仅仅是预收的保险费。在工程结束时，按照双方事先的约定，保险人应根据被保险人提供的工程结算实际金额和约定的保险费率，对保险费进行结算，并根据计算结果多退少补。

3）第三者责任部分保险费的确定

第三者责任部分可以使用不同的赔偿限额承保。在使用累计赔偿限额与每次事故限额相结合使用时，计算基础不变，但是费率应该适当降低；在使用每次事故赔偿限额时，只能以此作为计算保险费的基础，再乘以对应的保险费率，费率可以参照公众责任保险费率中关于建筑安装工程一切险一档办理。

在较大的工程项目中，由于第三者责任保险部分的保险费远远小于物质损失部分的保险费，甚至只相当于物质部分保险费的百分之几，所以在实务中将第三者责任保险作为工程保险的一个承保条件，不再另行收费，该做法已经成为一种趋势。计算出各个项目的保险费后，得到保险费的总和，然后再除以物质部分的总保险金额，就是保险单明细表载明的表定费率。

5.2.6 保险的赔偿处理

1）赔偿处理的注意事项

接到出险通知后，详细记录出险日期、工程出险部位、估计损失情况等，并立即组织人员到现场勘查定损，经核实后及时赔付。

(1) 被保险人在索赔时除提供事故报告外还须提供保险单、损失清单、账册等保险公司认为有必要提供的单证。

(2) 保险财产发生损失，保险人的赔款以恢复现状为限，残值应予扣除。

(3) 保险人可有三种赔偿方式，即以现金支付赔款；修复或重置和赔付修理费用。具体采用哪种方式应视具体情况与被保险人商定。但保险人的赔偿责任就每一项或每一件保险财产而言不得超过其单独列明的保额，就总体而言不得超过保单列明的总保险金额。

(4) 如果保额低于规定的要求，保险公司就要按比例承担赔偿责任，即：

赔款金额＝损失金额×某项目现行保额/某项目按规定应投保金额。

(5) 损失赔付后，保额应相应减少，要出具批单说明保险财产哪一项从何时起减少多少保额，要与明细表中的保险财产项目取得一致。对减少部分的保额不退回保费。如果被保险人要求恢复保额，也应出具批单说明从何时起至何时止对何项保险财产恢复多少金额，并对恢复部分按日比例增收保费。

(6) 如同一保险财产损失存在着一种以上的保险保障，不论该保险赔偿与否，保险公司按该种保险的保险单保额与所有保单保额之和的比例承担保险责任。

2）赔偿标准

(1) 部分损失的赔偿标准。对于可以修复的部分损失，保险人支付修理费将保险财产修复到受损前的状态。如果修复中有残值存在，残值应在保险人赔款中扣除。

(2) 全部损失或推定全损的赔偿标准。在全部损失的情况下，保险人按照保险金额扣除残值后进行赔偿，如果发生推定全损，保险人有权不接受被保险人对受损财产的委付。

(3) 任何成对或成套设备项目，若发生损失，保险人的赔偿责任不超过该受损项目在所属整对或整套设备项目的保险金额中所占的比例。

(4) 发生损失后，被保险人为减少损失而采取必要措施所产生的合理费用，保险人可予以赔偿，但该项费用的赔偿金额以保险财产的保险金额为限。

3) 第三者责任损失的赔偿

(1) 未经保险人书面同意，被保险人或其代表对索赔方不得作出任何承诺或拒绝、出价、约定、付款或赔偿。在必要时，保险人有权以被保险人的名义处理任何诉讼的抗辩或索赔。

(2) 保险人有权以被保险人的名义，为保险人的利益自付费用向任何责任方提出索赔的要求。未经保险人书面同意，被保险人不得接受责任方就有关损失作出的付款或赔偿安排或放弃对责任方的索赔权利，否则，由此引起的后果将由被保险人承担。

(3) 在诉讼或处理索赔过程中，保险人有权自行处理任何诉讼或解决任何索赔案件，被保险人有义务向保险人提供一切所需的资料和协助。

5.3 安装工程一切险(包括安装工程第三者责任险)

安装工程一切险是以设备的购货合同价和安装合同价加各种费用或以安装工程的最后建成价格为保额的，以重置基础进行赔偿的，专门承保以新建、扩建或改造的工矿企业的机器、设备或钢结构建筑物在整个安装、调试期间，由于保险责任范围内的风险造成的保险财产的物质损失和列明的费用的保险。建筑工程一切险和安装工程一切险在形式和内容上基本一致，是承保工程项目相辅相成的两个险种，只是安装工程一切险针对机器设备的特点，在承保和责任范围方面与建筑工程一切险有所不同。

5.3.1 保险标的与保险特点

1) 保险标的

安装工程一切险(Erection All Risk Insurance)，简称安工险，是指以各种大型机器设备的安装工程项目在整个安装期间因自然灾害和意外事故造成的物质损失，以及被保险人对第三者人身伤亡或财产损失依法应承担的赔偿责任为保险标的的保险。

2) 被保险人

安装工程责任方主要有：业主(应对自然灾害及人力不可抗拒的事故负责)；承包人(应对不属于卖方责任的安装、试车中的疏忽、过失负责)；卖方(应对机器设备本身问题及技术指导致安装试车过程中的损失负责)。由于安装期间发生损失的原因很复杂，往往各种原因交错，难以截然区分，因此，将有关利益方，即具有可保利益的，都视为安装

工程险项下的共同被保险人。安装工程一切险的被保险人,大致有以下各方:

(1) 所有人。

(2) 承包人。

(3) 分承包人。

(4) 供货人,即负责提供被安装机器设备的一方。

(5) 制造人,即被安装机器设备的制造人,但因制造人的过失引起的直接损失,即本身部分,在任何情况下都应除外,不包括在安装工程险责任范围内。

(6) 技术顾问。

(7) 其他关系方。

3) 安装工程一切险的特点

与建筑工程险相比较,安装工程一切险主要有以下特点:

(1) 建筑工程险的价值从开始后逐步增加,保险责任也是从零逐步增加到100%的;而安装工程险的保险标的,从安装一开始时就存在于工地上,保险人一开始就承担着几乎全局的保险价值,而且危险比较集中。

(2) 在一般情况下,自然灾害造成建筑工程一切险标的损失的可能性较大,而安装工程险的标的;多数是建筑物内安装,自然灾害损失的可能性相对较小一些,而受人为事故损失的可能性大一些。

(3) 安装工程在交接前必须经过试车考核,而在试车期内任何潜在的因素都可能造成损失,损失率要占整个安装工期的一半以上。由于风险集中,对安装工程险的试车期保费可以占整个工期的保费的1/4～1/3。对旧机器设备在试车期一开始保险责任即告终止。

(4) 建筑工程险中对设计错误是一概除外的。但安装工程一切险对设计错误引起的其他保险标的损失予以负责。因此要注意区分设计错误的本身损失和引起其他保险标的损失,赔偿时要注意扣除本身损失部分。

(5) 安装工程常涉及的是价值昂贵、技术密集、结构复杂的机器设备,应掌握一定的专业知识。

5.3.2 保险责任与除外责任

1) 安装工程一切险物质损失部分的保险责任与除外责任

安装工程一切险的保险责任与建筑工程一切险基本相同,主要承保保单列明的除外责任以外的任何自然灾害和意外事故造成的损失及有关费用。

安装工程一切险是同建筑工程一切险一起发展起来的一种综合性的工程保险业务,他以各种大型机器设备的安装工程为保险对象,包括成套设备、生产线、大型机器装置。各种钢架构造、管道安装等。安装工程一切险的保险责任主要是承保上述工程项目在安装期间因自然灾害和意外事故造成的物质损失,以及被保险人对第三者依法应承担的赔偿责任的保险。在承保形式上和内容上他与建筑工程一切险基本一致,两者都是为工程项目提供保险保障的两个相辅相成的险种，只是安装工程一切险针对机器设备的特点，在除外责任方面与建筑工程一切险有所区别。具体表现在以下两个方面：

(1) 因设计错误、铸造或原材料缺陷或工艺不善引起的保险财产本身的损失以及为换置、修理或矫正这些缺点错误所支付的费用，都属于除外责任范围。值得注意的是，安装工程一切险只对设计错误等原因引起保险财产的直接损失及其有关费用不予负责赔偿，而对由于设计错误等原因造成其他保险财产的损失还是予以负责的。因为设计错误等原因造成保险财产的直接损失，被保险人可根据购货合同向设计者或供货方或制造商要求赔偿。

建筑工程一切险也不承保设计错误等原因引起的保险财产本身的损失及费用，同时也不负责，因此种原因造成其他保险财产的损失和费用。

(2) 由于超负荷、超电压、碰线、电弧、漏电、短路、大气放电及其他电气原因造成电气设备或电气用具本身的损失。由于安装工程将面对大量的电气设备或电气用具的安装和调试，常常会发生超负荷、超电压等电气原因造成的事故，而这类事故往往是由于电气设备本身存在质量问题的原因造成的。因此，安装工程一切险将这类风险损失作为除外责任。但是，对于因各种电气原因造成其他保险财产的损失还是予以赔偿，这是建筑工程一切险除外责任中所没有的。

2) 安装工程一切险第三者责任部分的保险责任与除外责任

安装工程一切险的第三者责任险主要承保被保险人在安装工程期间，因意外事故造成安装场所以及附近区域第三者的人身伤亡或财产损失，依法应承担的赔偿责任。安装工程一切险第三者责任部分的除外责任与建筑工程一切险绝大部分相同，但是建筑工程一切险的第三者责任部分对“由于震动、移动或减弱支撑而造成的损失”是不予负责的，而安装工程一切险第三者责任的除外责任部分就没有此项规定。

5.3.3 保险期限

安装工程险的保险期限，是在保险单列明的安装期限内，自投保工程动工日或自被保险项目被卸至安装工地时起生效，直至安装工程结束完毕经验收时终止。

1) 安装期

(1) 保险责任的开始。在保险单列明的起期日前提下，实际保险责任的开始有两种情况：①投保工程动工之日；②保险财产运到施工地点。以先发生者为准，但不得超过保单列明的生效日。

(2) 保险责任的终止。保险责任的终止也有两种情况：①安装完毕签发验收证书或验收合格时终止；②工程所有人实际占有或使用或接受该部分或全部工程之时，最晚终止日不超过保险单中列明的终止日期。在实务中，工程的安装一般分期或分项进行，尤其是大型项目。所以对于在保险期限内提前验收移交或实际投入使用的部分项目，则在验收完毕或实际投入使用时对该部分的责任即告终止。

2) 试车考核期

试车考核期是指工程安装完毕后的冷试、热试和试生产。其长短由保险人与被保险人商定或根据工程合同上的规定来决定,并在保单上列明。试车考核期的保险责任一般不超过3个月,若超过3个月,应另行加费。对于试车考核期内、因试车引起的损失、费用和责任,保险人负责赔偿;若保险设备是使用过的,则自试车之时起,保险人的责任终止。

3) 保证期

被保险人自己决定是否加保保证期保险。保证期的保险期限与工程合同中规定的保证期一致。保证期自工程验收合格或工程所有人使用时开始,以先发生者为准。工程提前完工,则从该日起算加上规定的月份数至该期限的最后一天终止;如按时完工,则按保单上规定的日期终止。保证期的长短应根据合同规定来确定,一般为12～24个月不等。保证期的保险期限最长不得超过保单列明的期限。要注意的是,对旧的机器设备,一律不负责试车,也不承保保证期责任。试车一开始,保险责任即告终止。

(4) 保险期限的扩展。在安装工程工期内不能按时完工,被保险人要求延长保险期限时,必须事先获得保险人的书面同意,保险人同意后应出具批单加批并按规定增收保费。

5.3.4 保险金额

1) 保险金额的确定

安装工程一切险的保险金额是按保险工程安装完成时的总价值确定的,包括原材料费用、设备费用、建造费、安装费、运输费和保险费、关税、其他税项和费用,以及由工程所有人提供的原材料和设备的费用。

应该注意的是,安装工程承包合同价并不包括被安装设备的价值,仅仅包括安装费用和安装过程中必需的辅助材料的费用。因此,确定保险金额时,一定要以被安装设备的总价值加上安装合同的承包价之和为准。

根据安装工程一切险的项目划分,可以来确定安装工程一切险的保险金额。

(1) 安装项目。这是安装工程险承保的主要保险项目,包括被安装的机器设备、装置、物料、基础工程以及工程所需的各种临时设施如水、电、照明、通讯等设施。适用安装工程险保单承保的标的,大致有三种类型:

① 新建工厂、矿山或某一车间生产线安装的成套设备。

② 单独的大型机械装置如发电机组、锅炉、巨型吊车、传送装置的组装工程。

③ 各种钢结构建筑物如储油罐、桥梁、电视发射塔之类的安装和管道、电缆的铺设工程等。这部分的保险金额的确定与承包方式有关,在采用完全承包方式时,为该项目的承包合同价;由业主投保引进设备时,保险金额应包括设备的购货合同价加上国外运费和保险费、国内运费和保险费、关税和安装费(人工、材料)。

(2) 土木建筑工程项目,指新建、扩建厂矿必须有的工程项目,例如宿舍、办公室、食堂、仓库等。保险金额应为该工程项目建成的价格,包括设计费、材料设备费、施工费、运杂费、税款及其他有关费用在内。

(3) 安装施工用机器设备。保险金额按重置价值计算。

(4) 业主或承包人在工地上的其他财产。保险金额可与被保险人商定,但最高不能超过其实际价值。

(5) 清理费用。此项费用的保险金额由被保险人自定并单独投保,不包括在工程合同价内。保险金额对大工程一般不超过其工程总价值的5%;对小工程一般不超过工程总价值的10%。

以上各项之和即可构成安装工程一切险物质损失部分总的保险金额。

2) 保险金额的调整与赔偿限额

此项内容与建筑工程险的要求一样,在此不再详述。

5.3.5 保险费率

1) 保险费率的确定

安装工程一切险的费率,应按不同类型的工程项目确定,主要考虑以下因素:

(1) 工程本身的危险程度,工程的性质及安装技术难度。

(2) 工地及邻近地区的自然地理条件,有无特别危险存在。

(3) 最大可能损失程度及工地现场管理和施工及安全条件。

(4) 被安装机器设备的质量、型号。

(5) 工期长短及安装季节,试车期和保证期的长短。

(6) 承包人及其他工程关系方的资信,施工人员的技术水平和管理人员的素质。

(7) 同类工程以往的损失记录。

(8) 免赔额的高低及特种危险的赔偿限额。安装工程险也要规定特种危险的赔偿限额,即由地震、海啸、洪水、暴雨和风暴特种危险造成保险物质损失的赔偿总额。不论发生一次或多次事故,赔偿均不能超过该限额。限额的高低应根据工地自然地理条件,以往发生这类灾害的记录以及工程本身的抗灾能力等因素研究确定。遭受这类灾害可能性大的工程,限额应稍低一些;反之,可稍高些。总的幅度,可按物质损失部分总的保险金额的50%～80%之间掌握,对于这类风险不大或基本上没有的地区,也可不规定。

2) 保险费率的种类

还应注意,安装工程险的费率主要有以下几类:

(1) 安装项目。土木建筑工程项目、业主或承包人在工地上的其他财产及清理费用为一个总的费率,是整个工期一次性费率。

(2) 试车期为一单独费率,是一次性费率。

(3) 保证期,是整个保证期一次性费率。

(4) 各种附加保障增收费率,也是整个工期一次性费率。

(5) 安装、建筑用机器、装置及设备为单独的年费率。

5.3.6 投保实务

安装工程险的投保工作是一项相当复杂而又细致的工作，涉及一定专业技术的工作。

(1) 熟悉安装工程一切险条款的内容。

(2) 了解安装工程的特点。

(3) 工程的投保最好是采取主承包人或业主出面对整个工程投保，同时把各有关利益方列为共同被保险人这样可防止多头办理保险造成的保险差异，简便手续。凡是工程有一方以上被保险人，均需由投保人负责缴纳保险费，通知保险人保险标的在保险期内的任何变动，并提出原始索赔等义务。

(4) 填写投保申请书。投保人提交投保申请书时，需同时附上工程有关文件、图纸，包括工程合同、工程概算表、工程设计书、工程进度表等。

(5) 配合现场勘察，审核有关文件。如发现投保申请书填写内容有不符或错漏之处，要及时纠正。现场勘察至少要掌握：

① 各被保险人的资信情况。

② 工程项目的性质、性能、新旧程度情况以及以往发生过的问题。

③ 查明工厂所用原料的性能及其危险程度，最危险的是哪些原料。

④ 安装过程中最危险的部位、项目及阶段。

⑤ 观察工地邻近的情况，有何危险因素。

⑥ 试车期从何时开始，多长时间。

(6) 与保险人协商以下投保主要内容：

① 投保项目及分项保险金额和总的保险金额。

② 免赔额及特种危险的赔偿限额。

③ 试车期长短。

④ 是否投保安装用机具设备。

⑤ 是否投保场地清理费。

⑥ 是否加保保证期及期限长短和责任范围。

⑦ 是否需要一些特别附加保障条件，费率等。

(7) 审核保险单。

(8) 保险费的交纳及调整。安装工程险一般保险期长，保费数额较大，原则上可分期交纳保费。但出单后应立即交纳第一期保费，最后一期保费应在工程完工前半年交纳。分期付费，保险人必须出具批单说明。工程完工时，根据工程完工价值和工期，调整保费，多退少补。

(9) 保险单出具后，保险期限内，保险内容如有变更，被保险人应及时向保险人申请，办理批改手续。

5.4 职业责任保险

按照国际上通行的定义,职业责任(Professional Liability)是指专业人员或单位因自身在提供职业服务过程中的疏忽或过失造成他们的当事人或其他人的人身伤害或财产损失,依法应由提供职业服务的专业人员或单位承担的赔偿责任。一般情况下,专业人员或单位大多是指各种专业人员或单位,因此,职业责任有时也被称为专业责任。

职业责任保险是指以各种专业技术人员的职业责任为承保风险的责任保险。因此,职业责任保险的标的没有有形的物质载体,保险的标的是责任。一旦由于上述责任风险产生导致了业主或其他第三方的损失,其赔偿将由保险人来承担,索赔的处理过程也由保险人来负责。在国外,职业责任保险又常常被称为职业赔偿保险或过失责任保险,有时也称为专业责任保险,其实质是把专业人员或单位需要承担的全部或部分风险转移给保险人的一种机制。

在工程项目的开发建设过程中,管理、设计、施工等工程技术人员往往不可避免地会因为过失、疏忽等行为给业主或第三方造成危害,也就是存在前面讨论过的职业责任风险。毫无疑问,这一类的损害一旦发生,造成损害的专业技术人员应当承担损害赔偿责任。但是,由于这一类的损害造成的经济损失经常会超过专业技术人员或单位的经济承受能力,对遭受损害的一方的补偿是非常有限的。另一方面,对于致害的一方来说,也是极其不经济的,极有可能对专业技术人员或单位造成不可弥补的损害,致害人同时也可能是受害人,这就是责任风险所具有的两重性。而职业责任保险的建立则为专业人员或单位提供了一条安全而经济的途径,来转移因为其职业过失给业主或第三方造成损失所必须承担的责任风险,从而使双方的利益都得到合理的保护。

5.4.1 保险标的与保险特征

5.4.1.1 保险标的

工程保险中的职业责任保险(Professional Liability Insurance)是专门针对直接为工程服务的专业人员或单位(如建筑师、工程师、监理工程师等)在工作中的疏忽和过失而设立的一种保险,从性质上来说属于责任保险的范畴,其保险的标的是责任而不是财产,这一点和建工险、安工险不同。该险种除了适用于工程领域的专业人员或单位外,同样也适用于其他的专业人员或单位(如医生、律师等)。但在本书中,所涉及的职业责任保险均与工程有关,因此,将其归入工程保险中一起加以讨论。

职业责任保险是以职业责任为保险标的的保险,其保险的标的没有有形的物质载体。在保险学中,职业责任是指当事人或公司对由于其所提供的职业服务中的疏忽行为而遭受损失或损害的当事方进行赔偿的责任。除故意犯错可能构成犯罪违反刑法外,职业人员或单位可能由于自己在工作中的过失行为承担民事赔偿责任,如果受害方与职业人员或单位存在合同关系,称为违约责任;如果不存在合同关系,称为民事侵权行为。职业责任保险主要承保上述第二种民事侵权责任，也可包括违约责任；但违约责任（如竣工后一年内承包商的维修责任）主要通过保证保险、保证、保证金等方式解决。

职业责任保险涉及的专业技术人员是多方面的，在本书中所讨论的仅仅是和建设工程有关的专业技术人员的责任保险。工程技术人员通常都受过良好的教育、高水平的训练并具有丰富的实践经验，社会公众往往对专业技术人员的服务存在较多的依赖，他们从事的工作客观上要求他们对社会公众负有更多的责任。一般情况下，职业责任保险主要承保职业人员因疏忽或过失行为引起的民事侵权责任风险，当侵权责任和违约责任存在重合情况时，可附带承保合同责任风险或违约责任风险。

5.4.1.2 承保方式

1）以损失为基础的承保

以损失为基础的承保又可称为期内发生式，即在保单有效期内，以损失发生为基础，不论业主或受损失的第三方提出索赔的时间是否在保单有效期内，只要在保单有效期内发生由职业责任而造成的损失，保险人都需承担责任。这种以损失为基础的承保方式，使保险人的责任期延长到了保险合同有效期之后，为了防止责任期太长而使保险人增加过大的风险，通常都会规定一个宽限期。由于职业责任风险的发生可能需要一个较长的时间和诱因，但这种诱因并不是在任何时候都会出现，因此，责任的宽限期太短，对保险人的风险不大，但专业人员或单位的责任风险得不到保障，会挫伤专业人员或单位投保的积极性；如果宽限期太长，则保险人的风险太大。从国际上通行的做法来看，采用这种承保方式的责任保险保单，其宽限期限一般不超过 10 年。

2）以索赔为基础的承保

以索赔为基础的承保又可称为期内索赔式，即只要索赔是在保单的有效期内提出，对过去的疏忽或过失造成的损失就由保险公司承担赔偿责任，而不管导致索赔的事件发生在什么时候，这种承保方式实际上使保险的有效期提前到保险合同的有效期之前。考虑到工程质量事故发生的滞后性，引起索赔的事件往往是在保单有效期之前进行的，为了减少保险公司的承保风险，通常都对这种索赔设置一个追溯期，在第一次投保时，追溯期可设置为零，其后相应延长，但追溯期最长也不宜超过 10 年。这种承保方式比较适用于连续投保，任何时候都必须保证保单是有效的。首先，提供专业服务和实际提出索赔之间可能有相当大的时间滞后。其次，对大多数职业责任的索赔，不仅是在项目建设期间，而且可能是在项目竣工移交业主之后，因此，如果提出索赔时，保险单无效，那么对该索赔就没有了保险。

3）项目责任保险

对某些情况而言，上述两种方式的承保都不是最佳方式，从灵活方便的角度出发，可以针对具体的项目来购买职业责任保险。这种保险方式不必像上述保单一样连续投保，其保险的有效期通常是从投保开始至业主接收该工程时止，其后设置一个宽限期，一般为 10 年。这个 10 年的期限，一般是指从业主接收该工程后的 10 年期限，而不是指从购买保险日开始的随后10年期限，10年的责任期限结束后，仅对保险公司免责，而不是职业人员或公司。按照我国建筑法，对于主体工程，职业人员在整个工程寿命期内均要承担职业责任。

5.4.1.3 保险特点

职业责任保险是一种广义的财产保险，具有一般财产保险的特征，但是，他也具有自身的特殊性，具备一些有别于普通财产保险的特征，如下所述：

(1) 法律责任界定困难。这是职业责任保险有别于其他责任险的一个重要的特征，专业技术责任的界定较为困难，尽管法律规定了相关的责任，但是，专业技术方面的风险涉及的面较广，专业技术性强，风险的暴露需要一定的时间和诱因，责任的识别和确认较为困难。例如，监理工程师按照正常的程序和方法对工程质量进行了监控，但工程的某些隐患仍然不一定会被发现，或者说不一定被及时发现，如果将来没有特殊的一些诱因，问题可能永远不会暴露。即使问题暴露，要对责任做出明确的识别和确认也都需要一个十分复杂、漫长的过程。

(2) 通常工程职业责任的主体是业主和承包商之外的，为工程建设项目提供技术服务的各种工程专业技术人员和机构。在工程项目的开发建设过程中，这些专业技术人员和组织涉及的工作内容是多方面的，其职业责任可以分为两大类：即过失责任及合同责任。

过失责任是指专业技术人员没有履行其作为专业技术人员应该履行的责任，或是做了作为专业技术人员不应该做的事，而这些过失恰恰造成了业主或第三方的损失，因此，必须承担相应的民事损害赔偿责任。

合同责任，是指专业技术人员作为技术服务合同当事人的一方违背了合同的规定，没有适当地履行合同规定的义务，从而给另一方造成了损害，因此，必须依据合同承担相应的经济赔偿责任。

(3) 责任方及受害方都得到保障。在职业责任保险中，责任方是专业技术人员，他们依靠自身所掌握的专业知识为业主提供技术服务，自身的经济赔偿能力是非常有限的。而他们工作的对象，即工程建设项目，涉及的人力、财力都是巨大的，且他们的工作涉及社会公众的切身利益，因此，一旦发生了索赔的事件，仅靠他们自身的经济实力，显然不能保障受害人的利益，对责任方来说，损失也是无法估量的。通过职业责任保险，可将这种责任风险转移到保险人，由保险人承担这种责任的赔偿，受害人的利益因此得到了切实的保障，另一方面，也使责任方不至于因为这种责任使自身的服务和生活受到严重的影响。

5.4.2 保险责任与除外责任

职业责任险保单负责的是被保险人的职业疏忽行为，被保险人除了包括自身外(机构或个人)，还包括前任的从事该业务的人员，以及被保险人的雇员和从事该业务的雇员的前任的职业疏忽行为。

5.4.2.1 保险责任

随着社会的进步和科学技术的发展，人们对各种专业技术服务的依赖越来越多，另一方面，人们的法律意识不断增强，对专业技术服务的水平要求也越来越高，职业责任保险也因此不断取得发展，有关的责任保险险种日益增多，如律师责任险、建筑师责任险、医生责任险等等。但是，尽管责任保险的名目繁多，其保险的责任条款中通常涉及到如下几个方面：

(1) 保险只针对专业技术人员在提供服务时由于疏忽行为、错误或失职而造成受害方的损失，这种行为是无意的，且仅限于专业人员或单位专业范围内的行为，而不负责和专业范围无关的疏忽行为所造成的损失。

(2) 专业技术服务往往是一种集体的行为，职业责任保险可以以专业人员所在单位的执业机构名义购买，也可以以专业人员自身的名义购买，因此，除了被保险人自身外（机构或个人），责任还应包括从事某项专业技术服务的有关人员，如前任专业人员或单位、雇员以及前任雇员等的专业疏忽行为。例如，某建筑师在提供技术服务时，以他的名义购买了职业责任保险，而他的助手在从事工作时发生了疏忽，建筑师本人也未能发现这种从专业的角度来说本应该发现的疏忽，这对建筑师来说也是一种疏忽，对于保险人来说，应该承担赔偿责任。

(3) 由于索赔的处理可能导致被保险人的执业声誉受损，影响被保险人今后的执业生涯，因此，保险人在处理此类承保的索赔事件时，都必须征得被保险人的同意，不能随意处置。但是，应该做到处理结果和信息的共享。

职业责任险通常采取“期内索赔式”为承保基础。保险公司仅对在保单有效期内提出的索赔负责，而不管导致该索赔的事故是否发生在该保单有效期内。不过，保险人为了控制其承担的风险责任无限地前置，在经营实践中又通常规定一个责任追溯日期作为限制性条款，保险人仅对于追溯日以后保险期满前发生的职业责任事故且在保险有效期内提出索赔的法律赔偿责任负责。当然，也有一些业务采取“期内发生式”为基础的承保方式。在该承保方式下，保险人仅对在保险有效期内发生的责任事故引起的法律赔偿责任负责，而不论受害方是否在保险有效期内提出索赔。这种承保方式实质上是将保险责任期限延长了。为了控制无限期的延长，保险人通常也会规定一个后延截止日期。

5.4.2.2 除外责任

职业责任保险的一部分除外责任和一般责任保险的除外责任是类似的，例如下列各类：

(1) 被保险人的故意行为。

(2) 战争、罢工、核风险。

(3) 被保险人的家属、雇员的人身伤害或财物损失。

(4) 被保险人所有的或由其照管、控制的财产损失。

(5) 被保险人的契约责任,对未在契约中规定的,被保险人依法应负责的除外等。

下列情况是职业责任保险中的特有的一些除外责任:

(1) 被保险人以及其前任专业人员或单位、雇员以及前任雇员等的不诚实、欺骗、犯罪或者恶意行为引起的任何损失。

(2) 因文件灭失或者损失引起的任何索赔。

(3) 在保险有效期内被保险人不如实向保险人报告应报告的情况所引起的任何责任。

(4) 因被保险人被指控对他人诽谤或者恶意中伤行为而引起的任何索赔。

5.4.3 保险期限

职业责任保险的保险期限通常为一年。由于职业责任事故的产生到受害方提出索赔,有可能间隔一个相当长的期限,例如一年、二年甚至更长的时间。

5.4.4 保险金额

职业责任保险承保的是被保险人的民事损害赔偿责任,因此,保单上无法列示保险金额,而仅规定赔偿限额,即最高赔偿责任限额。职业责任保险的保单的赔偿限额一般为累计的赔偿限额,而不规定每次事故的赔偿限额,但也有些承保人采用每次索赔或每次事故赔偿限额而不规定累计赔偿限额。诉讼费用在赔偿限额以外赔付。

1) 赔偿限额

普通财产保险的标的是有形的,因而可以根据标的实物价值通过市场来确定保险的金额,而职业责任保险的标的没有实物形态,所以这种方法也就不再适用。通常情况下,采用一个赔偿的限额来代替赔偿的金额,保险单内只载明赔偿的最高限额,这个限额取决于专业人员或单位从业的记录、信誉,也可能和专业工作对象的实物价值有关。关于该限额的设定,可以采用两种方式,其一是采用累计限额方式,只要在保单有效期内,并不规定每次的限额,可以逐次累计直到达到最高的限额;另一方法是规定每次的限额而不规定累计限额的总额,每次超出限额的部分由投保人自行负担。

2) 免赔额

每个保险单所要求的免赔额,代表着除保险赔偿之外,要求被保险人从自己的资金中支付一定的金额。设立免赔额的好处是可以激励被保险人在提供专业服务时更加细致小心、减少疏忽,并坚持采取高标准的损失防范措施,同时,运用保险免赔额也可以避免大量小额索赔引发较高的理赔费用,从而引发保险费率水平的上涨。

3) 诉讼费用

和其他责任保险一样,保险公司对职业责任保险承担的赔偿责任包括两个方面,一是在上述限额内的赔偿金,二是法律诉讼费用,这笔费用一般都在赔偿限额之外,当然,如果赔款总额超出了上述赔偿限额,法律诉讼费用也可以按比例由被保险人及保险公司分摊。

5.4.5 保险费率

1) 保险费率的计算

职业责任保险的纯保险费等于损失金额除以保险单位。由于职业责任保险的业务性质差异较大，故保险单位的划分，也根据业务的不同而不同。在计算保险费率时，既要以5年期间的平均结果为基础，又要以现行费率为条件，然后再以两者加权平均之后得到保险费率。权数的大小，决定于每一分类团体在计费区域内所发生的赔案件数。资料的多少，决定统计分析结果的精确程度。保险费的计算方法同其他险种相近。总保险费由纯保险费和附加保险费组成。

2）保险费率的确定

毫无疑问，保险费率的确定是一个至关重要的问题，需要考虑的因素很多，主要有如下方面：

（1）职业的种类。也就是被保险人所从事的职业类型，不同类型的职业在赔款额度上可能相差很大。

（2）工作场所。即被保险人从事职业技术服务的所在地区，不同地区经济情况可能有所不同。

（3）工作单位的性质。营利性或非营利性、不同的所有制形式。

（4）被保险人的专业信誉，专业技术水平。

（5）被保险人及其雇员的责任心和个人品质。

（6）被保险人的索赔记录、处理情况。

（7）业务数量，被保险人每年提供专业技术服务的数量、服务对象的数量。

（8）赔偿限额、免赔额和其他承保条件。

5.4.6 建设工程设计责任保险

1）保险标的与被保险人

建设工程设计责任保险按其保险标的不同，可以分为综合年度保险、单项工程保险、多项工程保险三种。

（1）综合年度保险是指以工程设计单位1年内完成的全部工程设计项目可能发生的对受害人的赔偿责任作为保险标的的建设工程设计责任保险。综合年度保险的年累计赔偿限额由工程设计单位根据该年承担的设计项目所遇风险和出险概率来确定，保险期限为1年。

（2）单项工程保险是指以工程设计单位完成的一项工程设计项目可能发生的对受害人的赔偿责任作为保险标的的建设工程设计责任保险。单项工程保险的累计赔偿限额一般根据最大可能赔偿金额确定，保险期限由工程设计单位与保险公司具体约定。

（3）多项工程保险是指以工程设计单位完成的数项工程设计项目可能发生的对受害人的赔偿责任作为保险标的的建设工程设计责任保险。

我国的工程设计职业责任保险的投保人和被保险人均是单位（法人），而国外的设计职业责任保险的投保人和被保险人也可以是设计师个人。根据我国设计职业责任保险条款的措辞，被保险人为："凡经国家建设行政主管部门批准，取得相应资质证书并经工商行政管理部门注册登记依法成立的建设工程设计单位"，而设计师个人的职业责任风险是通过设计单位体现并分散的。

2）保险责任与除外责任

建设工程设计责任保险的保险责任，一般包括以下四项内容：

（1）工程设计单位对造成建设工程损失、第三者财产损失或人身伤亡依法应承担赔偿责任。

（2）事先经保险公司书面同意的保险责任事故的鉴定费用。

（3）事先经保险公司书面同意，为解决赔偿纠纷而交给仲裁机构或人民法院的仲裁费用或诉讼费用以及聘请律师等费用。

（4）发生保险责任事故后，工程设计单位为缩小或减轻依法应承担的赔偿责任所支付的必要的、合理的费用。

保险公司对下列原因造成的损失、费用不负责赔偿：

（1）武力行为、暴力行为。

（2）核反应、核子辐射和放射性污染。

（3）不可抗力。

（4）火灾、爆炸。

（5）故意行为。

（6）违法行为。

（7）其他间接行为。

3）保险期限

建设工程设计责任保险的保险期限是指保险公司承担保险责任的有效期限。也就是说，在此期间内，由于设计过失造成事故引起经济损失并提出索赔，保险公司应承担赔偿责任。建设工程设计责任保险的险种不同，保险期限也不一样。

（1）综合年度保险。综合年度保险的保险期限为 1 年。具体的起止日期由工程设计单位与保险公司商定，并在保险单明细表中列明。

（2）单项或多项工程保险。单项或多项工程保险的保险期限由工程设计单位与保险公司具体商定。

（3）追溯期。追溯期是指在工程设计单位事先不知道由于保险开始日期前的过失行为可能引起索赔的情况下，在保险期限内对此类过失行为引起的索赔提供保险的期限。

追溯期适用于采用期内索赔制的综合年保，一方面是为了解决工程设计风险滞后的问题；另一方面是为了控制保险公司承担的风险责任无限地前置，需要规定一个责任追溯日期作为限制性条款。

4）赔偿限额

赔偿限额一般分为每次事故赔偿限额、保险期限内累计赔偿限额。所谓每次事故赔偿限额是指保险公司在保险期限内对每一次事故承担赔偿责任的最高赔偿额度。所谓保险期限内累计赔偿限额是指保险公司在保险期限内对所有事故承担赔偿责任的最高赔偿额。

在每次事故赔偿限额、保险期限内累计赔偿限额中又可以分为财产损失赔偿限额、人身伤亡赔偿限额。所谓财产损失赔偿限额是指保险公司对建设工程本身的损失及对第三者的财产损失赔偿的最高额度。所谓人身伤亡赔偿限额是指保险公司对第三者人身伤害或死亡赔偿的最高额度。

免赔额有相对免赔额与绝对免赔额两种。两者相同之处：损失不超过免赔额的则不赔。两者不同之处：当损失超过免赔额时，相对免赔额方式由保险公司赔偿全部损失，而在绝对免赔额方式下保险公司仅赔偿超过免赔额的损失部分。

建设工程设计责任保险的免赔额通常采取的是绝对免赔额方式，也就是说，无论受损害的财产是否全部损失，免赔额内的损失均由工程设计单位自己来赔偿。

5）保险费率

建设工程设计责任保险费率的制定，应根据工程设计的风险大小及损失率的高低来确定，影响工程设计责任保险保险费率的因素主要有：

（1）工程设计业务的性质及其产生损害赔偿责任可能性的大小。

（2）法律对工程设计损害赔偿的规定。

（3）工程设计单位的资质高低。

（4）承保区域的大小。

（5）每笔投保业务数量的多少。

（6）工程设计单位管理水平及其雇员的专业水平高低。

（7）赔偿限额、免赔额的高低。

（8）工程设计单位以往是否发生责任事故以及损失的大小情况。

5.4.7 工程监理职业责任保险

1）保险标的与被保险人

工程监理职业责任险是以监理职业责任为保险标的的一种责任保险，他承保监理人在履行国家法律、法规及委托监理合同所规定的监理义务过程中，造成委托人（即业主）或其他第三方的人身伤害或财产损失时，依法应由监理人承担的赔偿责任。

凡经建设行政主管部门批准，取得相应资质证书并经工商行政管理部门登记注册，依法设立的工程建设监理企业，均可作为本保险的被保险人。

2）保险责任与除外责任

在本保险单明细表中列明的保险期限或追溯期内，被保险人在中华人民共和国境内（不包括港、澳、台地区）开展工程监理业务时，因过失未能履行委托监理合同中约定的监理义务或发出错误指令导致所监理的建设工程发生工程质量事故，而给委托人造成经济损失，在本保险期限内，由委托人首次向被保险人提出索赔申请，依法应由被保险人承担赔偿责任时，保险人根据本保险合同的约定负责赔偿。同时，保险人还负责赔偿:1)事先经保险人书面同意的仲裁或诉讼费用及律师费用;2)保险责任事故发生时,被保险人为控制或减少损失所支付的必要的、合理的费用。

除外责任(exclusions)规定保险人不负赔偿或给付保险金责任的范围。除外责任的表示一般有两种:一是采用列举方式,即在保险条款中明文列出保险人不负赔偿责任的范围;二是采用不列举方式,即凡是保险单中未列入保险责任的都属于除外责任。一般的保险条款都采用列举方式。但我国有关职业责任保险则采取列举为主,不列举为辅的方式,即先列举各种保险人不负赔偿责任的情况,再在除外责任最后一条,以不列举方式将其他不属于保险责任的情况全部除外。

除外责任可以划分为:绝对除外责任(absolute exclusions)和相对除外责任(relative exclusions)。

绝对除外责任包括:①不可抗力;②他人的责任;③被保险人的责任。

对建设工程监理职业责任保险而言,相对除外责任包括:①文件、图纸或其他资料的损毁、灭失;②由于合法监理分包商的行为导致的向被保险人(总包)的索赔;③交叉责任(cross liability)。

在投保人要求下,保险人可将同一保单所载的每一被保险人均视作单独的被保险人。任何被保险人造成其他被保险人损害,保险人负责赔偿,并不再向有责任的被保险人追偿。

3) 赔偿限额

监理工程师职业责任保险和普通的职业责任保险有共同的一面,但也有其特殊的一面。监理单位责任保险的主要内容是只针对监理单位根据委托监理合同在提供监理服务时,由于疏忽行为、错误或失职而造成业主或依赖于这种服务的第三方的损失,这种行为必须是无意的,且仅仅限于监理服务范围内的行为,而不负责和专业范围无关的疏忽行为而造成的损失。

保险人在本保险单明细表中列明的追溯期或保险期限内,在中华人民共和国境内(中国港、澳、台地区除外)履行建设工程委托监理合同(以下简称为“监理合同”)时,由于疏忽或过失而未能履行监理合同所规定的监理义务或者由于指令错误,从而致使委托人发生经济损失,依法应由被保险人承担经济赔偿责任的,并且在本保险期限内,该委托人首次向被保险人提出书面索赔要求并经被保险人向保险人提出索赔申请时,保险人将根据本条款的规定,对于下列损失和费用负责赔偿:①监理合同中所列明的被保险人应承担的委托人的直接经济损失;②事先经保险人书面同意的诉讼费、仲裁费、律师费及鉴定费;③被保险人为减少或缩小对委托人的经济赔偿责任所支付的必要的、合理的费用。

上述三项损失和费用的每次赔偿总金额不得超过本保险单明细表中列明的每次事故赔偿限额。并且每一保险年度的累计赔偿限额不得超过本保险单明细表中列明的累计赔偿限额。

4）保险费率

纯费率加附加费率为毛费率(gross rate)。而确定实际费率时，还需要考虑以下因素：监理单位的规模、资质等级、业务性质；监理单位的运营及盈利状况；监理人员的技术水平、素质、数量、职业道德状况；内部质量控制情况；发生意外损失赔偿责任的可能性、大小；赔偿限额、免赔额的高低；有关法律对损害赔偿的规定；承保区域的大小；责任事故的历史损失资料及索赔处理情况；监理委托人的情况、采用的委托监理合同的种类；监理项目的种类；保险期限等。也就是说，还有必要对毛费率进行调整。毛费率调整后可形成修正费率(modification rate)。

5.5 建筑职业伤害保险

建筑业是一个高风险行业，且从事危险作业的一线操作工人多为流动性很大的农村劳动力，仅仅依靠尚未完善的工伤保险无法保证伤者获得及时、合理的赔偿。《建筑法》正是考虑到建筑行业的特殊性，提出了强制性的建筑意外伤害保险。

建筑职业伤害保险制度有三层含义。首先，保险的范围限定在建筑行业；其次，职业伤害是一个广义的概念，不是指某一个保险种类或专有名称；最后，是强制推行的。

根据我国现有的法律、法规，职业伤害保险制度在保险品种上包括工伤保险和建筑意外伤害保险。这两种保险都是对人身意外伤亡事故的受害者及其家庭提供经济保障的强制性保险，但是他们的保险性质不同，属于不同范畴。

工伤保险是我国社会保险制度中的重要组成，属于国家法定的基本保险形式之一，他最终是要覆盖全社会的劳动人群的，建筑企业的工伤保险义务是不能用其他的形式来取代的。因此，由社会保险机构统一管理的工伤保险在建筑职业伤害保险制度中必须处于基础地位。他的保障对象可以理解为建筑企业中与企业有劳动关系的职工。对于建筑企业来说，投保工伤保险是企业正常经营过程中发生的必要支出，与是否承包工程项目无关，也不是以项目部为单位的，而是以整个企业为单位。

建筑意外伤害保险则是在工伤保险之外，针对工作现场作业人员的工作危险性而建立的补充保险形式，主要保障工程项目现场工作人员工伤死亡或工伤残疾时获得经济补偿。职业病不在意外伤害保险的保障范围之内。与工伤保险不同，建筑意外伤害保险涉及承包的工程项目，主要是针对施工现场人员，施工合同的工程名称、承包单位、项目所在地、工程造价、工期等都成为投保的依据。企业停工或暂时未承接工程时是不需要参加建筑意外伤害保险的，但是工伤保险费却是按月缴纳的。

5.6 意外伤害保险

意外伤害保险(Accidental Injury Insurance)可以定义为是以被保险人因遭受意外

伤害造成死亡、残疾、支出医疗费、暂时丧失劳动能力为给付保险金条件的人身保险业务。

这一定义包括以下含义:意外伤害保险属于人身保险的业务种类之一,人身保险作为独立于人寿保险和财产保险的第三领域,在我国目前的商业保险市场中由人寿保险公司和财产险公司的人身险业务部门经营。

意外伤害保险的保险责任是被保险人因意外伤害所致的死亡和残疾,不负责疾病所致的死亡。死亡保险的保险责任是被保险人因疾病或意外伤害所致死亡,不负责意外伤害所致的残疾。两全保险的保险责任是被保险人因疾病或意外伤害所致的死亡以及被保险人生存到保险期结束。

5.6.1 保险的种类

1) 个人意外伤害保险

(1) 按投保动因分类:自愿意外伤害保险和强制意外伤害保险。建筑职业伤害保险就是强制意外伤害保险。

(2) 按保险危险分类:普通意外伤害保险和特定意外伤害保险。建筑职业伤害保险就是特定意外伤害保险。

(3) 按保险期限分类:一年期意外伤害保险、极短期意外伤害保险和多年期意外伤害保险。

(4) 按险种结构分类:单纯意外伤害保险和附加意外伤害保险。

2) 团体意外伤害保险

建筑工程团体人身意外伤害保险为建筑施工人员提供安全保障,其保险责任可定义为被保险人在从事建筑施工及与建筑施工相关的工作或在施工现场或施工期限指定的生活区域内,因遭受意外伤害事故而致身故或残疾,获得下列约定给付的保险金:

(1) 意外身故保险金:因意外伤害导致身故,按保额给付意外伤害保险金。

(2) 意外残疾保险金:因意外伤害导致残疾,按残疾程度与保险金给付比例表给付意外残疾保险金。

5.6.2 保险责任

意外伤害保险的保险责任由三个必要条件构成:

(1) 被保险人在保险期限内遭受了意外伤害;

(2) 被保险人在责任期限内死亡或残疾;

(3) 被保险人所受意外伤害是其死亡或残疾的直接原因或近因。上述三个必要条件缺一不可。

5.6.3 保险期限与保险金额

1) 保险期限

意外伤害保险的保险期较短,一般不超过一年,最多三年或五年。

被保险人的死亡或残疾发生在责任期限之内。责任期限是意外伤害保险和健康保险特有的概念，指自被保险人遭受意外伤害之日起的一定期限（如 90 天、180 天、一年等）。在人寿保险和财产保险中，没有责任期限的概念。

责任期限对于意外伤害造成的残疾实际上是确定残疾程度的期限。如果被保险人在保险期限内遭受意外伤害，治疗结束后被确定为残疾时，责任期限尚未结束，当然可以根据确定的残疾程度给付残疾保险金。

2）保险金额

(1) 保险金额的确定。意外伤害保险属于定额给付性保险，当保险责任构成时，保险人按保险合同中约定的保险金额给付死亡保险金或残疾保险金。

在意外伤害保险合同中，死亡保险金的数额是保险合同中规定的，当被保险人死亡时如数支付。

残疾保险金的数额由保险金额和残疾程度两个因素确定。

(2) 赔偿限额。在意外伤害保险中，保险金额不仅是确定死亡保险金、残疾保险金数额的依据，而且是保险人给付保险金的最高限额，即保险人给付每一被保险人死亡保险金、残疾保险金累计以不超过该被保险人的保险金额为限。

5.7 工程质量保证保险

工程建设完工后，建成的建筑物仍然面临各种风险，除了自然灾害风险外，完工建筑物面临的风险还包括拆除或增加部分结构引起的建筑物结构变化风险、建筑物用途的变化、逐渐变质、一个或多个内在缺陷的显露、地基沉降、意外损坏。

这些风险的大部分可以通过投保企业财产险得到保障，但逐渐变质的风险在任何保险单中都是不可保的，内在缺陷风险也不属于企业财产险的责任范围。如，在我国的企业财产一切险保险单中，除外责任包括“自然磨损、内在或潜在缺陷、物质本身变化、自燃、自热、氧化、锈蚀、渗漏、鼠咬、虫蛀、大气（气候或气温）变化、正常水位变化或其他渐变原因造成的损失和费用”。同时，企业财产一切险也将设计错误、原材料缺陷或工艺不善引起的损失和费用列为除外责任。

5.7.1 保险标的与保险特点

工程质量保证保险也称内在缺陷保险（Inherent Defects Insurance），承保由于被保险财产结构部分的内在缺陷引起的质量事故造成建筑物的损坏，相对于由外在原因引起的损失。绝大多数工程质量责任保险的期限为 10 年。

之所以在有了职业责任保险的情况下还要引进工程质量保证保险，是为了解决职业责任保险理赔中的责任界定久拖不决、业主无法尽快获得赔偿的问题。投保工程质量保证保险后，质量缺陷显现后，无须界定是哪个建造方的责任，就可从保险公司获得赔偿。

工程完工移交业主后，总是会存在内部缺陷的显现并导致完工工程发生损失的风险，内在缺陷引起的质量事故主要有：

(1) 整体或局部倾斜、倒塌。

(2) 地基产生超出设计规范允许的不均匀沉降。

(3) 阳台、雨篷、挑檐等悬挑构件坍塌或出现影响使用安全的裂缝、破损、断裂。

(4) 主体承重结构部位出现影响结构安全的裂缝、变形、破损、断裂。

目前我国的保险市场上还没有成熟的工程质量保证保险，但在西方国家，这类保险发展较快，并正在形成迅速增长的市场。

此保险生效前、与保险人就保险单条款达成协议是一个相当耗时的过程：本保险在工程实际完工、经过技术检查机构检查并签发同意证书，确认此建筑物就工程质量保证保险而言属于正常的风险水平一年后，保险人签单同意承保后，保险方可生效。

理赔不仅包括修复损失的费用，而且还包括矫正引发损失的缺陷的费用。不管是设计、原材料还是工艺缺陷，此类缺陷可能对整个被保险建筑物都有影响。

5.7.2 被保险人与投保人

工程质量保证保险的被保险人是对内在缺陷有经济利益关系的一方或数方，指所有权人、承租人或融资机构。也可以是财产的后续购买者或其代理人。

工程质量保证保险的投保人通常是建筑开发商或最初的工程所有权人。

5.7.3 保险责任与除外责任

保险单通常承保引起损坏或引起即将到来的倒塌威胁的内在缺陷。赔偿的损失通常包括：在正常使用条件下，因潜在缺陷在保险期间内发生的质量事故造成的建筑物毁坏、物质损失或即将到来的倒塌威胁而引起的修复、重置或加固费用，还包括残渣清理、法律费用、专业费用、因遵守修订的建筑法律法规而承担的额外费用。

质量保证保险保障被保险人在建筑物上的利益，但同时应该考虑缺陷事故的间接损失。质量保证保险可以承保缺陷事故导致的间接损失，这种保障通常以年度保险单形式进行安排。业主也可能在整个内在缺陷保险单的保险期限内都需要间接损失保障，那就每年续保，但在续保时，由于内在缺陷风险的变化，此保险安排需要定期重新评估。以保证在整个工程质量责任保险期限内将间接损失保障保持在一个满意的水平。

5.7.4 保险期限

保险期限较长。通常为 10 年。在整个保险期限内保险单不能撤销。这意味着保险单条款需要考虑整个保险期限内的通货膨胀水平。另外，保险单利益可以转移至对此财产具有保险利益的其他方。

5.7.5 保险金额

保险金额包括总保险金额和每张保险凭证的保险金额。总保险金额为保险合同载明建筑物的总造价；每张保险凭证的保险金额为被保险人所购买单元的建筑物的建筑面积与本保险合同载明的单位建筑面积工程造价之乘积。

以业主委员会作为被保险人的，该保险凭证项下的保险金额为建筑物公摊部分面积与本保险合同载明的单位建筑面积工程造价之乘积。

对于投保人尚未出售的建筑物的保险金额也按照每张保险凭证的保险金额约定计算。

单位建筑面积工程造价＝建筑物总造价/建筑物总面积

5.7.6 保险费率确定

保险合同成立时，保险人依据建筑物施工合同上列明的工程总造价计收预付保险费。在建筑物竣工验收合格并完成竣工决算之日起一个月内，投保人应向保险人提供实际工程总造价，保险人据此调整总保险金额并计算保险费。预付保险费低于保险费的，投保人应补足差额；预付保险费高于保险费的，保险人退回高出的部分。

第三篇 风 险 篇

6 工程勘察技术风险

7 基坑工程技术风险

8 隧道工程技术风险

9 轨道交通工程技术风险

6　工程勘察技术风险

6.1　工程勘察的阶段和内容

6.1.1　工程勘察的阶段

勘察阶段可分为可行性研究勘察、初步勘察和详细勘察。可行性研究勘察应符合选址或确定场地要求；初步勘察应符合初步设计或扩大初步设计要求；详细勘察应符合施工图设计要求。可行性研究勘察是对各研究工程方案场地内的区域性工程地质条件，尤其是对工程方案的比较有关键性影响的不良地质、特殊性岩土、重点工程地段的工程地质条件，进行必要的工程地质勘察。初步勘察的目的是根据工程可行性研究报告提出的推荐建设方案，进一步做好地质选址工作，为编制初步设计文件提供必要的工程地质依据。详细勘察的目的，是根据已批准的初步设计文件中所确定的修建原则、设计方案、技术要求等资料，有针对性地进行工程地质勘察工作，为确定工程构造物的位置和编制施工图设计文件，提供准确、完整的工程地质资料。

6.1.2　工程勘察的内容

工程勘察的内容也可分为可行性研究勘察、初步勘察和详细勘察三方面。可行性研究勘察重点是工程方案的主要地质环境，包括水文、地质、气象、地震等自然条件，工程场地内不良地质分布范围及其工程地质特征以及对工程所在区域的地质条件进行初步评价。初步勘察内容一般包括：查明工程所在区域的地质、水文地质、工程地质条件，并做出评价；进行综合地质勘察，初步查明对确定工程场地位置起控制作用的不良地质条件、特殊岩土的类别、范围、性质，评价对工程的危害程度，为治理对策提供地质依据；查明工程建筑场地的地震基本烈度，并对建筑物场地按设计需要进行场地烈度鉴定或地震安全性评估；提供编制初步设计文件所需的地质资料。详细勘察内容一般包括：在初勘基础上，根据设计需要进一步查明建筑场地的工程地质条件，最终确定构造物的布设位置；查明构造物地基的地质结构、工程地质及水文地质条件，准确提供工程和基础设计、施工必需的地质参数；根据初勘拟定的对不良地质、特殊性岩土防治的方案，具体查明其分布范围、性质、提供防治设计必需的地质资料和地质参数。

6.2　工程勘察风险识别

目前许多初、详勘工作在勘察任务、工作要求深度及成果资料上不加区别，如初勘工作超越勘察阶段的要求，去做属于详勘阶段的工作，而忽略区域性、规律性方面的工作；详勘阶段应做的勘探、测试、试验工作，又严重不足，与初勘一样深度，提供的资料满足不了施工图设计的要求；复杂场地，大中型工程，只做一次性勘察，严重忽视区域性、规律性方面的研究，对场区稳定性评价论述不够。具体的工程勘察风险如图 6-1 所示。

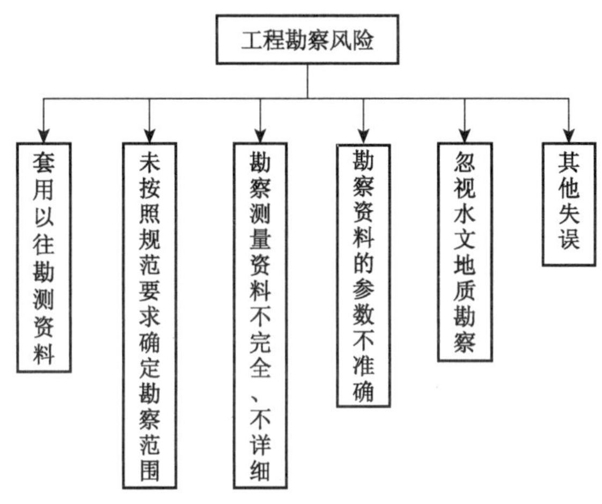

图 6-1　工程勘察风险

6.3　工程勘察风险控制措施

(1) 对场地进行认真、仔细实地勘察，而不是套用附近建(构)筑物以往的勘察资料来指导本工程设计。

(2) 按照规范要求和工程的实际要求确定勘察范围，布置勘探孔位间距和深度，全面了解工程地质情况。

(3) 按照规范要求勘探、测试、试验，提供详细、全面的勘察测量资料。

(4) 勘察资料提供的参数确定要同施工中实际岩土体的状态相同，特别是对工程安全影响很大的参数，提供的设计参数必须准确。

(5) 勘察单位要重视专门水文地质勘察工作，不能简单引用本地区的经验数据，需进行专门试验，以免造成失误。

(6) 对一些工程特殊情况下的勘察工作，除按规范规定的常规勘察外，要根据工程所在地区地质情况有针对性地勘察。

7 基坑工程技术风险

基坑工程开挖方法按有无支护可分成无支护开挖和有支护开挖,无支护开挖实际工程采用较少,其风险相对较小,在本章节中不再讨论,本章节只讨论有支护基坑施工中的风险,其施工风险主要包括支护结构施工风险、基坑降水引起的环境风险、基坑加固不当风险以及基坑开挖风险。本章节将就这几部分风险分别进行阐述。

7.1 支护结构施工风险

基坑的围护结构主要承受基坑开挖卸荷所产生的土压力和水压力并将此压力传递到支撑,是稳定基坑的一种临时挡墙结构。基坑中常用的围护结构有地下连续墙、SMW 工法、钻孔灌注桩加搅拌桩、土钉支护、重力式挡墙、钻孔咬合桩等。本章节将对各种支护结构施工中遇到的主要风险事故进行分别阐述,在这里,暂不考虑施工对环境的影响,这部分内容放到基坑开挖风险事故中。

7.1.1 地下连续墙

地下连续墙作为结构的一部分,主要起承重、挡土及截水抗渗等作用,同时也作为建筑物空间分割的外墙,如作为地铁车站结构的侧墙,高层建筑的地下室外墙等。地下连续墙在施工过程中,可能遇到的风险事故如图 7-1 所示。

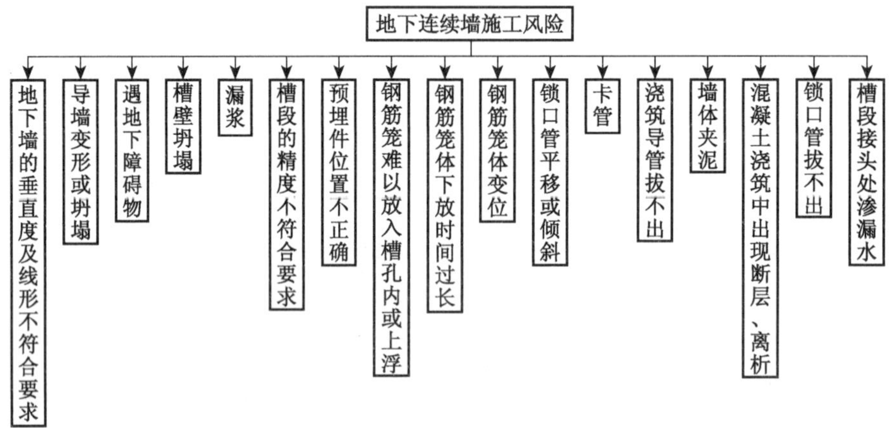

图 7-1 地下连续墙施工风险事故

7.1.2 SMW 工法

SMW 工法是在深层搅拌桩工法和地下连续墙工法基础上发展起来的一种深基坑支护技术，其主要特点是利用水泥土的特性就地在地下深处注入水泥系固化剂，经机械搅拌，将软土与固化剂拌合形成致密的水泥土地下连续墙，并在墙体内插入受力钢材构成复合材料共同抵抗侧向水土压力。SMW 工法在施工过程中，可能遇到的风险事故如图 7-2 所示。

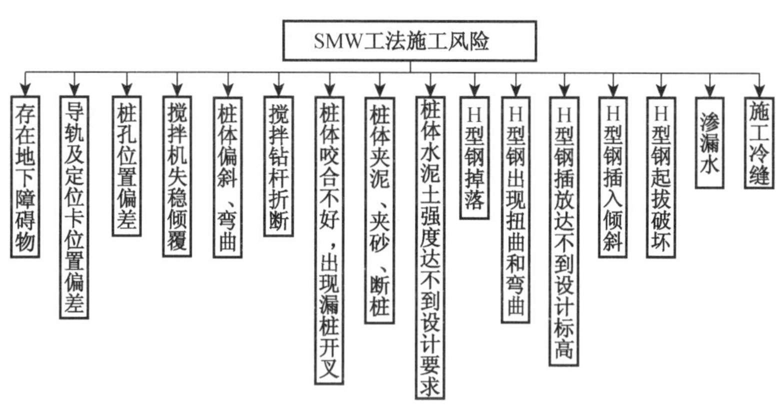

图 7-2　SMW 工法施工风险事故

7.1.3 钻孔灌注桩

钻孔灌注桩是通过钻孔、沉放钢筋笼、灌注混凝土而形成的柱列式挡土墙，常与搅拌桩联合使用作为围护结构。钻孔灌注桩在施工过程中，可能遇到的风险事故如图 7-3 所示。

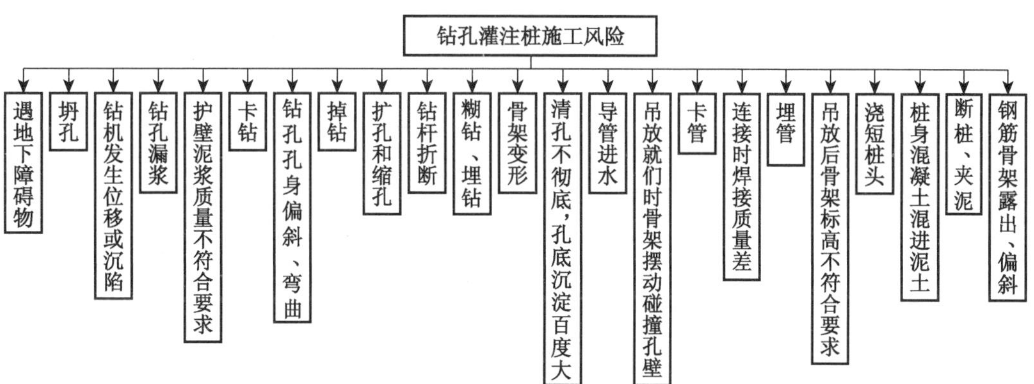

图 7-3　钻孔灌注桩施工风险事故

7.1.4 土钉支护

土钉支护是由土钉、原位土体和钢筋混凝土面层三个主要部件组成。他是依靠土钉与周围土体之间的摩擦力，使土体拉结成整体，并在沿坡面铺设的并与土钉相连的钢筋网片上喷射混凝土面层。这样，土体、土钉和钢筋混凝土面层三者形成一体，共同作用，提高了边坡稳定性。土钉支护在施工过程中，可能遇到的风险事故如图7-4所示。

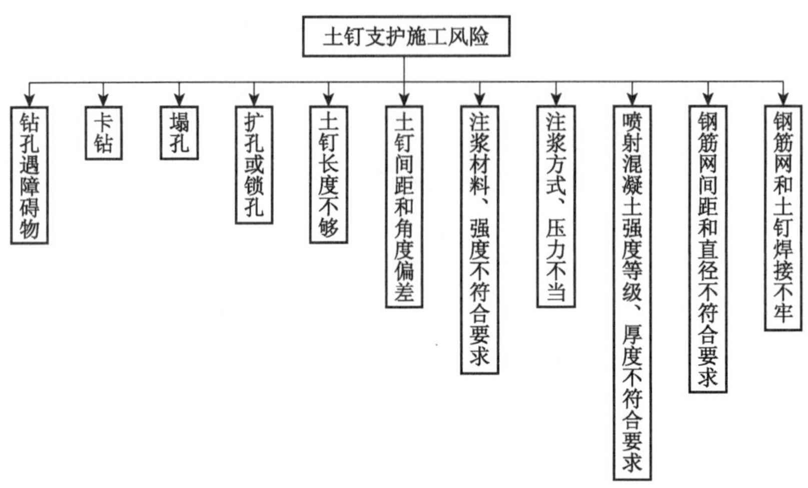

图 7-4 土钉支护施工风险事故

7.1.5 重力式挡墙

重力式挡墙为水泥土搅拌桩加固土组成的宽度较大的一种基坑围护形式。重力式挡墙在施工过程中，可能遇到的风险事故如图 7-5 所示。

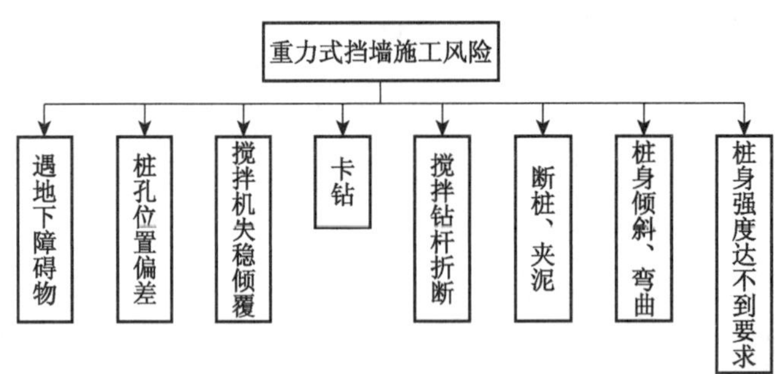

图 7-5 重力式挡墙施工风险事故

7.1.6 钻孔咬合桩

钻孔咬合灌注桩采用全套管桩机（又称磨桩机）施工，无需泥浆护壁，相邻混凝土排桩间部分圆周相嵌，并于相间施工的桩内置入不同形状的钢筋笼，使之形成具有良好防渗作用的整体连续挡土支护结构。钻孔咬合桩在施工过程中,可能遇到的风险事故如图 7-6 所示。

7.1.7 支撑体系

在基坑工程中,支撑结构是承受围护墙所传递的土压力、水压力的结构体系。支撑结构包括围檩、支撑、立柱及其他附属构件。支撑体系在施工过程中,可能遇到的风险事故如图 7-7 所示。

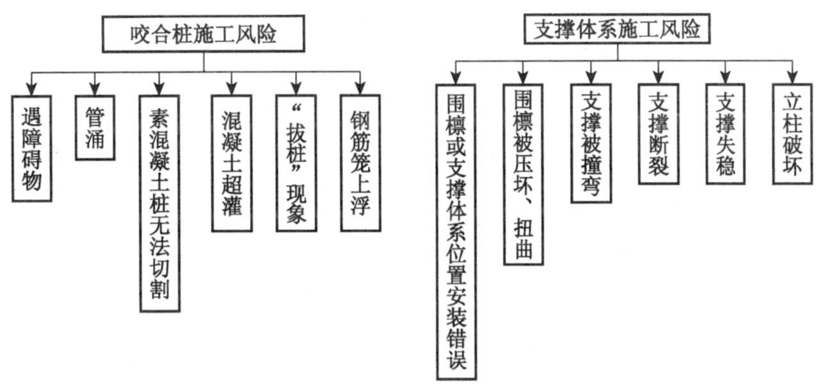

图 7-6 咬合桩施工风险事故　　**图 7-7 支撑体系施工风险事故**

7.2 基坑降水风险

本章节主要针对降水过程中主要的风险事故以及深基坑降水造成的环境问题进行风险识别,不考虑降水井施工中本身的施工问题。深基坑在降水过程中可能遇到的风险事故如图 7-8 所示。

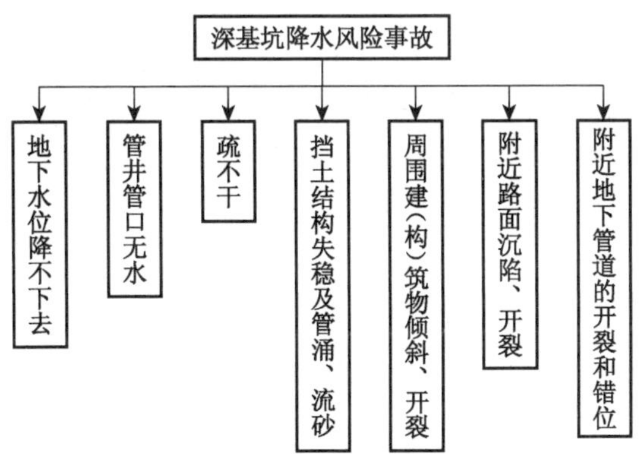

图 7-8 深基坑降水风险事故

7.3 基坑加固风险

根据加固方式基坑加固一般分抵抗坑底承压水的坑底地基加固，基坑外设防水帷幕，围护挡墙被动区加固法以及坑内降水预固结地基法。深基坑加固可能遇到的风险事故如图 7-9 所示。

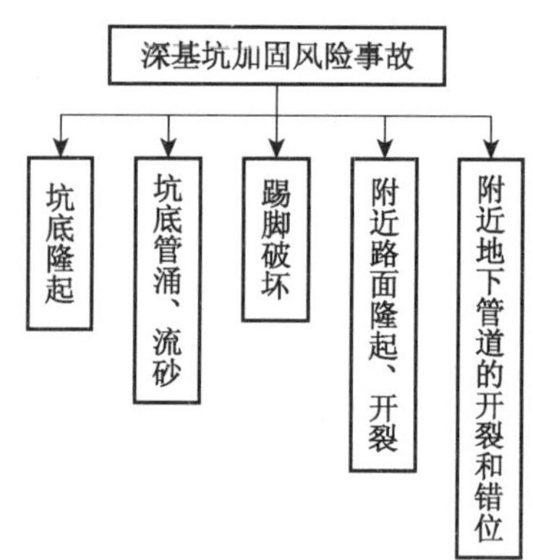

图 7-9 深基坑加固风险事故

7.4 基坑开挖风险

深基坑开挖往往施工条件很差、周边建筑物密集，地下管线众多，交通网络纵横，环境保护要求高，施工难度很大。在以往的深基坑工程开挖中出现过许多重大工程事故。有的支护桩被挤压严重位移，处理这些桩花费巨大的人力物力，并延误了工期；有的使周围建筑物沉降开裂，影响居民的正常生活；有的使周围道路塌陷，地下管线断裂，影响正常的供水、供电、供气，造成严重的经济损失和社会危害。

深基坑工程开挖事故可分为两类：一类是设计、施工、管理及其他原因引起的支护体系的自身破坏；另一类是支护体系的自身破坏，从而导致相邻建(构)筑物及市政设施破坏或深基坑土方开挖引起支护体系变形过大以及降低地下水位造成基坑四周地面产生过大沉降和水平位移，导致影响相邻建(构)筑物及市政管线的正常使用，甚至破坏。

深基坑开挖中可能会出现的风险事故如图 7-10 所示。

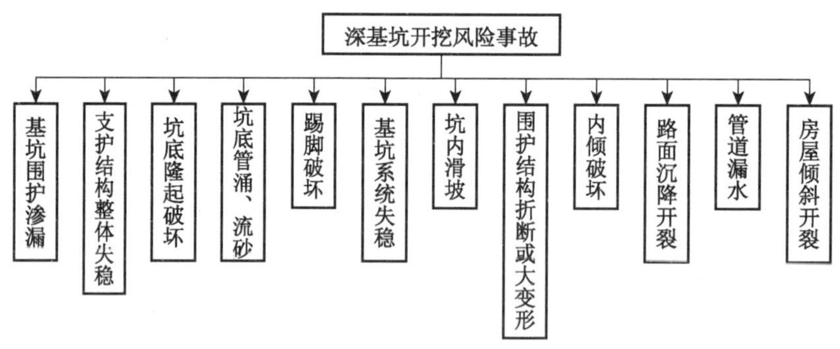

图 7-10 深基坑开挖风险事故

8 隧道工程技术风险

软土隧道工程的施工方法主要有盾构法、沉管法和顶管法等。这些方法都具有各自的地层适用性，施工过程中的风险事故类型及风险因素也各不相同。如何针对工程具体情况选用合适的方法，以及如何进行施工过程中的风险识别，成为亟待解决的问题。

文章书主要根据各方法的技术特点、风险发生机理，对各方法的主要风险事故进行识别、总结、归类，旨在从风险管理的角度，对工法的选择提供指导。

8.1 软土盾构隧道工程风险

盾构法是在地面下暗挖隧道的一种施工方法。盾构法施工风险可分成客观风险及技术风险。客观风险指的是当隧道选址及盾构机械选型确定的情况下，施工环境（如水文地质条件，气候条件等）以及设备条件决定的固有不可抗拒风险。技术风险是由于施工过程中的技术方案、操作管理过程中失误引起的风险。本章节不把客观风险及技术风险分开，笼统地把隧道盾构法施工风险分成盾构设备、盾构进出洞、盾构掘进、管片、注浆设备等五个方面分析，现分别分析如下。

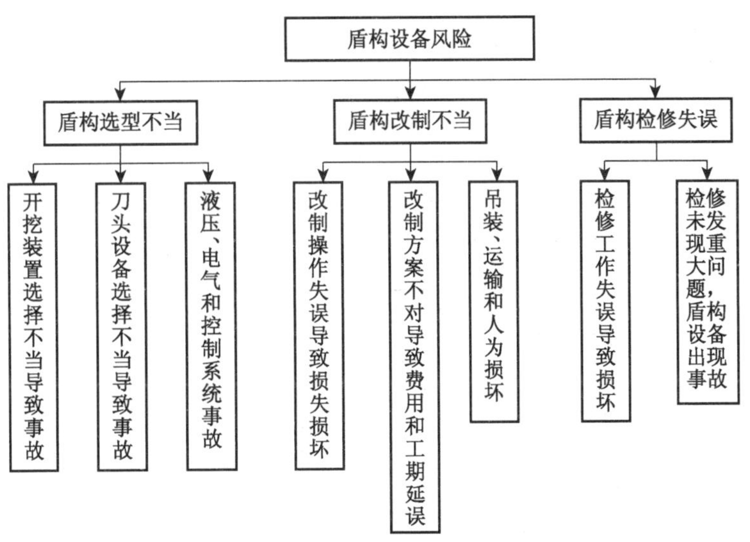

图 8-1 盾构设备风险事故

8.1.1 盾构设备风险

盾构设备的风险主要包括盾构选型、盾构改制和盾构检修三部分风险事故。其风险事故如图 8-1 所示。

8.1.2 盾构进出洞

盾构进出洞阶段的风险主要包括盾构机械的吊装和安装、盾构出发、盾构到达和临时工程和设备拆除四部分风险事故。其风险事故如图 8-2 所示。

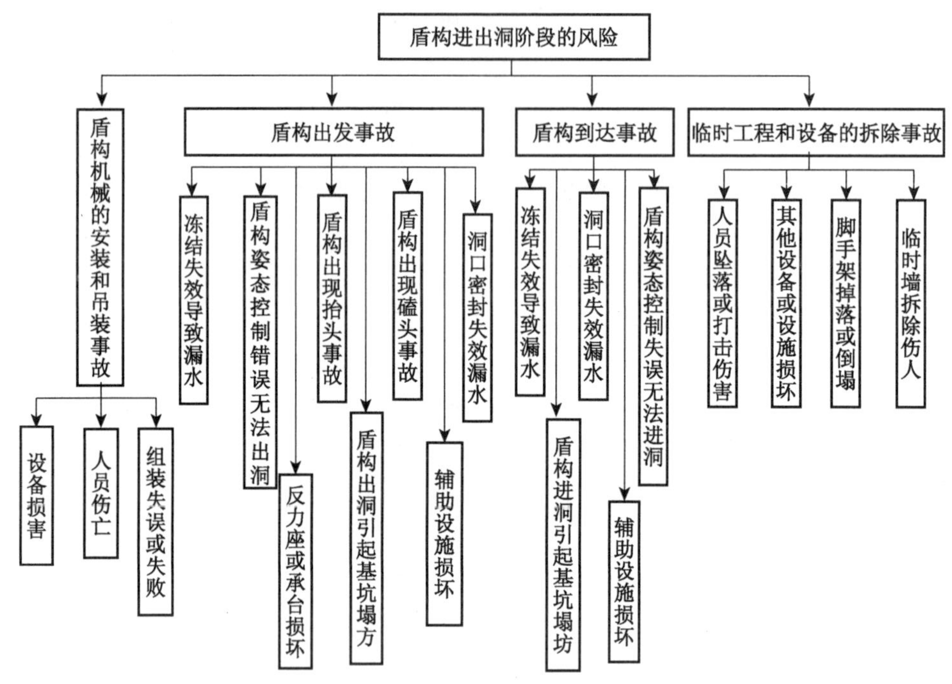

图 8-2 盾构进出洞阶段风险事故

8.1.3 盾构掘进

盾构掘进阶段的风险主要包括不良地质灾害、盾构设备事故、盾构掘削管理事故、线形测量事故和其他施工设备事故五部分风险事故。其风险事故如图 8-3—图 8-7 所示。

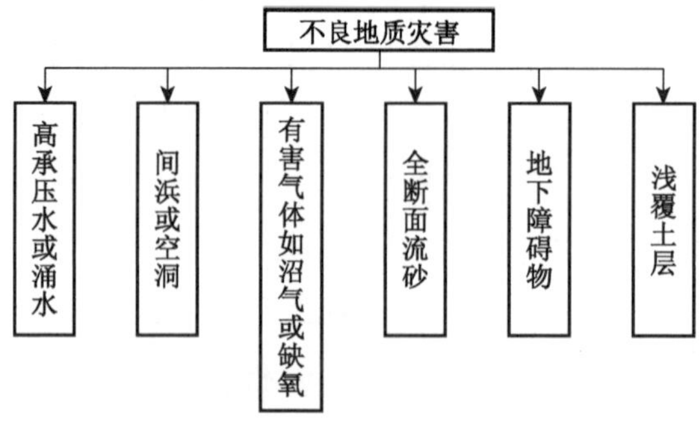

图 8-3 不良地质灾害风险因素

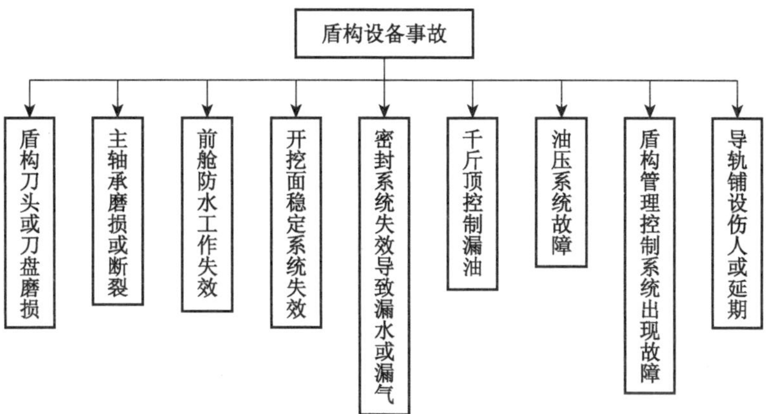

图 8-4　盾构设备风险事故

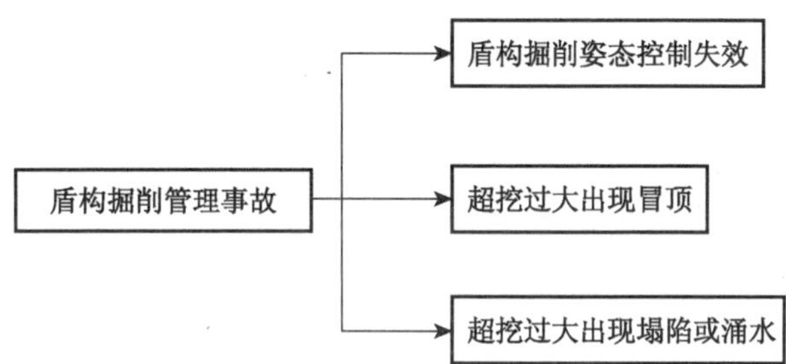

图 8-5　盾构掘削管理风险事故

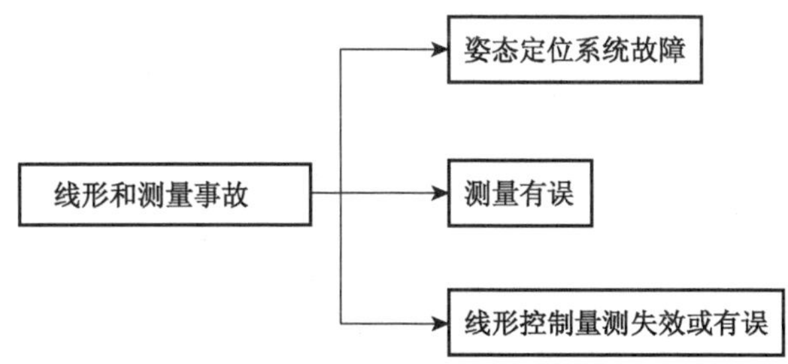

图 8-6　线性和测量风险事故

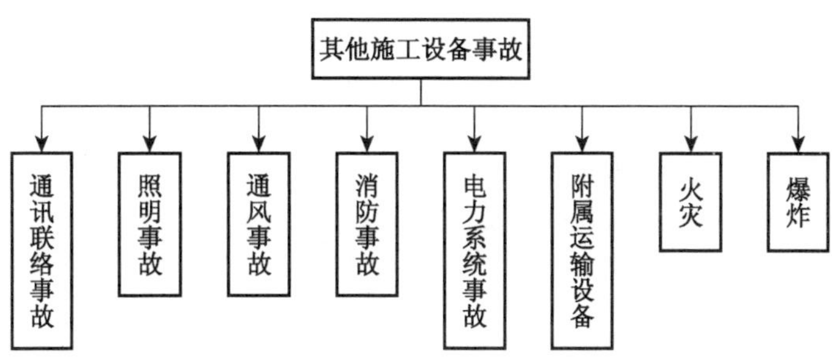

图 8-7　其他施工设备风险事故

8.1.4 管片

管片的风险主要包括管片设计与生产、管片运输和管片拼接三部分风险事故。其风险事故如图 8-8—图 8-10 所示。

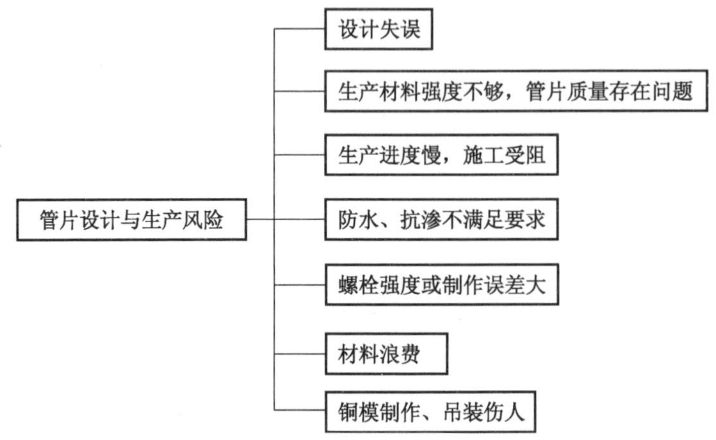

图 8-8 管片设计与生产风险事故

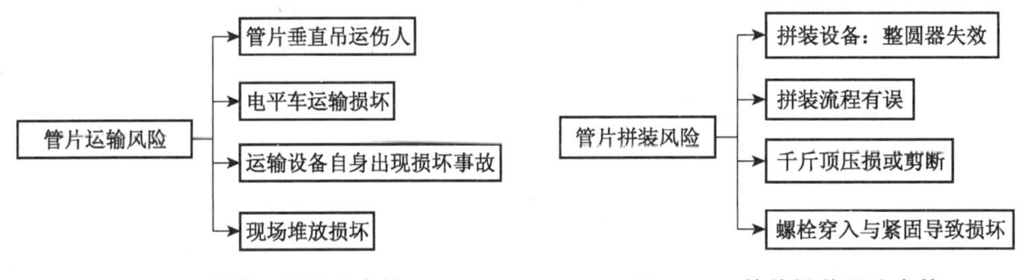

图 8-9 管片运输风险事故

图 8-10 管片拼装风险事故

8.1.5 注浆系统

注浆系统风险主要包括注浆设备、注浆材料、注浆工艺三部分风险事故。其风险事故如图 8-11 所示。

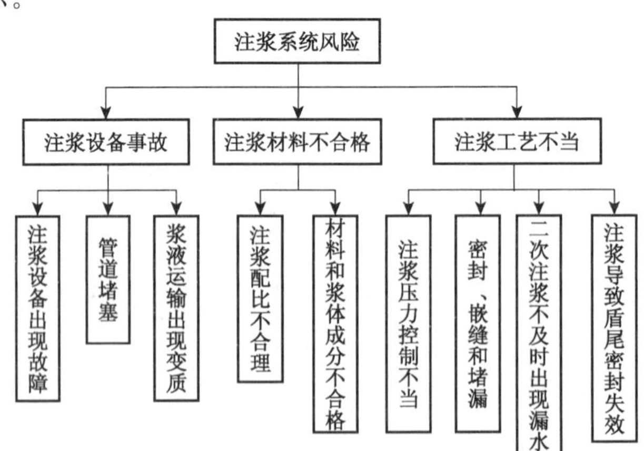

图 8-11 注浆系统风险事故

8.1.6 联络通道

在城市地铁隧道或交通隧道规划设计中，上下行隧道间通常要设置联络通道，又称联络通道。在地铁运营时，当一条隧道内发生火灾、涌水、倒塌等突发性事件时，乘客可就地下车，经联络通道转移到另一条隧道中，并迅速向地面疏散。联络通道一般设于区间隧道的中部、线路的最低处。

联络通道施工方法主要有：明挖法、管棚法、土体加固暗挖法、顶管法、小型盾构法等。在本章节中，仅对土体冻结法下进行暗挖进行风险识别。

水平冻结技术就是在隧道内利用水平孔和部分倾斜孔冻结加固地层，使联络通道及集水井外围土体冻结，形成强度高、封闭性好的冻土帷幕，然后根据“新奥法”的基本原理，在冻土中采用矿山法进行联络通道及泵站的开挖构筑施工，其中水平冻结孔施工是人工地层冻结的关键，充分考虑冻结孔施工中可能存在的问题，并采取相应的措施，保证冻结孔施工质量就显得特别重要。土体冻结加固暗挖法在施工过程中，可能遇到的风险事故如图 8-12 所示。

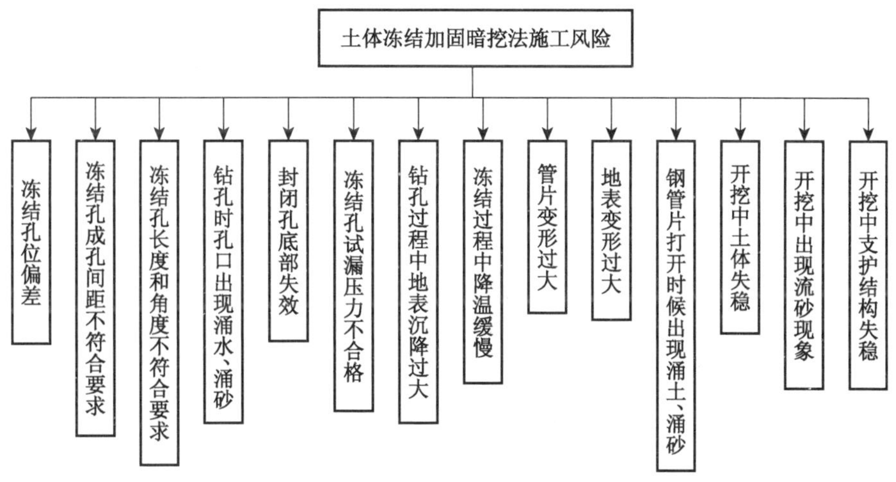

图 8-12 土体冻结加固暗挖法风险事故

8.2 隧道工程沉管法的风险

沉管隧道又称预制管沉放法。先在隧址以外的预制场(一般为临时干坞，或利用船厂的船台设备)制作隧道管段(一般每节长 60～140 m)，并用临时封墙密封两端，制成后用拖轮拖运到隧址指定位置，待管段定位就绪后，往管段里灌水压载，使之沉入预先挖好的水底沟槽，然后在水下连接起来，再覆土回填并排水以完成隧道。沉管法施工的风险主要存在于几个关键的施工阶段：干坞施工、管段制作、基槽浚挖和回填覆盖、岸壁保护工程、管段基础处理、管段接头和管段拖运沉放等，其施工中可能遇到的风险事故将在下面分别阐述。

8.2.1 干坞施工

干坞施工中可能遇到的风险事故如图 8-13 所示。

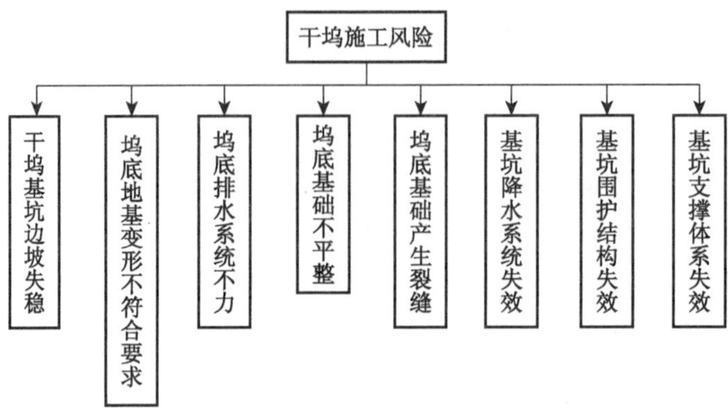

图 8-13 干坞施工风险

8.2.2 管段制作

管道制作中可能遇到的风险事故如图 8-14 所示。

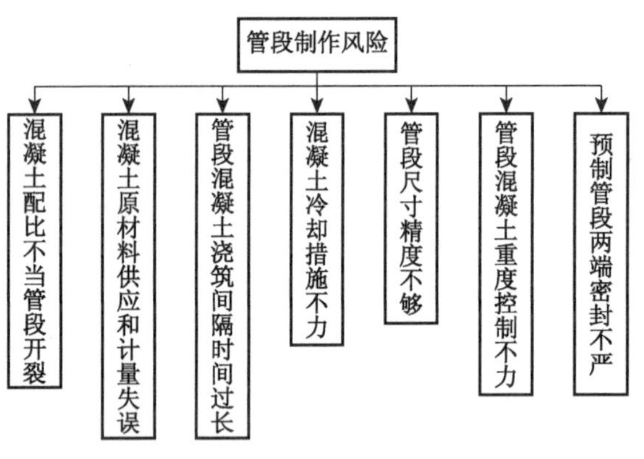

图 8-14 管段制作风险

8.2.3 基槽浚挖和回填覆盖

基槽浚挖和回填覆盖施工可能遇到的风险事故如图 8-15 所示。

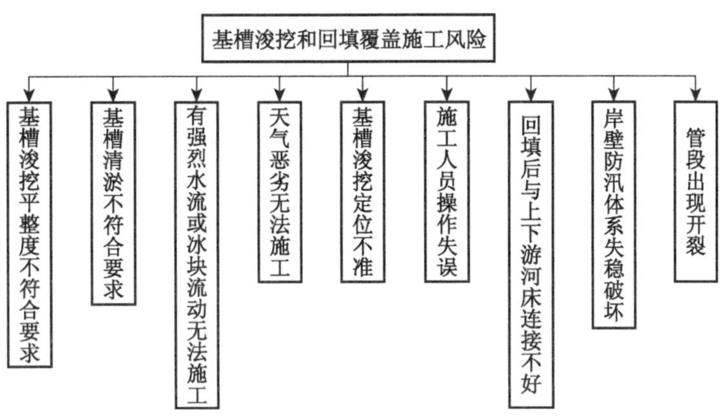

图 8-15　基槽浚挖和回填覆盖施工风险

8.2.4　管段浮运和沉放

管段浮运和沉放施工可能遇到的风险事故如图 8-16 所示。

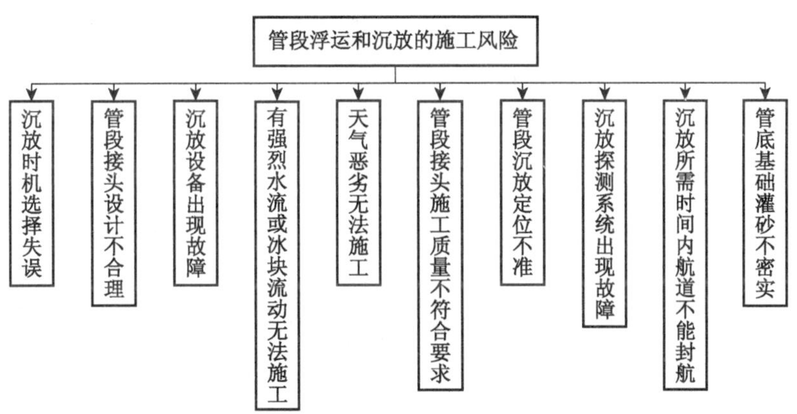

图 8-16　管段浮运和沉放施工风险

8.3　隧道工程顶管法的风险

顶管法是直接在松软土层或富水松软地层中敷设中、小型管道的一种施工方法。无须挖槽，可避免为疏干和固结土体而采用降低水位等辅助措施，从而大大加快施工进度。顶管法是一种地下管道施工方法。顶管法施工中主要的风险事故如图 8-17 所示。

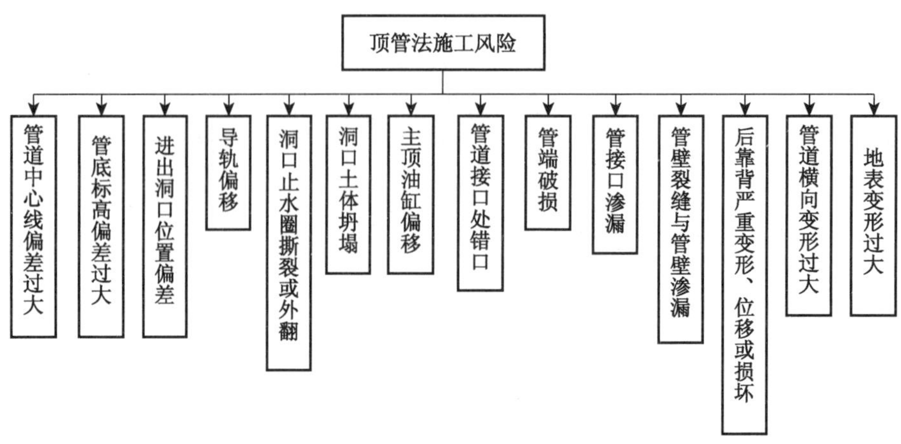

图 8-17　顶管法施工风险

9 轨道交通工程技术风险

轨道交通定义:通常以电能为动力,采取轮轨运转方式的快速大运量公共交通之总称,包括地铁、轻轨、有轨电车和磁悬浮列车等。本章只研究地铁与轻轨工程技术风险,地铁与轻轨工程是一个规模大、机电复杂的综合性系统工程。地铁与轻轨工程所涉及的大型土建工程主要有:地下深基坑工程、地下车站、地铁区间隧道工程、地面高架轻轨线路的高架桥梁工程等。本章重点阐述与地铁、轻轨工程相关的土建工程所涉及的施工风险问题。

9.1 地铁工程风险识别

地铁工程主要包括地铁车站、区间隧道以及联络通道。地铁车站又包括车站基坑、车站主体结构以及附属设施等,在以下内容中将分别阐述。

9.1.1 地下车站结构

地下车站结构设计应根据各车站不同的结构类型、工程水文地质、荷载特性、环境影响、施工工艺、建设周期等条件作深入细致的比较和研究。本着安全、经济、合理的要求,综合确定车站的结构形式,满足车站的使用要求。地下车站结构的施工风险分成车站基坑施工风险、车站主体结构施工风险、附属设施施工风险三部分进行阐述。

1) 地下车站基坑施工风险

根据软土地区工程水文地质情况及地铁车站等地下工程建设的实践经验,地下车站及其附属结构的基坑围护结构可采用地下连续墙、钻孔灌注桩加水泥土搅拌桩隔水帷幕、钻孔咬合桩、型钢水泥搅拌桩(SMW 工法)等。车站基坑施工风险参见第 2 章相关部分。

2) 地下车站主体结构施工风险

地下车站结构方案的选择,受到诸如沿线车站工程范围内工程水文地质、所处的环境、周边地面建筑、地下构筑物、河道及道路交通等多种控制因素的制约。因此,地下车站方案应因地制宜,在确保工程安全满足使用功能的前提下,综合考虑技术、经济、工期、环境影响等因素,合理选择地下车站结构的形式和施工方法。

地下车站以地下二、三层两种形式为主,根据建筑平面布置,结构横剖面有双跨、三跨等框架结构形式。

采用地下墙作为围护结构的地下车站侧墙一般有单、双层两种形式。其中单层利用地下墙做永久侧墙，地下墙内预埋钢筋连接器与梁板相接形成整体框架结构共同承担使用阶段的各类荷载；双层结构则是在地下墙内侧浇筑钢筋混凝土内衬，地下墙与内衬墙形成叠合墙或复合墙并与梁、板、柱组成现浇钢筋混凝土框架结构共同承担使用阶段的各类荷载。采用 SMW 工法和钻孔灌注桩作围护结构时，一般只考虑现浇侧墙与内部结构承受使用荷载，不考虑围护结构作用。

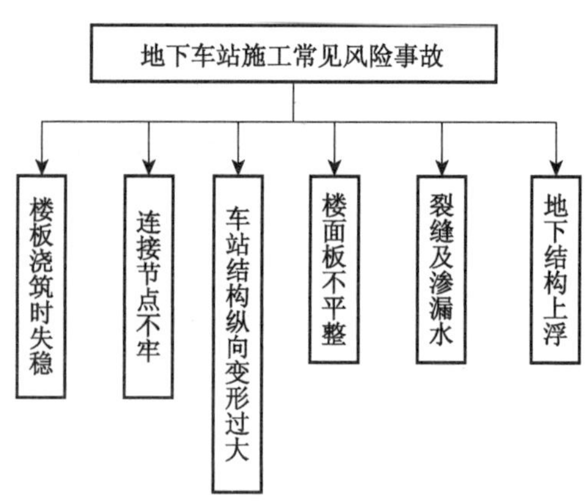

图 9-1　车站主体结构施工常见风险事故

地下车站主体结构施工可能遇到的风险事故如图 9-1 所示。

3）附属设施施工风险

地铁车站的附属设施主要包括车站出入口及风亭。车站出入口的施工方法采用明挖和暗挖两种，施工过程中可能出现的风险事故可参考第 2 章和第 3 章相关内容。风亭的施工本质上为基坑开挖问题，可参考上文中第 2 章内容，在此不予赘述，但需注意设置排水设施及防尘的构造措施。

9.1.2　地下区间隧道

根据沿线工程地质及水文地质条件、线路埋深、线路经过地区的环境条件及软土地区工程的经验，区间隧道的施工方法可分为明挖法和盾构法两大类。盾构法地下区间隧道施工风险可参考 3.1 节内容，明挖法地下区间隧道施工风险可参考第 2 章相关内容。

9.1.3　联络通道

联络通道施工风险可参考 3.1.6 节内容。

9.2　轻轨工程风险识别

城市轻轨属于轨道交通，由于轻轨的机车重量和载客量都较小，使用的铁轨质量也比一般铁轨轻，由此得名“轻轨”。轻轨工程主要包括高架车站、高架区间以及地面区间，在以下内容中将分别阐述。

9.2.1　高架车站

高架车站有两种形式：站桥合一、站桥分离。站桥合一把桥墩作为房屋框架结构的一部分，框架纵、横梁对桥墩均能起到约束作用，减少了桥墩计算高度，柱网简单，降低了线路标高和建筑标高，可节省工程造价；但桥、站台合一没有现行统一的规范与标准可循，设计时必须对不同的构件采用不同的规范，结构计算也颇为复杂。高架车站工程施工中可能发生的主要风险事故有：

(1) 轻轨车站基础工程施工风险。基础工程施工中可能出现的风险问题主要有：水文地质风险和基础工程施工风险，具体内容详见桥梁工程技术风险中相关内容。

(2) 混凝土框架结构施工风险。高架车站结构为现浇钢筋混凝土框架结构，其在施工过程中可能遇到的风险表示如图 9-2 所示。

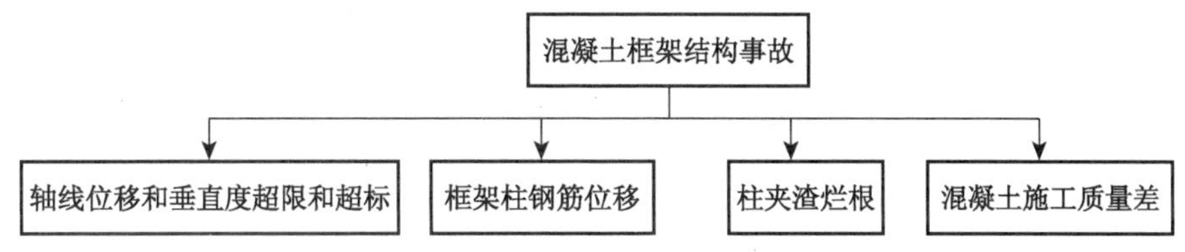

图 9-2　混凝土框架结构施工风险事故

(3) 钢屋架结构施工风险。高架车站施工的主要风险在于钢屋架屋顶施工过程中，其在施工过程中可能遇到的风险事故表示如图 9-3 所示。

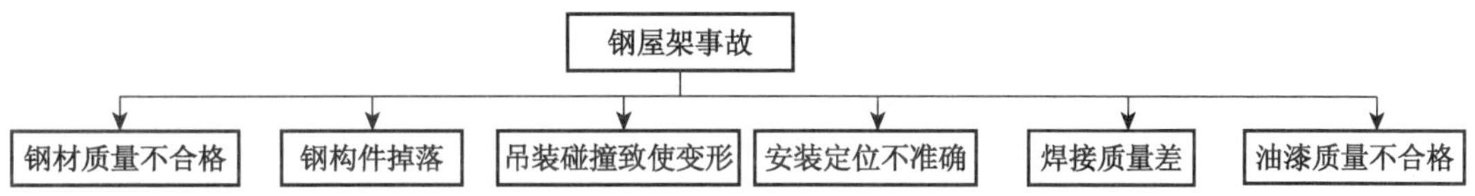

图 9-3　钢屋架结构施工风险事故

9.2.2　高架区间

高架区间工程主要的风险是桥梁工程施工风险，常用的施工方法有支架现浇与预制架设，其中可能发生的风险事故主要是高架桥梁结构工程施工风险、桥墩台和基础施工风险。桥梁结构的主要施工风险因素识别详见桥梁工程技术风险中桥梁工程风险源，以下对高架区间的上部结构和下部结构仅作简要风险识别。

1) 上部结构

高架区间的上部结构主要是桥梁结构，其中主要的风险事故有：

(1) 桥梁结构风险，其风险识别详见桥梁工程技术风险。

(2) 桥梁架设工程风险。常见的轻轨工程桥梁架设方法有：吊装法、顶进法和悬拼法等，具各种工法的具体风险点如下。

① 吊装法。吊装法可能发生的风险事故如下：

a. 桥墩轴线偏移、扭转，造成整座桥梁轴线的偏移或扭转。

b. 桥墩柱垂直偏差，使墩柱受力时，因未保持数值，产生附加弯矩。

c. 桥墩顶面标高不符合设计高程，引起桥面高程与设计高程不符。

d. 柱安装后裂缝超过允许偏差值，引起墩柱钢筋的早期锈蚀，严重时，降低墩柱的承载力。

e. 板安装后不稳定，造成板的实际支承情况与设计不符，改变了板的受力状况。

f. 梁面标高超过桥面设计标高较大，造成桥面竣工后，中线标高项目合格率低。

g. 梁顶盖梁、梁顶台帽和梁顶梁，由于相邻两跨梁的间隙较小，当梁受热伸长时，没有变形余地而拱起，影响桥梁的正常使用，或造成盖梁、台帽等被顶坏。

h. 预制 T 形梁隔板连接错位，削弱主梁有效地将荷载进行横向分布。

i. 预制挡墙板错台或不竖直，挡墙板不竖直，当墙后土压力增大时，易发生倾倒事故。

j. 桥梁构件吊装风险，详见图 9-4。

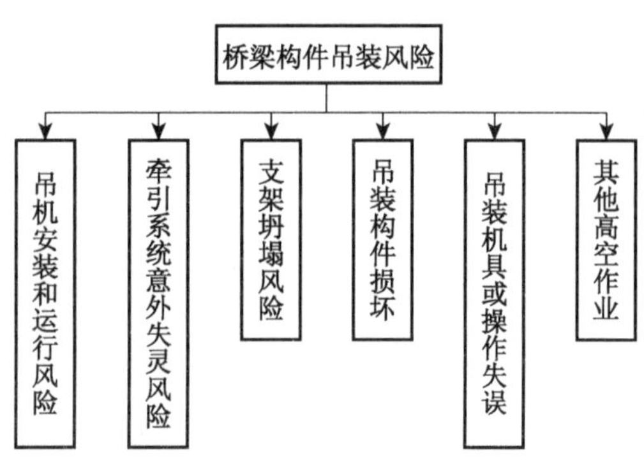

图 9-4　桥梁构件吊装风险事故

② 顶进法。桥梁顶进法施工时，经常出现箱涵顶进事故，或由于顶进中的质量缺陷造成事故。

a. 后背破坏，使顶进箱涵失去作业条件。

b. 刀头卡土，造成顶进作业无法顺利进行。箱涵用机械挖土时，如果先开千斤顶，后开挖土机，或先停挖土机，后停千斤顶均可导致刀头卡土，使顶进作业无法顺利进行。

c. 顶铁外崩，可能打坏设备或击伤人员。当顶力大于 100 t 以上时，由于顶力偏斜产生偏心荷载，易发生顶铁外崩，可能打坏设备或击伤人员。

d. 顶进标高发生波动，会增大顶进的阻力，也易使就位箱涵标高于设计值相差过大。

e. 顶进中线偏差，易造成箱涵就位后，其轴线偏离设计轴线。

f. 相邻节间高差错口，易增大顶进箱涵的阻力，且使各节箱涵衔接处不平顺。

g. 顶推连续梁内力偏大，由于顶推内力超过设计值，使被顶推得连续梁体开裂。

③ 悬拼法。

a. 悬拼块件上滑、错动，使悬拼块件的预留孔道错位，难于穿束进行整体张拉。

b. 块件悬拼合拢时对中偏移，影响梁体受力线的直顺，造成附加内力。

2）下部结构

轻轨高架区间工程中的下部结构主要有：高架桥墩台和基础。其中，桥梁墩台施工风险详如图 9-5 所示；基础主要有桩基础和沉井基础等，基础工程的风险详见基础工程技术风险中的相关内容。

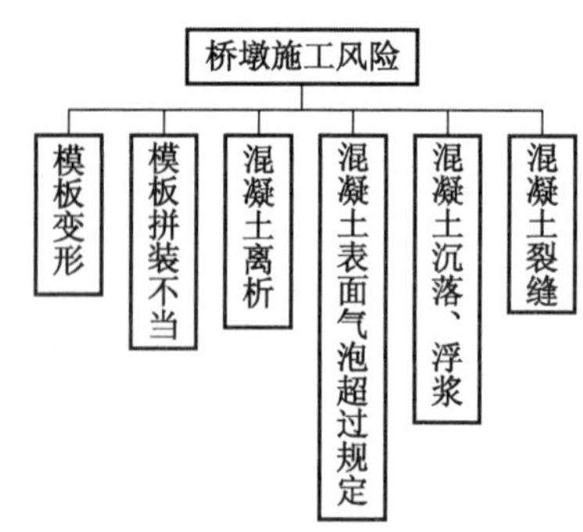

图 9-5　桥梁墩台结构风险事故

9.2.3 地面区间

轻轨工程一般都有一段联系地面和高架，即地面区间段，该区间段工程施工主要风险有：地基处理风险和路基施工风险。其中，地基处理风险主要有地基处理方案选择不当，施工单位没有按照要求进行施工；路基工程（软土地区）主要施工风险如图 9-6 所示。

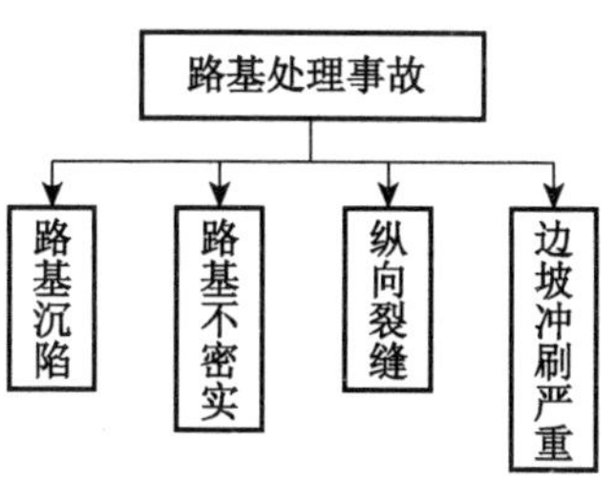

图 9-6 路基工程风险事故

10 大型桥梁工程的技术风险

10.1 概述

结构形式的多样性、施工方法的多样性、使用条件的多样性是大型桥梁工程区别于其他公用基础设施的重要特征。因此，大型桥梁工程的技术风险识别工作也格外复杂。对大型桥梁的施工和正常使用产生威胁的风险源主要来自外部自然环境、使用条件、施工质量、材料特性、设计分析水平等多种因素。在前述三个多样性的影响下，应该说每座桥梁可能面临的风险都有所区别，为了使读者对大型桥梁面临的风险有尽可能全面的认识，本章将尝试从多个角度对桥梁风险进行归纳和总结。

大型桥梁在施工过程中往往需要历经多次体系转换，而且，最危险的结构状态往往出现在施工过程中。因此，虽然设计过程可能对各种自然灾害和意外事故都进行了比较周到的考虑，但在考虑施工过程中对结构应对各种自然灾害和意外事故的能力也是实施施工过程风险管理，确定施工过程技术风险的重要内容。本章研究将首先对施工过程影响比较显著的自然灾害和意外事故(包括大风、地震、洪水、冰凌、船撞、车撞、洪水、地质、滑坡等)进行风险识别。这类风险事件的出现通常仅与桥址地区的外部环境和使用条件有关，而风险事态出现后造成的损失则往往与结构的特性关系密切。

从比较宏观的角度，对桥梁施工中常见的分项工程可能面临的风险事态进行总结，这类风险事态的出现往往与施工管理和施工质量水平密切相关，一般都能通过严格的管理和检验得到比较好的控制。

从结构体系角度出发，对梁桥、拱桥、斜拉桥、悬索桥等常见的大跨径桥梁施工中常见的风险事态进行归纳和总结。这类风险事态往往与结构体系和施工方法特点密切相关，需要通过精心设计、精心施工才能得到比较好的控制效果。

对支架施工、预制拼装、悬臂浇筑、转体施工、顶推施工等几种常用的桥梁施工方法中可能面临的特殊风险问题进行简单的总结。

受篇幅限制，本章给出的只是大型桥梁施工中最为常见的风险事态，应用于具体工程时，对上述几类风险事态中进行合理的组合，可以总结得到项目的基本技术风险事态列表，在此基础上，还应结合桥梁结构体系及其所在环境的基本特点，进行更加详细和深入的分析，得到更为全面的风险事态目录，用于指导风险管理。

10.2 自然灾害与意外事故风险

10.2.1 大风引起桥梁施工风险

风对结构的相互作用可分为静力作用和动力作用两大类。包括静力荷载作用、静风稳定性、颤振、涡振、抖振、驰振等，可能对结构安全、舒适性、疲劳等方面产生影响，其中不乏可能引起结构毁灭性破坏的风险事态。风对施工中的桥梁结构可能造成的风险事态如图10-1所示。

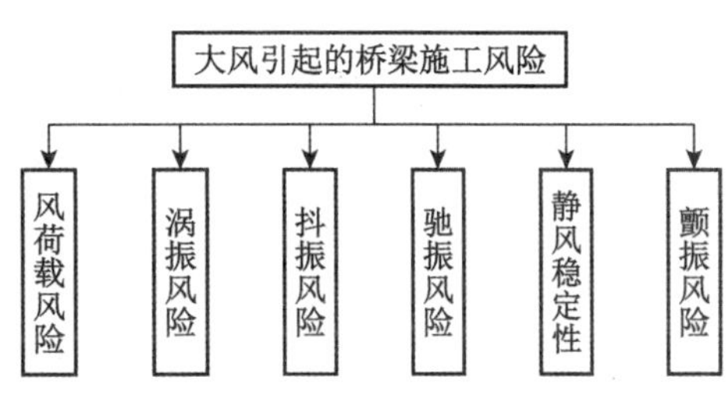

图 10-1 大风引起的桥梁施工风险

风荷载计算涉及风的自然特性、桥梁本身的结构特性以及两者之间的相互作用，是一个复杂的问题。等效风荷载可分为三个部分，即和平均风荷载对应的平均风荷载以及和背景响应对应的背景风荷载，再加上和共振响应对应的惯性风荷载。受到目前风环境研究，尤其是强风特性研究的水平，在强风作用下，结构响应仍有一定的不确定性，因此，虽然大型桥梁在设计过程中已经对风荷载进行了分析，但在大风作用下，结构由于风荷载原因破坏的风险仍然存在。

在空气静力扭转力矩作用下，当风速超过某一临界值时，悬吊桥梁主梁扭转变形的附加攻角所产生的空气力矩增量超过了结构抵抗力矩的增量，使主梁出现一种不稳定的扭转发散现象。结构静风稳定破坏的发生具有突然性和破坏性。早期飞机机翼升力面由于没有足够的额抗扭刚度而发生扭转发散的时间时常出现，给各国航空事业造成了巨大损失。随着桥梁结构向长大化、轻柔化发展，静力扭转发散低于颤振临界风速的可能性仍然存在，尤其对于大跨度缆索桥，静风失稳曾经在实验室出现，但实桥破坏事件尚未见报道。

颤振是一种危险的自激发散振动，当达到其临界风速时，振动的桥梁通过气流的反馈作用不断吸取能量从而使振幅逐步增大直至最后使结构破坏。在设计过程中，通过对结构颤振临界风速的控制来降低颤振风险，但当风速过大，突破了临界风速时，颤振仍有可能发生，结构发生颤振其后果是毁灭性的，必须将其风险概率控制在比较低的水平。

风流经各种断面形状的钝体结构时都有可能发生旋涡脱落，出现两侧交替变化的涡激力。当旋涡脱落频率接近或者等于结构的自振频率时，将由此激发出结构的共振。涡振引起结构直接破坏的可能性不大，但过大的振幅可能对施工人员安全、机械设备安全等产生影响。而且，当风致振幅过大时，为保证施工人员、设备的安全常常需要停工等待，因此对施工时间也有比较明显的影响。

大气中紊流成分所激起的强迫振动，也称为紊流风响应。抖振是一种限幅振动，由于它发生的频度高，可能会引起结构的疲劳。过大的抖振振幅会引起人感不适，甚至危及桥上高速行车的安全。

对于非圆形的边长比在一定范围内的类似矩形断面的钝体结构及构件，由于升力曲线的负斜率效应，微幅振动的结构能够从风流中不断吸收能量，当达到临界风速时，结构吸收的能量将克服结构阻尼所消耗的能量，形成一种发散的横风向单自由度弯曲自激振动。驰振也是一种破坏性的振动，必须通过对临界风速的严格控制降低风险。

10.2.2 船撞引起的桥梁施工风险

船桥相互作用的形式包括船与桥墩碰撞、船与主梁碰撞、船对主梁的挤压、桥上坠物对船的损伤等几种主要的形式，其风险识别如图 10-2 所示。施工中船撞事故可能由通过船只或施工船只引起，船撞事故可能造成船只业主、桥梁业主、船只乘客、航运部门等多方损失。

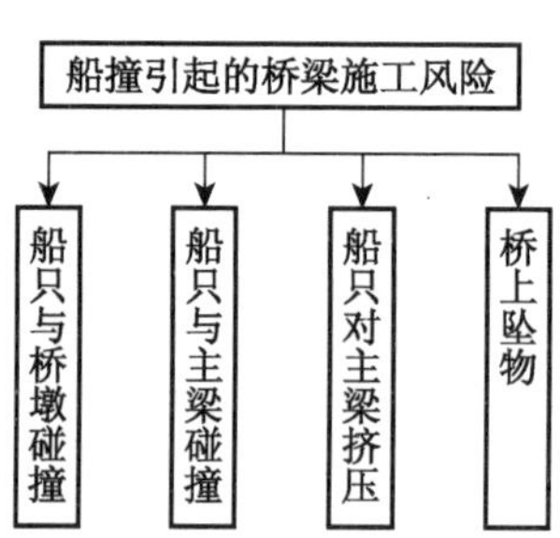

图 10-2 船撞引起的桥梁施工风险

船与桥墩的碰撞主要指船只由于偏航、失控等原因，与桥梁水中墩柱碰撞，造成桥梁和船只的损失。对于梁式桥，船桥碰撞还可能造成 1～2 垮塌落水的严重事故。船桥碰撞的损失包括桥梁损失、船舶损失、第三者损失等几方面。历史上死亡人数最多的几次桥梁事故都是因船桥碰撞引起，且死亡者中船上乘客占了很大比例，在进行船桥碰撞评估时应充分注意这些问题。

主要是指在船舶没有偏航，但却由于船舶装载超高或涨水的原因，使得船舶突出物与主梁发生碰撞。虽然这样的事故概率很低，但由于这类碰撞作用是以横向力的形式作用在主梁上，而主梁在这个方向刚度相对较弱，因此容易受到破坏。这类事故最为典型的是青州闽江大桥在“飞燕”台风的影响下，下游浮吊走锚，与大桥主梁碰撞，造成主梁严重损伤。

船舶对主梁的挤压事故是指船舶在通过桥梁时，由于涨水原因，卡在桥梁下面，造成对主梁的挤压，从而对主梁造成损伤。这类事故的发生概率更低，但由于事故对主梁是向上的作用，且向上荷载的大小难以控制，因而对其损失的估计也比较困难。这类事故的另一个特点是，处理比较困难，一般需要等到落潮，或对船舶进行局部破坏，持续的时间比较长。典型的事故是 2004 年发生在上海的龙华桥卡船事故，事故造成了一座铁路桥严重损坏。

桥上坠物对船舶的损伤主要是指在桥梁施工期间，桥梁的坠落物体造成驶经船只财产损失或人员伤亡的事故。这类事故的直接损失在船舶方面，但事后赔偿、处理等也会对桥梁业主造成损失。

10.2.3 地震引起的桥梁施工风险

地震是桥梁工程中关注很长时间的极端荷载过程，由于地震过程是典型的低概率、短时、强烈的荷载过程。因此，地震对桥梁的影响也主要是关注荷载效应，主要利用应力、承载力、应变等结构响应，估算结构损伤程度，以结构损伤程度估算人员伤亡等。大量的震害分析表明，引起桥梁震害的原因主要有四个：①所发生的地震强度超过了抗震设防标准，这是无法预料的；②桥梁场地对抗震不利，地震引起地基失效或地基变形；③桥梁结构设计、施工错误；④桥梁结构本身抗震能力不足。地震对各种类型的桥梁、对于处于施工或者使用阶段的桥梁都可能产生影响。从震害发生的位置，简要对其风险归纳如图 10-3 所示。相对使用过程，施工期间时间较短，但仍存在发生地震的可能性，因此，对施工期间的地震风险也应该考虑相应的风险对策。

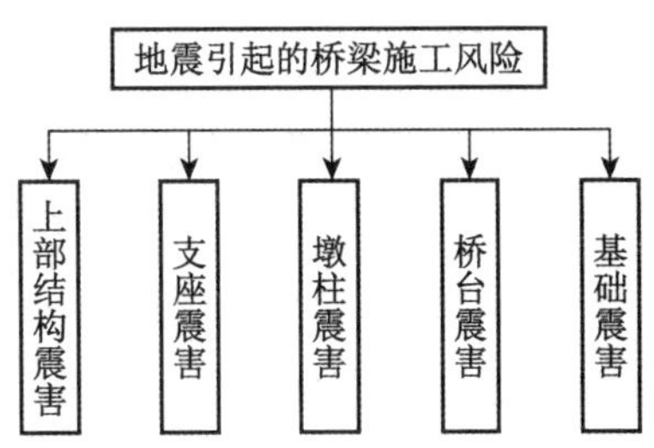

图 10-3　地震引起的桥梁施工风险

桥梁上部结构的震害，按照震害产生原因的不同，可分为上部结构本身的震害，上部结构的移位震害(包括落梁震害)，以及上部结构的碰撞震害。桥梁上部结构自身遭受震害而被毁坏的情形比较少见。在发现的少数震害中，主要是钢结构的局部屈曲破坏。桥梁上部结构的移位震害在破坏性地震中极为常见，表现为纵向移位、横向移位以及扭转移位。一般来说，设置伸缩缝的地方比较容易发生移位震害。如果上部结构的移位超出了墩、台等的支承面，则会发生更为严重的落梁震害。上部结构发生落梁时，如果撞击桥墩，还会给下部结构带来很大的破坏。在破坏性地震中，最为常见的是桥梁上部结构的纵向移位和落梁震害。当然，桥梁支座和墩台的毁坏也会导致上部结构的坠落。如果相邻结构的间距过小，在地震中就有可能会发生碰撞，产生非常大的撞击力，从而使结构受到破坏。桥梁在地震中的碰撞，比较典型的有：相邻跨上部结构的碰撞，上部结构与桥台的碰撞，以及相邻桥梁间的碰撞。

桥梁支座历来被认为是桥梁结构体系中抗震性能比较薄弱的一个环节，在历次破坏性地震中，支座的震害现象都较普遍。其原因主要是支座设计没有充分考虑抗震的要求，连接与支挡等构造措施不足，以及某些支座形式和材料本身的缺陷。如在日本阪神地震中，支座损坏的比例达到了调查总数的 28%。支座的破坏会引起力的传递方式的变化，从而对结构其他部位的抗震产生影响，进一步加重震害。在我国的海城和唐山地震中，也有不少支座破坏引起落梁的例子。支座的破坏形式主要表现为支座移位、锚固螺栓拔出、剪断，活动支座脱落，以及支座本身构造上的破坏等。

大量震害资料表明：桥梁结构中普遍采用的钢筋混凝土墩柱，其破坏形式主要有弯曲破坏和剪切破坏。弯曲破坏是延性的，多表现为开裂、混凝土剥落压溃、钢筋裸露和弯曲等，并会产生很大的塑性变形。而剪切破坏是脆性的，伴随着强度和刚度的急剧下降。比较高柔的桥墩，多为弯曲型破坏；而矮粗的桥墩，多为剪切破坏；介于两者之间的，为混合型。另外，桥梁墩柱的基脚破坏也是一种可能的破坏形式。

城市高架桥中常见的框架墩，在地震中有不少震害的例子。在 1989 年美国洛马·普里埃塔地震中，就出现了大量框架墩毁坏的实例。在 1995 年阪神地震中，经过大阪、神户两市的新干线铁路高架桥的框架桥墩也多处发生断裂和剪切破坏。

在历年的地震中，桥台的震害较为常见。除了地基丧失承载力（如砂土液化）等引起的桥台滑移外，桥台的震害主要表现为台身与上部结构（如梁）的碰撞破坏，以及桥台向后倾斜。

桥梁基础破坏是国内外许多地震的重要震害现象之一。大量震害资料表明：地基失效（如土体滑移和砂土液化）是桥梁基础产生震害的主要原因。如在 1964 年美国的阿拉斯加地震和日本的新潟地震，以及中国 1975 年的海城地震和 1976 年的唐山地震中，都有大量地基失效引起桥梁基础震害的实例。扩大基础的震害一般由地基失效引起。而常用桩基础的震害，除了地基失效这一主要原因外，还有上部结构传下来的惯性力所引起的桩基剪切、弯曲破坏，更有桩基设计不当所引起的震害，如桩基深入稳定土层没有足够长度，桩顶与承台联结构造措施不足等。但总的来说，在软弱地基上，采用桩基础的结构往往比无桩基础的结构具有更好的抗震性能。另外需要指出的是，桩基震害有极大的隐蔽性。许多桩基的震害是通过上部结构的震害体现出来的。但是，有时上部结构震害轻微，而开挖基础却发现桩基已产生严重损坏，甚至发生断裂破坏，在中国唐山地震、日本新潟地震中都有这样的实例。

10.2.4 洪水引起的桥梁施工风险

洪水对使用过程中的、通航净空较高的大跨度缆索承重桥影响并不显著，但对施工过程以及中小桥梁，尤其是山区中小桥梁的影响比较明显。洪水对桥梁影响包括荷载效应、冲刷影响、淹没效应等多个方面，其施工风险如图 10-4 所示。

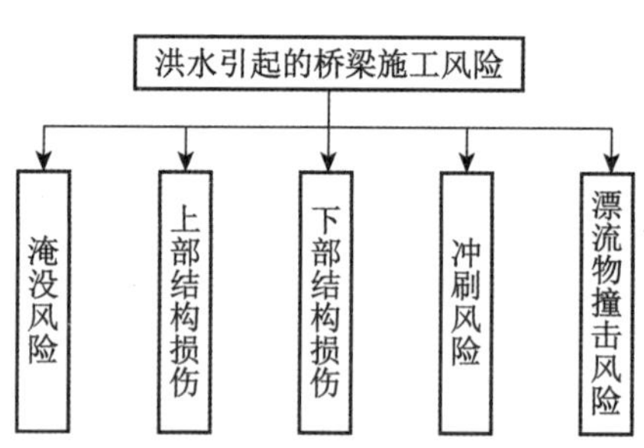

图 10-4 洪水引起的桥梁施工风险

淹没是指洪水淹没桥梁而可能造成的财产损失和结构损伤。淹没问题在施工期间，尤其是中小桥施工期间可能造成较大的损失。在水流的浸泡和冲刷作用下可能引起混凝土碳化加剧、原有裂缝、孔洞加深、砂浆抹面脱落、外露钢筋锈蚀等问题，使得构件截面有效受力面积减少，防护作用失效。承载力、耐久性削弱。洪水的携带物可能卡塞支座，使支座不能提供水平位移而失效。

洪水影响下的上部结构损伤往往和支座损伤有密切联系。洪水作用下可能使得迎水面支座脱空，而背水面支座受力过大，造成上部结构因支座破坏而失稳，可能的形式包括：支座摩擦力不够，梁体漂移、错位；支座剪切角过大，发生剪破或塑性变形失效；背水面支座受力过大，失去弹性而丧失承载力；支座螺栓剪断脱落等。

洪水引起桥梁下部结构损伤往往是由于上部结构传来的洪水水平力及水平弯矩、荷载偏心力、自身受洪水冲击力等外力共同作用的结果，可能的形式包括：墩身倾斜过大，墩底水平位移过大；合力偏心矩过大，桥墩倾覆；高墩受弯压作用，发生挠曲失稳；墩身受弯出现裂缝等。桥台的尺寸较大,刚度较大,自身遭破坏的可能性较小,其失效一般是刚体失衡,如倾覆等形式。基础破坏形式包括基础底面剪切力不足,发生滑移;基础地面在偏心合力作用下,局部压力过高,地基发生塑性形变等。

冲刷影响是指洪水对洪水的淘蚀作用使得基础埋置深度减少,从而造成基础损害,引起桥梁损伤。冲刷失效是很多山区桥梁在洪水中失效的主要原因,但理论计算公式似乎很难准确反应桥梁使用过程中河床和流速的各种变化,因此这方面仍存在较大的不确定性。

洪水发生时,很可能夹带上游的漂浮物,撞击桥梁上下部结构,引起结构物理性损伤。上游船只也可能发生走锚,撞击桥梁。

10.2.5 冰凌引起的桥梁施工风险

在寒冷地区的跨河桥梁还可能受到冰凌影响。冰凌对桥梁的影响包括静力影响、流冰影响和侵蚀影响等几方面,其施工风险如图 10-5 所示。

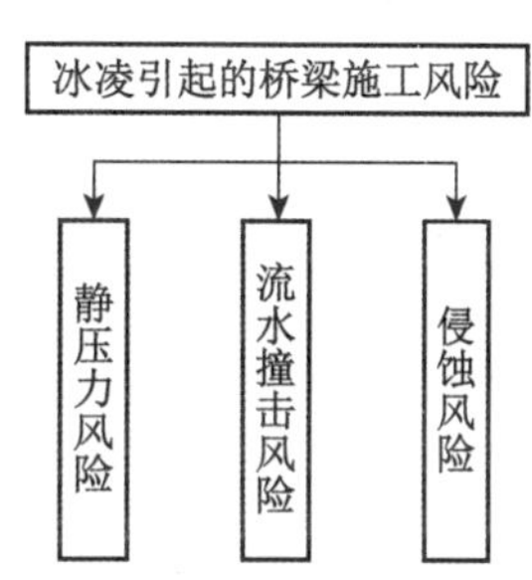

图 10-5 冰凌引起的桥梁施工风险

静压力是指在封冻季节,因温度变化及风力而使冻结于墩周的冰层作用于桥墩的力,力的强度与冰的抗压强度有关。流冰撞击是指融冰时,冰排面积会增大至几千平方米,厚度可能增至几米,形成冰坝,抬高水位,使冰排堆高;开流时,冰排撞击桥梁,产生巨大的冲击力,造成桥梁损伤。侵蚀作用是指冰凌冻结在桥墩周围,可能会剥蚀混凝土表层,影响结构耐久性。

10.3 桥梁主要分项工程风险

10.3.1 明挖地基施工风险

明挖地基是指土的开挖以及与其相关的放坡、大板桩围堰、降低地下水、碾压、夯实等各种施工过程。明挖地基受各种因素影响,可能造成各种事故,存在着多种风险源,产生各种风险,有可能带来严重危害和重大损失,在施工中属于风险较大的工程。按照规范要求,不同的土质,不同的挖土深度及不同的开挖面积,开挖的主要形式也不一样。在挖土深度较浅,地下水位较低,土质较好的情况下,可采用不放坡不加支撑垂直开挖,不同的土的不加支撑最大垂直深度,都有具体的规定。

具体风险可参见工程地质风险和基坑开挖风险部分。

10.3.2 基础工程施工风险

地基是指承托建筑物的位于建筑物底部受上部荷载影响作用的一定深度范围的土体。基础是传递建筑物荷载的媒介,任何建筑物的荷载都是通过基础传递到地基上的。地基和基础是建筑物的根本,属于地下隐蔽工程。它的勘查、设计、施工质量直接关系到桥梁工程的安危。实践表明:土木工程事故的发生很多与地基基础问题有关,而且,地基基础事故一旦发生,补救非常困难。桥梁工程中常用的基础类型包括桩基础、沉井基础等。

(1) 桩基础施工风险。桩基础由桩、桩间土与桩顶承台组成。桩基础按材料可分为木桩,混凝土桩,钢桩等。按成桩方法可分为打入桩、静压桩、灌注桩、钻孔桩、沉管桩、螺旋钻孔桩等。常用的是预制桩和钻孔灌注桩,其风险识别可参见基础部分。

(2) 沉井基础施工风险。当水文地质条件不宜于修筑天然地基或桩基时,可采用沉井基础。在岸滩或浅水中修筑沉井时,可采用筑岛法施工;在岸滩上可先开挖至水面以上,整平夯实土面,进行沉井施工;在深水中修造沉井时,可采用浮式沉井。筑岛沉井视水文情况和所用材料选用围堰筑岛或无围堰筑岛。筑岛的围堰根据所用材料、填料以及不同的水深、流速而做成土石围堰、草(麻)袋围堰、木笼石围堰、木(钢)板桩围堰和套箱等。沉井基础施工风险识别如图 10-6 所示。

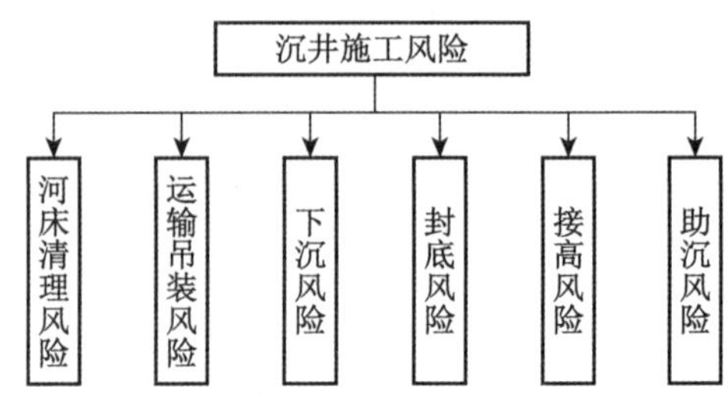

图 10-6 沉井基础施工风险

10.3.3 混凝土工程施工风险

混凝土结构工程包括钢筋工程、模板工程、混凝土工程、构件安装工程和预应力工程等,它可以分为现浇和预制装配两个方面。我国关于钢筋混凝土结构的设计、施工和验收,关于钢筋混凝土原材料的质量控制和检验,都有相应的法规、标准、规范等。在钢筋混凝土结构的建造过程中,施工单位和有关方面应该严格遵守国家有关法规、标准、规范等,按照设计图纸进行施工和质量检验,确保钢筋混凝土结构工程的质量。但是由于各种不利因素的存在,其中有客观的和主观的、人为的和自然的因素,给钢筋混凝土结构工程带来各种风险。一旦出险,将带来财物和人力的损失,有时还会引起严重事故,造成重大损失。所以,应该对造成各种风险的因素进行分析,采取措施,减少风险及风险带来的危害和损失。有关混凝土工程风险识别可参见相关章节。

10.3.4 预应力工程施工风险

预应力工程在混凝土桥梁中非常常见。与建筑结构中使用的预应力相比,桥梁预应力往往吨位较高、预应力束较长,施工要求也更加高,风险程度也相应提高。预应力工程施工风险来自混凝土施工质量、预应力系统质量、现场管理、设计等多方面,具体可参见有关部分。

10.3.5 钢结构工程施工风险

钢结构是指用钢材作为结构材料的建筑结构,被广泛应用于各种建筑结构。钢结构具有材料强度高、材质均匀、工业化程度高等优点,但是也有其自身的缺陷,如不耐火、容易锈蚀等。钢结构被大量应用在各类中等跨度和大跨度的桥梁中。其风险来自自然灾害、设计、材料、制作、安装等。具体风险识别可参见有关部分。

10.3.6 高处作业施工风险

高处作业是指人在一定高度进行的作业。国家标准《高处作业分级》(GB 3608—83)规定:凡在坠落高度基准面 2 m 以上(包括 2 m)有可能坠落的高处进行的作业,都称为高处作业。高处作业有操作点高、四面凌空、活动面积小、垂直交叉作业繁多等特点,是十分危险的作业。据全国资料统计,高处坠落事故占各类事故总数的 40%~45%,无论是事故数量、死亡和重伤的人数,高处坠落事故均在各类事故之首。所以,对高处作业进行风险管理是十分必要和迫切的。

造成高处作业风险的主要因素有管理人员、作业人员对安全的重视程度,作业环境的好坏程度,规章制度的制定及执行程度的好坏,搭设防护网的施工方法以及安全防护材料质量的可靠度等。高处作业的主要风险事态是各种坠落事故,其风险识别如图 10-7所示。

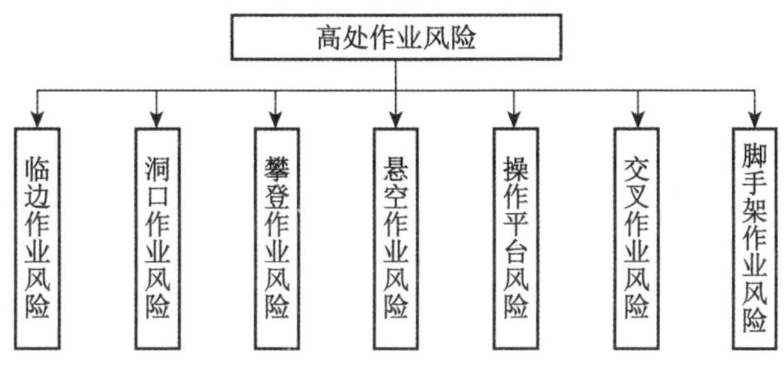

图 10-7 高处作业风险

10.3.7 吊装作业施工风险

在中小桥的预制安装施工以及大跨径桥梁的预制安装施工中(包括整体吊装、拱肋吊装、钢箱梁吊装等)都需要进行吊装作业。吊装作业需保证吊装机械、被吊节段、安装结构、吊装人员以及周围区域的安全,大跨径桥梁吊装作业还经常需要与水运部门配合,更为复杂。因此对其施工过程风险需结合具体的问题进行全面的分析研究。常见的吊装过程风险如图 10-8 所示。

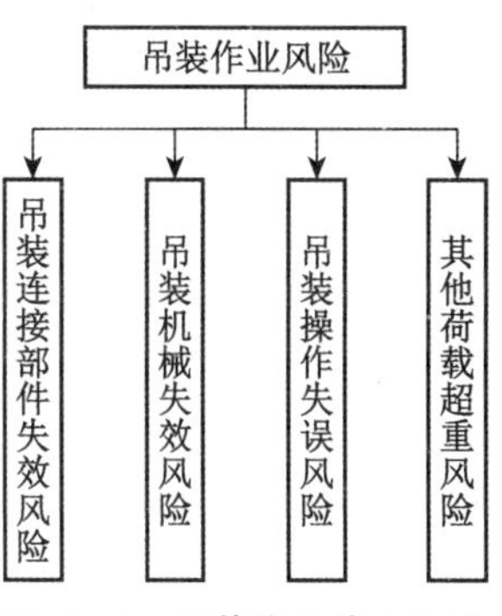

图 10-8 吊装作业施工风险

10.4 各种体系梁桥施工风险

10.4.1 大跨径梁桥施工风险

大跨径梁桥主要包括预应力混凝土连续梁桥、连续钢构、T 型钢构、桁架桥等形式。目前预应力混凝土箱梁已经成为大跨径梁桥的主梁的主流形式。梁桥预应力工程和混凝土工程是大跨径梁桥风险发生的主要原因,这方面原因可参见相关内容,这里不再赘述。这里主要给出大跨径梁桥体系原因产生的风险，以及其他施工中常见的问题，如图10-9所示。

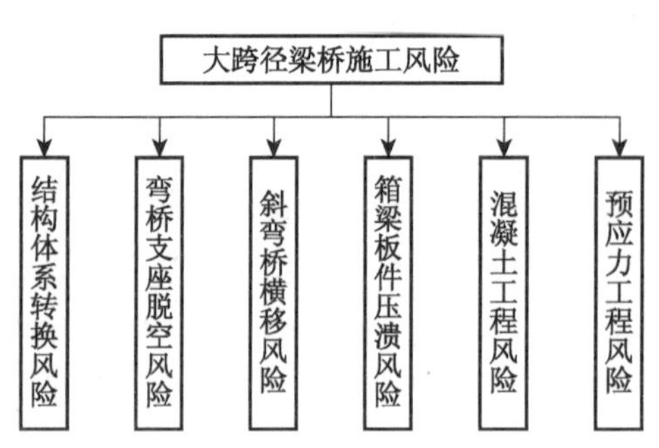

图10-9　大跨径梁桥施工风险

连续梁桥体系转换中解除临时锚固装置时方案、措施不当，可能对支座产生强烈冲击、偏载而造成支座变形、移位、甚至破坏。因此，在连续梁桥体系转换中，解除临时锚固装置的顺序要做详细的方案设计、工艺程序，保证临锚缓慢、均匀、对称地减力，使支座平稳受力。比如：先割除临时锚固预应力筋，应对称、逐级割断；采用微差爆破，逐渐、缓慢解除临时支座；采用砂箱法等。

曲线梁桥中，由于梁体的质量重心常位于梁两端连线之外，即使在自重作用下，桥跨结构也可能产生扭矩，处理不当则可能发生支座脱空的情况。近几年，预应力弯桥施工过程中支座脱空的事故也多次发生。主要的原因是设计计算分析不够全面，或是施工过程中未按设计要求严格施工。设计施工中，应该对自重、预应力、收缩、徐变等荷载作用的不利组合情况下支座的相应情况进行详细的分析，详细掌握施工过程中支座反力变化的过程和规律。

温度和混凝土收缩所引起的在平面内的位移方向以及由预加力和混凝土徐变影响所引起的位移方向不同，前者属于弧段膨胀或缩短性质，涉及的弧段半径变化而圆心角不变；后者则只涉及力作用方向上的位移。因此，温度变化和混凝土收缩将引起各支点处的弦向位移，故在桥梁活动端将引起和桥轴线相垂直的位移分量，使得伸缩缝的活动在构造上发生困难，并会产生一个平面扭矩，处理不当将使桥面旋转，产生横向位移。类似的原因，可能引起斜桥横向“爬移”，对正常使用造成影响。解决的方法是在设计过程中对该问题进行比较深入的研究，进行有针对性的设计和构造优化，常用的措施包括设置挡块等。

随着桥梁跨径和桥梁宽度的增大，大吨位预应力使用越来越频繁。在大吨位预应力作用下，施工过程中混凝土箱梁板件往往处于高应力状态，如果相应的普通钢筋配置、预应力张拉吨位、施工管理、施工监控等工作不到位，很可能造成事故，轻微的情况是箱梁板件在预应力作用下出现裂缝，严重的情况可能造成板件局部压溃，造成损失。近几年，国内连续出现了多起类似事故，压溃的位置主要是混凝土箱梁的底板，直接原因包括纵向预应力过大、横向预应力位置不合理等。

10.4.2　大跨径拱桥施工风险

目前，国内超过300 m跨度的拱桥已有近10座，基本形式有钢拱桥、钢管混凝土拱桥等。拱桥施工过程比较复杂，可能面临的风险种类也比较复杂，很难详细列出，需要结合具体的施工方法具体分析。这里只重点分析可能造成严重后果的一些风险事态，如图 10-10 所示。

稳定问题是造成拱桥倒塌事故的最主要原因。通过严格设计把握设计计算分析过程，拱桥施工过程中的稳定问题基本能得到比较好的控制，但施工过程中由于结构体系不断变化，荷载不确定因素大等问题，其稳定风险仍在一定程度上存在。尤其是在钢管混凝土拱桥拱肋钢管灌注混凝土过程中，由于空钢管拱肋刚度小，比较容易发生事故，需要严格控制。可以考虑的控制措施包括添加临时风撑提高结构整体性，添加抗风缆提供结构抗侧风性能等。

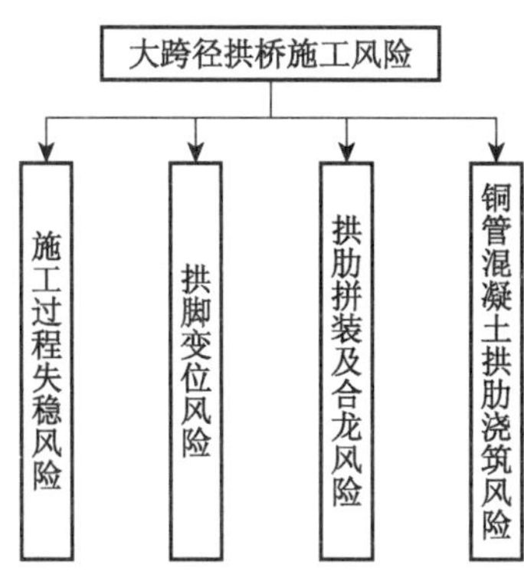

图 10-10　大跨径拱桥施工风险

对于有推力拱，确保拱脚的稳定是保证结构整体安全的前提。受到上部荷载不确定性、下部基础性质不确定性等的影响，拱脚在施工和使用过程中均可能发生变位问题。拱脚变位后将引起拱顶裂缝、基础开裂等结构系统性病害。拱脚位移问题出现后首先需要密切跟踪，研究变位趋势，如果变位长期迅速发展，则必须立即研究对策，严重的可能需要彻底拆除桥梁。

钢箱拱肋造型美观，因此在大跨径桥梁中比较多见。但在拱肋拼装过程中，受到拱肋荷载不确定性、计算模式不确定性等问题的影响，对最终拱肋拼装和合龙精度的控制比较困难，尤其是当误差一旦发生后，由于钢箱拱肋刚度较大，因此调整过程比较困难，可能对施工时间的影响比较显著。因此，钢箱拱肋在施工组织设计中，应对拱肋拼装及合龙误差发生时的调整预案有所研究。

钢管混凝土拱桥中混凝土浇筑不密实，下缘受压钢管经徐变后达到流限，弹性模量降低，加上尺寸、材质上的误差影响，会造成混凝土局部压碎，钢管失稳鼓出，使其结构整体稳定性大为降低，因而失去钢管混凝土的优越性。如果混凝土与钢管脱开，则两者不能共同受力，达不到设计要求，造成安全隐患。因此，施工中必须加强混凝土质量控制，改善混凝土品质，如采用收缩补偿混凝土浇筑主拱圈，减小混凝土收缩变形，钢管混凝土的原材必须符合设计要求，混凝土配比应具有低泡、大流动性、收缩补偿延后、初凝和早强的工程性能，钢管混凝土压注前应清洗管内污物，润湿管壁，泵入适量水泥浆后再压注混凝土，直至钢管顶端排气孔排出合格混凝土时停止；完成后应关闭设于压注口的导流截止阀，管内混凝土的压注应连续进行，不得中断。

10.4.3　斜拉桥施工风险

斜拉桥是大跨径桥梁的一种形式，包括主塔、主梁、拉索等部分，施工时间较长。其风险事态类型比较复杂。这里重点给出与结构特性相关的斜拉索、主梁、桥塔施工中可能面临的一些风险。

1）主塔施工风险

从材料上看，斜拉桥桥塔可分为混凝土桥塔、钢桥塔，形式上看有 H 形、A 形、钻石形、特殊形状等。桥塔施工中除了混凝土工程和钢结构工程外，还可能出现一些其他的施工风险。风险识别如图 10-11 所示。

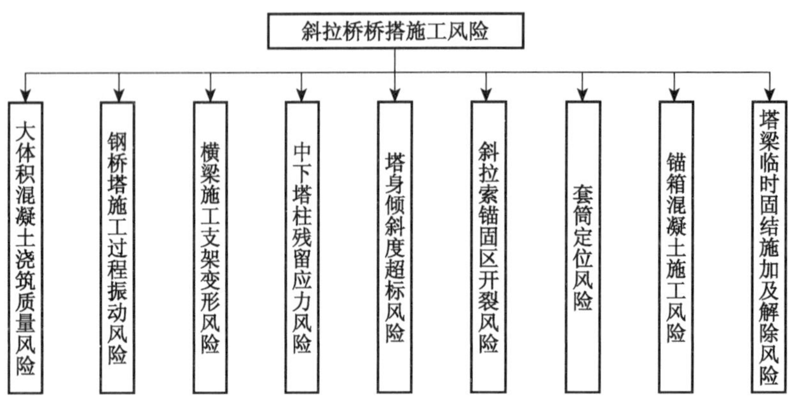

图 10-11　斜拉桥桥塔施工风险识别

横梁等大体积混凝土施工未采取有效措施降低水化热，可能导致开裂（收缩裂缝、温差裂缝等），影响长期使用性能及美观。可以考虑的措施包括采用低水化热水泥掺加粉煤灰配制混凝土；埋设降温水管，采用内散外蓄的措施控制构件内外温差；埋设测温计监测温度，指导现场采取降温措施等。

横梁在斜拉桥中起横向稳定作用，如果未充分考虑支架变形，可能造成横梁下挠开裂；如未设置预拱度，影响横梁线形、刚度和荷载的分配。支架变形包括弹性变形和非弹性变形，并应设置相应的预拱度；混凝土的初凝时间要特殊设计，避免浇筑过程中因支架变形而开裂；要特别注意控制钢支架与混凝土塔柱的温差，温差较大时，支架会相对于主塔横梁位置产生强迫位移，会引起横梁早期开裂。

当浇筑索塔混凝土时，索孔模型固定不牢靠或者整体跑模将造成索孔位置偏差超过设计或规范要求。因此，索孔钢管要与劲性钢骨架固定，并设置微调装置，保证索孔的精确定位；要分析观测劲性钢骨架的变位，并在索孔定位时设置预偏量消除劲性钢骨架的变位影响。

塔身倾斜度超标将造成塔身偏心受压，增加一定的附加弯矩。因此，应该首先保证基础工程经过检测和分部验收，沉降和变形可以控制在设计要求的范围内；采用精密测量控制网进行塔柱放样；测量尽量保证在设计要求的同一基准温度下进行，并避免受直接日照的影响；信息化施工，出现偏差及时调整；对塔梁同步施工的桥梁，考虑塔梁的耦连作用及横梁的压缩对塔身倾斜度的影响。

塔身施工残留应力过大容易使塔身开裂和变形超出设计值。应对斜塔柱设置合理的撑杆或拉杆，根据塔身施工时的结构体系转换的实际模型对塔柱施工内力和变形进行控制，计算时要模拟撑杆和拉杆的装拆、初装力、收缩和徐变等。

2）主梁施工风险

斜拉桥主梁的形式包括混凝土主梁、叠合梁、钢主梁等几种主要的形式。对于混凝土和迭合梁主梁，施工期间，除了混凝土工程和预应力工程常见的风险外，由于斜拉桥跨径大，且混凝土主梁线形控制比较困难，其在主梁荷载控制和应力控制方面还可能面临特殊风险，风险识别如图 10-12 所示。

如果节段现浇时混凝土超方，或节段拼装时施工荷载超载等情况，又未及时根据实际情况调整，可能造成不同节段的标高偏差和索力偏差。因此要根据设计荷载及时调整施工荷载，同时要与设计人员交换信息，制订可行的符合实际情况的施工控制方案，提出可行的对施工的控制要求，对设计的目标值进行必要的调整。

对于钢主梁斜拉桥，除了钢结构工程常见的风险事态外，也面临一些其他的风险事态，识别如图 10-13 所示。

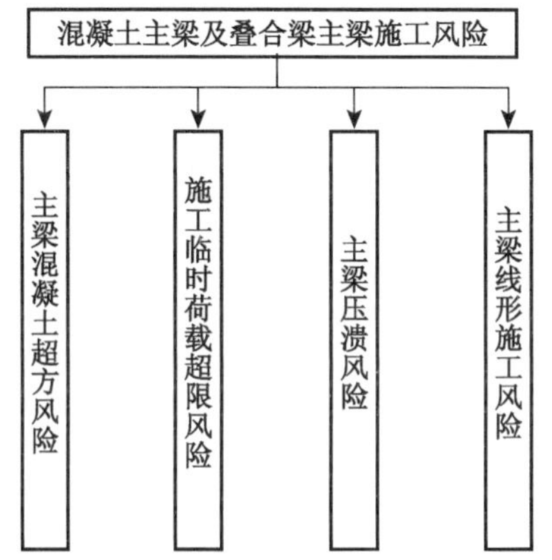

图 10-12 混凝土主梁及叠合梁主梁施工风险

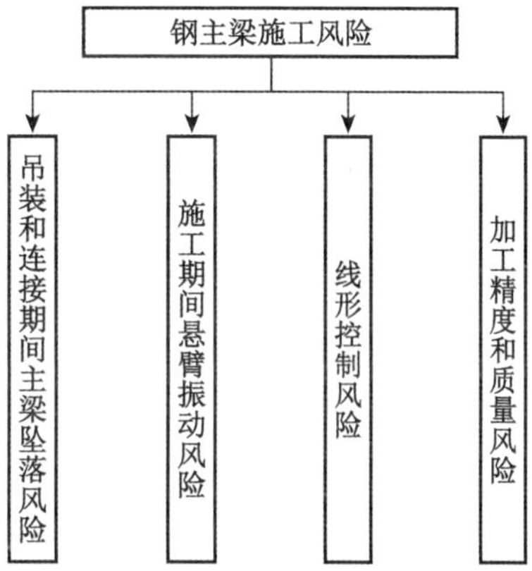

钢主梁施工风险
吊装和连接期间主梁坠落风险
施工期间悬臂振动风险
线形控制风险
加工精度和质量风险

图 10-13 钢主梁施工风险

在悬臂拼装施工中，预制钢箱梁需要通过悬臂端吊机吊装到位、临时连接，然后在连接部位施焊，完成拼装过程。在这期间，如果吊机或临时连接失效则可能造成钢箱梁坠落，造成损失。钢箱梁坠落后至少将造成坠落节段钢梁的损失，同时由于坠落后主梁两侧悬臂荷载不对称，还可能引起其他的连锁反应，也将对施工进度形成显著影响。

3）斜拉索施工风险

斜拉索是连接主塔和主梁的关键部件，确保斜拉索的安全可靠对保证整个结构的安全可靠有重要意义。斜拉索的施工过程包括运输、安装、吊装、张拉等过程，对其施工中风险识别如图 10-14 所示。

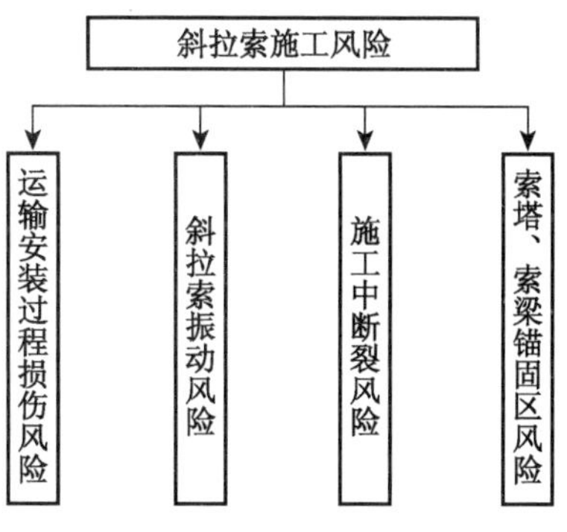

图 10-14 斜拉索施工风险

斜拉索振动类型包括拉索涡激共振、雨振和尾流振动、拉索的参数共振等形式。各种拉索振动的原因、机理各有不同，需要进行计算和试验研究才能明确其出现的可能性及其幅度等问题。拉索振动可能对斜拉索造成损伤,也可能造成使用者心理上的恐惧和不安等。抑制拉锁振动较简单的方法是采用阻尼橡胶圈减振器。

由于意外事故、施工事故等原因,可能造成施工或使用过程中斜拉索突然断裂。断索后除了造成斜拉索及附近构造物的损伤外,由于结构内力的重新分布,还可能造成其他斜拉索或其他部位的连续破坏,引起更为严重的后果和损失。因此,设计和施工过程中应考虑对斜拉索突然失效的工况进行计算,防止连续破坏事件发生。

运输、安装等过程中不注意保护,易使斜拉索损伤,减少拉索截面面积从而影响拉索的安全度和耐久性。因此,在放索时铺地毯或设置滚轮承托拉索;吊索时使用正确的夹持工具;挂索时注意避免索被挂索平台等挂住;拉索包装在挂索完成后拆除;对防护套损坏的拉索要进行修补。

另外,斜拉索是在主塔和主梁的锚固区域由于承受着巨大的拉力,也是事故多发区域,应该着力通过对设计质量、施工质量和材料质量的控制确保安全。

10.4.4 悬索桥施工风险

悬索桥是大跨径桥梁中最为常见的桥型之一,锚碇、主缆、索鞍、主缆施工期的猫道等都是悬索桥中特有的系统。以下的风险事态将主要关注这些部位的施工。

1) 锚碇施工风险

锚碇是悬索桥结构体系成立的关键,它的施工风险主要涉及大范围基础开挖、大体积混凝土浇筑等问题,可参见基础和混凝土工程相关内容,这里不再赘述。

2) 主塔施工风险

悬索桥主塔以混凝土塔为主,在超大跨径悬索桥中也有使用全钢桥塔的实例。其施工风险与斜拉桥主塔类似,可参见相关内容。不同的是悬索桥主塔没有锚固区,但塔顶承受来自鞍座的巨大压力,因此塔顶的施工质量需严格控制。

3) 主缆施工风险

主缆是悬索桥的重要承重结构,桥面恒载和活载的大部分由主缆通过吊索传到主塔和锚碇,主缆一般由平行钢丝组成,其架设方法主要有预制平行钢丝束法(PWS 法)和空中编缆法(AS 法),为保证主缆经久耐用,通常主缆钢丝预先镀锌,主缆架设完成后进行系统防腐涂装。这里分别对施工辅助猫道的施工和使用、主缆施工等进行风险识别,如图 10-15、图 10-16 所示。

4) 索鞍、索夹、吊索施工风险

索鞍一般分主索鞍和散索鞍,主索鞍主要是将主缆传来的巨大压力传递到主塔,散索鞍主要是改变主缆的传力方向,并将主缆分散为索股,分别锚固在锚碇上。索夹、吊索的作用是将桥面恒、活载传到主缆,索夹一般为铸钢结构,通过高强度螺栓抱紧主缆。吊索一般为钢丝绳或平行钢丝束。对索鞍、索夹、吊索的施工风险识别如图 10-17—图 10-19 所示。

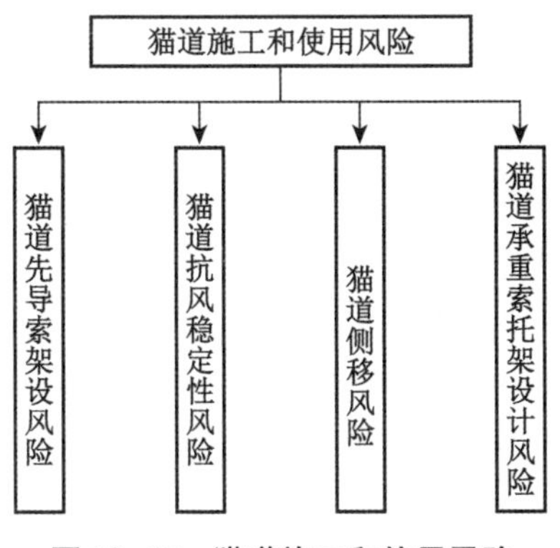

图 10-15　猫道施工和使用风险

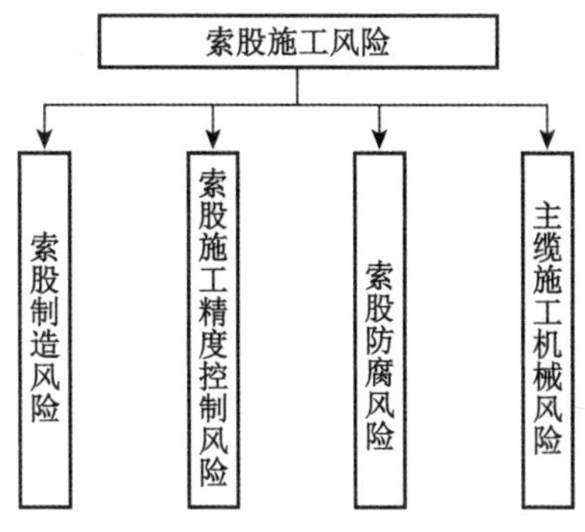

图 10-16　索股施工风险

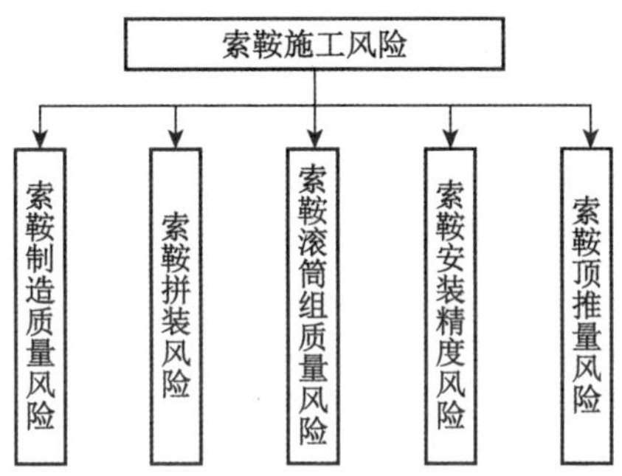

图 10-17　索鞍施工风险

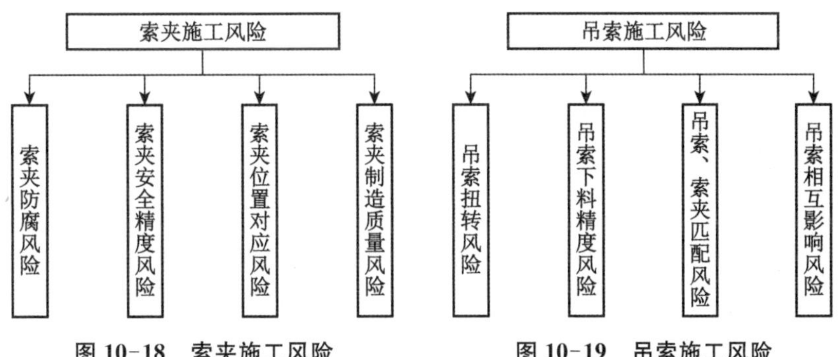

图 10-18　索夹施工风险　　图 10-19　吊索施工风险

10.5　各种施工方法的特殊风险

10.5.1　支架施工

支架施工是一种古老的施工方法，它是在支架上安装模板、绑扎及安装钢筋骨架、预留孔道并在现场浇筑混凝土与施加预应力的施工方法。由于施工需用大量的模板支架，一般仅在小跨径桥或交通不便的边远地区采用。随着桥梁结构形式的发展，出现了一些变宽桥、弯桥等复杂的预应力混凝土结构，又由于近年来临时钢构件和万能杆件系统的大量应用，在其他施工方法都比较困难，或者经过比较认为本施工方法简便、费用较低时，也有在中、大桥梁中采用就地浇筑的施工方法。支架和模板是支架施工的主要风险源，尤其是大型支架系统，必须经过严格的设计和审查过程，避免发生支架或模板失效的严重事故。支架施工中支架失效和模板事故是最为严重的风险事故。

支架失效是指满堂支架现浇梁体时，支架设置在不稳定的地基上；地基不处理，或处理不均匀；支架未按规范要求搭设等都可能引发事故。地基未充分处理，使混凝土浇筑过程中地基沉陷，支架变形、下沉，从而模板变形、下挠，造成梁底变形、下挠，线形不顺直，影响梁体受力，严重的可能造成结构倒塌。

现浇施工的模板事故是指现浇箱梁模板安装时，梁侧模的纵、横支撑刚度不够，未按侧模的受力状况布置对拉螺栓等都可能引起事故。可能的后果包括梁侧模走动，拼缝漏浆，接缝错位，梁体线形不顺直，箱梁腹板与翼缘板接缝不整齐等。

10.5.2 悬臂浇筑

悬臂施工法是国内外大跨径预应力混凝土悬臂梁、连续梁及刚架桥中最常用的施工方法之一。它不仅在施工期间不影响桥下通航或行车，同时，它密切配合设计和施工的要求，充分利用了预应力混凝土承受负弯矩能力强的特点，将跨中正弯矩转移为支点负弯矩，提高了桥梁的跨越能力。采用悬臂浇筑施工的桥梁，其总的施工顺序是墩顶 0 号块施工、挂篮悬浇施工、各跨合龙以及体系转换等。挂篮是悬臂浇筑施工必须的施工机械，施工过程必须注意保证挂篮在安装、浇筑、走行等整个过程中的安全。

当悬臂现浇施工时，挂篮设计受力模式不合理，挂篮刚度不够，杆件连接间隙大等都可能影响施工。挂篮刚度不够，混凝土浇筑时挂篮发生变形过大，使梁体随之发生变形，新旧接触面脱离，影响箱梁预应力，使之达不到设计要求，造成梁体裂缝。因此挂篮的设计应根据梁段分段长度，梁段重量、外形尺寸、断面形状等要求同时考虑施工荷载来确定挂篮的技术指标。

挂篮拼装好后，不进行检查、试验，不能事先发现问题，导致使用时发生安全事故。若不预压，便不能消除构件的装配缝隙，也无法确定构件弹性变形实测值，影响预拱度设置。挂篮拼装好使用前，应进行全面的安全技术检查，特别是挂篮主梁的定位和锚固情况；并进行模拟荷载试验，测定各种工况下的强度及弹性和非弹性变形，检验挂篮的可靠度，加载重一般为块件重量的 1.2 倍，然后再分级卸载，应反复进行两次。加载方法可用预埋地锚和油压千斤顶对挂篮分级加载，用百分表测变形。挂篮拼装好正式使用前，还须进行预压，有效消除构件的装配缝隙，以正确设置箱梁底板预拱度。另外，挂篮使用过程中可能由于承载力不足发生压溃事故，使用过程中不严格按照规程操作还可能引起坠落事故。

10.5.3 转体施工

桥梁转体施工是 20 世纪 40 年代以后发展起来的一种架桥工艺。它是在河流的两岸或适当的位置，利用地形或使用简便的支架先将半桥预制完成之后，以桥梁结构本身为转动体，使用一些机具，分别将两个半桥转体到桥位轴线位置合龙成桥。

转体施工将复杂的、技术性强的高空及水上作业变为岸边的陆上作业，它既能保证施工的质量安全，减少了施工费用和机具设备，同时，在施工期间不影响桥位通航。转体施工法可适用于拱桥、梁桥、斜拉桥、刚架桥等不同桥型的上部结构施工。转体的方法可分成平面转体、竖向转体或平竖结合转体三种。平面转体又可分为有平衡重转体和无平衡重转体两种。转盘体系是转体施工最为重要的施工临时设施。

转体施工的拱桥桥体、转盘体系结构尺寸偏差过大则使得施工实际情况与设计要求产生偏离，造成转体过程中转体不平衡而产生失稳现象，从而导致安全事故等严重后果。转体施工的拱桥桥体、转盘体系必须精心施工。严格掌握结构的预制尺寸和重量，其允许偏差为±5 mm，重量偏差不得超过±2%，桥体轴线平面允许偏差为预制长度的±1/5 000，轴线立面允许偏差为±10 mm。环道转盘应平整，球面转盘应圆顺，其允许偏差为±1 mm；环道基座应水平，3 m 长度内平整度不大于±1 mm，环道径向对称点高差不大于环道直径的 1/500。

10.5.4 顶推施工

顶推法施工是在沿桥纵轴方向设立预制场，采用无支架的方法推移就位。此法可在水深、桥高以及高架道路等情况下使用，它避免了大量施工脚手架，施工中不中断现有交通，施工场地较小，安全可靠。同时，可以使用简单的设备建造长大的桥梁。

它的主要施工工序是：在台后开辟预制场地，分节段预制梁身并用纵向预应力筋将各节段连成整体，然后通过顶推装置，并借助不锈钢板与聚四氟乙烯模压板组成的滑动装置，将梁逐段向对岸推进，待全部梁体顶推就位后，落梁、更换正式支座，完成桥梁施工。

顶推法施工，不仅用于连续梁桥（包括钢桥），同时也可用于其他桥型，如结合梁桥中的预制桥面板可在钢梁架设后，采用纵向顶推就位，此法在 1969 年首先在瑞士使用，至今已有十余座桥梁施工完成；简支梁桥则可先连续顶推施工，就位后解除梁跨间的连接；拱桥的拱上纵梁，可采用在立柱间顶推架设；顶推法还可在立交箱涵、地道桥和房屋建筑中使用。顶推施工需要使用导梁、临时支墩等施工临时设施。确保施工临时设施的安全是保证顶推过程安全的重要基础。对顶推施工中常见的风险识别如图 10-20 所示。

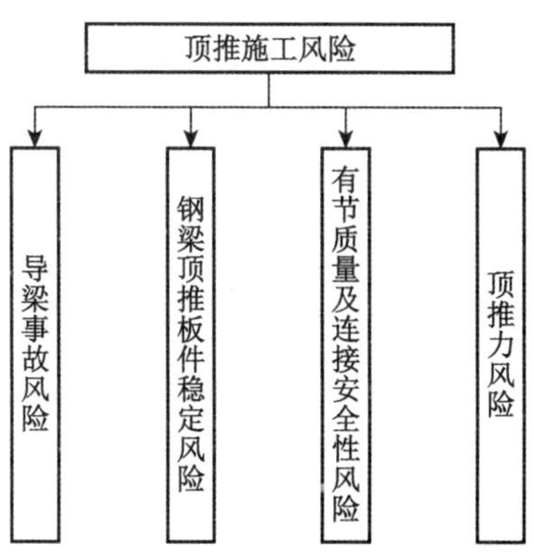

图 10-20 顶推施工风险

导梁是顶推施工过程中最为重要的施工临时部件，导梁设计安全储备不足，或者由于顶推梁顶推过程控制不好、荷载超限等问题，都可能引起顶推梁事故，造成损失。因此，导梁设计过程中必须预留足够的安全系数，同时，需对导梁的构件的刚度、强度、稳定性等进行详细的计算分析。

钢梁顶推过程中，顶推部位及附近区域将承受很大的局部应力，可能造成区域内板件局部失稳，发生局部损坏。板件局部失稳后可能影响箱梁在施工过程中的强度，因此，需要进行处理，可能对进度和投资造成影响。因此，钢箱梁顶推过程的计算分析除了保证梁体和施工临时设施的整体刚度、强度外，还应考虑板件局部稳定的问题。

桥梁顶推施工，第一节梁段预制时，其前端混凝土振捣不密实，混凝土质量差，预埋在前端的导梁预埋件联结强度、刚度太小。这些病害可能导致导梁悬出产生的弯矩引起桥梁第一节段前端混凝土破坏，使导梁脱落；联结件强度、刚度小也导致在导梁联结部位产生变形、破坏。

顶推不均衡，就使被顶推的梁体发生偏离。多点顶推时，纵向各墩的水平千斤顶如不同步运行，则加重了早启动千斤顶的负担，甚至超过其顶推能力，而使顶推工作不能顺利进行。因此，单点或多点顶推时，左右两条顶推线应同步运行，且左右顶推力大小相等；多点顶推时，各墩台的水平千斤顶均应沿纵向同步运行，并使之受力均衡。

11 道路工程技术风险

11.1 概述

道路的主要功能是为各种车辆和行人提供服务。道路因其所在位置、交通性质及使用特点不同,可分为公路、城市道路、厂矿道路及林业道路等,其中数量最大的是公路和城市道路。本书将主要介绍公路和城市道路这两种主要形式的道路在施工和使用过程中的风险问题。

公路是联结城、镇、工矿基地、港口及集散地等,主要供汽车行驶、具备一定技术和设施的道路。我国公路根据其任务、性质和适应交通量,按《公路工程技术标准》(JTG 01—2003)中的规定可分为高速公路、一级、二级、三级、四级公路五个等级。

城市道路是指城市内部的道路,是城市组织生产、安排生活、搞活经营、物质流通所必须的车辆、行人交通往来的道路,是联结城市各个功能分区和对外交通的纽带。根据《城市道路交通设计规范》(CJJ 37—90)中的规定,城市道路可分为城市快速路、主干路、次干路和支路等四类十级。

道路工程具有路线长、施工面广、施工时间长、工程量大、可能涉及隧道和特大桥梁一类大型复杂的结构物建设的特点,并且因其通过的地带类型多、技术条件复杂,所以设计、施工受地形、气候和水文地质条件影响很大。

从施工的地理环境看,道路可能通过平原、丘陵、山岭、河川、沼泽、岩石、冰雪、永冻层、沙漠和盐碱地等各种地理环境,因而施工的环境和对象均具有较大的差异性和难度。从施工的气候环境看,由于道路工程的工期一般较长,工程的一些施工项目受气候环境因素影响较大。从施工的技术方面看,除了通常的工艺技术外,还要考虑软土压实、桩基、边坡稳定、挡土墙和其他人工治理结构物等。此外,在路基工程中的土石方数量大,运距有时很长,劳动力和机械投入大。

从施工的社会环境看,道路工程一般需要通过一些城市、乡镇或农村居住区,征地拆迁是道路建设过程中的一个难点,工程往往由于拆迁的问题导致工期延误,甚至发生纠纷和损失。另外,对于城市道路,经常遇到大量的地下隐蔽工程,如自来水管道、污水管道、煤气管道、电缆等,一旦疏忽就可能造成损失,影响工程进度。

从工程结构特性的角度看,公路和城市道路的结构形式基本相同,都是主要由路基、路面及其附属设施组成;但由于使用环境的不同,公路和城市道路在建设和施工过程中面临的风险有所区别。总体看来，公路风险多来自外界环境、地形、地质情况的影响；而城市道路施工中的风险主要来自城市复杂的地下、地上管线环境，以及城市其他构造物的间接影响。

本章内容将首先介绍路基和路面工程的基本技术风险，在此基础上，针对不同的环境特点，将分别介绍各种不同环境区域公路或城市道路工程可能面临的风险事态。

11.2 自然灾害与意外事故

11.2.1 滑坡

斜坡岩土体在重力作用下，沿一定的软弱面整体下滑的现象，叫作滑坡。滑坡是山区公路的主要病害之一。滑坡常使交通中断，影响公路的正常运输。大规模的滑坡，可堵塞河道、摧毁公路、破坏厂矿、掩埋村庄，对山区建设和交通设施危害极大。西南地区（云、贵、川、藏）是我国滑坡分布的主要地区，不仅规模大、类型多，而且分布广泛、发生频繁、危害严重。我国其他地区的山区、丘陵区，包括黄土高原，也都有不同类型的滑坡分布。

对滑坡的处理，一般是采用"防治结合，以防为主"的原则，所以应该重视滑坡的调查工作。首先要判定滑坡的稳定程度，以便确定路线通过的可能性。路线通过大、中型滑坡，又不易防止其滑动的，一般均宜绕避；对一般比较容易处理的中、小型滑坡，则须查清产生滑坡的原因，分清主次，采取适当的处理措施。

11.2.2 崩塌

在比较陡峻的斜坡上，岩体或土体在自重作用下，脱离母岩，突然而猛烈的由高处崩落下来，这种现象称为崩塌。崩塌不仅发生在山区的陡峻山坡上，也可以发生在河流、湖泊及海边的高陡岸坡上，还可以发生在公路路堑的高陡边坡上。规模巨大的山坡崩塌称为山崩。由于岩体风化、破碎比较严重，山坡上经常发生小块岩石的坠落，这种现象称为碎落。一些较大岩块的零星崩落称为落石。小的崩塌对行车安全及路基养护工作影响较大；大的崩塌不仅会损坏路面、路基，阻断交通，甚至会迫使放弃已成道路的使用。

经常发生崩塌—碎落和落石的山坡坡脚，由于崩落物的不断堆积，就会形成岩堆。在高山地区，岩堆常沿山坡或河谷谷坡呈条带状分布，连续长度可达数公里至数十公里。在不稳定的岩堆上修筑路基，容易发生边坡坍塌、路基沉陷及滑移等现象。崩塌的形成条件及因素包括地形、岩性、构造、降水、冲刷、地震以及人为因素等。

(1) 地形。陡峻的山坡是产生崩塌的基本条件。产生崩塌的山坡坡度一般大于45°，而以55°～75°者居多。

(2) 岩性。节理发达的块状或层状岩石，如石灰岩、花岗岩、砂岩、页岩等均可形成崩塌。厚层硬岩覆盖在软弱岩层之上的陡壁最易发生崩塌。

(3) 构造。当各种构造面,如岩层层面、断层面、错动面、节理面等,或软弱夹层倾向临空面且倾角较陡时,往往会构成崩塌的依附面。

(4) 降水。在暴雨或久雨之后,水分沿裂隙渗入岩层,降低了岩石裂隙间的黏聚力和摩擦力,增加了岩体的重量,也更加促进崩塌的产生。

(5) 冲刷。水流冲刷坡脚,削弱了坡体支撑能力,使山坡上部失去稳定。

(6) 地震。地震会使土石松动,引起大规模的崩塌。

(7) 人为因素。如在山坡上部增加荷重,切割了山坡下部,大爆破的震动等。

11.2.3 泥石流

泥石流是产生在沟谷中或坡地上的一种含大量泥砂石块的特殊洪流。泥石流的特点是爆发突然,运动快速,历时短暂,它比一般洪水具有更大的破坏力,能在很短的时间内冲出数万至数百万立方米的固体物质,能将数十至数百吨的巨石冲出山外,冲毁路基、桥涵、房屋、村镇或淹没农田,堵塞河道,给公路交通和工农业建设造成严重危害。泥石流主要是通过堵塞、淤埋、冲刷、撞击等方式对路基、隧道、桥涵及其附属构造物产生直接危害;也可通过压缩、堵塞河道使水位壅升,以致淹没上游沿河路基,或者迫使主河槽的流向发生变化,冲刷对岸路基,造成间接水毁。

我国是世界上泥石流活动最多的国家之一,泥石流主要分布在西南、西北及华北的山区,如四川西部山区、云南西部和北部山区、西藏东部和南部山区、甘肃东南部山区、青海东部山区、祁连山地区、昆仑山及天山地区;黄土高原、太行山和北京西山地区、秦岭山区、鄂西及豫西山区等。此外,在东北西部和南部山区、华北部分山区以及华南、台湾、海南岛等地山区也有零星分布。

选线是泥石流地区公路设计的首要环节。选线恰当,可避免或减少泥石流危害;选线不当,可导致或增加泥石流危害。线路平面及纵面的布置,基本上决定了泥石流防治可能采取的措施,所以,防治泥石流首先要从选线考虑。

11.2.4 地面沉降

地面沉降或塌陷是路基和路面在施工和施工过程中可能面临的最为严重的风险事态之一。尤其是对于城市道路,地面突然性大范围沉降往往造成交通中断、人员伤亡的严重的后果。

地面沉降的原因很多,包括不良地质条件、地运动、地下施工等。公路工程本身往往不是引起沉降的直接原因。这方面的风险诱因,可参见地下工程相关章节,这里不再赘述。

11.2.5 洪水

公路洪水水毁及洪水引发的地质灾害(滑坡、塌方、泥石流),一直是公路最大的自然灾害。因此洪水风险是公路工程风险管理中必须重点考虑的问题,但对于城市道路,在城市防洪体系的保护下,水毁风险相对较小。

公路水毁多发生在山区或山前区。大多数公路水毁也是发生在半填半挖路段,全挖边坡的坍塌虽然也是主要病害，但相对于路基沿河边坡冲刷坍塌来说，还是较少的。

公路水毁的主要特点是上边坡为挖方边坡，其天然岩土边坡随土体内含水量变化、坡面冲刷、人为影响丧失稳定，引起滑坡和坍塌；下边坡为填方边坡，水毁主要表现为坡脚受水流冲刷和浸泡，使填筑路基的土体坍塌。沿河填方边坡的坍塌是公路水毁最常见的形式。

河流对路基的冲刷有两种作用：一种是水流流过路基边坡坡面，冲刷坡面泥沙颗粒，因流速大于泥沙起动流速，将它带走形成坡面冲刷；另一种是坡脚冲刷，河湾、对岸挑流、绕流等原因引起的螺旋流、旋涡等冲刷填方坡脚，坡脚河床泥沙被冲走，坡面高度和坡度增大，使边坡因上部重力作用，失去稳定而坍塌。

对于洪水风险的防治应依据以防为主的基本原则，在选线、调治构造物设置等方面进行精心设计，同时在临水河段或山区进行公路施工时，应对施工期间可能发生的洪水有充分的准备。

11.2.6 地震

地震灾害是由于地震产生强烈的地面运动、地震断层运动等造成的自然环境的破坏和摧毁建筑物及各种设施而产生的各种震害。地震对社会生活和地区经济发展有着广泛而深远的影响。认识地震的特点对于做好防灾减灾工作是十分重要的。

地震灾害具有突发性；破坏面积广等特点。强烈地震对公路和城市道路工程的破坏也往往是毁灭性的，常见的直接破坏形式有地面断裂、错动、地裂缝等；由地震引起的公路的次生破坏包括喷沙、冒水、局部路面塌陷、滑坡、塌方等。

对地震灾害的防治必须与道路结构地震设防、城市结构设防等问题综合考虑。从风险管理的角度看，主要采取风险承担的对策；对一些地震问题比较突出的地区，可以考虑采用保险转移的方法。

11.3 路基工程技术风险

11.3.1 路基工程技术风险的基本特点

路基是行车部分的基础，它是由土、石按照一定尺寸、结构要求建筑成的带状土工结构物。通常是根据不同的地形条件采用不同路基横断面的形式。一般将路基根据其横断面形式归纳为四种类型：路堤、路堑、填挖结合和不填不挖。

路堤按其填土高度可以分为矮路堤、一般路堤和高路堤。路堑横断面的基本形式有：全挖式路基、台口式路基和半山洞路基。填挖结合路基是路堤和路堑的结合形式。不填不挖路基是指地面与路基标高相同构成不填不挖的路基横断面形式。

1）路基工程风险来源

（1）不良的工程地质和水文地质条件。如地质构造复杂，岩层走向与倾角不利，岩性松软、风化严重、土质较差、地下水位较高，以及其他地质不良灾害等。

(2) 不利的水文与气候因素。如降雨量大、洪水猛烈、干旱、冰冻、积雪或温差特大等。

(3) 设计不合理。如断面尺寸不合要求,其中包括边坡取值不当,挖填布置不符要求,最小填土高度不足,以及排水、防护与加固不妥等。

(4) 施工不合规定。如填筑顺序不当,土基压实不足,盲目采用大型爆破,以及不按设计要求和操作规程进行施工,工程质量不合标准等。

上述原因中,地质条件是影响路基工程质量和产生病害的基本前提,水是路基病害的主要原因,为此必须强调设计前进行地质与水文的勘察工作,针对具体条件及各种因素的综合作用,采取正确的设计方案与施工方法,才能消除和尽可能减轻路基病害,确保路基工程达到规定的质量要求,减小施工和使用过程中的风险。

2) 路基施工主要的两类风险

路基的施工主要涉及大量的土石方工程,包括挖方和填方工程。在挖、填方的过程中主要有两类风险应当引起注意。

(1) 爆破风险。在开挖的过程中如果遇到岩层就可能采用爆破工艺,在实施爆破的过程中,由于处于一种开放的环境,往往容易因飞石造成工地周围的居民的人身伤亡和财产损失,产生侵权赔偿责任。控制爆破风险的主要手段是严格按照作业规范进行,尤其是炸药用量和现场疏散工作等,特别是爆破的炸药用量。

(2) 施工机具风险。在完成土石方工程量的过程中,经常会运用到大量的施工机具,尤其是存在一定运距的情况下。这些施工机具在施工现场作业过程中经常会因为作业面狭小、道路状况差、机械手技术不善等因素,导致施工机具的倾覆、碰撞等损失。对于这类风险,控制的关键是要求施工单位加强对施工人员以及现场的管理,施工人员管理的关键是防止机械手超时工作。

11.3.2 路基稳定性风险

路基稳定性是路基施工中最为核心的目标,它在施工过程中面临的风险包括:路堤沉陷、路基边坡坍方、路基滑动、特殊水文地质破坏等。

1) 路堤沉陷

路基因填料(主要指填土)不当、填筑方法不合理、压实不足,在荷载、水和温度的综合作用下,堤身可能向下沉陷。所谓填筑方法不合理,包括不同土混杂、未分层填筑和压实、土中含有未经打碎的大土块或冻土块等。填石路堤亦因石料规格不一、性质不匀,或就地爆破堆积,乱石中空隙很大等原因,在一定期限内(例如经过一个雨季)亦可能产生局部的明显下沉。此外,原地面比较软弱,例如遇到泥沼、流沙或垃圾堆积等,填筑前未经换土或压实,也可能造成地基下沉,或可能引起路堤下陷。路堤不均匀下陷,造成局部路段破坏,影响公路交通。

2) 路基边坡坍方

路基边坡的坍方,是最常见的路基病害,亦是水毁的普遍现象。按照破坏规模与原因的不同,路基边坡坍方可以分为剥落、碎落、滑坍、崩坍及坍塌等。

剥落是指边坡表土层或风化岩层表面，在大气的干湿或冷热的循环作用下，表面发生胀缩现象，使零碎薄层成片状从边坡上剥落下来，而且老的脱落后，新的又不断产生。此种破坏现象，对于填土不均匀和易溶盐含量大的土层，以及泥灰岩、泥质页岩、绿泥岩等松软岩层而言，较易产生。路堑边坡剥落的碎屑，堆积在坡脚下，堵塞边沟，影响路基的稳定，妨碍交通。

碎落是岩石碎块的一种剥落现象，其规模与危害程度比剥落严重。产生的主要原因是路堑边坡较陡，岩石破碎和风化严重，在胀缩、震动及水的浸蚀与冲刷作用下，块状碎屑沿坡面向下滚落。如果落下的岩块较大(直径在 40 cm 以上)，以单个或多块落下，此种碎落现象可称为落石或坠落。落石的石块较大，降落速度极快，所产生的冲击力，可使路基结构物遭到破坏，亦会威胁到行车和行人的安全，有时还会引起其他病害同时发生。

滑坍是指路基边坡土体或岩石，沿着一定的滑动面成整体状向下滑动，其规模与危害程度，较碎落更为严重，有时滑动体可达数百立方米以上，造成严重阻车。产生滑坍的主要原因是原山坡具有倾向公路的软弱构造面，由于施工以及水的浸蚀、冲刷改变了原山坡平衡状态，使山坡在重力作用下沿软弱面整体滑动。如岩层倾向公路，层间又有软弱夹层或风化层、覆盖层；基岩的界面倾向公路，特别有地下水时，均可能形成滑坍。

崩坍是整体岩块在重力作用下倾倒、崩落。主要原因是岩体风化破碎，边坡较高，这是比较常见，而且危害较大的路基病害之一。它同滑坍的主要区别在于崩坍无固定滑动面，坡脚线以下地基无移动现象，崩坍体的各部分相对位置在移动过程中完全打乱，其中较大石块翻滚较远，边坡下部形成倒石堆或岩堆。此外，还有坍塌(亦称为堆塌)等。其成因与形态同崩坍相似，但坍塌主要是土体(或土石混杂的堆积物)遇水软化，在 45°～60°的较陡边坡无支撑情况下，自身重量所产生的剪切力，超过黏聚力和摩擦力所构成的抗剪力，沿松动面坠落散开，它的变形速度比崩坍慢，很少有翻滚现象。

3) 路基滑动

在较陡的山坡上填筑路基，如果原地面未清除杂草、凿毛或人工挖台阶，坡脚又未进行必要的支撑，特别是又受水的润湿时，填方与原地面之间的抗剪力很小，填方在自重和荷载作用下，有可能使路基整体或局部沿原地面向下移动。此种破坏现象虽不普遍，但亦不应忽视，如果不针对上述产生破坏原因，采取相应预防措施，路基的稳定性就得不到保证，破坏将难以避免。

4) 特殊地质水文毁坏

公路通过不良地质和水文地带，或遇较大的自然灾害，如滑坡、岩堆、错落、泥石流、雪崩、岩溶、地震及特大暴雨等，均能导致路基结构的严重破坏。

11.4 路面工程技术风险

路面是用各种坚硬材料分层铺筑于路基顶面的结构物，以供车辆安全、迅速和舒适行驶。路面必须具有足够的力学强度和良好的稳定性，以及表面平整和良好抗滑性能。路面按照其力学性质分为柔性路面和刚性路面两种。路面常用的材料有沥青、水泥、碎石、黏土、砾石等，在高速公路工程中，大多数采用高性能高黏度的重交通沥青和改性沥青。

总体看来，路面施工技术难度不高，主要风险表现为施工质量风险，这通常不属于建安工程一切险的责任范围。工程保险针对的主要风险为施工机具风险。在路面施工过程中，往往需要应用大量的施工机具，如路面材料的运送车辆和摊铺施工机具。在这些施工机具的作业过程中，由于施工作业面较小，需要交叉作业，容易发生碰撞、倾覆等事故。控制这类风险的关键是确保作业现场有一个良好的秩序和统一的指挥协调，同时，机械手的技术、经验和精力也是确保安全施工的关键。

11.5 其他构造物技术风险

11.5.1 挡土墙技术风险

挡土墙是公路工程中一种常见的构造物，主要运用于稳定土体。挡土墙在道路工程施工中应用十分广泛，既可以作为永久性建筑，也可以作为临时性建筑。在公路建设过程中，挡土墙的作用主要是承受支挡土体的侧压力，稳定边坡，防止滑坡，防止路堤冲刷，并可以节省路基土方数量。

挡土墙的出险原因主要有两类：自然灾害与人为事故。

自然灾害风险主要是台风、暴雨、长时间大雨等异常降水，导致洪水、泥石流、塌方，从而造成挡土墙的损失。因此，在公路工程的风险评估过程中应当注意台风季节和雨季的情况，了解当地的年度降雨以及最大降雨情况，通过对工地现场的勘察，掌握自然的泄洪通道以及与工地的相互影响情况。对可能对工地以及附近区域产生影响的因素，应及早采取相应的措施，避免对施工产生不利影响。

人为事故包括设计方面和施工方面。挡土墙的设计，特别是压力和稳定性的计算均是根据工程地质状况和工程需要确定的，而地质勘察结果与实际情况可能会有差异，导致设计的合理性存在问题。因此，应当在施工过程中注意验证设计的符合性，及时地进行必要的调整。

11.5.2 管线工程技术风险

城市道路中各类管线是非常常见的构造物，通常位于路基之下。复杂的城市道路工程常常包括多种管线，如水、电、通讯、煤气等。

除了自然灾害可能造成管线施工技术风险外，管线施工过程中影响已有管线或其他结构物将是主要的技术风险。在一些大城市中，城市地下设施资料不完整，因此在管线开挖过程中，可能对一些图纸上并未表明的既有管线造成损伤，引起泄漏等事故；或是损伤了其他地下构造物，如结构基础等。

管线开挖过程中的风险还可以参照地下工程部分，根据具体情况研究确定。

11.6 特殊环境公路技术风险

11.6.1 岩溶地区公路技术风险

石灰岩等可溶性岩层，在流水的长期化学作用和机械作用下，产生的特殊地貌形态和水文地质现象，统称为岩溶。在我国西南地区分布较广。地下岩溶发育具有一定隐蔽性，因此在岩溶地区进行路基工程时，应注意以下风险：

(1) 由于地下岩溶水的活动，或因地面水的消水洞穴阻塞，导致路基基底冒水、水淹路基、水冲路基以及隧道涌水等。

(2) 由于地下洞穴顶板的坍塌，引起位于其上的路基及其附属构造物发生坍陷、下沉或开裂。

因此，在岩溶地区修建公路，应全面了解路线通过地带岩溶发育的程度和岩溶形态的空间分布规律，以便充分利用某些可以利用的岩溶形态，避让或防治影响路基稳定的岩溶病害。

11.6.2 软土泥沼地区公路技术风险

软土是指以水下沉积的饱水的软弱黏性土或淤泥为主的地层，有时也夹有少量的腐泥或泥炭层。软土地层与泥沼沉积物相比，其形成年代一般比较老，沉积厚度比较大，表面常有可塑的硬壳层。软土地区地表已不再为水所浸漫，但地下水水位仍接近地表。

1) 软土地区公路技术风险

修建在软土地基上的路堤，要考虑稳定和沉降两方面的问题。为保证路堤在施工过程中和完工后的稳定，要对路堤填筑荷载可能引起的软土地基滑动破坏进行稳定计算，必要时应采取相应的稳定措施；为使完工后剩余沉降量控制在路面的容许变形范围内，要计算软土地基的总沉降量和沉降速度，必要时应考虑变更工期或采取减小沉降、加速固结等措施。软土地基沉降与泥炭地基不同之处是：软土地基压缩性大，透水性差，如不采取加速固结措施，在路堤荷载作用下，要经过很长的时间才能完成主固结。

软土地区路堤设计和施工应注意以下问题：

(1) 路堤在施工期间和完工后使用期间应是稳定的，不因填筑荷载或施工机械和交通荷载的作用而引起破坏，也不应给桥台、涵洞、挡土墙等构造物及沿线多种设施带来过大的变形。

(2) 为避免路基沉降给涵洞、挡土墙等构造物造成变形破坏，应首先考虑提前填筑路堤，或在其充分沉降后再修筑构造物的方案。如同时施工，则须设置达到持力层的基础，以防止过大的位移和沉降。

(3) 为避免路面的变形破坏，以及连接桥梁、涵洞等构造物的引道路堤产生不均匀沉降，高等级公路应严格控制在规定年限内的完工后剩余沉降量。

(4) 在软土层厚且长期发生较大沉降的地区及大范围的软土地区，有时很难使完工后剩余沉降量控制在要求的标准内，或者虽能控制但极不经济时，则应考虑设置桥头搭板、铺筑临时性路面、加强养护的分期修建方案。

(5) 在没有一定厚度硬壳层的软土地基上，不宜修筑填土高度小于 2～2.5 m 的低路堤，这种低路堤在交通荷载作用下，可使路面发生较大的不均匀沉降，特别是当软土地基不均匀，重型车辆交通量较大时更加明显。

(6) 为保证路堤稳定和控制完工后剩余沉降，均需采取相应的处理措施。在选择处理措施时，应考虑地基条件、公路条件及施工条件，尤其要考虑处理措施的特点、对地基的适用性和效果，以确定符合目的要求的处理措施。

(7) 当软土地基比较复杂，或工程规模很大、沉降控制的精度要求较高时，应考虑在正式施工之前，在现场修筑试验路，并对其稳定和沉降情况进行观测，以便根据观测结果选择适当的处理措施，或对原来的处理方案进行必要的修正。

2) 泥沼地区公路技术风险

泥沼是指以泥炭沉积为主，也有腐泥或淤泥沉积的低洼潮湿地带。泥沼沉积物统称泥炭类土，是在过分潮湿和缺氧条件下，主要由湖沼植物遗体的堆积和分解而形成。与软土相比，其形成年代比较新，沉积厚度比较薄，有机物含量高。

泥炭的工程性质取决于泥炭组成、分解程度及矿物颗粒含量。泥炭分解程度愈低，压缩性愈大，透水性愈好；泥炭分解程度愈高，细粒土愈多，则压缩性减小，透水性变差。泥炭地基上的路堤，同样要考虑稳定和沉降两方面的问题。因泥炭层与软土层相比；通常厚度较薄，地基在路堤荷载作用下滑动破坏的危险性一般较小。但当沼底坡度较大或泥炭层较厚而性质又较差时，仍须考虑地基活动破坏的稳定性。泥炭地基的压缩性很大，且不均匀，在路堤荷载作用下，常产生很大的不均匀下沉，这是修筑在泥炭地基上的路堤通常要考虑的主要问题。泥炭地基的沉降与软土地基不同之处是：泥炭地基虽然压缩性很高，但透水性相当好，即使不采用垂直排水法加速固结沉降，主固结仍可在较短时间内完成，强度也能得到较快提高；泥炭地基的次固结沉降所占比例往往较大，最大可超违 50%，因此有时必须考虑次固结沉降。

11.6.3 多年冻土地区公路技术风险

温度小于和等于 0 ℃，且含有冰的土(石)，称为冻土。在天然条件下，地面以下的冻土保持三年或三年以上者，称为多年冻土。在兴安岭和青藏高原的高寒地区分布有成片的多年冻土，天山、阿尔泰山及祁连山等地也有零星分布。

低湿地带的多年冻土往往含有大量水分，或夹有冰层，在这里筑路最容易发生路基病害;还有一些不良的物理地质现象,也容易引起路基病害。

1) 多年冻土地区筑路一般常见的路基病害

(1) 由于修筑路基,使含有大量冰的多年冻土融解,引起路堑边坡坍塌、路基基底发生不均匀沉陷,或由于水分向路基上部集聚而引起冻胀、翻浆等现象。

(2) 路基底的冰丘、冰锥往往会使路基鼓胀,引起路基、路面的开裂与变形;当冰丘、冰锥溶解后,路基又发生不均匀沉陷。路基附近的冰丘、冰锥掩埋路基会造成阻车。

因此,在多年冻土地区选线应尽量绕避发生不良物理地质现象的地段,并将路线选在地层干燥、地质良好的地段。进行冰、水含量较高的冻土路基设计时,一般多采用保护冻土原有状态的原则。

2) 多年冻土地区容易引起路基病害的一些常见不良物理地质现象

(1) 厚层地下冰。多年冻土地区的层上水在冻结过程中,向上限附近聚流并冻结成冰,当上限位置由于地面淤高逐渐上升时,就会形成不同含冰量的土层。如果这种作用不断进行,含冰土层厚度逐渐增加。在厚层地下冰发育地区,容易产生热融滑坍、热融沉陷和热融湖(塘)等不良物理地质现象,对路基稳定影响甚大。

(2) 热融滑坍。有厚层地下冰分布的斜坡,经融化后,土体沿融浆斜面向下滑移,形成热融滑坍。热融滑坍可使路基边坡失去稳定,也可使路基被融冻泥流掩埋。

(3) 热融沉陷和热融湖(塘)。多年冻土化冻以后,因地表下陷而形成的凹地,称为热融沉陷。当凹地积水成湖(塘)时,称为热融湖(塘)。热融沉陷和热融湖(塘)主要分布在高平原有厚层地下冰分布的平台地上,在丘陵缓坡坡脚也有分布。热融沉陷和热融湖(塘)容易导致路基发生不均匀沉陷。

(4) 冻土沼泽。在多年冻土地区,在排水不畅的地带,由于冻土层形成大面积的隔水层,使地表长期过湿、沼泽植物繁育并泥炭化,即形成冻土沼泽。冻土沼泽多见于洼地,也见于平坦的分水岭或缓坡上。在沼泽分布地带,由于草墩及泥炭层覆盖,多年冻土上限很浅,容易产生不均匀冻胀和热融沉陷。

(5) 冰丘、冰锥。多年冻土的层上水,由于季节冻结层的封闭,形成承压水,将冻结层顶起成隆丘,并在其内部不断聚积冻结,即成冰丘。冰丘有一年生和多年生两种。当承压水突破地表,冻结堆积,即成冰锥。承压河水突破封冻的河面,则形成河冰锥。冰丘、冰锥大多见于山麓、沟底、山间洼地、洪积扇前缘、河谷阶地、河漫滩及平缓的山坡和分水岭地带。河冰锥则分布于沿河地带。冰丘、冰锥可掩盖道路,堵塞桥涵,使构造物发生严重变形。

11.6.4 膨胀土地区公路技术风险

膨胀土系指黏粒成分主要由强亲水性矿物组成,具有显著湿胀干缩和反复湿胀干缩性质的特殊黏性土。膨胀土具有显著湿胀干缩和反复湿胀干缩性质的原因,一是土中含有较多的黏粒,而黏粒中又含有较多亲水性较强的蒙脱石或伊利石;二是具有特殊的膨胀结构。

膨胀土对工程建筑的危害几乎是无所不包的，而且变形破坏具有多次反复性。在膨胀土地区，房屋建筑常普遍出现开裂变形；铁路路基边坡常大量出现坍方、滑坡，有"逢堑必滑，无堤不坍"之说；公路路面常大段出现很大幅度的、随季节变化的波浪变形。

膨胀土地区的路基工程病害种类较多，路面—土基、路堑、路堤都可能受到影响。

1）路面——土基风险

（1）波浪变形。设计或施工质量不好的路基路面，由于路幅内土基含水量的不均匀变化，引起土体的不均匀胀缩，易产生幅度很大的横向波浪形变形。这种变形随季节和年度而变化。

（2）溅浆冒泥。雨季路面渗水，土基受水浸并软化，在行车荷载作用下，形成泥浆，挤入粒料基层，并沿路面裂缝、伸缩缝溅浆冒泥。路面溅浆冒泥多在雨季发生，如有地下水浸湿路基时，亦可在其他季节发生。

2）路堑工程风险

（1）剥落。剥落是路堑边坡表层受物理风化作用，使土块碎解成细粒状、鳞片状，在重力作用下沿坡面滚落的现象。剥落主要发生在旱季，旱季愈长，蒸发愈强烈，剥落愈严重。一般强膨胀土较弱膨胀土剥落更甚，阳坡比阴坡剥落要严重。剥落物堆积于边坡坡脚或边沟内常造成边沟堵塞。

（2）冲蚀。冲蚀是坡面松散土层在降雨或地表径流的集中水流冲刷侵蚀作用下，沿坡面形成沟状冲蚀的现象。冲蚀主要发生在雨季，特别是大雨或暴雨季节。冲蚀既破坏了坡面的完整性，也不利于植物的生长。

（3）泥流。泥流是坡面松散土粒与坡脚剥落堆积物在雨季被水流裹带搬运形成的。一般在膨胀土长大坡面、风化剥落严重且地表径流集中处最易形成。泥流常造成边沟或涵洞堵塞，严重者可冲毁路基、淹埋路面。

（4）溜塌。边坡表层强风化层内的土体，吸水过饱和，在重力与渗透压力作用下，沿坡面向下产生塑流状塌移的现象，称为溜塌。溜塌是膨胀土边坡表层最普遍的一种病害，常发生在雨季，与降雨稍有滞后关系，可在边坡的任何部位发生，与边坡坡度无关。溜塌上方有弧形小坎，无明显裂缝与滑面，塌体移动距离较短，且很快自行稳定于坡面。

（5）坍滑。边坡浅层膨胀土体，在湿胀干缩效应与内化作用影响下，由于裂隙切割以及水的作用，土体强度衰减，丧失稳定，沿一定滑面整体滑移并伴有局部坍落的现象，称为坍滑。坍滑常发生在雨季，并较降雨稍有滞后。滑面清晰且有擦痕，滑体裂隙密布，多在坡脚或软弱的夹层处滑出，破裂面上陡下缓，滑面含水富集，明显高于滑体。坍滑若继续发展，可牵引形成滑坡。

（6）滑坡。滑坡具有弧形外貌，有明显的滑床，滑床后壁陡直，前缘比较平缓，主要受裂隙控制。滑坡多呈牵引式出现，具叠瓦状，成群发生，滑体呈纵长式，有的滑坡从坡脚可一直牵引到边坡顶部，有很大的破坏性。膨胀土滑坡主要与土的类型和土体结构关系密切，与边坡的高度和坡度并无明显关系。因此，试图以放缓边坡来防治滑坡几乎是徒劳的，必须采取其他有效的防护加固措施。

3）路堤病害

（1）沉陷。膨胀土初期结构强度较高，在施工时不易被粉碎，亦不易被压实。在路堤填筑后，由于大气物理风化作用和湿胀干缩效应，土块崩解，在上部路面、路基自重与汽车荷载的作用下，路堤易产生不均匀下沉，如伴随有软化挤出则可产生很大的沉陷量。路堤愈高，沉陷量愈大，沉陷愈普遍，尤以桥头填土的不均匀下沉更为严重。不均匀下沉导致路面的平整度下降，严重时可使路面变形破坏，甚至屡修屡坏。

（2）纵裂。路肩部位常因机械碾压不到，使填土达不到要求的密实度，因而后期沉降相对较大。同时，因路肩临空，对大气物理作用特别敏感，干湿交替频繁，肩部土体失水收缩远大于堤身，故在路肩顺路线方向常产生纵向开裂，形成长数十米甚至上百米的张开裂缝。

（3）坍肩。路堤肩部土体压实不够，又处于两面临空部位，易受风化影响使强度衰减，当有雨水渗入时，特别是当有路肩纵向裂缝时，容易产生坍塌。塌壁高多在 1 m 以内，严重者大于 1 m。

（4）溜塌。与路堑边坡表层溜塌相似，但路堤边坡溜塌多与边坡表面压实不够有关。溜塌多发生在路堤边坡的坡腰或坡脚附近。

（5）坍滑。膨胀土路堤填筑后，边坡表层与内部填土的初期强度基本一致。但是随着通车时间的延续，路堤经受几个干湿季节的反复收缩与膨胀作用后，表层填土风化加剧，裂隙发展，当有水渗入时，膨胀软化，强度降低，导致边坡坍滑发生。

（6）滑坡。路堤滑坡与填筑膨胀土的类别、性质、填筑质量以及基底条件等有关。若用灰白色强膨胀土填筑堤身，则形成人为的软弱面（带）；填筑质量差，土块未按要求打碎；基底有水或淤泥未清除，处理不彻底；边坡防护工程施工不及时；边坡表层破坏未及时整治等，都有可能产生滑坡。因此，膨胀土路堤有从堤身滑动的，也有从基底滑动的。

11.6.5 黄土地区公路技术风险

黄土是第四纪的一种特殊堆积物。其主要特征为：颜色以黄色为主，有灰黄、褐黄等色；含有大量粉粒，一般在 55%以上；具有肉眼可见的大孔隙，孔隙比在 1 左右；富含碳酸钙成分及其结核；无层理，垂直节理发育；具有湿陷性和易溶蚀、易冲刷、各向异性等工程特性。上述特征和特性，导致黄土地区的路基容易产生多种特有的问题和病害。

黄土因沉积的地质年代不同而在性质上有很大差别。但总体看来，其水理特性方面的渗水性、收缩、膨胀和崩解性以及其力学特性上的抗剪强度峰值和残值大、湿陷性等是其共同的特点。

黄土地区路基工程中的路堑工程风险主要包括剥落、冲刷、滑坍、崩坍、流泥几类。路堤工程的风险主要包括路堤下沉、坡面下沉、坡面滑坍等几类。引发风险事态的原因多与黄土水理和力学特性相关，需要结合具体的工程特点，具体分析。

11.6.6 盐渍地区公路技术风险

地表 1 m 内易溶盐含量超过 0.3%时即属盐渍土。由于土中含有易溶盐，土的物理、力学性质和筑路性质发生变化,引起许多路基病害。随着土中含盐性质及含盐量的不同,盐渍土的筑路性质及路基病害的类型和严重程度也不同。

盐渍土路基的主要风险有溶蚀、盐胀、冻胀、翻浆等

(1) 溶蚀。主要是氯盐渍土,其次是硫酸盐渍土,受水对土中盐分分溶解,可形成雨沟、洞穴,甚至湿陷、坍陷等路基病害。

(2) 盐胀。硫酸盐渍土盐胀作用强烈。在冷季,土基内的盐胀,可使路面不平、鼓仓、开裂,是盐渍土地区高等级公路最突出的病害;路基边坡及路肩表层,在昼夜温度变化所引起的盐胀反复作用下,变得疏松、多孔,易遭风蚀,并易陷车。

(3) 冻胀。氯盐渍土,当含盐量在一定范围内时,由于冰点降低、水分聚流时间加长,可加重冻胀。但含盐量更多时,由于冰点降低多,路基将不冻结或减少冻结,从而不产生冻胀或只产生轻冻胀。

(4) 翻浆。氯盐渍土,当含盐量在一定范围内时,不仅可加重冻胀,也可加重翻浆,这是因为氯盐渍土不仅聚冰多,而且液、塑限低,蒸发缓慢。当含盐量更多时,也因不冻结或减少冻结而不翻浆或减轻翻浆。

11.6.7 风沙地区公路技术风险

沙漠系指荒漠地区地表为风积的疏松沙所覆盖的地区;沙地系指草原地区地表为风积的疏松沙所覆盖的地区。这两种地区在工程上统称为风沙地区。沙漠地区的主要特征为:气候干燥;雨量稀少;温差大,冷热变化剧烈;风大、沙多;易溶盐多;植被稀疏、低矮。沙地的特征与沙漠类似,只是程度不同。风沙地区的公路主要风险是沙埋与风蚀。

(1) 沙埋。公路沙埋主要有两种情况,其一是由于风沙流通过路基时,由于风速减弱,导致沙粒沉落,堆积,掩埋路基;其二是由于沙丘移动上路而掩埋路基。沙埋包括片状沙埋、舌状沙埋、堆状沙埋等类型。

(2) 风蚀。在风沙的直接冲击下,路基上的沙粒或土颗粒被风吹走,出现路基削低、掏空和坍塌等现象,从而引起路基的宽度和高度的减小。风蚀的程度与风力、风向、路基形式、填料组成及防护措施等有关。对于路堤,当主导风向与路基处于正交时,迎风侧路肩及边坡上部风蚀较严重,背风侧则较轻。当主导风向平行路基时,两侧路肩及边坡上部均易遭受风蚀。对于路堑,当风向与路线平行时,两侧坡面多被风蚀成条沟状,当风向与路线正交时,迎风坡面的局部地方则易被掏空成犬牙状。

11.6.8 雪害地区公路技术风险

公路雪害有积雪和雪崩两种主要形式。积雪包括自然降雪和风吹雪。

自然降雪积雪是指在风力较弱或无风的情况下,降雪在公路上形成的均匀雪层。这种积雪超过一定厚度,或下雪同时结冰时,将影响行车速度和交通安全,通常可通过除雪、融雪等养护办法解决,一般不致对公路造成严重危害,只当降雪量很大、积雪过厚时,可能阻断交通。

降雪时或降雪后,风力达到一定强度时,吹扬雪粒随风运动,形成风雪流。被风雪

流搬运的雪在风速减弱的地方堆积起来，形成吹集雪。从风雪流到吹集雪的全过程称为风吹雪。风雪流强烈时，能见度极差，通行条件恶劣，极易发生行车事故。厚度很大的吹集雪则可阻断交通，埋没车辆。在我国，风吹雪比较严重的地区有东北地区、青藏高原及新疆等地。

雪崩是指在重力影响下，山坡积雪的崩塌。大量的雪崩不仅能掩埋公路、阻断交通，还能击毁路上的行车和建筑物。在我国，雪崩多见于新疆及西藏的山区。

风吹雪和雪崩的影响因素复杂、多变，所以防雪设施要在公路竣工后，根据现场的具体情况，经过相当长的时间，逐步地使之完善。如要提前设置这类设施，则需依靠有丰富经验的人员并加强调查研究工作。

11.6.9 冻胀与翻浆地区公路技术风险

使用冻胀性土的路段，当有水分供给时，在冬季负气温作用下，水分连续向上聚流，在路基上部形成冰夹层、冰透镜体，导致路面不均匀隆起，使柔性路面开裂、刚性路面错缝或折断的现象，称为冻胀。

使用冻胀性土的路段，在冬季负气温作用下，水分连续向上聚流、冻结成冰，导致春融期间，土基含水过多、强度急剧降低，在行车作用下路面发生弹簧、裂缝、鼓包、冒泥等现象，称为翻浆。

冻胀与翻浆是季节冻土与多年冻土地区所特有的两种公路病害，主要分布在我国北方寒冷地区和南方高寒山区以及青藏高原，也是上述地区内分布较广、危害较大的两种公路病害，因而也是这类地区路基路面设计必须考虑的问题。

11.6.10 涎流水地区公路技术风险

在寒冷气候条件下，地下水或地面水漫溢到地面或冰面上，从下而上逐层冻结，形成涎流冰。在衔接多年冻土地区，由于冻结层上水承压，突破地表形成的冰体称为冰锥。涎流冰主要分布在我国北方寒冷地区和南方高寒山区以及青藏高原。

发生涎流冰的季节，一般是在冬季和初春，持续时间一般为四、五个月。在冬季封冻前后，气温逐渐降低，涎流冰开始形成；以后气温继续下降，涎流冰不断蔓延加厚并发展到高峰阶段，冬末春初气温回升，在日照及昼夜温差的影响下，涎流冰在白天消融，夜间冻结，处于融冻交替阶段；到春季以后，气温逐渐升高，涎流冰开始融化并逐渐消失。

公路上的涎流冰面积一般有数平方米到数千平方米，有的可达数万平方米。涎流冰厚度一般为数厘米到数米。

涎流冰覆盖道路，会造成行车道光滑，不平或形成冰坎、冰槽等，轻则阻塞交通，重则容易出现翻车事故；涎流冰堵塞桥涵会阻碍融雪洪流在桥下顺畅通过，造成路基与桥涵的水毁；涎流冰消融，水分下渗，还可引起公路翻浆、路基下沉、边坡滑坍等病害。

涎流冰地段的路基设计，应注意对形成涎流冰的水源及涎流冰规模的调查，以便提出绕越或防治的措施。

12　大型公共建筑工程的技术风险

12.1　我国大型公共建筑技术风险概论

12.1.1　我国大型公共建筑的发展概况

大型公共建筑是指建筑面积超过 2 万平方米且采用集中空调系统的各类星级酒店、大中型商场、高级写字楼、车站机场及体育场馆等。改革开放特别是进入新世纪以来，作为城市重要标志的大型公共建筑在全国各地大量兴建，以北京为例，大型公共建筑总面积占北京市民用建筑总面积的 5%，体现了经济社会发展的必然趋势，对城市的环境与文化特色有极其深刻的影响。

12.1.2　大型公共建筑工程的技术风险

在北京、上海等大型工程比较集中的城市，大量的建筑设计，外观新颖、风格独特，加上个别工程追求大体量和雄伟效果，超大、超长、超高、超深、超厚结构不断涌现，其中相当一部分工程突破我国现行技术标准与规范，甚至超出国际上现有的规范和标准。科技含量高、施工难度大的工程日益增多，与之配套的结构承重体系相当复杂，在设计、制造和施工上均无先例，其不确定性对工程质量提出了新的挑战，技术风险日益突出。特别是一些工程盲目追求新颖，结构体系不合理，缺乏必要的分析和论证，再加上人们对客观规律认识不足，酿成了一些重大事故。大型公共建筑工程的质量问题成为关注的焦点。

根据建设部向社会公布的 2004 年全国大型公共建筑质量安全检查情况的统计资料，共查出存在或可能存在质量安全隐患的工程 30 项，占所查工程的 1.2%。这次专项检查涉及全国 30 个省、自治区、直辖市，共检查在建和已竣工的体育场馆、机场航站楼、大型剧院、会展中心等大型公共建筑 2 367 项，从检查的情况看，在建和近几年竣工的大型公共建筑绝大多数符合国家法律、法规和基本建设程序；工程参建单位资质等级符合规定要求，企业质量安全意识较强；工程均实行了建筑材料现场见证取样送检制度、隐蔽工程检查制度和安全责任制度等；工程质量安全整体情况良好。但是个别工程存在一定的质量安全隐患。少量工程存在没有领取施工许可证就施工、未按规定要求进行审查备案、未经验收就投入使用等违反基本建设程序的现象。

近年来，国外大型公共建筑工程的质量安全事故也时有发生。大型公共建筑工程的质量安全直接关系广大公众，社会影响巨大。做好质量安全工作，关键是不断完善相应的法律法规和技术标准并严格执行，越是重点工程，越是大型工程，越要尊重客观规律。为保证大型公共建筑设计的合理性，一方面要规范政府行为，另一方面要充分发挥专家在建筑艺术和建筑功能设计上相协调的作用。同时，在审查大型公共建筑设计时，要充分关注公共利益。

12.1.3 大型公共建筑工程的施工技术

大型公共建筑工程的特点是结构超大、超长、超高、超深、超厚，加之公共建筑一般位于城市建筑密集地区，施工风险比较大。其施工技术可以分为地基与基础施工技术、上部结构施工技术、屋面、墙面防水施工技术、建筑装饰施工技术。

地基与基础施工技术包括：人工地基施工技术、降水技术、挡土技术、环境保护技术、逆作法施工技术。人工地基施工技术包括：钢筋混凝土预制方桩、预应力钢筋混凝土管桩、钻打结合桩、钢管柱、钻孔灌注桩、地下连续墙巨形桩。降水技术包括：土方施工技术、真空泵与射流泵的轻型井点、喷射井点、深井点、井点回灌技术、隔水技术。挡土技术包括：悬臂板桩、自立式水泥土重力坝、挡土板墙、板墙支撑。环境保护技术包括：信息化施工监测技术、考虑时空效应的挖土支撑技术、地基加固技术。

上部结构施工技术包括：新型模板体系、垂直运输机械、混凝土施工技术、高效预应力及钢筋连接技术、钢结构施工技术。新型模板体系包括：大模板体系、爬模体系、滑模体系、提模体系、台模或飞模体系、钢模板、塑料模壳。垂直运输机械包括：塔式起重机、施工附墙电梯、高层施工井架。混凝土施工技术包括：水平商品混凝土、泵送混凝土、高强混凝土、大体积混凝土。高效预应力技术包括：后张法和无粘结预应力技术。钢筋连接技术包括：电渣压力焊、套筒冷轧、冷挤压接头、锥螺纹套筒接头及直螺纹等强度连接。钢结构施工技术包括：大跨度空间网架钢结构拼装和安装技术、液压顶升技术、预应力钢结构施工技术、张力膜结构施工技术、高强螺栓连接技术、钢结构防火、防腐技术等。

本章主要介绍土方工程施工技术风险、桩基工程施工技术风险、混凝土工程施工技术风险、预应力混凝土工程施工技术风险、钢结构工程施工技术风险、起重机械技术风险、屋面渗漏技术风险的识别。

12.2 大型公共建筑工程的技术风险识别

12.2.1 土方工程施工技术风险识别

土方工程包括一切土的挖掘、填筑和运输等过程以及排水、降水、土壁支撑等准备工作和辅助工程。在土木工程中，最常见的土方工程有：场地平整、基坑(槽)开挖、地坪填土、路基填筑及基坑回填土等。

土方工程施工往往具有工程量大、劳动繁重和施工条件复杂等特点；土方工程施工又受气候、水文、地质、地下障碍等因素的影响较大，不可确定的因素也较多，有时施工条件极为复杂。在大型公共建筑土方工程施工过程中，主要的技术风险在于支护结构施工风险、基坑降水引起的环境风险、基坑加固不当风险以及基坑开挖风险，如图12-1所示。

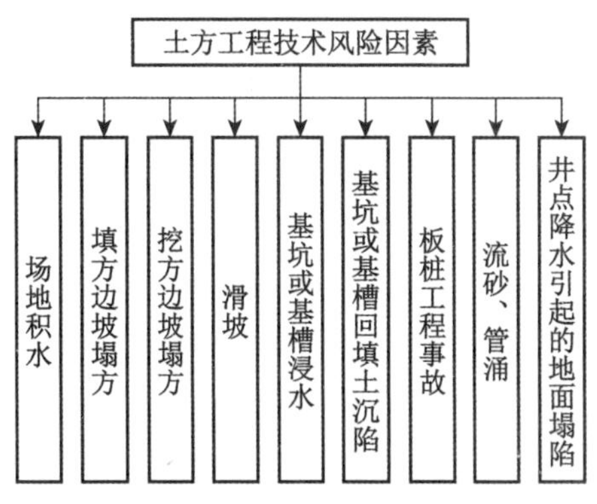

图 12-1 土方工程施工过程风险因素

12.2.2 桩基工程施工技术风险识别

桩基由基桩和连接桩顶的承台组成，分低承台桩基和高承台桩基，建筑桩基通常为低承台桩基。按桩的功能不同分为竖向抗压桩、竖向抗拔桩、水平受荷桩和复合受荷桩；按承载性状不同分为摩擦桩、端承摩擦桩、摩擦端承桩及端承桩；按成桩有无挤土效应分为挤土桩、部分挤土桩及非挤土桩；按成桩方法分为预制桩与灌注桩。

桩基是广泛应用的深基础形式，混凝土预制桩、预应力混凝土管桩、钢柱等预制桩及大吨位、大直径、超长灌注桩是大型公共建筑工程基础的主要形式。本节主要介绍桩基施工中的风险。

1）预制桩施工风险识别

预制桩包括钢筋混凝土预制桩（方桩、管桩、板桩）、钢筋混凝土预应力桩、钢管桩、钢板装、木桩等。成桩方法有锤击法、振动法、静压法及射水法，在大型公共建筑工程基础中一般采用锤击法、静压法。预制桩施工风险包括基桩沉桩施工中的风险和施工对环境影响的风险。

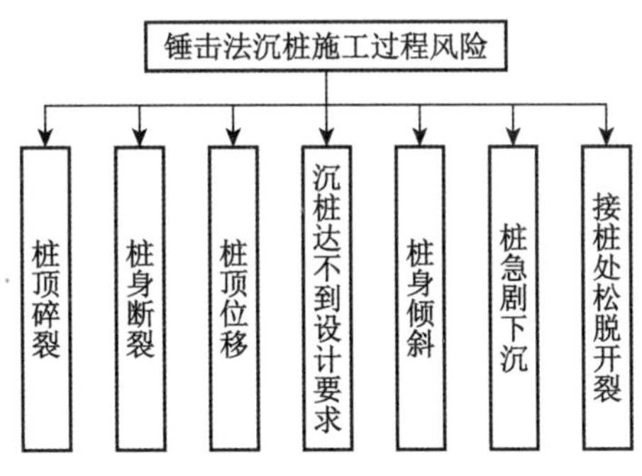

图 12-2 锤击法沉桩施工过程风险

（1）锤击法沉桩施工过程风险识别。锤击沉桩过程包括：场地准备（三通一平和清理地上、地下障碍物）→桩位定位→桩架移动和定位→吊桩和定桩→打桩、接桩、送桩、截桩。沉桩过程中的风险如图12-2所示。

（2）静压法沉桩施工过程风险识别。静压法沉桩过程包括：场地和清理处理→测量定位→桩尖就位、对中、调直→压桩、接桩、送桩、截桩。静压法沉桩过程中的风险如图12-3所示。

（3）预制桩施工对环境影响的风险识别。预制桩施工对环境效应主要表现在挤土效应和打桩的噪声、振动等对周围环境、邻近建筑物及地下管线的不利影响，沉桩挤土效应及振动影响的风险如图12-4所示。

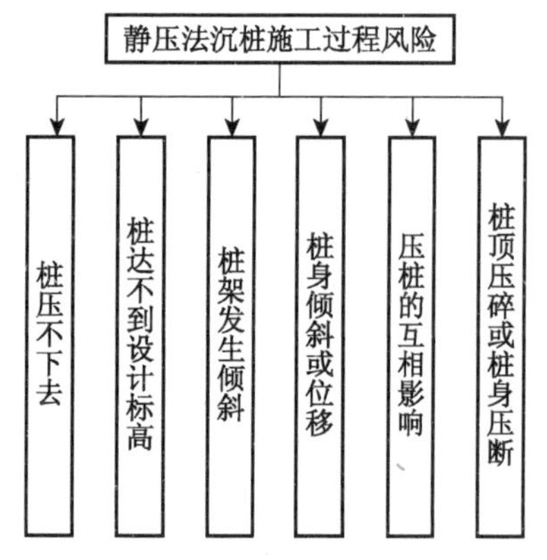

图 12-3　静压法沉桩施工过程风险因素

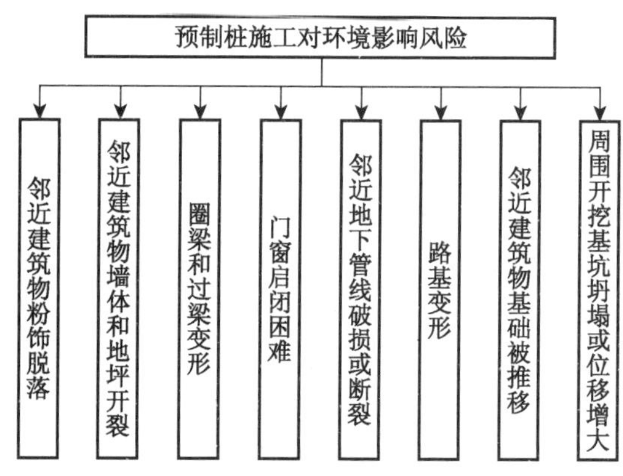

图 12-4　预制桩施工对环境影响的风险

2）灌注桩施工风险识别

混凝土灌注桩由于其单桩承载力高、既能承受较大的垂直荷载也能承受较大的水平荷载、抗震性能好、沉降小能防止不均匀沉降以及振动和噪声较小、不挤土等优点而广泛应用，在大型公共建筑中大直径混凝土灌注桩的应用也很普遍。但混凝土灌注桩成桩工艺较复杂，尤其是湿作用成孔时，成桩速度慢，且其成桩质量与施工质量密切有关，成桩质量难以直观进行检查。

灌注桩按其成桩方法及挤土情况分为非挤土灌注桩，主要有干作业法、泥浆护壁法、套管护壁法灌注桩；部分挤土灌注桩，主要有冲击成孔、钻孔压注桩、组合桩；挤土灌注桩，主要有沉管法、夯扩法、干振法灌注桩，新型的灌注桩工艺也不断出现。本节主要介绍湿成孔灌注桩施工过程风险、干式成孔灌注桩施工过程风险、沉管灌注桩施工过程风险。

（1）湿成孔灌注桩施工过程风险识别。湿成孔灌注桩的施工工艺流程：测放轴线→开挖埋设护筒→钻机定位→校正水平垂直度→成孔→一次清孔→下钢筋笼→下导管→二次清孔→混凝土浇灌→留取试块。湿成孔机具有冲抓锥成孔机、斗式钻头成孔机、冲击式钻孔机、潜水电钻、大直径旋入全套管护壁成孔钻机和工程水文地质回转钻机等。目前大多采用正循环施工工艺，对孔深大于30 m的端承桩，采用反循环施工工艺进行成孔和清孔。湿成孔灌注桩施工的风险如图 12-5 所示。

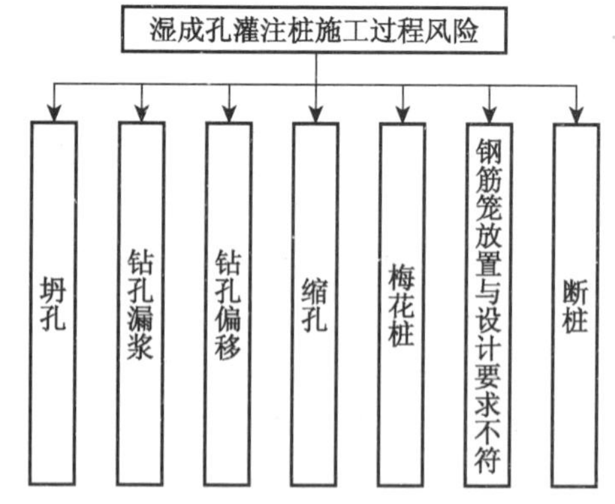

图 12-5　湿成孔灌注桩施工过程风险因素

（2）干式成孔灌注桩施工过程风险识别。干式成孔可采用人工手摇钻孔、螺旋钻机、取土筒干取土等成孔施工工艺。长螺旋钻孔灌注桩施工程序:钻机就位→钻进→停止钻进→提起钻杆、测孔径→孔底、成孔质量检查→盖好孔口盖板→钻机移位→复测孔深和虚土厚度→放混凝土溜筒或导管→放钢筋笼→灌注混凝土→测量桩身混凝土的顶面标高→拔出混凝土溜筒或导管。干式成孔灌注桩施工风险如图 12-6 所示。

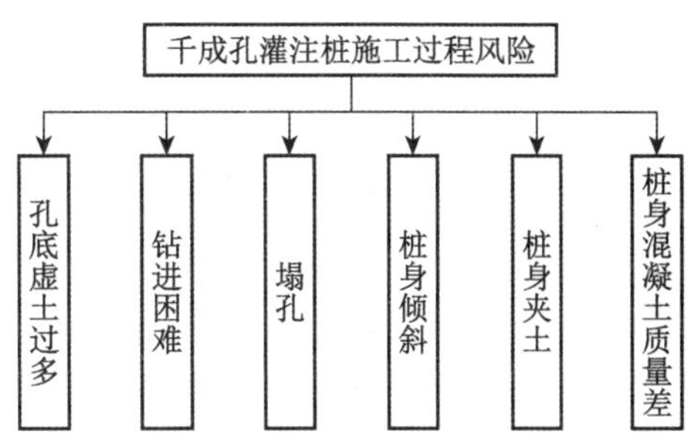

图 12-6　干式成孔灌注桩施工风险

(3) 沉管灌注桩施工过程风险识别。沉管灌注桩又称套管成孔灌注桩,按其成孔方法不同可分为振动沉管灌注桩、锤击沉管灌注桩和振动冲击沉管灌注桩。这类灌注桩采用振动沉管打桩机或锤击沉管打桩机将带有活瓣式桩尖或锥形封口桩尖或预制钢筋混凝土桩尖的钢管沉入土中,然后边灌注混凝土、边振动或边锤击边拔出钢管而形成灌注桩。沉管灌注桩施工风险如图 12-7 所示。

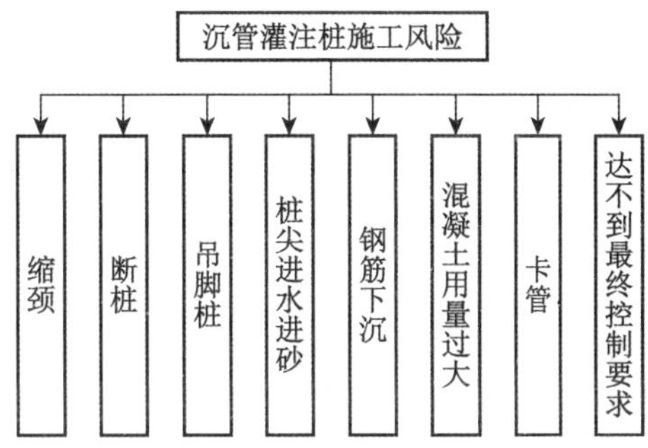

图 12-7　沉管灌注桩施工风险因素

3) 混凝土工程施工技术风险识别

混凝土结构工程在土木工程施工中占主导地位,它对工程的人力、物力消耗和对工期均有很大的影响。混凝土结构工程包括现浇混凝土结构施工与采用装配式预制混凝土构件的工厂化施工两个方面。混凝土结构工程是由钢筋、模板、混凝土等多个工种组成的。混凝土程施工中风险主要来自模板、钢筋和混凝土浇筑、养护。

(1) 模板施工风险识别。模板系统包括模板、支撑和紧固件。模板在设计和施工中要求能保证结构和构件的形状、位置、尺寸的准确;具有足够的强度、刚度和稳定性;接缝严密不漏浆,如图 12-8 所示。

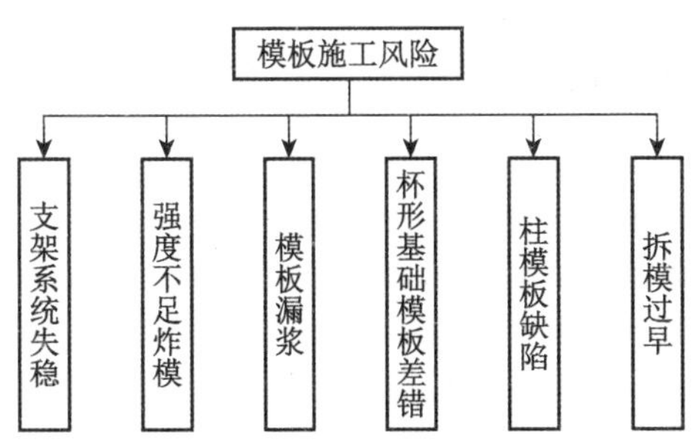

图 12-8　模板施工过程风险因素

(2) 钢筋工程施工风险识别。钢筋是钢筋混凝土构件的主要受力材料,土木工程结构常用的钢材有钢筋、钢丝和钢绞线。钢筋一般的加工过程有冷拉、冷拔、调直、剪切、镦头、弯曲、焊接、绑扎。钢筋工程的技术风险如图 12-9所示。

(3) 脚手架施工风险识别。脚手架是建筑施工中必不可少的临时设施,砖墙砌筑、混凝土浇筑、墙面抹灰、装饰粉刷、设备管道安装

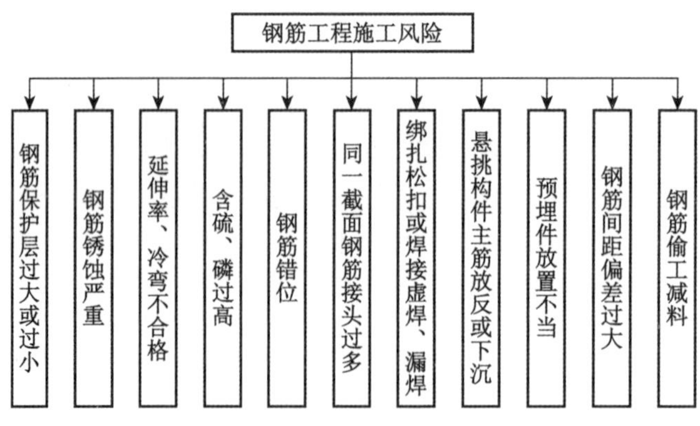

图 12-9　钢筋工程施工风险因素

等,都需要搭设脚手架,以便在其上进行施工作业,堆放建筑材料、用具和进行必要的短距离水平运输。

由于脚手架是为保证高处作业人员安全顺利进行施工而搭设的工作平台和作业通道,因此其搭设质量直接关系到施工人员的人身安全。如果脚手架选材不当,搭设不牢固、不稳定,就会造成施工中的重大伤亡事故。因此,对脚手架的选型、构造、搭设质量等问题决不可疏忽大意,如图 12-10 所示。

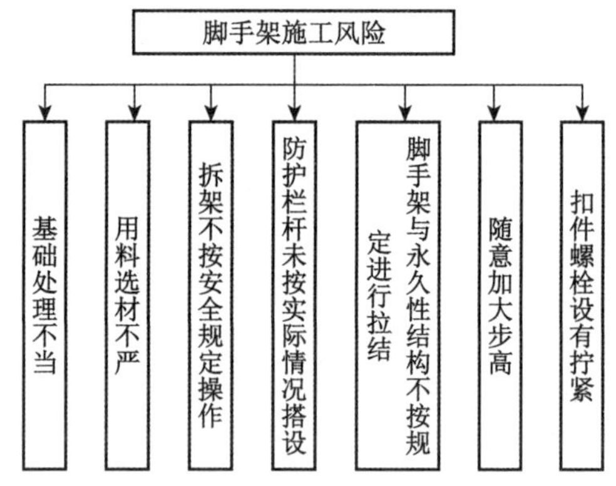

图 12-10　脚手架施工风险因素

(4) 混凝土施工风险识别。混凝土工程包括混凝土制备、运输、浇筑捣实和养护等施工过程,各个施工过程相互联系和影响,任一施工过程处理不当都会影响混凝土工程的最终质量。近年来,混凝土外加剂发展很快,它们的应用影响了混凝土的性能和施工工艺。此外,自动化、机械化的发展和新的施工机械和施工工艺的应用,也大大改变了混凝土工程的施工面貌。

① 混凝土制备风险识别。混凝土的制备包括:混凝土施工配制强度确定、混凝土搅拌机选择、搅拌制度确定。混凝土的施工配合比,应保证结构设计对混凝土强度等级及施工对混凝土和易性的要求,并应符合合理使用材料、节约水泥的原则,必要时,还应符合抗冻性、抗渗性等要求。选择搅拌机时,要根据工程量大小、混凝土的坍落度、骨料尺寸等而定,既要满足技术上的要求,亦要考虑经济效益和节约能源。为了获得质量优良的混凝土拌合物,除正确选择搅拌机外,还必须正确确定搅拌制度,即搅拌时间、投料顺序和进料容量等。混凝土制备风险如图 12-11 所示。

② 混凝土运输风险识别。对混凝土拌合物运输的基本要求是:不产生离析现象、保

证浇筑时规定的坍落度和在混凝土初凝之前能有充分时间进行浇筑和捣实。混凝土运输分为地面水平运输、垂直运输和高空水平运输三种情况。混凝土地面水平运输如采用预拌(商品)混凝土且运输距离较远时,多用混凝土搅拌运输车。混凝土如来自工地搅拌站,则多用小型翻斗车,有时还用皮带运输机和窄轨翻斗车,近距离亦可用双轮手推车。混凝土运输风险如图 12-12 所示。

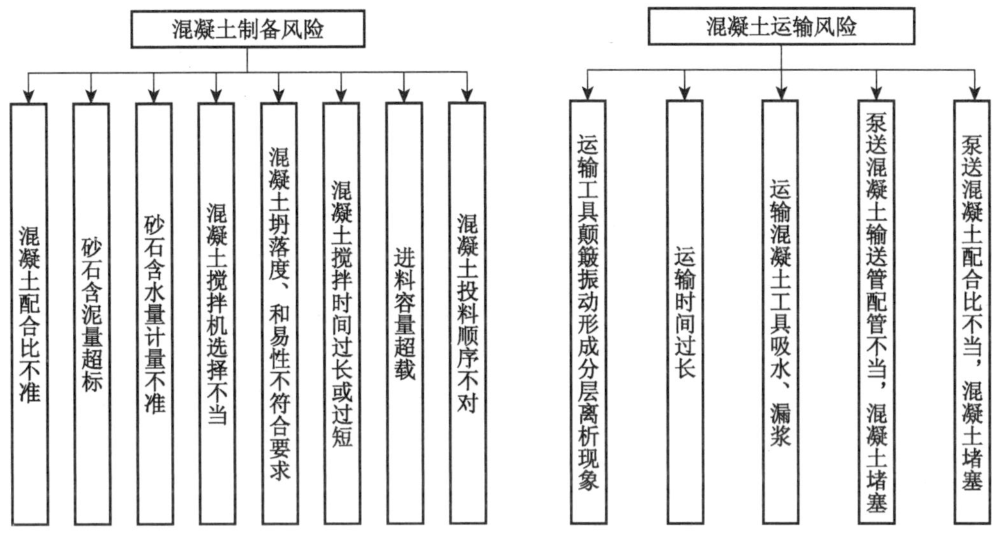

图 12-11　混凝土制备风险因素

图 12-12　混凝土运输风险因素

③ 混凝土浇筑风险识别。混凝土的浇筑成型工作包括布料、摊平、捣实和抹面修整等工序。它对混凝土的均匀性、密实性和耐久性具有重要影响,混凝土浇捣后要保证结构的整体性、尺寸准确和钢筋、预埋件的位置正确,拆模后混凝土表面要平整、光洁,如图 12-13 所示。

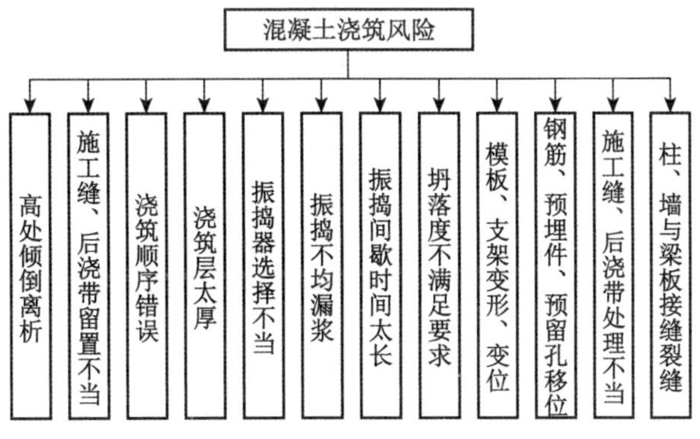

图 12-13　混凝土浇筑的一般风险

④ 混凝土养护风险识别。混凝土养护包括人工养护和自然养护，现场施工多采用自然养护。混凝土的硬化需要适当的温度和湿度条件。所谓混凝土的自然养护，即在平均气温高于+5 ℃的条件下于一定时间内使混凝土保持湿润状态。

混凝土浇筑后，如果天气炎热、空气干燥，不及时进行养护，混凝土中的水分会蒸发过快，出现脱水现象，使已形成凝胶体的水泥颗粒不能充分水化，不能转化为稳定的结晶，缺乏足够的粘结力，从而会在混凝土表面出现片状或粉状剥落，影响混凝土的强度。此外，在混凝土尚未具备足够的强度时，其中的水分过早蒸发还会产生较大的收缩变形，出现干缩裂纹，影响混凝土的整体性和耐久性。所以混凝土浇筑后初期阶段的养护非常重要。混凝土浇筑完毕 12 h 以内就应开始养护，干硬性混凝土应于浇筑完毕后立即进行养护。养护方法有：自然养护、蒸汽养护、蓄热养护。

凡根据当地多年气温资料室外日平均气温连续 5 d 稳定低于+5 ℃时，就应采取冬期施工的技术措施进行混凝土施工。因为从混凝土强度增长的情况看，新拌混凝土在+5 ℃的环境下养护，其强度增长很慢。而且在日平均气温低于+50 ℃时，一般最低气温已低于 0～－1 ℃，混凝土已有可能受冻。

混凝土冬期施工除上述早期冻害之外，还需注意拆模不当带来的冻害。混凝土构件拆模后表面急剧降温，由于内外温差较大会产生较大的温度应力，亦会使表面产生裂纹，在冬期施工中亦应力求避免这种冻害。混凝土养护风险如图 12-14 所示。

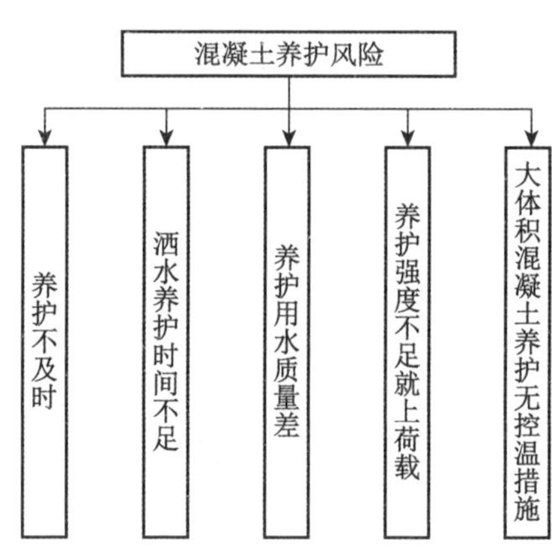

图 12-14　混凝土养护风险因素

12.2.3　预应力混凝土工程施工技术风险识别

由于预应力混凝土结构的截面小、刚度大、抗裂性和耐久性好，在世界各国的土木工程领域中得到广泛应用。近年来，随着高强度钢材及高强度等级混凝土的出现，促进了预应力混凝土结构的发展，也进一步推动了预应力混凝土施工工艺的成熟和完善。

1）预应力构件制作风险识别

预应力构件制作风险包括：锚夹具不合格，构件裂缝，预应力筋事故，预留孔道事故，构件倒塌事故及其他事故。

（1）预应力锚具不合格风险识别如图 12-15 所示。

（2）预应力构件裂缝风险识别如图 12-16 所示。

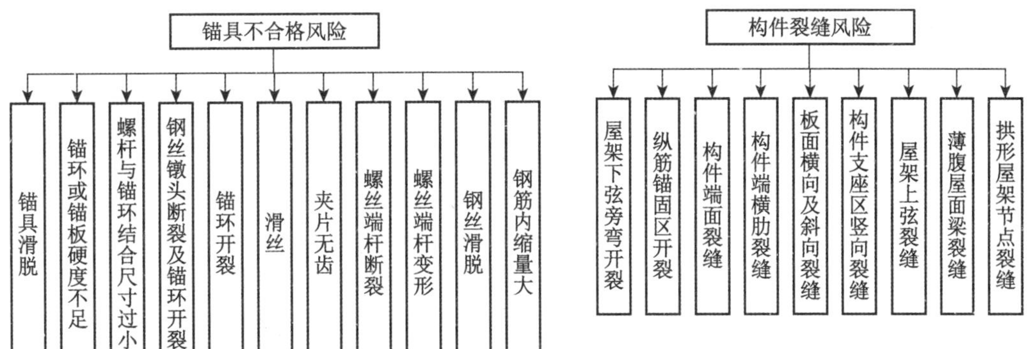

图 12-15　锚具不合格风险因素

图 12-16　构件裂缝风险因素

(3) 预应力筋风险识别如图 12-17 所示。

(4) 预留孔道风险识别如图 12-18 所示。

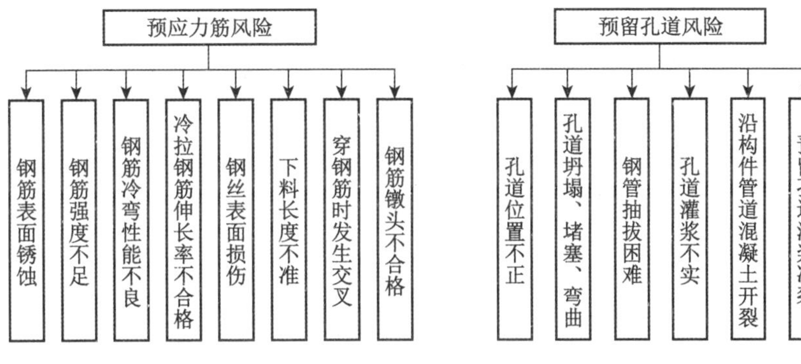

图 12-17　预应力筋风险因素

图 12-18　预留孔道风险因素

(5) 预应力构件翘曲风险。

(6) 预应力构件刚度不足风险。

2) 预应力张拉安装风险识别(图 12-19)

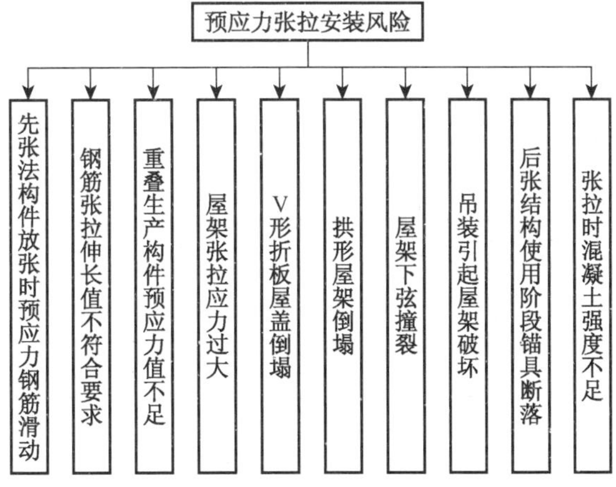

图 12-19　预应力张拉安装风险因素

3）预应力构件安装后风险识别(图 12-20)

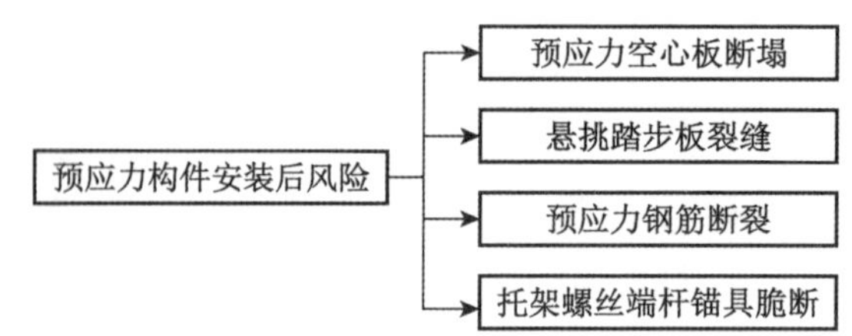

图 12-20　预应力构件安装后风险因素

12.2.4　吊装工程技术风险识别

起重机械是机械设备中蕴藏危险因素较多，易发事故频率较大的典型危险机械之一。国内外每年都因起重设备作业造成大量的人身伤亡事故，损失颇大。起重机械常见事故灾害有以下几大类：重物失落事故、挤伤事故、坠落事故、触电事故、机体毁坏事故和特殊类型事故等。

(1) 重物失落风险识别。起重机械重物失落事故是指起重作业中，吊载和吊具等重物从空中坠落所造成的人员伤亡和设备毁坏的事故，简称失落事故，常见的失落风险事故有：脱绳风险事故、脱钩风险事故、断绳风险事故、吊钩破断风险事故。

(2) 挤伤风险识别。挤伤事故是指在超重作业中，作业人员被挤压在两个物体之间，所造成的挤伤、压伤、击伤等人身伤亡事故。发生挤伤事故多为吊装作业人员和从事检修维护人员。其主要风险如图 12-21 所示。

(3) 坠落风险识别。坠落事故主要是指从事起重作业的人员，从起重机机体等高空处发生向下坠落至地面的摔伤事故，也包括工具、零部件等从高空坠落使地面作业人员致伤的事故，如图 12-22 所示。

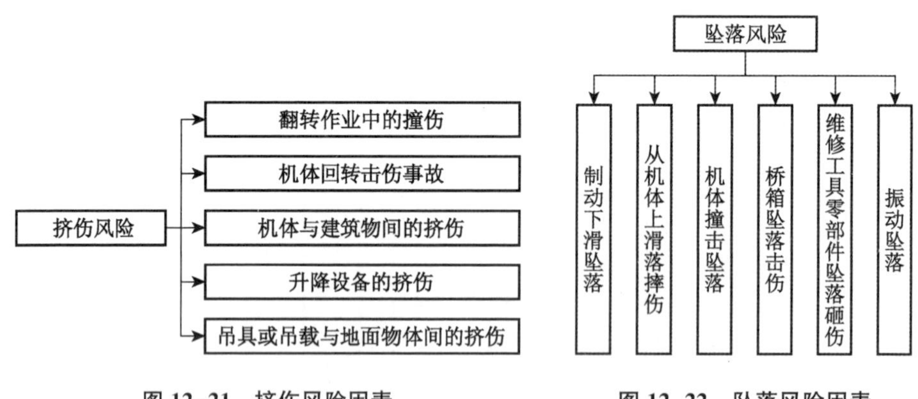

图 12-21　挤伤风险因素　　图 12-22　坠落风险因素

(4) 触电风险识别。触电事故是指从事机械操作和维修作业人员，出于触电遭受电击所发生的人身伤亡事故。其主要风险事故有：①室内作业的触电风险事故；

②室外作业的触电事故。

12.2.5 钢结构施工技术风险识别

钢结构工程从广义上讲是指以钢铁为基材，经过机械加工组装而成的结构。一般意义上的钢结构仅限于工业厂房、高层建筑、塔桅、桥梁等，即建筑钢结构。由于钢结构具有强度高、结构轻、施工周期短和精度高等特点，因而在建筑、桥梁等土木工程中被广泛采用。

(1) 钢结构缺陷风险识别。钢结构是由钢材组成的一种承重结构。它的完成通常要经过设计、加工、制作和安装等阶段。由于技术和人为的原因，钢结构缺陷在所难免，其主要风险如图12-23 所示。

(2) 钢结构材料风险识别。钢结构材料风险是指由于材料本身的原因引发的事故。材料事故可概括为两大类：裂缝事故和倒塌事故。裂缝事故主要出现在钢结构基本构件中，倒塌事故则指因材质原因引起的结构局部倒塌和整体倒塌，如图 12-24 所示。

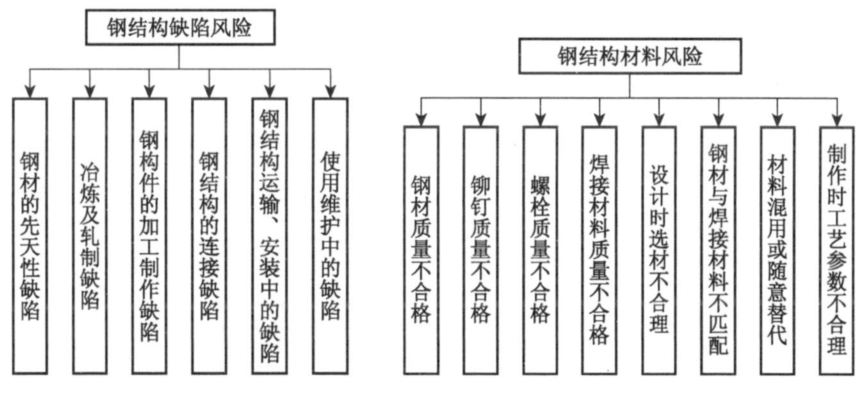

图 12-23　钢结构缺陷风险因素　　图 12-24　钢结构材料风险因素

(3) 钢结构变形风险识别。钢结构的变形可分为总体变形和局部变形两类。总体变形是指整个结构的外形和尺寸发生变化，局部变形是指结构构件在局部区域内出现变形，如构件凹凸变形、端面的角变位、板边褶皱波浪形变形等。总体变形与局部变形在实际的工程结构中有可能单独出现，但更多的是组合出现。无论何种变形都会影响到结构的美观，降低构件的刚度和稳定性，给连接和组装带来困难，尤其是附加应力的产生，将严重降低构件的承载力，影响到整体结构的安全，如图 12-25 所示。

(4) 钢结构脆性断裂风险识别。虽然钢结构的塑性很好，但仍然会发生脆性断裂，这是由于各种不利因素的综合影响或作用的结果，如图 12-26 所示。

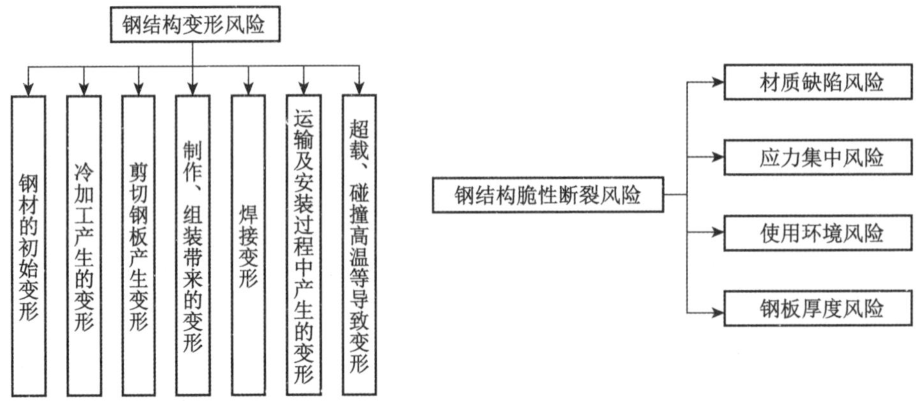

图 12-25　钢结构变形风险因素　　图 12-26　钢结构脆性断裂风险因素

(5) 钢结构疲劳破坏风险识别。结构疲劳破坏的主要因素是应力幅、构造细节和循环次数，而钢材的静力强度和最大应力无明显关系。应力集中对钢结构的疲劳性能影响显著，而构造细节是应力集中产生的根源，如图 12-27 所示。

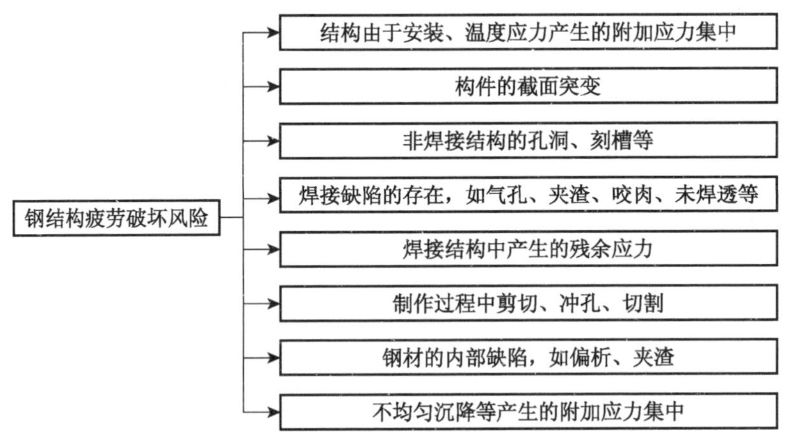

图 12-27　钢结构疲劳破坏风险因素

(6) 钢结构失稳破坏风险识别。钢结构失稳可分为整体失稳和局部失稳。但就性质而言，又可分为以下三类风险，如图 12-28 所示。

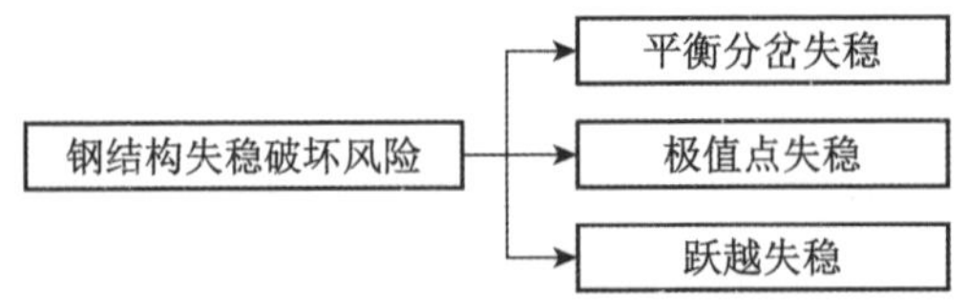

图 12-28　钢结构失稳破坏风险因素

(7) 钢结构锈蚀风险识别。我们将钢材由于与外界介质相互作用而产生的损坏过程称为“钢材锈蚀”。钢材锈蚀,按其作用分为以下两类:①化学腐蚀:化学腐蚀是指钢材直接与大气或工业废气中含有的氧气质液体发生表面化学反应而产生的腐蚀。②电化学腐蚀:电化学腐蚀是由于钢材内部有其他金属杂质,它们具有不同的电极电位,在与电介质或水、潮湿气体接触时,产生原电池作用,使钢材腐蚀。实际工程中,绝大多数钢材锈蚀是电化学腐蚀或化学腐蚀与电化学腐蚀同时作用的。生锈腐蚀将会引起构件截面减小,承载力下降,尤其是因腐蚀产生的“锈坑”将使钢结构的脆性破坏的可能性增大。再者在影响安全性的同时,也将严重地影响钢结构的耐久性,使得钢结构的维护费用昂贵。

(8) 钢结构火灾风险识别。钢材的力学性能对温度变化很敏感。当温度升高时,钢材的屈服强度、抗拉强度和弹性模量的总趋势是降低的,但在 200 ℃以下时变化不大。当温度在 250 ℃左右时,钢材的抗拉强度反而有较大提高,而塑性和冲击韧性下降,此现象称为“蓝脆现象”。当温度超过 300 ℃时,钢材的 f_y,f_u 和 E 开始显著下降,而塑性伸长率显著增大,钢材产生徐变。当温度超过 400 ℃时,强度和弹性模量都急剧降低。当温度达 600 ℃时,f_y,f_u 和 E 均接近于零,其承载力几乎完全丧失。

当发生火灾后,热空气向构件传热主要是辐射、对流。而钢构件内部传热是热传导。随着温度的不断升高,钢材的热物理特性和力学性能发生变化,钢结构的承载能力下降。火灾下钢结构的最终失效是由于构件屈服或屈曲造成的。钢结构在火灾中失效受到各种因素的影响,例如钢材的种类、规格。荷载水平、温度高低、升温速率、高温蠕变等。对于已建成的承重结构来说,火灾时钢结构的损伤程度还取决于室内温度和火灾持续时间,而火灾温度和作用时间又与此时室内可燃性材料的种类及数量、可燃性材料燃烧的特性、室内的通风情况、墙体及吊顶等的传热特性以及当时气候情况(季节、风的强度、风向等)等因素有关。火灾一般属意外性的突发事件,一旦发生,现场较为混乱,扑救时间的长短也直接影响到钢结构的破坏程度。

12.2.6 屋面渗漏技术风险识别

屋面渗漏会引起电气设备的漏电、停电等事故。由于房屋的渗漏水,常造成室内家具、装饰起鼓、翘曲、脱皮、霉变和腐烂,影响生活。

1) 平屋面防水基层渗漏识别

防水基层含找坡层、找平层。基层是屋面防水的第一道防线,下面和结构层、保温层粘结,上面和防水层结合,三者结合共同达到防水、排水的主要目的。基层的功能还要解决屋面排水坡度,并将雨水导流、汇集由水落口集中,通过水落管排出。所以,基层的坡度和平整度至关重要。认真对基层屋面细部节点及关键部位进行处理,为防水层不渗漏创造条件;基层和防水层的粘结强度,是抵御强风暴的袭击、防止揭起卷材防水层的关键。基层设置分格缝得当,能提高抗裂性能,更好地与防水层共起作用,同时,也是在为防水层不裂缝和少裂缝创造条件,如图 12-29 所示。

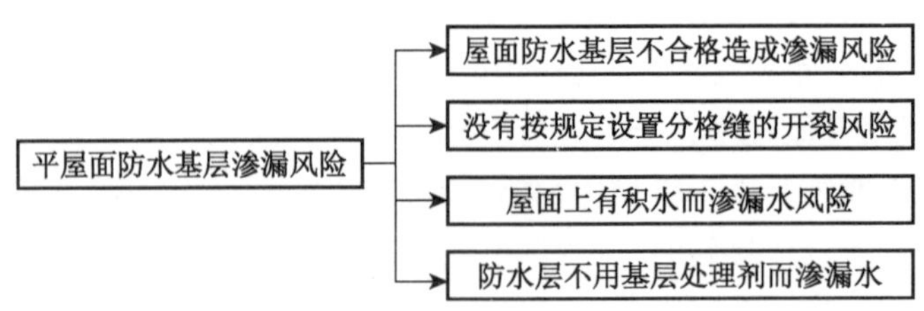

图 12-29　平屋面防水基层渗漏风险因素

2）平屋面的卷材渗漏风险识别

屋面所处的环境比较差，长期遭受风吹、日晒、雨淋，夏季辐射热更强，而冬期的温度则最低。屋面在历时温差（昼夜温差、年温差）的热胀冷缩作用下变化，有的建筑结构变形，如地基基础的不均匀沉降使承重构件的变形；或在结构层的干缩、湿胀等的综合作用下产生裂缝，拉裂防水层而渗漏。

若平屋面使用的是低劣的防水层，则抵御不了自然界紫外线、历时温差的循环作用而产生疲劳，加上空气中臭氧的侵蚀和雨水（酸雨）的冲刷，造成防水层快速老化，有的使用期不足 3 年就失效而漏水，如图 12-30 所示。

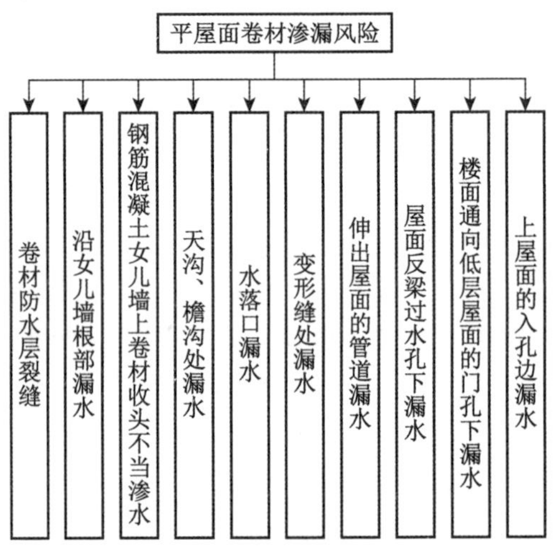

图 12-30　平屋面卷材渗漏风险因素

3）屋面涂膜防水渗漏识别

防水涂料是一种流态或半流态物质，可直接涂刮或刷在防水基层表面；涂膜具有较好的延伸性，适应性较强，在平面、立面、阴阳角及各种复杂表面、节点部位可形成无接缝的完整防水涂膜层，也可作局部增强处理。可以冷作业，减少环境污染，且自重小，施工简易。涂层涂刮后；涂料中的溶剂或水分挥发后，即能凝聚成具有一定弹性的薄膜，能阻止表面水的渗透，起到防水作用。设计、施工常用防水涂料做一道防水层，如图

12-31 所示。

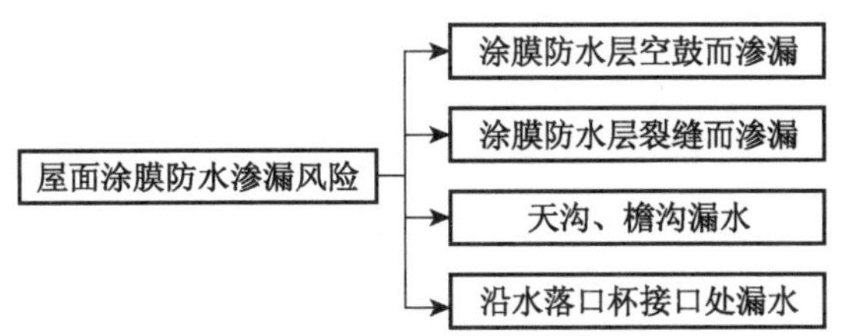

图 12-31 屋面涂膜防水渗漏风险因素

4）刚性防水层渗漏识别

刚性防水层的特点是：设计构造简单、取材容易、施工工艺单纯、造价低廉、耐久性好、维修方便，所以，被广泛用于一般工业与民用建筑。刚性防水层的表观密度大，抗拉强度低，极限应变值小，暴露在大气中，常因干湿变形、湿差变形、结构变形而产生裂缝。因此，必须采取与基层的隔离措施，把大面积的混凝土板块分为小板块，板块与板块的接缝用柔生密封材料嵌填，以柔补刚来制作适应三种变形的防水层，如图 12-32 所示。

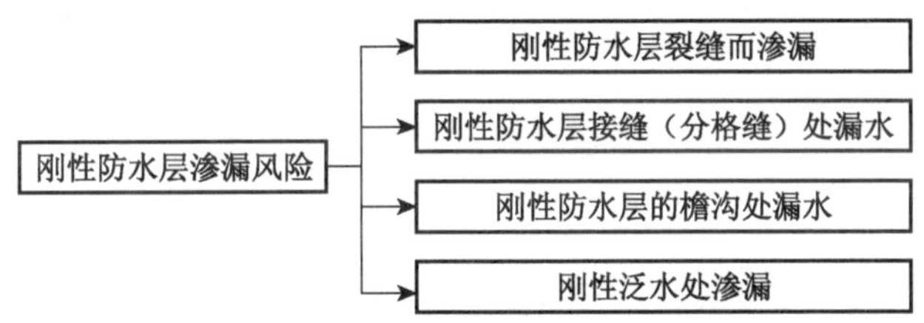

图 12-32 刚性防水层渗漏风险因素

5）保温隔热屋面渗漏识别

屋面的保温隔热性能在今后的发展中，使用的范围将越来越广泛。根据建筑物的功能，可选择相适应的保温隔热层。①保温层：分为松散、板状、整体三种类型。②隔热层：分为架空、蓄水、种植三种类型。蓄水屋面均为一般的民用和工业建筑，在高等级建筑上使用极少，故而《屋面工程技术规范》中规定，不宜在防水等级为Ⅰ、Ⅱ级的屋面上采用，也不宜在寒冷地区、地震区和振动较大的建筑物上使用。整体保温防水屋面，一般常用的有：水泥白灰炉渣（水泥炉渣、白灰炉渣）、水泥膨胀珍珠岩、水泥膨胀蛭石等由于设计、施工不规范，常造成热胀、冻胀，破坏防水层而渗漏，如图12-33 所示。

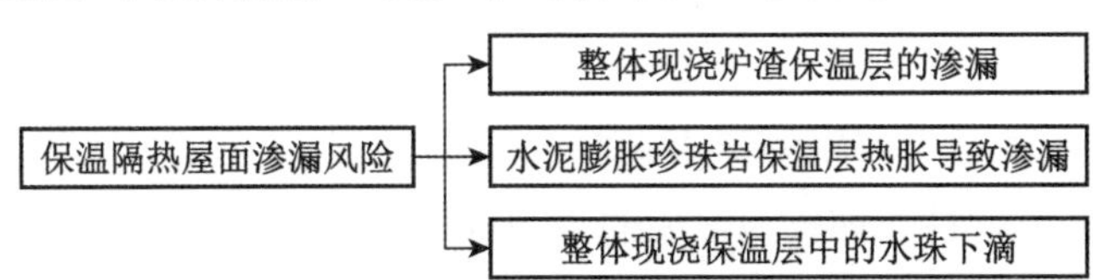

图 12-33 保温隔热屋面渗漏风险因素

12.2.7 钢网架结构大跨屋面施工技术风险识别

钢网架结构是由很多杆件从两个或多个方向有规律的组成的高次超静定空间结构，其重量轻，刚度大，整体效果好，抗震能力强，能承受来自各个方向的荷载。钢网架结构的适应性大，既能适用于中小跨度的建筑，也适用于大跨度的屋架和厂房，而且从建筑物平面形式来说，也可适用于矩形、圆形、扇形及各种多边形的平面建筑形式。

钢网架结构由于跨度大、构件多、拼装复杂，因此施工过程中存在许多技术风险因素，主要的风险如图 12-34 所示。

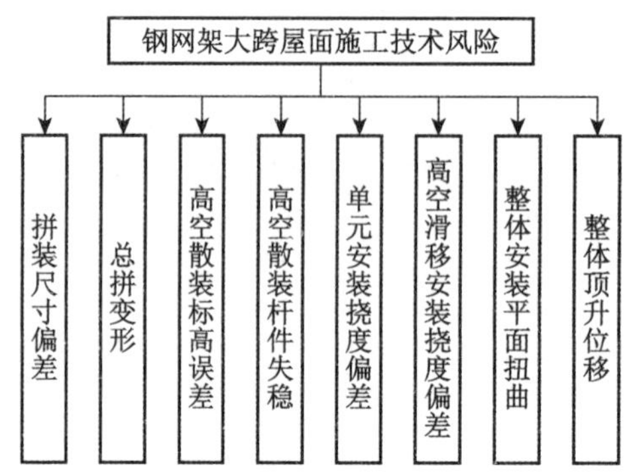

图 12-34 钢网架结构大跨屋面施工技术风险因素

12.3 大型公共建筑工程的技术风险评估

12.3.1 风险估计的基本方法

1）利用已有数据资料分析风险因素的概率

（1）利用已有数据，做出数据分布直方图，将直方图中每一个小矩形中点用光滑曲线相连，得到经验分布曲线。

（2）根据经验分布曲线，假设风险因素的分布概率，并进行检验。

（3）根据概率分布，判断风险因素发生在某一状态（或范围）的概率。

2）利用理论概率分布分析风险因素的概率

（1）收集已有的风险因素的概率分布（例如，工程质量的风险服从正态分布）。

（2）根据概率分布，判断风险因素发生在某一状态的概率。

3）主观概率法

由于某些工程缺乏可利用的历史资料和数据，因此只能根据经验来判断风险发生的概率，专家估计法就是一种较为常用的主观概率估计方法，其具体做法如下：

（1）请若干专家分别对风险因素发生的概率做出估计。

（2）根据专家在各自领域的可信赖程度，给每位专家的意见赋以不同的权重 a_i，并

且要求 $a_1+a_2+a_3+\cdots+a_m=1$。

(3) 计算出加权平均结果,作为风险因素发生概率的估计值。

4) 蒙特卡罗模拟方法(MC 法)

蒙特卡罗模拟方法是利用计算机进行抽样,从而确定风险因素发生概率的一种概率估计方法,其基本原理是:通过抽样统计确定的事件发生的理论概率是建立在抽样无穷大基础之上的,但这种抽样在实际中是无法实现的,所以,我们利用理论概率的无偏估计量作为风险事件发生的概率。即,在抽样相当大的情况下,计算出一个风险因素发生的频率值,如果这个频率值的数学期望等于风险因素发生的理论概率,就把这个频率值作为风险因素的概率估计值。蒙特卡罗模拟方法的基本程序:

(1) 建立一个要评价的风险因素的状态函数 $F=g(X_1, X_2, \cdots, X_m)$,其中 X_1, X_2, …, X_m 是一系列影响风险因素随机变量,且各自服从一定的分布。

(2) 用计算机抽取一组样本值 x_{1i}, x_{2i}, …, x_{mi} ,代入状态函数可得到相应的状态函数值 F_i。

(3) 反复抽取 N 次,便可得到 N 个状态函数值 F_1, F_2, …, F_N,若 N 次抽样中风险因素发生 M 次,则可认为风险因素发生的概率为:$P=M/N$。

12.3.2 风险评价的方法

1) 风险评价的方法

(1) 整理风险评估中得到的风险因素概率值。

(2) 确定每个风险因素的权重,以表示其对项目的影响程度。

(3) 风险因素与其相应权重相乘后求和,得到其上一级的风险发生概率。

(4) 同理,可用下一级的风险概率与权重的乘积之和求得上一级的风险概率,最终得到单位工程的风险概率,如图 12-35 所示。

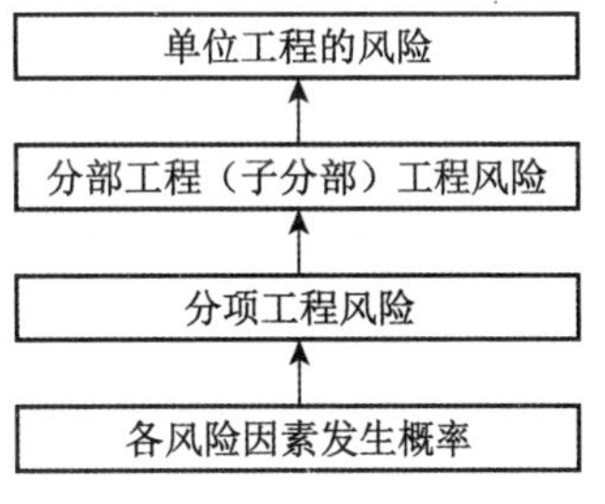

图 12-35 风险评价分级图

2) 风险权重的确定

风险的权重是一个相对的概念,某一风险因素的权重是指它在该整体评价中的相对重要程度。权重表示在风险评价过程中,被评价对象的不同重要程度的定量分配。然而,对于不同的评价对象和评价主体,风险的权重是会发生变化的,因此,权重的确定应具有针对性。例如,某一风险因素在某施工单位经常发生,那么,这个施工单位就应该在风险评估时相应加大此风险因素的权重。

权重确定的方法有权值因子判别表法、专家直观判定法、层次分析法、排序法等。层次分析法是较为常用的一种方法,这里主要介绍层次分析法中特征值法计算权重的过程。

(1) 组织专家,对同一层次风险因素进行两两比较后评分,分值如表 12-1 所示。

表 12-1　　风险因素评分表

分　　值	定　　义
1	i 因素与 j 因素同样重要
3	i 因素比 j 因素略重要
5	i 因素比 j 因素稍重要
7	i 因素比 j 因素重要得多
9	i 因素比 j 因素重要很多
2,4,6,8	i 与 j 两因素重要性比较结果处于以上结果的中间
倒数	j 与 i 两因素重要性比较结果是 i 与 j 两因素重要性比较结果的倒数

(2) 根据评分结果写出判断矩阵，如表 12-2 所示。

表 12-2　　判断矩阵表

	A_1	A_2	…	A_n
$A_1A_2\cdots A_n$	a_{11}	a_{12}	…	a_{1n}
	a_{21}	a_{22}	…	a_{2n}
	…	…	…	
	a_{n1}	a_{n2}	…	a_{nn}

(3) 计算判断矩阵每行所有元素的几何平均值 $\bar{\omega}_i$ ：

$$\bar{\omega}_i = \sqrt[n]{\prod_{j=1}^{n} a_{ij}} \tag{12-1}$$

(4) 将 $\bar{\omega}_i$ 归一化，计算 $\bar{\omega}$：

$$\bar{\omega} = \frac{\bar{\omega}_i}{\sum_{i=1}^{n} \bar{\omega}_i} \tag{12-2}$$

(5) 计算判断矩阵的最大特征值 $\lambda_{\max}$ ：

$$\lambda_{\max} = \sum_{i=1}^{n} \frac{(A\omega)_i}{n\omega_i} \tag{12-3}$$

式中，$(A\omega)_i$ 为向量 $n\omega_i$ 的第 i 个元素。

(6) 计算 CI，进行一致性检验：

$$CI = \frac{\lambda_{\max} - n}{n-1} \tag{12-4}$$

其中，n 为判断矩阵阶数，由表 12-3，并计算 CI/RI ，当 $CI/RI<0.1$ 时，判断矩阵一致性达到要求。否则应重新进行判断。

(7) 当判断矩阵的一致性达到要求时,可以把 ω_i 作为各风险因素的权重。

表 12-3　　**RI 取值表**

n	1	2	3	4	5	6	7	8	9
RI	0	0	0.58	0.90	1.12	1.24	1.32	1.41	1.45

12.3.3 大型公共建筑风险评价模型框架图(图 12-36)

(1) 土方工程技术风险评价模型框架图如图 12-1 所示。

(2) 桩基工程技术风险评价模型框架图:

① 锤击法沉桩技术风险评价模型框架图如图 12-2 所示。

② 静压法沉桩技术风险评价模型框架图如图 12-3 所示。

③ 湿成孔灌注桩技术风险评价模型框架图如图 12-5 所示。

④ 干式成孔灌注桩技术风险评价模型框架图如图 12-6 所示。

⑤ 沉管灌注桩技术风险评价模型框架图如图 12-7 所示。

(3) 主体工程技术风险评价模型框架图(图 12-37):

① 模板工程技术风险评价模型框架图如图 12-8 所示。

② 钢筋工程技术风险评价模型框架图如图 12-9 所示。

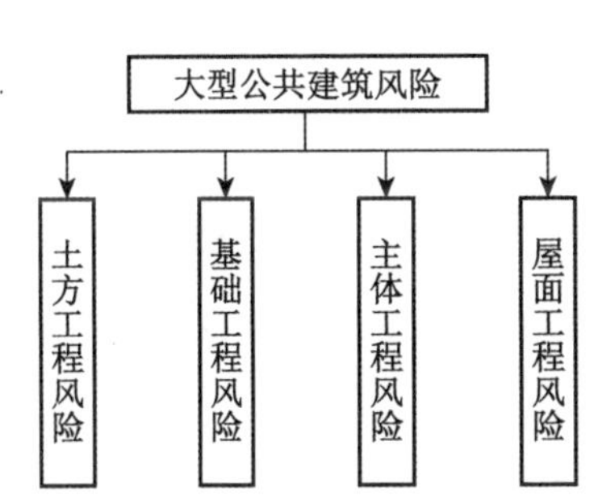

图 12-36　大型公共建筑风险评价模型框架图

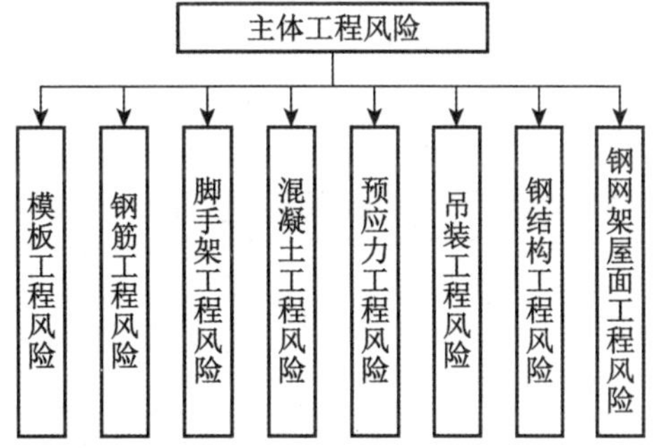

图 12-37　主体工程技术风险评价模型框架图

③ 脚手架工程技术风险评价模型框架图如图 12-10 所示。

(4) 混凝土工程技术风险评价模型框架图(图 12-38):

① 混凝土制备风险评价模型框架图如图 12-11 所示。

② 混凝土运输风险评价模型框架图如图 12-12 所示。

③ 混凝土浇筑风险评价模型框架图如图 12-13 所示。

④ 混凝土养护风险评价模型框架图如图 12-14 所示。

(5) 预应力混凝土工程技术风险评价模型框架图(图 12-39):

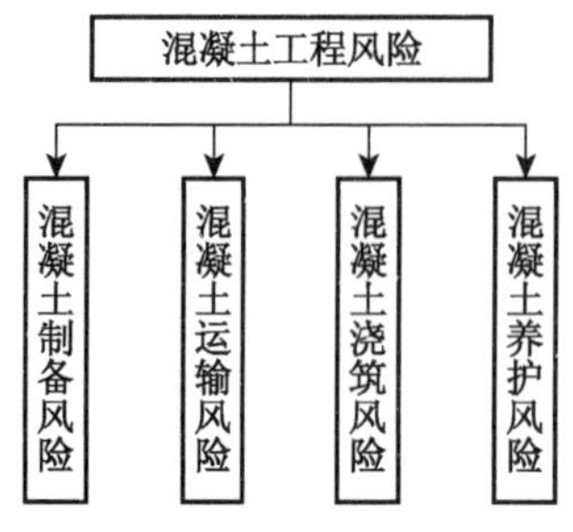

图 12-38　混凝土工程技术风险评价模型框架图

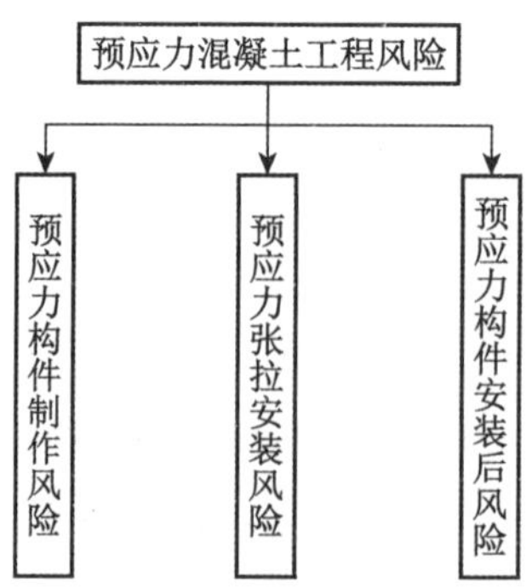

图 12-39　预应力混凝土工程技术风险评价模型框架图

① 预应力构件制作风险评价模型框架图(图 12-40)：

a. 预应力锚具不合格风险评价模型框架图如图 12-15 所示。

b. 预应力构件裂缝风险评价模型框架图如图 12-16 所示。

c. 预应力筋风险评价模型框架图如图 12-17 所示。

d. 预留孔道风险评价模型框架图如图 12-18 所示。

e. 预应力构件翘曲风险。

f. 预应力构件刚度不足风险。

② 预应力张拉安装风险评价模型框架图如图 12-19 所示。

③ 预应力构件安装后风险评价模型框架图如图 12-20 所示。

(6) 吊装工程技术风险评价模型框架图(图 12-41)：

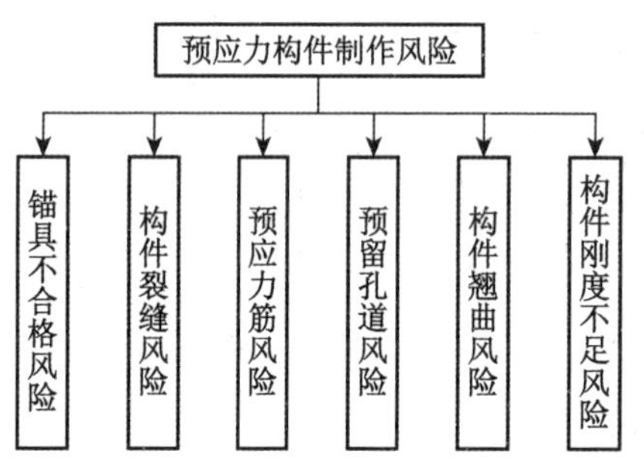

图 12-40　预应力构件制作风险评价模型框架图

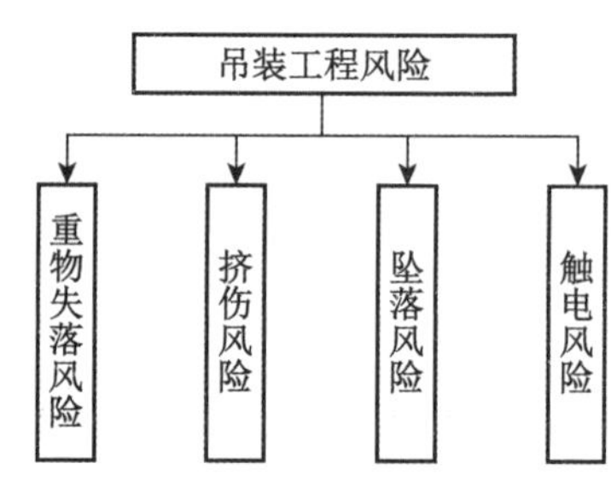

图 12-41　吊装工程技术风险评价模型框架图

① 重物失落风险评价模型框架图如图 12-42 所示。

② 挤伤风险评价模型框架图如图 12-21 所示。

③ 坠落风险评价模型框架图如图 12-22 所示。

④ 触电风险评价模型框架图如图 12-43 所示。

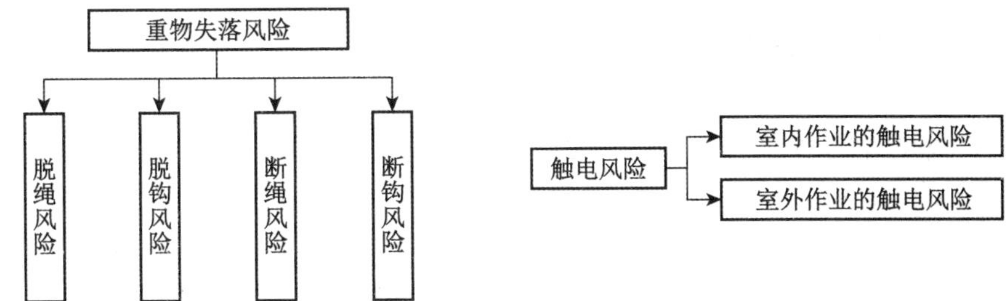

图 12-42　重物失落风险评价模型框架图　　图 12-43　触电风险评价模型框架图

(7) 钢结构工程技术风险评价模型框架图(图 12-44)：

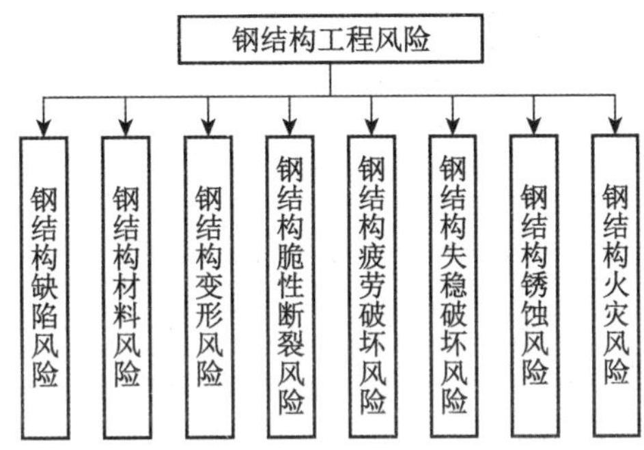

图 12-44　钢结构工程技术风险评价模型框架图

① 钢结构缺陷风险评价模型框架图如图 12-23 所示。

② 钢结构材料风险因素框架图如图 12-24 所示。

③ 钢结构变形风险评价模型框架图如图 12-25 所示。

④ 钢结构脆性断裂风险评价模型框架图如图 12-26 所示。

⑤ 钢结构疲劳破坏风险评价模型框架图如图 12-27 所示。

⑥ 钢结构失稳破坏风险评价模型框架图如图 12-28 所示。

⑦ 钢结构锈蚀风险。

⑧ 钢结构火灾风险。

(8) 钢网架结构工程技术风险评价模型框架图如图 12-34 所示。

(9) 屋面渗漏风险评价模型框架图：

① 平屋面防水基层渗漏风险评价模型框架图如图 12-29 所示。

② 平屋面的卷材渗漏风险评价模型框架图如图 12-30 所示。

③ 屋面涂膜防水渗漏风险评价模型框架图如图 12-31 所示。

④ 刚性防水层渗漏风险评价模型框架图如图 12-32 所示。

⑤ 保温隔热屋面渗漏风险评价模型框架图如图 12-33 所示。

12.4 大型公共建筑工程的技术风险控制

12.4.1 土方工程施工技术风险控制

土方工程施工技术风险控制如图 12-45—图 12-53 所示。

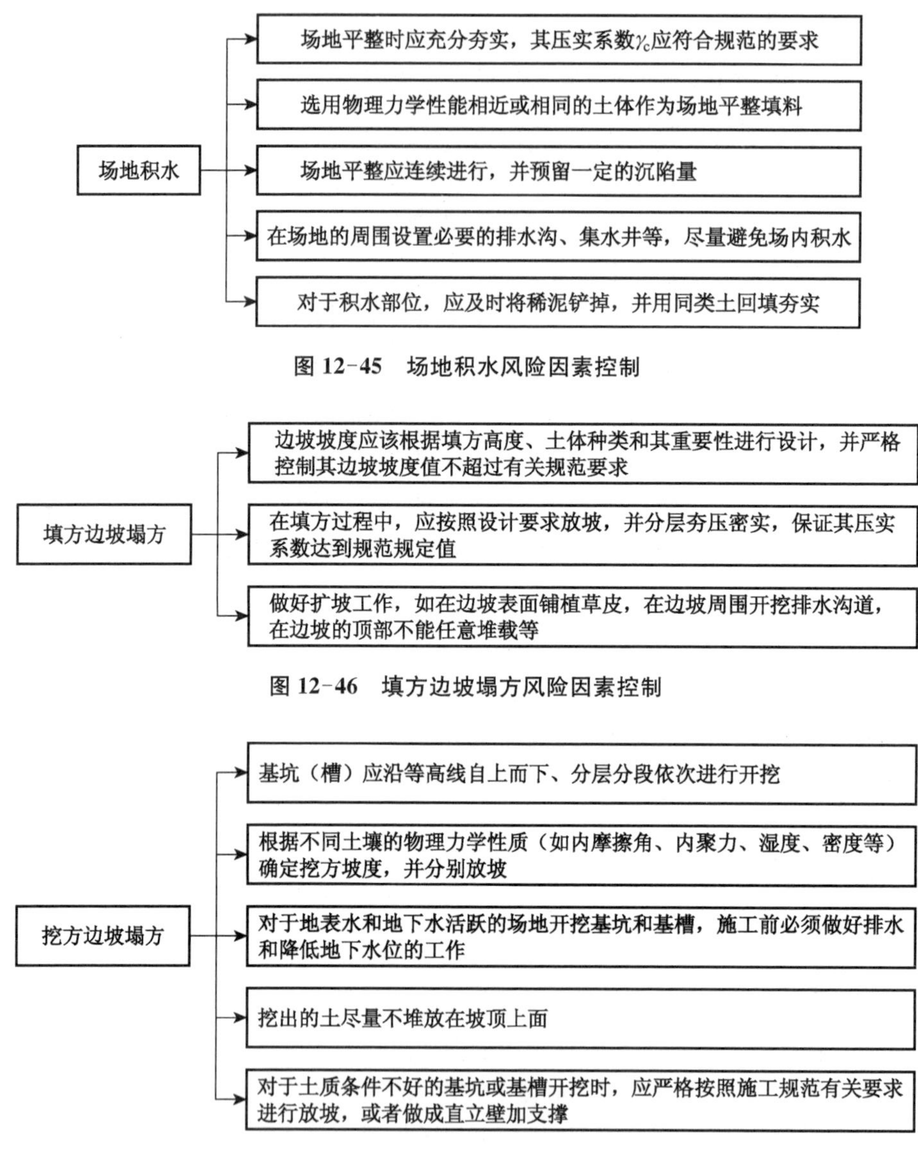

场地平整时应充分夯实，其压实系数γ_c应符合规范的要求
选用物理力学性能相近或相同的土体作为场地平整填料
场地平整应连续进行，并预留一定的沉陷量
在场地的周围设置必要的排水沟、集水井等，尽量避免场内积水
对于积水部位，应及时将稀泥铲掉，并用同类土回填夯实

图 12-45 场地积水风险因素控制

边坡坡度应该根据填方高度、土体种类和其重要性进行设计，并严格控制其边坡坡度值不超过有关规范要求
在填方过程中，应按照设计要求放坡，并分层夯压密实，保证其压实系数达到规范规定值
做好扩坡工作，如在边坡表面铺植草皮，在边坡周围开挖排水沟道，在边坡的顶部不能任意堆载等

图 12-46 填方边坡塌方风险因素控制

挖方边坡塌方
基坑（槽）应沿等高线自上而下、分层分段依次进行开挖
根据不同土壤的物理力学性质（如内摩擦角、内聚力、湿度、密度等）确定挖方坡度，并分别放坡
对于地表水和地下水活跃的场地开挖基坑和基槽，施工前必须做好排水和降低地下水位的工作
挖出的土尽量不堆放在坡顶上面
对于土质条件不好的基坑或基槽开挖时，应严格按照施工规范有关要求进行放坡，或者做成直立壁加支撑

图 12-47 挖方边坡塌方风险因素控制

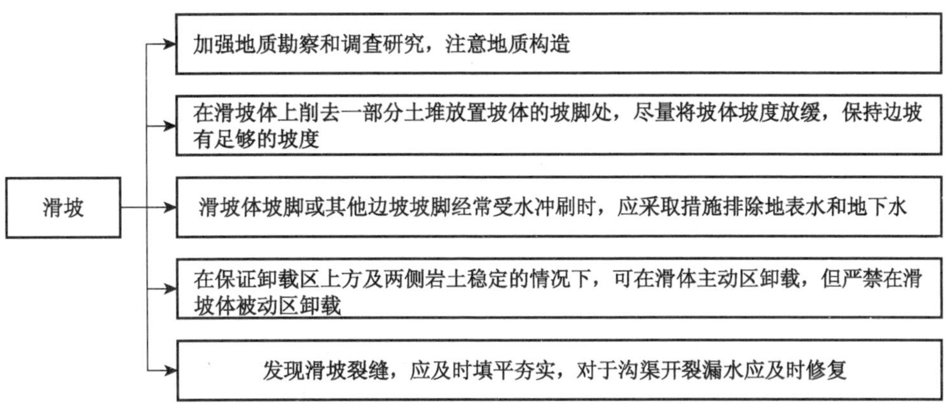

图 12-48　滑坡风险因素控制

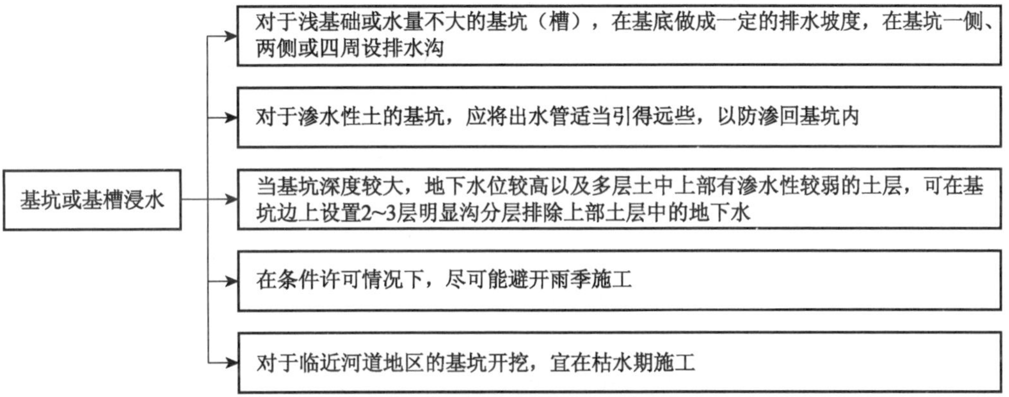

图 12-49　基坑或基槽浸水风险因素控制

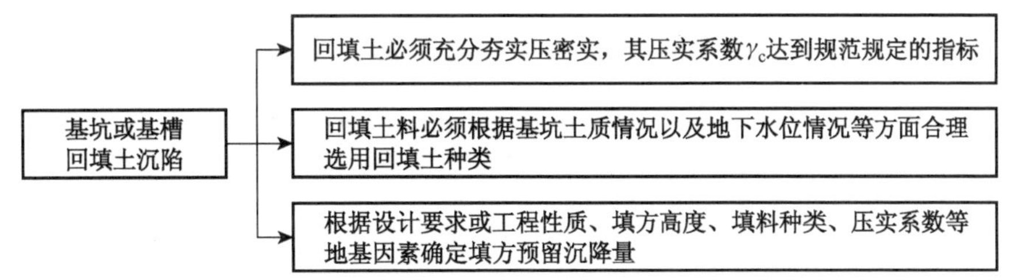

图 12-50　基坑或基槽回填土沉陷风险因素控制

图 12-51　板桩工程事故风险因素控制

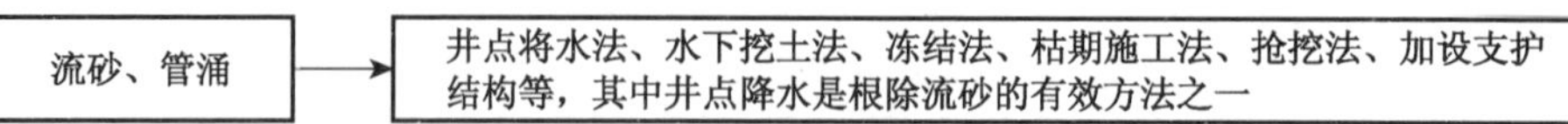

图 12-52　流砂、管涌风险因素控制

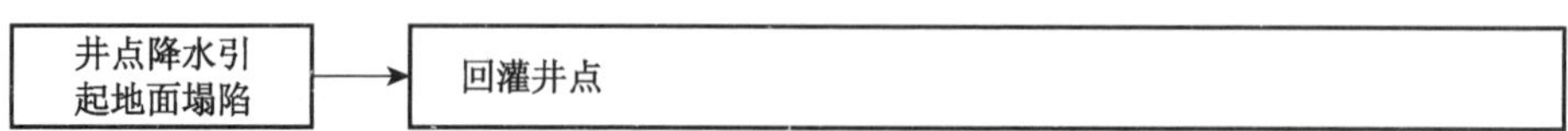

图 12-53　井点降水引起地面塌陷风险因素控制

12.4.2　桩基工程施工技术风险控制

1）预制桩施工风险控制

（1）锤击法沉桩施工过程风险控制(图 12-54—图 12-60)。

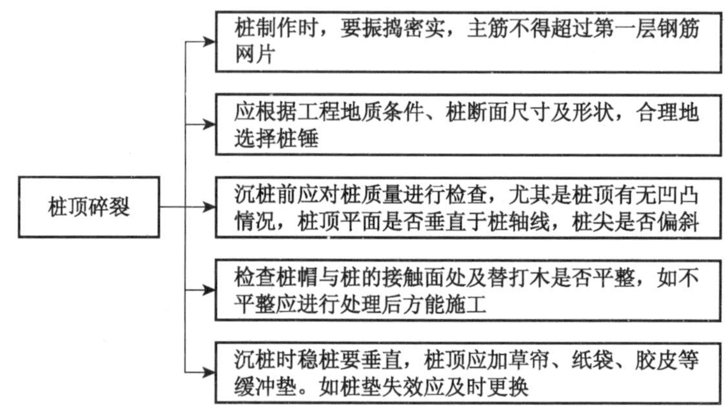

图 12-54　桩顶碎裂风险因素控制

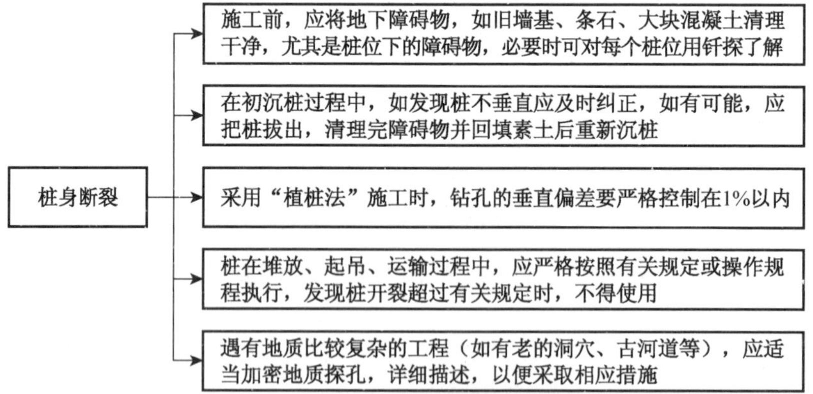

图 12-55　桩身断裂风险因素控制

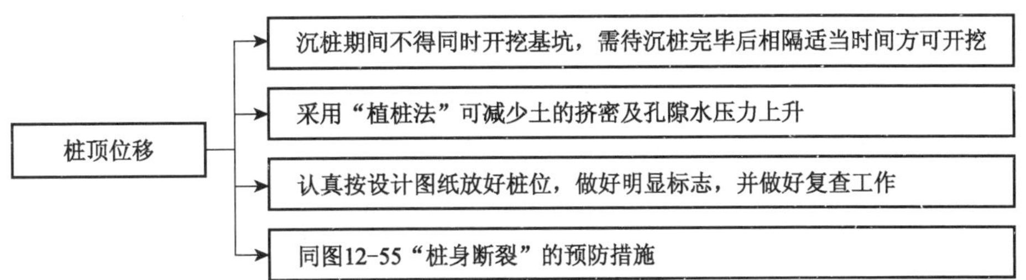

图 12-56 桩顶位移风险因素控制

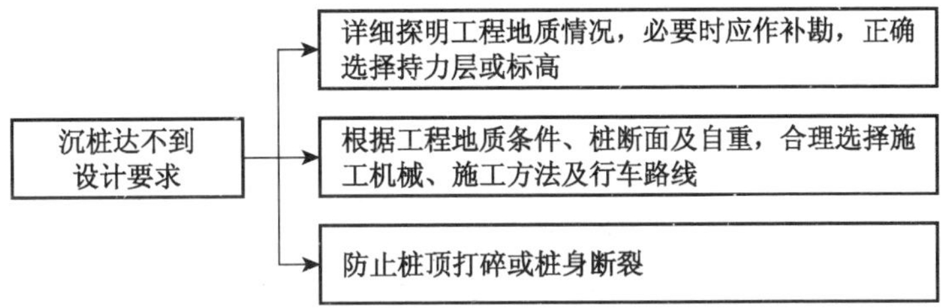

图 12-57 沉桩达不到设计要求风险因素控制

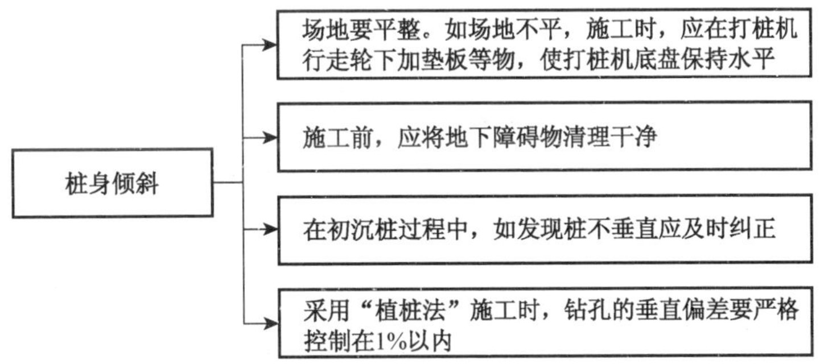

图 12-58 桩身倾斜风险因素控制

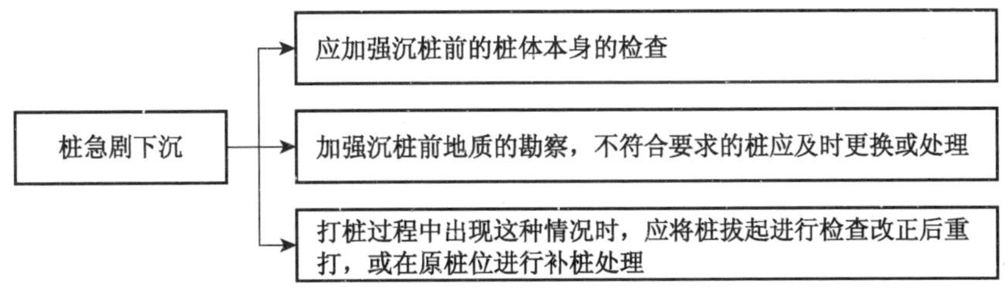

图 12-59 桩急剧下沉风险因素控制

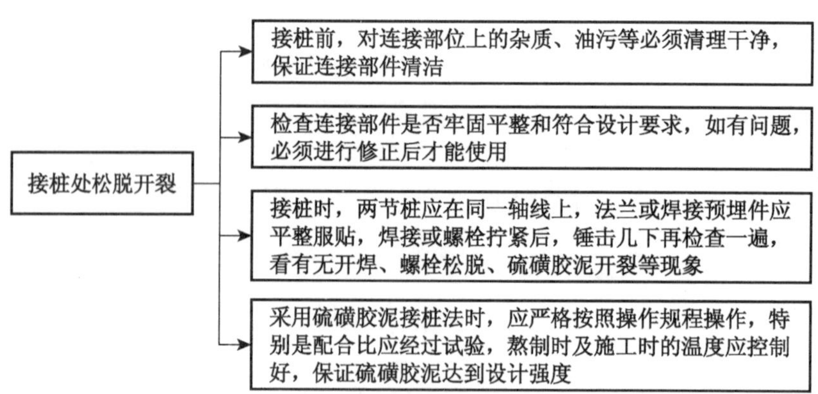

图 12-60　接桩处松脱开裂风险因素控制

(2) 静压法沉桩施工过程风险控制(图 12-61—图 12-66)

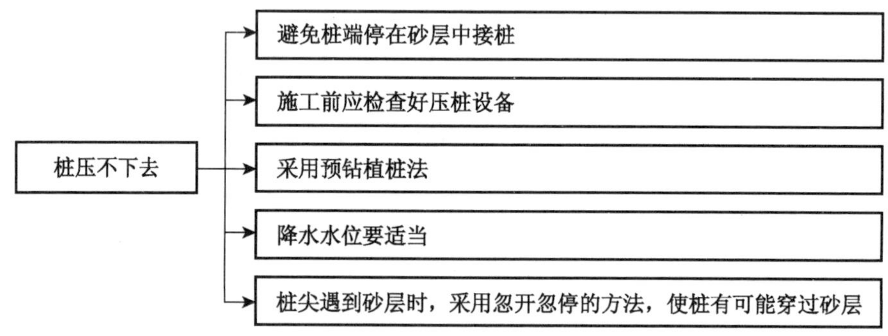

图 12-61　桩压不下去风险因素控制

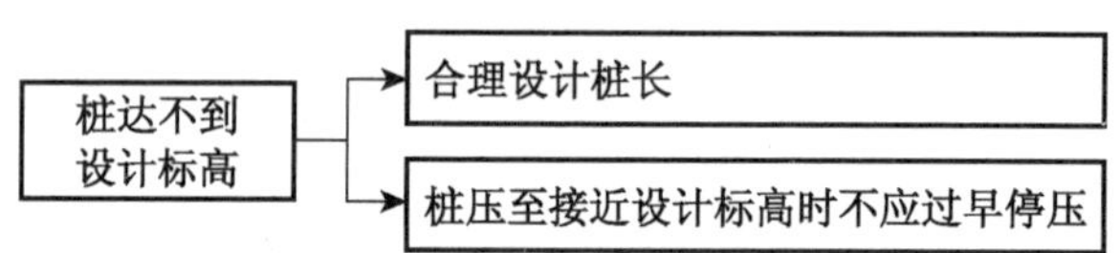

图 12-62　桩达不到设计标高风险因素控制

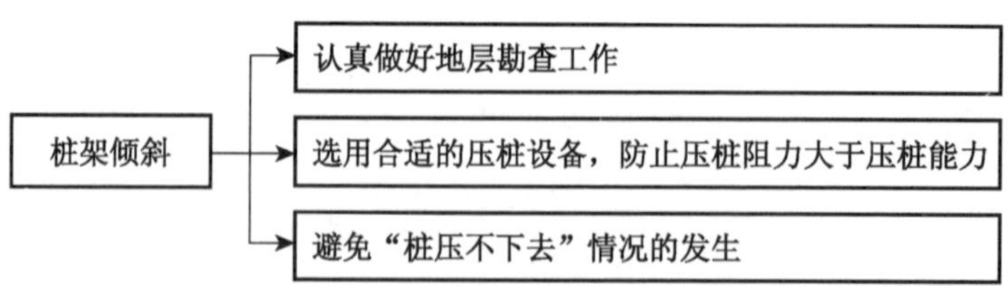

图 12-63　桩架倾斜风险因素控制

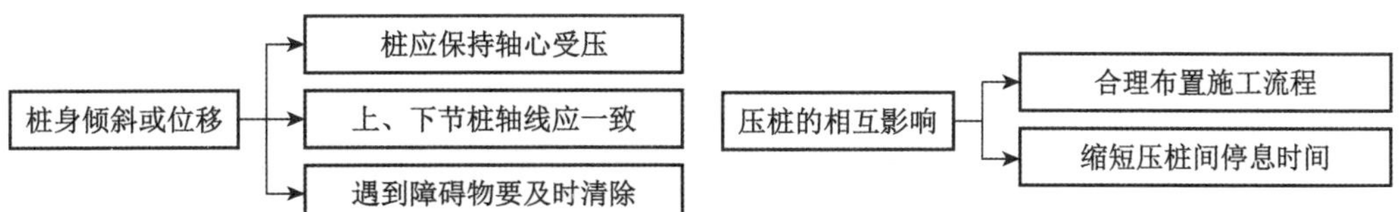

图 12-64　桩身倾斜或位移风险因素控制　　图 12-65　压桩相互影响风险因素控制

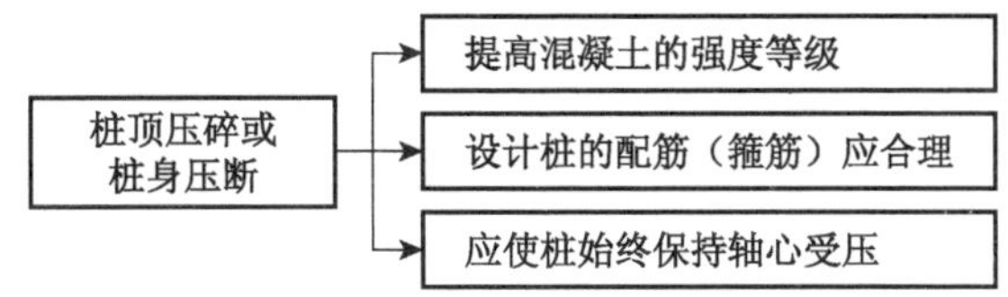

图 12-66　桩顶压碎或桩身断裂风险因素控制

(3) 预制桩施工对环境影响的风险控制(图 12-67)。

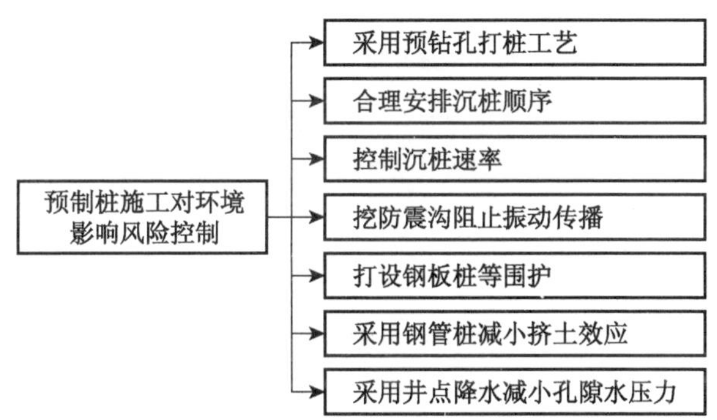

图 12-67　预制桩施工对环境影响的风险控制

2) 灌注桩施工风险控制

(1) 湿成孔灌注桩施工过程风险控制(图 12-68—图 12-74)

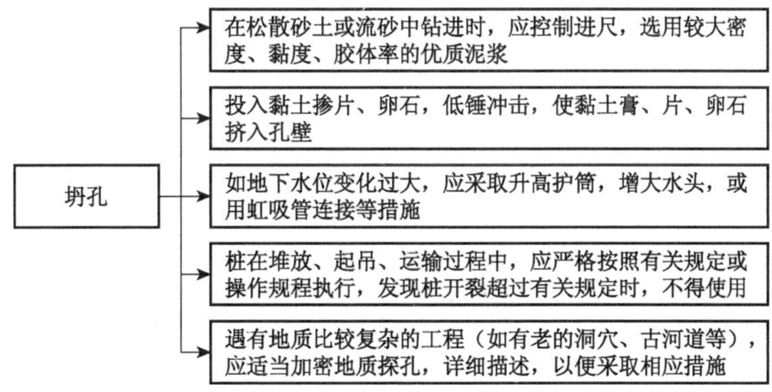

图 12-68　坍孔风险因素控制

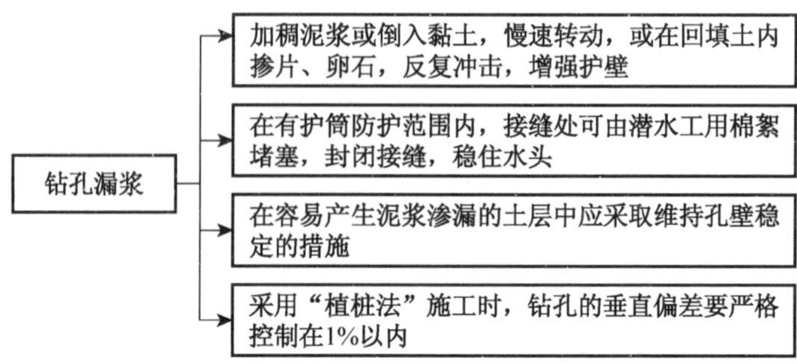

图 12-69　钻孔漏浆风险因素控制

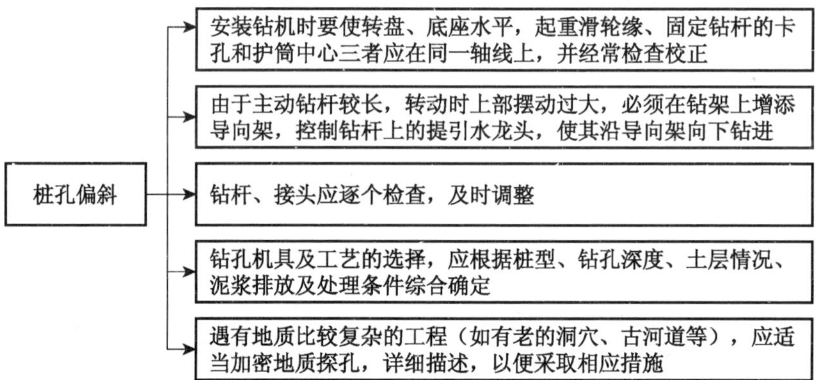

图 12-70　桩孔偏斜风险因素控制

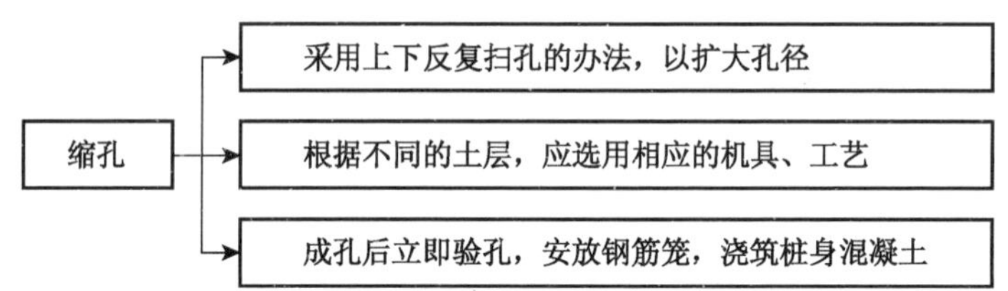

图 12-71　缩孔风险因素控制

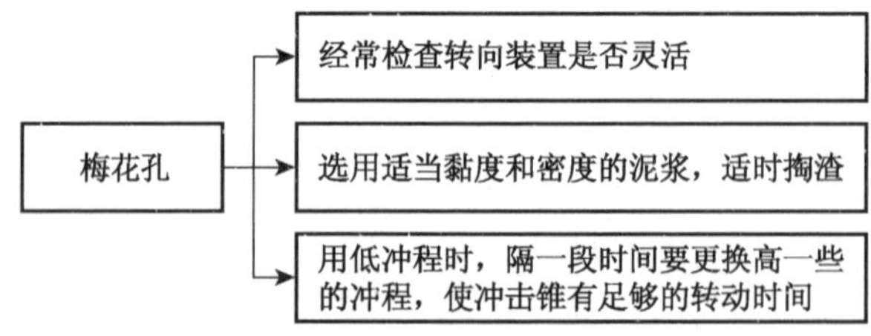

图 12-72　梅花孔风险因素控制

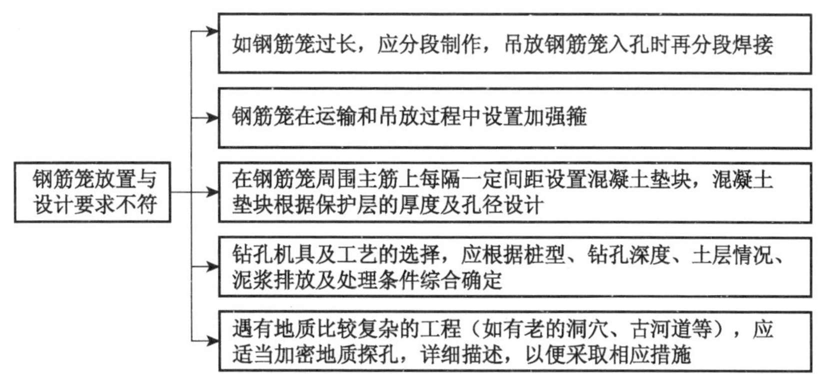

图 12-73　钢筋笼放置与设计要求不符风险因素控制

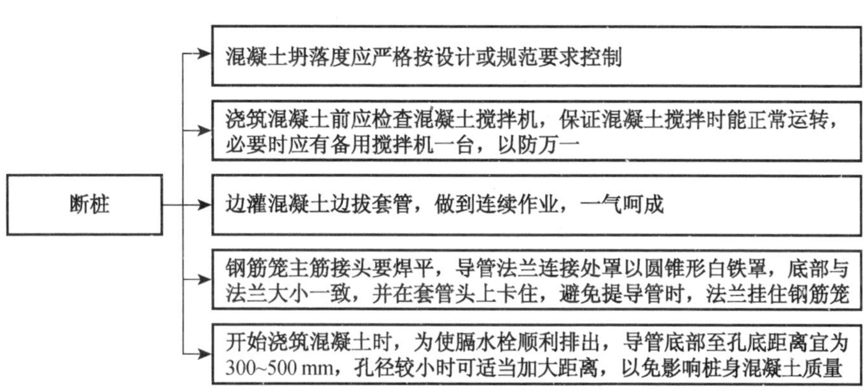

图 12-74　断桩风险因素控制

(2) 干式成孔灌注桩施工过程风险控制(图 12-75—图 12-80)

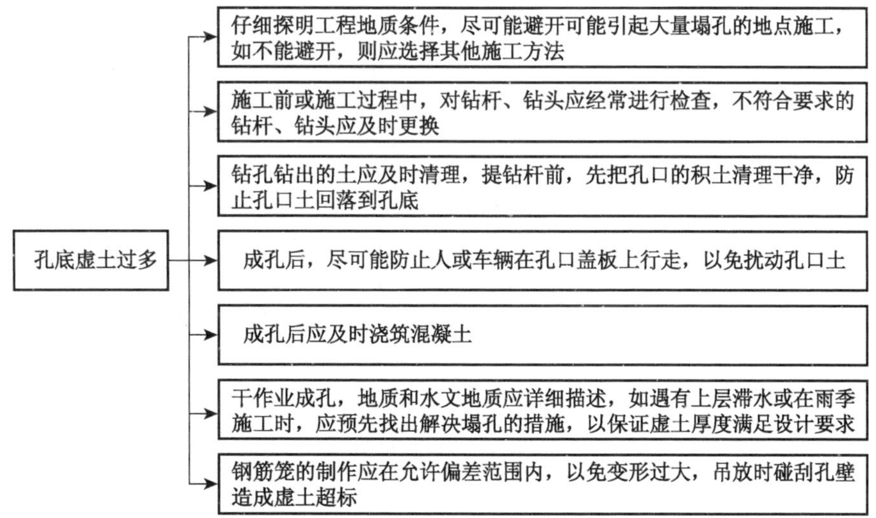

图 12-75　孔底虚土过多风险因素控制

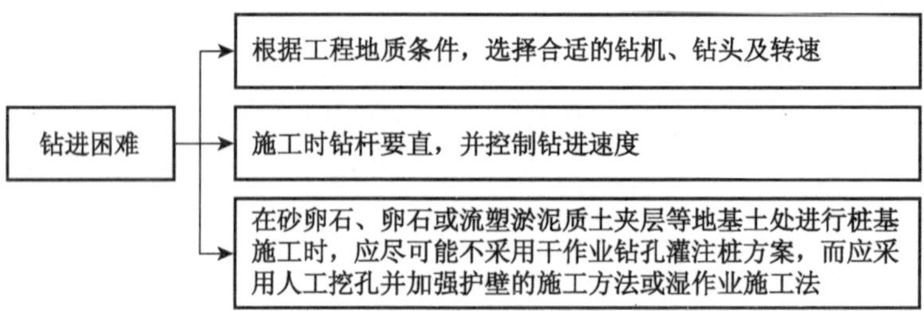

图 12-76　钻进困难风险因素控制

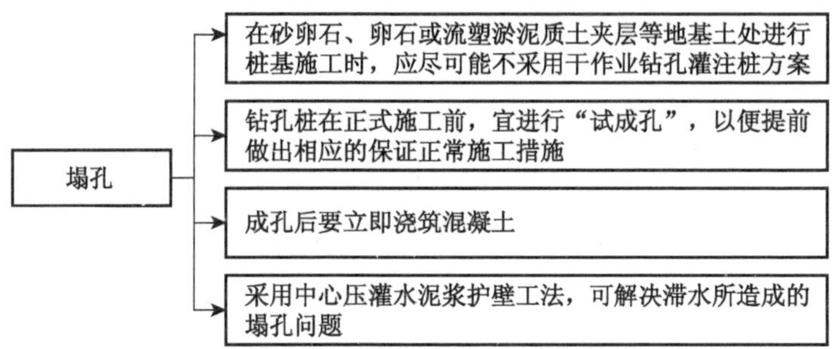

图 12-77　塌孔风险因素控制

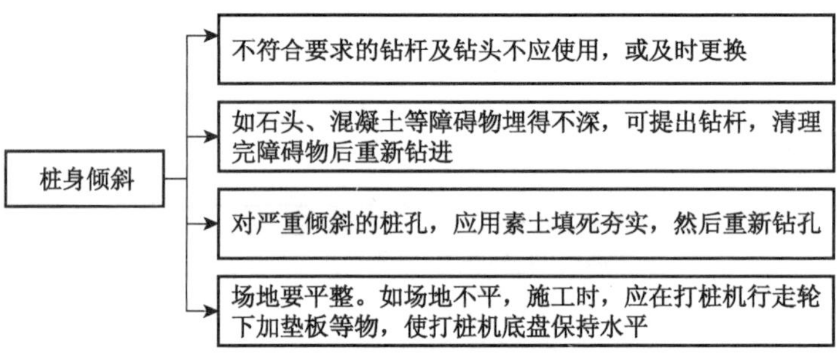

图 12-78　桩孔倾斜风险因素控制

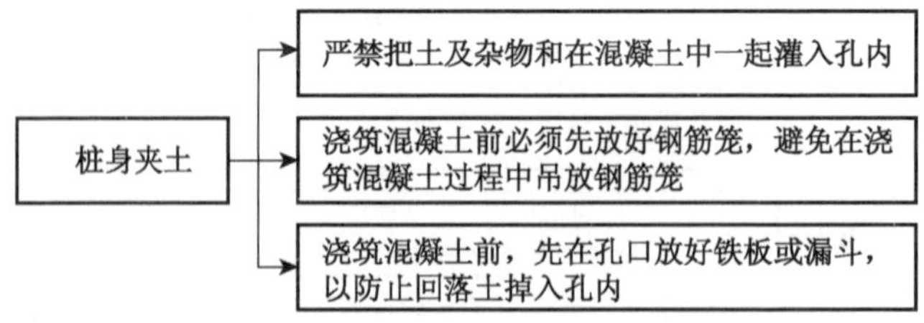

图 12-79　桩身夹土风险因素控制

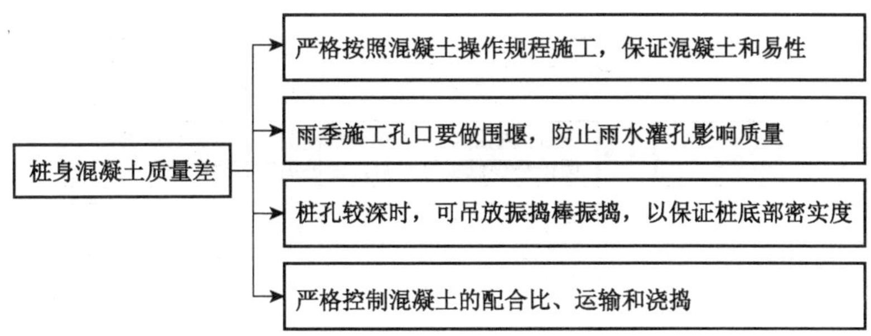

图 12-80 桩身混凝土质量差风险因素控制

(3) 沉管灌注桩施工过程风险识别(图 12-81—图 12-88)

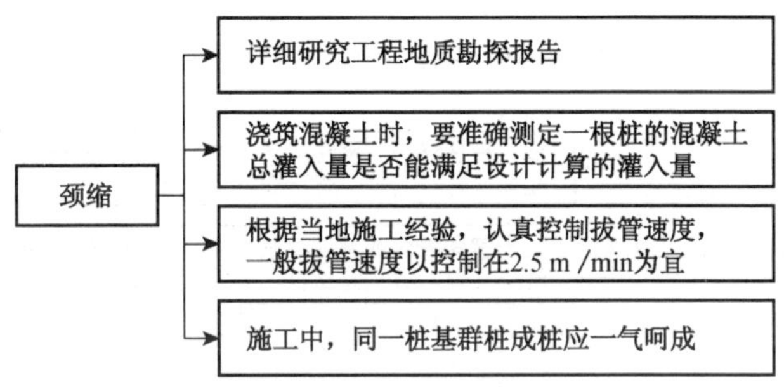

图 12-81 颈缩风险因素控制

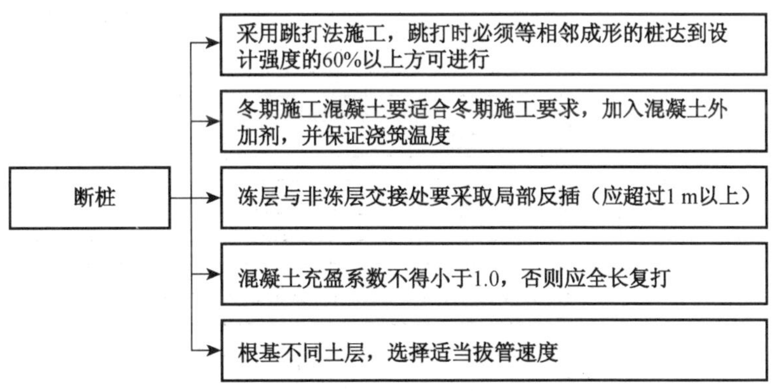

图 12-82 断桩风险因素控制

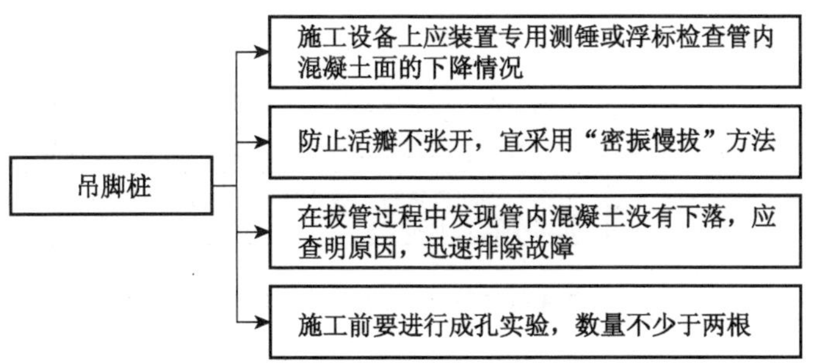

图 12-83 吊脚桩风险因素控制

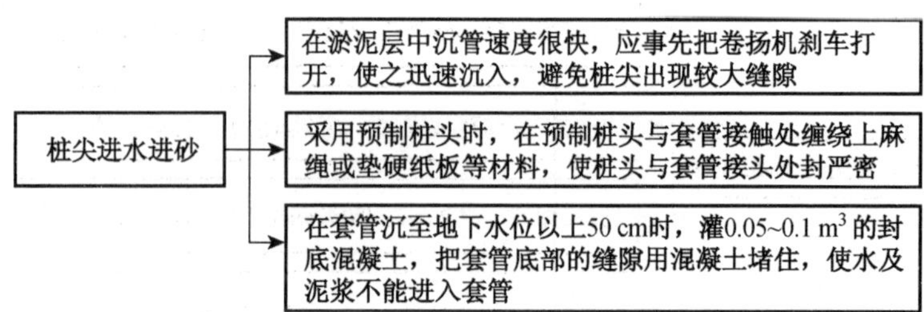

图 12-84　桩尖进水进砂风险因素控制

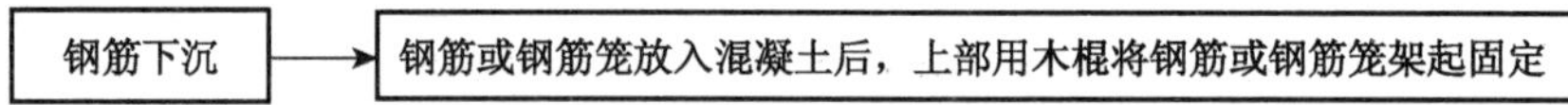

图 12-85　钢筋下沉风险因素控制

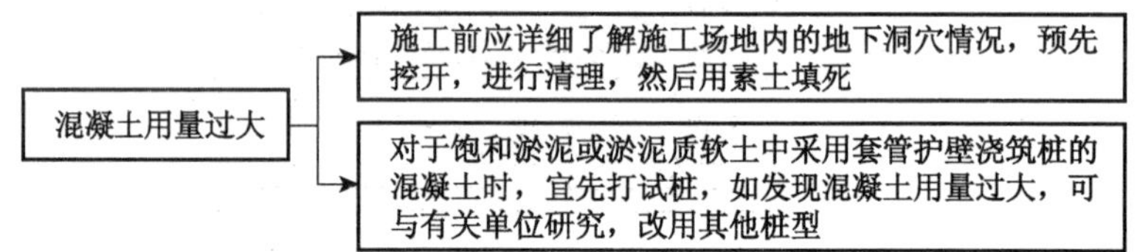

图 12-86　混凝土用量过大风险因素控制

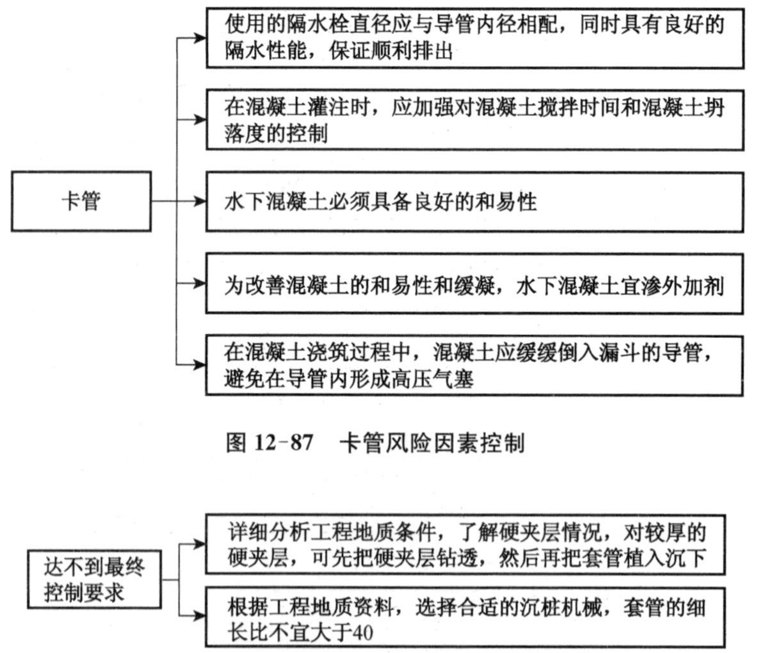

图 12-87　卡管风险因素控制

达不到最终控制要求

详细分析工程地质条件，了解硬夹层情况，对较厚的硬夹层，可先把硬夹层钻透，然后再把套管植入沉下

根据工程地质资料，选择合适的沉桩机械，套管的细长比不宜大于40

图 12-88　灌注桩达不到最终控制要求风险因素控制

12.4.3 混凝土工程施工技术风险控制

(1) 模板施工风险控制(图 12-89—图 12-94)

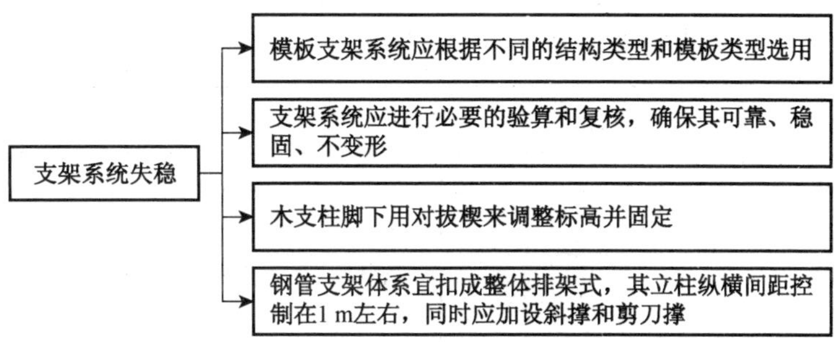

图 12-89　支架系统失稳风险因素控制

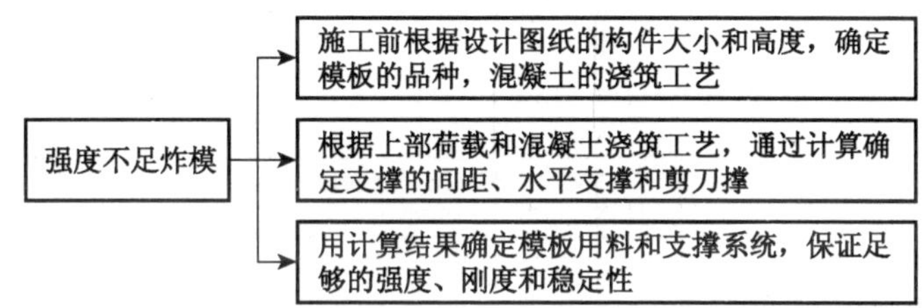

图 12-90　强度不足炸模风险因素控制

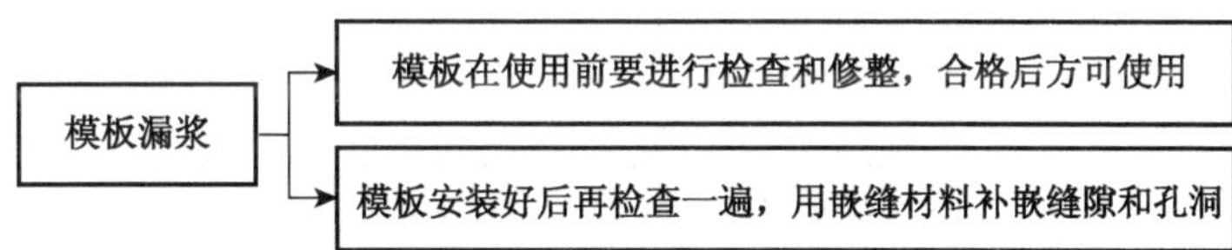

图 12-91　模板漏浆风险因素控制

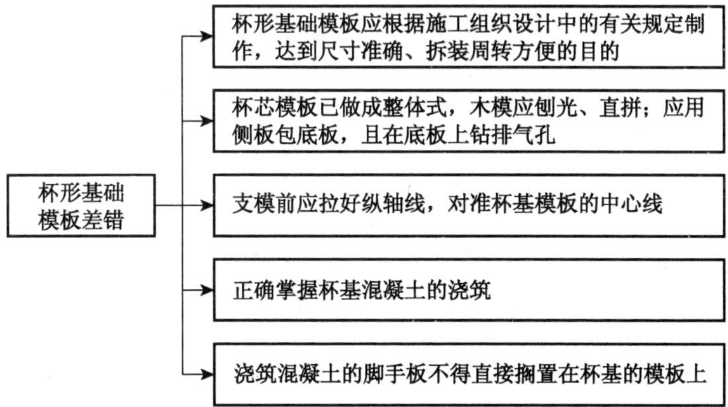

图 12-92　杯形基础模板差错风险因素控制

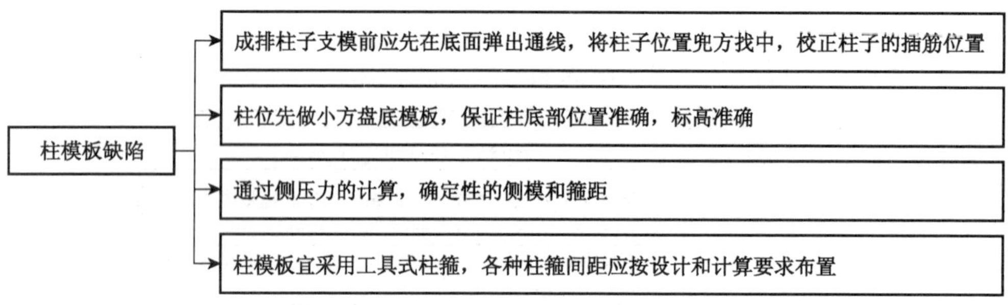

图 12-93　柱模板缺陷风险因素控制

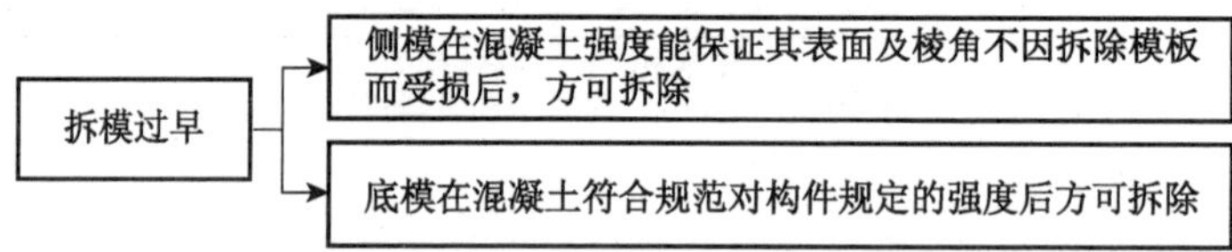

图 12-94　拆模过早风险因素控制

（2）钢筋工程施工风险控制(图 12-95—图 12-104)

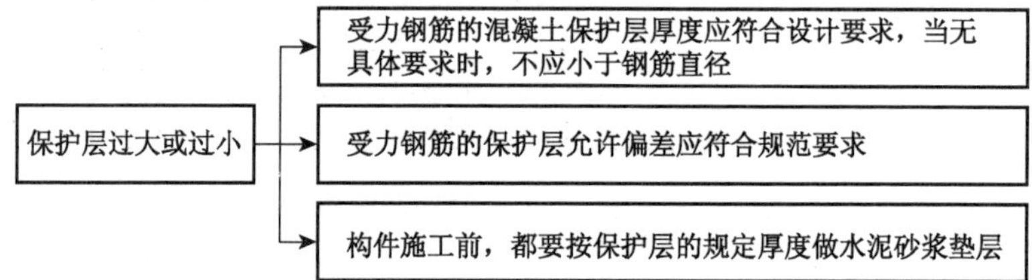

图 12-95　保护层过大或过小风险因素控制

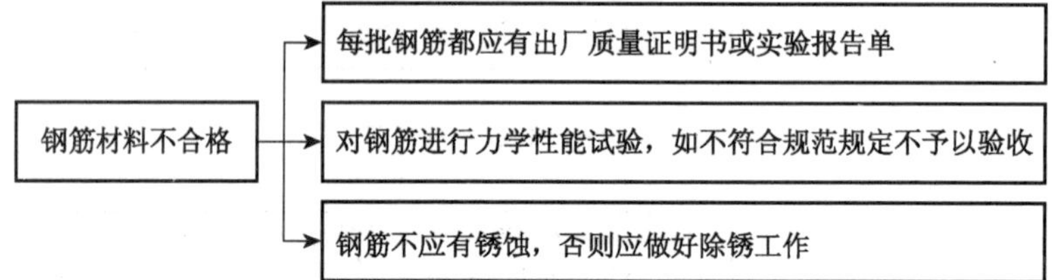

图 12-96　钢筋材料不合格风险因素控制

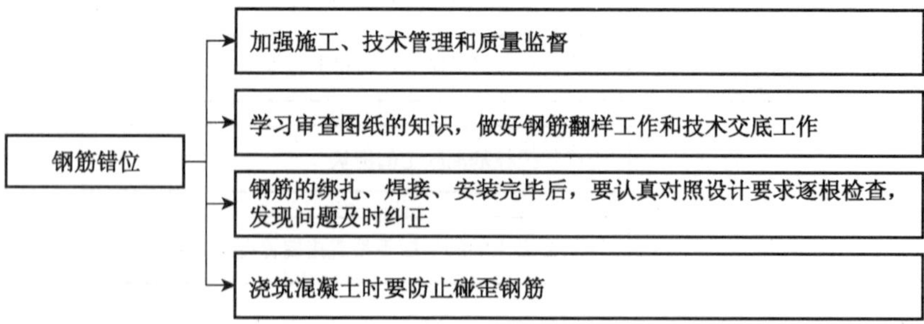

图 12-97　钢筋错位风险因素控制

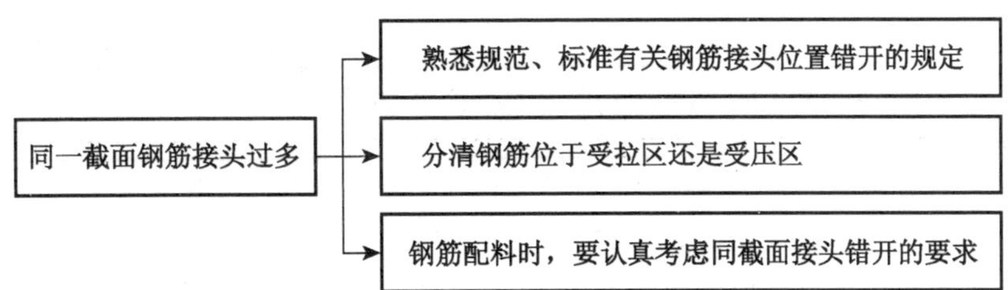

图 12-98　同一截面钢筋接头过多风险因素控制

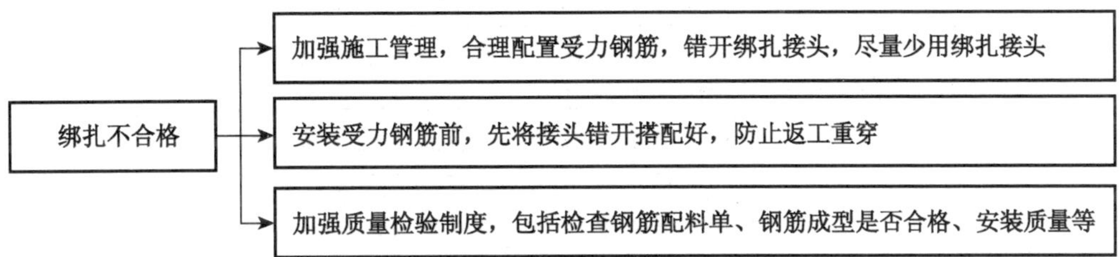

图 12-99　绑扎不合格风险因素控制

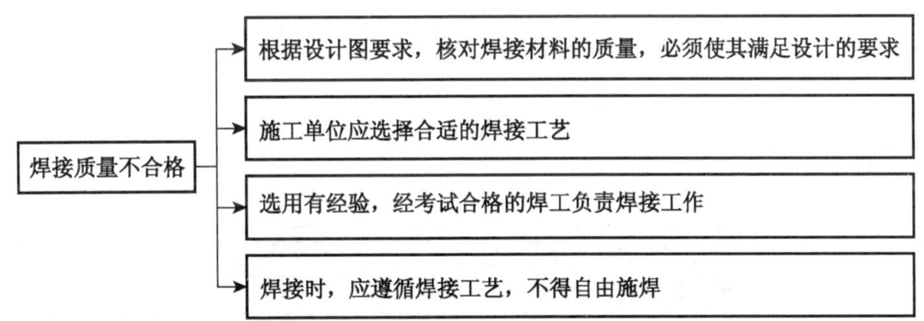

图 12-100　焊接质量不合格风险因素控制

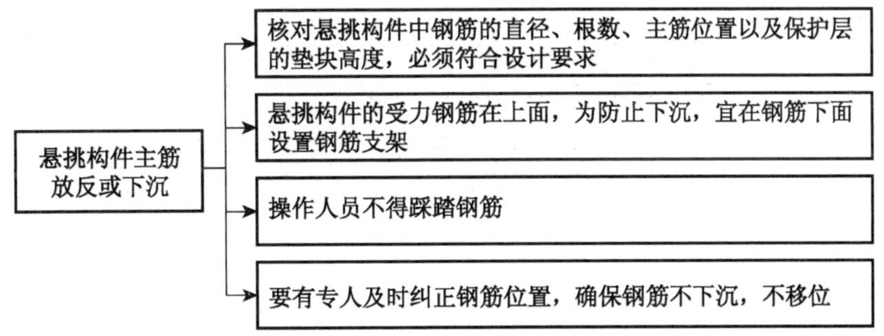

图 12-101　悬挑构件主筋放反或下沉风险因素控制

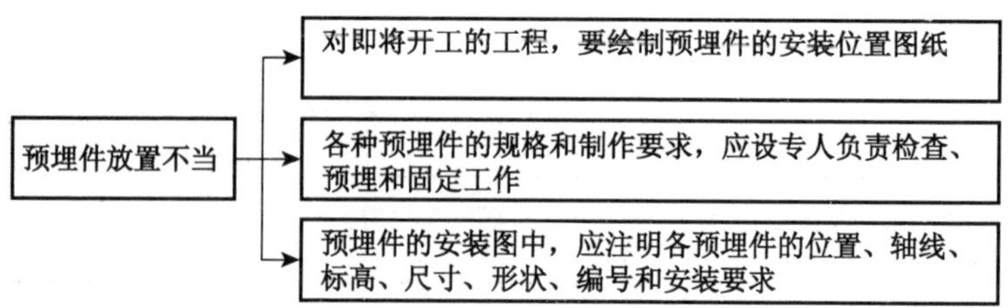

图 12-102　预埋件放置不当风险因素控制

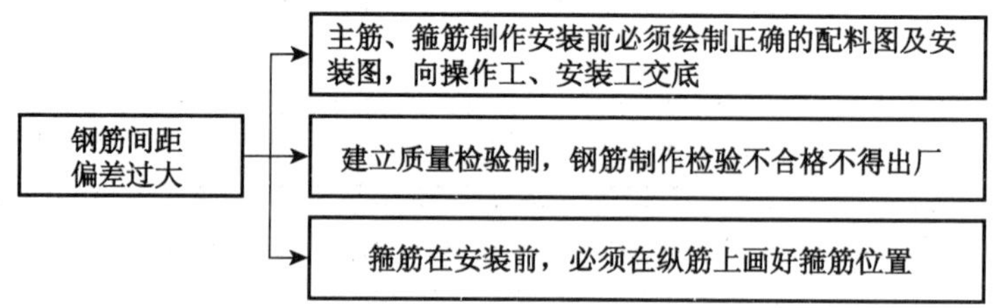

图 12-103　钢筋间距偏差过大风险因素控制

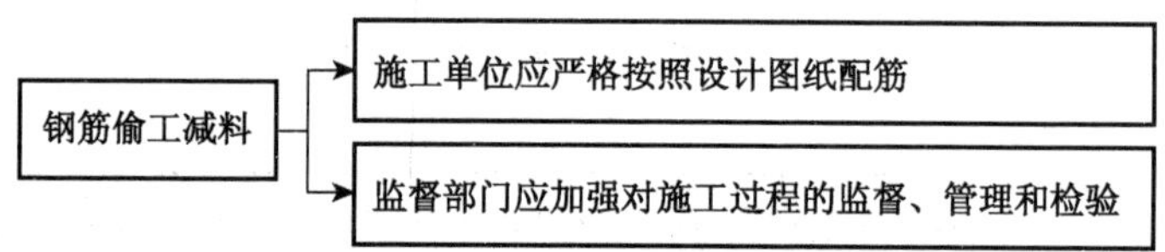

图 12-104　钢筋偷工减料风险因素控制

(3) 脚手架施工风险控制(图 12-105)

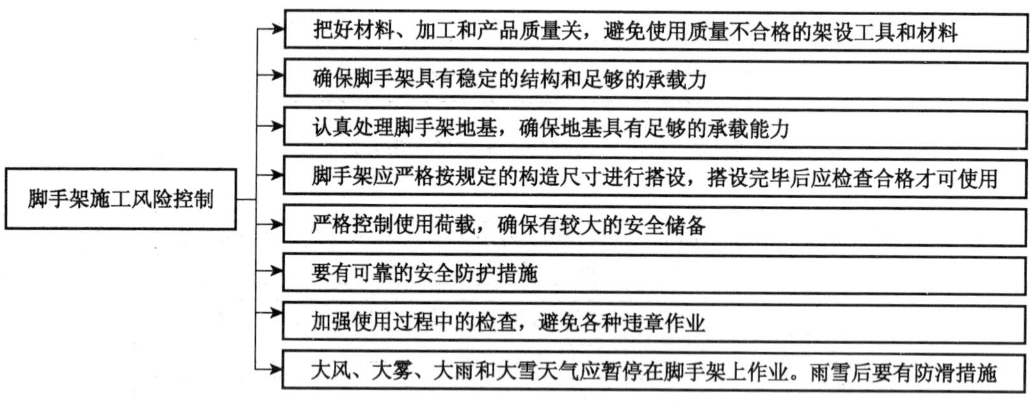

图 12-105　脚手架施工风险因素控制

(4) 混凝土施工风险控制

① 混凝土制备风险控制(图 12-106)

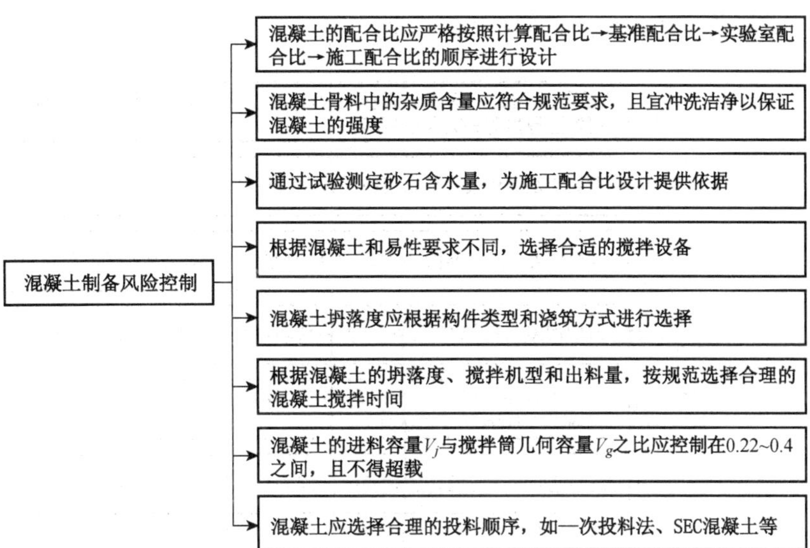

图 12-106　混凝土制备风险因素控制

② 混凝土运输风险控制(图 12-107、图 12-108)

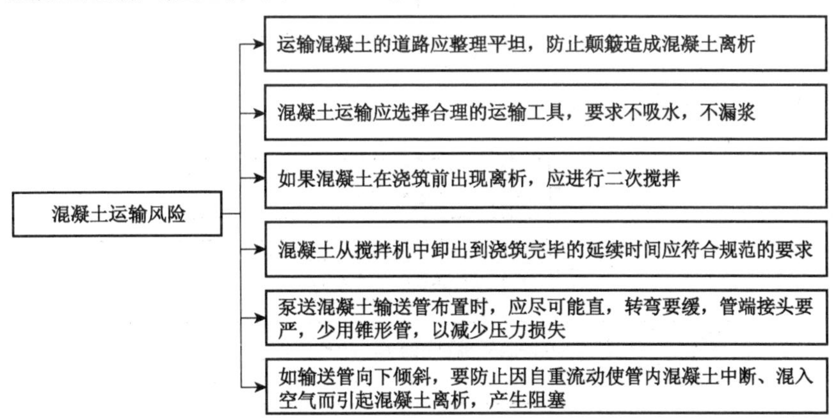

图 12-107　混凝土运输风险因素控制

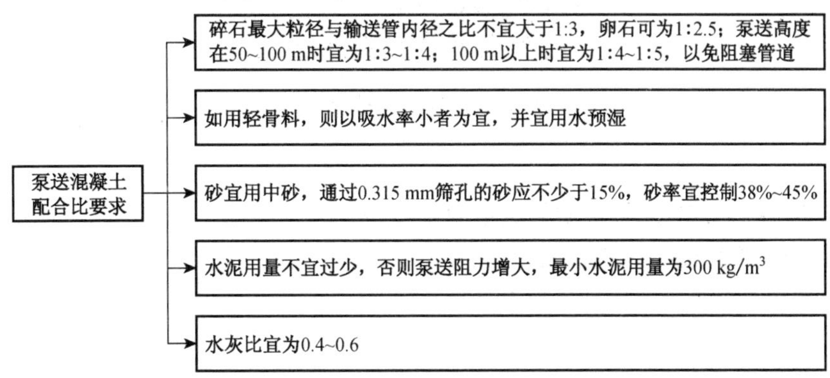

图 12-108　泵送混凝土配合比控制

③ 混凝土浇筑风险控制(图 12-109)

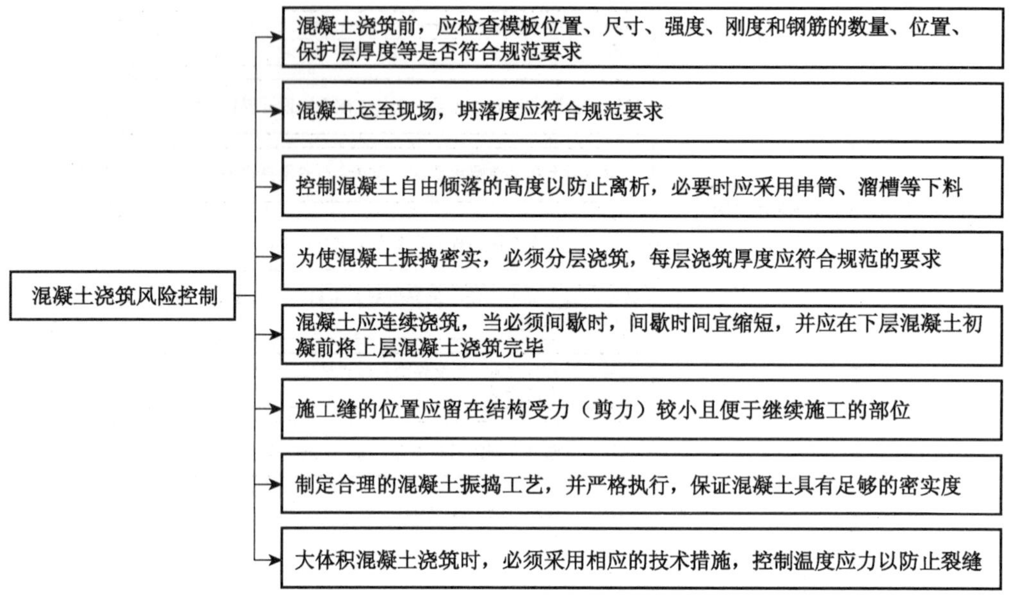

图 12-109　混凝土浇筑风险控制

④ 混凝土养护风险控制(图 12-110)

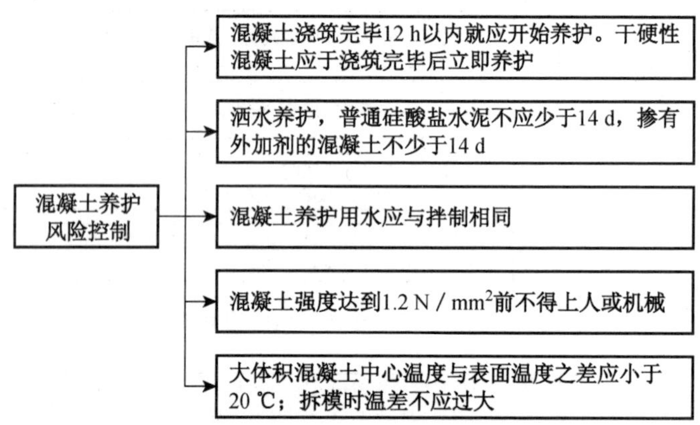

图 12-110　混凝土养护风险因素控制

12.4.4　预应力混凝土工程施工技术风险控制

1）预应力构件制作风险控制

(1）锚具不合格风险控制(图 12-111—图 12-121)

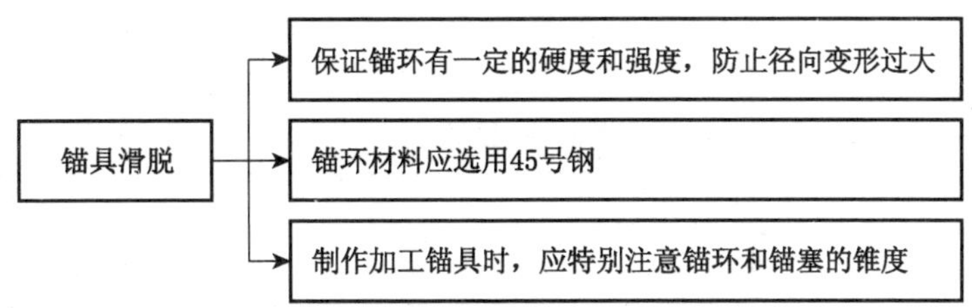

图 12-111　锚具滑脱风险因素控制

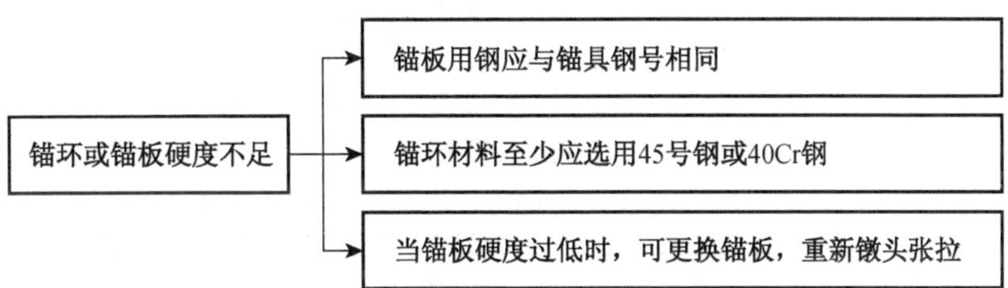

图 12-112　锚环或锚板硬度不足风险因素控制

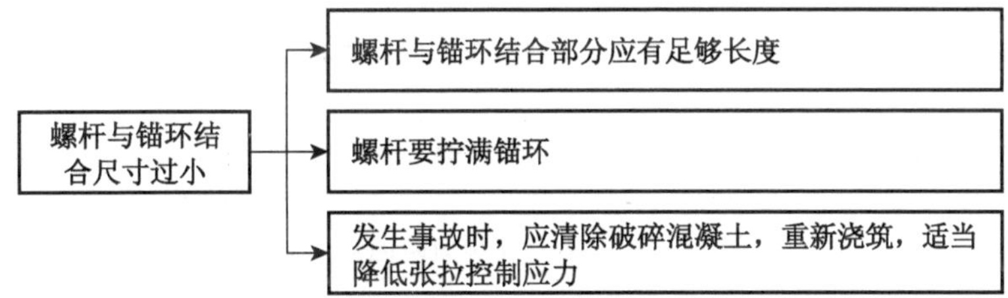

图 12-113　锚杆与锚环结合尺寸过小风险因素控制

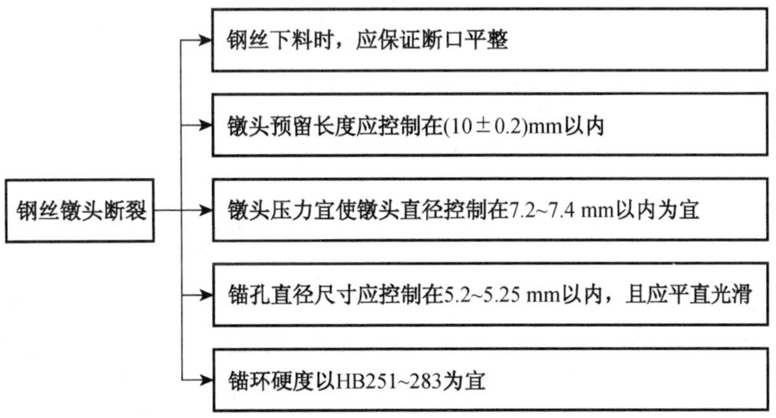

图 12-114　钢丝墩头断裂风险因素控制

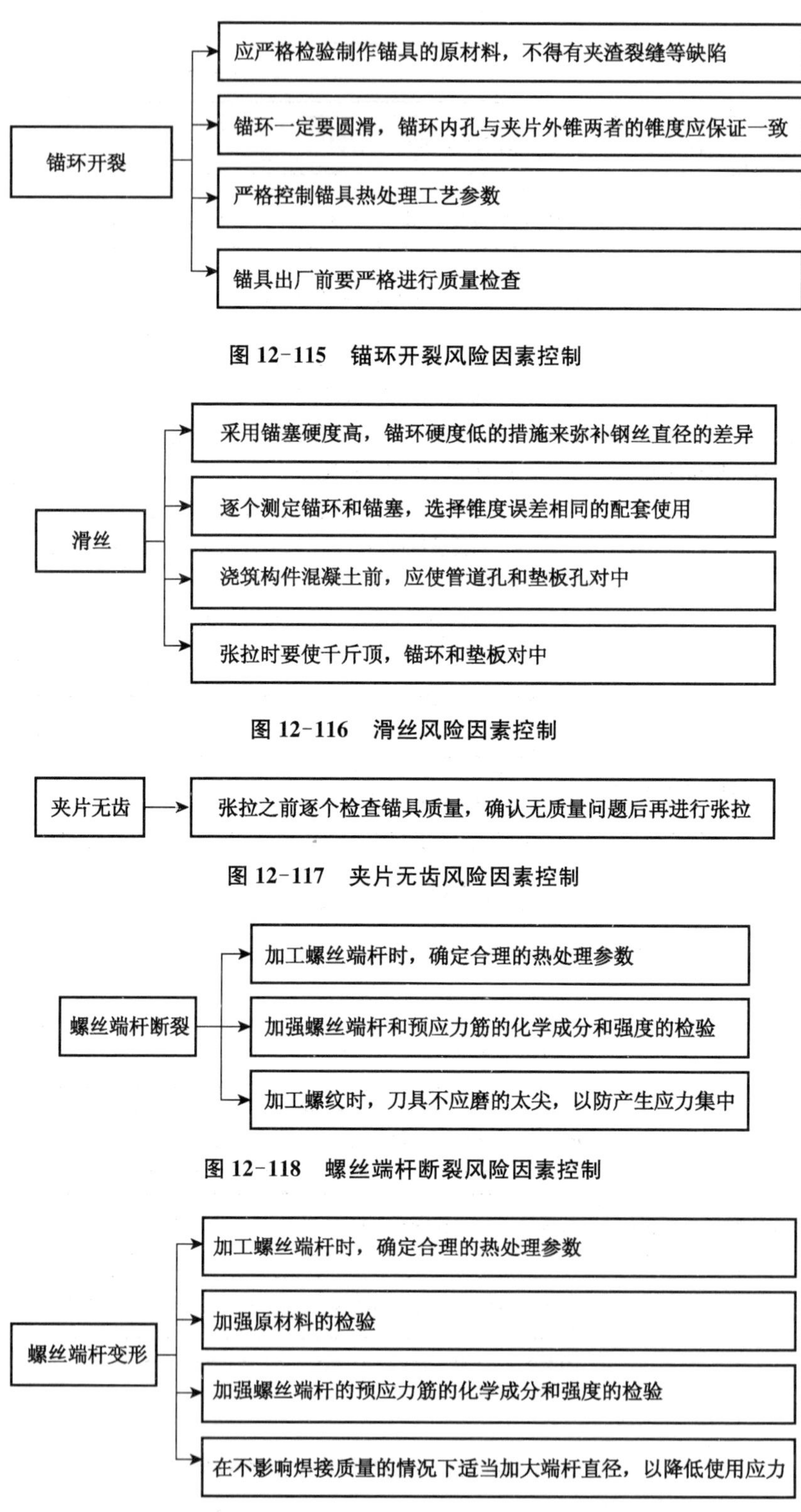

图 12-115　锚环开裂风险因素控制

图 12-116　滑丝风险因素控制

图 12-117　夹片无齿风险因素控制

图 12-118　螺丝端杆断裂风险因素控制

图 12-119　螺丝端杆变形风险因素控制

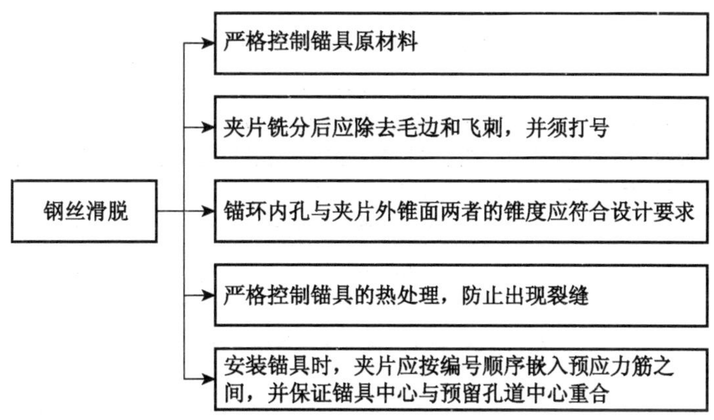

图 12-120　钢线滑脱风险因素控制

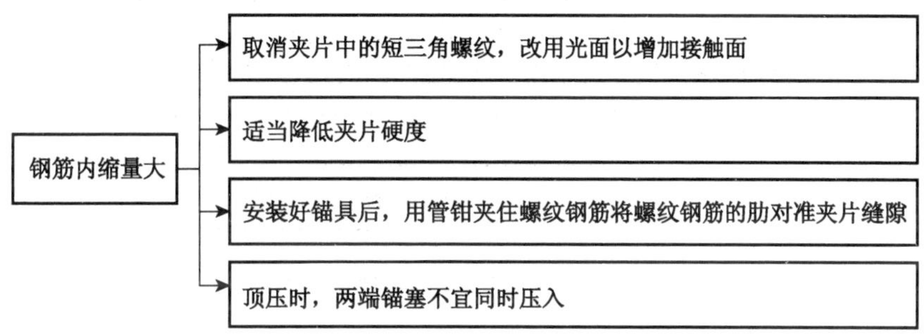

图 12-121　钢筋内缩量大风险因素控制

(2) 构件裂缝风险控制(图 12-122—图 12-130)

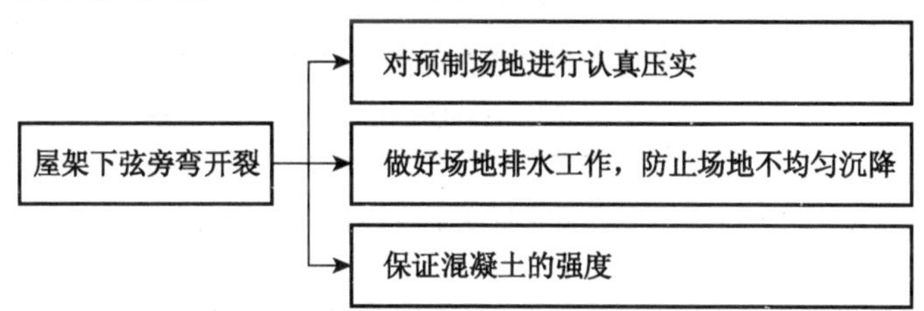

图 12-122　屋架下弦旁弯开裂风险因素控制

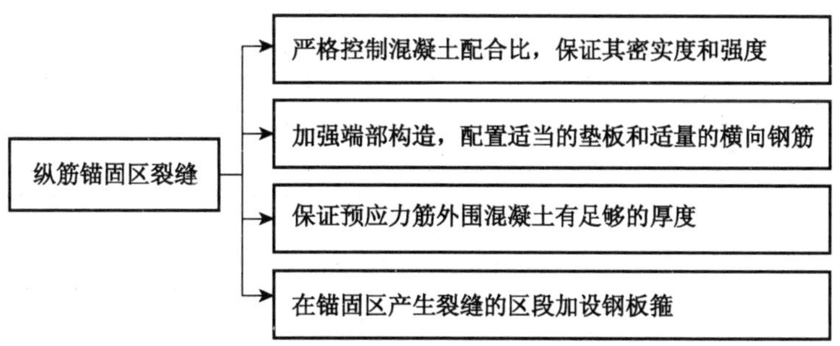

图 12-123　纵筋锚固区裂缝风险因素控制

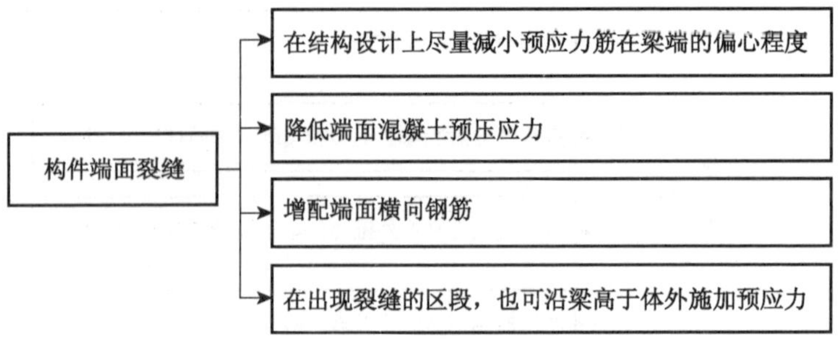

图 12-124 构件端面裂缝风险因素控制

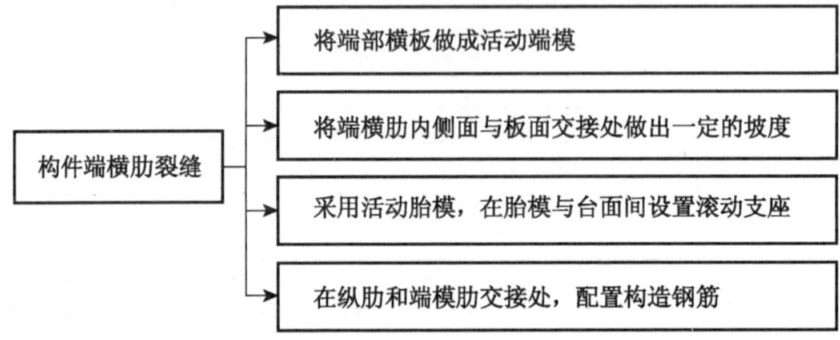

图 12-125 构件端横肋裂缝风险因素控制

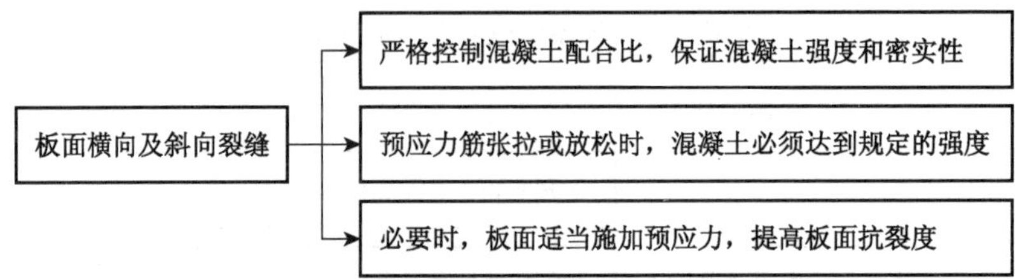

图 12-126 板面横向及斜向裂缝风险因素控制

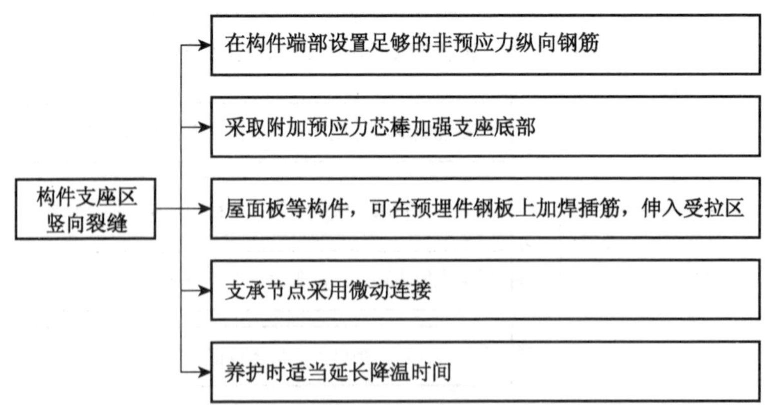

图 12-127 构件支座区竖向裂缝风险因素控制

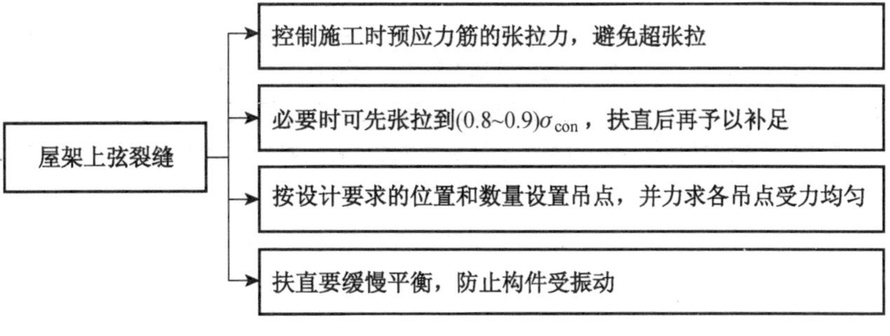

图 12-128　屋架上弦裂缝风险因素控制

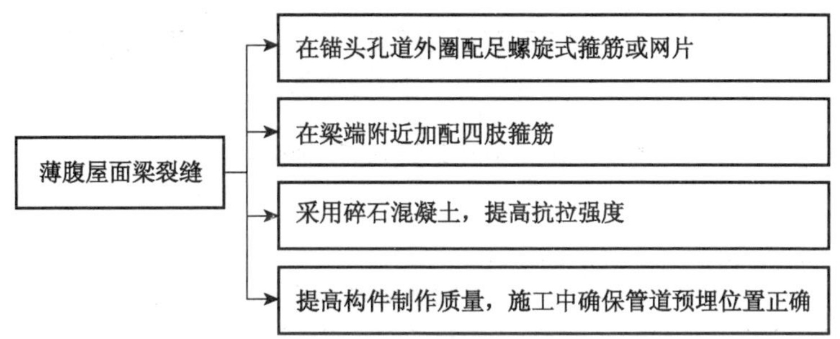

图 12-129　薄腹屋面梁裂缝风险因素控制

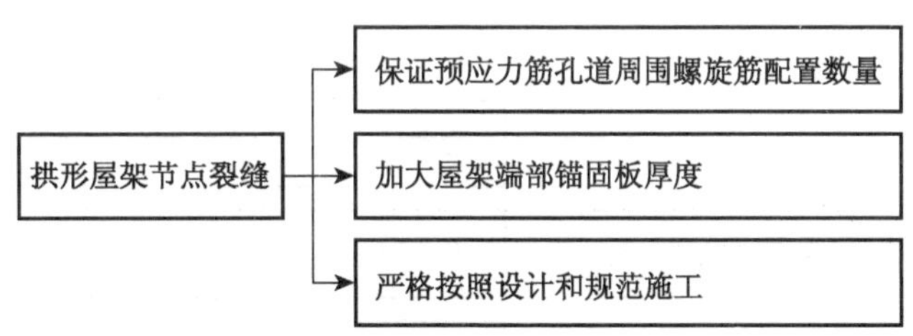

图 12-130　拱形屋架节点裂缝风险因素控制

(3) 预应力筋风险控制(图 12-131—图 12-136)

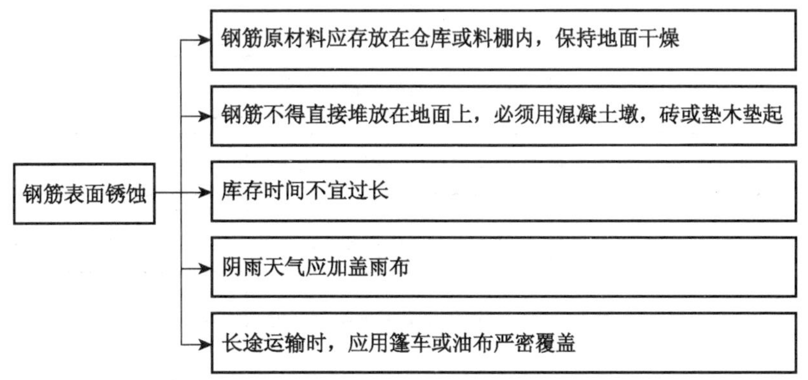

图 12-131　钢筋表面锈蚀风险因素控制

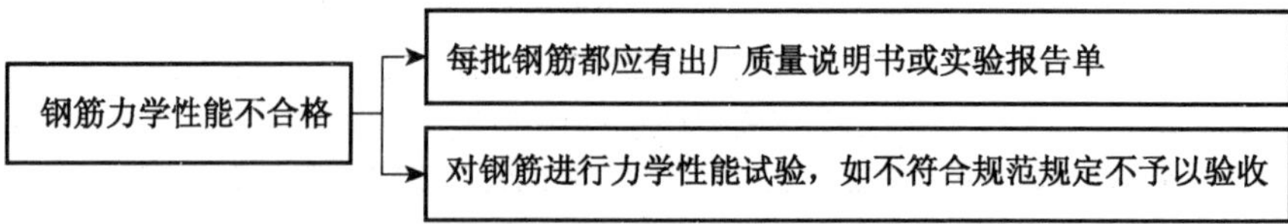

图 12-132　钢筋力学性能不合格风险因素控制

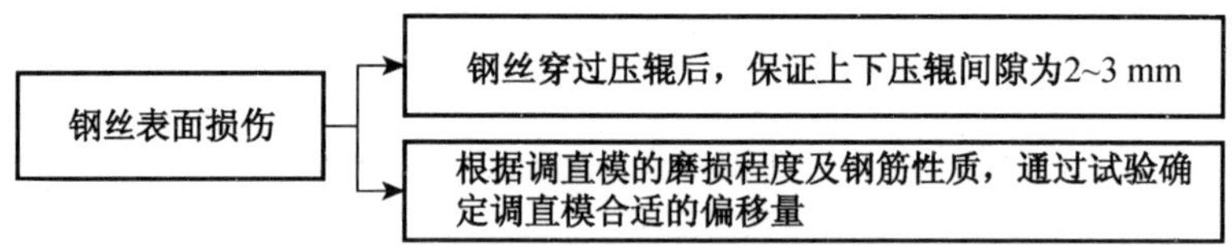

图 12-133　钢丝表面损伤风险因素控制

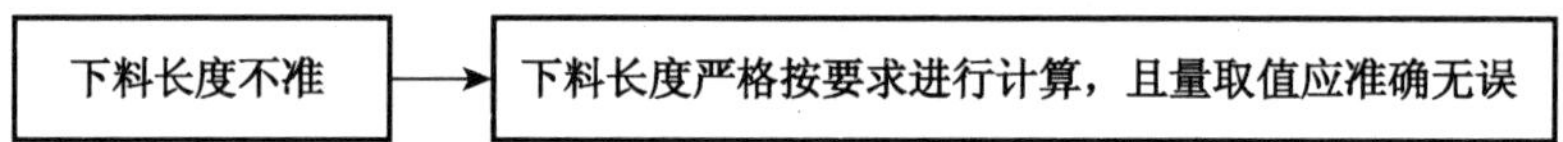

图 12-134　下料长度不准风险因素控制

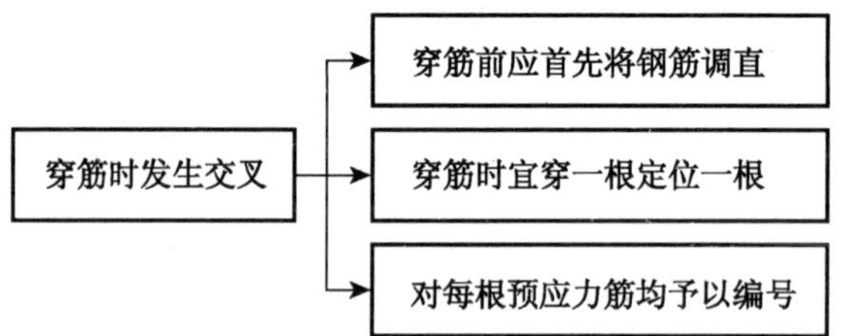

图 12-135　穿筋时发生交叉风险因素控制

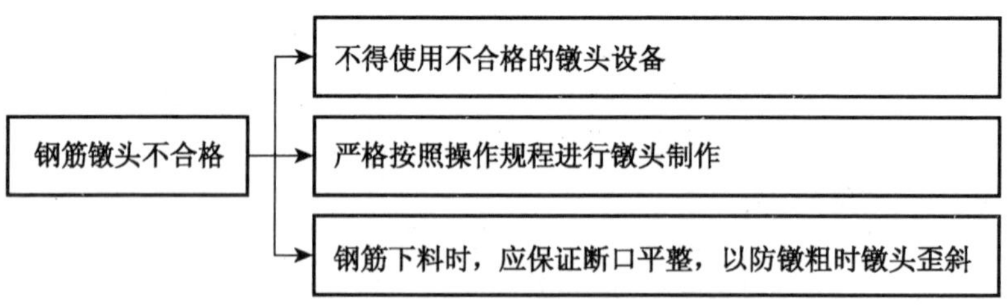

图 12-136　钢筋镦头不合格风险因素控制

(4) 预留孔道风险控制(图 12-137—图 12-142)

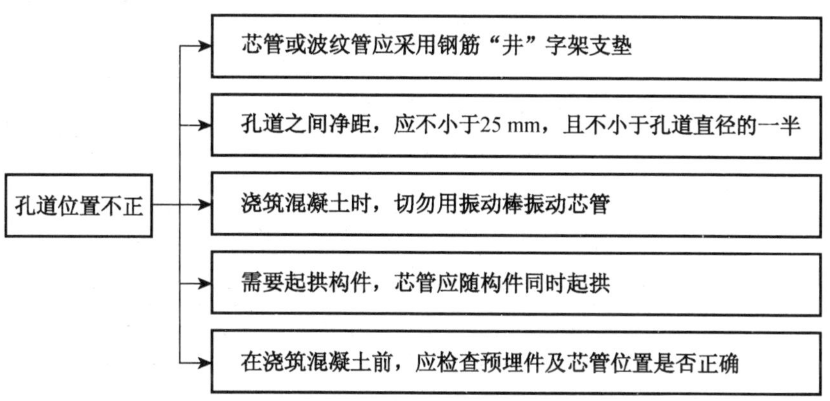

图 12-137　孔道位置不正风险因素控制

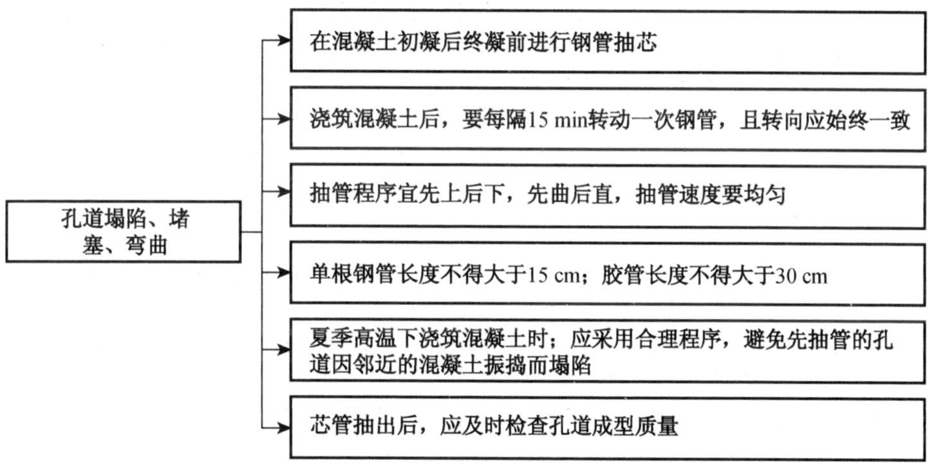

图 12-138　孔道塌陷、堵塞、弯曲风险因素控制

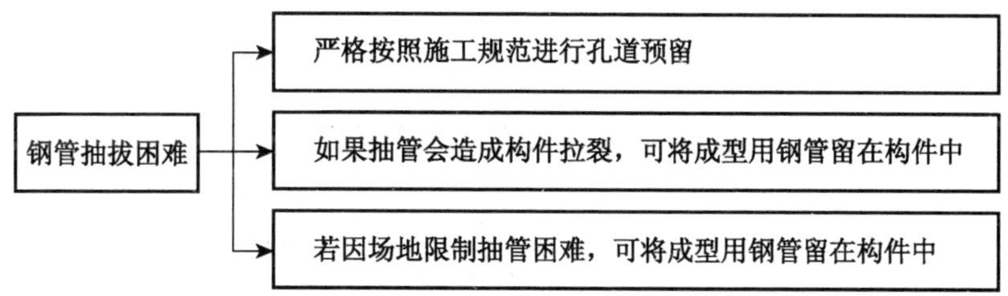

图 12-139　钢管抽拔困难风险因素控制

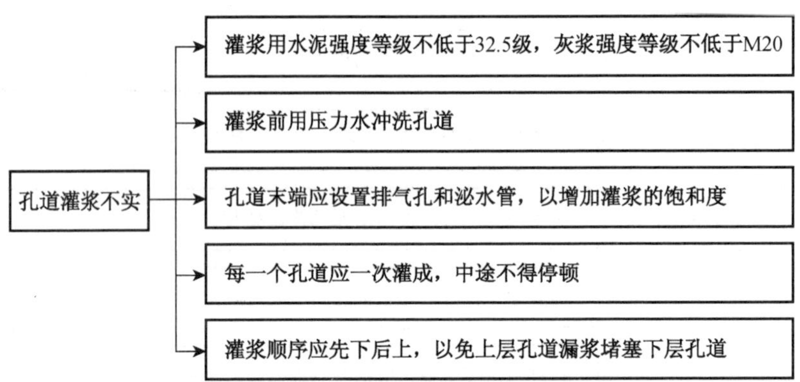

图 12-140　孔道灌浆不实风险因素控制

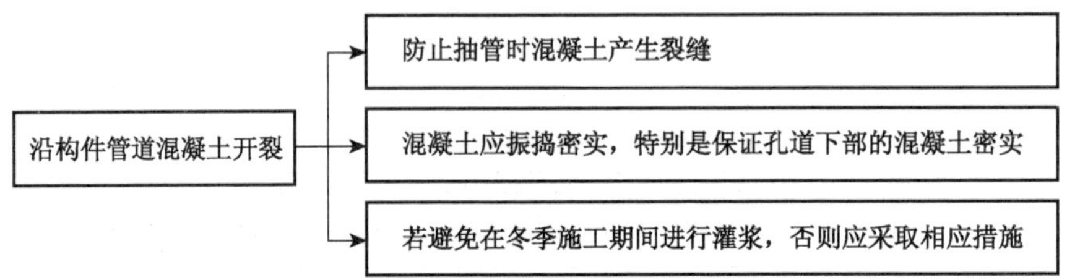

图 12-141　沿构件管道混凝土开裂风险因素控制

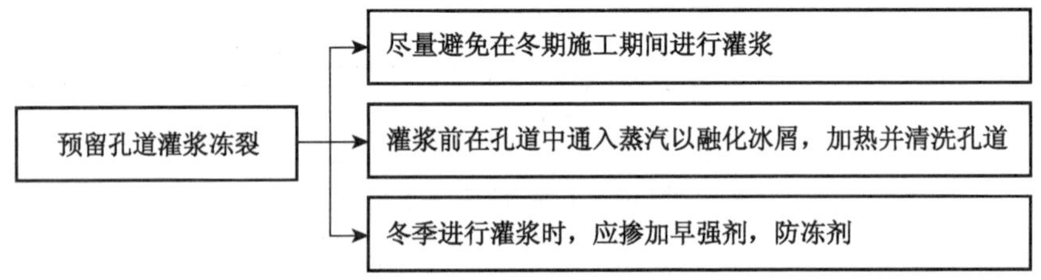

图 12-142　预留孔道灌浆冻裂风险因素控制

(5) 构件翘曲风险控制(图 12-143)

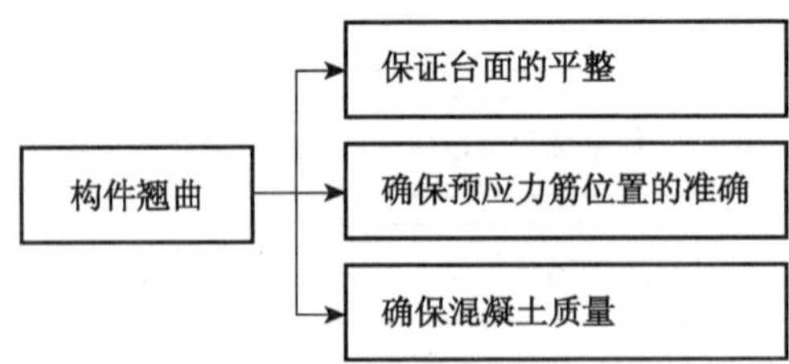

图 12-143　构件翘曲风险因素控制

(6) 构件刚度不足风险控制(图 12-144)

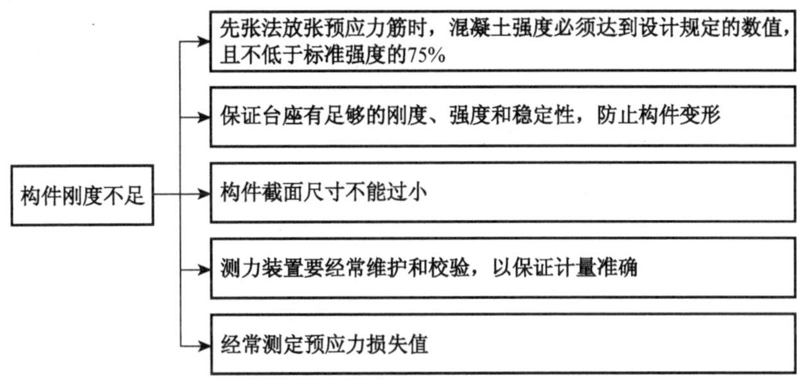

图 12-144 构件刚度不足风险因素控制

2) 预应力张拉安装风险控制(图 12-145—图 12-154)

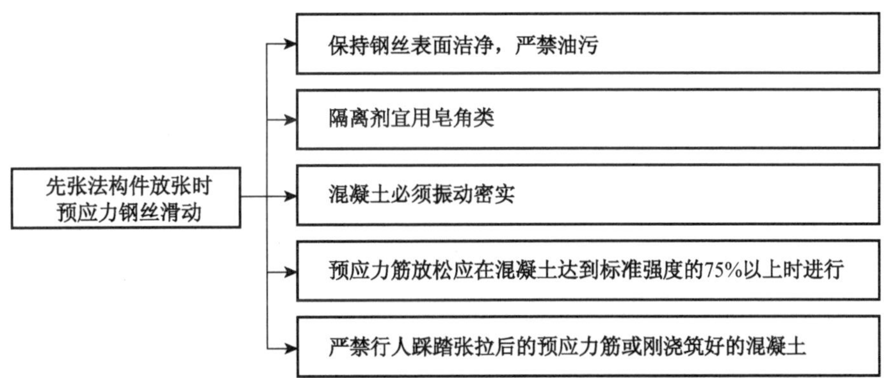

图 12-145 先张法构件放张时预应力钢丝滑动风险因素控制

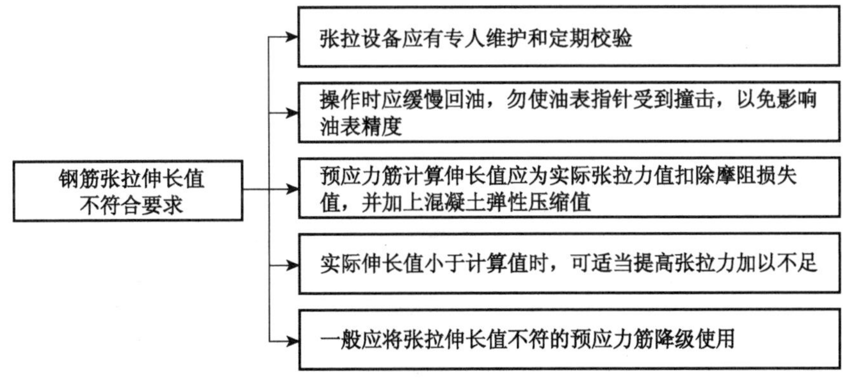

图 12-146 钢筋张拉伸长值不符合要求风险因素控制

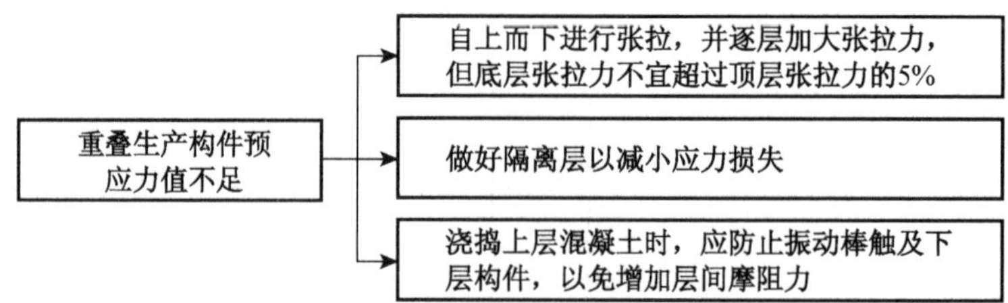

图 12-147　重叠生产构件预应力值不足风险因素控制

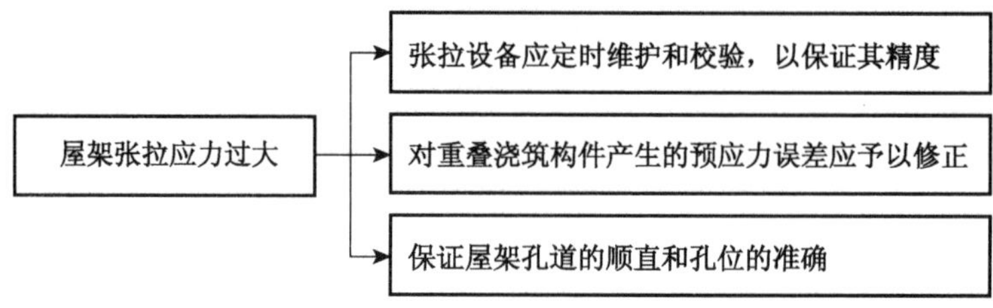

图 12-148　屋架张拉应力过大风险因素控制

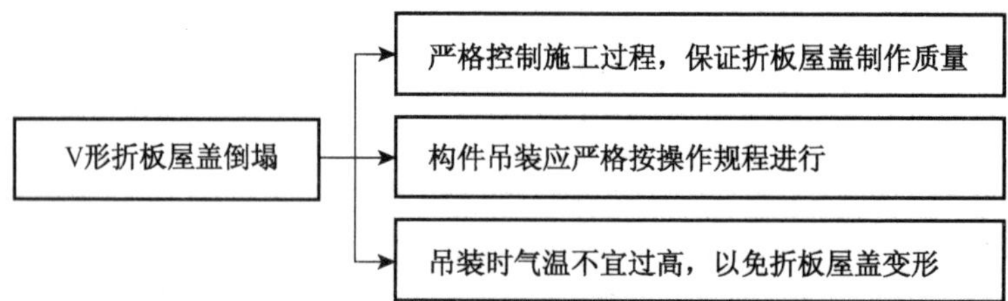

图 12-149　V 形折板屋盖倒塌风险因素控制

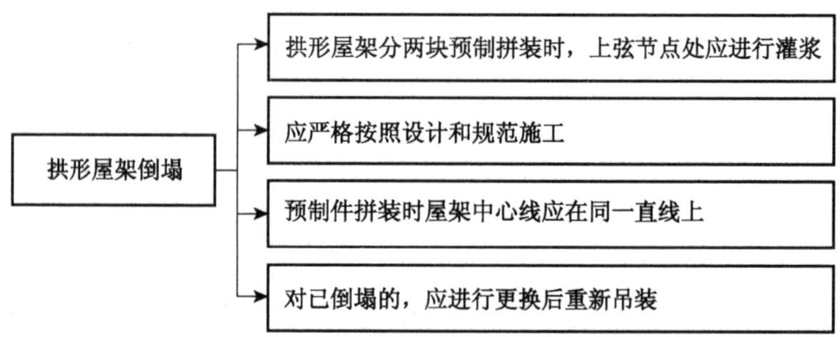

图 12-150　拱形屋盖倒塌风险因素控制

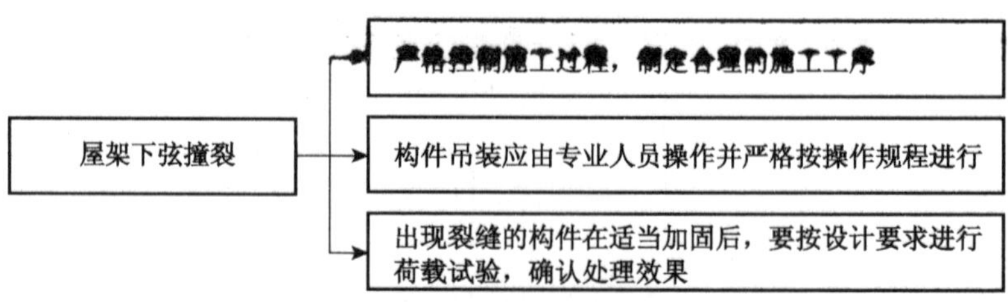

图 12-151　屋架下弦撞裂风险因素控制

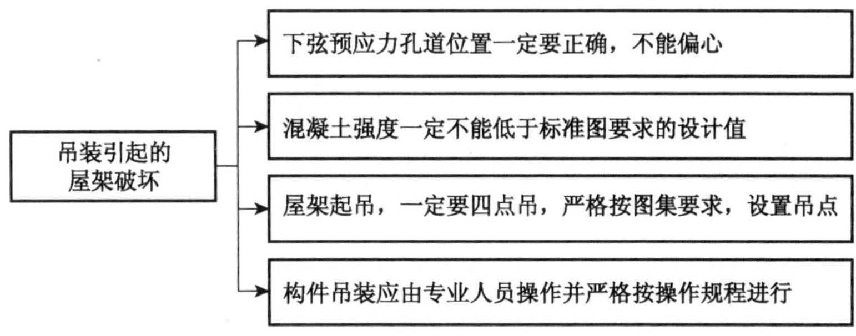

图 12-152　吊装引起的屋架破坏风险因素控制

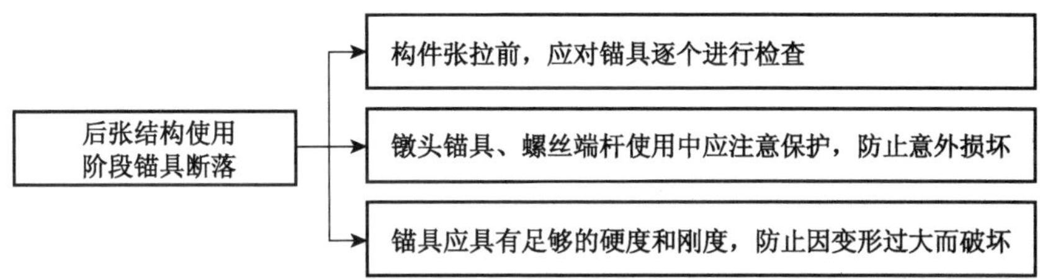

图 12-153　后张结构使用阶段锚具段落风险因素控制

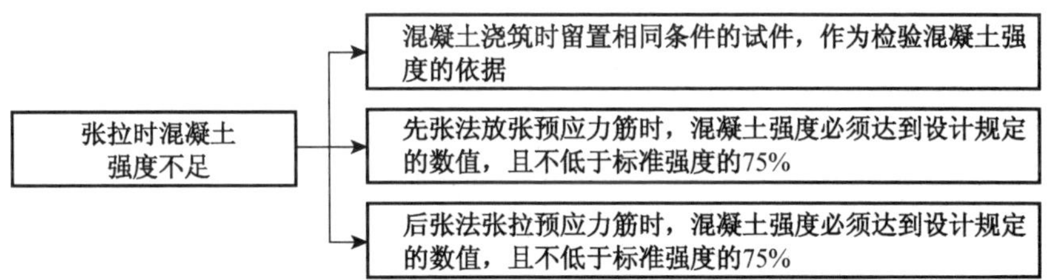

图 12-154　张拉时混凝土强度不足风险因素控制

3）预应力构件安装后风险控制(图 12-155—图 12-158)

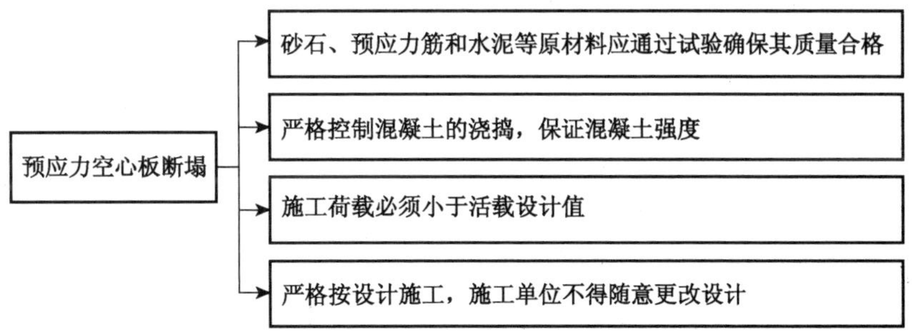

图 12-155　预应力空心板断塌风险因素控制

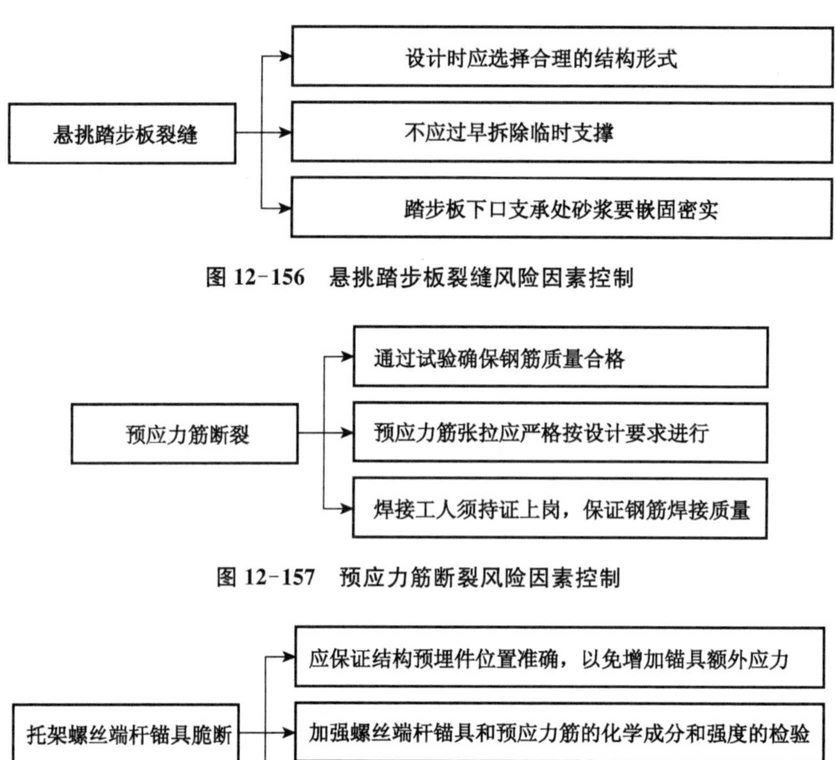

图 12-156　悬挑踏步板裂缝风险因素控制

图 12-157　预应力筋断裂风险因素控制

图 12-158　托架螺丝端杆锚具断裂风险因素控制

12.4.5　吊装工程技术风险控制

（1）重物失落风险控制(图 12-159)

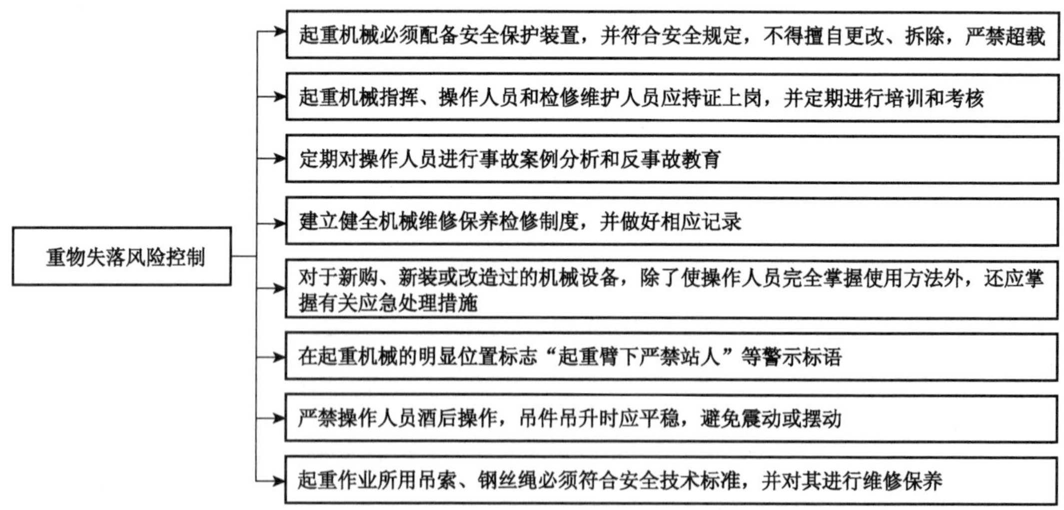

图 12-159　重物失落风险因素控制

(2) 挤伤风险控制(图 12-160)

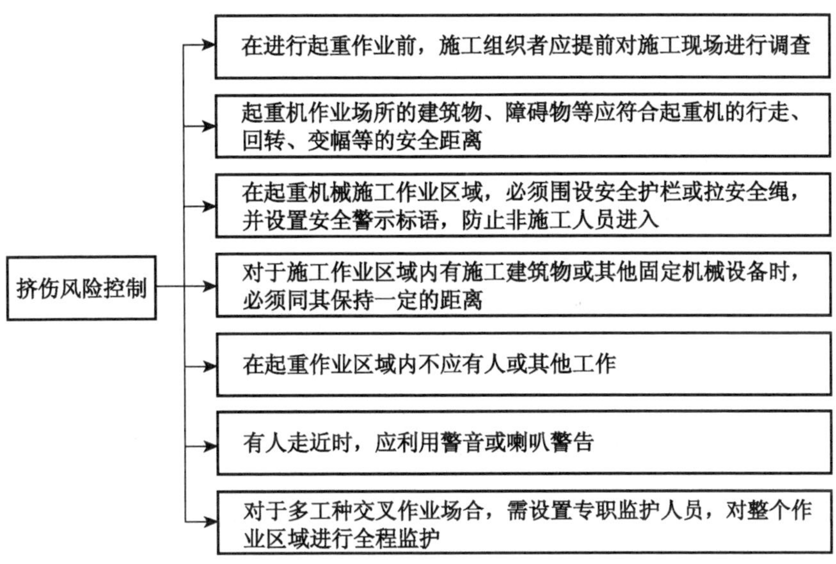

图 12-160　挤伤风险因素控制

(3) 坠落风险控制(图 12-161)

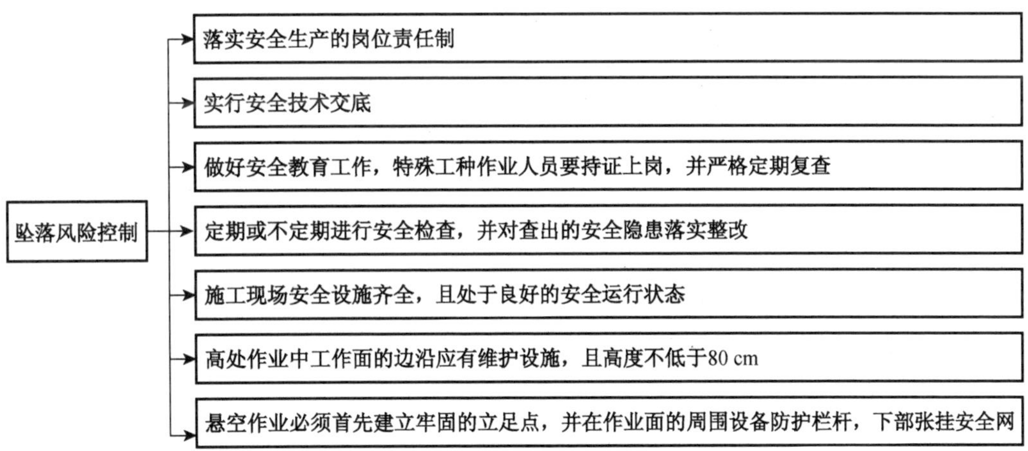

图 12-161　坠落风险因素控制

(4) 触电风险控制(图 12-162)

12.4.6　钢结构施工技术风险控制

(1) 钢结构缺陷风险控制(图 12-163)

(2) 钢结构材料风险控制(图 12-164)

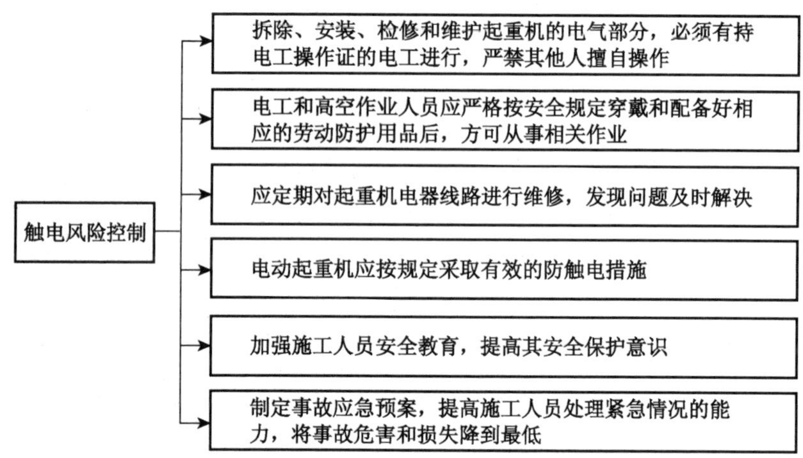

图 12-162　触电风险因素控制

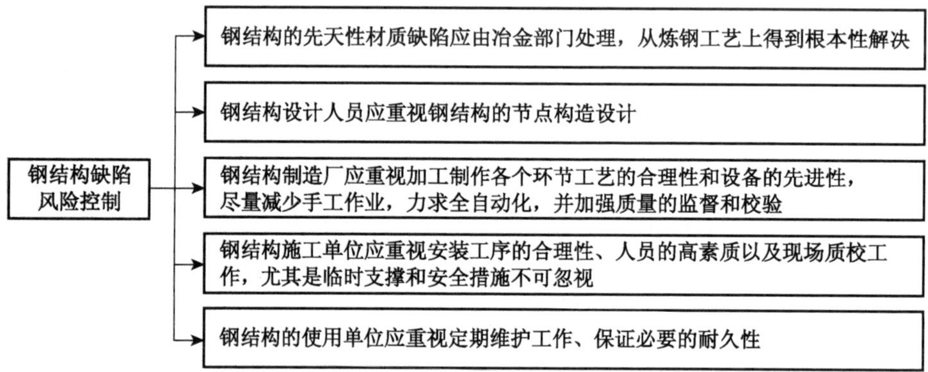

图 12-163　钢结构缺陷风险因素控制

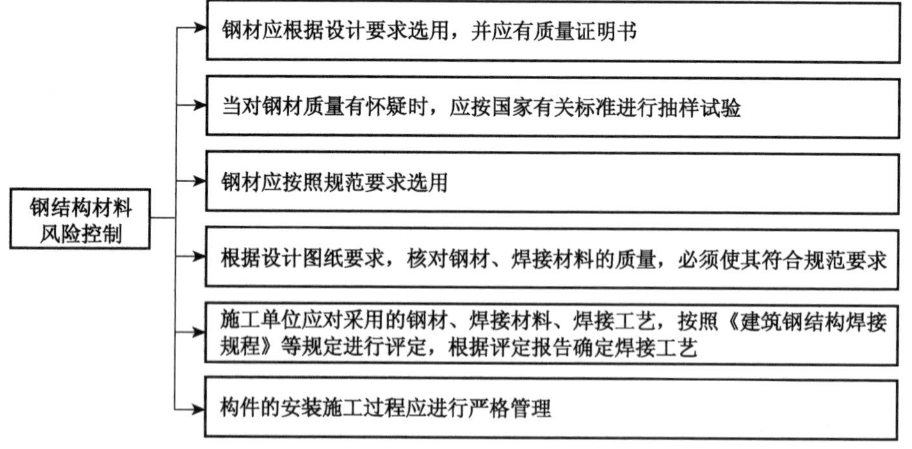

图 12-164　钢结构材料风险因素控制

(3) 钢结构变形风险控制(图 12-165)

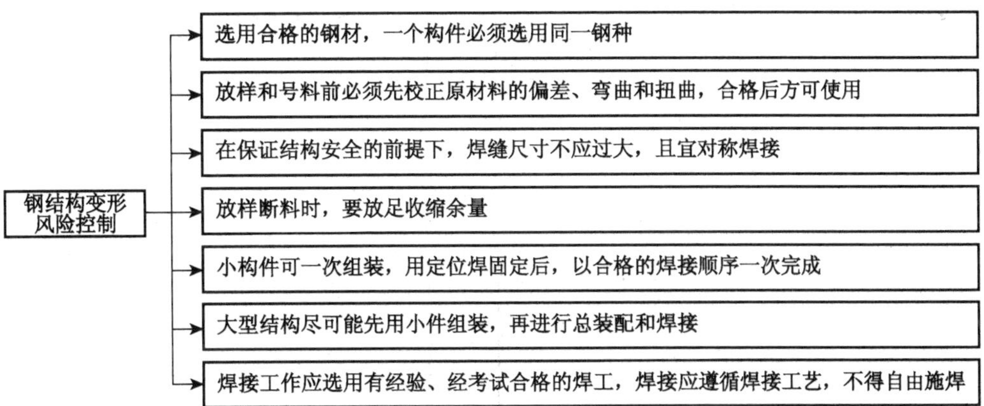

图 12-165 钢结构变形风险因素控制

(4) 钢结构脆性断裂风险控制(图 12-166)

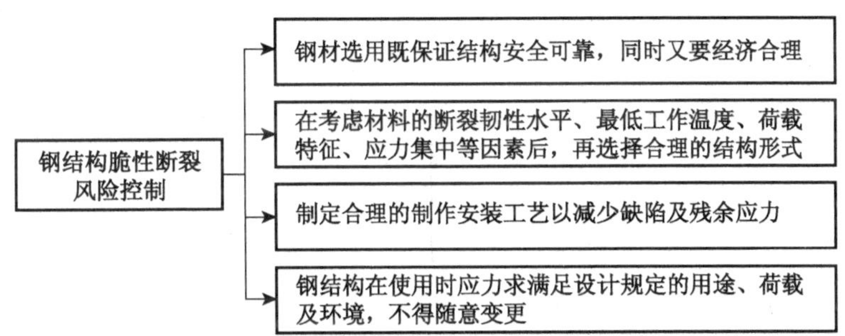

图 12-166 钢结构脆性断裂风险因素控制

(5) 钢结构疲劳破坏风险控制(图 12-167)

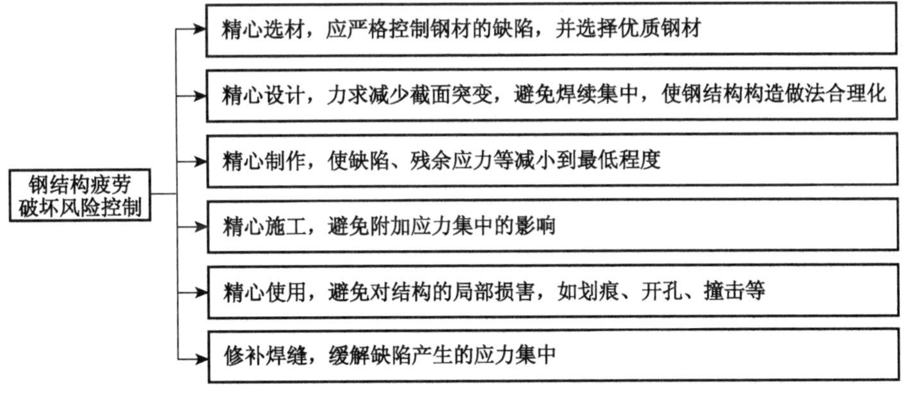

图 12-167 钢结构疲劳破坏风险因素控制

(6) 钢结构失稳破坏风险控制(图 12-168)

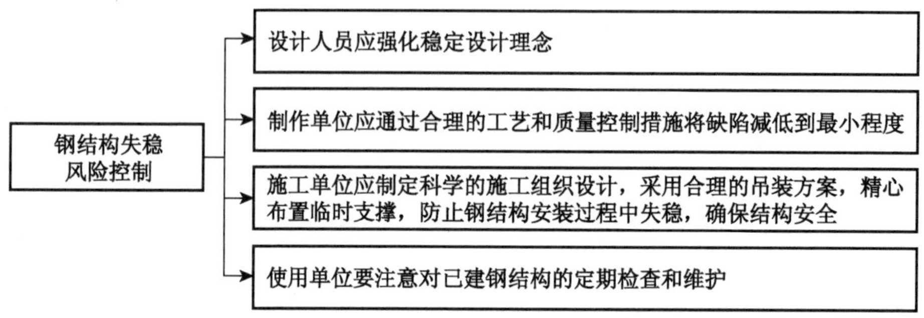

图 12-168 钢结构失稳破坏风险因素控制

(7) 钢结构锈蚀风险控制(图 12-169)

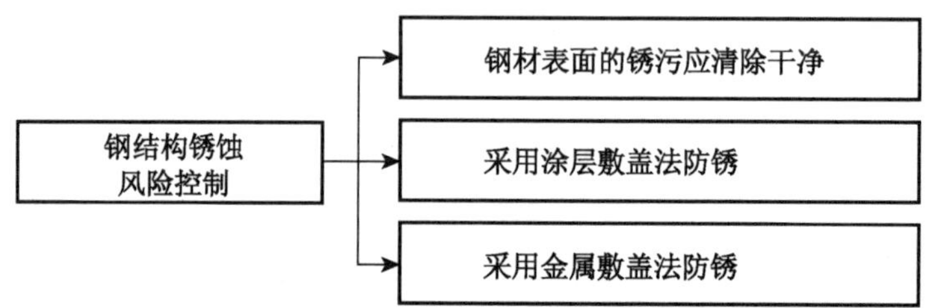

图 12-169 钢结构锈蚀风险因素控制

(8) 钢结构火灾风险控制(图 12-170)

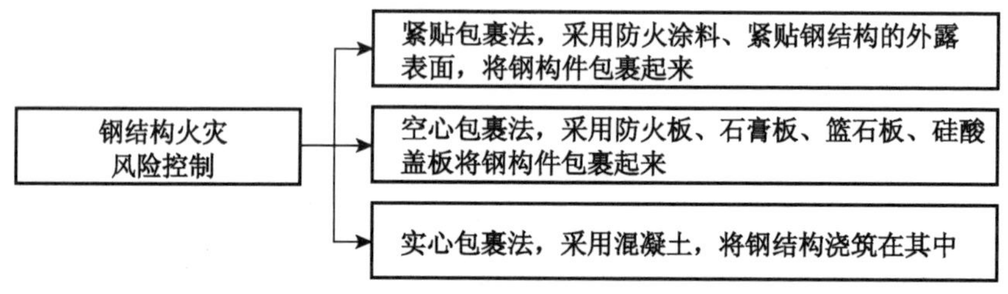

图 12-170 钢结构火灾风险因素控制

12.4.7 屋面渗漏技术风险控制

(1) 平屋面防水基层渗漏风险控制(图 12-171)

(2) 平屋面的卷材渗漏风险控制(图 12-172—图 12-181)

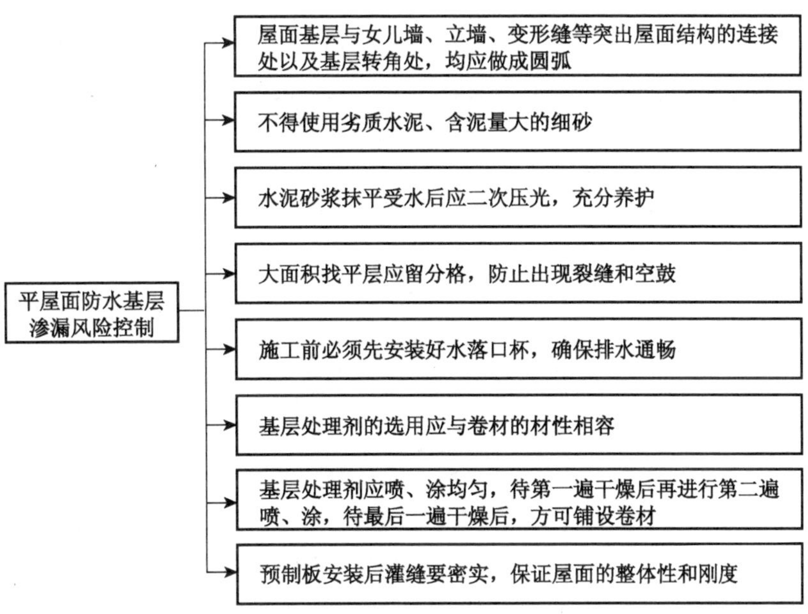

图 12-171　平屋面防水基层渗漏风险因素控制

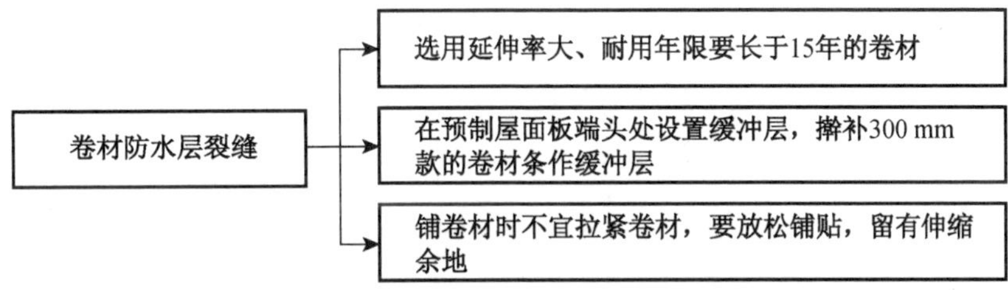

图 12-172　卷材防水层裂缝风险因素控制

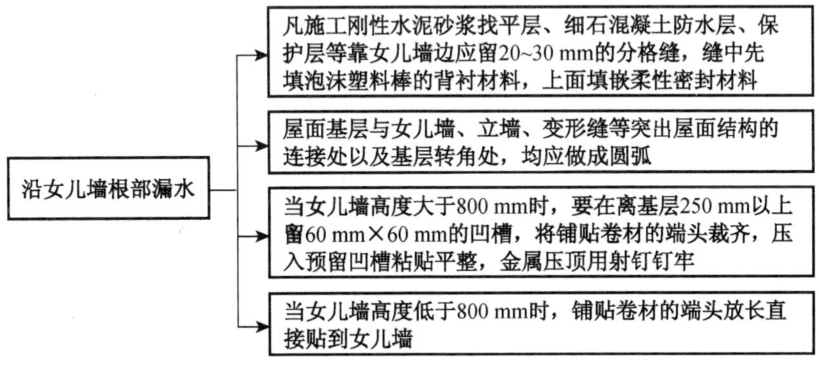

图 12-173　沿女儿墙根部漏水风险因素控制

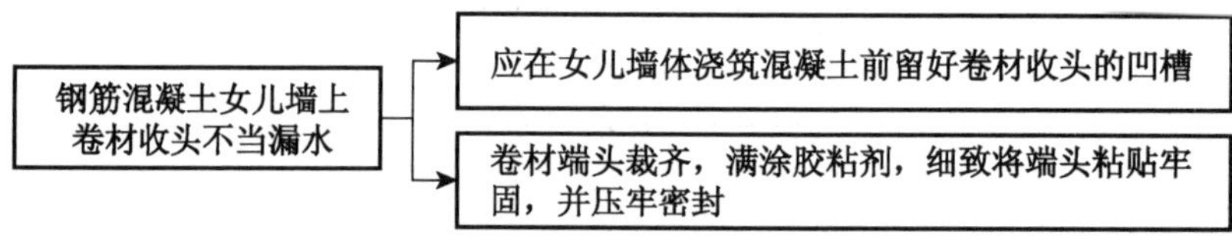

图 12-174　钢筋混凝土女儿墙上卷材收头不当漏水风险因素控制

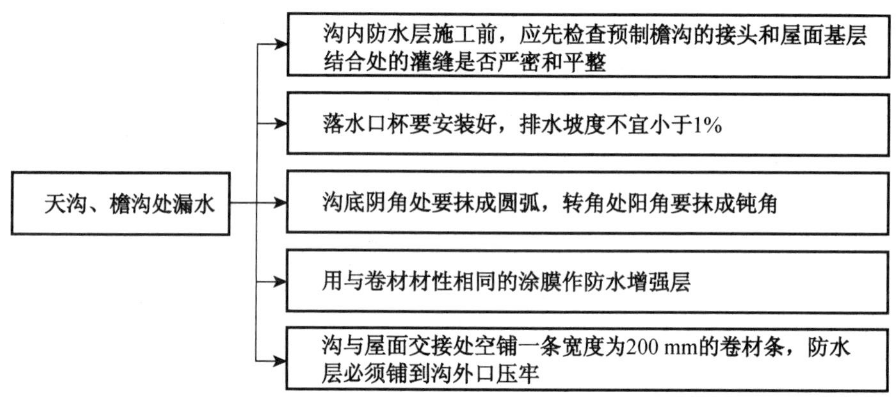

图 12-175　天沟、檐沟处漏水风险因素控制

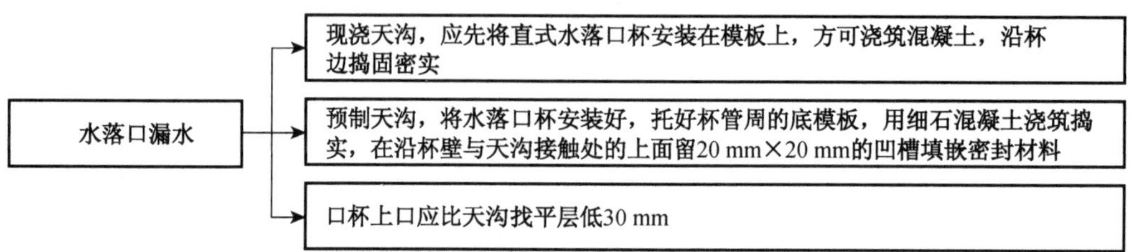

图 12-176　水落口漏水风险因素控制

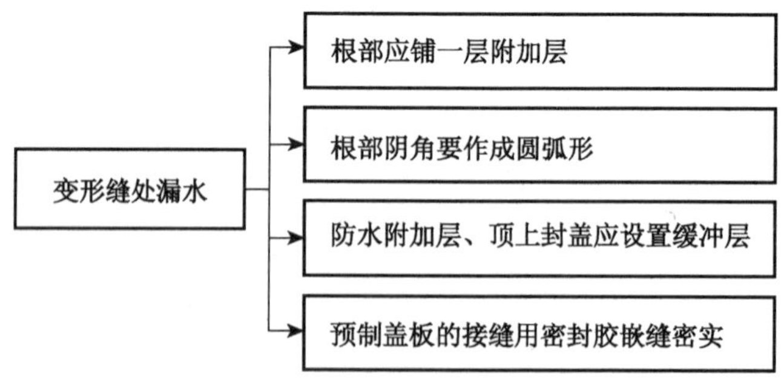

图 12-177　变形缝处漏水风险因素控制

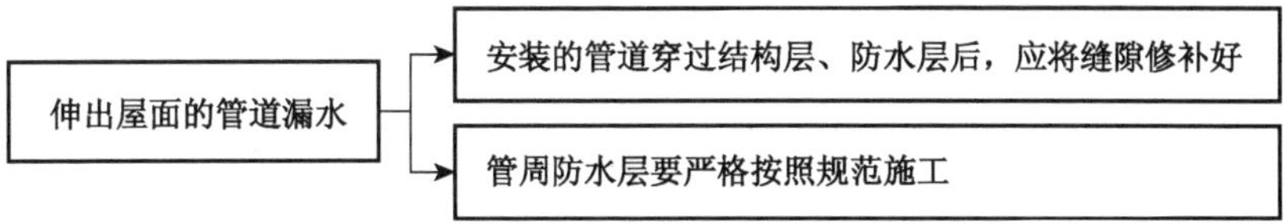

图 12-178 伸出屋面的管道漏水风险因素控制

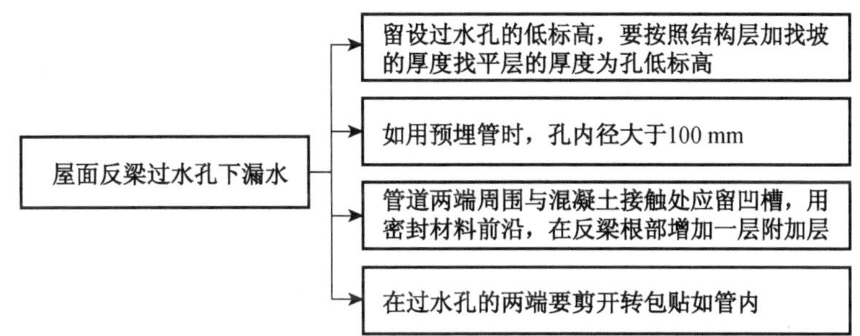

图 12-179 屋面反梁过水孔下漏水风险因素控制

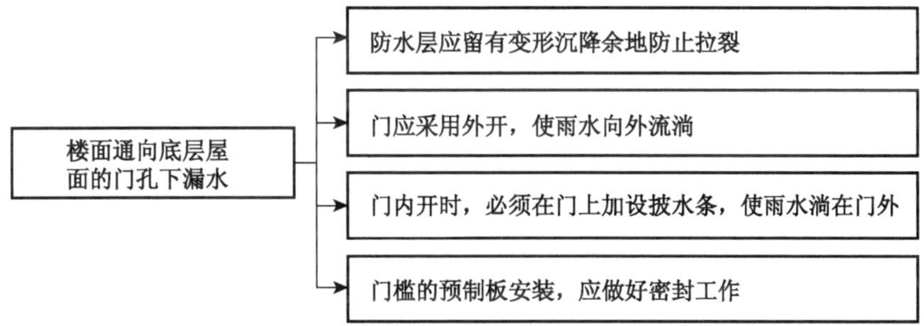

图 12-180 楼面通向底层屋面的门孔下漏水风险因素控制

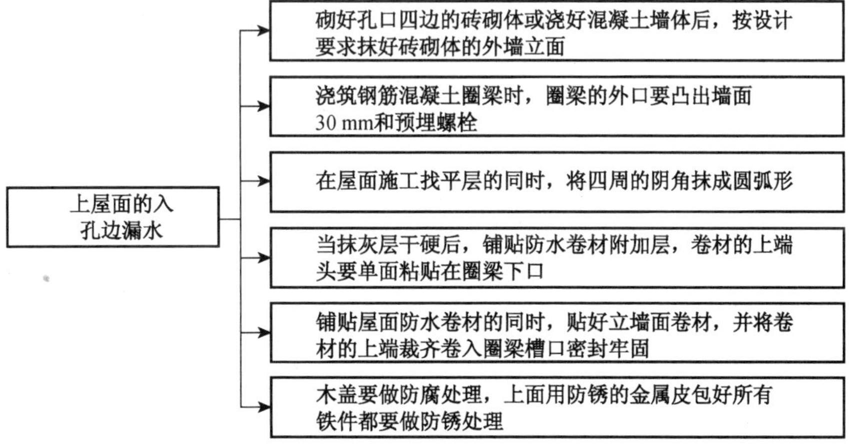

图 12-181 上屋面的入孔边漏水风险因素控制

(3) 屋面涂膜防水渗漏风险控制(图 12-182—图 12-185)

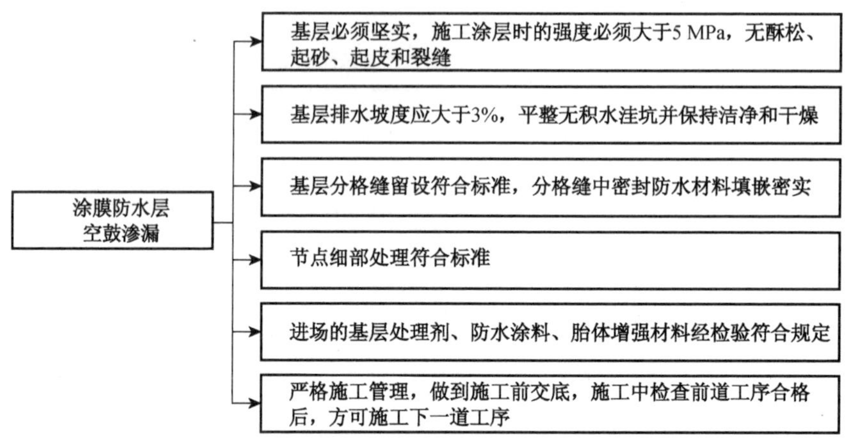

图 12-182 屋面涂膜防水层空鼓渗漏风险因素控制

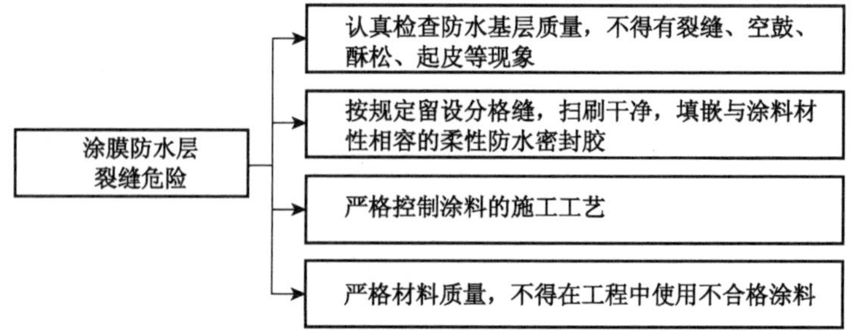

图 12-183 涂膜防水层裂缝渗漏风险因素控制

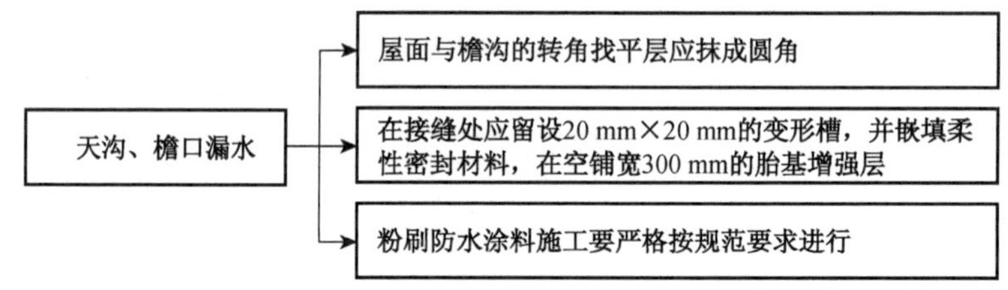

图 12-184 天沟、檐口漏水风险因素控制

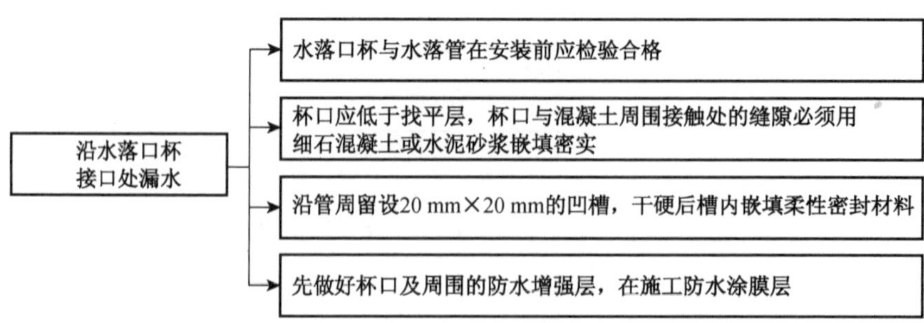

图 12-185 沿水落口杯接口处漏水风险因素控制

(4) 刚性防水层渗漏风险控制(图 12-186—图 12-189)

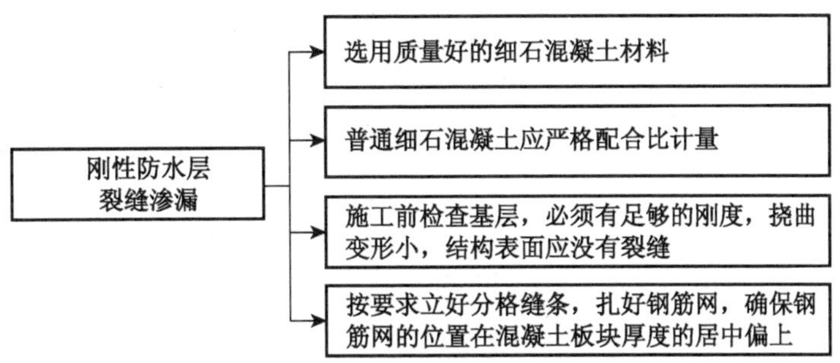

图 12-186 刚性防水层裂缝渗漏水风险因素控制

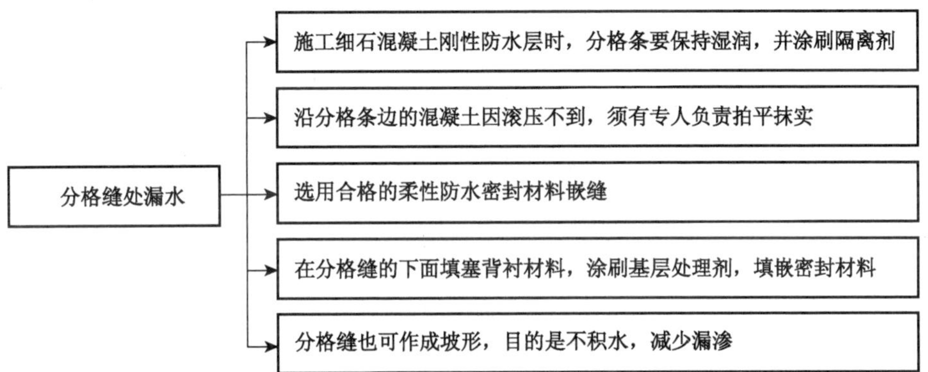

图 12-187 刚性防水层分格缝处漏水风险因素控制

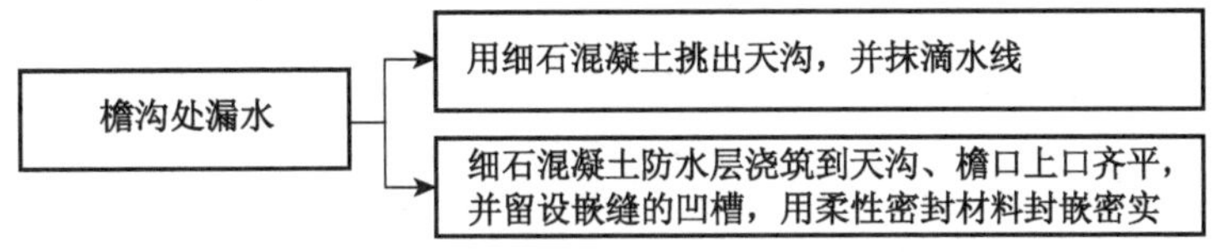

图 12-188 刚性防水层檐沟处漏水风险因素控制

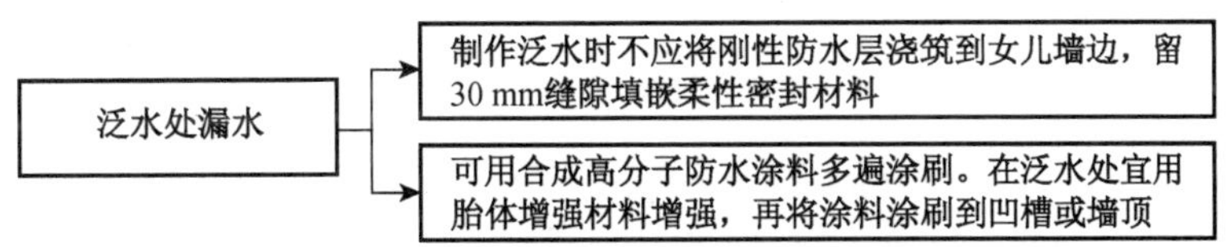

图 12-189 刚性防水层泛水处漏水风险因素控制

(5) 保温隔热屋面渗漏风险控制(图 12-190—图 12-192)

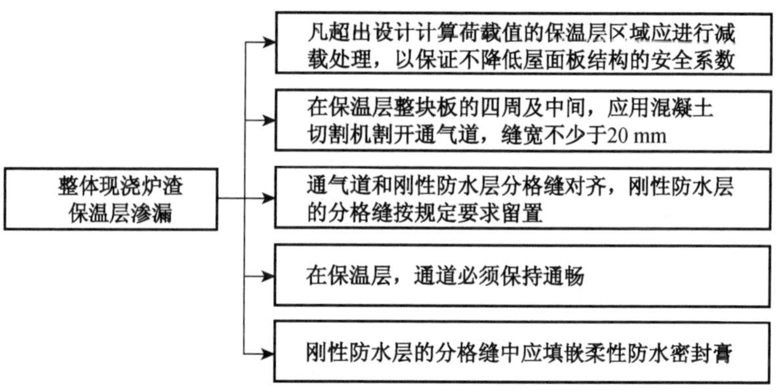

图 12-190　整体现浇炉渣保温层渗漏风险因素控制

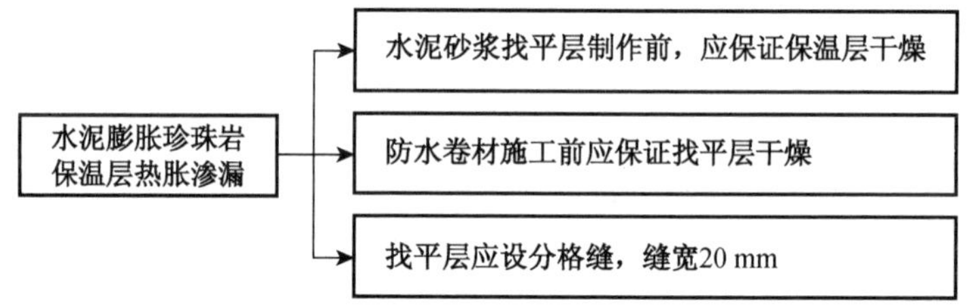

图 12-191　水泥膨胀珍珠岩保温层渗漏风险因素控制

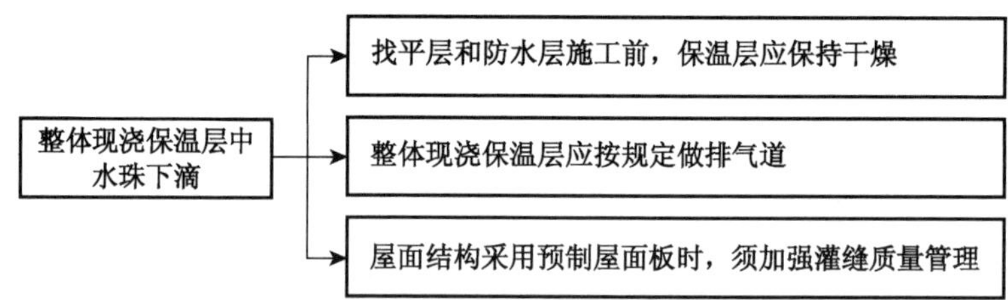

图 12-192　整体先浇保温层中水珠下滴风险因素控制

12.4.8　大跨屋面钢网架结构施工技术风险控制

大跨屋面钢网架结构施工技术风险控制如图 12-193—图 12-200 所示。

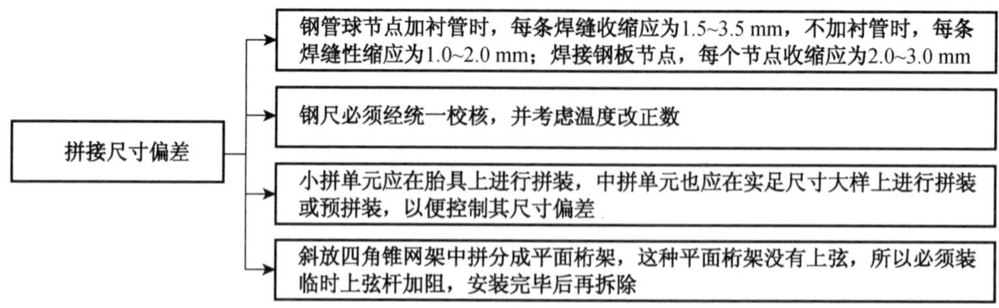

图 12-193　拼装尺寸偏差风险因素控制

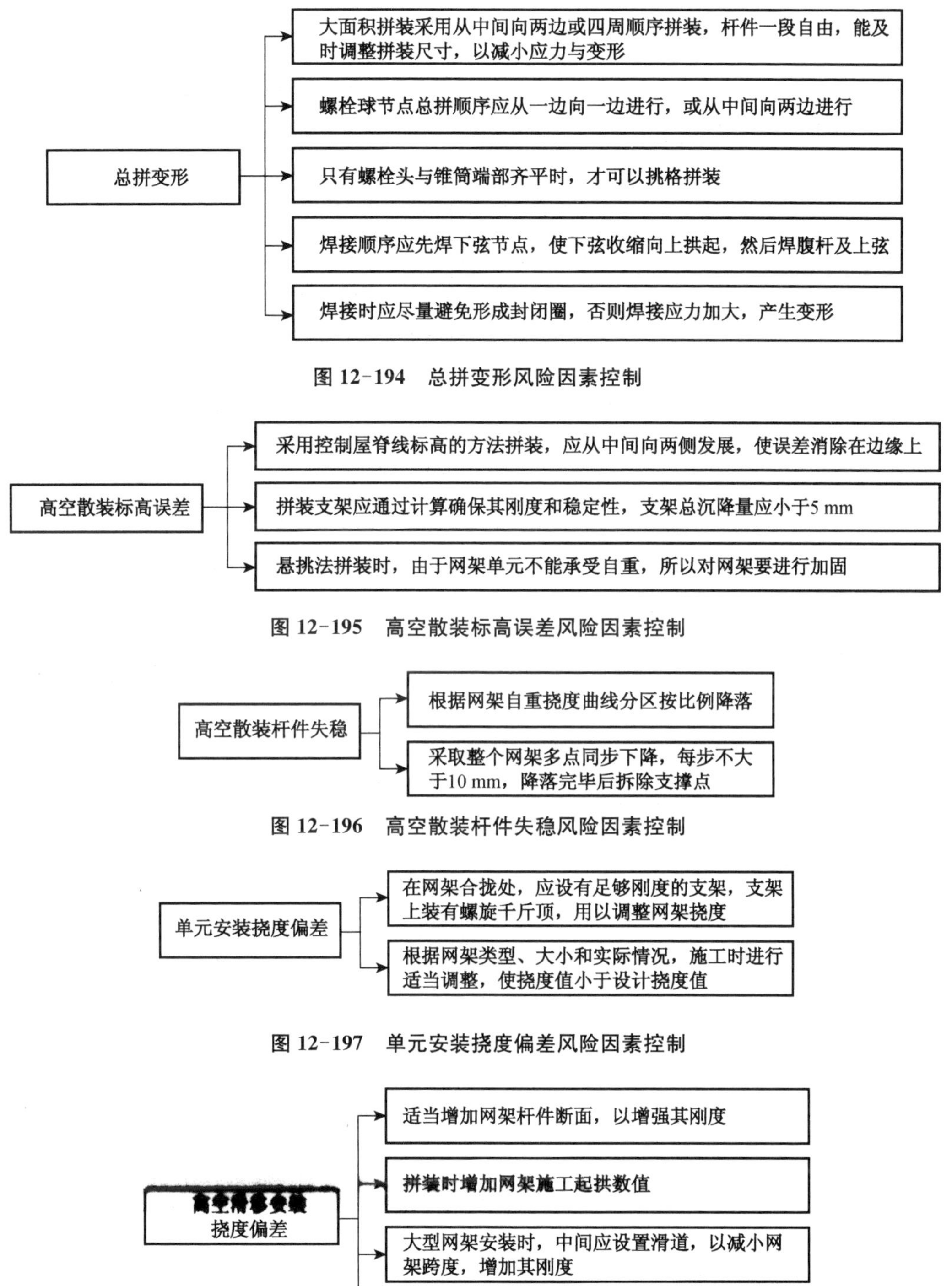

图 12-194　总拼变形风险因素控制

图 12-195　高空散装标高误差风险因素控制

图 12-196　高空散装杆件失稳风险因素控制

图 12-197　单元安装挠度偏差风险因素控制

图 12-198　高空滑移安装挠度偏差风险因素控制

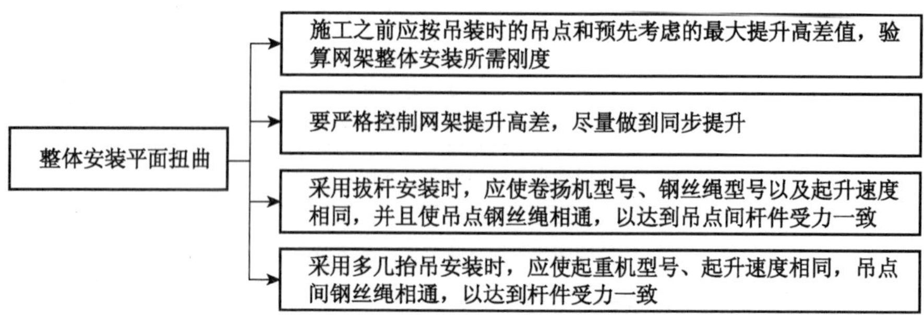

图 12-199　整体安装平面扭曲风险因素控制

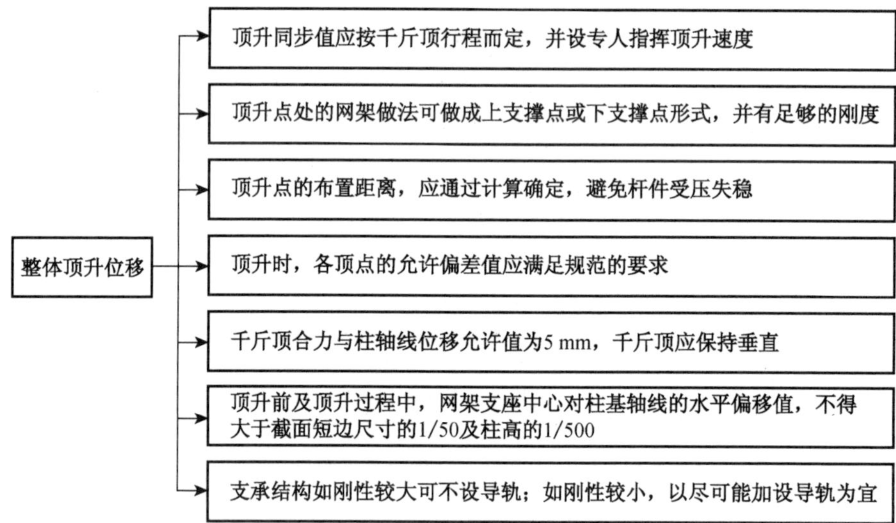

图 12-200　整体顶升位移风险因素控制

第四篇 实　务　篇

13　管理投标与策划

14　勘察设计阶段风险管理

15　施工准备阶段风险管理

16　施工阶段风险管理

17　竣工验收阶段风险管理

18　一年运营保修期风险管理

建设工程质量安全风险管埋制度若想取得预设的效果，良好的现场风险管理运作是必不可少的一个环节。但作为一项新生事物，我国的工程风险管理机构正处于起步期，对风险管理的现场实务操作办法仍在摸索当中。本篇在充分汲取国外工程质量安全管理良好做法的基础上，深入探讨了我国工程风险管理机构在建设工程质量安全风险管理制度下的实务操作问题，提出了可资参考的风险管理运作办法。其中涉及的主要内容有：风险管理投标、风险管理策划以及从勘察设计到施工和到工程投入使用一年运营保修期等各个阶段的具体风险管理工作、流程、方法和手段，这些工作的一般程序如下图所示。由于研究时间短暂，因此本篇所讨论内容的适用对象为一般工业与民用建筑工程，市政、水工等其他工程可取其参考意义探索自身的风险管理实务操作办法。

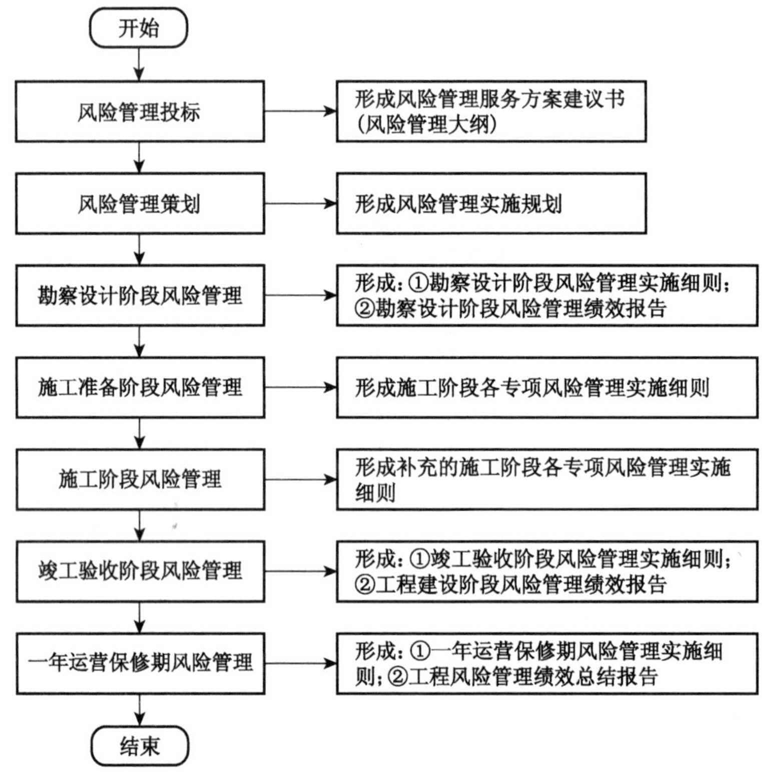

风险管理工作程序示意图

13 管理投标与策划

本章的目的介绍在开展建设工程质量安全风险管理业务之前应做的准备工作，内容包括风险管理投标工作和合同签订后的风险管理策划工作。所谓“良好的开始是成功的一半”，有效的风险管理准备工作是奠定项目风险管理成功基础的关键步骤。本章重点介绍了风险管理服务建议书的编制、风险管理策划的内容、流程、方法等内容。

13.1 风险管理投标

13.1.1 概述

按照建设工程质量安全风险管理制度的规定，业主(投保人)在设计方案评审完成后，应进行投保准备和保险招标。业主将根据投标单位提交的保险方案、风险管理服务方案、保险人的理赔诚信记录、承保能力、基准费率等因素综合考虑后确定保险人。这就意味着，保险人在投标前必须确定风险管理机构，以求形成具有竞争力的风险管理服务方案。依据《中华人民共和国招标投标法》的精神，保险人确定风险管理机构可以根据项目实际情况采取三种采购方式，即公开招标、邀请招标和直接委托。但不管采用何种方式，风险管理机构都必须形成风险管理服务建议书，并在与保险人谈判取得一致后签署风险管理服务协议，以作为签订风险管理委托合同的依据。风险管理招投标的工作流程示意图如图 13-1 所示。

风险管理机构在投标阶段的主要工作内容包括投标准备、风险管理服务建议书的编制、风险管理服务意向书以及风险管理委托合同的谈判签订。其中，投标准备工作主要包括组建经验丰富的投标班子、调查收集项目信息并进行深入分析理解等工作，与一般工程咨询服务投标内容大致相同，此处不再赘述。下文将重点阐述风险管理服务建议书的编制以及风险管理委托合同的内容两部分。

13.1.2 风险管理服务建议书的编制

风险管理机构应根据保险人的邀请函和招标文件编制建议书，并参考投保人的保险招标文件。风险管理服务建议书的内容分为技术建议书和财务建议书。

技术建议书可参考下属结构形式和内容编制：

(1) 概述。介绍投标单位(包括合作者)名称；说明建议书的结构与主要内容；简述投标方案的思路和特点。

(2) 公司概况。简要介绍公司实力，包括公司的背景、资源、荣誉、业务范围等。如

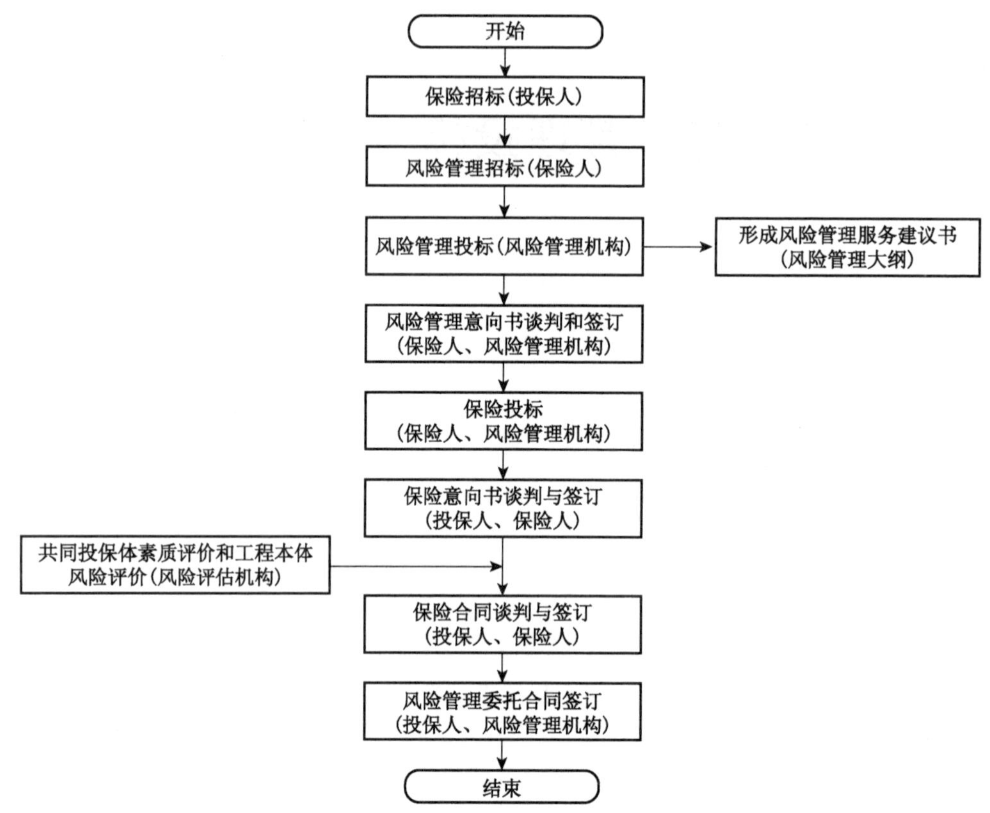

图 13-1　风险管理招投标工作流程示意图

果是与其他单位联合投标(如监理公司与审图机构、材料检测机构联合),则还应介绍其他单位的情况,说明联合体的组织结构以及各自的分工协作方式。

(3) 工程风险管理经验。介绍本单位的工作资历和工程风险管理经验,重点介绍类似工程的完成情况。应阐明本单位的技术水平、工程经验和服务优势。在目前工程质量安全风险管理的起步阶段,尚没有完全意义上风险管理经验的投标单位也可重点介绍类似工程的质量安全管理经验和业绩。

(4) 对项目的理解。阐述项目的背景及其对所在地区和行业发展的影响;项目的特征、技术指标与环境条件;影响本项目的关键因素和敏感性因素等。

(5) 对招标文件的理解和建议。阐述对招标文件中每项任务的工作范围与深度的理解,提出改进意见和合理化建议。

(6) 风险管理工作方法。详细描述为完成风险管理服务的方法、途径和步骤,其中包括:风险管理服务总体方案、各子项任务的划分、工作标准、主要的风险管理流程、各方的工作界面、风险识别与评估方法的选择、主要的工作手段、工作制度、过程中使用的仪器和设备等。本部分为技术建议书的核心内容。

(7) 组织建设。介绍拟采用的项目组织结构形式、风险管理项目经理和成员的配备,简述主要参与人员资历和经验,公司总部对项目的支持,成员的岗位职责及工作时间安排计划等。

(8) 附件。附件通常包括:邀请函和招标文件、工程实例、现场踏勘照片以及招标人要求的其他文件资料。

财务建议书应按照招标文件的要求来编写,主要内容为风险管理服务费用的总金额和支付程序、方式等。风险管理服务费的取费标准见《模式篇》中的相关章节,此处不再赘述。

13.1.3 风险管理委托合同的签订

风险管理机构在接到谈判邀请通知后,应组建包括编写建议书的负责人、财务与法律人员、项目经理等人在内的谈判小组。谈判小组组长应持有公司法定代表人签署的授权书,证明他有资格代表该公司进行谈判以达成具有法律效力的协议。谈判围绕着准备好的合同文本进行,并以此为基础商谈、修改、补充,最终明确界定甲乙双方的权利和义务,并达成风险管理委托意向书,待保险人中标后正式签署风险管理委托合同。

风险管理委托合同主要包括的内容有:合同中有关名词的定义及解释;风险管理机构的义务;保险人的义务;各方人员派遣以及人员更换的约定;双方责任;协议开始执行、完成、变更与终止的条款;费用支付条款;一般规定;争端的解决等内容。

13.2 风险管理策划

13.2.1 概述

良好的策划是有效进行风险管理的基础。风险管理策划指确定怎样着手开展风险管理并为项目风险管理活动做出计划。在风险管理委托合同签订后,风险管理机构应尽快建立相应的策划组织,着手收集尽可能多的关于项目的信息,以风险管理服务方案建议书(风险管理大纲)为基础进行风险管理策划,编制项目风险管理实施规划。主要应收集的项目信息有:工程保险合同和风险管理委托合同;项目建议书、可行性研究报告以及项目设计方案;工程场地及其周边环境的实地踏勘资料等。

通过对上述信息的收集和分析,我们可以初步掌握项目的全景,以便我们更合理地进行风险管理策划工作。风险管理策划工作的主要成果是项目风险管理实施规划,其内容应包括:

(1) 工程概况,包括项目的建筑选址、设计方案简述、项目的进度、造价、质量和安全计划、当前的项目进展情况、项目参与者等内容。

(2) 工作目标,包括风险管理总目标以及分解的子目标体系。

(3) 工作依据,包括保险合同、风险管理委托合同、项目可行性研究报告、已通过评审的设计方案、相关规范和标准、相关法律、法规和标准以及其他必要的文件等。

(4) 项目风险识别和评估。通过对项目所在区域的气象、地质、水文资料的分析、场地的历史使用情况、项目计划的可实现性、设计方案的成熟性、施工技术的难度、场地环境和周边环境的制约、项目参与者的技术素质等因素的分析，识别对工作目标造成威胁的潜在风险，并进行分析和评估，建立项目风险清单和风险等级一览表。

(5) 项目风险应对计划。根据项目风险清单和风险等级一览表，制定相应的风险预控措施(应同时包括技术措施和管理措施)，对有可能引起重大事故的风险还应当制定应急计划。

(6) 工作内容。综合上述内容，按时间节点确定各阶段的风险管理工作内容。

(7) 项目组织建设。以风险管理服务建议书和工程实际情况为基础选择合适的项目组织构架，并根据工作内容的要求，设置岗位并明确其职责；针对各项工作内容建立职责矩阵，明确每项活动中的责任人、岗位间的协调和支持等。

(8) 工作流程设计。包括对工程质量安全风险管理的总流程和各阶段的子流程，其中还应包括必要的合同管理、信息管理等流程。

(9) 工作方法、手段和制度。确定本项目上实施风险管理所使用的方法、工具及相应的工作制度建设。根据项目所处的阶段、可获得的信息量以及风险管理尚存的灵活性，可能应进行不同类型的评估。其中还应明确风险分析的评分与解释，保证前后评估结果的一致性；风险临界值的明确定义，可接受的临界值构成了项目班子衡量风险应对计划执行效果的指标；建立相应的工作制度，作为管理的依据和约束。

(10) 工作表单。规定风险管理过程的结果如何记录与分析，以及如何通知项目班子、内部与外部利害关系者与其他人。

下文将详细讨论项目风险管理实施规划中的主要内容。其中，风险识别和评估章节中将讨论其方法，其余工作方法和手段结合各阶段风险管理工作内容阐述，工作表单也相应给出，此处不再赘述。

13.2.2 目标体系

1) 目标制定依据

风险管理机构受保险人委托对工程的质量安全风险进行管理，因此其出发点在于维护保险人的利益，努力促成其利益最大化。

为简单说明风险管理目标的制定依据，本文仅从保险人的静态财务收益角度进行分析，不考虑资金的时间价值和保险人的投资收益率。在这一类承保业务中，其营业收入为保费，营业成本则包括人工工资及福利费、项目风险评估费、折旧费、摊销费、前期保险合同投标及谈判费用、财务费用、管理费用等。考虑到保险的特点，在预期的费用支出方面还需要加入以往这一保险平均的赔付支出。因此：

保险人的正常收益 = 保费 − 人工工资及福利费 − 项目风险评估费 − 折旧费 − 摊销费 − 前期保险合同投标及谈判费用 − 财务费用 − 管理费用 − 平均赔付支出

在一般险别中，保险人依据大数原则和自身的风险承受能力，通过对各项成本费用和赔付支出的清晰理算来确定保费，保证合理的财务收益率。但风险管理制度引入了工程质量保修保险这一险别，其特点是保险标的复杂、承保时间长、不确定因素多，再加上该险别在我国刚处于引进和试点阶段，根本没有相应的理赔数据，因此保险人如果想在这一险别上盈利，就必须通过对工程质量风险的严格控制来降低理赔费用。

风险管理机构要实现保险人利益的最大化，如果能将工程风险控制到零损失程度，自然是最好的。但实际上，这是不可能实现的，因为不可能完全消除所有的风险，或者说完全消除风险的成本非常巨大。因此建立一个合理的、量化的风险降低目标，对于指导和考评风险管理机构的工作绩效十分重要。但是，目前工程风险理赔数据的缺乏和研究水平，这一量化的风险降低目标研究难度较大，因此保险人无法提出明确的说法。虽然如此，风险管理机构的工作目标方向还是明确的，即必须通过相应的手段来降低保险责任范围内的工程风险的发生频率和风险发生后的损失程度，降低保险公司的赔付支出。这也是我们目前所能认知的风险管理工作目标。

2）保险标的和责任分解

按照建设工程质量安全风险管理制度的规定，由建设单位牵头组成的共同投保体应同时投保三个险种，即建筑/安装工程一切险、工伤险和工程质量内在缺陷保险。其中，建筑（安装）工程一切险的保险标的为由除外责任以外的任何自然灾害或意外事故造成的物质损失和与所承保工程直接相关的意外事故引起工地内及邻近区域的第三者人身伤亡、疾病或财产损失；工伤险的保险标的为保单上列明的被保险人在工程施工期间所遭受的意外伤害，被保险人主要为从事建筑施工及与建筑施工相关的工作，或在施工现场或施工期限内在指定的生活区域内的各方人员；工程质量保修保险的保险标的一般为指定的主体结构工程和地基基础工程缺陷、屋面防水工程、有防水要求的卫生间、房间和外墙面的防渗漏缺陷、供热与供冷系统缺陷、电气系统缺陷、给排水管道缺陷、设备安装缺陷和装修工程缺陷，具体情况应视保单的承保范围而定。通过三个险种的捆绑投保，投保人几乎把所有主要的工程质量安全风险都转移给了保险人。

风险管理机构作为受保险人委托在现场从事风险控制工作的中介机构，必须事先吃透保单中规定的保险标的和保险责任。本文对这三个险种的保险标的和保险责任分解如图 13-2 所示，该图明示了风险管理机构的风险控制对象和工作责任。需要说明的是，本文定义的工程安全包括两大块内容：一是人员的健康安全，二是工程资产的安全。

3）目标体系构建

依据对保险人财务收益的分析、如图 13-2 所示的保险标的和保险责任分解图，可构建如下工程质量安全风险管理目标体系：

风险管理总目标：通过对工程质量安全风险的全过程有效控制，降低保险责任范围内的工程风险的发生频率和风险发生后的损失程度，降低保险赔付支出，实现保险人利益最大化，维护社会公共安全。

可资参考的风险管理子目标（可依据具体的风险管理委托合同要求进行修改并进一步明确）：

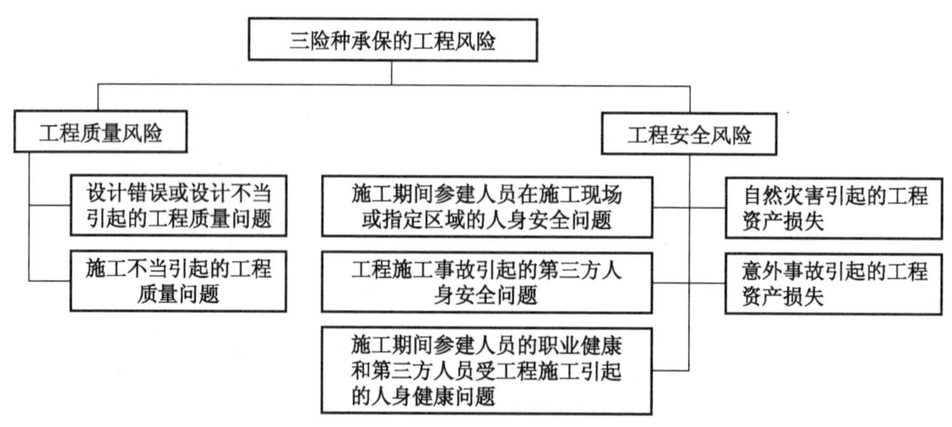

图 13-2　保险标的和保险责任分解图

(1) 勘察风险管理目标:①工程勘察资料准确详实,满足设计要求;②安全零伤亡;③承保范围内工程资产零损失。

(2) 设计风险管理目标:①结构可靠度(安全性、适用性、耐久性)100%满足约定规范要求;②不产生影响使用功能的质量缺陷;③对环境的影响降至最低程度;④满足可施工性(Buildablity)要求。

(3) 施工风险管理目标:①施工/安装质量 100%满足约定规范要求;②安全零伤亡;③承保范围内工程资产零损失。

13.2.3　项目风险识别与评估

在明确了风险管理的工作目标之后,应对项目实施过程中对实现目标造成威胁的风险进行识别和评估,从而明确风险管理的实施对象。

13.2.3.1　风险识别

准确识别风险是成功进行风险管理的第一步。风险识别是指针对工程项目所面临的及潜在的风险加以判断、归类和鉴定风险性质的过程。对风险识别可以通过感性认识和经验进行判断,但更重要的是依据各种客观的统计、以前类似项目的资料和风险记录,通过分析、归纳和整理,从而发现各种风险的损害情况及其规律性。同时,还尽可能鉴别出有关风险的性质、属于可管理的风险还是不可管理的风险等,以便采取有效的应对措施。

值得注意的是,在风险识别过程中,最常见的一个错误就是把不是风险的事物误认为是风险,造成风险管理的对象错误。例如许多人在进行识别风险时,往往会把风险(risk)和不确定性(uncertainty)相混淆。事实上,风险与不确定性并不相同,风险的定义只能与目标相联系。风险的最简单的定义是"起作用的不确定性",它之所以起作用,是因为它能够影响一个或多个目标。风险并不是存在于真空中,因此我们需要定义什么"处于风险之中"(at risk),也就是说,如果风险发生的话,什么目标将会受到影响。有效的风险管理要求必须识别出真正的风险,即"能够对一个或多个目标产生正面或负面影响的不确定性"。把风险和目标相联系,就可以确保风险识别过程关注于那些起作用的不确定性，而不会被不相关的不确定性分散精力。

风险识别是一个系统、持续的过程。面对一个工程进行风险识别，我们不能妄自猜度，只会使我们无端扩大风险管理范围，失去真正的风险控制对象。我们应尽可能详尽地占有和分析工程信息，这些信息包括：项目方案；项目所在区域的气象、地质、水文资料；场地的历史使用情况；项目进度、投资、HSE 计划；现有场地环境和周边环境；项目可能涉及的"四新"技术；项目参与者的技术素质；类似工程的经验和教训；已有的风险管理数据和模板等。通过对上述信息的整理和分析，可以有效识别出威胁工作目标的潜在风险。

风险识别的方法很多，一般方法有专家调查、文件审查、SWOT 分析、Delphi 法、核对表法、访谈法、WBS-RBS 方法等，具体选择可视实际需要而定。目前我们在实践中用得比较成熟的方法为 WBS-RBS 方法。该法引用工作结构分解（WBS）的思想，将整个待评估风险的工程项目按照工程分部进行分解，分解到足以能够具体分析所产生风险的程度。利用同样的思想，针对保单承保的风险内容，将评估范围内的工程风险进行风险结构分解（RBS），然后结合上述工程结构分解（WBS）和风险结构分解（RBS）进行对号入座，将 RBS 中的具体风险与 WBS 中的工程部位一一对应，识别出具体风险发生的工程部位和范围，并对可能发生的风险进行因果分析和描述，从而达到识别风险目的的一种方法。这种方法具有逻辑性强、思路清晰、风险识别针对性强等优势。图 13-3、图 13-4 分别给出了典型的 WBS 图和 RBS 图，表 13-1 为依据 WBS 和 RBS 建立的项目风险 WBS-RBS 矩阵。

表 13-1　　项目风险 WBS-RBS 矩阵示意图

风险编号 / 工作编号	RH101	RH102	RH103	RH104	RH105	RH106	RH107	RH108	RH201	……
WK1	1	1	1	1	1	1	0	0	1	……
WK2	1	1	1	1	1	1	0	0	1	……
WK3	1	1	1	1	1	1	0	0	1	……
WK4	0	1	1	1	1	1	0	0	1	……
WS1	0	1	1	1	1	1	1	1	1	……
WS2	0	1	1	1	1	1	1	0	1	……
WS3	0	1	0	0	1	1	1	0	1	……
WS4	1	1	1	1	1	1	0	0	1	……
WS5	1	1	1	1	1	1	0	0	1	……
WZ1	1	1	1	1	1	1	0	0	1	……
WZ2	0	1	1	1	1	1	0	0	1	……
WZ3	0	1	0	0	1	1	1	0	1	……
WZ4	0	0	0	0	0	0	0	0	0	……
WZ5	0	1	1	1	1	1	1	1	1	……
……	……	……	……	……	……	……	……	……	……	……

备注：本表中矩阵元素取值仅作示例用，请勿直接套用。

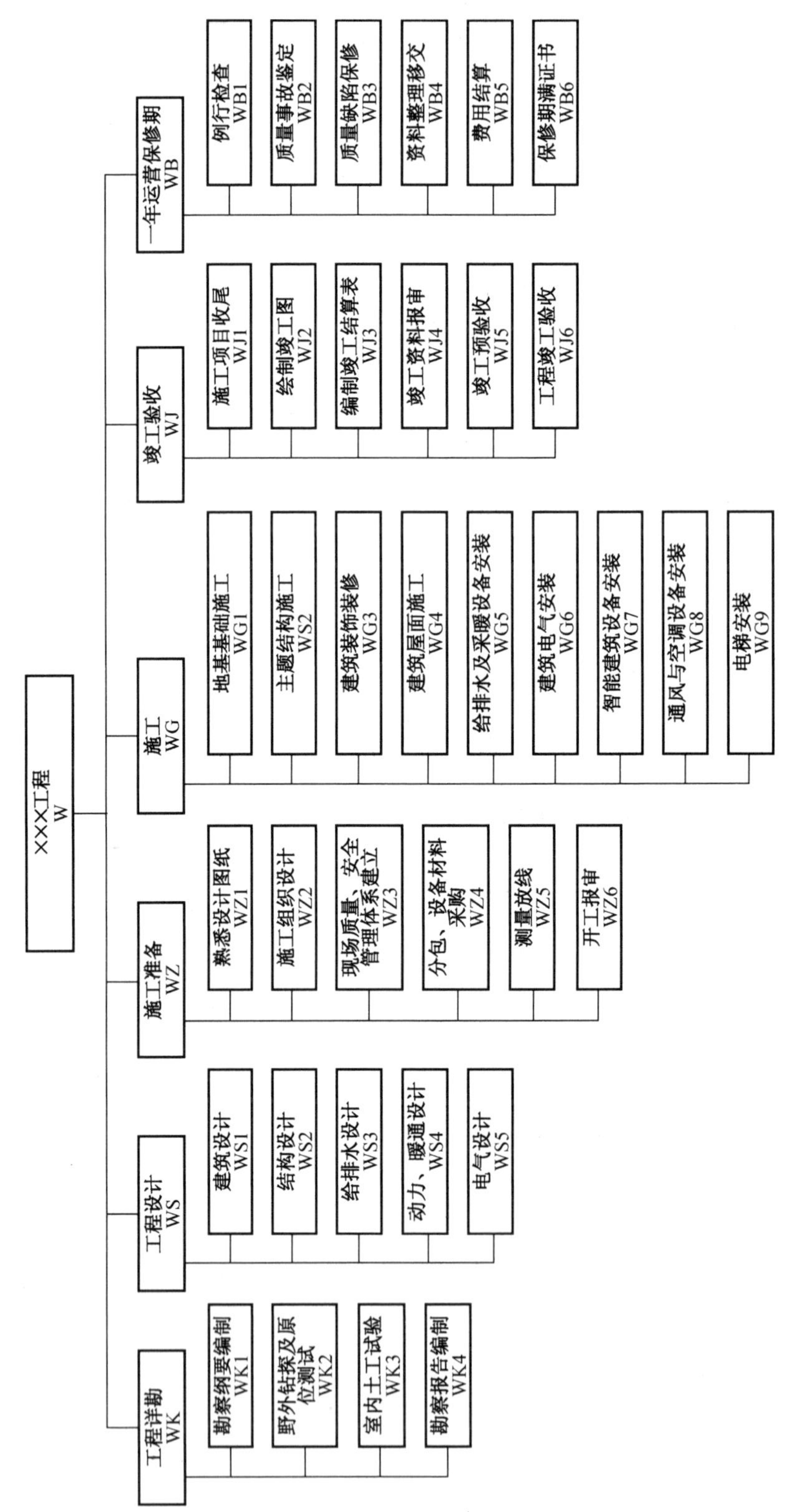

图 13-3 项目工作结构分解示意图

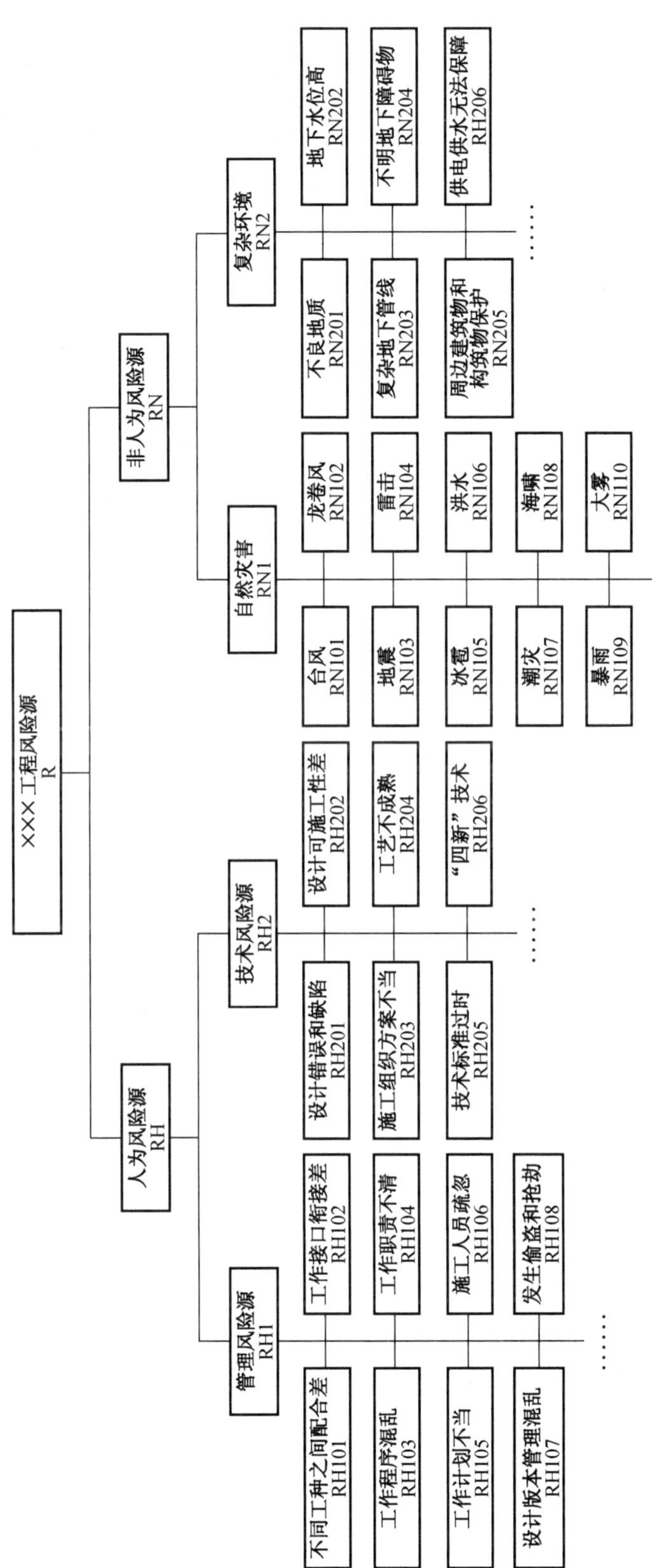

图 13-4　项目风险结构分解示意图

表 13-1 的纵坐标为经过工作结构分解(WBS)后的子项编码,横坐标为风险结构分解(RBS)后的风险因素编码。矩阵中元素说明如下:元素 1 为表明在此项工作中存在所对应风险因素引起的风险;元素 0 则表示该风险因素不会导致威胁该工作完成的风险或者该项风险造成的损失可以小到几乎忽略不计。

WBS-RBS 风险识别方法的一个缺点是只能通过分析风险因素对分项工程或者工序的影响推测风险发生与否,但无法分析风险因素和风险事件之间的多种相关性,回避了工程风险具有的连锁效应。例如,施工方案的不妥导致了基坑坍塌事故,基坑坍塌又引起了周边建筑物的沉陷,从而引起市民的围观和指责,导致抢险工作无法顺利展开,最终使得事故损失得不到有效抑制而扩大到惨痛的地步。在这一事故中,多个风险事件连锁发生,前一风险事件往往又是后一风险事件的风险因素,WBS-RBS 方法缺乏对这种风险的识别能力。解决这一缺陷的一个可行的方法是,在进行工程风险识别时,以 WBS-RBS 方法为基础性方法,同时结合暮景分析法、故障树法等方法进行综合风险识别。

风险识别的成果为风险清单。表 13-2 给出了一张典型的风险清单。

表 13-2　　　　某轨道交通工程盾构施工风险清单

________工程风险清单　　　　文件编号:________

<table>
<tr><td>编制人</td><td colspan="2"></td><td>编制日期</td><td></td></tr>
<tr><td>审核人</td><td colspan="2"></td><td>审核日期</td><td></td></tr>
<tr><td>批准人</td><td colspan="2"></td><td>批准日期</td><td></td></tr>
<tr><td>风险类别</td><td>所属工序</td><td>风 险 事 件</td><td colspan="2">风 险 因 素</td></tr>
<tr><td rowspan="12">施工风险</td><td rowspan="12">盾构出洞</td><td rowspan="3">拆除封门时出现涌土、流砂</td><td colspan="2">封门外侧加固土体强度低</td></tr>
<tr><td colspan="2">地下水发生变化</td></tr>
<tr><td colspan="2">封门外土体暴露时间太长</td></tr>
<tr><td rowspan="3">洞口土体流失</td><td colspan="2">洞口土体加固效果不好</td></tr>
<tr><td colspan="2">洞口密封装置失效</td></tr>
<tr><td colspan="2">掘进面土体失稳</td></tr>
<tr><td rowspan="3">盾构推进轴线偏离设计轴线</td><td colspan="2">盾构基座变形</td></tr>
<tr><td colspan="2">盾构后靠支撑发生位移或变形</td></tr>
<tr><td colspan="2">出洞推进时盾构轴线上浮</td></tr>
<tr><td rowspan="3">后盾系统出现失稳</td><td colspan="2">反力架失效</td></tr>
<tr><td colspan="2">负环管片破坏</td></tr>
<tr><td colspan="2">钢支撑失稳</td></tr>
</table>

续 表

风险类别	所属工序	风 险 事 件	风 险 因 素
施工风险	盾构掘进	遇见障碍物	地质钻探和地表物探工作深度不够
		掘进面土体失稳	正面土压力选择不当
			地质条件发生变化
			施工人员违规操作
			掘进速度
			出土速度
			施工机械出现故障
		地面隆起变形	纠偏量过大
			出土不畅
			掘进速度设置不当
		江底塌陷	掘进面土体失稳
……	……	……	……

13.2.3.2 风险评估

风险识别仅能了解和辨识风险，要把握风险的准确情况，还必须对其发生机理、发生的可能性及其后果的严重性进行分析和评估。一般风险评估过程可分为定性评估和定量评估两个步骤。定性风险评估主要任务是确定风险发生的可能性及其后果的严重性；定量风险评估则是量化风险的出现概率及其损失，以便进行该风险的量化评价以及处理的费用/效益分析。

定性风险评估一般首先使用定性语言将风险的发生概率及其后果描述为极高、高、中、低、极低五个等级，然后给定相应的分值，建立概率－后果风险评估矩阵，采用风险值 $(R)=$ 概率$(P)\times$后果(I) 的公式计算风险值，并按给定的等级评分进行等级划分，从而形成初步的风险等级表和确定需要补充分析或量化评估的风险清单。

一个可供参考的风险发生概率和损失后果的分值评判标准如表 13-3 和表 13-4 所示。

表 13-3　　风险发生概率分值评判标准

风险发生概率分值	定 性 解 释	风险发生概率分值	定 性 解 释
0.0～0.2	此风险发生可能性极小	0.6～0.8	此风险很可能发生
0.2～0.4	此风险不太可能发生	0.8～1.0	此风险几乎肯定会发生
0.4～0.6	此风险可能发生		

表 13-4　　风险损失值评判标准

项目目标＼分值	0.0～0.2	0.2～0.4	0.4～0.6	0.6～0.8	0.8～1.0
安　全	无人员伤亡	出现轻伤事故	出现重伤事故	死亡 1～2 人	死亡 3 人以上
质　量	很难发现的品质降低	只有在要求很高时应用才会受到影响	质量的下降得到客户的承认	质量下降到客户无法接受的程度	项目完成的产品没有实际用途
资产损失	理赔费用占到保费的 0.1%以下	理赔费用占到保费的 0.1%～0.5%	理赔费用占到保费的 0.5%～1%	理赔费用占到保费的 1.0%～5.0%	理赔费用占到保费的 5. 0%以上

根据定性风险评估所给出的风险等级表，对有条件的、需要进行重点分析的风险可进行定量风险评估。一般来说，项目风险发生的概率和后果的计算均要通过对大量已完成的类似项目的数据进行分析和整理得到，或通过一系列的模拟试验来取得数据。一般的风险评估方法有外推法、敏感度分析、蒙特卡罗模拟、层次分析法和模糊评判法等。我们推荐 WBS-RBS 风险识别方法的一个重要原因是该法建立的风险矩阵能直接作为层次分析法和模糊评判法的风险计算模型。

层次分析法和模糊评判法均是一种数据统计处理算法。两者的基本思路比较类似，通过建立工程项目层次分析风险评价模型，将复杂的风险问题分解为几个层次和若干要素，并在同一层次的各要素之间简单地进行比较、判断和计算，从而对诸多风险源进行归纳、评价和风险相对重要性程度的排序，并做一致性检验。这两种方法的具体计算流程和公式可参见相关的书籍。

风险评估的成果是风险等级表。表 13-5 给出了一个风险等级表的范例。

应注意的是，风险识别和评估都是预测技术，预测的准确性与对工程信息的掌握程度息息相关。在风险管理策划阶段，项目仅处于方案设计刚完成的时期，后续的不确定因素仍很多，因此此时对项目的风险认识局限性很大，存在很多变数。随着项目的进展，风险的状况会发生变化。一些风险因素消失了，相关的风险也就随之消亡了；一些新的风险因素产生了，项目就面临着新的风险威胁。因此风险识别和评估是一个动态过程，贯穿于整个风险管理过程中，不可能仅在项目策划阶段就一劳永逸。应随着项目进展的实际情况，不断重新调整我们对风险的认识，并随时补充和修正风险清单和风险等级表。

表 13-5　　某轨道交通工程盾构施工风险等级表

________工程风险等级表　　　文件编号：________

编制人		编制日期	
审核人		审核日期	
批准人		批准日期	

风险类别	等级	所属工序	等级	风险事件	等级
施工风险	四级	盾构出洞 WT4A	二级	拆除封门时出现涌土、流砂 RET4A1	二级
				洞口土体流失 RET4A2	四级
				盾构推进轴线偏离设计轴线 RET4A3	三级
				后靠系统出现失稳 RET4A4	二级
		盾构掘进 WT4B	四级	遇见障碍物 RET4B1	四级
				盾构掘进面土体失稳 RET4B2	四级
				地面隆起变形 RET4B3	四级
				盾构内出现涌土、流砂、漏水 RET4B4	三级
				盾尾密封装置泄漏 RET4B5	三级
				盾构沉陷 RET4B6	三级
				掘进轴线偏离设计轴线 RET4B7	四级
		管片工程 WT4C	三级	管片破损 RET4C1	三级
				管片就位不准 RET4C2	三级
				螺栓连接失效 RET4C3	三级
				管片接缝渗漏 RET4C4	三级
……	……	……	……	……	……

13.2.4　项目风险应对计划

13.2.4.1　概述

风险应对计划是针对风险识别和评估的结果，为了提升实现工程管理目标的机会、降低风险对项目成功的威胁，而制定风险应对策略和技术手段的过程。风险应对计划的编制必须与风险的严重性、应对成本、项目环境下的现实性等相适应。

一般的风险应对方法有四种：

(1) 风险回避。风险回避就是通过回避风险因素，消除风险产生的条件，从而避免可能产生的潜在事故及其损失。最适合采取风险回避措施的情况有两种：一是某特定风险因素导致的风险损失频率和幅度相当高；二是采取其他风险应对办法的成本超过其产生的效益。从性质上说，风险回避是各种风险应对方法中最简单也是最消极的一种方法。

（2）风险转移。风险转移是设法将风险的结果连同对风险进行应对的权利转移给第三方，从而避免自己遭受风险损失，所以风险转移不能消除风险。最常见的风险转移方式是购买保险，其他方式有履约保证、工程担保和保证、合同约定等。

（3）风险控制。风险控制包括损失预防和损失抑制两方面的工作。损失预防是指采取预防措施，减少损失发生的机会，也称风险预控；损失抑制是设法降低所发生的风险损失的严重性，使损失最小化，一般风险管理的相对应措施是制定各种事故应急计划并加以演练。与风险回避不同之处在于，风险控制是通过采取主动行动，以预防为主，防控结合的对策，不是消极回避、放弃或中止。例如，高层建筑安装避雷针是典型的风险预控措施；工程建设过程中发现设计的疏漏和错误，及时修改设计并提出工程变更则是一种损失抑制措施。

（4）风险自留。风险自留也叫风险接受，就是将风险留给自己承担。与风险控制不同，风险自留并未改变风险的性质，即其发生的频率和损失的程度。风险自留包括非计划性风险自留和计划性风险自留两种。非计划性风险自留是指当事人没有意识到风险的存在或者没有处理风险的准备时，被动地承担风险。由于工程项目的复杂性，工程管理人员不可能识别出所有的风险，应随时做好处理非计划风险的准备，及时采取对策，避免风险损失扩大。计划性风险自留是指当事人经过合理的判断和审慎的分析评估，有计划地主动承担风险。计划自留风险时，应考虑自身承担风险的能力、风险的预期损失以及采取其他措施的可能性等因素。

在建设工程质量安全风险管理制度下，风险管理机构针对工程的质量、安全和资产损失风险，一般也可综合应用上述的四种方法进行应对，例如通过购买职业责任险转移职业责任风险。但在风险管理过程中，风险管理机构的工作使命是为保险人降低工程风险，保障社会公众的公共安全利益，因此风险控制是其主要的风险应对方法。在具体内容上，主要包括风险预控措施和风险应急计划的制定。

13.2.4.2　风险应对原则

在设计风险应对措施时，应遵循以下四条原则：

（1）风险分担原则：这是所有风险管理理论公认的一条原则，即风险应分摊给处于最有利控制该风险地位并以较小代价控制风险的一方。

（2）ALARP原则：ALARP是As Low As Reasonably Practicable的首字母组合，其含义为对照风险可能的发生概率和损失程度，所采取风险控制措施的成本应是合理的。也就是说，必须考虑风险控制目标的经济可行性。这一原则由国际隧道工程协会在其颁布的《隧道工程风险管理指南》中明确提出的。

（3）客观性原则：即参建各方都要积极进行风险控制，必须以事实为依据，不能按照个人意志进行，不应带有感情色彩，心中要时刻想到重大工程失误的后果以及自己应负的责任。

（4）系统性原则：在风险控制过程中，必须以质量管理为基础、以风险控制为核心、以事前预控为主线、以合同管理为手段、以信息管理为载体进行系统性风险控制，单一的手段是无法有效达到目的的。

13.2.4.3 风险控制措施

(1) 风险预控措施。“防治并举，防优于治”，这几乎是所有管理者面对问题时的共识。在工程质量安全风险管理中，采取措施主动地预先控制风险的发生因素，消除风险的产生土壤，无疑是一种积极明智的做法。

在制定风险预控措施时，首先应根据风险分析的结果梳理其产生因素、风险环境和触发机制；其次针对这些内容指定相应的技术预控措施，对于一些耗费较大者还应进行多方案比较，通过费用/效益分析来确定最优方案；最后，制定这些措施的实施方案和落实计划，包括明确风险控制的责任人、检查时间、联系者、报告，等等。

(2) 风险应急计划。目前的建筑管理对于预防措施十分重视，但对事故发生后的应急计划则重视不够。随着现代工程的规模大型化、开放性增加以及快速的技术革新，项目环境越来越复杂，无形中对事故处理能力的要求越来越高。因此，在风险管理中，对于一些可能引起重大损失或者引发连锁反应的风险，制定一份良好的应急计划，增强突发性灾害事件的应急处理能力，是防止事故损失扩大和项目环境恶化的重要保证。

风险应急计划的主要内容应包括指挥系统组织构成、抢险材料和装备的设置(主要包括报警系统、救护设备、通信器材等)、事故处理办法、现场恢复措施等。

(3) 风险控制表、风险跟踪表、风险修订表。风险控制表、风险跟踪表、风险修订表是实施工程风险控制的主要文件。相关表格格式如表 13-6—表 13-8 所示。

表 13-6　　风险控制表

________工程风险控制表　　　　文件编号：________

风险名称			风险编号		
风险类别			所属工序		
风险发生概率		风险损失程度		风险等级	
风险因素：					
风险可能导致的后果：					
拟定的风险预控措施： 编制人： 编制日期：					
拟定的风险应急计划(若无必要此栏可不填)： 编制人： 编制日期：					
风险预控责任人		职　务		联系电话	
应急计划责任人		职　务		联系电话	

表 13-7　　　　风 险 跟 踪 表

______工程风险跟踪表		文件编号：______	
实施人		实施时间	
核准人		核准时间	
风险状况描述：			
所采取措施：			
下一步拟采取的行动：			
发生成本			

表 13-8　　　　风 险 修 订 表

______工程风险修订表				文件编号：______	
修订人			修订时间		
原风险概率值		原风险损失值		原风险等级	
风险修订原因：					
受影响范围的修订： 1. 对工程质量的影响： 2. 对施工安全的影响： 3. 对现场资产安全的影响：					
风险概率修订值		风险损失修订值		风险等级修订值	
风险预控措施修订：					
风险应急计划修订：					
审核人			审核日期		
批准人			批准日期		

13.2.5　工作内容

通过对工程质量安全风险的识别、评估以及应对计划的制定，风险管理机构明确了工作对象和相应的管理方法，但这些内容还应结合到包括建筑工程的勘察、设计、施工、一年运营保修期等各阶段的具体质量安全风险管理工作中，形成有条理的工作内容。一般而言，风险管理的工作内容为：

（1）进行风险管理策划，编制项目风险管理实施规划。

（2）风险管理项目组进场和第一次现场会议。风险管理项目组进场后，应组织召开第一次现场会议，参与者包括风险管理项目组成员、保险人代表、共同投保体各方成员。第一次现场会议的内容包括：各方分别介绍各自的项目组织机构、人员及其分工；保险人根据风险管理委托合同宣布对风险管理项目经理的授权；风险管理项目经理介绍工程风险管理内容和要求；共同投保体成员介绍工程进展情况；研究确定各方参与工程例会的主要人员，召开例会的周期、地点和主要议题。第一次现场会议纪要由风险管理机构负责起草，并由与会各方代表会签。

(3) 勘察设计阶段风险管理。主要内容包括：勘察设计风险交底；勘察设计单位质量管理体系和质量保证体系的审查；对项目地质勘察纲要和勘察报告的文件检查、勘察过程的检查；设计方案的可靠度和环境影响程度评估；施工图的符合规范程度、设计深度和可建造性审查等。

(4) 施工准备阶段风险管理。主要内容包括：设计交底和风险交底；风险教育和培训；施工单位的施工组织设计审查；承包单位现场项目管理机构的质量管理体系、技术管理体系和质量保证体系、安全生产管理体系和安全生产保证体系审查；分包单位资格审核；承包单位保送的测量放线控制成果及保护措施检查；工程开工报审表及相关资料审查；现场风险告示牌、标识牌、宣传栏检查；大型机械动用前检查等。

(5) 施工阶段风险管理。主要内容包括：承包商质量安全管理体系建设检查；关键工序施工工艺审查、项目质量、安全和环境风险动态跟踪检查；现场风险数据的实时采集和分析；重点部位、关键工序施工工艺审核和过程旁站；参与高风险分部分项的质量评定核查；工程材料、构配件、设备的检测等。

(6) 项目竣工验收阶段风险管理。主要内容包括：竣工资料审查；对勘察、设计和施工阶段风险控制情况和设计、施工单位整改的情况以及建筑工程项目的质量现状进行回顾和总结，编写工程质量评估报告等。

(7) 工程投入使用一年后的风险管理。主要内容包括：对竣工验收的遗留问题整改情况和工程质量现状进行检查；工程质量缺陷原因调查分析；被保险人对建筑物的使用情况检查等。

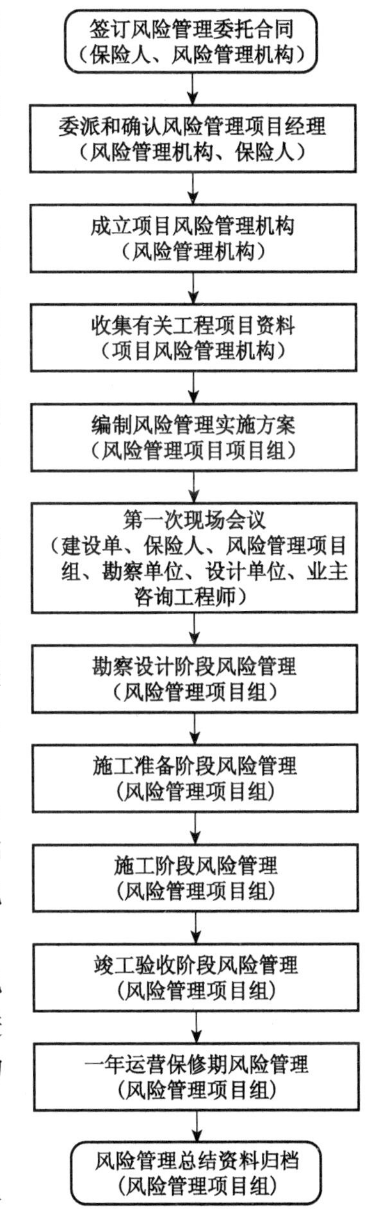

图 13-5 工作总流程图

13.2.6 工作流程

风险管理的工作流程包括工作总流程、管理指令流程、各阶段质量安全风险管理实施流程、合同管理流程、组织协调工作流程等。各阶段质量安全风险管理实施流程见相应章节，其他流程则在本章中设计如下。

1）工作总流程(图 13-5)

2）风险管理工作指令流程

(1) 风险管理指令流程(图 13-6)。

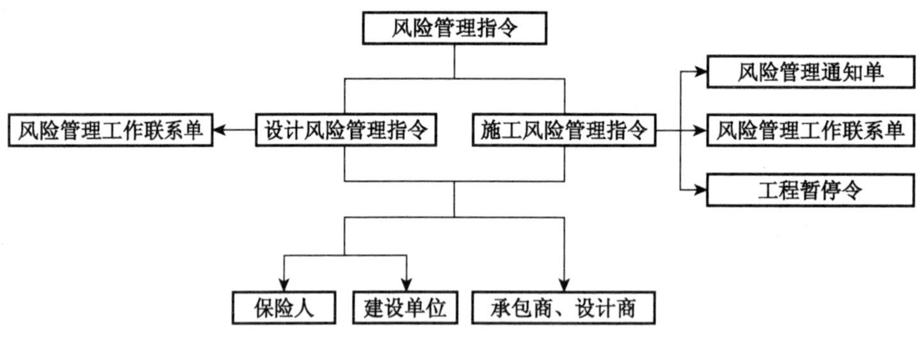

图 13-6　风险管理指令流程图

(2) 风险管理审核文件工作流程(图 13-7)。

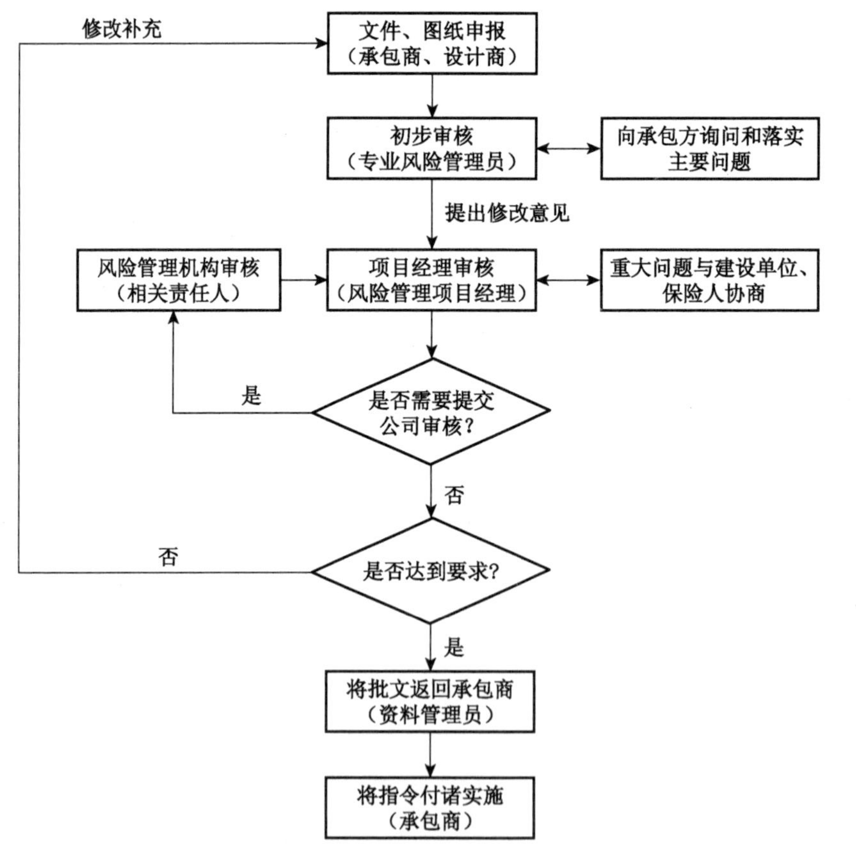

图 13-7　风险管理审核文件工作流程图

(3) 风险管理报表工作流程(图 13-8)。

风险管理报表
风险管理月报
风险管理实施方案
专项实施方案
风险管理阶段报告
风险管理实施细则
抄报
保险人
建设单位

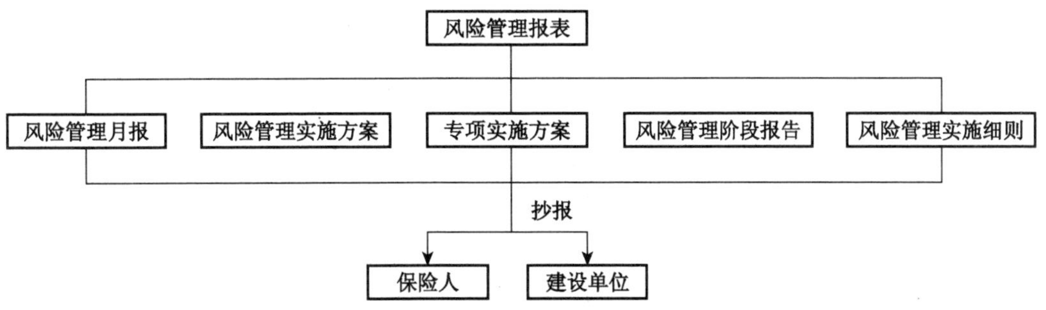

图 13-8　风险管理报表工作流程图

3) 合同管理工作程序(图 13-9)

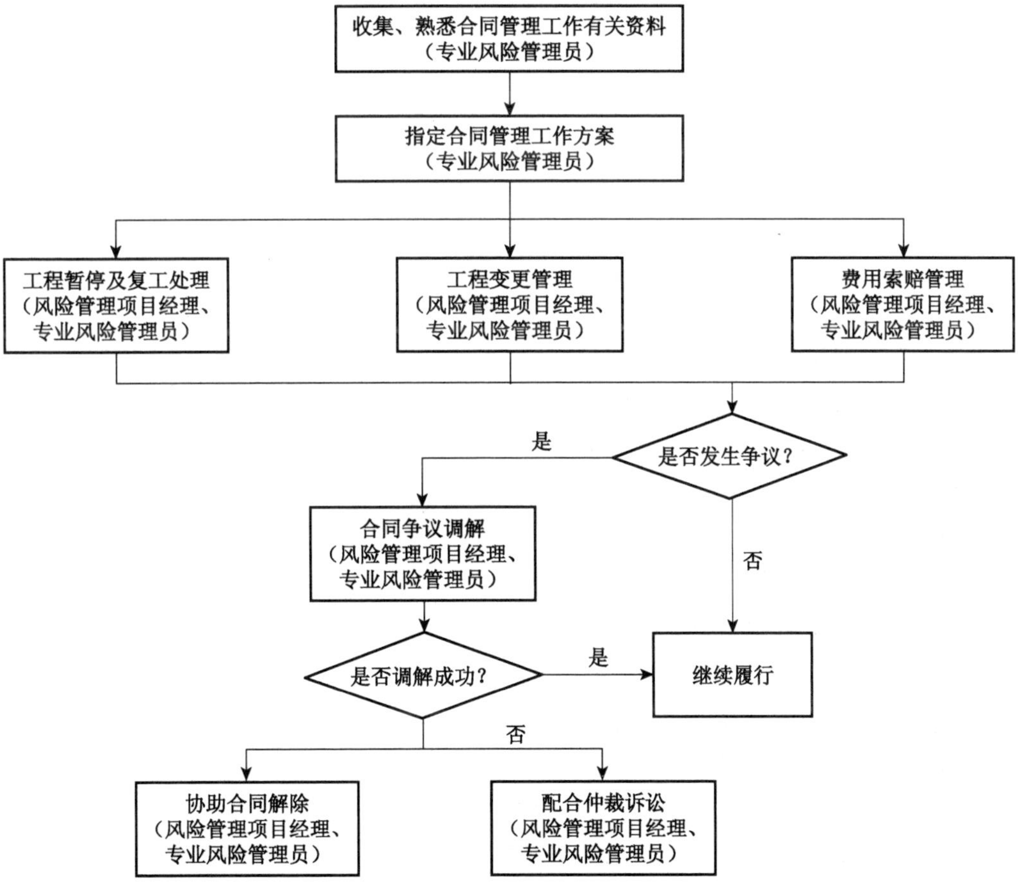

收集、熟悉合同管理工作有关资料
(专业风险管理员)
指定合同管理工作方案
(专业风险管理员)
工程暂停及复工处理
(风险管理项目经理、
专业风险管理员)
工程变更管理
(风险管理项目经理、
专业风险管理员)
费用索赔管理
(风险管理项目经理、
专业风险管理员)
是否发生争议?
是
否
合同争议调解
(风险管理项目经理、
专业风险管理员)
是否调解成功?
是
继续履行
否
协助合同解除
(风险管理项目经理、
专业风险管理员)
配合仲裁诉讼
(风险管理项目经理、
专业风险管理员)

图 13-9　合同管理工作程序图

4）组织协调工作流程(图 13-10)

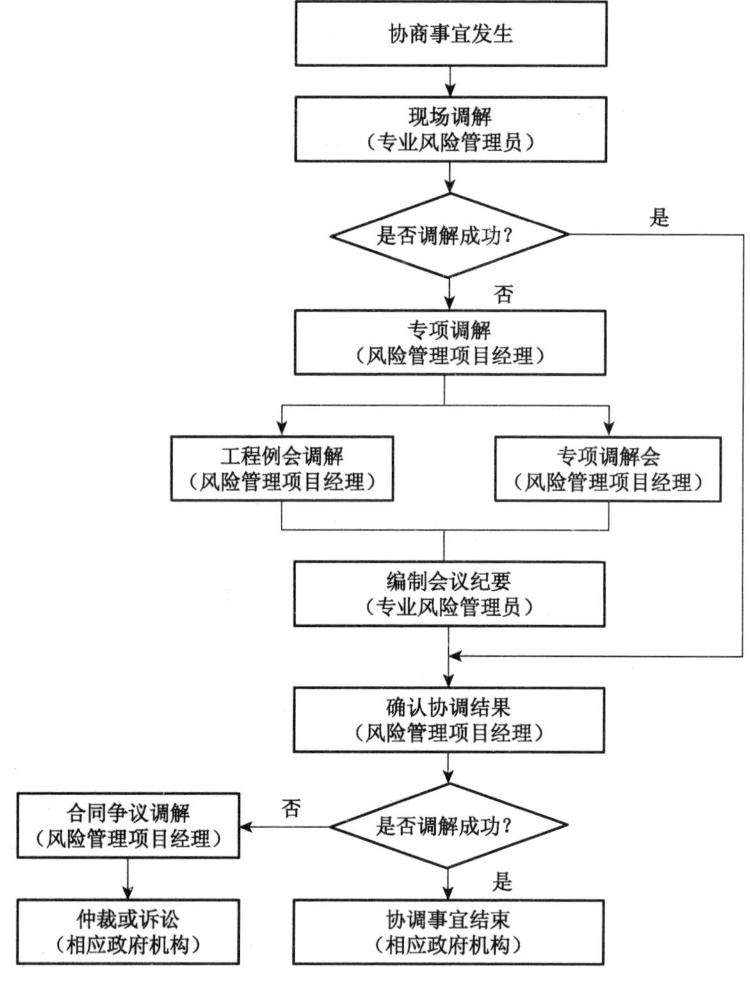

图 13-10　组织协调工作流程图

13.2.7　组织建设

13.2.7.1　风险管理组织建立的原则

1）目标一致原则

风险管理组织是围绕风险管理目标组建的，但又根据需要不同专业的部门和人员来实现目标，只有保证各部门或个人的目标与组织目标一致，才能使目标有效实现。

2）有效的管理层次和管理幅度原则

管理幅度是指一个上级管理者直接领导下级人数的多少。管理层次是一个组织中从最高层到最低层所经历的层次数。管理幅度与管理层次成反比，增加管理幅度则会减少管理层次。由于任何领导的能力、精力有限，为了有效进行领导，管理幅度不能过大。较为普遍的观点是，高层次管理幅度小，基层的管理幅度可大一些。

3）责任与权利对等原则

风险管理组织的设计要明确各层次不同岗位的管理职责及相应的管理权限，特别注意管理职责与管理权限对等。

4）合理分工与密切协作原则

组织是在任务分解的基础上建立起来的，合理的分工便于积累经验和实施业务的专业化。同时强调密切协作，只有这样，才能将各部门、各岗位的工作努力合成实现组织的目标。

5）集权与分权相结合的原则

合理的权利分配是组织高效的保证。集权有利于组织活动的统一，便于控制；分权则有利于组织的灵活性，但不易控制。集权和分权要适度，要适合组织的任务和环境。一般关系全局的问题可以实行集权，再通过授权，使中层或基层都有一定的管理权限，调动其积极性。

6）统一指挥原则

风险管理组织的各级部门和个人必须服从一个上级的命令和指挥，只有这样，才能保证命令和指挥的统一。该原则是建立在明确的权力系统基础上，权利系统是依靠上下级之间的联系所形成的指挥链而形成，指挥链是指挥信息的传输系统。

13.2.7.2 风险管理组织的形式

1）直线式组织结构

直线式组织结构是最早使用也是最为简单的一种结构，是一种集权式的组织结构形式。直线式组织结构的特点是组织结构设置简单、权责分明、信息沟通方便，便于统一指挥，集中管理。主要缺点是灵活性差、缺乏横向的协调关系，一旦项目规模很大时，会使管理工作复杂化，项目经理可能会因为经验、精力不及而顾此失彼，难以进行有效的管理，由于管理跨度过大容易产生管理失控。但是，这种组织方式对每一位专业管理员本身素质的要求很高，要求他具备很宽的知识面和各方面的经验，并具有很强的组织协调能力。直线式组织结构如图 13-11 所示。

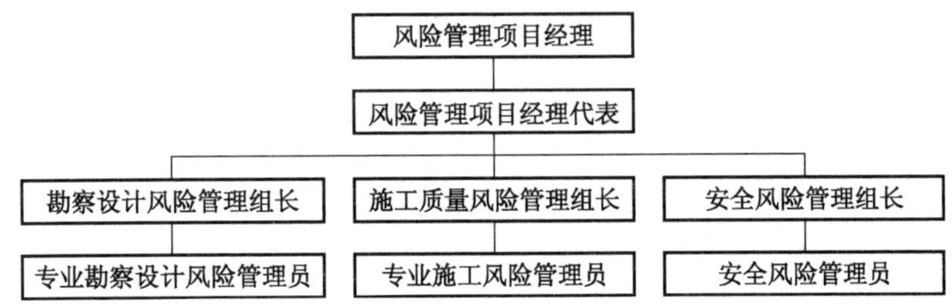

图 13-11　直线式风险管理组织机构

2）矩阵式组织结构

矩阵式组织结构也可以被称为专业划分制。矩阵式的组织结构是一种混合组织结构，此种结构从各有关功能性单位集合了各方面的专家，形成对具体项目负责、协调的目标导向的专门部门或小组，以保证按质、按量、按期经济地完成项目任务。任务一旦完成，该小组即行解散。在这种组织模式下，风险管理工作分成若干专业，专业划分得粗细程度视项目的复杂程度来确定。这种管理方式的优点是能充分发挥每一个专业人员的专业特长，能针对工程建设中出现的问题进行深入分析和研究，同时信息反馈的速度较快。其缺点是各个专业之间的协调工作量较大，可能会形成职责不明的状态。矩阵式组织结构如图 13-12 所示。

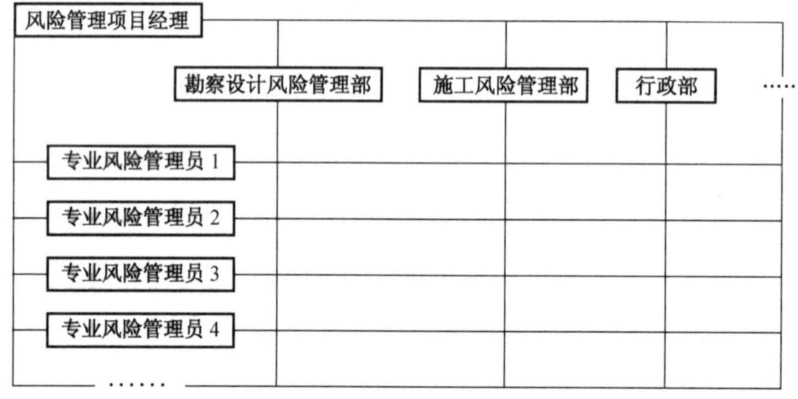

图 13-12　矩阵式风险管理组织结构

建议在做组织结构的选择时要考虑的因素主要是项目的规模和复杂程度，如果是中小型项目一般可采用第一种模式，使管理工作简单化，很多时候简单就意味着高效；只有很大的综合性项目才考虑是否采用第二种方式。在现实中还会出现上述两种方式交叉使用的情况。选择适宜的管理组织结构和准确、灵活的运用所选择的组织方式，扬长避短，才能真正提高风险管理的水平。但是，同时也还必须有以下几方面工作的配合：①与组织结构相适应的完善、合理、具有可操作性的规章制度和相应的程序；②标准化、规范化完备的文档管理工作；③高素质的风险管理人员。

13.2.7.3　岗位职责

1）风险管理项目经理岗位职责

（1）确定项目风险管理机构人员的分工和岗位职责。

（2）主持编写风险管理实施方案，审批风险管理专项实施细则。

（3）主持风险因素辨识、衡量风险影响分析与评估以及风险控制措施的策划。

（4）负责项目风险管理机构的日常工作，检查和监督风险管理人员的工作，根据工程项目的情况调配或调换其工作。

(5) 主持风险管理例会，签发项目风险管理的文件和指令。

(6) 审定设计单位、施工单位提交的设计交底、施工组织设计、专项施工技术方案中有关风险管理的相关内容。

(7) 主持或参与工程质量、安全验收及事故的调查，向保险人提出报告。

(8) 组织编写并签发风险管理月报、风险管理阶段报告、专题报告和项目风险管理工作总结，并报保险人。

(9) 主持整理建设工程项目的风险管理资料，负责向保险人移交。

2) 风险管理经理代表岗位职责

(1) 负责风险管理项目经理指定或交办的风险管理工作。

(2) 按风险管理项目经理授权，行使风险管理项目经理的部分职责和权力。

(3) 协助业主审核施工上报的工程量，并协助签发工程款支付凭证。

(4) 负责召开每周工程例会、专项项目管理会议和进度协调会等日常会议，并形成书面会议纪要。

(5) 负责风险管理人员日常的作息安排和工作考勤，协调项目风险管理组之间的矛盾和冲突。

(6) 负责审核施工方提交的施工组织设计(方案)、高危作业安全专项实施方案，并督促其实施。

(7) 督促执行承包合同，协助处理合同纠纷和索赔事宜，协调建设单位与施工方之间的争议。

(8) 协助并审查设计风险管理组长主持编写的风险管理专项实施细则，参与对风险管理成员的细则交底和实施的指导与监督。

(9) 组织总承包单位对工程进行阶段性验收，对工程质量提出评估意见，协助风险管理项目经理组织工程竣工初验，并督促整改。

(10) 协助风险管理项目经理主持编写风险管理月报和阶段性报告。

3) 勘察设计风险管理组长岗位职责

(1) 负责本专业范围的风险管理成员的岗位分工和职责的划分。

(2) 负责对本组风险管理员的日常工作安排、协调、监督和绩效的考核与评估。

(3) 负责组织本专业风险管理员编制设计风险管理专项实施方案等。

(4) 组织、协调设计单位、审图单位与风险管理机构的工作关系，依据项目建设总计划和阶段性节点计划的总体要求，审查设计单位出图计划并明确风险管理机构图纸审核的具体要求和时效。

(5) 审查确认设计变更和承包单位提交并经设计签字认可的技术核定单。

(6) 主持图纸技术交底和图纸会审会议，负责对会议纪要所涉及的设计问题处理意见进行最终审查和批准。

(7) 负责整理、归纳、汇总管理过程中涉及的设计图纸审核意见和复查审批等文件，出具阶段性设计风险控制报告，以图文、数据分析评估风险控制的效果和需持续改进的问题。

(8) 负责组织编制分部分项工程风险管理实施细则，主持编写细则中的技术要点和风险因素分析与措施。

(9) 负责审查施工组织设计(方案)，出具方案审查意见联系单。

(10) 负责对专业风险管理人员和施工单位相关技术负责人的风险管理实施细则交底和教育。

4) 施工安全风险管理组长岗位职责

(1) 负责本专业范围的风险管理组成员的岗位分工和职责划分。

(2) 负责对本组风险管理成员的日常工作的协调及绩效的考核与评定。

(3) 与设计风险管理组长共同主持编写安全风险管理实施细则，建立安全风险管理清单和控制对策表，参与对风险管理成员的细则交底和实施过程的指导与监督。

(4) 定期向风险管理项目经理或代表提交本专业风险管理计划、方案、实施效果的阶段性评估报告。

(5) 督促和检查施工单位安保体系和安全责任制的建立、健全和完善，督促施工单位审查分包企业的安全生产制度。

(6) 审查施工单位提交的施工组织(方案)中安全技术措施、高危作业安全施工及应急抢险方案，并督促其实施。

(7) 组建工地安全管理委员会，每月组织一次安全、文明施工综合大检查，每周组织一次专项安全巡视检查，召开月、周安全例会并进行综合分析与点评。

(8) 负责编写安全风险管理月报，提交安全风险管理工作实施情况报告，对重大问题及时向风险管理项目经理汇报和请示。

(9) 督促施工单位依照安全生产的法规、规定、标准的要求，分析不同的施工阶段和不同的施工工序可能发生的安全隐患，指定相应的安全技术措施，并对措施的实施进行过程监控。

5) 施工质量风险管理组长岗位职责

(1) 负责本专业范围的风险管理组成员的岗位分工和职责划分。

(2) 负责对本组风险管理成员的日常工作的协调及绩效的考核与评审。

(3) 与设计风险管理组长共同主持编写各分部分项工程风险管理实施细则，建立质量风险清单和控制对策表，参与对风险管理成员的细则交底和实施过程的指导与监督。

(4) 负责参与审核施工单位提交的施工组织设计(方案)和专项技术方案，并督促检查施工方案的实施。

(5) 协助风险管理项目经理与分包评审小组其他组员共同择优选用分包；严格审查分包资质，建立分包管理台账。

(6) 组织协调材料、设备抽样检测机构与建设单位、施工单位及材料、设备供应商之间的相互关系，确保材料、设备取样、检测结果的公正性和科学性。

(7) 指派专人控制工程材料、设备等进场的使用状况，建立材料、设备监控台账，并及时核对报验材料、设备的质保资料与实物的对应性以及产品的标识、外观质量等。

(8) 组织本专业风险管理成员对工程检验分批和分项工程质量检查和验收，并协助风险管理代表编制分部工程施工质量评估报告。

6) 专业风险管理员岗位职责

(1) 负责本专业风险管理组长部署的具体工作的实施。

(2) 参与编制本专业风险管理实施细则。

(3) 负责与本专业风险管理有关的工程质量、安全设施的巡视、旁站、检查和验收。

(4) 根据本专业风险管理工作实施情况做好风险管理日记和有关记录。

(5) 复核或从施工现场直接获取工程计量的有关数据并签署原始凭证。

(6) 定期向风险管理组长提交风险管理工作情况汇报，对重大问题及时向专业风险管理组长汇报和请示。

(7) 根据专业风险管理组长的旁站监督要求，针对关键工序和具体有高危险源的施工部位，进行全过程旁站监督并留下原始书面记录。

13.2.7.4 职业道德

风险管理工程师应遵守以下职业道德约定：

(1) 对社会和职业的责任：接受社会给定的职业责任；寻求与确认的发展原则相适应的解决办法；在任何时候，维护职业的尊严、名誉和荣誉。

(2) 服务能力：保持其知识的技能与技术、法规和管理的发展相一致的水平，并且对于委托人要求的服务采用相应的技能、细心和努力；仅在有能力从事服务时方才进行。

(3) 正直性：在任何时候均为委托人的合法权益行使其职责，并且正直和忠诚地进行职业服务；通知委托人在行使其委托权时可能引起的任何潜在的利益冲突；不接受可能导致判断不公的报酬。

13.2.8 工作制度

良好的工作制度是保障风险管理顺利实施的基础。一般而言，风险管理工作制度主要包括如下内容。

1) 工作会议制度

(1) 风险管理项目经理或其代表应定时召集风险管理机构各专业会议，总结上阶段风险管理工作，布置下阶段风险管理工作要求，讨论和解决风险管理工作中有关问题。

(2) 风险管理项目经理应定期召开由业主、保险人、设计和各参建单位的工地全例会，讨论和处理施工过程中出现的各种问题。

(3) 风险管理项目经理、风险管理代表、专业风险管理员组织召开专题会议，解决施工过程中的各种专项问题。

2) 请示汇报制度

(1) 风险管理过程中的一般专业技术问题，由专业风险管理人员负责处理，并及时将处理结果向风险管理项目经理汇报。

(2) 一般的工程质量事故由风险管理项目经理负责处理,并及时将处理结果向本风险管理机构有关部门和业主、保险人汇报。

(3) 重大质量事故由风险管理项目经理及时向保险人、业主汇报,由风险管理项目经理会同保险人、业主组织有关单位进行分析处理。

(4) 风险管理过程中遇有重大技术经济问题或影响到风险管理委托合同执行的问题时,风险管理项目经理应及时向公司主管领导请示汇报,公司应及时组织召开会议研究处理。

(5) 专业风险管理员应向风险管理项目经理提交每周的风险管理周报,报表的内容一般包括:本周已检查/验收的项目,验收结果以及在检查、验收过程中发现的问题和处理情况,本周工程进度情况等。

(6) 每月由专业风险管理员编制本专业组风险管理月报,月报表内容一般包括:本月工程概况、进度、质量、安全、变更情况及本月风险管理综合小结,在每月底前报风险管理项目经理,由风险管理项目经理在此基础上主持编制风险管理月报,风险管理月报经公司分管领导审核后及时上报业主。

3) 信息资料管理工作制度

为了做好风险管理机构信息管理工作,首先必须根据保险人委托的风险管理工作范围和内容,建立以风险管理项目部为核心的信息资料管理中心,协调业主、保险人、总包、风险管理机构四者之间信息流通,收集来自外部环境各类信息,全面、系统处理后,供参建各方处理造价、进度、质量、安全时使用,为整个项目建设服务。

信息资料管理的日常工作包括:依据工程工作结构分解(WBS)负责规划建立项目信息资料管理系统,收集信息、信息加工整理和储存,信息资料检索和传递,实现风险管理工作本身的自动化、标准化、规范化、系统化的管理。

4) 风险交底制度

(1) 在每阶段风险管理工作任务实施之前,风险管理项目经理应组织项目组成员、保险代表、建设单位以及相应阶段的参建方(设计方、施工方等)参加风险交底会议。风险管理项目经理主持会议,并负责形成各方签署的会议纪要。

(2) 风险交底会议的内容为:①专业风险管理员阐述本阶段所面临的工程质量安全风险、严重程度及其发生特点;②风险管理专项实施细则交底,包括风险预控措施、重大风险的应急计划、风险控制的目标值、检查的频率、相关责任人等内容;③疑点和问题讨论;④参建各方风险管理措施落实责任人讨论确定等。

5) 教育培训制度

(1) 建立严格的教育培训体系,通过宣传、授课、观摩等相对直观的教育方式,作好一线工人的质量安全教育,提高其感性认识和风险意识。规定现场人员未经风险控制教育培训,不得进入现场作业。

(2) 实行一门一卡制度,将现场准入的实际控制责任落实到每个入口的门卫身上。

(3) 对在现场有违规行为的人员,实行准入卡罚没制度,多次教育仍不思悔改的,则必须清退。

6) 应急预案演习制度

(1) 针对工程中具有重大危险源,编制应急预案,由风险管理项目经理依据合同要求定期组织相关各方参与应急预案演习。

(2) 针对演习中所暴露的问题,进行讨论和专题教育培训,并修正完善风险应急计划。

7) 工程质量问题、事故处理制度

(1) 对施工过程中出现的质量缺陷,专业风险管理员应及时下达风险管理通知单,要求承包商整改,并检查整改结果。

(2) 风险管理人员发现施工存在重大质量隐患,可能造成质量事故或已经造成质量事故时,应通过风险管理项目经理及时下达工程暂停令,要求承包商停工整改。整改完毕并经风险管理人员复查,符合规定要求后,风险管理项目经理应及时签署工程复工报审表,宜事先向建设单位报告。

(3) 对需要返工处理或加固补强的质量事故,风险管理项目经理应责令承包商报送质量事故调查报告和经设计单位等相关单位认可的处理方案,风险管理机构应对质量事故的处理过程和处理结果进行跟踪检查和验收。

8) 业绩考核和奖惩制度

(1) 每月底前由风险管理项目经理将该月风险管理组考勤统计表报本风险管理机构有关部门,并进行定期工作绩效考核。

(2) 建立风险控制奖励基金,其目的是运用经济杠杆,建立风险控制约束机制。奖励制度的落实要点是罚单位、奖个人。

9) 各阶段工作绩效评估与总结制度

(1) 风险管理项目部在工程项目各阶段风险管理工作结束时由风险管理项目经理组织编制各阶段风险管理工作绩效报告。

(2) 项目风险管理工作总结在编制完成后由风险管理项目经理报审,由公司总工程师审核批准;风险管理工作总结经批准后,加盖公司公章。

(3) 风险管理工作总结应在风险管理工作结束后一个月内提交给保险人。

14　勘察设计阶段风险管理

勘察设计阶段的质量好坏是影响建筑物使用寿命的关键。有资料表明，多达40%的质量问题是由于勘察设计原因引起的，因此勘察设计阶段的风险控制至关重要，是有效降低项目建设的技术风险的关键。

14.1　工程勘察风险管理

14.1.1　工作月标

工程勘察的主要任务是进行工程测量、地形测绘、工程地质和水文地质勘察，为设计提供必要的和主要的基础资料，因此其对项目建设的进度、质量和效益影响都十分巨大。风险管理项目部从方案评审结束后介入工程，因此其主要管理对象为岩土工程的详细勘察。

工程勘察风险管理的总目标是保证整个勘察工作的质量，提高勘查成果的准确性及建议的可行性。从内容上讲，实现这个总目标的前提是要实现如下几个子目标：

(1) 保证勘察工作符合国家法律、法规，并遵守科学的工作程序。

(2) 保证勘察的工作量符合规范规定和设计需要。

(3) 保证勘察成果能正确反映客观地形和地质情况，确保勘察原始资料的准确性。

(4) 提出明确的评价、结论和建议。

(5) 避免在勘察过程中产生安全事故。

14.1.2　工作依据

工程勘察风险管理的工作依据有：

(1) 保险合同、风险管理委托合同和经批准的风险管理实施规划。

(2)《岩土工程勘察规范》(GB 50021—2001)。

(3)《建筑地基基础设计规范》(GB 50007—2002)。

(4)《建筑边坡工程技术规范》(GB 50330—2002)。

(5)《锚杆喷射混凝土支护技术规程》(GB 50086—2001)。

(6)《建筑抗震设计规范》(GB 50011—2001)。

(7) 各级地方相关标准和文件。

(8) 各级行业相关标准和文件。

(9) 上级对建设项目的批准文件、规划用地图等。

(10) 经主管部门批准的建筑物总平面布置图及拟建场地的地形图。

(11) 勘察任务委托书以及设计、建设单位对勘察的技术要求等。

14.1.3 工作内容

工程勘察风险管理的工作内容主要有：

(1) 勘察风险管理准备工作。包括如下内容：①收集工程勘察的项目信息和资料。包括：场地踏勘、勘察任务委托书、设计、建设单位对勘察的技术要求、主管部门批准文件等；②工程勘察单位资质审查。风险管理机构应根据保险合同和风险管理委托合同所赋予的权力，对工程勘察单位进行资格审查，确保有资格、有信誉、符合国家法律和法规要求的优质勘查单位承担勘察任务；③勘察单位的质量保证体系和各级技术责任制度审查。审查重点为其工序控制办法、责任体系设置和落实等；④勘察纲要审查。包括：勘察纲要编制依据是否齐全、勘察纲要内容是否合理可行、勘探孔的布置、间距、深度以及工作量是否符合设计和规范要求、室内土水试验项目是否符合设计和施工需要等内容。

(2) 依据策划阶段拟定的工程质量安全风险管理实施规划和工程实际情况，编制工程勘察风险管理实施细则。其主要内容包括：①依据实际情况修正勘察阶段的工作结构分解(WBS)，建立符合实际的工序表和 WBS 编码，以作为本阶段实施风险管理的基础；②依据实际情况更新工程勘察风险清单和风险等级，有必要的情况下还需修正风险控制措施；③建立本阶段风险管理的具体目标值；④明确进行风险控制的方法和手段等。

(3) 勘察风险跟踪控制。工作内容包括：①勘察风险交底；②钻探及原位测试检查，包括钻探和取土水试样要求检查和原位测试方法和要求检查等；③室内土工试验检查。包括：是否按土工试验任务书进行项目试验、不扰动土试样制备是否符合规范要求、物理性、力学性试验检查等。

(4) 工作成果质量评定。主要指对勘察报告的质量审查，重点内容包括：各土层岩土工程资料是否齐全、分析评价是否合理准确、建议是否合理等。

(5) 勘察风险管理绩效报告编写。包括：工程概况、实施时间、勘察过程管理记录、勘察质量安全绩效评估、工程设计对勘察成果的使用建议等。

14.1.4 工作流程

工作流程如图 14-1 所示。

14.1.5 工作方法和措施

14.1.5.1 勘察纲要审查

1) 勘察纲要编制依据

勘察单位应根据建设单位提出的勘察任务委托书和设计、施工单位签发的对勘察工作的技术要求，结合建筑物的性质及安全等级、已掌握邻近的岩土工程地质资料和工

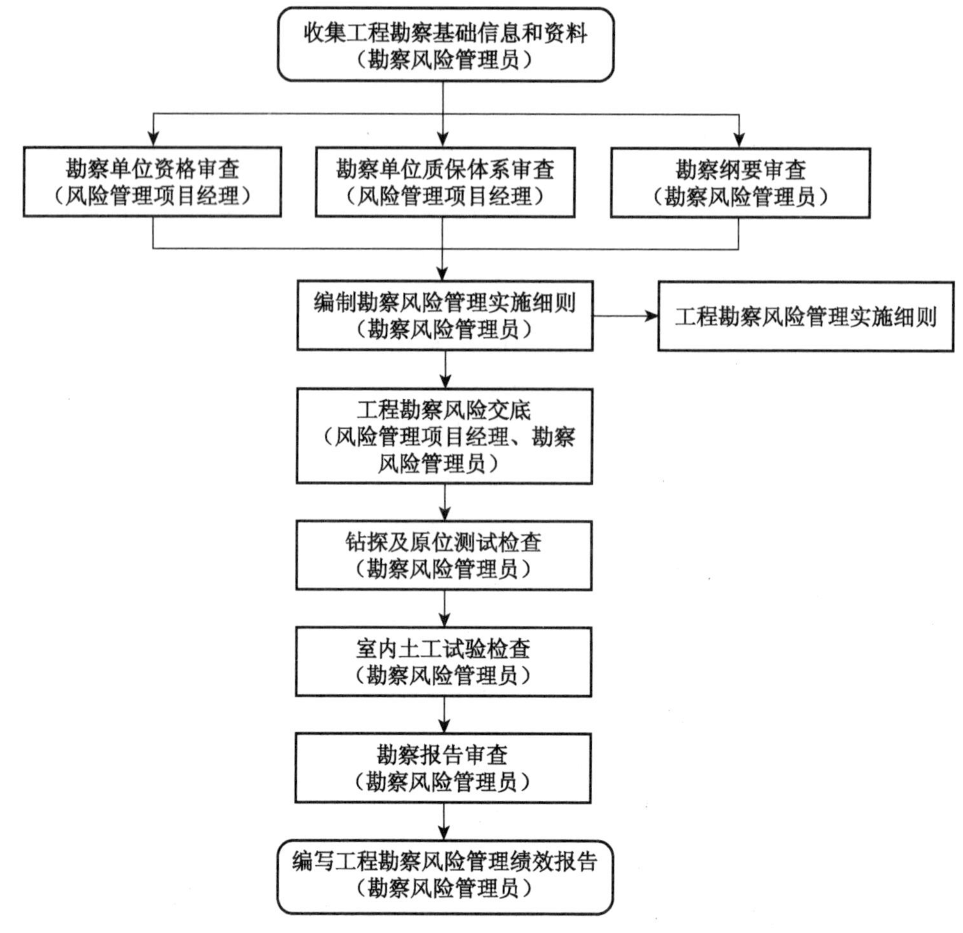

图 14-1 工作流程图

程经验，按工程建设强制性规范、标准编制勘察纲要，并按质量管理程序审批。

现场勘察期间，由于实际底层与预计发生较大变化或设计方案变更等原因，需要更改勘察方案时，应及时编制勘察纲要的补充说明，并按质量管理程序审批。

2）勘察纲要内容

应包括建设项目概况，对已有岩土工程地质资料的分析，勘察目的、方案、工作量、勘探测试手段及布置依据，取土样要求及土、水试验项目技术要求、数量、质量及安全保证措施，对大型工程尚应制定勘察计划进度及设备机具、人员安排，提交勘察报告的主要章节目录，附图表、经费预算等。

3）勘探孔的布置

应检查包括勘探孔布置原则、勘探孔数量、间距和深度、地基地震液化勘察工作量的布置、取土(水)试样要求等内容是否符合相关规范要求。

4）室内土水试验内容和要求

室内土水试验项目应根据工程性质、基础类型、地基土特性及均匀性等因素综合确定，以满足设计和施工需要。其中，物理性试验项目包括：含水量、密度、比重、液塑限、颗粒分析、烧失量等；力学性试验项目包括：固结、直剪、无侧限抗压强度、三轴、静止侧压力系数、渗透及土的动力特性试验等；化学性试验项目包括：地下水对混凝土或钢、铸铁材料腐蚀性，污染土对混凝土或钢、铸铁材料腐蚀性等。

对动力特性试验及有特殊要求的试验，应检查其试验大纲、试验方法及提供成果的内容与要求。

14.1.5.2　钻探及原位测试检查

1）钻探和取土水试样

应检查包括勘探孔的布置、钻探机具和钻孔孔径、钻探方法和钻探野外记录是否符合勘探纲要和规范要求。并且，钻探结束后，次日应测量孔内地下水静止水位，即时用砂料或黏土球回填封孔。孔口地面标高一般应由现行市设水准点或由其引设的水准点引测，附合或环线闭合差应符合±30 Z(mm)。

水样应在水位下一定深度(>0.5 m)采取。测定侵蚀性 CO_2 项目的水样应加大理石粉，并应及时送交化验，水样存放时间一般不宜超过 3 d。

2）原位测试

应检查原位测试方法是否适当，测试数量是否满足相应规范要求。同时应检查测试内容是否满足规范及勘察文件深度规定的要求。

14.1.5.3　室内土工试验检查

应按土工试验任务书要求检查试验项目。开工记录描述内容应齐全，试验样品具有代表性。各项试验要符合相关规范、规程及技术规定；试验原始数据和计算结果正确，提供的图表齐全、正确完整，各项试验指标之间关系协调；责任人签名齐全。

14.1.5.4　勘察报告审查

勘察文件内容应包括文字报告、图表和必要的附件。

1）文字报告

文字报告的内容包括：前言、场地工程地质条件、地基土的分析与评价、结论和建议。报告应对场地工程地质条件与拟建工程项目设计、施工有关的内容提出明确结论；对基础方案的选择、天然地基及桩基持力层的选择与确定要有明确结论和建议；对地基加固处理方案提出建议；对工程设计、施工所需的各种岩土参数提出建议值；对工程设计、施工中所能涉及的各种岩土工程问题处理方法和注意事项提出建议。

2）图表

勘察文件附图表应包括：

(1) 勘探点平面布置图。

（2）钻孔柱状图。

（3）工程地质剖面图。

（4）室内土水试验成果图表。

（5）原位测试成果图表。

（6）其他所需要的图表。

附图表内容和要求应符合相关规范的要求。

14.1.6 工作表单

本阶段使用的工作表单除上一章中给出的风险控制表、风险跟踪表、风险修正表外，还需用到表 14-1 所示的项目勘察质量审核报告表。

表 14-1　　　　项目勘察质量审核报告

____________项目勘察质量审核报告　　　　编号________

<table>
<tr><td rowspan="3">建设单位信息</td><td>名　称</td><td colspan="3"></td><td>地　址</td><td colspan="3"></td></tr>
<tr><td>负责人</td><td></td><td>联系人</td><td></td><td>传　真</td><td colspan="3"></td></tr>
<tr><td>电　话</td><td></td><td>电　话</td><td></td><td>E-mail</td><td colspan="3"></td></tr>
<tr><td rowspan="3">勘察单位信息</td><td>名　称</td><td></td><td>资质等级</td><td></td><td>地　址</td><td colspan="3"></td></tr>
<tr><td>负责人</td><td></td><td>项目负责人</td><td></td><td>传　真</td><td colspan="3"></td></tr>
<tr><td>电　话</td><td></td><td>电　话</td><td></td><td>E-mail</td><td colspan="3"></td></tr>
<tr><td rowspan="2">风险管理机构信息</td><td>名　称</td><td colspan="3"></td><td>地　址</td><td colspan="3"></td></tr>
<tr><td>联系电话</td><td></td><td>传　真</td><td></td><td>E-mail</td><td colspan="3"></td></tr>
<tr><td rowspan="3">建设项目基本信息</td><td>结构类型</td><td></td><td>总建筑面积</td><td>万 m^2</td><td>总层数</td><td></td><td>地下层数</td><td></td></tr>
<tr><td>总高度</td><td>m</td><td>基础形式</td><td></td><td>基础深度</td><td>m</td><td>地下水位高度</td><td>m</td></tr>
<tr><td>建筑用途</td><td colspan="3"></td><td>施工场地情况</td><td colspan="3"></td></tr>
<tr><td colspan="2">建筑场地描述</td><td colspan="7"></td></tr>
<tr><td colspan="2">钻孔布置情况</td><td colspan="7"></td></tr>
<tr><td colspan="2">勘探手段、方法及手艺</td><td colspan="7"></td></tr>
<tr><td colspan="2">取样（土样、岩样、水样）的质量、数量和方法</td><td colspan="7"></td></tr>
<tr><td colspan="2">室内试验的指标种类、试验方法和数量是否满足 GB 50021</td><td colspan="7"></td></tr>
<tr><td colspan="2">地层的划分是否合理</td><td colspan="7"></td></tr>
<tr><td colspan="2">地下水位的测量方法及地下水位、地下水类型和参数</td><td colspan="7"></td></tr>
</table>

续 表

水的腐蚀性测试情况	
建筑场地类别划分	
场地液化判别方法和正确性	
不良地质作用的评价方法及勘察文件深度	
特殊土的评价方法及其勘察文件深度	
岩土参数分析和提供参数是否符合规范及设计要求	
建议的地基基础方案的合理性与可行性	
其他	

批准：　　　　审核：　　　　检查：　　　　年　月　日

14.2 工程设计风险管理

14.2.1 工作目标

工程设计是从技术上、经济上对拟建工程的全面规划，它是工程建设的灵魂。没有高质量的设计就没有高质量的工程。

工程设计风险管理的总目标是确保工程设计质量，形成满足国家法律、法规要求、切合实际、安全适用的设计文件，从而减少由于设计不足、错误或可施工性不强引起的使用功能缺陷、结构损伤及工程事故。这一目标在技术上不仅表现为结构的可靠度(结构的安全性、适用性和耐久性)、建筑物的舒适度、对环境的影响程度指标要达到国家标准要求，而且设计思路要切合实际，满足施工要求。

风险管理实施过程中需要达到子目标分解如下：

(1) 保证设计工作符合国家法律、法规，并遵守科学的工作程序。

(2) 建设面积符合批准范围之内，并能满足用户的合理使用要求。

(3) 保证工程结构的安全性、适用性和耐久性。

(4) 设计文件满足可施工性要求。

(5) 能取得良好的环境效益。

14.2.2 工作依据

工程设计风险管理的工作依据有：

(1) 保险合同、风险管理委托合同和经批准的风险管理实施规划。

(2) 勘察风险管理绩效报告。

(3) 相关的现行国家标准和文件。

(4) 相关的现行各级地方标准和文件。

(5) 相关的现行各级行业标准和文件。

(6) 工程设计基础资料,包括气象水文资料、勘察资料、环境影响评价资料等。

(7) 各级主管部门的相关批文。

(8) 设计任务委托书等。

14.2.3 工作内容

工程设计风险管理的工作内容主要有:

(1) 设计风险管理准备工作。内容包括:①收集工程设计的项目信息和资料,审查其可靠性、准确性和完备性;②设计单位资格审查。包括勘察设计单位的资质、勘察设计项目负责人的资质审查等;③设计单位的质量保证体系和各级技术责任制度审查。

(2) 依据策划阶段拟定的风险管理实施规划和工程实际情况,更新风险信息和相关控制措施,编制工程设计风险管理实施细则。

(3) 设计质量风险跟踪控制。内容包括:①设计风险交底;②设计标准审查和管理;③建筑设计风险跟踪控制,控制环节包括总平面设计、单体设计、建筑构造及构件设计等;④结构设计风险跟踪控制,控制环节包括地基基础设计、结构体系选型和布置、结构计算、构件和连接设计、标准图选择等;⑤给排水设计风险跟踪控制,控制环节包括消防设计、给水、排水设计等;⑥动力、暖通设计风险跟踪控制,控制环节包括设计计算书、排风、排烟系统设计、锅炉房设计、燃气设计、材料选用等;⑦电气设计风险跟踪控制,控制环节包括供配电设计、用电安全、防雷、防火设计、弱电系统设计等;⑧各专业之间的协调检查,重点控制工作交界面上容易发生的各种风险;⑨参与主要设备、材料的选型并审核主要设备、材料清单;⑩设计变更风险控制。检查设计变更在建筑、造型、使用功能、结构可靠、使用安全、环境协调等方面是否符合项目总体要求,对设计变更进行技术经济合理性分析,并参照规定的程序办理设计变更手续。

(4) 设计成果质量评定。主要指对施工图的审核,内容包括是否符合安全性、耐久性、适用性、可施工性等指标。

(5) 设计风险管理绩效报告编写。主要内容为设计风险管理过程记录、设计成果质量评估、施工中应注意的问题等。

14.2.4 工作流程

1) 设计风险管理工作流程(图 14-2)

2) 设计变更风险管理工作流程(图 14-3)

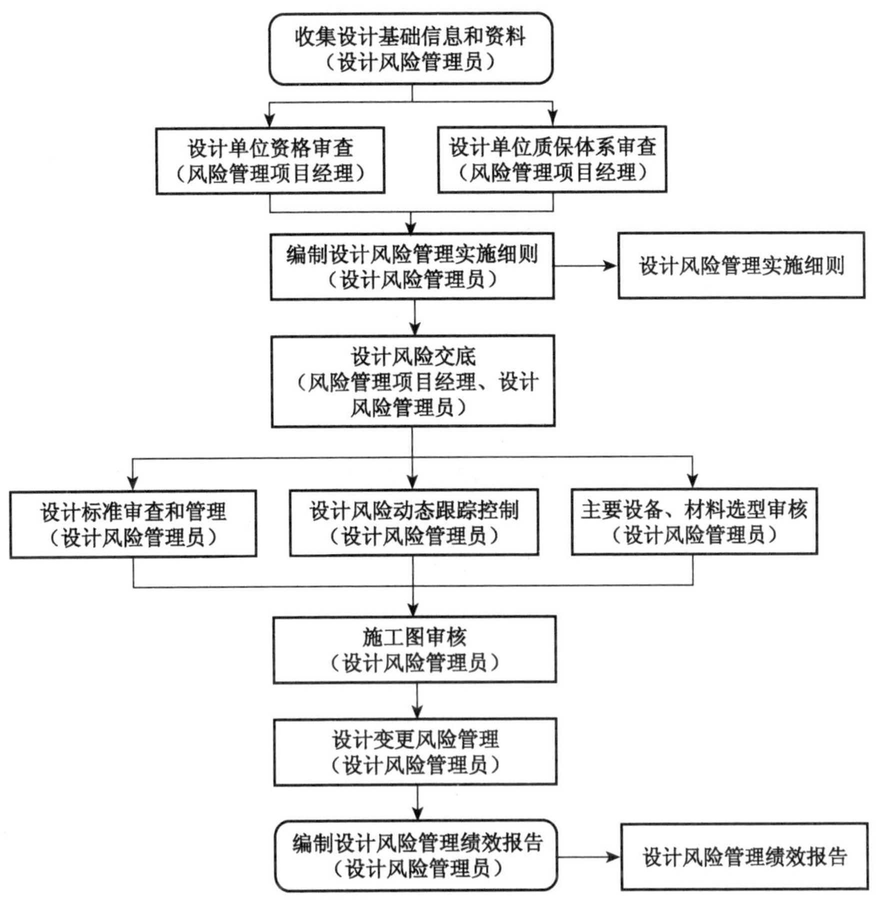

图 14-2　设计风险管理工作流程图

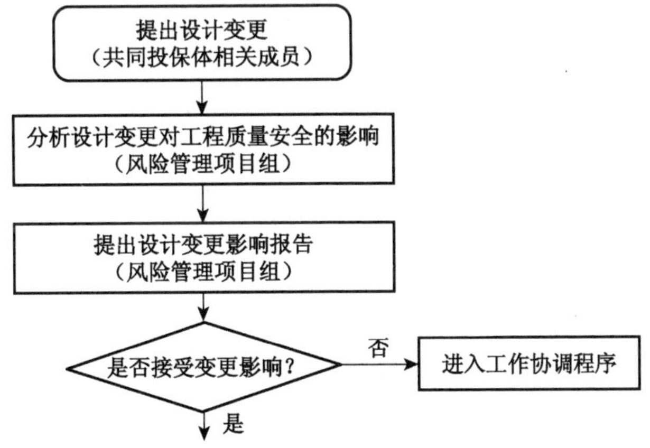

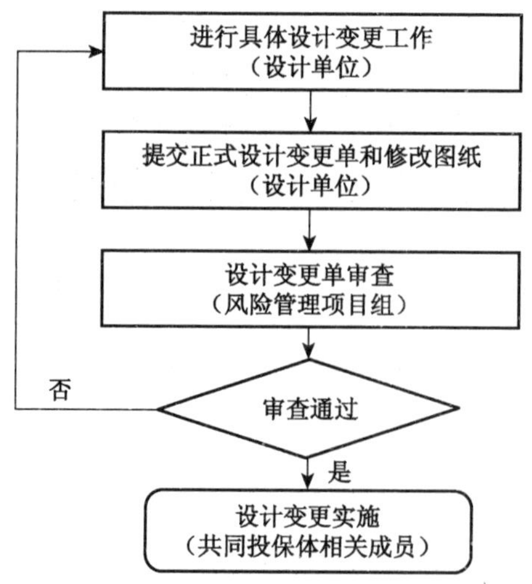

图 14-3 设计变更风险管理工作流程图

14.2.5 工作方法和措施

14.2.5.1 建筑设计风险控制

1）设计依据和规划要求检查

检查内容包括：建筑工程设计是否符合规划批准的建设用地位置，建筑面积及控制高度是否在规划许可的范围内；建设、规划、消防、人防等主管部门对本工程的审批文件是否得到落实；现行国家及地方有关本建筑设计的工程建设规范、规程是否齐全、正确，是否为有效版本。

2）总平面设计

检查建设用地范围、道路及建筑红线位置、用地及四邻有关地形、地物、周边市政道路的控制标高是否明确；建筑容量、退界、退红线、蓝线距离等距离、建筑物间距、突出物、建筑高度、日照分析、环境噪声处理、卫生处理情况是否符合相关规范和规定要求；道路设计是否符合《建筑设计防火规范》《民用建筑设计通则》等规范的要求；新建工程（包括隐蔽工程）的位置及室内外设计标高、场地道路、广场、停车位布置及地面雨水排除方向是否明确；专项建筑的总平面设计是否符合专项建筑设计规范的有关内容等。

3）单体设计

检查内容包括：建筑分类、耐火等级、防火分区面积、材料耐火极限、安全出口设置和数量、疏散距离、门窗材料选型、楼梯间防火设计是否符合相关规范和规定；功能布局是否合理；室内环境设计的能耗热量指标、通风排气设计、隔噪减震设计；防水、防潮设计；无障碍设计等。

4）建筑构造及构件

检查内容包括：门窗材料选用、应用范围、防护措施、门窗距离、防火门、防火卷帘、低窗台的安全防护设计；楼梯间门的防火等级、开启方向、楼梯构造和安全性、室外疏散楼梯构造、防火构造；消防电梯构造、自动扶梯缓冲宽度；屋面节点设计，临空栏杆高度、管道井、墙面防火和装修设计等内容。

14.2.5.2 结构设计风险控制

1）设计依据

结构设计的设计依据主要包括工程建设标准、抗震设防类别和抗震设计参数、岩土工程勘察报告，检查内容包括：所使用的设计规范、规程是否适用于本工程，是否为有效版本；所采用的建筑抗震设防类别是否符合国家标准《建筑抗震设防分类标准》(GB 50223—95)的规定；是否正确使用岩土工程勘察报告所提供的岩土参数，是否正确采用岩土工程勘察报告对基础形式、地基处理、防腐蚀措施（地下水有腐蚀性时）等提出的建议并采取了相应措施；建筑抗震设计采用的抗震设防烈度、设计基本地震加速度和所属设计地震分组，是否按《建筑抗震设计规范》(GB 50011—2001)附录 A 采用；对已编制抗震设防区划的城市，是否按批准的抗震设防烈度或设计地震参数采用；对于在规范上未明确的地区，地震动参数的取值应由勘察单位依据 GB 50011—2001 第 1.0.4、第 1.0.5 条提供；是否正确使用岩土工程勘察报告所提供的岩土参数，是否正确采用岩土工程勘察报告对基础形式、地基处理、防腐蚀措施（地下水有腐蚀性时）等提出的建议并采取了相应措施；需考虑地下水位对地下建筑影响的工程，设计及计算所采用的防水设计水位和抗浮设计水位，是否符合《岩土工程勘察报告》所提水位。

2）地基基础设计

重点审查如下内容：基础埋置深度；基础类型选择（独立基础、条形基础、统基、桩基、箱形基础等）；地基处理方法选择；桩基基础成桩方法选择，终止沉桩条件的参数；地基承载力的确定；地基变形验算；基础设计是否准确；软弱下卧层强度和变形验算；检测要求；变形观测原则及变形观测方法；高层与裙房间沉降差异控制；地基、基础的抗震强度验算及抗震措施；基坑支护结构承载力计算、稳定性验算；防空地下室结构的选型，是否根据防护要求、使用要求、上部建筑结构类型、工程地质、水文地质及材料供应和施工条件等综合分析确定；防空地下室结构的等效静荷载标准值、荷载组合、内力分析、截面设计、构造规定、战时加固、消波系统等是否均按专门规范执行；防空地下室是否经有关部门专项审查通过。

3）结构体系

包括：结构体系选型和布置是否正确合理；抗震验算是否合理完整；变形缝设置是否符合规范要求；结构平、剖面布置是否规则；抗侧力体系布置、质量、刚度分布是否均匀，非规则、均匀体系的措施采取等。

4）结构计算

重点控制内容包括：计算软件是否获得管理部门许可、软件技术条件是否符合现行工程建设标准的规定；计算模型是否符合工程实际；复杂结构在进行多遇地震作用下的内力和变形分析时，是否采用了不少于两个不同的力学模型的软件进行计算，并对其计算结果进行分析比较；基础数据输入是否准确；计算参数选择是否合理；结构抗震计算是否完整正确；电算输出结果是否合理等。

结构设计计算书应包括：输入的结构总体计算总信息、周期、振型、地震作用、位移、结构平面简图、荷载平面简图、配筋平面简图；地基计算；基础计算；人防计算；挡土墙计算；水池计算；楼梯计算等。

5）结构构件及节点

控制内容包括：结构构件是否具有足够的承载能力，是否满足《建筑结构荷载规范》(GB 50009—2001)第 3.2.2 条、《混凝土结构设计规范》(GB 50010—2002)第 3.2.3 条及其他规范、规程有关承载力极限状态的设计规定；结构连接节点及变截面悬臂构件各截面承载力是否满足规范、规程的要求。

6）设计说明和标准图选择

着重审查设计依据条件是否正确，结构材料选用、统一构造做法、标准图选用是否正确，对涉及使用、施工等方面需作说明的问题是否已作交代。审查内容一般包括：

(1) 建筑结构类型及概况，建筑结构安全等级和设计使用年限，建筑抗震设防分类、抗震设防烈度（设计基本地震加速度及设计地震分组）、场地类别和钢筋混凝土结构抗震等级，地基基础设计等级，砌体结构施工质量控制等级，基本雪压和基本风压，地面粗糙度，人防工程抗力等级等。

(2) 设计±0.000 标高所对应的绝对标高、持力层土层类型及承载力特征值，地下水类型及标高、防水设计水位和抗浮设计水位，场地的地震动参数，地基液化，湿陷及其他不良地质作用，地基土冻结深度等描述是否正确，相应的处理措施是否落实。

(3) 设计荷载，包括规范未做出具体规定的荷载均应注明使用荷载的标准值。

(4) 混凝土结构的环境类别、材料选用、强度等级、材料性能（包括钢材强屈比等性能指标）和施工质量的特别要求等。

(5) 受力钢筋混凝土保护层厚度，结构的统一做法和构造要求及标准图选用。

(6) 建筑物的耐火等级、构件耐火极限、钢结构防火、防腐蚀及施工安装要求等。

(7) 施工注意事项，如后浇带设置、封闭时间及所用材料性能、施工程序、专业配合及施工质量验收的特殊要求等。

14.2.5.3 给排水设计风险控制

1）设计文件

控制内容包括：设计依据是否充分，是否有初步设计审查会议纪要、初步设计批文、建设单位对本专业施工图设计的要求及主管部门批文；计算书是否完整；施工图设计深度是否符合规定；签署、出图章及有关专业会签是否符合规定。

2）消防设计

控制内容包括：计算书是否包含以下基本内容：消防用水量、最不利点的消防水量、水压计算、消防泵的选用及核算、消防系统分区；室内消火栓系统和自动喷水灭火系统的设置；泵房与管网中的各种配件、阀门的选用；屋顶水箱的消防水量与水压；灭火器的配置；不适合用水消防部位的其他灭火设备；消防管的敷设；消防电梯井积水坑的容积和坑中排水泵的选用。

3）给水设计

控制内容包括：计算书的基本内容是否包括：用水量、所需水压、管道的水力计算；屋顶储水箱的容积及水池、水箱的设置；系统布置的合理性；地下室水泵房；冷、热水系统；管道的敷设；给水管道的总平面图布置；住宅水表及表前的给水静水压力。

4）排水设计

控制内容包括：计算书的基本内容是否包括：屋面雨水量、区域雨水量、生活污水量和工业废水量、管道水力计算；排水系统；排水管道的敷设；排水管材的选用；外场检查井的间距及排水管的坡度；排水管道的总平面布置。

14.2.5.4 动力、暖通设计风险控制

1）设计文件

控制内容包括：设计依据是否充分，是否有初步设计审查会议纪要、初步设计批文、建设单位对本专业施工图设计的要求及主管部门批文；计算书是否完整；施工图设计深度是否符合规定；签署、出图章及有关专业会签是否符合规定。

2）地下汽车库

控制内容包括：地下车库排风；排风系统防火阀；地下车库送风系统；排风（烟）系统风口。

3）高层建筑防、排烟

控制内容包括：自然排烟的开窗面积、方位；机械防烟风量计算、系统位置；机械排烟系统设计、排烟量计算及防火阀的位置；通风和空调系统的防火措施；有害气体排放。

4）空调、通风

控制内容包括：系统设置；新风量、正压值；调节阀设置；保温材料选择。

5）锅炉房

控制内容包括：锅炉房布置；锅炉房泄压面积计算；油、气系统符合设计规范；锅炉间、控制室和化验室等环境符合卫生标准。

6）燃气

控制内容包括：燃气管道布置；进户管设置；燃气管坡度；燃气管安装及调试。

14.2.5.5 电气设计风险控制

1）供配电设计

控制内容包括：建筑工程的用电负荷等级，供电电压要求、继电保护措施、计费方式及供电电源的可靠性；负荷计算、短路计算、电源引入方式、高低压配电系统工程、中性点接地方式、无功功率补偿方式；变配电所的位置、设备布置及电气设备的选择；自备发电机组的设置、设备选择、供电方式、运行要求。

2）用电安全

控制内容包括：电气设计与建筑场所环境的配合；配电线路与建筑分区（沉降、功能等）的配合；配电线路与保护电器的配合，用电设备的操作和控制系统的安全；配电线路的系统形式和接地故障保护；各种线路、管道的交叉处理；用电设备的安全接地及接地形式、等电位联结措施；过电压保护措施。

3）防雷安全

控制内容包括：建筑物的防雷等级、防雷措施，防雷设备的选择；防雷引下线的设置及防危险高电压的措施；接地电阻值的要求，接地装置的选择、设置和防跨步电压、接触电压的措施；特殊要求的防雷设计和措施。

4）防火安全

控制内容包括：建筑物的防火分类及消防措施；火灾自动报警系统及消防联动系统的设置和选择；火灾自动报警及消防设备的供电方式，末端双电源切换措施，应急照明、疏散照明的设置和电源配电方式；建、构筑物的航空障碍灯的设置要求；消防电气线路和非消防电气线路的防火措施；消防系统通信设施（消防专线电话和消防广播）的位置。

5）弱电系统

控制内容包括：电话通信系数的设计标准、技术措施和管线选择；卫星天线和电缆电视系统的设计标准、技术措施和管线选择；有线广播系统的设计标准、技术措施、设备选择和线路敷设；闭路监视和安保电视系统的设计标准、技术措施、质量指标、设备选择及线路敷设；综合布线系统的结构及设计标准、技术措施和线材选择；建筑设备监控的设计标准、技术措施和设备选择；建筑智能化系统工程的设计资质、设计标准、供电电源级别及环境要求。

14.2.6 工作表单

本阶段所使用的主要表单为设计文件审查备忘录和施工图质量审核报告，分别如表 14-2 和表 14-3 所示。

表 14-2　　**设计文件审查备忘录**

工程名称：__________ 设计单位：__________ 专业：__________ 编号：________

备忘录问题	处理结果

注：审查修改意见涉及图纸时，请注意本专业相关图纸和其他专业图纸同步修改

接受备忘录人：____________ 审查人：____________ 年　　月　　日

表 14-3　　　　　　　　　**施工图质量审核报告**

________________________项目设计施工图质量审核报告

专业：　　　　　　　　　　　　　　　　　　　　　　编号：

<table>
<tr><td rowspan="3">建设单位信息</td><td>名　称</td><td colspan="3"></td><td>地　址</td><td colspan="3"></td></tr>
<tr><td>负责人</td><td></td><td>联系人</td><td></td><td>传　真</td><td colspan="3"></td></tr>
<tr><td>电　话</td><td></td><td>电　话</td><td></td><td>电　话</td><td colspan="3"></td></tr>
<tr><td rowspan="3">设计单位信息</td><td>名　称</td><td></td><td>资质等级</td><td></td><td>地　址</td><td colspan="3"></td></tr>
<tr><td>负责人</td><td></td><td>项目负责人</td><td></td><td>传　真</td><td colspan="3"></td></tr>
<tr><td>电　话</td><td></td><td>电　话</td><td></td><td>电　话</td><td colspan="3"></td></tr>
<tr><td rowspan="2">风险管理机构信息</td><td>名　称</td><td colspan="3"></td><td>地　址</td><td colspan="3"></td></tr>
<tr><td>联系电话</td><td></td><td>传　真</td><td></td><td>E-mail</td><td colspan="3"></td></tr>
<tr><td rowspan="3">建设项目基本信息</td><td>结构类型</td><td></td><td>总建筑面积</td><td>万 m²</td><td>总层数</td><td></td><td>地下层数</td><td></td></tr>
<tr><td>总高度</td><td>m</td><td>基础形式</td><td></td><td>基础深度</td><td>m</td><td>地下水位高度</td><td>m</td></tr>
<tr><td>建筑用途</td><td colspan="3"></td><td>施工场地情况</td><td colspan="3"></td></tr>
<tr><td colspan="2">违反建设工程标准强制性条文问题</td><td colspan="7"></td></tr>
<tr><td colspan="2">结构布置、结构体系的合理性及其对安全的影响</td><td colspan="7"></td></tr>
<tr><td colspan="2">设计依据荷载(作用)取值、结构材料选用</td><td colspan="7"></td></tr>
<tr><td colspan="2">结构计算模型合理性</td><td colspan="7"></td></tr>
<tr><td colspan="2">结构构件承载力设计</td><td colspan="7"></td></tr>
<tr><td colspan="2">构造措施是否符合规范要求</td><td colspan="7"></td></tr>
<tr><td colspan="2">图纸及技术资料的深度</td><td colspan="7"></td></tr>
<tr><td colspan="2">基础选型与设计的合理性</td><td colspan="7"></td></tr>
<tr><td colspan="2">防水等特殊设计及其技术措施</td><td colspan="7"></td></tr>
<tr><td colspan="2">防止和控制裂缝的措施</td><td colspan="7"></td></tr>
<tr><td colspan="2">消防等专项审核意见的落实情况</td><td colspan="7"></td></tr>
<tr><td colspan="2">高风险部分专项设计技术方案和措施评价</td><td colspan="7"></td></tr>
<tr><td colspan="2">其　他</td><td colspan="7"></td></tr>
</table>

批准：　　　　　审核：　　　　　检查：　　　　　年　　　月　　　日

15 施工准备阶段风险管理

严格说来，施工准备不仅局限于拟建工程的开工之前，而是贯穿于整个施工阶段的。施工准备工作既有阶段性，也有连续性。因此，本章所阐述的施工准备阶段的风险管理工作方法也应贯彻于整个施工过程中。

15.1 工作目标

施工准备的工作内容通常包括技术准备、物资准备、劳动组织准备、施工现场准备和施工场外准备工作。对这些准备工作的管理和控制，是确保施工质量和安全的先决条件。

施工准备阶段风险管理的总目标是保障施工准备工作的有效落实，做好施工阶段质量安全风险管理的准备工作。

15.2 工作内容

施工准备阶段风险管理的工作内容主要有：

(1) 施工风险管理人员熟悉设计文件，由勘察设计风险管理人员向其介绍设计特点和施工阶段应注意的风险及其特点。

(2) 参加由建设单位组织的设计技术交底会，并由勘察设计风险管理员向与会各方提出在施工阶段应注意的风险及其特点。

(3) 参与工程建设有关单位的资质核查，包括施工总承包单位、专业承包单位、劳务分包单位、其他工程咨询单位的资质核查。

(4) 共同投保体参与各方的质量管理体系、技术管理体系、质量保证体系以及安全生产保证体系审查，审查内容包括：质量管理、技术管理、质量保证和安全保证的组织机构；质量管理、技术管理、安全管理制度；建设单位与施工承包单位签订工程项月施工安全协议书；专业管理人员和特种作业人员的资格证、上岗证。

(5) 风险管理项目经理应组织专业风险管理员审查承包单位报送的施工组织设计、安全技术措施、高危作业安全施工及应急抢险方案，提出审查意见，并经项目经理审核、签认后报保险人。

(6) 在条件许可时，专业风险管理员应开始着手编制施工专项风险管理实施细则和安全风险管理实施细则。实施细则应根据风险管理实施方案编写，并依据已掌握的信息进行风险信息更新。

(7) 进行施工质量和安全风险交底并督促承包单位做好逐级风险交底工作。

(8) 测量放线控制成果及保护措施检查。
(9) 开工手续和条件审核。
(10) 参加由建设单位主持的第一次工地会议。

15.3 工作流程

(1) 施工准备阶段风险管理工作流程(图 15-1)

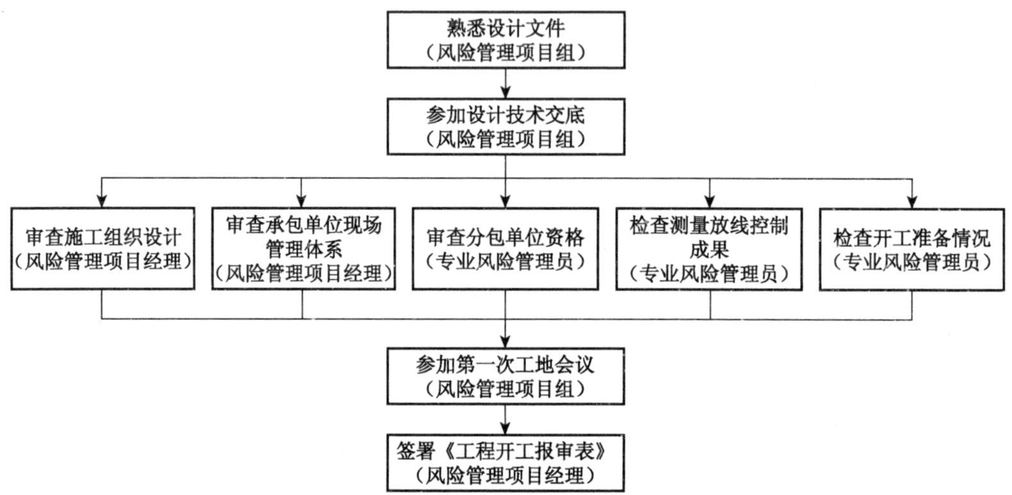

图 15-1 施工准备阶段风险管理工作流程图

(2) 施工单位现场管理体系审核工作流程(图 15-2)

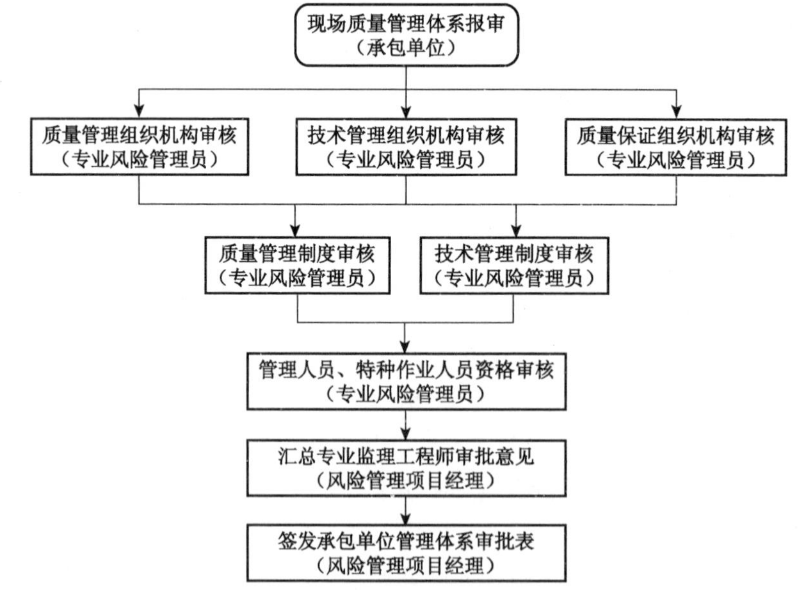

图 15-2 施工单位现场管理体系审核工作流程图

（3）分包单位资质审核工作流程（图 15-3）

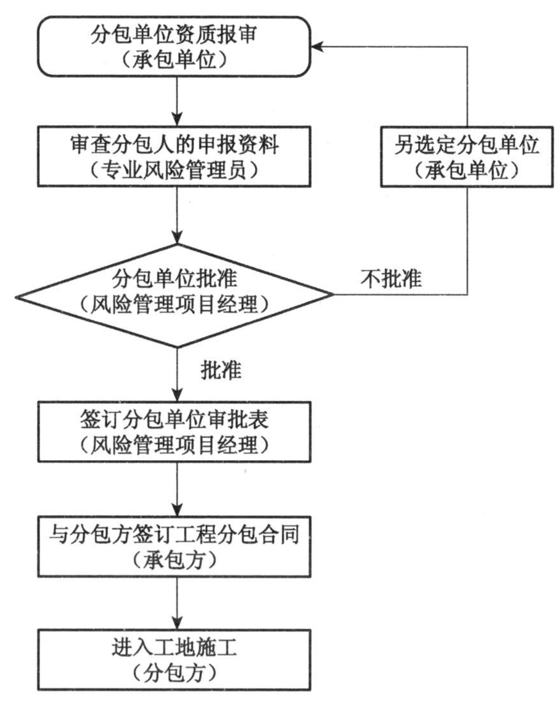

图 15-3　分包单位资质审核工作流程图

（4）材料、设备供应单位资质审核工作程序（图 15-4）

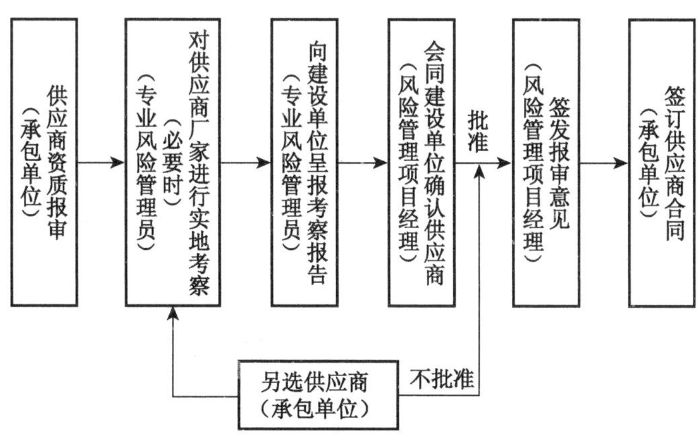

图 15-4　材料、设备供应单位资质审核工作程序图

(5) 测量放线控制工作流程(图 15-5)

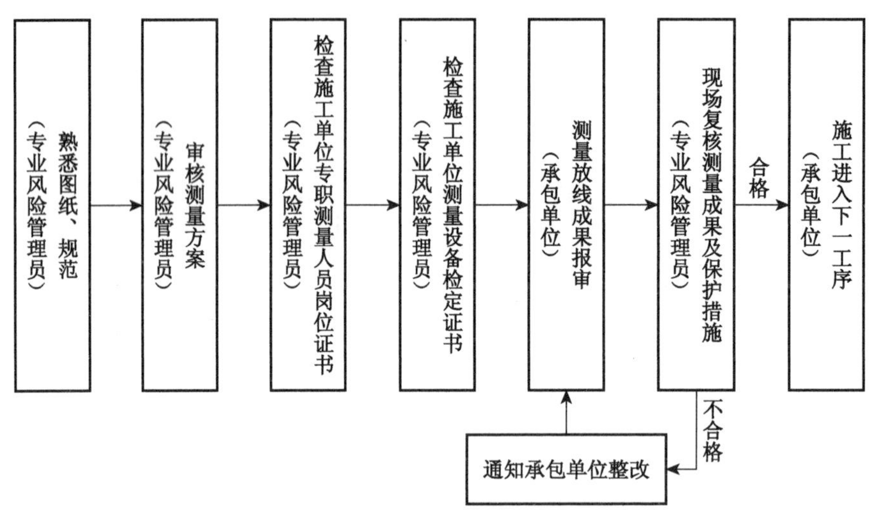

图 15-5　测量放线控制工作流程图

(6) 建筑材料审核工作流程(图 15-6)

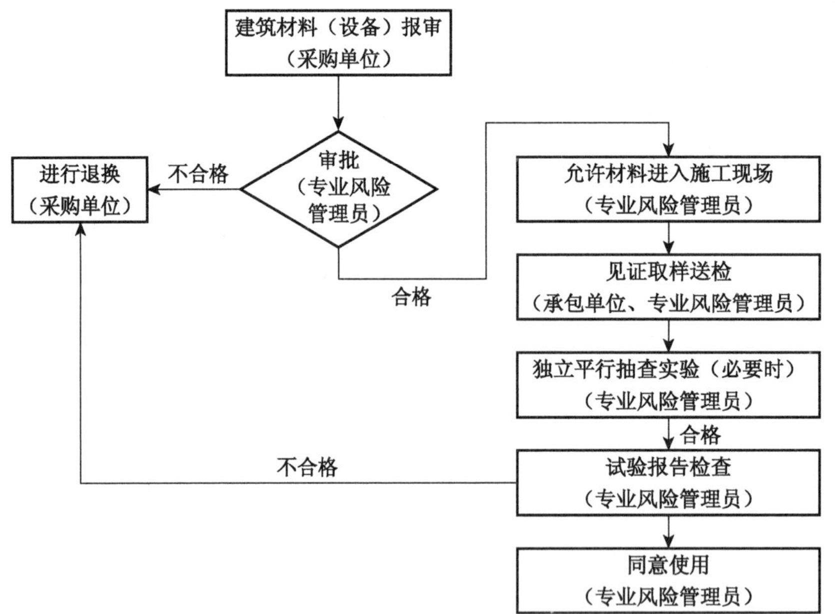

图 15-6　建筑材料审核工作流程图

15.4　工作方法和措施

1) 风险管理人员的岗前培训

加强风险管理理论和操作技能学习和交流，是加强风险管理水平的重要保证。风险管理人员的岗前培训主要应从三个方面人手：每个分部工程开工之前，由设计风险管理人员向施工专业风险管理员就专业设计特点和风险控制点，进行工程技术交底，明确风险控制要点；由质量风险管理负责人向专业风险管理员讲解风险管理要点、操作步骤、记录格式、明确规范管理要求；由安全风险管理负责人向风险管理人员讲解专业施工安全风险要点。这三方面教育是增强风险管理员质量安全风险意识和保障现场风险管理工作有序开展的基础。

2）施工组织设计审查

施工组织设计的审查要点：施工组织设计的编制、审查和批准应符合规定的程序；施工组织设计应具有针对性，应反映承包单位了解并掌握了本工程的特点及难点。并有充分的施工条件分析；施工组织设计应具有可操作性，工期和质量目标及采用方法符合承包单位实际能力；技术方案具有先进性和成熟性；具有健全且切实可行的质量管理和技术管理体系以及质量保证措施；具有切实可行的安全、环保、消防和文明施工措施。

在施工组织设计审查中，应注意施工方案与施工进度计划的一致性，即施工进度计划的编制应以确定的施工方案为依据，正确体现施工的总体部署、流向顺序及工艺关系等；施工方案与施工平面图布置应协调一致，即施工平面图的静态布置内容，如临时施工供水供电供热、供气管道、施工道路、临时办公房屋、物资仓库等，以及动态布置内容，如施工材料模板、工具器具等，应做到布置有序，有利于各阶段施工方案的实施。

此外，安全风险管理人员要审查施工总包单位编制的各类安全施工方案，并收集复核与安全施工管理工作相关的“安全协议书”和“施工安全总交底记录”，发现与法律、法规和安全施工强制性标准不符时，应书面要求施工总包单位调整或补充，并完善签字、盖章手续。

施工组织设计审核的流程按指令流程中的文件审核流程操作。

3）分包单位选择和资格审核

有好的分包队伍才有专业的施工质量，选分包单位要看其资质、施工专业等级，更重要的要看管理体系是否“横向到边、纵向到底”。应由建设单位、风险管理方、设计和总包单位共同组成联合评审小组，按公平、公正、公开的原则对分包单位选择进行共同评审确认。

资格审核内容包括：分包单位的营业执照、企业资质等级证书、特殊行业施工许可证、国际承包商在国内承包工程的许可证；分包单位的历史业绩；拟分包工程的内容和范围；专职管理人员和特种作业人员的资格证、上岗证。

施工合同中已指明分包单位，其资质在招标时已经过审核，承包单位可不报审，但其管理人员和特种作业人员的资格证、上岗证应报审。

4）材料、设备供应质量控制

工程所需的材料、设备的质量好坏直接影响到未来工程产品的质量，因此需要事先对其质量进行严格控制。对于重要的材料和设备选择，应采用“三选一”的方式，即风险管理项目组应制定预选计划，由联合评审小组进行评审，从三家以上(含三家)的合格供应商优选一家。

5) 安全风险交底

项目开工之前，风险管理项目组召开由项目参建各方参加的施工准备阶段安全风险交底会议，使各参建方了解施工安全风险特征以及安全风险管理人员关于安全监督和管理方面的程序和意见，了解在施工过程中，各方要履行的职责、权限范围等。

6) 测量放线控制

施工测量的质量好坏，直接影响工程产品的综合质量，并且制约着施工过程中有关工序的质量。例如，测量控制基准点或标高有误，会导致建筑物或结构的位置或高程出现差错，从而影响整体质量；又如长隧道采用两端或多端同时掘进时，若洞的中心线测量失准发生较大偏差，则会造成不能准确对接的质量问题；永久设备的基础预埋件定位测量失准，则会造成设备难以正确安装的质量问题等。因此，工程测量控制可以说是施工测量控制的一项基础工作，它是施工准备阶段的一项重要内容。

工程测量放线控制的实施要点有：测量设备检定证书应定期检查，杜绝超过检定期限设备用于工程，测量成果出现系统误差时，应督促承包单位对设备重新检定；定期检查、复核测量控制点的精度和保护措施；不得与承包单位测量人员共用一套设备对同一测量成果进行复核。

单位工程开工前检查施工单位的复测资料，特别是两个相邻施工单位之间的测量资料、桩位等是否交接清楚，手续是否完善，质量有无问题，并对贯通情况、中线及水准桩的设置、固桩进行审查。对重点工程部位的中线、水平控制桩进行复查。

7) 开工手续和条件审核

在签署工程开工报审表之前，风险管理工程师应对开工条件进行详细审核。工程开工条件如下：

(1) 施工许可证已获建设行政主管部门批准。

(2) 征地拆迁工作能满足工程进度的需要。

(3) 施工组织设计已获风险管理项目经理批准。

(4) 承包单位现场管理人员已到位，机具、施工人员已进场，主要工程材料已落实。

(5) 进场道路及水、电、通信等已满足开工要求。

满足上述条件即表明参建方已经做好施工准备工作，风险管理项目经理应签发开工报申表，并报保险人和建设单位。

16 施工阶段风险管理

施工阶段是工程项目全过程质量安全风险管理的关键环节，工程质量优劣很大程度上取决于施工阶段的风险管理。施工阶段质量安全风险管理，实际上是风险管理方组织参加施工的各承包单位按合同标准进行建设，并对影响质量安全的诸风险因素进行预测、控制、检查，对差异提出调整、纠正措施的监督管理过程。

16.1 施工质量风险管理

16.1.1 工作目标

工程施工质量风险管理是一个系统过程。对施工全过程的质量风险管理，包括对投入生产要素的管理、施工及安装过程的管理和最终产品质量验收管理。施工质量风险管理的工作总目标是保证施工任务顺利完成，达到验收、交工的质量条件。其子目标可以分解为：

(1) 保证工程原材料构配件的质量达到工程要求的水平。

(2) 保证所使用施工机械设备的质量达到工程要求的水平。

(3) 保证按图施工和按批准的施工组织设计(方案)施工。

(4) 保证施工过程对周边环境的影响限制在一个可接受范围之内。

(5) 保证质量检查验收工作按风险管理规章制度开展。

(6) 保证所形成的技术文件和质量文件可以满足用户对工程项目运行、维修、改扩建的要求。

16.1.2 工作依据

工程施工风险管理的工作依据有：

(1) 保险合同、风险管理委托合同和经批准的风险管理实施规划。

(2) 勘察、设计风险管理绩效报告。

(3) 相关的现行国家标准和文件。

(4) 相关的现行各级地方标准和文件。

(5) 相关的现行各级行业标准和文件。

(6) 各级主管部门的相关批文。

(7) 施工图设计文件。

(8) 共同投保体各方相互签订的合同等。

16.1.3 工作内容

（1）编制施工阶段各分部分项施工、环境以及安全的风险控制实施细则，包括风险信息更新、风险控制措施更新、风险控制点的设置等内容。

（2）施工风险跟踪控制。内容包括：①督促共同投保体各方建立现场质量管理体系；②结合技术交底进行施工风险交底；③施工投入要素风险跟踪控制，包括对施工人员、施工机具、原材料和设备、施工方法、施工环境五大因素的质量控制；④施工工序质量风险控制，包括对工序子样的实测、对检验数据的分析、质量风险状况判断以及对异常情况的决策处理等；⑤工程质量问题处理。包括对工程质量问题的调查、原因分析、处理方案决策等。

（3）工程质量评定。包括质量评定项目划分、检验批、分部分项工程验收、隐蔽工程验收等。

16.1.4 工作流程

（1）施工质量风险管理工作流程(图 16-1)。

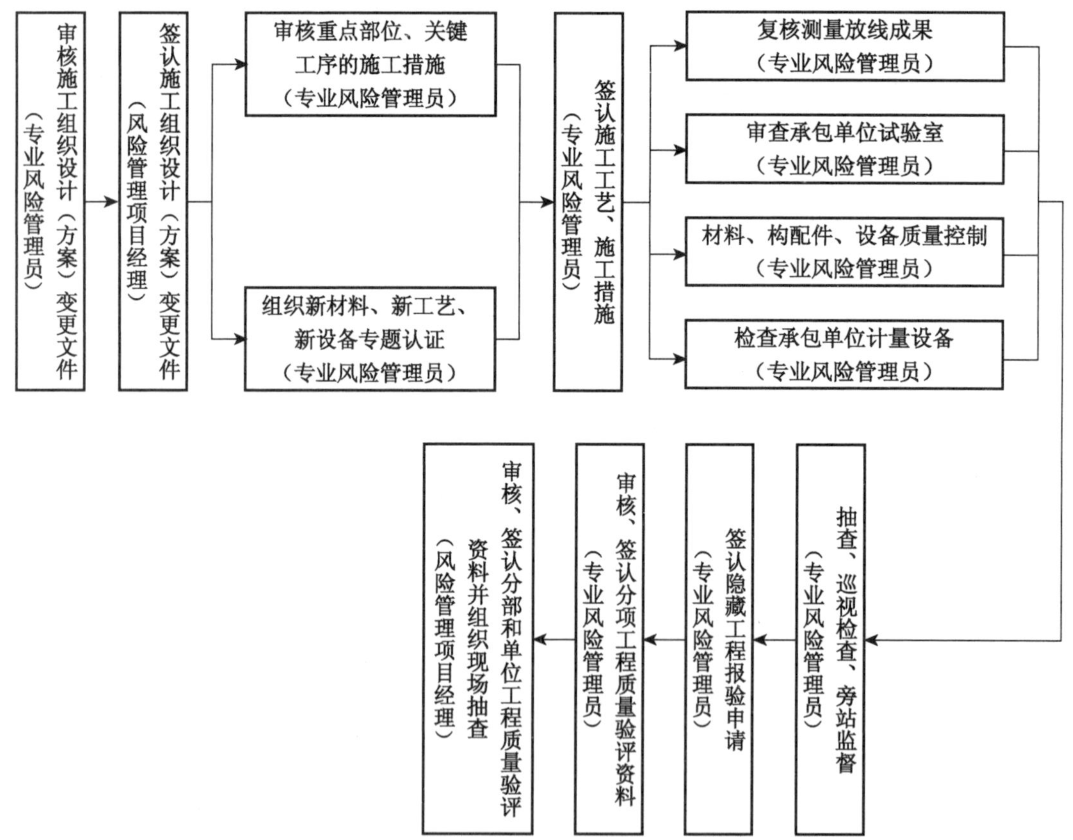

图 16-1 施工质量风险管理工作流程图

(2) 旁站检查工作程序(图 16-2)。

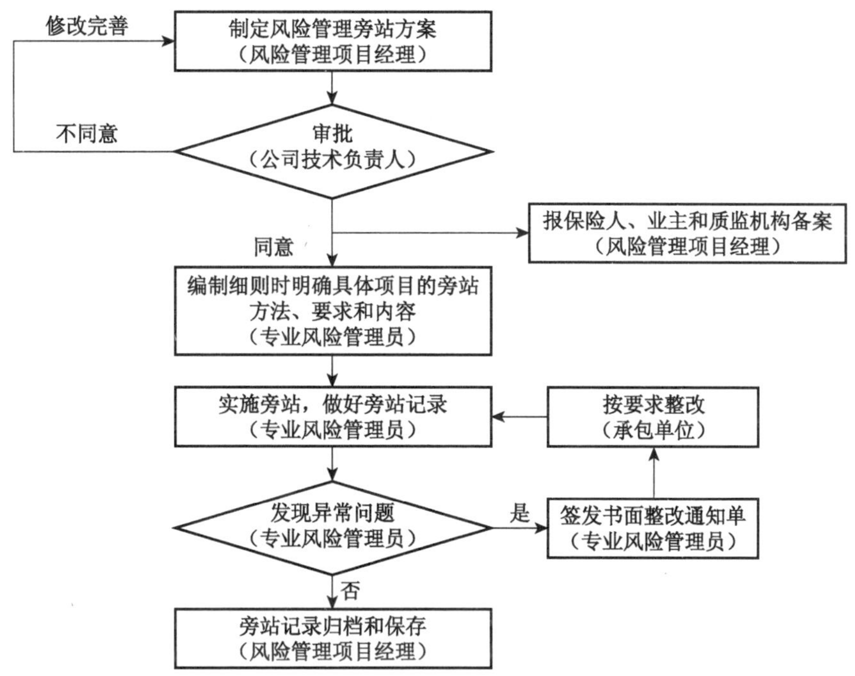

图 16-2　旁站检查工作程序图

(3) 隐蔽工程验收工作程序(图 16-3)。

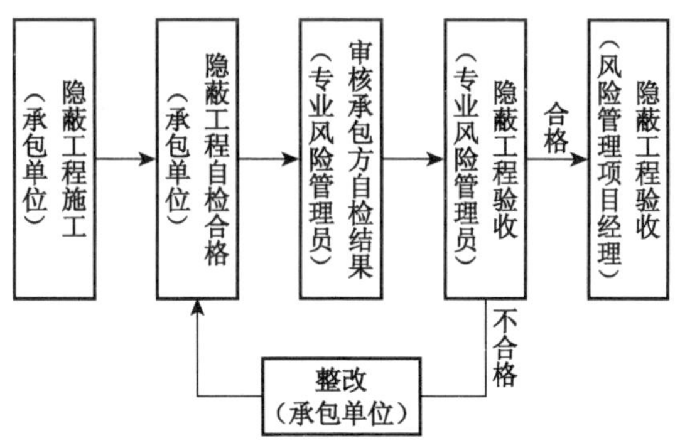

图 16-3　隐蔽工程验收工作程序图

(4) 分项工程验收工作程序(图 16-4)。

(5) 分部工程验收工作程序(图 16-5)。

(6) 单位工程验收工作程序(图 16-6)。

(7) 工程质量事故处理方案审核工作程序(图 16-7)。

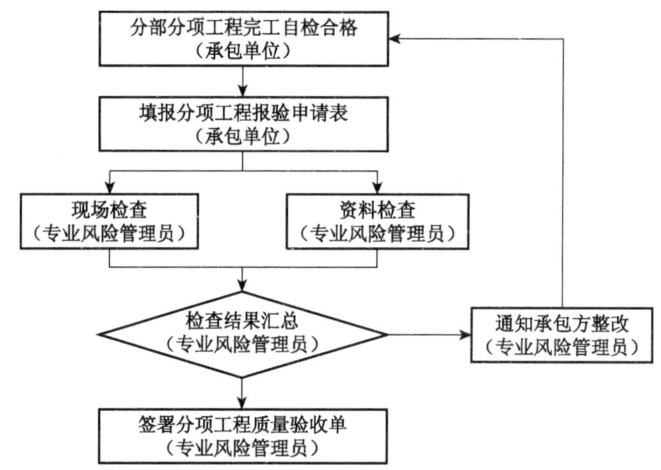

图 16-4　分项工程验收工作程序图

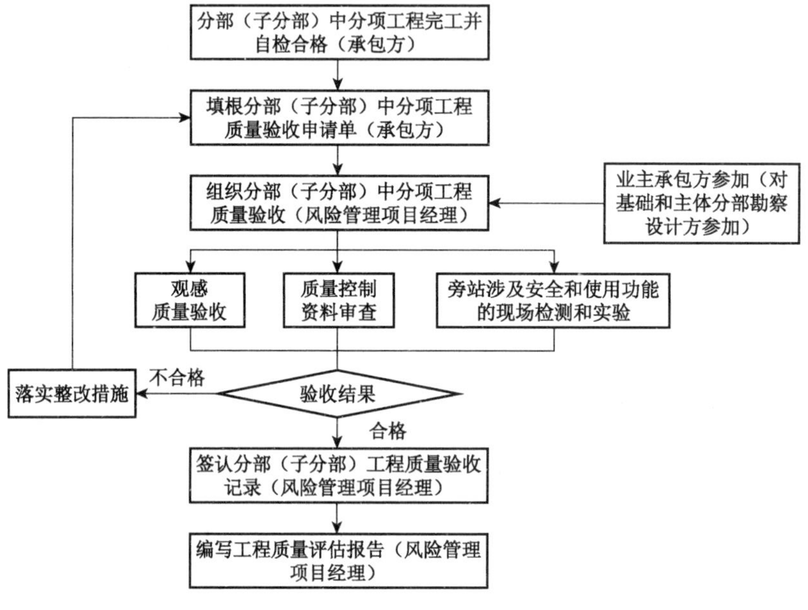

图 16-5　分部工程验收工作程序图

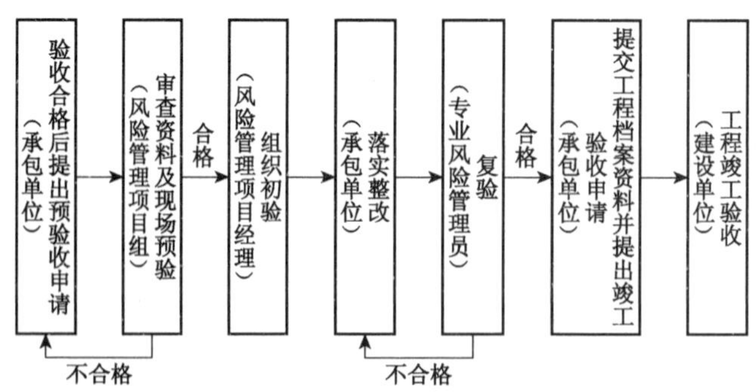

图 16-6　单位工程验收工作程序图

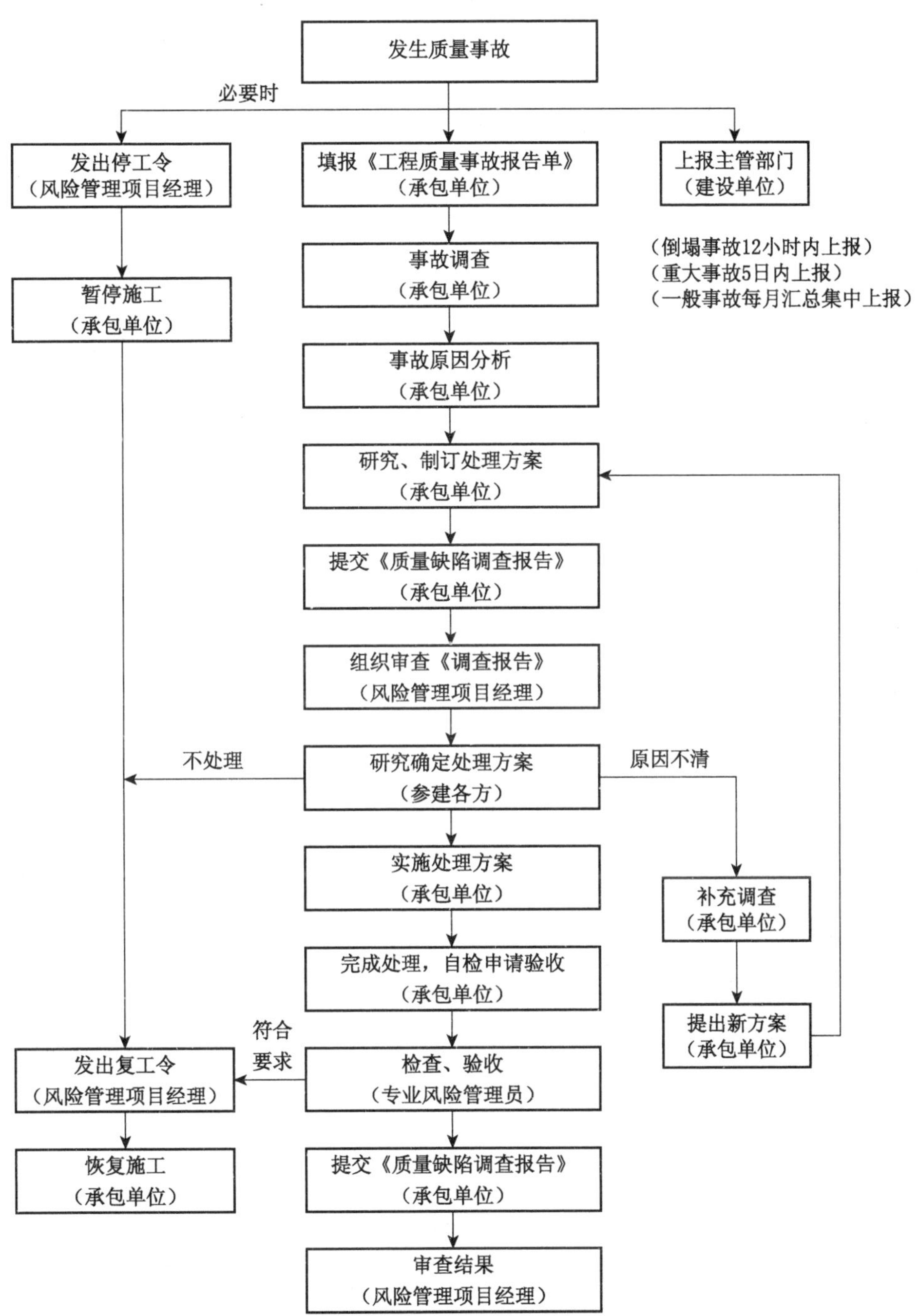

图 16-7　工程质量事故处理方案审核工作程序图

16.1.5　工作方法和措施

（1）风险控制点的设置。风险控制点是指为了保证施工过程质量而确定的重点控制对象、关键部位风险或薄弱环节。风险控制点建立应依据该风险对质量特性影响的大小、危害程度以及其控制的难度大小而定。因此，在设置风险控制点时，首先要正确识别和评估工程施工过程里的风险，以明确风险控制点；尔后要进一步分析所设置的风险控制点在施工工序中的位置、风险特点和原因，并依此制订相应的风险预控措施和应急方案。

(2) 建立风险管理信息系统。通过 WBS(工作结构分解)技术和 RBS(风险结构分解)技术建立工程项目的风险管理信息编码体系，并以此建立风险管理信息系统。信息系统的主要要求在于实现对现场风险信息数据的动态收集，并通过风险信息控制平台，及时向专家组反映现场风险数据，最后由专家组进行风险应对决策，制定有效的风险监控方法。这一系统的目的是根据各个专业分项工程重大风险等级的风险特征值和报警值，对施工现场以及相关的风险因素进行科学的、全方位的、全过程的控制和管理。此外，风险管理信息系统的一项重要职能是提供保险人和业主有关本工程项目的风险管理信息服务，定期提供风险管理周报和月报。

(3) 风险交底。良好的风险交底是取得好的施工质量的条件之一。每一分项工程开始实施前均要进行风险交底，并应结合技术交底进行。风险交底的内容包括施工方法、质量要求和验收标准、施工过程中需注意的风险、应采取的措施和应急计划以及落实责任人等。

关键部位或技术难度大、施工复杂的检验批，分项工程施工前，承包单位的技术交底书(作业指导书)要报风险管理工程师。如技术交底书不能保证作业活动的质量要求，承包单位要进行修改补充。没有做好技术交底的工序或分项工程，不得进人正式实施。

(4) 材料、设备风险管理。材料、设备风险管理的内容包括供应商的选择，材料、设备进场验收管理和使用管理三项内容。

供应商的选择：确定甲供设备、材料和乙供设备、材料的范围；对确定为甲供的设备、材料，要进行供货商资格预审，选择社会信誉好、综合实力强、产品质量好的供货商；对确定为乙供的设备、材料，有明确技术要求的，必须送审。无特殊要求的，提交风险管理机构会同业主共同审核即可；送审时一般应提交三家以上单位的资料(包括厂家资料、生产许可、备案证明、产品质量合格证明、相关检验报告、有关技术资料、供货计划等)，设计院、风险管理机构首先进行初步审核，提交初步审核意见，再提交有关单位及专家评审选择(评审单位及专家名单由业主与风险管理机构共同选定)。评审委员会形成推荐意见之后，提交业主审批。风险管理项目组将最终确定的设备、材料正式发文给有关单位执行，并封样留存；风险管理项目组对整个设备、材料供货商招投标过程建立招投标监控台账。

进场验收管理：督促施工单位和供货单位制定材料、设备的采购与验收计划，严格约定进场验收时间；督促施工单位和供货单位派专人负责材料、设备的进场验收与管理。风险管理机构派专人控制材料、设备的进场使用状况，建立材料设备监控台账，并及时核对报验材料设备的质保资料与实物的对应性，以及产品的标识、外观质量等。风险管理项目组应该仔细核查材料、设备的技术参数与设计、标准规范要求之间的对应性，严防出现漏检项目。对按照合同规定以及规范、标准要求需要进行进场复验的材料、设备，由风险管理项目组指派专业的材料见证取样人员进行现场取样，送至法定的检测机构进行检验，并建立材料、设备见证取样复试的管理台账。复验的批次应该严格符合规范要求。对设备的进场验收，应该组织各方填写设备开箱验收单，核查设备的完好状态、随机文件的完整性以及设备与开箱单标识的一致性。对进场验收与复试合格的材料、设备，应挂牌标识清楚；未经检验合格的材料设备应该挂“待检验”的标识牌。对未经风险管理项目组审核认可而擅自使用的材料、设备，应该要求施工单位将其退场，并给予适当的经济处罚。

使用管理：风险管理项目组专职材料、设备控制人员应该经常巡视现场材料和设备的使用情况，对于有使用时效的材料设备，应该重点控制。对在使用过程怀疑材料设备质量的情形，风险管理项目组应该随机抽样送至法定的建筑材料、设备的检测机构进行检验。风险管理项目组专职材料设备控制人员及施工单位的材料管理员必须对被抽样品进行确认，认为所抽样品具有代表性、符合要求，并在抽样单上签字确认。对检验不符合设计标准或合同约定的国家标准的材料、设备，风险管理项目组应通知施工单位停止使用，并报保险公司备案。对材料设备使用过程中出现复验不合格或使用期间质量不稳定的供货商，进行不良行为记录，并与该企业的诚信考核评价挂钩，为以后的招投标工作提供参考。主要材料、设备使用完成后，应该要求供应商及时提供材料、设备的使用维护手册，以利于延长或保证设备的使用寿命，降低维修风险。

(5) 施工机械风险管理。施工机械是实施工程项目施工的物质基础，是现代化施工必不可少的设备。施工机械设备的选择是否适用、先进和合理，将直接影响到工程项目的施工质量。风险管理人员应结合工程项目的布置、结构形式、施工现场条件、施工程序、施工方法和施工工艺，控制施工机械形式和主要性能参数的选择以及施工机械的使用操作，督促施工单位制定相应的使用操作制度，并严格执行。

(6) 施工方法风险管理。施工方法包括施工组织设计、施工方案、施工技术措施、施工工艺、检测方法和措施等。其中，施工组织设计主要在施工准备阶段进行审核，但在施工过程中，施工单位有可能根据实际情况对批准的施工组织设计进行调整、补充或者变动，对这类变更行为，必须经过严格的审核程序进行审批，否则不允许实施。

施工方法是否选择得当，直接影响到工程项目的质量形成。风险管理人员在参与和审定施工方法时，应结合工程项目的实际情况，从技术、组织、管理、经济等方面进行全面分析和论证，确保施工方法在技术上可行、经济上合理、方法先进、操作简便，从而在成本合理、施工进度保证的基础上，确保工程项目质量。

(7) 施工环境风险管理。影响工程项目的环境因素很多，归纳起来有三个方面，即工程技术环境、工程管理环境和劳动环境。工程技术环境主要包括工程地质、地形地貌、水文地质、气象气候、周边环境等因素；工程管理环境主要包括质量管理体系、质量管理制度、工作制度、质量保证活动等；劳动环境主要包括劳动组合、劳动工具、施工工作面等。

在工程项目施工中，环境因素是在不断变化的，如施工过程中气温、湿度、风力、降水等。前一道工序为后一道工序提供了施工环境。施工现场的环境也是变化的，不断变化的环境对工程项目的质量会产生不同的风险。为了保证工程项目施工正常、有序地进行，为了保证工程项目质量的稳定，风险管理人员应督促和配合施工单位根据工程项目的特点和施工的具体条件，采取相应的有效措施，对影响质量的环境风险进行严格的控制。

(8) 工序施工过程监督检查。在工序施工过程中，风险管理人员应采用巡视方法对施工操作人员、材料、施工机械及机具、施工方法及施工工艺、施工环境等项目的风险进行跟踪监督和检查，检查风险是否处于良好的受控状态，质量要求是否能保证。对于关键工序或者高风险部位的施工，风险管理人员还应进行旁站。在检查过程中，如果发现质量问题还应及时采取措施加以纠正。有些质量问题常常是施工操作不符合规程引起的，这种质量问题又是从表面看好像影响不大，但往往具有潜在的危害，所以风险管理人员必须加强对施工操作质量的巡视、旁站检查。

(9) 技术复核。凡涉及施工作业技术活动基准和依据的技术工作，都应该严格进行专人负责的复核性检查，以避免基准失误给整个工程质量带来难以补救的或全局性的危害。例如：工程的定位、轴线、标高，预留孔洞的位置和尺寸，预埋件，管线的坡度，混凝土配合比，变电；配电位置，高低压进出口方向、送电方向等。技术复核是承包单位应履行的技术工作责任，其复核结果应报送风险管理工程师复验确认后，才能进行后续相关的施工。风险管理工程师应把技术复验工作列入风险管理规划及质量控制计划中并看作是一项经常性工作任务，贯穿于整个施工过程中。

(10) 工序交接检查。工序是指作业活动中一种必要的技术停顿，作业方式的转换及作业活动效果的中间确认。上道工序应满足下道工序的施工条件和要求。对相关专业工序之间也是如此。通过工序间的交接验收，使各工序间和相关专业工程之间形成一个有机整体。风险管理人员在上一道工序作业完成后，在施工班组进行质量自检、互检合格的基础上，进行工序质量的交接检查。

(11) 成品质量保护检查。成品保护检查是指在施工过程中，某些分项工程(单元工程)已完工，而其他分项工程(单元工程)尚在施工，或分项工程的一部分已完成，另一部分尚在继续施工，为了保护已完工的成品免受损坏，风险管理人员应对成品保护的质量进行经常的巡视检查，指令共同投保体方对已完成的成品采取妥善的措施加以保护，以免受到损伤和污染，从而影响到工程整体的质量。根据产品特点的不同，成品保护可分别采用防护、包裹、覆盖、封闭等方法。

(12) 应急计划演习。针对工程中具有重大危险源的各专项工程,除风险预控措施外,还应编制应急预案,并定期组织应急计划演习,以提高参建各方的应急能力和反应。对于在演习中暴露出来的问题,由风险管理方牵头组织各方进行讨论分析,并形成解决方案,必要时还可调整应急计划以切合实际。

(13) 风险控制奖惩制度。利用罚得的款项建立风险控制奖励基金,其目的是运用经济杠杆,建立风险控制约束机制,奖惩制度的落实要点是罚单位、奖个人。

16.2 施工阶段安全风险管理

16.2.1 工作目标

施工阶段的安全风险管理有两方面的含义:一是防止各种事故和灾害所导致的施工人身伤害和周围第三者人员伤亡或者财产受损;二是防止事故和灾害引起存放在施工现场的资产(材料、设备、机械、临时设施等)受损。这两个"防止"即为施工阶段安全风险管理的目标。

16.2.2 工作内容

施工阶段安全风险管理的工作内容主要有:

(1) 依据策划阶段拟定的风险管理实施规划和工程实际情况,更新风险信息和相关控制措施,编制工程施工安全风险管理实施细则。

(2) 施工安全风险跟踪控制。内容包括:①安全教育、培训和安全风险交底;②对洞口、临边、高空作业所采取的安全防护措施进行检查;③对施工现场环境风险(现场废水、尘毒、噪声、振动、坠落物)控制状况的检查;④监督施工承包单位按照工程建设强制性标准和专项安全施工方案组织施工,制止违规施工作业;⑤对施工过程中的高危作业等进行巡视检查,每天不少于一次;⑥督促施工承包单位进行安全自查工作;参加施工现场的安全生产检查;⑦复核施工承包单位施工机械、安全设施的验收手续,并签署意见。未经安全监理人员签署认可的不得投入使用;⑧对高危作业的关键工序实施现场跟班监督检查;⑨安全事故的调查、分析和处理。

(3) 施工安全风险管理绩效报告编写。

16.2.3 工作流程

工作流程如图 16-8 所示。

16.2.4 工作方法和措施

安全风险生产诱因广泛而复杂,尤其是人的因素,更是防不胜防。安全风险管理不能头痛医头、脚痛医脚,管理被动无序,而应注重安全风险管理制度建设,强化民工教育,灌输风险意识,提升风险预警与应急能力。

1) 安全风险管理制度建设

建立健全安全风险管理九项制度,即安全管理现场教育例会制度、安全施工方案报

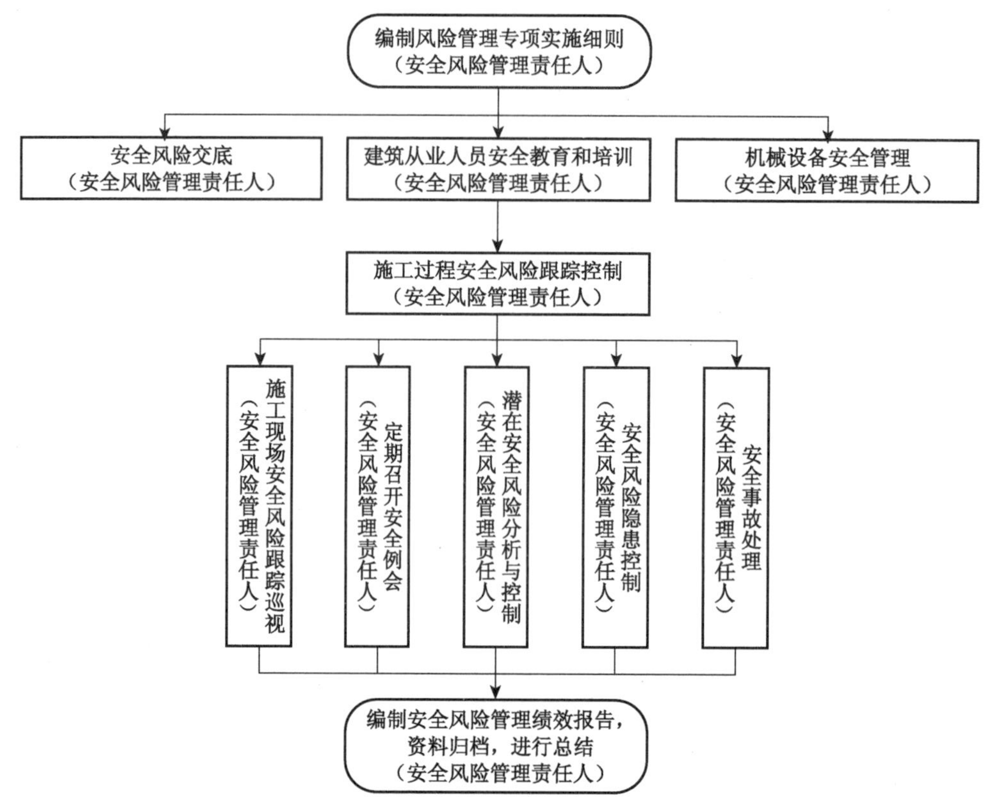

图 16-8　工作流程图

审制度、重大风险源申报、管理制度、重大风险源交底与验收制度、重大风险源现场跟踪旁站制度、安全工作检查制度、安全事故上报制度、安全风险管理资料台账制度以及安全违章处罚制度。具体工作如下：

(1) 每周由安全风险管理组长组织总包项目经理、安全员、施工员、分包有关人员以及全体一线操作工人进行一次安全风险管理现场会议，通报上周安全状况，违章处罚情况，宣传近期有关安全教育文件，分析本周安全风险形势，点评风险源存在与发生的防范措施，强调风险意识的重要性和必要性。

(2) 对重大风险源工程，引入 PDCA 管理方法。应要求施工方事先识别各阶段重大风险源，制定相应的安全风险控制措施，并落实到具体的相关责任人，在不同施工阶段、不同施工区域的醒目位置树立风险控制牌，予以提醒和警示。

(3) 制定书面安全生产定期检查制度，建立定期安全风险管理检查制度，每月进行四次专项安全检查。第一周进行设备、持证上岗情况专项检查；第二周进行安全用电、消防安全专项检查；第三周进行脚手架、临边防护专项检查；第四周进行安全文明施工综合大检查。

(4) 对临边、高空作业、安全用电、防火措施的巡视，检查中发现安全隐患应立即拍照留存，及时召开安全工作碰头会，交代隐患事实，要求落实整改时间，并对整改情况进行复查，以整改后附照片进行闭环回复，对违纪吸烟、不戴安全帽的职工进行教育和适当处罚并督促整改。

2) 安全风险预案编制

编制内容包括：特殊过程、特殊脚手架、新工艺、新材料、新设备等安全技术措施计划；职业安全和卫生，如改善劳动条件，防止伤亡事故和职业危害，现场机械、设备等各类防护、保险装置等劳动保护技术措施计划；现场临时用电施工组织设计；地下障碍物清理和道路管线保护方案等。

3) 安全教育与培训

从人身事故发生的状况看，熟练工人由于过分自信所造成的事故不少，但是非熟练工人造成的事故也很多。因此加强安全教育和培训，是安全风险管理的一个重要工作方法。

安全教育的内容，是以正确的作业方法为主，让作业人员学习并加以掌握。其形式有岗前教育、讲习会、座谈会、现场观摩等。一般来讲，安全教育的教材可用幻灯、电影、直观的图片和带漫画的图表等形式，这种方式可以产生深刻的听觉和视觉印象，效果较好。

安全教育的一个重要目的是要启发施工人员的责任感。如果仅仅是填鸭式的教育，可能施工人员在紧张的工作中很容易忘记。但是责任感会驱使生产者产生贯彻执行的内在动机，这才是持久之道。此外，风险管理人员不能指望安全教育一劳永逸，而是需要有耐性和持久的热情，要“天天讲，时时讲”。

4) 对机械设备及特种作业人员的审查

要求施工单位对施工现场的安全设施和设备提供合法的安全施工检验证明文件，对危险性较大的起重机搭设、施工升降设备，附着式升降脚手架，必须经有关部门的检测合格后方准许使用。

审查电工、焊工、架子工、起重机械工、塔吊司机及指挥人员、爆破工等特种作业人员资格，督促施工企业雇佣具备安全生产基础知识的一线操作人员。

5) 现场检查与检验

内容包括：检查施工总包方对重大危险源实施前的安全技术交底、持证情况、个人正确使用劳动防护用品等；按照国家、行业、地方的相关标准、督促施工单位严格按照强制性标准的规定组织施工；风险管理项目经理定期和不定期组织对现场的安全文明施工状况进行检查，做好记录并向保险人和业主汇报；督促施工单位定期和不定期地对施工现场安全生产、文明施工工作进行自查，发现问题及时整改。

6) 事故隐患的控制

风险管理项目部对各类事故隐患应直接联系相关责任人，要求一般问题当天解决，重大问题限期解决。

事故隐患的处理方式有：对性质严重的隐患要求停止使用、封存；指定专人进行整改或者进行返工；对有不安全行为的人员先停止其作业或指挥，纠正违章行为，然后进行批评教育，情节严重的应有必要的处罚；对不安全生产的过程，要求施工单位进行重新组织。

在事故隐患处理后，风险管理人员还应对整改措施落实情况进行复查验证。

7）安全事故处理

首先按照应急预案抢救伤员及国家财产，防止事故进一步扩大，保护好现场。其次根据国家、地方、行业与上级规定确定事故分类及相应的报告程序，按照程序迅速、及时、准确地向上级、保险人有关部门报告，经有关人员来现场验证，发出指令后才可清理现场，恢复施工。再次应组织专人调查事故产生的原因，记录调查结果，经过分析找出主要原因，提出针对性的防止同类事故再发生的纠正措施。最后组织实施纠正措施并监督验证其有效性。

8）基础施工安全风险管理

桩基施工时安全风险管理员应审查桩基施工承包商的合同、资质情况、掌握承发包安全管理协议书中安全内容，审核桩基施工方案内涉及操作安全规定的内容并可根据施工特点，提出有针对性的补充措施。

基坑施工时安全风险管理员应检查总包单位按基坑施工方案实施的具体情况。当基坑深度超过 5 m 时，应要求施工单位严格执行深基坑施工过程中安全监控，落实监护责任人。

安全风险管理工程应检查中小型机械运行情况，要求每台设备须经过验收挂牌才能使用。合格牌应有编号、验收人、操作人员姓名，日期与机械验收资料内容相符。

安全风险管理员应督促总包单位临时施工用电必须执行二级配电二级保护网络的安全施工要求，即：总配电箱以下设置分配电箱、分配电箱以下设置开关电箱，开关箱以下连接用电设备。

9）结构施工安全风险管理

安全风险管理员应检查“三宝”、“四口”的防护工作，督促总包单位做好对施工现场临边、洞口等的防护工作。在施工作业面边沿无防护设施或围护设施高度低于 80 cm 时，都应要求施工单位规定搭设临边防护栏杆。同时安全风险管理工程师要掌握在建工程地面入口处和施工现场人员流动密集的通道上方，按规定设置防护棚，防止因落物产生的物体打击事故。

对各类外脚手架、塔吊、人货电梯、施工平台和井架等施工设施加强日常监理巡视检查工作，对不符合安全规程的施工操作应提出整改要求并对落实情况进行监督。

10）装饰施工安全风险管理

安全风险管理员掌握施工现场安全用电现状，应督促施工承包商对照明灯具，手持电动工具，开关电箱等的使用符合安全操作规程要求。

安全风险管理员应检查总包方的动火审批情况，是否按规定要求执行动火许可证制度。同时对施工现场易燃易爆场所，如木材库、木工间、油漆、涂料、乙炔和氧气瓶存放等处，加强日常安全风险管理巡视检查工作。

装饰阶段外墙面施工中使用吊篮时，安全风险管理员应要求施工承包方按《上海市建筑材料和建筑机械产品准用证》的要求，在经检测单位检测，并发放合格证后进行使用。

17 竣工验收阶段风险管理

项目竣工验收是工程建设全过程的最后一个程序，是全面考核基本建设工作，检查是否合乎设计要求和工程质量的重要环节，是项目成果转入生产或使用的标志。竣工验收阶段风险管理对于保证项目运营质量、工程内在缺陷险费率的最终确定、总结风险管理经验教训，都有重要的作用。

这个阶段的特点是：大量的施工任务已经完成，小的修补任务却十分零碎；在人力和物力方面，主要力量已经转移到新的工程项目上去，只保留少量的力量进行工程的扫尾和清理；在业务和技术人员方面，施工技术指导工作已经不多，却有大量的资料综合、整理工作要做。因此，在这个阶段，风险管理项目部必须把各项收尾、竣工准备工作细致抓好。

17.1 工作目标

工程竣工验收阶段风险管理的工作目标是记录完整的工程竣工验收过程和数据，对工程竣工质量做出真实评价。

17.2 工作依据

工程竣工验收风险管理的工作依据有：

(1) 保险合同、风险管理委托合同和经批准的风险管理实施规划。

(2) 勘察、设计、施工质量风险管理绩效报告。

(3) 相关的现行国家标准和文件。

(4) 相关的现行各级地方标准和文件。

(5) 相关的现行各级行业标准和文件。

(6) 批准的工程可行性研究报告。

(7) 批准的工程设计、概算、预算文件。

(8) 批准的变更设计文件及图纸。

(9) 批准或确认的招标文件及合同文本。

(10) 管理部门对工程的指示文件等。

17.3 工作内容

风险管理竣工验收是对该工程正式竣工验收前的一次预演，为提高预验收质量，要求所检查工程应该完成承包合同约定以及施工设计图纸、变更文件所规定的全部内容；而且项目部已组织各专业风险管理员进行了全面检查和验收，所提出的质量问题已基本整改到位。

(1) 竣工验收准备工作。包括编制竣工验收风险管理实施细则；各阶段风险管理工作资料整理汇总；拟定验收条件、验收依据和验收必备技术资料准备等。

(2) 参与竣工项目的预验收。工作内容包括：对竣工技术资料的审查；工程实物预验收。

(3) 参与工程正式竣工验收。

(4) 检查验收后的收尾和交接工作。内容包括工程移交、剩余材料移交和技术资料移交等。

(5) 编制工程质量评估报告和施工风险管理绩效报告。绩效报告主要内容包括：施工质量风险管理工作记录、工程质量评估以及在竣工验收阶段应注意的问题等。

17.4 工作方法和措施

17.4.1 竣工验收风险管理实施细则

在实施竣工验收之前，风险管理项目组应首先编制项目竣工验收风险管理实施细则，将竣工验收准备、竣工验收、交接与收尾三段的工作进行详细编录和分析。依据勘察、设计、施工各阶段的风险管理绩效报告及其他工程质量风险管理记录，梳理在竣工验收中应注意的、容易造成工程使用隐患的风险点，作为工程质量的检查要点。

17.4.2 竣工验收技术资料准备

1) 竣工图

竣工图真实地纪录各种地下、地上建筑物、构筑物的实际情况，是国家主要技术档案的一部分，是交工验收和将来维修、改建、扩建的依据。对于施工单位编制完成的竣工图，风险管理方应认真仔细地进行审核校对。凡发现失真不准，遗漏缺项和不符合有关规定要求的，都要予以修改补正。

2) 试车运转记录

在工程正式交验前，承包商应对已安装调试(含单机试车、管道清洗、烘煮炉记录)的生产设备进行联动无负荷或带负荷试车，并将试车结果写出书面报告。该报告应包括试车组织，试车方法，各级负荷下的仪表读数与设计参数及设备说明书数据比较，试车结论意见及有关建议等。风险管理方应参与试车运转记录，并仔细审核承包商的试车记录报告。

3）竣工技术资料审查

竣工验收必备的技术资料是工程技术档案的核心部分。认真审查好这部分资料，不仅能满足正式验收的需要，同时也为工程技术档案的审查打下基础。审查这部分资料主要把握下三点：

（1）审查这些资料所列数据、图表和有关结论，是否与工程实际相符，相互间有无矛盾。

（2）审查资料的归整，包括项类、规格、数量、书写是否与有关规定及要求相符。

（3）审查资料是否完整，文字结构、工程用语有无不当或讹误。常用的审查方法有审阅、核对和验证等。

17.4.3 工程实物预验收

参加预验收的风险管理人员应在尽可能的范围内，依据竣工验收风险管理实施细则要求，对工程的数量、质量、功能、性能进行一次全面深入的检查确认。对于重要的部位、功能、质量和易于遗忘的部分，要给以重点检查。检查结束，无论是正确的，有误的，还是遗忘的都应分别登记造册，作为预验收的成果资料，提供给施工单位整改、验收委员会参考和保险人登记备案。

参加预验收的风险管理工程师应按工种、专业或区段分组，并指定一名组长负责。验收前要先熟悉一下设计及规范标准要求，制定检查程序，将检查项目的各子项目和重点检查部位列表或者绘图指示，以防遗漏。

预验收的检查主要着眼于以下几个分项：外墙装修；室内装修；楼面工程；门窗工程；屋面工程；消防工程；给排水工程；供配电及电气工程；机电设备安装工程；空调工程；室外道路、管线、围墙、绿化等总图工程。

对于上述分项，宜采取直观检查、实测质量、点数、操纵动作等方法检验其质量、数量、功能和性能。

检查完成后，各专业组长应向风险管理项目经理报告检查验收结果。如果检查出问题较多较大，则应指令施工单位限期整改而后再进行复验。否则，除通知施工单位整改外，风险管理项目经理应立即编写预验收成果报告书，一式四份，一份送施工单位供整改用，一份送业主转交验收委员会，一份送保险公司登记备案，一份风险管理机构自存。这份报告书除有详细的文字论述外，更应附上全部检验数据。与此同时，风险管理项目经理可批准施工单位提交的工程竣工验收申请报告，并知会保险人。

17.4.4 正式竣工验收

风险管理项目部在参与正式竣工验收前，应准备好完整齐全的施工图纸及有关设计文件、竣工图、分项施工技术资料、试车报告、预验收报告、风险管理日志等。

在正式竣工验收过程中，风险管理项目部要向验收委员会汇报工程质量安全风险管理情况和预验收结果。在验收过程中，按工作分工进行配合验收。验收完成后参与验收检查情况汇总讨论会。

在整个过程中，应安排专人做好活动记录（录音、录像、照相），并及时整理成纪要。

17.4.5 工程收尾和交接

1）工程移交

通过工程验收后，风险管理工程师应审核施工单位的工程收尾计划。工程移交涉及的物件、用具、钥匙等方面的东西都要分栋分层一一点数移交。工程移交结束后，双方代表进行交接，由风险管理项目经理认可并签发工程交接书，一式三份，业主、施工单位、风险管理方各持一份。

2）技术资料移交

施工单位汇总各方的工程技术资料进行统一归整，由风险管理工程师校对审核，确认无误后，再由施工单位负责按当地档案主管部门的要求装订成册，共同送当地城建档案馆验收入库。

3）其他移交工作

为确保工程投入运营后的正常使用和操作，风险管理方应督促施工单位做好以下几项移交工作：编制工程使用保养提示书；收集列表汇编各类使用说明书及有关装配图纸；汇编厂商及总、分包商明细表；交接附属工具零配件及备用材料；做好水表、电表、煤气表及机电设备内存油料等的数据交接等。

17.4.6 工程质量评估报告

风险管理项目部在工程项目建设中，如桩基分项工程、地基与基础分部工程、主体结构分部工程或、“建设工程质量监督书”中需进行阶段验收的分项、分部工程施工完毕后，由风险管理项目经理组织专业风险管理员编制该分项、分部工程质量评估报告；在工程项目竣工时再对承包商竣工资料进行审查，并对工程质量进行竣工验收，对存在的问题应在承包商已整改完毕后由风险管理项目经理编制单位工程质量评估报告。

各项目的分项、分部和单位工程质量评估报告，在编制完成后由风险管理项目经理报审、公司技术负责人审核批准；工程质量评估报告经批准后，加盖公司公章。

各分项、分部工程质量评估报告，应在风险管理代表（建设单位委托项目负责人）组织分项、分部工程质量验收前送达保险人和建设单位；单位工程质量评估报告应于建设单位组织的正式竣工验收会前提交保险人和建设单位。

工程质量评估报告的内容包括：工程概况；工程勘察、设计、施工情况简述；工程质量评估依据，包括图纸、规范、法律法规和有关的标准图集；工程质量验收的划分；施工单位检查评定结果；建筑工程质量验收组织情况；工程质量验收情况等。

18　一年运营保修期风险管理

一年运营保修期的风险管理工作是整个风险管理工作的最后一环，也是重要的一个组成部分。由于保修期始于交工项目负荷运转的初期，施工质量中存在的问题极易暴露出来。如果加强这一阶段的管理，加强对工程使用情况的了解观察，及早发现事故的苗头和先兆，采取有效措施，则可以弥补工程质量上的某些不足，避免酿成后患。况且，这一阶段对工程运营质量的记录对于工程内在缺陷险合同的启动具有十分重要的意义。

18.1　工作目标

工程一年运营保修期风险管理的工作目标是确定工程使用中的质量状况，了解清楚工程质量缺陷并加以分析处理。

18.2　工作依据

(1) 有关建设法规。
(2) 相关合同条件(施工承包合同或保修书)。
(3) 归整后的竣工技术档案和有关施工技术资料。

18.3　工作内容

一年运营保修期风险管理的工作内容主要有：
(1) 汇编总分包、厂商供货单位名单及保修书。
(2) 检查工程使用中的质量状况。
(3) 鉴定质量责任。
(4) 督促和监督质量保修工作的实施。
(5) 保修期工作结束手续办理。
(6) 工程质量安全风险管理总结报告编写。

18.4 工作方法和措施

1）工程状况检查

在项目投入运营的第一个月，应按旬进行检查。特别是第一旬的检查，要格外认真地进行。如检查无异常情况，则从第二个月起，每月检查一次。到第三个月仍无异常情况时，则可按每三个月检查一次。如有异常情况出现，则应及时缩短检查间隔时间。建筑物经受异常或恶劣气候条件影响后，比如台风、地震、暴雨、大雪、极端低温和极端高温等，风险管理工程师应及时赶赴现场进行观察检查。

对于建筑安装工程的检查方法主要有访问调查法、目测观察法、仪器测量法三种。每次检查不论使用什么方法，都要详细记录数据，并注意归档。

工程状况的检查重点应是结构质量与其他不安全因素。所以对那些结构敏感部位和原先进行过补强返工的事故部位要进行重点观察。对保修阶段发现的质量缺陷，风险管理工程师应用自己深厚的专业知识，丰富的工程经验，以公正、科学、负责的精神，对质量缺陷起因和责任做出裁定。

2）质量事故的鉴定

对于已经发现的质量问题，应从质量表现的形式入手，结合观察、访问、量测得各类数据，分析事故的起因，鉴定质量缺陷的责任。属于使用不当、气候因素造成的质量问题，应由业主承担修理费用；属于设计不当造成的质量问题，应由设计单位承担修理费用；属于施工质量造成的质量问题，应由施工单位承担修理费用。但不论责任在谁，在实施处理方案时，最好由原施工安装单位承担维修任务。

3）督促和监督保修工作

保修工作的主要内容是对工程质量缺陷的处理，风险管理工程师的责任是督促保修、监督保修、记录保修情况并确认保修质量。各类质量缺陷的处理方案，一般由责任方提出，风险管理工程师审核确认。

风险管理工程师要对事故处理的全过程进行认真地监督指导和验收确认。对于处理过的质量部位，风险管理工程师要加强观察检查，注意异常情况和缺陷的再度引发。对于质量责任有争议的质量缺陷，不能等到最终裁定之后再行处理，应先进行质量缺陷的处理，而后再按最终裁定意见确定返修责任。对于由施工单位承担责任的事故处理，一般由风险管理工程师发出书面通知，规定到场维修时间。如经风险管理工程师两次通知，原施工单位既不到场又不作答时，风险管理工程师应通报业主和保险人，由保险人出资另行委托维修，所发生维修费用，保险人可进行追偿，并对施工单位的资信等级做出不利调整。

4）保修期工作结束手续

在保修期结束后，风险管理机构应做好如下几项工作，结束保修期：

（1）将保修期内发生的质量缺陷的所有技术资料归整，书写清楚，装订成册，交业主、保险人和有关单位保存，并自留一份。

（2）所有期满的合同书、保修书归整之后，返还给业主并抄送保险人。个别未满期的分项工程保修书原件返还给业主，将复印件抄送保险公司并自留一份。

（3）召集保险人、业主、设计、原施工单位联席会议，宣布保修期结束，并分别签发保修期满证书。

风险管理机构做完上述工作后，即可与保险人办理结束风险管理业务的有关手续，对于尚未期满的个别分项工程的保修工作，风险管理机构仍应按保险人的需要提供必要的技术协助。

5）工程质量安全风险管理工作总结报告

风险管理项目部在工程项目质量安全风险管理工作结束时由风险管理项目经理组织编制风险管理工作总结，编制完成后由风险管理项目经理报审，公司技术负责人进行审核批准，并加盖公司公章。风险管理工作总结应在风险管理工作结束后一月内提交给保险人。

风险管理工作总结报告的主要内容包括：工程概况；风险管理项目组织结构、人员配置和岗位职责；风险管理合同履行情况总结；风险管理工作绩效总结；存在的问题及其处理情况和建议；工程照片。

附录 A　建设工程风险管理下相关保单示例

A.1　建筑工程一切险及第三者责任险

一、第一部分　物质损失

（一）责任范围

1. 在本保险期限内，若本保险单明细表中分项列明的保险财产在列明的工地范围内，因本保险单除外责任以外的任何自然灾害或意外事故造成的物质损坏或灭失（以下简称“损失”），本公司按本保险单的规定负责赔偿。

2. 对经本保险单列明的因发生上述损失所产生的有关费用，本公司亦可负责赔偿。

3. 本公司对每一保险项目的赔偿责任均不得超过本保险单明细表中对应列明的分项保险金额以及本保险单特别条款或批单中规定的其他适用的赔偿限额。但在任何情况下，本公司在本保险单项下承担的对物质损失的最高赔偿责任不得超过本保险单明细表中列明的总保险金额。

定义

自然灾害：指地震、海啸、雷电、飓风、台风、龙卷风、风暴、暴雨、洪水、水灾、冻灾、冰雹、地崩、山崩、雪崩、火山爆发、地面下沉下陷及其他人力不可抗拒的破坏力强大的自然现象。

意外事故：指不可预料的以及被保险人无法控制并造成物质损失或人身伤亡的突发性事件，包括火灾和爆炸。

（二）除外责任

本公司对下列各项不负责赔偿：

1. 设计错误引起的损失和费用。

2. 自然磨损、内在或潜在缺陷、物质本身变化、自燃、自热、氧化、锈蚀、渗漏、鼠咬、虫蛀、大气（气温或气候）变化、正常水位变化或其他渐变原因造成的保险财产自身的损失和费用。

3. 因原材料缺陷或工艺不善引起的保险财产本身的损失以及为换置、修理或校正这些缺点错误所支付的费用。

4. 非外力引起的机械或电气装置的本身损失，或施工用机具、设备、机械装置失灵造成的本身损失。

5. 维修或正常检修的费用。

6. 档案、文件、账簿、票据、现金、各种有价证券、图表资料及包装物料的损失。

7. 盘点时发现的短缺。

8. 领有公共运输行驶执照的，或已由其他保险予以保障的车辆、船舶和飞机的损失。

9. 除非另有约定，在本保险工程开始以前已经存在或形成的位于工地范围内或其周围的属于被保险人的财产损失。

10. 除非另有约定，在本保险单保险期限终止以前，保险财产中已由工程所有人签发完工验收合格或实际占有或使用或接收的部分。

二、第二部分　第三者责任

（一）责任范围

1. 在本保险有效期内，因发生与本保险单所承保工程直接相关的意外事故引起工地内及邻近区域的第三者人身伤亡、疾病或财产损失，依法应由被保险人承担的经济赔偿责任，本公司按以下条款的规定负责赔偿。

2. 对被保险人因上述原因而支付的诉讼费用以及经本公司书面同意而支付的其他费用，本公司亦负责赔偿。

3. 本公司对每次事故引起的赔偿金额以法院或政府有关部门根据现行法律裁定的应由被保险人偿付的金额为准。但在任何情况下，均不得超过本保险单明细表中对应列明的每次事故赔偿限额。在本保险期限内，本公司在本保险单项下对上述经济赔偿责任不得超过本保险单明细表中列明的累计赔偿限额。

（二）除外责任

本公司对下列各项不负责赔偿：

1. 本保险单物质损失项下或本应在该项下予以负责的损失及各种费用。

2. 由于震动、移动或减弱支撑而造成的任何财产、土地、建筑物的损失及由此造成的任何人身伤害和物质损失。

（1）工程所有人、承包人或其他关系方或他们所雇佣的在工地现场从事与工程有关工作的职员、工人以及他们家庭成员的人身伤亡或疾病。

（2）工程所有人、承包人或其他关系方或他们所雇佣的职员、工人所有的或由其照管、控制的财产发生的损失。

（3）领有公共运输行驶执照的车辆、船舶、飞机造成的损失。

（4）被保险人根据与他人的协议应支付的赔偿或其他款项，但即使没有这种协议，被保险人仍应承担的责任不在此限。

三、总除外责任

（一）在本保险单项下，本公司对下列各项不负责赔偿：

1. 战争、类似战争行为、敌对行为、武装冲突、恐怖活动、谋反、政变引起的任何损失、费用和责任。

2. 政府命令或任何公共当局的没收征用销毁或损坏。

3. 罢工、暴动、民众、骚乱引起的任何损失、费用和责任。

（二）被保险人及其代表的故意行为或重大过失引起的任何损失、费用和责任。

（三）核裂变、核聚变、核武器、核材料、核辐射及放射性污染引起的任何损失、费用和责任。

（四）大气、土地、水污染及其他各种污染引起的任何损失、费用和责任。

（五）工程部分停工或全部停工引起的任何损失、费用和责任。

（六）罚金、延误、丧失合同及其他后果损失。

（七）保险单明细表或有关条款中规定的应由被保险人自行负担的免赔额。

四、保险金额

（一）本保险单明细表中列明的保险金额应不低于：

1. 建筑工程——保险工程完成时的总价值，包括原材料费用、设备费用、建造费、安装费、运输费、保险费、关税、其他税项和费用，以及由工程所有人提供的原材料和设备的费用。

2. 施工用机器、装置和机器设备——重置同型号、同负载的新机器、装置和机械设备所需的费用。

3. 其他保险项目——由被保险人与本公司商定的金额。

（二）若被保险人是以保险工程合同规定的工程概算总造价投保，被保险人应：

1. 在本保险项下工程造价中包括各项费用因涨价或升值原因而超出原保险工程造价时，必须以书面通知本公司，本公司据此调整保险金额。

2. 在保险期限内对相应的工程细节作出精确记录，并允许本公司在合理的时候对该项记录进行查验。

3. 若保险工程的建造期为三年，必须从本保险单生效起每隔十二个月向本公司申报当时的工程实际投入金额及调整后的工程造价，本公司将据此调整保险费。

4. 在本保险单列明的保险期限届满后三个月内向本公司申报最终的工程总价值，本公司以多退少补的方式对预收保险费进行调整。

否则，针对以上各条款，本公司将视为保险金额不足，一旦发生本保险责任范围内损失时，本公司将根据本保险单总则中第（六）款的规定对各种损失按比例赔偿。

五、保险期限

（一）建筑期物质损失及第三者责任保险：

1. 本公司的保险责任自保险工程在工地动工或用于保险工程的材料、设备运抵工地之时起始，至工程所有人对部分或全部签发完工验收证书或验收合格，或工程所有人实际占用或使用或接收该部分或全部工程之时终止，以先发生者为准。但在任何情况下，建筑期保险期限的起始或终止不得超出本保险单明细表中列明的建筑期保险生效日或终止日。

2. 不论安装的保险设备的有关合同中对试车和考核期如何规定，本公司仅在本保险单明细表列明的试车和考核期限内对试车和考核所引发的损失、费用和责任负责赔偿；若保险设备本身是在本次安装前已被使用过的设备或转手设备，则自其试车之时起，本公司对该项设备的保险责任即行终止。

3. 上述保险期限的展延，需事先获得本公司的书面同意，否则，从本保险单明细表中列明的建筑期保险期限终止日至保证期终止日起至保证期终止日止期间内发生的任何损失、费用和责任，本公司不负责赔偿。

（二）保证期物质损失保险：

保证期的保险期限与工程合同中规定的保证期一致，从工程所有人对部分或全部工程签发完工验收证书或验收合格，或工程所有人实际占用或使用或接收该部分或全部工程时起算，以先者为准。但在任何情况下，保证期的保险期限不得超出本保险单明细表中列明的保证期。

六、赔偿处理

（一）对保险财产遭受的损失，本公司可选择以支付赔款或以修复、重置受损项目的方式予以赔偿，但对保险财产在修复或重置过程中发生的任何变更、性能增加或改进所产生的额外费用，本公司不负责赔偿。

（二）在发生本保险单物质损失项下的损失后，本公司按下列方式确定赔偿金额：

1. 可以修复的部分损失——以将保险财产修复至其基本恢复受损前状态的费用扣除残值后的金额为准。但若修复费用等于或超过保险财产损失前的价值时，则按下列第 2 项的规定处理。

2. 全部损失或推定全损——以保险财产损失前的实际价值扣除残值后的金额为准，但本公司有权不接受被保险人对受损财产的委付。

3. 发生损失后，被保险人为减少损失而采取必要措施所产生的合理费用，本公司可予以赔偿，但本项费用以保险财产的保险金额为限。

（三）本公司赔偿损失后，由本公司出具批单将保险金额从损失发生之日起相应减少，并且不退还保险金额减少部分的保险费。如被保险人要求恢复至原保险金额。应按约定的保险费率加缴恢复部分从损失发生之日起至保险期终止之日止按日比例计算的保险费。

（四）在发生本保险单第三者责任项下的索赔时：

1. 未经本公司书面同意，被保险人或其代表对索赔方不得作出任何责任承诺或拒绝、出价、约定、付款或赔偿。在必要时，本公司有权以被保险人的名义接办对任何诉讼的抗辩或索赔的处理。

2. 本公司有权以被保险人的名义，为本公司的利益自付费用向任何责任方提出索赔的要求。未经本公司书面同意，被保险人不得接受责任方就有关损失作出的付款或赔偿安排或放弃对责任方的索赔权利，否则，由此引起的后果将由被保险人承担。

3. 在诉讼或处理索赔过程中，本公司有权自行处理任何诉讼或解决任何索赔案件，被保险人有义务向本公司提供一切所需的资料和协助。

（五）被保险人的索赔期限，从损失发生之日起，不得超过两年。

七、被保险人的义务

被保险人及其代表应严格履行下列义务：

（一）在投保时，被保险人及其代表应对投保申请书中列明的事项以及本公司提出的其他事项作出真实、详尽的说明或描述。

（二）被保险人或其代表应根据本保险单明细表和批单中的规定按期缴付保险费。

（三）在本保险期内，被保险人应采取一切合理的预防措施，包括认真考虑并付诸实施本公司代表提出的合理的防损建议，谨慎选用施工人员，遵守一切与施工有关的法规和安全操作规程，由此产生的一切费用，均由被保险人承担。

（四）在发生引起或可能引起本保险单下索赔的事故时，被保险人或其代表应：

1. 立即通知本公司，并在七天或经本公司书面同意延长的期限内以书面报告提供事故发生的经过、原因和损失程度。

2. 采取一切必要措施防止损失的进一步扩大并将损失减少到最低程度。

3. 在本公司的代表或检验师进行勘查之前，保留事故现场及有关实物证据。

4. 在保险财产遭受盗窃或恶意破坏时，立即向公安部门报案。

5. 在预知可能引起诉讼时，立即以书面形式通知本公司，并在接到法院传票或其他法律文件后，立即将其送交本公司。

6. 根据本公司的要求提供作为索赔依据的所有证明文件、资料和单据。

（五）若在某一保险财产中发现的缺陷表明或预示类似缺陷亦存在于其他本保险财产中时，被保险人应立即自付费用进行调查并纠正该缺陷。否则，有类似缺陷造成的一切损失应由被保险人自行承担。

八、总则

（一）保单效力

被保险人严格地遵守和履行本保险单的各项规定，是本公司在本保险单项下承担赔偿责任的先决条件。

（二）保单无效

如果被保险人或其代表漏报、错报、虚报或隐瞒有关本保险的实质性内容，则本保险单无效。

（三）保单终止

除非经本公司书面同意，本保险单将在下列情况下自动终止：

1. 被保险人丧失保险利益。

2. 承保风险扩大。

本保险单终止后，本公司将按日比例退还被保险人本保险单项下未到期部分的保险费。

（四）权益丧失

如果任何索赔含有虚假成分，或被保险人或其代表在索赔时采取欺诈手段企图在本保险单项下获取利益，或任何损失是由被保险人或其代表的故意行为或纵容所致，被保险人将丧失其在本保险单项下的所有权益。对由此产生的包括本公司已支付的赔款在内的一切损失，应由被保险人负责赔偿。

（五）合理查验

本公司的代表有权在任何适当的时候对保险财产的风险情况进行现场查验。被保险人应提供一切便利及本公司要求用以评估有关风险的详情和资料。但上述查验并不构成本公司对被保险人的任何承诺。

（六）比例赔偿

在发生本保险物质损失项下的损失时，若受损保险财产的分项或总保险金额低于对应的应保险金额（见四、保险金额），其差额部分视为被保险人所自保，本公司则按本保险单明细表中列明的保险金额与应保险金额的比例负责赔偿。

（七）重复保险

本保险单负责赔偿损失、费用或责任时，若另有其他保障相同的保险存在，不论是否由被保险人或他人以其名义投保，也不论该保险赔偿与否，本公司仅负责按比例分摊赔偿的责任。

（八）权益转让

若本保险单项下负责的损失涉及其他责任方时，不论本公司是否已赔偿被保险人，被保险人应立即采取一切必要的措施行使或保留向该责任方索赔的权利。在本公司支付赔款后，被保险人应将向该责任方追偿的权利转让给本公司，移交一切必要的单证，并协助本公司向责任方追偿。

（九）争议处理

被保险人与本公司之间的一切有关本保险的争议应通过友好协商解决，如果协商不成，可申请仲裁或向法院提出诉讼。除事先另有协议外，仲裁或诉讼应在被告方所在地进行。

九、特别条款

下列特别条款适用于本保险单的各个部分，若其与本保险单的其他规定相冲突，则以下列特别条款为准。

1. 交叉责任条款

兹经双方同意，鉴于被保险人已缴付了所需的保险费，本保险单第三者责任项下的保障范围将适用于本保险单列明的所有被保险人，就如同每一被保险人均持有一份独立的保险单，但保险公司不承担以下赔偿责任：

(一) 已在或可在保险公司与被保险人同时签署的财产保险单获得的赔偿,包括因免赔额或赔偿限额规定不予赔偿的损失;

(二) 已在或应在人身意外保险或雇主责任保险项下投保的被保险人的雇员的疾病或人身伤亡。

保险公司对所有被保险人由一次事故或同一事件引起的数次事故承担的全部赔偿金额不得超过本保险单列明的每次事故赔偿限额。

本保险单所载其他条件不变。

2. 设计师责任风险条款

兹经双方同意,本保险扩展承保被保险财产因设计错误或原材料缺陷或工艺不善原因引起意外事故并导致其他保险财产的损失而发生的重置、修理的费用,但由于上述原因引起的矫正的费用除外。

3. 20%升值条款

如果在保险期内的保险财产的实际重置价值超过了原保险金额,则保险金额应视为按超出额增加,但增加部分不超过本保单明细表内所述的保险金额的 20%。

在保险期内被保险人应通知本保险公司以下内容:

1) 在保险期内投保金额;

2) 在保险期内新增金额比例。

本保单其他条件不变。

4. 专业费用条款(以保额的　%为限)

兹经双方同意,保险公司负责赔偿被保险人因本保险单项下承保风险造成被保险工程损失后,在重置过程中发生的必要的设计师、检验师及工程咨询人及其他相关专业费用,但被保险人为了准备索赔发生的任何费用除外。上述赔偿费用应以损失当时适用的有关行业管理部门制定的收费标准为准。赔偿额以保险金额的　%为限。

本保险单所载其他条件不变。

5. 清除残骸条款(以保额的　%为限)

兹经双方同意,保险公司负责赔偿被保险人因本保单承保的风险造成保险财产而发生的清除和处理残迹、排水、拆除和/或推翻、安设支柱支撑受损财产的费用,但不得超过本保单保险金额的　%。

6. 额外费用条款(以保险金额的　%为限)

兹经双方同意,保险公司同意扩展在本保险单有效期内,被保险人在发生保险事故后,为了避免保险事故导致承保工程不能按原来计划时间完工所支出的合理的额外费用。而保险公司赔偿的最高限额为本保单保险金额的　%。

7. 内陆运输条款——人民币　　元

兹经双方同意,鉴于被保险人已缴付了所需的保险费,保险公司负责赔偿被保险人的保险财产在上海市内供货地点到本保险单中列明的工地的内陆运输途中因意外事故造成的损失。保险期限内每次或累计赔偿限额为 RMB　　元。

本保险单所载其他条件不变。

8. 工地外储存物特别条款——人民币　　元

兹经双方同意，本保险扩展承保该项目工程工地以外的储存物，包括但不限于工料预制场内的存储物，但该储存物的金额应包括在保险金额中。

每一储存点赔偿限额：RMB　　人民币。

9. 工程图纸、文件特别条款——人民币　　元

兹经双方同意，保险公司负责赔偿被保险人因本保险单项下承保风险造成工程图纸及文件的损失而产生的重新绘制，重新制作的费用。保险期内赔偿累计限额为人民币　　元。

本保险单所载其他条件不变。

10. 预付赔款条款

当发生被保事故后，保险公司自收到索赔请求和有关证明、资料之日起三十日内，除非保险公司能明确证明事故非本保单承保范围，即使未能确定赔偿金额的，保险公司应当根据被保险人提供的资料进行赔付，预付赔款项目不少于被保险人提出的合理的损失金额的 30%，预付赔款将在最终确定的赔偿金额中扣除后，支付相应的差额。

11. 暴乱、罢工及民众骚乱条款

兹经双方同意，本保险扩展承保本保险单中列明的保险财产在列明地点内，由于罢工、暴动或民众骚动造成保险财产的损失，包括在此期间发生的抢劫行为造成的保险财产的损失。但本扩展条款对由于政府或公共当局的命令、没收、征用或拆毁造成的损失以及因罢工者或蓄意者纵火造成的损失不负责赔偿。

本保险单所载其他条件不变。

12. 检验及试通车条款

本保单扩展承保工程检验及试通车期间的物质损失及法律责任，但该期间不超过三个月(由第一次试通车开始起计)。

13. 时间调整条款(72 小时)

兹经双方同意，本保险单项下保险财产因在连续 72 小时内遭受暴风雨、台风、洪水或地震所致损失应视为一单独事件，并因此构成一次意外事故而扣除规定的免赔额。若在连续数个 72 小时期限时间内发生损失，任何两个或两个以上 72 小时期限不得重叠。

本保险单所载其他条件不变。

14. 地下设施条款

兹经双方同意，保险公司同意赔偿被保险人对原有的地下电缆、管道或其他地下设施造成的损失。但被保险人须在工程开工前，向有关当局了解这些电缆、管道及其他地下设施的确切位置，并采取合理措施防止损失发生。

15. 震动、移位或减弱支撑条款

兹经双方同意，本保险单第三者责任项下扩展承保由于震动、移动或减弱支撑而造成的第三者财产损失和人身伤亡责任，但以下列条件为限：

（一）第三者的财产、土地或建筑全部或部分倒塌。

（二）被保险人在施工开始之前，第三者的财产、土地或建筑物处于完好状态并采取了合理的防护措施。

（三）如经保险公司要求，被保险人在施工开始之前应自负费用向保险公司提供书面报告说明任何可能受到危及的第三者财产、土地或建筑物的情况。

但保险公司不负责赔偿被保险人如下损失及责任：

（一）因工程性质和施工方式而导致的可预知的第三者财产损失和人身伤亡责任。

（二）因发生既不影响第三者财产、土地或建筑物的稳定性，又不危及其拥有人安全的轻微损坏而起的责任。

（三）在保险期限内，被保险人为防止损失发生而采取预防或减少损失的费用。本保险单所载其他条件不变。

16. 违反保证条款

如果索赔在被保险人任一方面是欺骗性的，或做出或使用虚假的声明来证明索赔，或被保险人或他人代被保险人使用任何欺骗性的方式或手段以获得本保单下的任何利益，则本保单下有关要求索赔的所有权益应被放弃。

尽管有上述规定，任何一位被保险人违反其任何义务不应影响其他被保险人或贷款人在本保单下的权益，但其条件是在任何其他被保险人得知以上违约后应在实际可行情况下尽快以书面形式通知保险公司。

17. 保险公司不能注销保单(除不付保费原因)条款

保险公司同意，除在被保险人不履行本保单相关条款支付保费的情况之外，保险公司不能注销本保单；但若在被保险人不支付保费的情况下，保险公司可以要求注销本保单，但保险公司需要在注销保单生效前三十天内书面通知被保险人，或给予被保险人补救的机会。

18. 运输险、工程险责任分摊条款(50/50 条款)

兹经双方同意，本保险公司要求：被保险人特此承诺在合理可行的情况下尽量在本保单项下的保险财产到达现场后应立即对其每一件货物进行检查，查找可能在运输途中遭受的损坏。

而就在以后某个时间才开包的包装件而言，应就包装进行外观检查，查找可能的损坏迹象，如果发现有损坏，则应开包检查，应将查出的任何损坏通知承载人或海运保险人。如果包装未显示任何可见的在途受损迹象，则就开包后发现的任何损坏而言，应根据是否可明确确定此损坏是在到达现场之前或之后造成的由承载人或海运保险人处理或按照本部分条款办理。

如果不可能明确地确定损坏是在到达现场之前或之后造成的，则各方特此同意损坏的费用在扣减每一份额所对应的免赔额的50%后由海运保险人和本保单保险人按50∶50分担。如受损坏的财产没有有效的海运保险，本保单的保险公司将至少赔偿该损失的50%。

19. 地震保障

本保单扩展承保由于地震造成的物质损失。

20. 不可控制条款

保险公司同意，本保险单如因被保险人无法控制或非由于其过失而导致违反本保险保证条款，此保单的保障不受影响。

本保单所载其他条件不变。

21. 错误申报条款

本保单不因被保险人由于错误申报占用场地、投保金额以及其他在投保方面申报的内容而免除赔偿责任。但是被保险人一旦发现申报错误应立即通知保险公司，否则保险人不负责赔偿责任。

22. 保障业主或合资方周边财产条款

兹经双方同意，本保单明细表物质损失项下根据本扩展条款规定承保财产在建筑、安装过程中由于震动、移动或减弱支撑、地下水位降低、基础加固、隧道挖掘，以及其他涉及支撑因素或地下土的施工而造成以下列明的建筑物突然的、不可预料的物质损失。

而作为保险公司承担赔偿的先决条件，被保险人在工程开工前应向保险公司提供书面报告以证实被保险工程开工前原有建筑及周围财产的状况良好，并已采取了必要的安全措施。

23. 预定损失理算师条款

兹经双方同意，发生因本合同保险责任范围内的事故索赔时，如被保险人所估计的损失金额超过RMB 500 000元，保险公司同意交由通标标准技术服务有限公司处理索赔理算事项。

24. 突然及意外污染责任条款

兹经双方同意，保险公司将负责赔偿被保险人由于下列情况而导致的第三者的法律及合约责任：

(1) 由于突然和不可预料事故散播、释放或泄漏，烟、煤气、有毒化学品，溶液或气体，腐蚀性酸、碱物。废置物或其他刺激性物体，或污染物到土地、大气或任何水道或存水而引致人身伤亡或财物损失。

(2) 由于上述的行为而被有关政府要求被保险人进行测试、评估、清理、除掉、封闭、处理、消毒或中和任何刺激物或污染物的费用。

25. 免除代位求偿权条款

兹经双方同意,保险公司放弃其在赔偿被保险人后向本保单项下的每一被保险人及其各自的子公司、分公司、支公司、关联公司及其董事、高级职员和雇员的所有代位求偿权。

26. 公共当局条款

兹经双方同意,本保险扩展承保被保险人在重建或修复受损财产时,由于必须执行行政当局的有关法律、法令及法规产生的额外费用,但以下列规定为条件:

一、被保险人在下列情况下执行上述法律、法令、法规产生的额外费用,保险公司不负责赔偿:

(一) 本条款生效之前的损失。

(二) 本保险责任以外的损失。

(三) 发生损失前被保险人已接到有关当局关于拆除、重建的通知。

(四) 修复、拆除、重建未受损财产(但不包括被保险的地基)发生的费用。

二、被保险人的修复、重建工作必须立即实施,并在损失发生之日起十二个月(或经招标单位书面同意延长的期限)内完工;若根据有关法律、法令、法规及其附则,该受损财产必须在其他地点重建、修复时,保险公司亦可赔偿,但保险公司的赔偿责任不得因此增加。

三、若因保险单规定,保险公司对本保险单项下的赔偿责任减少,则本保险条款的责任也相应减少。

四、保险公司对任何一项受损财产的赔偿金额不得超过该项目在保险单中列明的保险金额。

本保险单所载其他条件不变。

27. 场外维修及改动条款

兹经双方同意,在保险期内,若被保险财产需要在投保地点以外的场地进行维修和/或改造时,本保单自动承保位于维修或改造地点的这部分被保财产。

28. 税务条款

兹经双方同意,本保险单责任范围风险造成物质损失,需修理、重置或替换受损财产,如须缴付关税及其他税项,即使在原来购买或进口该保险财产已放弃关税及杂费和/或在保单生效之后才征收的,该税项将由保险公司承担。

29. 自动恢复保险金额条款

兹经双方同意,若本保单明细表中列明的保险财产发生损失,对该损失财产的赔偿限额部分从事故发生时起自动恢复原值投保,被保险人应按原定费率额外缴纳从事故发生之日起至本保单有效期为止的保费。

本保险单所载其他条件不变。

30. 施工机具、设备机损风险扩展条款

兹经双方同意,本保单扩展承保施工用机具、设备、机械装置因其内在机械或电气故障造成的本身的损失。

31. 主要保险条款

兹经双方同意,对明细表内列明的被保险人来说,本保单提供的保险居首要地位。如果在任何时候提出在本保单项下索赔时,存在对同一损失、损坏或责任投保了任何其他的保险的情况,则该类其他保险应仅是独立于本保单之外的,将不与本保单分担赔偿份额。

32. 洪水保障条款

兹经双方同意,本保单扩展承保由台风、洪水、风暴以及因水的任何形式直接造成的损失及损坏。

33. 工程正确内容及范围按被保险人最后档案为准

兹经双方同意,本工程正确内容及范围以被保险人最终档案的描述为准。

34. 保证期责任条款

兹经双方同意,本保险特别扩展承保以下列明的保证期限内由于安装错误、设计错误、原材料或铸件缺陷以及工艺不善引起保险财产的损失,但对被保险人在损失发生前即已发现错误并应予以矫正的费用除外。

承保被保险人为履行工程合同进行维修保养的过程中所造成的保险工程的损失。本特别扩展条款既不承保直接或间接由于火灾、爆炸以及任何人力不可抗拒的自然灾害造成的损失,也不承保任何第三者责任。

35. 地下炸弹特别条款

兹经双方同意,本保险单总除外责任(一)1.“战争、类似战争行为、敌对行为、恐怖行动、谋杀、政变。”不适用于工程开工前就已在地下或水下埋藏的炸弹、地雷、鱼雷、弹药及其他军火引起的损失。

本保险单所载其他条件不变。

A.2 安装工程一切险及第三者责任险

一、第一部分 物质损失

(一) 责任范围

1. 在本保险期限内,若本保险单明细表中分项列明的保险财产在列明的工地范围内,因本保险单除外责任以外的任何自然灾害或意外事故造成的物质损坏或灭失(以下简称“损失”),本公司按本保险单的规定负责赔偿。

2. 对经本保险单列明的因发生上述损失所产生的有关费用,本公司亦可负责赔偿。

3. 本公司对每一保险项目的赔偿责任均不得超过本保险单明细表中对应列明的分项保险金额以及本保险单特别条款或批单中规定的其他适用的赔偿限额。但在任何情况下,本公司在本保险单项下承担的对物质损失的最高赔偿责任不得超过本保险单明细表中列明的总保险金额。

定义

自然灾害：指地震、海啸、雷电、飓风、台风、龙卷风、风暴、暴雨、洪水、水灾、冻灾、冰雹、地崩、山崩、雪崩、火山爆发、地面下沉下陷及其他人力不可抗拒的破坏力强大的自然现象。

意外事故：指不可预料的以及被保险人无法控制并造成物质损失或人身伤亡的突发性事件，包括火灾和爆炸。

（二）除外责任

本公司对下列各项不负责赔偿：

1. 因设计错误、铸造或原材料缺陷或工艺不善引起的保险财产本身的损失以及为换置、修理或矫正这些缺点错误所支付的费用。

2. 由于超负荷、超电压、碰线、电弧、漏电、短路、大气放电及其他电气原因造成电气设备或电气用具本身的损失。

3. 施工用机具、设备、机械装置失灵造成的损失。

4. 自然磨损、内在或潜在缺陷、物质本身变化、自燃、自热、氧化、锈蚀、渗漏、鼠咬、虫蛀、大气(气温或气候)变化、正常水位变化或其他渐变原因造成的保险财产自身的损失和费用。

5. 维修保养或正常检修的费用。

6. 档案、文件、账簿、票据、现金、各种有价证券、图表资料及包装物料的损失。

7. 盘点时发现的短缺。

8. 领有公共运输行驶执照的，或已由其他保险予以保障的车辆、船舶和飞机的损失。

9. 除非另有约定，在保险工程开始以前已经存在或形成的位于工地范围内或其周围的属于被保险人的财产损失。

10. 除非另有约定，在本保险单保险期限终止以前，保险财产中已由工程所有人签发完工验收合格或实际占有或使用或接收的部分。

二、第二部分　第三者责任

（一）责任范围

1. 在本保险有效期内，因发生与本保险单所承保工程直接相关的意外事故引起工地内及邻近区域的第三者人身伤亡、疾病或财产损失，依法应由被保险人承担的经济赔偿责任，本公司按以下条款的规定负责赔偿。

2. 对被保险人因上述原因而支付的诉讼费用以及经本公司书面同意而支付的其他费用，本公司亦负责赔偿。

3. 本公司对每次事故引起的赔偿金额以法院或政府有关部门根据现行法律裁定的应由被保险人偿付的金额为准。但在任何情况下，均不得超过本保险单明细表中对应列明的每次事故赔偿限额。在本保险期限内，本公司在本保险单项下对上述经济赔偿责任不得超过本保险单明细表中列明的累计赔偿限额。

（二）除外责任。本公司对下列各项不负责赔偿：

本保险单物质损失项下或本应在该项下予以负责的损失及各种费用。

1. 工程所有人、承包人或其他关系方或他们所雇佣的在工地现场从事与工程有关工作的职员、工人以及他们家庭成员的人身伤亡或疾病。

2. 工程所有人、承包人或其他关系方或他们所雇佣的职员、工人所有的或由其照管、控制的财产发生的损失。

3. 领有公共运输行驶执照的车辆、船舶、飞机造成的损失。

4. 被保险人根据与他人的协议应支付的赔偿或其他款项，但即使没有这种协议，被保险人仍应承担的责任不在此限。

三、总除外责任

（一）在本保险单项下，本公司对下列各项不负责赔偿：

1. 战争、类似战争行为、敌对行为、武装冲突、恐怖活动、谋反、政变引起的任何损失、费用和责任。

2. 政府命令或任何公共当局的没收、征用、销毁或损坏。

3. 罢工、暴动、民众、骚乱引起的任何损失、费用和责任。

（二）被保险人及其代表的故意行为或重大过失引起的任何损失、费用和责任。

（三）核裂变、核聚变、核武器、核材料、核辐射及放射性污染引起的任何损失、费用和责任。

（四）大气、土地、水污染及其他各种污染引起的任何损失、费用和责任。

（五）工程部分停工或全部停工引起的任何损失、费用和责任。

（六）罚金、延误、丧失合同及其他后果损失。

（七）保险单明细表或有关条款中规定的应由被保险人自行负担的免赔额。

四、保险金额

（一）本保险单明细表中列明的保险金额应不低于：

1. 安装工程——保险工程安装完成时的总价值，包括设备费用、原材料费用、安装费、建造费、运输费和保险费、关税、其他税项和费用，以及由工程所有人提供的原材料和设备的费用。

2. 施工用机器、装置和机器设备——重置同型号、同负载的新机器、装置和机械设备所需的费用。

3. 其他保险项目——由被保险人与本公司商定的金额。

（二）若被保险人是以保险工程合同规定的工程概算总造价投保，被保险人应：

1. 在本保险项下工程造价中包括各项费用因涨价或升值原因而超出原保险工程造价时，必须以书面通知本公司，本公司据此调整保险金额。

2. 在保险期限内对相应的工程细节作出精确记录，并允许本公司在合理的时候对该项记录进行查验。

3. 若保险工程的建造期为三年,必须从本保险单生效起每隔十二个月向本公司申报当时的工程实际投入金额及调整后的工程造价,本公司将据此调整保险费。

4. 在本保险单列明的保险期限届满后三个月内向本公司申报最终的工程总价值,本公司以多退少补的方式对预收保险费进行调整。

否则,针对以上各条,本公司将视为保险金额不足,一旦发生本保险责任范围内损失时,本公司将根据本保险单总则中第(六)款的规定对各种损失按比例赔偿。

五、保险期限

(一) 安装期物质损失及第三者责任保险:

1. 本公司的保险责任自保险工程在工地动工或用于保险工程的材料、设备运抵工地之时起始,至工程所有人对部分或全部签发完工验收证书或验收合格,或工程所有人实际占用或使用或接收该部分或全部工程之时终止,以先发生者为准。但在任何情况下,安装工期保险期限的起始或终止不得超出本保险单明细表中列明的建筑期保险生效日或终止日。

2. 不论安装的保险设备的有关合同中对试车和考核期如何规定,本公司仅在本保险单明细表列明的试车和考核期限内对试车和考核所引发的损失、费用和责任负责赔偿;若保险设备本身是在本次安装前已被使用过的设备或转手设备,则自其试车之时起,本公司对该项设备的保险责任即行终止。

3. 上述保险期限的展延,需事先获得本公司的书面同意,否则,从本保险单明细表中列明的安装工期保险期限终止日至保证期终止期间内发生的任何损失、费用和责任,本公司不负责赔偿。

(二) 保证期物质损失保险:

保证期的保险期限与工程合同中规定的保证期一致,从工程所有人对部分或全部工程签发完工验收证书或验收合格,或工程所有人实际占用或使用或接收该部分或全部工程时起算,以先者为准。但在任何情况下,保证期的保险期限不得超出本保险单明细表中列明的保证期。

六、赔偿处理

(一) 对保险财产遭受的损失,本公司可选择以支付赔款或以修复、重置受损项目的方式予以赔偿,但对保险财产在修复或重置过程中发生的任何变更、性能增加或改进所产生的额外费用,本公司不负责赔偿。

(二) 在发生本保险单物质损失项下的损失后,本公司按下列方式确定赔偿金额:

1. 可以修复的部分损失——以将保险财产修复至其基本恢复受损前状态的费用扣除残值后的金额为准。但若修复费用等于或超过保险财产损失前的价值时,则按下列第 2 项的规定处理。

2. 全部损失或推定全损——以保险财产损失前的实际价值扣除残值后的金额为准,但本公司有权不接受被保险人对受损财产的委付。

3. 任何属于成对或成套的设备项目，若发生损失，本公司的赔偿责任不超过该受损项目在所属整对或整套设备项目的保险金额中所占的比例。

4. 发生损失后，被保险人为减少损失而采取必要措施所产生的合理费用，本公司可予以赔偿，但本项费用以保险财产的保险金额为限。

（三）本公司赔偿损失后，由本公司出具批单将保险金额从损失发生之日起相应减少，并且不退还保险金额减少部分的保险费。如被保险人要求恢复至原保险金额。应按约定的保险费率加缴恢复部分从损失发生之日起至保险期终止之日止按日比例计算的保险费。

（四）在发生本保险单第三者责任项下的索赔时：

1. 未经本公司书面同意，被保险人或其代表对索赔方不得作出任何责任承诺或拒绝、出价、约定、付款或赔偿。在必要时，本公司有权以被保险人的名义接办对任何诉讼的抗辩或索赔的处理。

2. 本公司有权以被保险人的名义，为本公司的利益自付费用向任何责任方提出索赔的要求。未经本公司书面同意，被保险人不得接受责任方就有关损失作出的付款、赔偿安排或放弃对责任方的索赔权利，否则，由此引起的后果将由被保险人承担。

3. 在诉讼或处理赔偿过程中，本公司有权自行处理任何诉讼或解决任何索赔案件，被保险人有义务向本公司提供一切所需的资料和协助。

（五）被保险人的索赔期限，从损失发生之日起，不得超过两年。

七、被保险人的义务

被保险人及其代表应严格履行下列义务：

（一）在投保时，被保险人及其代表应对投保申请书中列明的事项以及本公司提出的其他事项作出真实、详尽的说明或描述。

（二）被保险人或其代表应根据本保险单明细表和批单中的规定按期缴付保险费。

（三）在本保险期内，被保险人应采取一切合理的预防措施，包括认真考虑并付诸实施本公司代表提出的合理的防损建议，谨慎选用施工人员，遵守一切与施工有关的法规和安全操作规程，由此产生的一切费用，均由被保险人承担。

（四）在发生引起或可能引起本保险单下索赔的事故时，被保险人或其代表应：

1. 立即通知本公司，并在七天或经本公司书面同意延长的期限内以书面报告提供事故发生的经过、原因和损失程度。

2. 采取一切必要措施防止损失的进一步扩大并将损失减少到最低程度。

3. 在本公司的代表或检验师进行勘查之前，保留事故现场及有关实物证据。

4. 在保险财产遭受盗窃或恶意破坏时，立即向公安部门报案。

5. 在预知可能引起诉讼时，立即以书面形式通知本公司，并在接到法院传票或其他法律文件后，立即将其送交本公司。

6. 根据本公司的要求提供作为索赔依据的所有证明文件、资料和单据。

（五）若在某一保险财产中发现的缺陷表明或预示类似缺陷亦存在于其他本保险财产中时，被保险人应立即自付费用进行调查并纠正该缺陷。否则，有类似缺陷造成的一切损失应由被保险人自行承担。

八、总则

（一）保单效力

被保险人严格地遵守和履行本保险单的各项规定，是本公司在本保险单项下承担赔偿责任的先决条件。

（二）保单无效

如果被保险人或其代表漏报、错报、虚报或隐瞒有关本保险的实质性内容，则本保险单无效。

（三）保单终止

除非经本公司书面同意，本保险单将在下列情况下自动终止：

1. 被保险人丧失保险利益。

2. 承保风险扩大。

本保险单终止后，本公司将按日比例退还被保险人本保险单项下未到期部分的保险费。

（四）权益丧失

如果任何索赔含有虚假成分，或被保险人或其代表在索赔时采取欺诈手段企图在本保险单项下获取利益，或任何损失是由被保险人或其代表的故意行为或纵容所致，被保险人将丧失其在本保险单项下的所有权益。对由此产生的包括本公司已支付的赔款在内的一切损失，应由被保险人负责赔偿。

（五）合理查验

本公司的代表有权在任何适当的时候对保险财产的风险情况进行现场查验。被保险人应提供一切便利及本公司要求用以评估有关风险的详情和资料。但上述查验并不构成本公司对被保险人的任何承诺。

（六）比例赔偿

在发生本保险物质损失项下的损失时，若受损保险财产的分项或总保险金额低于对应的应保险金额（见四、保险金额），其差额部分视为被保险人所自保，本公司则按本保险单明细表中列明的保险金额与应保险金额的比例负责赔偿。

（七）重复保险

本保险单负责赔偿损失、费用或责任时，若另有其他保障相同的保险存在，不论是否由被保险人或他人以其名义投保，也不论该保险赔偿与否，本公司仅负责按比例分摊赔偿的责任。

（八）权益转让

若本保险单项下负责的损失涉及其他责任方时，不论本公司是否已赔偿被保险人，被保险人应立即采取一切必要的措施行使或保留向该责任方索赔的权利。在本公司支付赔款后，被保险人应将向该责任方追偿的权利转让给本公司，移交一切必要的单证，并协助本公司向责任方追偿。

（九）争议处理

被保险人与本公司之间的一切有关本保险的争议应通过友好协商解决，如果协商不成，可申请仲裁或向法院提出诉讼。除事先另有协议外，仲裁或诉讼应在被告方所在地进行。

A.3 建筑设计职业责任险

总则

第一条 为保证建设工程的质量和安全，促进建设业健康发展，保护建设工程设计合同委托人（下文简称“委托人”）、建设工程设计单位及其设计人员以及建设工程设计质量事故被侵权第三者的合法权益，特举办本保险。

第二条 本保险的被保险人是指经国家建设行政主管部门批准，取得相应资质证书并经工商行政管理部门注册登记，依法成立的建设工程设计单位及与被保险建设工程设计单位签订劳动合同的设计人员。

第三条 本保险的追溯期是指由投保人与本公司约定并在保险单中列明的某个日期。

第四条 本保险的设计人员是指经过国家建设行政主管部门考核、批准或承认，取得相应执业资格的各级各类建设工程设计技术人员。

保险责任

第五条 在本保险单明细表中列明的追溯期开始，至保险期限终止的期间内，被保险人由于设计过失而引发工程质量事故造成下列损失，依法应由被保险人承担的经济赔偿责任，在本保险期限内，由委托人首次向被保险人提出索赔的，本公司负责赔偿：

（一）建设工程本身的物质损失；

（二）第三者的人身伤亡或财产损失。

第六条 发生上述损失后，被保险人支付的事先经本公司书面同意的仲裁或诉讼费用，本公司根据本条款的规定在约定的限额内负赔偿责任。

第七条 发生设计过失后，被保险人为避免、减轻对委托人的损害，防止损失扩大所支付的必要、合理的费用，本公司根据本条款的规定在约定的限额内负赔偿责任。

责任免除

第八条 下列原因造成的损失，本公司不负赔偿责任：

（一）战争、恐怖活动、军事行为、武装冲突、罢工、骚乱、暴动、盗窃、抢劫。

（二）核反应、核子辐射和放射性污染。

（三）政府有关当局的行政行为或执法行为。

（四）超过国家建筑设计防范等级标准的地震、雷击、暴雨、洪水等自然灾害。

（五）超过国家建筑设计防范等级标准的火灾、爆炸。

第九条 下列原因造成的损失，本公司也不负赔偿责任：

（一）被保险人及其代表的故意行为。

（二）被保险人将工程设计任务转让、委托给其他单位或个人完成。

（三）被保险人承接超越国家规定的资质等级许可范围的建设工程设计业务。

（四）被保险建设工程设计单位被吊销建设工程设计资质证书，以及被保险设计人员被吊销、收回资质证书期间承接完成的工程设计业务。

（五）被保险人未按国家规定的设计程序进行工程设计。

（六）被保险人延误交付设计文件。

（七）被保险设计人员私自承接的建设工程设计业务。

（八）被保险设计人员非在被保险设计单位签订劳动合同期间承接并完成的建设工程设计业务。

第十条 下列原因造成的损失，本公司亦不负赔偿责任：

（一）未与被保险建设工程设计单位签订劳动合同的设计人员完成的建设工程设计业务。

（二）委托人提供的或由被保险人自行完成的工程测量图、勘察成果文件等工程设计基础性技术资料存在瑕疵。

（三）委托人提供的账册、文件或其他资料的损毁、灭失、盗窃、抢劫、丢失。

（四）他人冒用被保险人的名义承接并完成的建设工程设计业务。

（五）工程建设企业未按照被保险人的设计要求进行施工。

（六）在中国境外，以及我国香港、澳门和台湾地区完成的建设工程因设计过失造成建设工程质量事故。

第十一条 对下列损失，本公司不负赔偿责任：

（一）罚款、罚金、惩罚性赔偿或违约金。

（二）由于设计过失引起的停产、减产等间接经济损失。

（三）精神损害赔偿。

（四）被保险人的人身伤亡及其所有或管理的财产的损失。

（五）被保险人与他人签订协议所约定的责任，但依照法律规定应由被保险人承担的不在此列。

（六）计算机 2000 年问题导致的损失。

赔偿限额及免赔额

第十二条 本公司对每次建设工程质量事故承担的本条款第五条、第六条、第七条规定的赔偿金额之和不得超过本保险单明细表中列明的每次事故的赔偿限额；在本保险期限内，本公司承担的最高赔偿金额不得超过本保险单明细表中列明的累计赔偿限额。

第十三条 本公司只对本保险单规定的免赔额以上的被保险人的损失负责赔偿，免赔额以内的损失由被保险人自行承担。

被保险人义务

第十四条 被保险人应履行如实告知义务，提供与其签订劳动合同并获相应资质证书的设计人员名单，并如实回答保险人就有关情况提出的询问。

第十五条 被保险人应按约定如期缴付保险费。

第十六条 在本保险有效期限内，保险重要事项变更或保险标的危险程度增加的，被保险人应及时书面通知本公司，办理相应的批改手续，必要时补交相应的保险费。

第十七条 发生本保险责任范围内的事故时，被保险人应：

（一）尽力采取必要的措施，尽可能减少损失；

（二）立即通知本公司，并书面说明事故发生的原因、经过和损失程度。

第十八条 发现设计过失后，被保险人应即时向建设行政主管部门报告，并进行或申请审查建设工程设计文件。被保险人应妥善保管有关的原始资料，不得涂改、伪造、隐匿或销毁，并对引起建设工程质量事故的设计文件、勘察成果文件等资料、实物暂时封存保留，以备查验。

第十九条 被保险人获悉可能引起诉讼时，应及时以书面形式通知本公司。当接到法院传票或其他法律文书后，应及时送交本公司。

第二十条 被保险人应严格遵守国家及政府有关部门的相应法律、法规和规定，采取合理的预防措施，防止设计过失的发生。

第二十一条 本保险期限届满时，被保险人应如实将在本保险期限内承接并已完成设计任务的所有建设工程的《建设工程设计合同》和发图单副本递交保险人。未通知保险人的建设工程，一旦发生工程质量事故，保险人不负责赔偿。

第二十二条 被保险人如不履行第十四条至第二十一条约定的各项义务，本公司有权拒绝赔偿或终止本保险合同。

赔偿处理

第二十三条 建设工程发生质量事故后，应由政府建设行政主管部门按照国家有关建设工程质量事故调查处理的规定做出事故证明或事故鉴定书。

第二十四条 被保险人向本公司申请索赔时，需提供：

（一）保险单正本。

（二）建设工程设计合同、设计文件正本、发图单。

（三）被保险建设工程设计单位及被保险设计人员的执业资格证明。

（四）被保险建设工程设计单位与被保险设计人员的劳动关系证明。

（五）事故证明或事故鉴定书。

（六）损失清单。

（七）经过法院或仲裁机关裁判的，应提供生效裁判文书。

（八）本公司要求的其他索赔材料。

第二十五条 本公司接到被保险人的索赔申请后，有权聘请专业技术人员参与调查、处理。

第二十六条 发生本保险责任范围内的工程质量事故，未经本公司书面同意，被保险人或其代理人对索赔方不得做出任何承诺、拒绝、出价、约定、付款或赔偿。必要时，本公司可以被保险人的名义对诉讼进行抗辩或处理有关索赔事宜。

第二十七条 发生本保险责任范围内的损失，应由有关责任方负责赔偿的，被保险人应采取一切必要的措施向有关责任方索赔。未经本公司书面同意，被保险人不得接受有关责任方就有关损失做出的付款或赔偿安排，或放弃向有关责任方的索赔权利，否则，本公司不负赔偿责任。

第二十八条 本公司自向被保险人赔付之日起，取得在赔偿金额范围内代位行使被保险人向有关责任方请求赔偿的权利。在本公司向有关责任方行使代位请求赔偿权利时，被保险人应积极协助，并提供必要的文件和所知道的有关情况。

第二十九条 保险责任范围内的建设工程质量事故发生后，如被保险人有重复保险的情况，本公司仅负按比例赔偿的责任。

争议处理

第三十条 被保险人与本公司之间的一切有关本保险的争议应通过友好协商解决，如协商不成，可选择以下两种方式之一解决：

（一）提交仲裁委员会仲裁；

（二）向被告住所地人民法院起诉。

第三十一条 因本保险产生的争议适用中华人民共和国法律。

其他事项

第三十二条 本保险生效后，被保险人可随时书面申请解除本保险，保险人亦可提前十五天发出书面通知解除本保险，保险费按日平均计收。

建设工程设计责任保险费率表

每次事故赔偿限额	年累计赔偿限额	基本保险费率表		
		甲级资质	乙级资质	丙级资质
70 万	100 万	1.60%	1.76%	1.92%
120 万	200 万	1.40%	1.54%	1.68%
250 万	400 万	1.20%	1.32%	1.44%
400 万	600 万	1.10%	1.21%	1.32%

续 表

每次事故赔偿限额	年累计赔偿限额	基本保险费率表		
		甲级资质	乙级资质	丙级资质
600 万	800 万	1.00%	1.10%	1.20%
750 万	1 000 万	0.95%	1.05%	1.14%
1 200 万	2 000 万	0.90%	0.99%	1.08%
1 800 万	3 000 万	0.80%	0.88%	0.96%
2 500 万	4 000 万	0.75%	0.83%	0.90%
3 500 万	5 000 万	0.70%	0.77%	0.84%

1. 第三者人身伤亡赔偿：

每人最高赔偿限额为人民币 10 万元。

2. 免赔额

(1) 每次事故索赔免赔额为人民币 5 万元。

(2) 提高免赔额减费：

①免赔额提高为 10 万元者，按全年保险费减收 5%；②免赔额提高为 20 万元者，按全年保险费减收 10%；③免赔额提高为 30 万元者，按全年保险费减收 15%。

(3) 降低免赔额加费：免赔额降低为 3 万元者，按全年保险费加收 5%。

3. 保险费

$$基本保险费 = 年累计赔偿限额 \times 基本费率$$

4. 费率调整系数

年营业额	年营业额≤100 万	100 万<年营业额≤500 万	500 万<年营业额≤1 000 万	1 000 万<年营业额≤2 000 万	2 000 万<年营业额≤5 000 万	年营业额>5 000 万
费率调整系数	0.9	0.95	1.0	1.05	1.1	1.15

注：上述“年营业额”以保险人与被保险人共同约定的营业额为准。

5. 发生索赔后下一年度续保时的费率调整系数

赔付率	0*	1%～49%	50%～60%	60%～70%	70%～80%	80%～100%	100%以上
费率调整系数	0.9	1	1.2	1.5	1.8	2	2.5

* 被保险人在过去 5 年中向保险公司投保该险种未发生任何索赔事故(未足 5 年的，费率不作调整)。

6. 被保险人曾经或者预计近期将要设计桥梁、高架铁路、隧道、水库、堤坝等高风险建筑的，由核保人酌情加收保险费 10%～200%。

建筑工程设计责任保险核保问卷

1. 被保险人名称(设计单位)：______________________

2. 被保险人创建时间：______________________________

3. 营业执照中载明的经营业务：______________________

4. 是否设有分机构：是□　　否□

如果是，列明分支机构分布情况：______________________

5. 是否具备工程总承包资格：是□　　否□

6. 被保险人（设计单位）是否同时具备勘察资质：

____

是□　　否□

7. 是否取得工程设计综合资质：是□　　否□　　取得时间：

8. 是否取得工程设计行业资质：是□　　否□　　取得时间：

行业类型：____

级别：甲级□　　乙级□　　丙级□

9. 是否取得工程设计专项资质：是□　　否□　　取得时间：

行业类型：____

级别：甲级□　　乙级□　　丙级□

10. 各类型设计业务的比例：

土木工程____%　　　　建筑工程____%

线路管道____%　　设备安装工程及装修工程____%

其他：____%

11. 各区域承接业务的比例：

本市（县）____%　　本省____%　　省外____%

12. 被保险人（设计单位）的上年设计费收入为：______________________

占全部收入的比例为：______________________

13. 近两年的年检情况：

上年：合格□　　　　基本合格□　　　　不合格□

前年：合格□　　　　基本合格□　　　　不合格□

14. 近三年承接的典型工程设计：

时间	工程名称	工程所在地	工程类型	工程总投资	施工单位	是否总承包	备注

15. 是否有为其他企业提供图章、图签的情况：是□　　否□

16. 是否有允许其他单位、个人以本单位名义承揽建设工程勘察、设计业务的情况发生：

是□　　否□

17. 本单位设计人员有无在其他设计单位兼职情况：有□　无□

18. 与本单位设计人员是否都签订劳动合同：是□　　否□

19. 是否有聘用其他单位的设计人员：是□　　否□

20. 聘用其他单位的设计人员采用：定期聘任方式□　非定期聘任方式□

____

非定期聘任的最短期限：______________________

21. 是否有因设计原因发生过工程重大质量安全事故的情况：是□　否□

如果是，说明事故情况

____

22. 是否曾受到过建设行政主管部门责令改正、没收违法所得、罚款、责令停业整顿、降低资质等级等行政处罚：是□　　否□

如果是，说明处罚情况

____

公司名称

公司名称(英文)

建设工程设计责任保险投保单

注意：请仔细阅读所附条款

本投保单由投保人如实地、详尽地填写并签章后作为向本公司投保建设工程设计责任险的依据。本投保单为该建设工程设计责任险保险合同的组成部分。

被保险人	名　　称		电话	
	地　　址		邮编	
	工程设计资质类型	工程设计综合资质 □　工程设计行业资质 □ 工程设计专项资质 □		
	工程设计资质等级		工程设计证书编号	
	业务范围			
	上年营业收入			
赔偿限额	累计赔偿限额			
	每次事故赔偿限额			
	每次事故每人赔偿限额			
免赔说明				
保险期限	自　　年　　月　　日　　时起至　　年　　月　　日　　时止			

续 表

追溯期	自　年　月　日　时起		
保险费		费率	
司法管辖			
付费日期			
争议处理:提交________仲裁委员会仲裁□　向被告住所地人民法院起诉□			
特别约定:			
投保人兹声明上述所填内容属实,同意以本投保单作为订立保险合同的依据;对贵公司就建设工程设计责任险条款及附加险条款(包括责任免除部分)的内容及说明已经了解。 投保人签字(盖章) 日期:			

A.4 工程监理责任保险条款

保险对象

第一条 凡经建设行政主管部门批准,取得相应资质证书并经工商行政管理部门登记注册,依法设立的工程建设监理企业,均可作为本保险的被保险人。

保险责任

第二条 在本保险单明细表中列明的保险期限或追溯期内,被保险人在中华人民共和国境内(不包括港、澳、台地区)开展工程监理业务时,因过失未能履行委托监理合同中约定的监理义务或发出错误指令导致所监理的建设工程发生工程质量事故,而给委托人造成经济损失,在本保险期限内,由委托人首次向被保险人提出索赔申请,依法应由被保险人承担赔偿责任时,保险人根据本保险合同的约定负责赔偿。

第三条 下列费用,保险人也负责赔偿:

(一) 事先经保险人书面同意的仲裁或诉讼费用及律师费用。

(二) 保险责任事故发生时,被保险人为控制或减少损失所支付的必要的、合理的费用。

第四条 对于每次事故,保险人就上述第二条、第三条(一)和第三条(二)项下的赔偿金额分别不超过本保险单明细表中列明的每次事故赔偿限额;本保险期限内,保险人累计赔偿金额不超过本保险单明细表中列明的累计赔偿限额。

责任免除

第五条 下列原因造成的损失、费用和责任,保险人不负责赔偿:

(一) 战争、类似战争行为、敌对行为、军事行为、武装冲突、恐怖活动、罢工、骚乱、暴动。

（二）政府有关部门的行政行为或执法行为。

（三）核反应、核子辐射和放射性污染。

第六条 下列原因造成的损失、费用和责任，保险人也不负责赔偿：

（一）被保险人的故意行为。

（二）泄露委托人的商业秘密。

（三）委托人提供的资料、文件的毁损、灭失或丢失。

（四）他人冒用被保险人的名义承接工程监理业务。

（五）被保险人将工程监理业务转让给其他单位或者个人。

（六）被保险人承接超越其国家规定的资质等级许可范围的工程监理业务。

（七）被保险人被收缴《监理许可证书》或《工程监理企业资质证书》后或被勒令停业整顿期间继续承接工程监理业务。

（八）被保险人的监理工程师被吊销执业资格后或被勒令暂停执业期间执行业务。

第七条 对于下列各项，保险人不负责赔偿：

（一）被保险人未签订《建设工程委托监理合同》进行监理的建设工程发生的任何损失。

（二）由于保险责任事故造成的任何性质的间接损失。

（三）被保险人或其雇员的人身伤亡及其所有或管理的财产的损失。

（四）罚款、罚金、惩罚性赔偿。

（五）本保险单明细表或有关条款中列明的免赔额。

第八条 其他不属于保险责任范围内的损失、费用和责任，保险人不负责赔偿。投保人、被保险人义务。

第九条 投保人应履行如实告知的义务，提供全部在册从业人员名单，并如实回答保险人提出的询问。

第十条 投保人应按保险单中的约定交付保险费。

第十一条 在本保险期限内，保险单明细表中列明的事项发生变更的，被保险人应及时书面通知保险人，并根据保险人的要求办理变更手续。

第十二条 被保险人获悉索赔方可能会提起诉讼或仲裁时，或在接到法院传票或其他法律文书后，应立即以书面形式通知保险人。

第十三条 发生本保险责任范围内的事故时，被保险人应采取必要的措施，控制或减少损失；立即通知保险人，并书面说明事故发生的原因、经过和损失程度。

第十四条 被保险人应遵守国家及政府有关部门制定的相关法律、法规及规定，加强管理，采取合理的预防措施，尽力避免或减少工程监理责任事故的发生。

第十五条 本保险期限届满时，被保险人应将在本保险期限内签订的所有《建设工程委托监理合同》的副本送交保险人备案。

第十六条 投保人或被保险人如果不履行上述第九条至第十五条约定的各自应尽

的任何一项义务，保险人均不负赔偿责任，或从解约通知书送达投保人时解除本保险合同。

赔偿处理

第十七条 发生保险责任范围内的事故时，未经保险人书面同意，被保险人或其代表对索赔方不得作出任何承诺、拒绝、出价、约定、付款或赔偿。必要时，保险人可以被保险人的名义对仲裁或诉讼进行抗辩或处理有关索赔事宜。

第十八条 由被保险人监理的建设工程发生工程质量事故的，保险人以法院、仲裁机构或政府建设行政主管部门依法作出的鉴定结果作为赔偿的依据。

第十九条 被保险人向保险人申请赔偿时，应提交保险单正本、索赔申请、损失清单、证明事故责任与被保险人存在雇佣关系的证明材料、事故责任人的执业资格证书、事故原因证明或裁决书、与委托人签订的《建设工程委托监理合同》正本以及其他必要的有效单证材料。

第二十条 发生保险责任范围内的损失，应由有关责任方负责赔偿的，被保险人应立即以书面形式向该责任方提出索赔，并积极采取措施向该责任方进行索赔。保险人自向被保人赔付之时起，取得在赔偿金额范围内代位追偿的权利。保险人向有关责任方行使代位追偿时，被保险人应当积极协助，并提供必要的文件和有关情况。

第二十一条 收到被保险人的索赔申请后，保险人应及时做出核定，对属于保险责任的，保险人应在与被保险人达成有关赔偿协议后 10 日内，履行赔偿义务。

第二十二条 保险人进行赔偿后，累计赔偿限额应相应减少。被保险人需增加时，应补交的保险费，由保险人出具批单批注。应补交的保险费为：原保险费保险事故发生日至保险期限终止日之间的天数/保险期限（天）增加的累计赔偿限额/原累计赔偿限额。

第二十三条 本保险单负责赔偿损失、费用或责任时，若另有其他保障相同的保险存在，不论是否由被保险人或他人以其名义投保，也不论该保险赔偿与否，本保险单仅负责按比例分摊赔偿的责任。对应由其他保险人承担的赔偿责任，本保险人不负责垫付。

第二十四条 被保险人对保险人请求赔偿的权利，自其知道或应当知道保险事故发生之日起二年不行使的，视为自动放弃。

争议处理

第二十五条 本保险合同的争议解决方式由当事人从下列两种方式选择一种，并列明于本保险单明细表中：

（一）因履行本保险合同发生争议，由当事人协商解决。协商不成的，提交仲裁委员会仲裁；

（二）因履行本保险合同发生争议，由当事人协商解决。协商不成的，依法向人民法院起诉。

其他事项

第二十六条 本保险合同生效后，投保人可随时书面申请解除本保险合同，保险人亦可提前 15 日向投保人发出解约通知书解除本保险合同，保险费按日平均计收。

第二十七条 本保险合同的争议处理适用中华人民共和国法律。

A.5 建筑工程团体人身意外伤害保险

第一条 保险合同的构成

建筑工程团体人身意外伤害保险合同（以下简称本合同）由保险单及所附条款、批注、附贴批单、投保单、与本合同有关的投保文件、声明、其他书面协议构成。

第二条 投保范围

凡在建筑工程施工现场从事管理和作业并与施工企业建立劳动关系的人员均可作为被保险人，以团体为单位，由所在施工企业或对被保险人具有保险利益的团体作为投保人，经被保险人书面同意，向中国人寿保险公司（以下简称本公司）投保本保险。

第三条 保险责任

在本合同保险责任有效期间内，被保险人从事建筑施工及与建筑施工相关的工作，或在施工现场或施工期限指定的生活区域内遭受意外伤害，本公司依下列约定给付保险金：

一、被保险人自意外伤害发生之日起 180 日内因同一原因死亡的，本公司按保险金额给付死亡保险金，本合同对该被保险人保险责任终止。

二、被保险人自意外伤害发生之日起 180 日内因同一原因身体残疾的，本公司根据中国人民银行 1998 年制定的《人身保险残疾程度与保险金给付比例表》，按保险金额及该项身体残疾所对应的给付比例给付残疾保险金。

被保险人因同一意外伤害造成 1 项以上身体残疾时，本公司给付对应项残疾保险金之和。但不同残疾项目属于同一手或同一足时，本公司仅给付其中 1 项残疾保险金；如残疾项目所对应的给付比例不同时，仅给付其中比例较高 1 项的残疾保险金。

三、本公司对每一被保险人所负给付保险金的责任以保险单所载保险金额为限，1 次或累计给付的保险金达到保险金额时，本合同对该被保险人保险责任终止。

第四条 责任免除

因下列情形之一，造成被保险人死亡、残疾的，本公司不负给付保险金责任：

一、投保人、受益人对被保险人的故意杀害、伤害。

二、被保险人故意犯罪或拒捕。

三、被保险人殴斗、酗酒、自杀、故意自伤及服用、吸食、注射毒品。

四、被保险人受酒精、毒品、管制药物的影响而导致的意外。

五、被保险人酒后驾驶、无有效驾驶执照驾驶或驾驶无有效行驶证的机动交通工具。

六、被保险人流产、分娩、疾病。

七、被保险人因整容手术或其他内、外科手术导致医疗事故。

八、被保险人未遵医嘱，私自服用、涂用、注射药物。

九、被保险人在从事与建筑施工及建筑施工不相关的工作，或在施工现场或施工期限指定的生活区域外发生的意外伤害事故。

十、被保险人从事潜水、跳伞、攀岩运动、探险活动、武术比赛、摔跤比赛、特技表演、赛马、赛车等高风险运动。

十一、被保险人患有艾滋病或感染艾滋病毒(HIV 呈阳性)期间。

十二、战争、军事行动、暴乱或武装叛乱。

十三、核爆炸、核辐射或核污染。

发生以上情形，被保险人死亡的，本合同对该被保险人的保险责任终止，本公司按约定退还该被保险人的未满期保险费。

第五条 保险期间

一、本合同的保险期间为 1 年，或根据施工项目期限的长短确定。

保险期间自本公司同意承保、收取保险费并签发保险单的次日零时起至约定的终止日的 24 时止。

二、施工企业因各种客观原因造成工程停顿，投保人可以提出暂时中止保险合同，但须以书面形式向本公司备案。本公司审核确认后，保险合同自接到备案的次日零时起即行中止，在中止期间发生的保险事故，本公司不承担给付保险金的责任。工程重新开工后，投保人可书面申请恢复保险合同效力，但累计有效保险期间不得超过保险合同对保险期间的规定。

三、保险合同到期，工程仍未竣工的，需办理续保手续。

第六条 保险金额和保险费

一、保险金额由本合同双方约定，但同一保险合同所承保的每一被保险人的保险金额应保持一致。

二、保险费有 3 种方式计收，由本合同双方选定 1 种：

1. 保险费按被保险人人数计收的，按下列算式缴纳保险费：

$$保险费 = 保险金额 \times 年费率 \times 保险年份数 \times 被保险人人数$$

保险期满后仍需办理续保手续的，仍按上式计算，年费率标准见附录。

2. 保险费按建筑工程项目总造价计收，保险费率标准见附录。保险期满后仍需办理续保手续的，可根据保险费率标准，按下列算式缴纳保险费：

$$保险费 \times 项目总造价 \times (施工未满期限 / 合同施工期限)$$

3. 保险费按建筑施工总面积计收，保险费收费标准见附录。保险期满后仍需办理续保手续的，可根据保险费收费标准，按下列算式缴纳保险费：

保险费收费标准×建筑施工总面积×(施工未满期限/合同施工期限)

三、投保人应在投保时一次性缴纳保险费。

第七条 如实告知

订立本合同或办理续保、加保手续时，本公司应向投保人明确说明本合同的条款内容，特别是责任免除条款，并可以就投保人、被保险人的有关情况提出书面询问，投保人应当如实告知。

投保人故意未履行如实告知义务，本公司有权解除本合同，并对于本合同解除前发生的保险事故，不负给付保险金的责任，不退还保险费。

投保人因过失未履行如实告知义务，足以影响本公司决定是否同意承保或提高保险费率的，本公司有权解除本合同；对保险事故的发生有严重影响的，本合同解除前发生的保险事故，本公司不负给付保险金的责任，按约定退还未满期保险费。

第八条 受益人的指定和变更

被保险人或投保人可以指定1人或数人为死亡保险金受益人，受益人为数人时，应确定受益顺序和受益份额，未确定份额的，各受益人按照相等份额享有受益权。

被保险人或者投保人可以变更死亡保险金受益人，但需书面通知本公司，由本公司在保险单上批注。

投保人指定或变更死亡保险金受益人时，须经被保险人书面同意。

残疾保险金的受益人为被保险人本人，本公司不受理其他指定或变更。

第九条 身体残疾鉴定

被保险人因意外伤害造成身体残疾，应在治疗结束后，由本公司指定或认可的医疗机构进行鉴定。如果自被保险人遭受意外伤害之日起180日内治疗仍未结束，按第180日的身体情况进行鉴定。

第十条 保险事故的通知

投保人、被保险人或受益人应于知道或应该知道保险事故发生之日起5日内通知本公司。否则投保人、被保险人或受益人应承担由于通知迟延致使本公司增加的勘查、检验等项费用。但因不可抗力导致的迟延除外。

第十一条 保险金的申请与给付

一、被保险人死亡，由死亡保险金受益人作为申请人填写保险金给付申请书，并凭下列证明和资料向本公司申请给付保险金：

1. 保险单及投保单位证明。
2. 受益人户籍证明及身份证明。
3. 公安部门或本公司认可的医疗机构出具的被保险人死亡证明书。
4. 如被保险人因意外伤害事故被宣告死亡，受益人须提供人民法院出具的宣告死亡证明文件。

5. 被保险人户籍注销证明。

6. 受益人所能提供的与确认保险事故的性质、原因等有关的其他证明和资料。

二、被保险人残疾的，由被保险人作为申请人填写保险金给付申请书，于被保险人被确定残疾及其程度后，凭下列证明和资料向本公司申请给付保险金：

1. 保险单及投保单位证明。

2. 被保险人户籍证明及身份证明。

3. 由本公司指定或认可的医疗机构或医师出具的被保险人残疾程度鉴定书。

4. 被保险人所能提供的与确认保险事故的性质、原因、伤害程度等有关的其他证明和资料。

三、本公司收到申请人的保险金给付申请书和本条第一或第二款所列证明和资料后，对确定属于保险责任的，在与申请人达成有关给付保险金数额的协议后 10 日内，履行给付保险金义务。对不属于保险责任的，向申请人发出拒绝给付保险金通知书。

四、本公司自收到申请人的保险金给付申请书和本条第一或第二款所列证明和资料之日起 60 日内，对属于保险责任而给付保险金的数额不能确定的，根据已有证明和资料，按可以确定的最低数额先予以支付，本公司最终确定给付保险金的数额后，给付相应的差额。

五、如被保险人在被宣告死亡后生还的，投保人或保险金领取人应于知道或应当知道被保险人生还后 30 日内退还本公司已支付的保险金。

六、被保险人或受益人对本公司请求给付保险金的权利，自其知道或应当知道保险事故发生之日起 2 年不行使而消灭。

第十二条 被保险人的变动

一、投保人因在职人员变动需要加保的，应书面通知本公司，本公司审核同意并收取相应的保险费后，开始承担保险责任。

二、被保险人离职的，本公司对其所负的保险责任自其离职之日起终止，按约定退还该被保险人的未满期保险费。

三、投保人的在职人员少于 5 人时，本合同终止，按约定退还未满期保险费。

第十三条 地址变更

投保人住所或通讯地址变更时，应及时以书面形式通知本公司，投保人未以书面形式通知的，本公司将按本合同注明最后住所或通讯地址发送有关通知。

第十四条 合同内容的变更

在本合同有效期内，经投保人和本公司协商，可以变更本合同的有关内容。

变更本合同时，应当由本公司在原保险单上批注或者附贴批单，或者由投保人和本公司订立变更的书面协议。

第十五条 投保人解除合同的处理

本合同一经成立，投保人不得解除本合同。

第十六条　争议处理

因履行本合同发生的争议，由当事人协商解决，协商不成的，当事人可依达成的合法有效的仲裁协议通过仲裁解决。无仲裁协议或仲裁协议无效的，可依法向人民法院提起诉讼。

第十七条　释义

不可抗力：是指不能预见、不能避免并不能克服的客观情况。

意外伤害：是指遭受外来的、突发的、非本意的、非疾病的使身体受到伤害的客观事件。

潜水：是指以辅助呼吸器材在江、河、湖、海、水库、运河等水域进行的水下运动。

攀岩运动：是指攀登悬崖、楼宇外墙、人造悬崖、冰崖、冰山等运动。

武术比赛：是指两人或两人以上对抗性柔道、空手道、跆拳道、散打、拳击等各种拳术及各种使用器械的对抗性比赛。

探险活动：是指明知在某种特定的自然条件下有失去生命或身体受到伤害的危险，而故意使自己置身其中的行为。如江河漂流、徒步穿越沙漠或人迹罕见的原始森林等活动。

特技：是指从事马术、杂技、驯兽等特殊技能。

未满期保险费(1 年期)：是指保险费×(1－经过月数÷12)，不足月的日数按经过 1 个月计算。

保险年份数：是指保险期间除以 1 年。

附录：

1. 保险费按被保险人人数计收的，被保险人人数在 5～100 人之间的，费率为 0.3%，101～500 人费率为 0.25%，501 人以上费率为 0.2%。

2. 保险费按建筑工程项目总造价计收的，每 10 000 元人民币保险金额(每一被保险人)，保险费率标准为建筑工程项目总造价的 0.1‰。

3. 保险费按建筑施工总面积计收的，每 10 000 元人民币保险金额(每一被保险人)，保险费率标准为每平方米建筑施工面积计收保险费人民币 1.25 元。

A.6　机器损坏保险

A.6.1　机器损坏险条款

第一条　责任范围

在保险期限内，若本保险单明细表中列明的保险机器因以下列明的原因引起或构成突然的、不可预料的意外事故造成的物质损坏或灭失(以下简称“损失”)，本公司按照本保险单的规定负责赔偿。

（一）设计、制造或安装错误、铸造和原材料缺陷；

（二）工人、技术人员操作失误、缺乏经验、技术不善、疏忽、过失、恶意行为；

（三）离心力引起的断裂；

（四）超负荷、超电压、碰线、电弧、漏电、短路、大气放电、感应电及其他电气原因；

（五）除本条款中“二、除外责任”规定以外的其他原因。

第二条 除外责任

本公司对下列原因直接或间接引起的损失、费用或责任不负责赔偿：

（一）机器设备运行必然引起的后果，如自然磨损、氧化、腐蚀、锈蚀、孔蚀、锅垢等物理性变化或化学反应；

（二）各种传送带、缆绳、金属线、链条、轮胎、可调换或替代的钻头、钻杆、刀具、印刷滚筒、套筒、活动管道、玻璃、磁、陶及钢筛、网筛、毛制品、一切操作中的媒介物（如润滑油、燃料、催化剂等）及其他各种易损、易耗品；

（三）被保险人或其代表已经知道或应该知道的被保险机器及其附属设备在本保险开始前已经存在的缺点或缺陷；

（四）根据法律或契约应由供货方、制造人、安装人或修理人负责的损失或费用；

（五）由于公共设施部门的限制性供应及故意行为及非意外事故引起的停电、停水、停气；

（六）火灾、爆炸；

（七）地震、海啸、雷电、飓风、台风、龙卷风、风暴、暴雨、洪水、冰雹、地崩、山崩、雪崩、火山爆发、地面下陷下沉及其他自然灾害；

（八）飞机坠毁、飞机部件或飞行物体坠落；

（九）机动车碰撞；

（十）水箱、水管爆裂；

（十一）被保险人或其代表的故意行为或重大过失；

（十二）战争、类似战争行为、敌对行为、武装冲突、恐怖活动、谋反、政变、罢工、暴动、民众骚乱；

（十三）政府命令或任何公共当局的没收、征用、销毁或毁坏；

（十四）核裂变、核聚变、核武器、核材料、核辐射以及放射性污染；

（十五）保险事故发生后引起的各种间接损失或责任；

（十六）保险单明细表或有关条款中规定的应由被保险人自行负担的免赔额；

第三条 保险金额

本保险单承保机器设备的保险金额，应为该机器设备的重置价值，即重新换置同一厂牌或相类似的型号、规格、性能的新机器设备的价格，包括出厂价格、运输费和保险费、税款、可能支付的关税以及安装费用等。

第四条 停机退费

如任何被保险锅炉、汽轮机、蒸汽机、发电机或柴油机连续停工超过三个月时(包括修理,但不包括由于发生保险责任范围内损失后的修理),停工期间保险费按下列办法退还给被保险人(但如该机器为季节性工厂所使用者除外)。

连续停工三个月～五个月	退费15%
六个月～八个月	退费25%
九个月～十一个月	退费35%
十二个月	退费50%

第五条 赔偿处理

(一) 对被保险机器设备遭受的损失,本公司可选择以支付赔款或以修复、重置受损项目的方式予以赔偿,但对被保险机器设备在修复或重置过程中发生的任何变更、性能增加或改进所产生的额外费用,本公司不负责赔偿。

(二) 在发生本保险单项下被保险机器设备的损失后,本公司按下列方法确定赔偿金额:

1. 可以修复的部分损失—将被保险机器设备修复至其基本恢复受损前状态的费用扣除残值后的金额为准,修理时需要更换零件的,可不扣除折旧。但若修复费用等于或超过被保险机器损失前的价值时,则按下列第二项的规定处理。

2. 全部损失或推定全损—以被保险机器设备损失前的实际价值扣除残值后的金额为准,但本公司有权不接受被保险人对受损机器的委付。

3. 任何属于成对或成套的设备项目,如发生损失,本公司的赔偿责任不得超过该受损项目在所属整对或整套项目的保险金额中所占的比例。

4. 发生损失后,被保险人为减少损失而采取必要措施所产生的合理费用,本公司可予以赔偿,但本项费用以保险机器设备的保险金额为限。

(三) 本公司赔偿损失后,由本公司出具批单将保险金额从损失发生之日起相应减少,并且不退还保险金额减少部分的保险费。如被保险人要求恢复至原保险金额,应按约定的保险费率加缴恢复部分从损失发生之日起至保险期限终止之日止按日比例计算的保险费。

(四) 被保险人的索赔期限,从损失发生之日起,不得超过两年。

第六条 被保险人的义务

被保险人及其代表应严格履行下列义务:

(一) 投保时,被保险人及其代表应对投保申请书列明的事项以及本公司提出的其他事项作真实详尽的说明或陈述。

(二) 保险人及其代表应根据本保险单明细表和批单中的规定按期缴付保险费。

(三) 在保险期限内,被保险人及其代表应:

1. 遵守有关安全法规,遵守制造厂商制定的关于机器使用的操作规程,制定安全生产的规章制度并付诸实施,聘用技术及技能合格的工人和技术人员,认真考虑并付诸实施本公司代表提出的合理的防损建议，由此产生的一切费用，当由被保险人承担；

2. 对应电压不稳容易造成的损坏的机器部分配置稳压装置；

3. 按照机器的规范要求，对被保险机器定期做好维修保养工作，使之处于良好的技术状态。被保险人在机器大修时应及时通知本公司并将修理记录提供给本公司。

（四）在发生引起或可能引起本保险单项下索赔的事故时，被保险人或其代表应：

1. 立即通知本公司，并在七天或经本公司同意延长的期限内，以书面报告向本公司提供事故发生的经过、原因和损失程度。

2. 采取一切必要措施防止损失的进一步扩大并将损失减少到最低程度。

3. 在本公司的代表或检验师进行勘查之前，保留事故现场及有关实物证据。

4. 在被保险机器遭受盗窃或恶意破坏时，立即向公安部门报案。

5. 根据本公司的要求提供作为索赔依据的所有证明文件、资料和单据。

（五）若在某一保险项目中发现的缺陷表明或预示类似缺陷亦存在于其他保险项目中时，被保险人应立即自付费用进行调查并纠正该缺陷。否则，由类似缺陷造成的一切损失应由被保险人自行承担。

第七条 总则

（一）保单效力。被保险人应严格地遵守和履行本保险单的各项规定，是本公司在本保险单项下承担赔偿责任的先决条件。

（二）保单无效。如果被保险人或其代表漏报、错报、虚报或隐瞒有关本保险的实质性内容，则本保险无效。

（三）保单终止。除非经本公司书面同意，本保险单将在下列情况下自动终止：

1. 被保险人丧失保险利益。

2. 承保风险扩大。

本保险单终止后，本公司将按日比例退还被保险人在本保险单项下未到期部分的保险费。

（四）保单注销。被保险人可随时书面申请注销本保险单，本公司亦可提前十五天通知被保险人注销本保险单。对本保险单已生效期间的保险费，前者本公司按短期费率计收，后者按日比例计收。

（五）权益丧失。如果任何索赔含有虚假成分或被保险人或其代表在索赔时采取欺诈手段企图在本保险单项下获取利益，或任何损失是由被保险人或其代表的故意行为或纵容所致，被保险人将丧失其在本保险单项下的所有权益。对由此产生的包括本公司已支付的赔款在内的一切损失，应由被保险人负责承担。

（六）合理查验。本公司的代表有权在任何适当的时候对被保险财产的风险情况进行现场查验。被保险人应提供一切便利及本公司要求的用以评估有关风险的详情和资料。但上述查验不构成本公司对被保险人的任何承诺。

（七）比例赔偿。在发生本保险单责任项下的损失时，若受损的保险财产的分项或总保险金额低于对应的保险金额，即重置价值时（见三、保险金额），其差额部分视为被保险人所自保，本公司则按本保险单明细表中列明的保险金额与对应的重置价值的比例负责赔偿，如被保险机器多于一项时，每一项将按照本保险单规定的分项保险金额单独计算比例赔偿的责任。

（八）重复保险。如本保险单所保财产在损失发生时，若另有其他保障相同的保险存在，不论系被保险人或他人所投保，也不论该保险赔偿与否，本公司仅负责按比例分摊赔偿的责任。

（九）权益转让。若本保险单负责赔偿损失、费用涉及其他责任方时，不论本公司是否已赔偿被保险人，被保险人应立即采取一切必要的措施行使或保留向责任方索赔的权力。在本公司支付赔款后，被保险人应将向该责任方追偿的权力转让给本公司，移交一切必要的单证，并协助本公司向责任方追偿。

（十）争议处理。被保险人与本公司之间的一切有关本保险的争议应通过友好协商解决。如果协商不成，可申请仲裁或法院审理。除事先另有协议外，仲裁或法律诉讼应在被告方所在地进行。

A.6.2 机器损坏险扩展条款集

01 罢工、暴动或民众骚乱扩展条款

兹经双方同意，鉴于被保险人已缴付了附加的保险费，本保险扩展承保本保险单明细表中列明的保险财产在列明地点范围内由于罢工、暴乱或民众骚动造成的损失，包括在此期间罢工人员在本保险单列明地点范围内的行为造成的损失，以及在罢工、暴乱或民众骚动期间，因发生抢劫造成保险财产的损失，但本扩展条款对由于政府或公共当局的命令、没收、征用或拆毁造成的损失以及因罢工人员或任何人故意纵火造成的损失不负责赔偿。

本保险单所载其他条件不变。

附加保险费：

02 自动恢复保险金额条款

兹经双方同意，在本公司对本保险单明细表中列明的被保险财产的损失予以补偿后，原保险金额自动恢复。但被保险人应按日比例补缴自损失发生之日起至保险终止之日止恢复保险金额部分的保险费。

本保险单所载其他条件不变。

03 清理残骸费用条款

兹经双方同意，本公司负责赔偿被保险人因本保险单项下承保的风险造成被保险财产的损失而发生的清除、拆除或支撑受损财产的费用，但本公司在本扩展条款项下的赔偿责任不得超过本保险单明细表中列明的保险金额。

本保险单所载其他条件不变。

04 特别费用条款

兹经双方同意，鉴于保险人已缴付了附加的保险费，本保险扩展条款承保下列特别费用，即：加班费、夜班费、节假日加班以及快运费（不包括空运费），该特别费用须与本保险单项下予以赔偿保险项目的损失有关，但最高赔偿金额不超过以下列明的每次事故限额及总赔偿限额。

若损失项目的保额不足，本条款项下特别费用的赔偿金额按比例减少。

本条款每次事故赔偿限额：

本条款的总赔偿限额：

本保险单所载其他条件不变。

附加保险费：

05 空运费条款

兹经双方同意，鉴于保险人已缴付了附加的保险费，本保险扩展承保空运费用，该空运费须与本保险单项下予以赔偿保险项目的损失有关，但最高赔偿金额不超过以下列明的每次事故限额及总赔偿限额。

本条款每次事故赔偿限额：

本条款对每次事故损失的免赔额：应赔偿空运费的 20%或人民币，以高者为准。

本条款的总赔偿限额：

本保险单所载其他条件不变。

附加保险费：

06 专业费用条款

兹经双方同意，本公司负责赔偿被保险人因本公司保单项下承保风险造成被保险财产损失后，在重置过程中发生的必要的设计师、检验师及工程咨询顾问费用，但不包括被保险人为了准备索赔或估损所发生的任何费用。上述赔偿费用应以财产损失时适用的有关行业管理部门收费规定为准，但本公司在本扩展条款项下的赔偿责任不得超过本保险单明细表中列明的保险金额。

本保险单所载其他条件不变。

07 电动马达检修条款

（高于 750 kW 并有两电极的马达以及高于 1 000 kW 并多于四电极的马达）

兹经双方同意，本保险单明细表中第 项适用于下述条件：

在经过 8 000 小时营运或 500 次启动或至少上次检修后两年内，被保险人须自费在完全打开机器的状态下安排年检、年修（被保险人应及时通知本公司其年检、年修的时间以便本公司的代表到达现场）。对新马达应在 2 000 小时后或至少营运一年后进行检修，并且被保险人应向本公司提供检修的结果报告。

无论本保险何时生效，上述条件均可适用。

被保险人可申请延长检修的间隔期，本公司在认为风险不增加的情况下应允许其延长申请。

若被保险人未遵守本批单条款的规定，则本公司对正在检修时发生的损失不负赔偿责任。

本保险单所载其他条件不变。

08 蒸汽、水、气体涡轮及涡轮发电机条款

兹经双方同意，本保险适用下述条件：

被保险人应按下述间隔时间，对带有涡轮的机器或其部件在彻底打开机器的状态下，自费进行检修。同时，须至少提前两星期通知本公司其检修的时间以便本公司的代表能到达现场：

（一）在连续负荷情况下进行主要营运的蒸汽涡轮机及涡轮发电机，且其配有具有现代技术标准的综合测试设备，而该现代技术标准可以完全控制该机器的营运状态，则至少四年检修一次。

本条款适用于保单明细表中第　项。

（二）不属上述范围的蒸汽涡轮机及涡轮发电机，应每三年停机检修一次。

本条款适用于保单明细表中第　项。

（三）水涡轮机及涡轮发电机，应按制造商的建议，但至少每两年检修一次。

（四）气体涡轮机及涡轮发电机，应按制造商的要求检修。

不论本保险何时生效，上述检修间隔时间应从第一次营运开始或所保的涡轮发电机最后一次检修起算。

被保险人应向本公司通报涡轮发电机在运行中的重大变化，对因此而采取的措施应由双方共同决定。

被保险人可申请延长检修的间隔期，本公司认为在风险不增加的情况下，因允许其延期申请。

若在上述(一)至(四)条所提及的相应检修期限超过后即发生保险索赔，则本公司仅负责赔偿额外修理费用，但不包括拆卸、安装及类似费用，该拆卸、安装及类似与检修有关的费用应视为检修费。

若被保险人未遵守本批单条款的规定，则本公司对在进行检修发生事故造成的损失不负赔偿责任。

本保险单所载其他条件不变。

09 同一事件造成一系列事故损失条款

由于错误设计、铸造和原材料缺陷，工艺不善等同一事件造成机器、设备的一系列事故损失，本保单负责赔偿。但安装过程中上述同样原因造成同类型机器，设备的损失除外。

事故发生后，扣除保单免赔，每次事故按以下比例赔偿。

第一次事故赔偿 100％

第二次事故赔偿　　%
第三次事故赔偿　　%
第四次事故赔偿　　%
第五次事故赔偿　　%
超过　次损失不赔。

本保单所载其他条件不变。

10　修理延误利损条款

除载于保单上的条件外，本公司将在约定的赔偿期内，对由于修理或更换国外制造的受损机器所引起的延误致使毛利遭受损失负责赔偿，赔偿期限为四周。这种延误是由于进出口限制，海关规章，汇兑限制或政府机构所规定的限制造成的。

A.7　雇主责任险

A.7.1　雇主责任保险条款

总则

第一条　为了保障被保险人因其雇员遭受意外事故或患职业性疾病，而依法应承担的经济赔偿责任能够获得补偿，特制定本保险。

第二条　中华人民共和国境内的各类机关、企事业单位、个体经济组织以及其他组织均可成为本保险的被保险人。

保险责任

第三条　在本保险合同期间内，凡被保险人的雇员，在其雇佣期间因从事保险单所载明的被保险人的工作而遭受意外事故或患与工作有关的国家规定的职业性疾病所致伤、残或死亡，对被保险人因此依法应承担的下列经济赔偿责任，本公司依据本保险合同的约定，在约定的赔偿限额内予以赔付：

（一）死亡赔偿金；

（二）伤残赔偿金；

（三）误工费用；

（四）医疗费用。

经本公司书面同意的必要的、合理的诉讼费用，本公司负责在保险单中规定的累计赔偿限额内赔偿。

在本保险期间内，本公司对本保险单项下的各项赔偿的最高赔偿金额之和不得超过保险单中列明的累计赔偿限额。

责任免除

第四条　本公司对下列各项不负赔偿责任：

（一）被保险人的雇员由于职业性疾病以外的疾病、传染病、分娩、流产以及因上述原因接受医疗、诊疗所致的伤残或死亡；

（二）由于被保险人的雇员自伤、自杀、打架、斗殴、犯罪及无照驾驶各种机动车辆所致的伤残或死亡；

（三）被保险人的雇员因非职业原因而受酒精或药剂的影响所导致的伤残或死亡；

（四）被保险人的雇员因工外出期间以及上下班途中遭受意外事故而导致的伤残或死亡；

（五）被保险人直接或指使他人对其雇员故意实施的骚扰、伤害、性侵犯，而直接或间接造成其雇员的伤残、死亡；

（六）任何性质的精神损害赔偿、罚款、罚金；

（七）被保险人对其承包商所雇佣雇员的责任；

（八）在中华人民共和国境外，包括我国香港、澳门和台湾地区，所发生的被保险人雇员的伤残或死亡；

（九）国务院颁布的《工伤保险条例》所规定的工伤保险诊疗项目目录、工伤保险药品目录、工伤保险住院服务标准之外的医药费用；

（十）劳动和社会保障部所颁布的《国家基本医疗保险药品目录》规定之外的医药费用；

（十一）假肢、矫形器、假眼、假牙和配置轮椅等辅助器具；

（十二）住宿费用、陪护人员的误工费、交通费、生活护理费、丧葬费用、供养亲属抚恤金、抚养费；

（十三）战争、军事行动、恐怖活动、罢工、暴动、民众骚乱或由于核辐射所致被保险人雇员的伤残、死亡或疾病；

（十四）直接或间接因计算机 2000 年问题造成的损失；

（十五）其他不属于保险责任范围内的损失和费用。

保险期间

第五条 除保险单另有约定外，保险期间为一年。

赔偿处理

第六条 被保险人在向本公司申请赔偿时，应提交保险单、有关事故证明书、本公司认可的医疗机构出具的医疗证明、医疗费等费用的原始单据及本公司认为必要的有效单证材料。本公司应当迅速审定核实，保险赔款金额一经保险合同双方确认，本公司应当在十日内一次性支付赔款结案。

第七条 在本保险合同有效期内，发生保险责任范围内的事故，本公司根据投保人或被保险人提供的雇员名册，对本保险人依法承担的对其发生伤、残、亡的每个雇员经济赔偿责任，在赔偿限额内给付下列赔偿金：

（一）死亡赔偿金：以保单约定的每人死亡赔偿限额为限。

（二）伤残赔偿金：按伤残鉴定机构出具的伤残程度鉴定书，并对照国家发布的《职工工伤与职业病致残程度鉴定标准》(GB/T 16180—1996)(以下称《伤残鉴定标准》)确定伤残等级而支付相应赔偿金。相应的赔偿限额为该伤残等级所对应的下列“伤残等级赔偿限额比例表”的比例乘以每人死亡赔偿限额所得金额。

伤残等级赔偿限额比例表

伤残等级	比　例	伤残等级	比　例
一　级	100%	六　级	40%
二　级	80%	七　级	30%
三　级	70%	八　级	20%
四　级	60%	九　级	10%
五　级	50%	十　级	5%

伤残项目对应《伤残鉴定标准》两项者,如果两项不同级,以级别高者为伤残等级,如果两项同级,以该级别的上一等级为伤残等级;伤残项目对应《伤残鉴定标准》三项以上者(含三项),以该等级中的最高级别的上一等级为伤残等级。但无论如何,伤残等级不得高于上表中所规定的一级。

(三) 误工费用

本公司负责赔偿被保险人雇员因疾病或受伤导致其暂时丧失工作能力(持续五天以上〈不包括五天〉无法工作的)而遭受的误工损失:经医院证明,按以下公式计算赔偿:当地最低工资标准/30×(实际暂时丧失工作能力天数−5 天),最长赔付天数为 365 天,且以保单约定的每人死亡赔偿限额为限。

如在赔付本条第(三)款项下误工费用后,被保险人雇员死亡或经伤残鉴定机构诊断确定为一至十级伤残,被保险人就其雇员的同一保险事故申请赔付本条第(一)款项下死亡赔偿金或第(二)款项下伤残赔偿金额的,在计算赔付金额时,需扣除本公司已赔偿的第(三)款项下赔偿金额。如被保险人就其雇员的同一保险事故已经领取本条第(一)款项下死亡赔偿金或第(二)款项下伤残赔偿金,则不能再申请第(三)款项下赔偿金额。

(四) 医疗费用

本公司赔偿必需的、合理的医疗费用,具体包括挂号费、治疗费、手术费、床位费、检查费(最高人民币 300 元/每人)、医药费。本公司不承担陪护费、伙食费、营养费、交通费、取暖费及空调费用。除紧急抢救外,受伤雇员均应在县级以上医院或本公司指定的医院就诊。本公司支付的本款项下的赔偿金额以保单约定的每人医疗费用赔偿限额为限。

(五) 赔偿金的给付

1. 无论发生一次或多次保险事故,本公司对被保险人的单个雇员所给付的死亡赔偿金、伤残赔偿金和误工费用之和不超过保险单约定的每人死亡赔偿限额。被保险人不得就其单个雇员因同一保险事故同时申请伤残赔偿金和死亡赔偿金。无论发生一次或多次保险事故，被保险人就其单个雇员申请赔付死亡赔偿金的，如果本公司已赔付了伤残赔偿金，在计算赔付金额时，需扣除已赔付的伤残赔偿金额。

2. 无论发生一次或多次保险事故，本公司对被保险人所雇佣的每个雇员所给付的医疗费用不超过保险单约定的每人医疗费用赔偿限额。

第八条 在发生本保险单项下的索赔时，若存在重复保险，本公司按本保险合同保险金额与保险金额总和的比例承担赔偿责任。

第九条 被保险人雇员在本保险合同期间内，因第三方全部或部分责任导致的意外事故所致死亡、伤残，本公司按以下约定负责赔偿本保险条款第七条项下所规定的赔偿款项：

（一）第三方未赔偿其依法应付的赔偿金，本公司按本保险合同约定计算赔偿金额。

（二）第三方已赔偿其依法应付的赔偿金的：

1. 第三方承担的本保险合同责任范围内的赔偿金低于按本保险合同约定计算的赔偿金，本公司负责赔偿按照本保险合同约定计算的赔偿金与第三方已付的本保险合同责任范围内的赔偿金的差额部分；

2. 第三方承担的本保险合同责任范围内的赔偿金高于按本保险合同约定计算的赔偿金，本公司不负责赔偿。

第十条 投保人应在投保时列明被保险人雇员名单，对被保险人承担的发生保险事故时未列入名单的雇员的经济赔偿责任，本公司不负赔偿。发生名单变动时，要在新增人员开始工作后五日内通知本公司办理批改手续。更改或新增的雇员发生的索赔案件，事先未及时通知本公司批改保险单导致该名雇员不在列明人员名单中的，本公司不负赔偿责任。

第十一条 被保险人向本公司请求赔偿或者给付保险金的权利，自其知道保险事故发生之日起二年不行使而消灭。

被保险人义务

第十二条 在投保时，投保人及其代表应对投保申请书中的事项以及本公司提出的其他事项做出真实、详尽的说明或描述。

第十三条 投保人应当按照约定及时缴纳保险费。

第十四条 被保险人应加强对其经营业务的安全管理，严格执行有关劳动保护条例，防止伤害事故发生；一旦发生事故，应采取一切合理措施减少损失。

第十五条 如果在本保险合同有效期限内，本保险重要事项变更或保险标的危险程度增加的，被保险人或其代表应在五天内以书面形式通知本公司，并根据本公司的要求调整保费，否则本公司对由此导致的损失不负赔偿责任。

第十六条 一旦发生本保险单所承保的任何事故，被保险人或其代表应履行下列义务：

（一）立即通知本公司，并在七天或经本公司书面同意延长的期间内以书面报告提供事故发生的经过、原因和损失程度，并协助本公司进行调查核实；

（二）未经本公司同意，被保险人或其代表不得自行对索赔事项做出的承诺、提议或付款的表示，否则，对此本公司概不负责；

（三）在预知可能引起诉讼时，立即以书面形式通知本公司，并在接到法院传票或其他法律文件后，立即将其送交本公司；本公司有权以被保险人名义进行诉讼、追偿，被保险人应全力协助。

第十七条 被保险人如不履行上述第十二条至第十六条约定的任一项义务，本公司有权拒绝赔偿，或者从书面通知之日起解除保险合同。

其他事项

第十八条 被保险人严格遵守和履行本保险单的各项约定，是本公司承担本保险合同项下赔偿责任的先决条件。

第十九条 本保险合同在被保险人丧失保险利益后自动终止，本公司将按日比例退还被保险人本保险合同项下未到期部分的保险费。

第二十条 被保险人可随时书面申请终止本保险单，对未满期的保险费，本公司依照短期费率的约定返还被保险人；本公司也可提前十五天书面通知被保险人终止本保险合同，对未满期间的保险费，本公司依照全年保险费按日比例返还被保险人。

第二十一条 如果任何索赔含有虚假成分，或被保险人或其代表在索赔时采取欺诈手段企图在保险合同项下获取利益，或任何损失是由被保险人或其代表的故意行为或纵容所致，被保险人将丧失其在本保险合同项下此次索赔的所有权益。对由此产生的包括本公司已支付的赔款在内的一切损失，应由被保险人负责赔偿。

第二十二条 若本保险合同项下负责的损失涉及其他责任方时，不论本公司是否已赔偿被保险人，被保险人应立即采取一切必要的措施行使或保留向该责任方索赔的权利。在本公司支付赔款后，被保险人应将向该责任方追偿的权利转让给本公司，移交一切必要的单证，并协助本公司向责任方追偿。

第二十三条 被保险人与本公司之间的一切有关本保险的争议应通过友好协商解决，如协商不成，可选择以下两种方式之一解决：

（一）提交仲裁委员会仲裁；

（二）向被告住所地人民法院起诉。

第二十四条 因本保险合同产生的争议适用中华人民共和国法律。

定义

职业性疾病

是指企业、事业单位、个体经济组织以及其他组织的雇员在职业活动中，因接触粉尘、放射性物质和其他有毒、有害物质等因素而引起的并且在保险合同期间内确诊的疾病。职业病的分类和目录以国务院卫生行政部门会同国务院劳动保障行政部门公布的相关类别和目录为准。

雇员

是指与被保险人签订有劳动合同或存在事实劳动合同关系，接受被保险人给付薪金、工资，年满十六周岁的人员及其他按国家规定审批的未满十六周岁的特殊人员，包括正式在册职工、短期工、临时工、季节工和徒工等。但因委托代理、行纪、居间等其他合同为被保险人提供服务或工作的人员不属于本保险合同所称雇员。

非列明方式承保附加险条款

本保险条款为雇主责任保险（主险）的附加条款，若主险条款与本附加险条款互有冲突，以本附加险条款为准。本附加险条款未尽事宜，以主险条款为准。

经投保人与本公司协商一致，投保人在投保时不提供雇员名单，只提供雇员总人数和对应的各工种人数。被保险人的雇员如有增减，应在30天内通知本公司批改相应工种的申报人数，并补交或退还相应的保险费。本公司按出险时各工种的申报人数与出险时该工种的实际人数的比例分别计算赔偿。

临时出境工作附加险条款

本保险条款为雇主责任保险（主险）的附加险条款，若主险条款与本附加险条款互有冲突，以本附加险条款为准。本附加险条款未尽事宜，以主险条款为准。

经投保人与本公司协商一致，对于被保险人的雇员在临时出境，包括前往我国香港、澳门和台湾地区，工作的雇佣期间因遭受意外事故或患职业性疾病而导致被保险人依法应承担的经济赔偿责任，本公司按照主险条款规定负责赔偿。

境内公出及上下班途中附加险条款

本保险条款为雇主责任保险（主险）的附加险条款，若主险条款与本附加险条款互有冲突，以本附加险条款为准。本附加险条款未尽事宜，以主险条款为准。

经投保人与本公司协商一致，对于被保险人的雇员在境内，不包括我国香港、澳门和台湾地区，因工外出期间由于工作原因遭受意外事故及上下班途中遭受意外事故而导致被保险人依法应承担的经济赔偿责任，本公司按照主险条款规定负责赔偿。

本附加险所指上下班途中遭受意外事故是指被保险人雇员在上下班的规定时间和必经路线上，发生无本人责任或者非本人主要责任的道路交通机动车事故。

申报工资附加险条款

本保险条款为雇主责任保险（主险）的附加险条款，若主险条款与本附加险条款互有冲突，以本附加险条款为准。本附加险条款未尽事宜，以主险条款为准。

经投保人与本公司协商一致，投保人在投保时分类申报被保险人雇员的月工资标准，本公司同意在计算赔偿主险条款第七条第（三）款所规定的误工费用时，不再按当地最低工资标准计算，而从申报月工资标准和实际月工资标准两者中选取低者作为标准计算。

雇主责任险费率表

一、基本费率表

1. 每人死亡赔偿限额基本费率表

每人死亡赔偿限额/元	基 本 费 率
2 万～100 万元	0.35%

2. 每人医疗费用赔偿限额基本费率表

每人医疗费用赔偿限额/元	基本费率	每人医疗费用赔偿限额/元	基本费率
3 000～5 000(含 5 000,下同)	2.40%	15 000～20 000	1.85%
5 000～10 000	2.18%	20 000～25 000	1.70%
10 000～15 000	2.00%	25 000～30 000	1.60%

二、行业类型系数表

类别代码	行 业 描 述	系 数
A	农、林、牧、渔业	
01	农 业	1.9
02	林 业	2.5
03	畜牧业	9.2
04	渔 业	7.7
05	农、林、牧、渔服务业	6.2
B	采矿业	
06	煤炭开采和洗选业	15.4
07	石油和天然气开采业	15.4
08	黑色金属矿采选业	15.4
09	有色金属矿采选业	15.4
10	非金属矿采选业	15.4
11	其他采矿业	15.4
C	制造业	
13	农副食品加工业	1.4
14	食品制造业	1.2
15	饮料制造业	1.8
16	烟草制品业	1.4
17	纺织业	1.4
18	纺织服装、鞋、帽制造业	1.2
19	皮革、毛皮、羽毛(绒)及其制品业	1.2
20	木材加工及木、竹、藤、棕、草制品业	2.0

续 表

类别代码	行 业 描 述	系 数
21	家具制造业	2.0
22	造纸及纸制品业	1.9
23	印刷业和记录媒介的复制	1.6
24	文教体育用品制造业	1.4
25	石油加工、炼焦及核燃料加工业	2.3
26	化学原料及化学制品制造业	2.3
27	医药制造业	2.0
28	化学纤维制造业	1.8
29	橡胶制品业	1.8
30	塑料制品业	1.8
31	非金属矿物制品业	
其中：	水泥制造业	1.8
	陶瓷制品制造	1.6
	玻璃及玻璃制品制造	2.7
	其 他	1.5
32	黑色金属冶炼及压延加工业	6.2
33	有色金属冶炼及压延加工业	6.2
34	金属制品业	1.2
35	通用设备制造业	1.6
36	专用设备制造业	1.6
37	交通运输设备制造业	1.8
39	电气机械及器材制造业	1.6
40	通信设备、计算机及其他电子设备制造业	0.9
41	仪器仪表及文化、办公用机械制造业	0.9
42	工艺品及其他制造业	0.9
43	废弃资源和废旧材料回收加工业	1.4
D	电力、热力的生产和供应业	
44	电力、热力的生产和供应业	1.5
45	燃气生产和供应业	1.5
46	水的生产和供应业	1.2

续 表

类别代码	行 业 描 述	系 数
E	建筑业	
47	房屋和土木工程建筑业	2.0
48	建筑安装业	2.0
49	建筑装饰业	2.0
50	其他建筑业	2.0
F	交通运输、仓储和邮政业	
51	铁路运输业	1.1
52	道路运输业	1.2
53	城市公共交通业	1.1
54	水上运输业	2.8
55	航空运输业	1.9
56	管道运输业	1.9
57	装卸搬运和其他运输服务业	1.9
58	仓储业	1.0
59	邮政业	0.8
G	信息传输、计算机服务和软件业	
60	电信和其他信息传输服务业	0.8
61	计算机服务业	0.8
62	软件业	0.8
H	批发和零售业	
63	批发业	0.8
65	零售业	0.8
I	住宿和餐饮业	
66	住宿业	0.8
67	餐饮业	0.8
J	金融业	
68	银行业	0.9
69	证券业	0.9
70	保险业	1.0
71	其他金融活动	1.5

续 表

类别代码	行 业 描 述	系 数
K	房地产业	
72	房地产业	0.9
L	租赁和商务服务业	
73	租赁业	1.2
74	商务服务业	0.8
M	科学研究、技术服务和地质勘查业	
75	研究与试验发展	0.9
76	专业技术服务业	0.9
77	科技交流和推广服务业	0.9
78	地质勘查业	13.8
N	其 他	
79	社会团体、行政机关、事业单位	0.8
80	医疗卫生机构	0.8
81	加油站	1.5

三、保费计算方式

1. 每人保险费=每人死亡赔偿限额×基本费率×行业类型系数+每人医疗费用赔偿限额×基本费率×行业类型系数

2. 总保险费=每人保险费之和

四、短期费率表

凡保险期间不足一年或被保险人中途要求退保者,应按下列之百分比计收保险费。

保险有效期间	应收全年保险费之百分比	保险有效期间	应收全年保险费之百分比
一个月或以下者	15%	超过三个月至满四个月者	45%
超过一个月至满二个月者	25%	超过四个月至满五个月者	55%
超过二个月至满三个月者	35%	超过五个月至满六个月者	65%
超过六个月至满七个月者	75%	超过九个月至满十个月者	90%
超过七个月至满八个月者	80%	超过十个月至满十一个月者	95%
超过八个月至满九个月者	85%	超过十一个月至满十二个月者	100%

五、非列明方式承保附加险费率

非列明方式承保附加险,根据出险时各工种的申报人数与出险时该工种的实际人数的比例，加收保险费。

申报人数/实际人数的比例	加收保费比率	申报人数/实际人数的比例	加收保费比率
90%～100%	10%	70%～80%	25%
80%～90%	15%		

六、临时出境工作附加险费率

临时出境工作附加险，按下述方式加收临时出境人员的保险费：

出境人员每人加收保险费＝(每人死亡赔偿限额×基本费率×行业类型系数＋每人医疗费用赔偿限额　基本费率×行业类型系数)×20%

七、境内公出及上下班途中附加险费率

境内公出及上下班途中附加险按下述方式加收保险费：

每人加收保险费＝(每人死亡赔偿限额×基本费率×行业类型系数＋每人医疗费用赔偿限额×基本费率×行业类型系数)×25%

八、申报工资附加险费率

申报工资附加险按下述方式加收每人保险费：

每人加收保险费＝(每人死亡赔偿限额×基本费率×行业类型系数＋每人医疗费用赔偿限额×基本费率×行业类型系数)×申报工资附加险费率系数

申报工资附加险费率系数表

申报工资/当地最低工资标准	系数	申报工资/当地最低工资标准	系数
1.0～1.5	2%	3.0～4.5	10%
1.5～2.0	5%	4.5～6.0	12%
2.0～3.0	8%	6.0 以上	15%

A.7.2 雇主责任险扩展条款集

01 紧急运输费用条款

兹经双方同意，本条款扩展承保被保险人因其雇员严重受伤所支付的紧急运输费用。

但是，本公司在本条款项下的赔偿责任每位雇员不得超过____________，保险期限内累计不得超过____________。

本保险单所载其他条件均不变。

02 特殊天气条款

兹经双方同意，如果在特殊的天气条件下，被保险人的任何雇员应被保险人的要求出勤，在直接去工作地点或从其直接返家的途中受伤或死亡，此种死亡或受伤在本保险单中应视为在受雇过程中发生。

本保险单所载其他条件均不变。

03 就餐时间扩展条款

兹经双方同意，如果被保险人的任何雇员在被保险场所就餐时受伤或死亡，此种伤害或死亡应被视为在受雇过程中发生。

本保险单所载其他条件均不变。

04 临时海外工作条款

兹经双方同意，本保险的保障扩展适用于：

（一）临时在海外工作的被保险人的雇员；

（二）如果被保险人的雇员在临时出国工作的雇佣期间遭受意外伤害或疾病，则保险人将如同此意外伤害或疾病发生在中国一样地赔偿被保险人。

本保险单所载其他条件均不变。

05 上下班途中条款

兹经双方同意，被保险人的任何雇员应被保险人的要求出勤，在直接去工作地点或从其直接返家的途中受伤或死亡，此种死亡或受伤在本保险单中应视为在受雇过程中发生。

本保险单所载其他条件均不变。

06 因公出差期间24小时自动承保扩展条款

兹经双方同意，被保险人的任何雇员应被保险人的要求出差，则其在本保险单列明的地域范围内出差期间的每天24小时均应视为工作时间。保险人对此项目承担的赔偿责任以本保险单明细表中列明的限额为限。

本保险单所载其他条件均不变。

07 24小时意外险特别扩展条款

兹经双方同意，本保险单的承保时间范围扩展至保险期限内全天24小时，而不论是否在工作期间，但仅以本保险公司意外伤害保险(2002)条款中规定的“保险责任”范围为限。保险人对此项目承担的赔偿责任以本保险单明细表中列明的限额为限。

本保险单所载其他条件均不变。

08 社交和娱乐活动条款

即使保单其他部分包括有任何相反的规定，兹经双方协商同意，本保险单提供的保障范围应扩展至因被保险人组织发起的体育、社交以及福利性活动而引起的对雇员的人身伤害的责任。

本保险单所载其他条件均不变。

09 新雇员自动承保条款

兹经双方协商同意，本保险单承保被保险人新增加的雇员。但被保险人应当于每月10日前向本公司提供新增雇员的名单(内容包括姓名和职务)。

本保险单所载其他条件均不变。

10　保费调整条款

兹经双方同意：

(1) 被保险人应按全部应收保险费的100%在保险单约定的期限内预付给本公司，全部应收保险费是指按本保险单明细表中列明的被保险人预计在本保险期间内员工工资总额计算得出。

(2) 被保险人应在保险期满时将保险期间实际的工资总额(下称实际发生额)书面通知本公司，并承担按上述实际发生额计算出的剩余比例部分的保险费。

(3) 本公司有权在本保险期间内的任何时候，要求被保险人提供最新的关于上述实际发生额的数据记录并有权进行核实。

本保险单所载其他条件不变。

11　每日住院现金保障附加条款

本附加条款附加于主条款上并构成保险条款之一部分，倘投保单上未载明包括本附加条款，则本附加条款将作无效。如主险条款与本附加条款互有冲突，则以后者为准。

定义

“损害”是指被保险人雇佣的员工于本保险单有效期内因其从事与业务有关工作时遭受意外而致受伤、死亡。

“疾病”是指被保雇员于本保险单生效三十天后所罹患或感染之病症。但不包括本附加条款生效前十二个月内曾接受或曾被医生建议接受医药治疗、诊断辅导、医疗意见、处方之任何疾病，但被保雇员罹患此原发病症时，已在本附加条款下连续承保十二个月以上的，应被视为“疾病”。

“原发病症”指在保险单生效日前12个月内先存的任何疾病及其他症状，包括：

(1) 病症出现征兆、而正常情况下被保雇员应去接受诊断、护理及治疗；

(2) 已接受或被推荐接受医生咨询或治疗。

“医生”是指于被保雇员接受诊断辅导、医疗意见、处方或手术之地区内含合法注册及有认可资格医治被保雇员所罹患或感染之病症之医生，“医生”不能为被保雇员本人、其配偶或其直系亲属。

“医院”是指符合下列条件之机构：

(1) 拥有合法经营医院之牌照；

(2) 设立之主要目的为向受伤及病人提供留院治疗及照顾；

(3) 有合法注册专业护士提供全日二十四小时之护理服务；

(4) 任何时间均有合法注册之驻院“医生”驻诊，提供医疗服务；

(5) 具有系统性诊断程序及完善之外科手术设备；

(6) 非主要作为诊所、护理、休养、静养或戒酒、戒毒等或类似之医疗机构。

“留医日数”是指“医院”计算被保雇员总住房费用时所用的住院日数。

保险利益

每日住院现金保障

倘被保雇员于保单有效期内因蒙受“损害”或罹患“疾病”而须入住“医院”，并由“医生”诊治及照顾，本公司将按“留医日数”赔偿给被保雇员每日人民币六十元整，但以365日为限。

被保人义务

提供住院证明

被保雇员入住“医院”，出院时应自费取得该“医院”之正式账单及收据，并连同本公司规定之表格及确实住院证明文件，于出院后尽快递交本公司。

除外责任

本附加条款对任何直接或间接、全部或部分由下列原因引发的伤害或疾病不承担保险责任：

1. 主条款中所列之除外责任第1、3、4、5项；

2. 以下疾病不在承保范围之列：

a. 怀孕、流产或分娩；

b. 精神病或精神分裂、酒精中毒、滥用/误服药物；

c. 腰椎间盘突出症；

d. 屈光不正；

e. 美容手术及外科整形手术，或任何非必要之手术引起的后果，或天生畸形；

f. 一般牙齿治疗或手术，但由意外所因之者除外；

g. 一般体格检查、疗养、特别护理或静养；

h. 扁桃腺、疝气、女性生殖器官之疾病等治疗或外科手术，但被保雇员在本附加条款持续有效达120天以后接受上述治疗或外科手术者不在此限；

3. 原发病症。

责任限制

倘“损害”或“疾病”所须之医疗费用可获政府之规定而有所补偿，或从其他福利计划或任何医疗保险计划取得部分或全部之赔偿，本公司对这次“损害”或“职业性疾病”仅负责赔偿剩余之部分。

12　伤残等级赔付条款

兹经双方同意，若被保险人雇员所受之伤残不符合主条款“雇主责任险赔偿金额表”所列的任何一项，本公司将按伤残鉴定机构出具的伤残程度鉴定书，并对照国家发布的《职工工伤与职业病致残程度鉴定标准》(GB/T 16180—1996)(以下称《伤残鉴定标准》)确定伤残等级而支付相应赔偿金。相应的赔偿限额为该伤残等级所对应的下列

“伤残等级赔偿限额比例表”的比例乘以每人伤残最高赔偿限额所得金额。

伤残等级赔偿限额比例表

伤残等级	比　　例	伤残等级	比　　例
一　级	100%	六　级	40%
二　级	80%	七　级	30%
三　级	70%	八　级	20%
四　级	60%	九　级	10%
五　级	50%	十　级	5%

伤残项目对应《伤残鉴定标准》两项者，如果两项不同级，以级别高者为伤残等级，如果两项同级，以该级别的上一等级为伤残等级；伤残项目对应《伤残鉴定标准》三项以上者(含三项)，以该等级中的最高级别的上一等级为伤残等级。但无论如何，伤残等级不得高于上表中所规定的一级。

本保险单所载其他条件不变。

13　职业性疾病定义条款

本保单所指职业病/职业性疾病的定义是根据《中华人民共和国职业病防治法》(2001年10月27日发布)第二条的解释或者由政府部门颁发的与职业病有关的补充规定。

职业病是指企业、事业单位和个体经济组织的劳动者在职业活动中，因接触粉尘、放射性物质或其他有毒有害物质而引起的疾病。

职业病的分类和目录由国务院卫生行政部门会同国务院劳动保障行政部门规定、调整并公布。

本保险单所载其他条件不变。

14　额外保障利益附加契约

本附加契约附加于主契约上并构成保险契约之一部分，且仅当下列额外保障利益载于主契约的明细表上，本附加契约方为有效：

额外保障利益Ⅰ　每日住院金保障

额外保障利益Ⅱ　住院杂费赔偿金

额外保障利益Ⅲ　手术费保障

如主契约及本附加契约的条款互有冲突，则以后者为准。

保险利益

额外保障利益Ⅰ　每日住院金保障

倘被保雇员于保险单有效期内因蒙受“损害”或感染“疾病”而须入住“医院”，并由“医生”诊治及照顾，本公司将依其“留医日数”赔偿予被保雇员每日人民币六十元整，唯以三百六十五日为限。

额外保障利益Ⅱ　住院杂费赔偿金

除每日住院现金外，若被保雇员入住医院并接受医院的正常治疗，本公司另将按正常合理费用给付医院各项杂费赔偿金。其补偿金额相等于被保险员工住院期间内医院实际收取的各项杂费费用。本契约承保的医院各项杂费费用包括：

1. 由医生开具处方并予医院内消耗之邀费；

2. 包扎科、普通外科夹板及石膏整形费用(但不包括特殊矫正装置、器械或仪器费用)；

3. 物理疗法；

4. X光检查、心电图检查、化验室检验(但不包括X光治疗、放疗及同位素治疗)；

5. 静脉注射及溶液费用；

6. 血液或血浆之注射费(但血液或血浆之费用不予赔偿)；

7. 救伤车服务费用，但以不超过要保书上所载的每日住院现金为限；

额外保障利益Ⅲ　手术费保障

倘被保雇员须入住医院，接受有认可资格之医生推荐并施行手术，除上述每日住院现金保障外，本公司将按医生收取之正常合理手术费用赔偿予被保雇员，但本公司对该次损害或疾病赔偿以不超过保险单首页上所载的手术费保障为限。

倘被保雇员于入住医院期间接受超过一次之手术，本公司均会按照实际发生之手术费用赔偿予被保雇员，唯赔偿金额不得超越被保雇员所属保障计划之手术费保障额。

注意事项(针对住院杂费赔偿金和手术费保障)

倘被保雇员因同一事故而须间歇性入住医院，除非其间断超越九十天，本公司均视此事故为同一疾病或损害处理。

住院证明

被保雇员入住“医院”，于出院时应自费取得该“医院”之正式账单及收据，并连同本公司规定之表格及确实住院证明文件，于出院后尽快递交本公司。

定义

“疾病”是指被保雇员于本附加契约生效三十天后所罹患或感染致病症，但不包括本附加契约生效前十二月内曾接受或曾被医生推为接受医药治疗、诊断辅导、医疗意见、处方之任何疾病。但被保雇员罹患此类原发病症时，已在本附加契约下连续承保十二个月以上的，应被视为“疾病”。

“原发病症”是指在保险单生效日前12个月内先存在的任何疾病及其他症状，包括：症状出现征兆，而正常情况下被保雇员应去接受诊断、护理及治疗；

已接受或被推荐接受医生咨询或治疗。

“医生”是指被保雇员诊断辅导、医疗意见、处方或手术之地区内合法注册及有认可资格医治被保雇员所患或感染之病症之医务人员，唯“医生”不能为被保险人友人、其配偶或其直系亲属。

“手术费用”是指医生在医院内施行手术所收取之手术室费用、麻醉师费用或外科手术费用。

“正常合理费用”是指：

1. 由医生根据被保雇员损害或疾病情况，决定收取之必要的医疗和医药费用；

2. 符合费用发生地有关卫生当局核准的收费标准；

3. 即使无保险赔偿下被保雇员需支出的同样的费用。

“医院”是指符合下列所有条件之机构：

1. 拥有合法经营医院之牌照；

2. 设立之主要目的为向受伤及患病病人提供留院治疗及照顾；

3. 有合法注册专业护士提供全日二十四小时护理服务；

4. 任何时间均有合法注册之驻院“医生”驻诊，提供医疗服务；

5. 具有系统性诊断程序及完善之外科手术设备；

6. 非主要作为诊所、护理、修养、静养或戒酒、戒毒等或类似之机构。

“留医日数”是指“医院”计算被保雇员总住房费同时所用的住院日数。

被保人义务

提供住院证明

被保雇员入住“医院”，出院时应自费取得该“医院”之正式账单及收据，并连同本公司规定之表格及确实住院证明文件，于出院后尽快递交本公司。

除外责任

本附加条款对任何直接或间接、全部或部分由下列原因引发的伤害或疾病不承担保险责任：

1. 主条款中所列之除外责任第 1、3、4、5 项；

2. 以下疾病不在承保范围之列：

a. 怀孕、流产或分娩；

b. 精神病或精神分裂、酒精中毒、滥用/误服药物；

c. 腰椎间盘突出症；

d. 屈光不正；

e. 美容手术及外科整形手术，或任何非必要之手术引起的后果，或天生畸形；

f. 一般牙齿治疗或手术，但由意外所因之者除外；

g. 一般体格检查、疗养、特别护理或静养；

h. 扁桃腺、疝气、女性生殖器官之疾病等治疗或外科手术，但被保雇员在本附加条款持续有效达 120 天以后接受上述治疗或外科手术者不在此限；

3. 原发病症。

责任限制

倘“损害”或“疾病”所须之医疗费用可获政府之规定而有所补偿，或从其他福利计划或任何医疗保险计划取得部分或全部之赔偿，本公司对这次“损害”或“职业性疾病”仅负责赔偿剩余之部分。

（备注：每日住院金保障每人保险期间累计赔偿限额人民币 21 900 元，住院杂费赔偿金每人每次事故赔偿限额人民币 2 500 元，手术费保障每人每次事故赔偿限额人民币 5 000 元，三项合计每人保险费人民币 250 元）

15　雇主责任批单条款

兹经双方同意，本保单承保被保险人雇员在受雇过程中，因从事与被保人业务有关的工作而致死亡、受伤或罹患疾病，依照有关法律或者法院的判决，应当由被保险人承担，但是根据《工伤保险条例》不在工伤保险基金赔偿范围内的情形。

本公司亦负责赔偿被保险人因上述原因而支付的诉讼费用以及事先经本公司书面同意赔偿的其他费用。

但是，本公司在本条款项下的赔偿责任每次事故不得超过____________。

本保险单所载其他条件均不变。

附录 B　建设工程风险管理制度下相关合同范本

B.1　建设工程保险与风险管理顾问服务委托协议书示例

建设工程保险与风险管理顾问服务委托协议书包括以下内容。

甲方(委托人)：

注册地址：

乙方(受托人)：

注册地址：

甲乙双方本着合法、自愿、诚实信用和友好合作的原则，就甲方委托乙方提供风险管理与保险顾问事宜达成以下协议，以资共同遵守。

1. 甲方同意聘请乙方为风险管理与保险顾问，乙方同意为甲方提供风险管理与保险顾问服务。甲方应包括甲方的子公司和分支机构、关联公司。

2. 在本协议有效期间，甲方同意，除乙方书面认可，不再聘请其他保险经纪人、保险顾问提供相类似的服务。

3. 乙方为了保证甲方获得最佳利益可使用乙方关联公司、下属机构的资源，或聘请其他专家为甲方服务，但不得将本协议中的权利或义务分割或转让给第三方。

4. 在本协议执行过程中，乙方承诺：

(1) 选择经中国保险监督管理委员会批准设立的、拥有保险经营许可证的保险公司，为甲方安排保险；

(2) 维护甲方的合法权益，如实向保险公司转达甲方的声明事项；

(3) 由于乙方的过错，给甲方造成的直接经济损失，乙方负责承担赔偿责任；

(4) 乙方将根据本委托协议，指定乙方专门人员或聘请专家为甲方进行风险管理与保险顾问服务。

5. 乙方在本协议有效期内应甲方要求为甲方提供下列专业风险管理与保险顾问服务：

(1) 向甲方提出保险计划，就其投保范围、保险价值、赔偿限额、免赔额、保单条款等提出建议；

(2) 就保险条款与费率向保险公司询价。条款与费率须根据承保范围的变化或保单的续转予以修订；

(3) 取得保险公司报价后，衡量不同保险公司报价并就其保险条款与费率作出询价汇总分析；

(4) 按甲方书面要求，协助甲方向保险公司投保；

(5) 就有关损失索赔处理提出建议，并与保险公司或损失理算人协调，以维护甲方的最大合法权益；

(6) 协助甲方准备索赔文件，定期查询保险公司理赔进程，并保存索赔的有关数据、资料；

(7) 向甲方提供保险咨询服务；

(8) 向甲方提供风险评估及风险管理咨询服务。

6. 甲方应履行下列义务：

(1) 向乙方提供所有与上述服务有关的资料与信息；

(2) 在保单有效期内，如果发生任何保险标的风险性质改变或保险金额变化的情况，及时通知乙方；

(3) 当发生任何可能引起保险索赔的事件时，尽快书面通知乙方，并采取适当的措施防止或减少损失的发生，并提供有关保险事故证明文件；

(4) 在乙方为甲方的关联公司、下属机构提供上述服务时，给予乙方必要的协助；

(5) 遵守国家有关消防、安全、生产操作、劳动保护等规定；

(6) 按保险合同的要求，按期足额缴付保险费；

(7) 其他根据本协议及保险合同规定由甲方承担的义务。

如甲方未履行上述各项义务，而造成损失、损失扩大、保单失效、索赔失效等后果，由甲方自行承担。

7. 保守商业秘密：

除非下列情况，甲乙双方在执行本协议过程中不得将获得的任何保密信息泄露给第三方：

(1) 为执行本协议而提供相关服务的雇员或顾问，或

(2) 应法律司法管辖要求而提供，或

(3) 告诉给根据本协议确定的提供保险服务的保险人，或

(4) 经对方书面同意。

本协议终止时本条款继续有效一年。

8. 函件：

(1) 邮寄挂号通常被认为在发出后 7 个工作日内寄达对方，传真则在传送的同时即为收到；

(2) 双方应提供各自授权签署与执行本协议有关文件的人员名单和签字样本。

9. 报酬与费用：

(1) 甲方同意，在乙方为甲方提供保险投保事宜的情况下，乙方有权从保险人处取得与保险合同有关的合法佣金作为报酬，不再另外向甲方收取其他费用；

(2) 乙方为甲方提供的任何超出本协议的服务所发生的费用需要事先书面详细报告甲方，双方就此费用协商一致后，由甲方支付给乙方。

10. 协议期限：

(1) 本协议自双方签章之日起生效，直至保险期限终止；

(2) 在有效期内，若甲方欲终止协议，应提前一个月书面通知乙方；若乙方欲终止协议，则应提前三个月书面方式通知甲方；

(3) 任何一方有下列行为，对方可以单方解除本协议：

1) 已经破产或由于财务状况不良而无法正常经营；

2) 未经对方同意，转让本协议项下的权利或义务。

11. 争议处理及司法管辖：

协议双方发生争议且协商无效时，双方均可向乙方所在地人民法院提起诉讼。

依据本协议，甲方应提供授权委托书正本一份，副本若干份，以备乙方为甲方安排保险时使用。

12. 本协议一式两份，双方各持一份，经双方签章后生效。

甲　方(盖章)	乙　方(盖章)
代表人(签名)	代表人(签名)
年　月　日	年　月　日

B.2 建设工程保险招标文件示例

第一章　投标指示

1　一般注意事项

1.1　标书及报价的接受

招标单位不承诺要接受最低的报价，并不需给予投标者不接受标书的原因。投标者将自行承担其投标所引起的一切费用。

1.2　投标文件的澄清

如投标者对投标文件有任何疑问或对本投标指示有不明白的地方，请以书面形式向招标单位提出。提问书信最迟应在二〇〇×年×月×日××时前送抵本公司，逾期者将不予回复。

1.3　供投标者理解风险

投标者可根据随附的工程项目风险评估报告了解项目的风险，确定所能承保的风险和责任。

1.4 保密

投标者应将所有招标单位送出的投标文件作为机密文件处理。对于任何违反此规定的投标者,其标书将不予考虑。

1.5 通讯

一切涉及该项目投标事项的通信,应交由××保险经纪有限公司的代表人负责。

1.6 有效期

所有投标文件将从最后投标截止日期起的 120 天内维持有效,并可随时受招标单位接纳。

2 有关文件

2.1 招标文件

投标文件合共 5 章,并详列如下:

第一章 投标指示——中文

第二章 项目资料——中文

第三章 保险范围及明细——中文

第四章 保险费报价表——中文

第五章 特别保单条款——中文

2.2 投标者需呈交的文件

每一个投标者应将下列文件完成后,送交招标单位:

随文件书信一封。

已签署的保险费报价书。

简单介绍投标者的公司结构,并提供有关人员的履历。

简单介绍现在及过去提供类似保险的经验。

投标者认为其他可帮助其标书获得接纳的资料。

在递交时,上述所有文件应放人一个妥善密封的信封内。任何未经妥善密封或封口而被打开的投标信封将不予接纳。

3 标书的准备

3.1 文件的完整

投标者应根据投标文件及本投标指示的要求,提供所需的报价及资料,不可违缺。

3.2 货币

保额及投标书内的所有报价,均以人民币为单位。

3.3 准备标书的费用

不论标书被接纳与否,投标者将自行承担所有准备及呈递标书的费用。

3.4 投标文件的语言

投标单位及招标单位(包括其招标代表人)往来的通知、函件和投标文件等应为中文。

4 递交标书

4.1 递交标书及地点

投标者须将标书等文件用邮寄或亲自送达下列地点：

正本邮寄或亲自送达到：

公司名称：

地　　址：

邮　　编：

联 系 人：

另外，副本以传真或电子邮件的形式发至：

代 表 人：

地　　址：

电　　话：

传　　真：

邮　　编：

联 络 人：

标书应在　　年　　月　　日中午十二时前将投标书送交招标单位。

4.2 截止投标日期的伸延

如任何投标者要求伸延截止投标日期，应以书面向招标单位申请并说明伸延期限，招标单位可拒绝伸延要求。但如果伸延期限获招标单位同意，招标单位将把最后伸延的日期通知所有投标者。但伸延期限的申请书最迟应在原来截止投标日期前 2 天送抵招标单位。

4.3 迟递的标书

在最后约定的截止日期后递送的标书，一概不予接纳。

4.4 除外条款

投标者的报价应完全符合本标书各部分的要求。如有不符合之处，投标者必须在投标书中清楚列明不符合之处。招标单位可不接受不符合之条款。

4.5 更改或收回标书

在递交标书后，标书便不能被更改或收回。

5 开启及评议

5.1 开启标书

招标单位将不公开开标程序但将依照正式的开启标书程序开标，标书内容将被保密。

5.2 纠正错误

招标单位将核查标书，以确定计算无误，如发现错误，则招标单位将予以更改，并通知投标者，如单价或费率与所用单价或费率计算出来的报价不符，将以单价或费率为准。招标单位就此所作的更改，投标者必须接纳。

5.3 符合投标要求

在未评核标书前，招标单位将审阅所有标书，以确定其符合招标文件及本指示的要求。若投标书与此要求条件有重大分歧时，该标书将不予接纳，而有关投标者亦不能对此作出任何更改。

5.4 标书的解释

为帮助招标单位去评核标书，招标单位可能需要投标者对标书内容作出解释及把报价各项详细分列出来。在作出此回应时，投标者不可更改标书内的报价及任何主要事项。

5.5 标书的讨论

在审阅所有投标书后，招标单位可能需要与一个或多个投标者在标书有效期内进行讨论。招标单位将借此要求投标者详细分析标书内容。

5.6 标书的接纳

招标单位有权不接受任何标书。在招标单位决定选用某投标者时，将发出接纳通知。接纳通知之发出即代表投标者接受标书中条款的约束。同时，招标单位亦向其他落选的投标者，发出无需任何解释的落选的通知。

第二章　项目资料

工程概述

附图

设计、施工、监理单位简况

第三章　保险范围及保险单

一、本标书要求的保险范围之明细表及除外条款随附在后页。最终的保险合约需包含第五章所列之特别保单条款，投标者需按所列明的条款报价。如有不符合之处需作出特别声明。

二、保险单根据不同标段分别出单，除施工范围、标的合同价、被保险人不同外，采用相同保险范围。

保险明细表

保险类别：

保单标准：保险公司标准保单条款附加特别条款

被保险人：

工程说明：

保险期限：

保险范围：

第一部分　物质损失

赔偿项目在建设、安装和测试期间由于未经明确除外的任何原因所引起不可预见和突发的物质损失。

第二部分　第三者责任

赔偿被保险人因为下列原因而依法需支付的所有款项：

1. 造成任何人的意外人身伤害；

2. 因为工程的缘故而造成第三者财产的意外损失，包括任何索赔人追偿到的法律费用以及被保险人经保险人同意后所发生的法律费用。

保险利益\投保金额：

第一部分　工程—物质损失

所有一切与工程项目有关的财物，包括施工临时或长期办公楼、仓库、材料及建设用的一切材料，包括施工用的机械设备及用具。

承包商名称	标段范围	保险金额(人民币)
	合计：	

(保险单最后的保额将按照保险单完结时被保险人申报的为准，最终按其实际数额调整保费。其中：上述机具设备金额为预计数，实际金额以稍后提供的清单为准。)

第二部分　第三者责任

每次意外事故赔偿限额人民币　　，保险期限内不设累计

特别条款

1. 交叉责任条款
2. 设计师责任风险条款
3. 20%升值条款
4. 专业费用条款以保额的　%为限
5. 清除残骸条款以保额的　%为限
6. 额外费用条款以损失的　%为限
7. 内陆运输条款——人民币　元
8. 工地外储存物特别条款——人民币　元
9. 工程图纸、文件特别条款——人民币　元
10. 预付赔款条款
11. 暴乱、罢工及民众骚乱条款
12. 检验及试通车条款
13. 时间调整条款(72小时)
14. 地下设施条款
15. 振动、移位或减弱支撑条款

16. 违反保证条款
17. 保险公司不能注销保单(除不付保费原因)条款
18. 运输险、工程险责任分摊条款(50/50 条款)
19. 地震保障
20. 不可控制条款
21. 错误申报条款
22. 保障业主或合资方周边财产条款
23. 预定损失理算师条款
24. 突然及意外污染责任条款
25. 免除代位求偿权条款
26. 公共当局条款
27. 场外维修及改动条款
28. 税务条款
29. 自动恢复保险金额条款
30. 施工机具、设备机损风险扩展条款
31. 主要保险条款
32. 洪水保障条款
33. 工程正确内容及范围按被保险人最后档案为准
34. 保证期责任条款
35. 地下炸弹特别条款

其余根据约定保险单条款

免赔额:

第一部分　工程—物质损失

自然灾害　:RMB

意外事故(盗窃除外)　:RMB

盗　　窃　:RMB

第二部分　第三者责任

第三者财产损失:

固定建筑物、设施或装置:RMB

其他:RMB

第三者人身伤亡:无免赔

除外责任

第一部分　物质损失

1. 因设计错误、铸造或原材料缺陷或工艺不善引起的保险财产本身的损失以及为换置、修理或矫正这些缺点错误所支付的费用;但这除外责任只适用直接受所述原因影响的财产而不适用于因设计、铸造或原料缺陷或工艺不善所引起的其他财产损失。

2. 自然磨损、内在或潜在缺陷、物质本身变化、自燃、自热、氧化、锈蚀、渗漏、鼠咬、虫蛀、大气(气候或气温)变化、正常水位变化或其他渐变原因造成的保险财产自身的损失和费用;但这除外责任只适用直接受所述原因影响的财产而不适用于因其所引申及跟随的其他财产损失。

3. 非外力引起的机械或电气装置的本身损失,或施工用机具、设备、机械装置失灵造成的本身损失。

4. 维修保养或正常检修的费用。

5. 档案、文件、账簿、票据、现金、各种有价证券、图表资料及包装物料的损失。

6. 盘点时发现的短缺。

7. 领有公共运输行驶执照的,或已由其他保险予以保障的车辆、船舶和飞机的损失。

8. 除非另有约定,在保险工程开始以前已经存在或形成的位于工地范围内或其周围的属于被保险人的财产的损失。

9. 除非另有约定,在本保险单保险期限终止以前,保险财产中已由工程所有人签发完工验收证书或验收合格或实际占有或使用或接受的部分。

第二部分　第三者责任

1. 本保险单物质损失项下或本应在该项下予以负责的损失及各种费用。

2. 工程所有人、承包人或其他关系方或他们雇用的在工地现场从事与工程有关工作的职员、工人的人身伤亡或疾病。

3. 工程所有人、承包人或其他关系方或他们雇用的职员、工人所有的或由其照管、控制的财产发生的损失。

4. 领有公共运输行驶执照的车辆、船舶、飞机造成的事故。

5. 被保险人根据与他人的协议应支付的赔款或其他款项,但即使没有这种协议,被保险人仍应承担的责任不在此限。

总除外责任

(一) 在本保险单项下,招标单位对下列各项不负责赔偿:

1. 战争、类似战争行为、敌对行为、武装冲突、恐怖活动、谋反、政变引起的任何损失、费用和责任。

2. 政府命令或任何公共当局的没收、征用、销毁或毁坏。

3. 罢工、暴动、民众骚乱引起的任何损失、费用和责任。

(二) 被保险人及其代表的故意行为引起的任何损失、费用和责任。

(三) 核裂变、核聚变、核武器、核材料、核辐射及放射性污染引起的任何损失、费用和责任。

(四) 大气、土地、水污染及其他各种污染引起的任何损失、费用和责任。

（五）工程部分停工或全部停工引起的任何损失、费用和责任。

（六）罚金、延误、丧失合同及其他后果损失。

（七）保险单明细表或有关条款中规定的应由被保险人自行负担的免赔额。

其余部分将根据保险公司约定的保单条款

第四章　保险费报价

投标人需要按以下形式提交保险费报价。不按列明的形式报价的标书不论其报价如何，将不予接纳。

一、投标人需按第四章第一部分整个项目的保费报价形式提交整个项目的保费。投标人只需要在已预备好的空白位置填上有关数据，签署及盖章。这一部分可连同标书的其他部分放于同一密封的信封内按标书其他要求递交。

二、投标人另外需按第四章第二部分分标段保费报价明细表形式提交按标段保费。投标人在提交这一部分时需留意以下各项：

1. 所述三个标段将一起向同一保险人投保。但保险人可能需要为每一标段出具独立保险单。

2. 这一部分只是将第四章第一部分提交的整个项目的保费报价分拆三部分，按项目所包括的三个标段分别将其应占比例计算出来。

3. 故这一部分的报价不应被视为第一部分以外的另一报价。以每一个选择的共计数字应与第一部分同一选择的数字相等。

4. 这一部分应与标书其他部分（包括第四章第一部分）分开，独立放于一密封的信封内递交。

5. 违反以上各项的任何一项的标书，不论其报价如何，将不予接纳。

第一部分

整个项目的保费报价

我司同意按以下保费承保由　　　　有限公司作为业主的　　　　工程的建筑工程建设责任保险：

险　　种	保额（人民币）	免赔额（人民币）	费率（%）	保　　费
建筑工程一切险	合计：　　元 其中： 标段一：　　元 标段一：　　元 标段一：　　元	每次事故： 自然灾害：　　元 意外事故：　　元 （盗窃除外） 盗窃：　　元		
第三者责任	每次事故赔偿限额：　　元，保险期内不设累计	财产损失（每次事故）： A. 固定建筑物\设施或装置： B. 其他： 人身伤亡：无		

除已特别声明之外，其他承保条件按照招标书的要求。

承保公司名称：________________

合法签署人(姓名与职位)：________________

承保公司盖章：________________

日期：________________

第二部分

(本部分必须与标书的其他部分(包括第四章第一部分)分开，独立放于一密封信封递交)

分段保费报价明细表

我司同意按以下保费承保由　　　　有限公司作为业主的　　　　工程建筑工程建设责任保险：

标　　段	保额(人民币)	免赔额(人民币)	费率(%)	保　　费
标段一	建工险：　　元 第三者责任： 每次事故赔偿限额　　元，不设累计	建工险： 自然灾害：　　元 意外事故(盗窃除外)：　元 盗窃：　　元 第三者责任： 财产损失： 固定建筑物\设施或装置：　元 其他：　　元 人身伤亡：无		
标段二				
标段三				
共计(该数字必须与第四章第一部分共计相同)：				

除已特别声明之外其他承保条件按招标书要求。

承保公司名称：________________

合法签署人(姓名与职位)：________________

承保公司盖章：________________

日期：________________

第五章　特别保单条款

1. 交叉责任条款

兹经双方同意，鉴于被保险人已缴付了所需的保险费，本保险单第三者责任项下的保障范围将适用于本保险单列明的所有被保险人，就如同每一被保险人均持有一份独立的保险单，但保险公司不承担以下赔偿责任：

（1）可在保险公司与被保险人同时签署的财产保险单获得的赔偿，包括因免赔额或赔偿限额规定不予赔偿的损失。

（2）已在或应在人身意外保险或雇主责任保险项下投保的被保险人的雇员的疾病或人身伤亡。

保险公司对所有被保险人由一次事故或同一事件引起的数次事故承担的全部赔偿金额不得超过本保险单列明的每次事故赔偿限额。

本保险单所载其他条件不变。

2. 设计师责任风险条款

兹经双方同意，本保险扩展承保被保险财产因设计错误或原材料缺陷或工艺不善原因引起意外事故并导致其他保险财产的损失而发生的重置、修理的费用，但由于上述原因引起的矫正的费用除外。

3. 20%升值条款

如果在保险期内的保险财产的实际重置价值超过了原保险金额，则保险金额应视为按超出额增加，但增加部分不超过本保单明细表内所述的保险金额的20%。

在保险期内被保险人应通知本保险公司以下内容：

（1）在保险期内投保金额。

（2）在保险期内新增金额比例。

本保单其他条件不变。

4. 专业费用条款（以保额的　%为限）

兹经双方同意，保险公司负责赔偿被保险人因本保险单项下承保风险造成被保险工程损失后，在重置过程中发生的必要的设计师、检验师及工程咨询人及其他相关专业费用，但被保险人为了准备索赔发生的任何费用除外。上述赔偿费用应以损失当时适用的有关行业管理部门制定的收费标准为准。赔偿额以保险金额的　%为限。

本保险单所载其他条件不变。

5. 清除残骸条款（以保额的　%为限）

兹经双方同意，保险公司负责赔偿被保险人因本保单承保的风险造成保险财产而发生的清除和处理残迹、排水、拆除和/或推翻、安设支柱支撑受损财产的费用，但不得超过本保单保险金额的　%。

6. 额外费用条款（以保险金额的　%为限）

兹经双方同意，保险公司同意扩展在本保险单有效期内，被保险人在发生保险事故后，为了避免保险事故导致承保工程不能按原来计划时间完工所支出的合理的额外费用。而保险公司赔偿的最高限额为本保单保险金额的　%。

7. 内陆运输条款—人民币　　元

兹经双方同意，鉴于被保险人已缴付了所需的保险费，保险公司负责赔偿被保险人的保险财产在上海市内供货地点到本保险单中列明的工地的内陆运输途中因意外事故造成的损失。保险期限内每次或累计赔偿限额为 RMB(人民币)　　元。

本保险单所载其他条件不变。

8. 工地外储存物特别条款—人民币　　元

兹经双方同意,本保险扩展承保该项目工程工地以外的储存物,包括但不限于工料预制场内的存储物,但该储存物的金额应包括在保险金额中。

每一储存点赔偿限额:RMB(人民币)元。

9. 工程图纸、文件特别条款—人民币　　元

兹经双方同意,保险公司负责赔偿被保险人因本保险单项下承保风险造成工程图纸及文件的损失而产生的重新绘制,重新制作的费用。保险期内赔偿累计限额为人民币元。

本保险单所载其他条件不变。

10. 预付赔款条款

当发生被保事故后,保险公司自收到索赔请求和有关证明、资料之日起三十日内,除非保险公司能明确证明事故非本保单承保范围,即使未能确定赔偿金额的,保险公司应当根据被保险人提供的资料进行赔付,预付赔款项目不少于被保险人提出的合理的损失金额的 30%,预付赔款将在最终确定的赔偿金额中扣除后,支付相应的差额。

11. 暴乱、罢工及民众骚乱条款

兹经双方同意,本保险扩展承保本保险单中列明的保险财产在列明地点内,由于罢工、暴动或民众骚动造成保险财产的损失,包括在此期间发生的抢劫行为造成的保险财产的损失。但本扩展条款对由于政府或公共当局的命令、没收、征用或拆毁造成的损失以及因罢工者或蓄意者纵火造成的损失不负责赔偿。

本保险单所载其他条件不变。

12. 检验及试通车条款

本保单扩展承保工程检验及试通车期间的物质损失及法律责任,但该期间不超过三个月(由第一次试通车开始起计)。

13. 时间调整条款(72 小时)

兹经双方同意,本保险单项下保险财产因在连续 72 小时内遭受暴风雨、台风、洪水或地震所致损失应视为一单独事件,并因此构成一次意外事故而扣除规定的免赔额。若在连续数个 72 小时期限时间内发生损失,任何两个或两个以上 72 小时期限不得重叠。

本保险单所载其他条件不变。

14. 地下设施条款

兹经双方同意,保险公司同意赔偿被保险人对原有的地下电缆、管道或其他地下设施造成的损失。但被保险人需在工程开工前,向有关当局了解这些电缆、管道及其他地下设施的确切位置,并采取合理措施防止损失发生。

15. 振动、移位或减弱支撑条款

兹经双方同意，本保险单第三者责任项下扩展承保由于振动、移动或减弱支撑而造成的第三者财产损失和人身伤亡责任，但以下列条件为限：

(1) 第三者的财产、土地或建筑全部或部分倒塌；

(2) 被保险人在施工开始之前，第三者的财产、土地或建筑物处于完好状态并采取了合理的防护措施；

(3) 如经保险公司要求，被保险人在施工开始之前应自负费用向保险公司提供书面报告说明任何可能受到危及的第三者财产、土地或建筑物的情况。

但保险公司不负责赔偿被保险人如下损失及责任：

(1) 因工程性质和施工方式而导致的可预知的第三者财产损失和人身伤亡责任；

(2) 因发生既不影响第三者财产、土地或建筑物的稳定性，又不危及其拥有人安全的轻微损坏而起的责任；

(3) 在保险期限内，被保险人为防止损失发生而采取预防或减少损失的费用。

本保险单所载其他条件不变。

16. 违反保证条款

如果索赔在被保险人任一方面是欺骗性的，或做出或使用虚假的声明来证明索赔，或被保险人或他人代被保险人使用任何欺骗性的方式或手段以获得本保单下的任何利益，则本保单下有关要求索赔的所有权益应被放弃。

尽管有上述规定，任何一位被保险人违反其任何义务不应影响其他被保险人或贷款人在本保单下的权益，但其条件是在任何其他被保险人得知以上违约后应在实际可行情况下尽快以书面形式通知保险公司。

17. 保险公司不能注销保单(除不付保费原因)条款

保险公司同意，除在被保险人不履行本保单相关条款支付保费的情况之外，保险公司不能注销本保单；但若在被保险人不支付保费的情况下，保险公司可以要求注销本保单，但保险公司需要在注销保单生效前三十天内书面通知被保险人，或给予被保险人补救的机会。

18. 运输险、工程险责任分摊条款(50/50 条款)

兹经双方同意，本保险公司要求：

被保险人特此承诺在合理可行的情况下尽量在本保单项下的保险财产到达现场后应立即对其每一件货物进行检查，查找可能在运输途中遭受的损坏。

而就在以后某个时间才开包的包装件而言，应就包装进行外观检查，查找可能的损坏迹象，如果发现有损坏，则应开包检查，应将查出的任何损坏通知承载人或海运保险人。如果包装未显示任何可见的在途受损迹象，则就开包后发现的任何损坏而言，应根据是否可明确确定此损坏是在到达现场之前或之后造成的由承载人或海运保险人处理或按照本部分条款办理。

如果不可能明确地确定损坏是在到达现场之前或之后造成的，则各方特此同意损坏的费用在扣减每一份额所对应的免赔额的 50%后由海运保险人和本保单保险人按 50∶50 分担。如受损坏的财产没有有效的海运保险，本保单的保险公司将至少赔偿该损失的 50%。

19. 地震保障

本保单扩展承保由于地震造成的物质损失。

20. 不可控制条款

保险公司同意，本保险单如因被保险人无法控制或非由于其过失而导致违反本保险保证条款，此保单的保障不受影响。

本保单所载其他条件不变。

21. 错误申报条款

本保单不因被保险人由于错误申报占用场地、投保金额以及其他在投保方面申报的内容而免除赔偿责任。但是被保险人一旦发现申报错误应立即通知保险公司，否则保险人不负责赔偿责任。

22. 保障业主或合资方周边财产条款

兹经双方同意，本保单明细表物质损失项下根据本扩展条款规定承保财产在建筑、安装过程中由于振动、移动或减弱支撑、地下水位降低、基础加固、隧道挖掘，以及其他涉及支撑因素或地下土的施工而造成以下列明的建筑物突然的、不可预料的物质损失。

而作为保险公司承担赔偿的先决条件，被保险人在工程开工前应向保险公司提供书面报告以证实被保险工程开工前原有建筑及周围财产的状况良好，并已采取了必要的安全措施。

23. 预定损失理算师条款

兹经双方同意，发生因本合同保险责任范围内的事故索赔时，如被保险人所估计的损失金额超过 RMB 500 000 元，保险公司同意交由通标标准技术服务有限公司处理索赔理算事项。

24. 突然及意外污染责任条款

兹经双方同意，保险公司将负责赔偿被保险人由于下列情况而导致的第三者的法律及合约责任：

(1) 由于突然和不可预料事故散播、释放或泄漏，烟、煤气、有毒化学品，溶液或气体，腐蚀性酸、碱物，废置物或其他刺激性物体，或污染物到土地、大气或任何水道或存水而引致人身伤亡或财物损失。

(2) 由于上述的行为而被有关政府要求被保险人进行测试、评估、清理、除掉、封闭、处理、消毒或中和任何刺激物或污染物的费用。

25. 免除代位求偿权条款

兹经双方同意，保险公司放弃其在赔偿被保险人后向本保单项下的每一被保险人及其各自的子公司、分公司、支公司、关联公司及其董事、高级职员和雇员的所有代位求偿权。

26. 公共当局条款

兹经双方同意，本保险扩展承保被保险人在重建或修复受损财产时，由于必须执行行政当局的有关法律、法令及法规产生的额外费用，但以下列规定为条件：

一、被保险人在下列情况下执行上述法律、法令、法规产生的额外费用，保险公司不负责赔偿：

（一）本条款生效之前的损失；

（二）本保险责任以外的损失；

（三）发生损失前被保险人已接到有关当局关于拆除、重建的通知；

（四）修复、拆除、重建未受损财产（但不包括被保险的地基）发生的费用；

二、被保险人的修复、重建工作必须立即实施，并在损失发生之日起十二个月（或经招标单位书面同意延长的期限）内完工；若根据有关法律、法令、法规及其附则，该受损财产必须在其他地点重建、修复时，保险公司亦可赔偿，但保险公司的赔偿责任不得因此增加。

三、若因保险单规定，保险公司对本保险单项下的赔偿责任减少，则本保险条款的责任也相应减少。

四、保险公司对任何一项受损财产的赔偿金额不得超过该项目在保险单中列明的保险金额。

本保险单所载其他条件不变。

27. 场外维修及改动条款

兹经双方同意，在保险期内，若被保险财产需要在投保地点以外的场地进行维修和/或改造时，本保单自动承保位于维修或改造地点的这部分被保财产。

28. 税务条款

兹经双方同意，本保险单责任范围风险造成物质损失，需修理、重置或替换受损财产，如须缴付关税及其他税项，即使在原来购买或进口该保险财产已放弃关税及杂费和/或在保单生效之后才征收的，该税项将由保险公司承担。

29. 自动恢复保险金额条款

兹经双方同意，若本保单明细表中列明的保险财产发生损失，对该损失财产的赔偿限额部分从事故发生时起自动恢复原值投保，被保险人应按原定费率额外缴纳从事故发生之日起至本保单有效期为止的保费。

本保险单所载其他条件不变。

30. 施工机具、设备机损风险扩展条款

兹经双方同意，本保单扩展承保施工用机具、设备、机械装置因其内在机械或电气故障造成的本身的损失。

31. 主要保险条款

兹经双方同意，对明细表内列明的被保险人来说，本保单提供的保险居首要地位。

如果在任何时候提出在本保单项下索赔时，存在对同一损失、损坏或责任投保了任何其他的保险的情况，则该类其他保险应仅是独立于本保单之外的，将不与本保单分担赔偿份额。

32. 洪水保障条款

兹经双方同意，本保单扩展承保由台风、洪水、风暴以及因水的任何形式直接造成的损失及损坏。

33. 工程正确内容及范围按被保险人最后档案为准

兹经双方同意，本工程正确内容及范围以被保险人最终档案的描述为准。

34. 保证期责任条款

兹经双方同意，本保险特别扩展承保以下列明的保证期限内由于安装错误、设计错误、原材料或铸件缺陷以及工艺不善引起保险财产的损失，但对被保险人在损失发生前即已发现错误并应予以矫正的费用除外。

承保被保险人为履行工程合同进行维修保养的过程中所造成的保险工程的损失。

本特别扩展条款既不承保直接或间接由于火灾、爆炸以及任何人力不可抗拒的自然灾害造成的损失，也不承保任何第三者责任。

35. 地下炸弹特别条款

兹经双方同意，本保险单总除外责任(一)1.“战争、类似战争行为、敌对行为、恐怖行动、谋杀、政变。”不适用于工程开工前就已在地下或水下埋藏的炸弹、地雷、鱼雷、弹药及其他军火引起的损失。

本保险单所载其他条件不变。

第六章 建筑工程质量保险投保意向书

甲方：　　　　　　　　　　　　(建设单位/开发商)

乙方：　　　　　　　　　　　　(保险公司)

被保险工程：

地址：

建筑面积(地上/地下)：　　m^2(　　m^2/　　m^2)

概算金额：　(元)

甲乙双方经协商，特签订本投保意向书，就甲方开发的上述建筑工程项目，向乙方投保建筑工程质量保险(保险条款见附件)，并达成如下意向：

1. 基本保险费率为　%，风险管理费率为　%，

基本保险费 = 概算金额 × 基本保险费，风险管理费 = 概算金额 × 风险管理费率

2. 本意向书中所定费率为政府定价的基本费率，在甲方基本完成初步设计、技术设计，并确定了设计和总承包后，双方通过对工程本体和共投体的风险评估后，确定意向费率。

3. 甲方在项目建设过程中要委托项目管理公司对设计和施工中的风险进行控制，督促设计和施工按照国家的法律、法规、规范及合同要求进行设计、施工及选取建筑材料。

4. 乙方委托的风险管理机构在初步设计阶段就要开始风险管理工作，甲方应给风险管理机构工作提供方便，提供风险管理机构开展工作所需要的资料。

5. 甲方应对乙方委托的风险管理机构的风险建议引起足够的重视，督促相关单位及时进行隐患整改。风险管理机构提出的隐患的整改情况及风险评估报告将作为保修期结束后，签订正式保险合同调整费率和承保条件的重要依据。

6. 在签订本意向书后的五个工作日内，甲方应将上述建筑工程质量保险费的30%（人民币）交付乙方，作为预支保险费。并支付风险管理费的30%，作为风险管理机构开展工作的费用。

7. 如被保险工程竣工验收时乙方保险方案变更，甲方有权要求乙方将甲方交纳的预收保费在扣除相应手续后退还。

8. 如被保险工程竣工验收时，乙方未能按本意向书约定签订保险合同，甲方有权不退回相关预付款项。

甲方（盖章）：　　　　　　　　　　乙方（盖章）：

年　　月　　日　　　　　　　　　　年　　月　　日

B.3　建设工程保险合同示例

工程项目建设保险合同

工 程 名 称：________________

共同投保人：

建 设 单 位：________________

设 计 单 位：________________

施 工 单 位：________________

保　险　人：________________

合同签发日期：　年　月　日

合同签发地点：中国上海

合 同 签 署

工 程 名 称：

工 程 地 点：

总　投　资：　　人民币　元

一 期 工 程：　　人民币　元

二 期 工 程：　　人民币　元

共同投保人：

建 设 单 位：

设 计 单 位：

施 工 单 位：

保　险　人：

保　险　费：　　人民币　元

风险管理费：　　人民币　元

总　费　用：　　人民币　元

共同投保人：　　　　保险人：

建设单位

（公章）　　　　　　保险公司（公章）

授权签字：　　　　　授权签字：

施工单位

（公章）

授权签字：

设计单位

（公章）

授权签字：

合同签署日期：　　　年　月　日

合同签署地点：　　　　　　中国上海

第一章　总则

一、投保人与保险人在平等、互利、自愿原则上，经协商签定本合同；

二、本合同由总则、定义、建筑安装工程一切险及第三者责任险、建设从业人员工伤保险、建设工程质量保险及建设工程风险管理等六章组成；

三、本合同包括各险种保险明细表、保险条款、附加条款等，工程风险管理条款，还包括投保申请书及其附件，以及保险人今后以批改单方式增加的内容；

四、鉴于本合同各险种明细表中列明的投保人向保险人提出书面投保申请和有关资料（该投保申请及资料被视作本保险单的有效组成部分），并缴付了本保险单明细表中列明的保险费以及工程风险管理费，保险人同意负责赔偿本保险单及批单项下被保险人的损失以及进行工程风险管理，并特立本合同为凭；

五、投保人向保险人承诺按照本合同注明的期限、方式、币种，向保险人支付保险费以及工程风险管理费，若投保人未按照本合同规定的缴付日期缴付保险费，从应付日起至实际缴付日止的期限内，若发生保险事故，本公司不负赔偿责任；

六、本合同于合同保险期限起讫，生效终止；

七、本合同一式捌份，具有同等法律效力，本工程项目建设保险各相关方以及项目试点工作小组各执一份。

第二章　定义

一、“投保人”是指与保险人订立保险合同，并按照保险合同负有支付保险费义务的人。

二、“共同投保人”指由建设单位、总承包单位、专业分包单位、勘察单位、设计单位、材料和设备供应单位等组成的投保共同体。建设单位作为共同投保人的唯一代表，全权负责本保险合同的订立、变更以及保险费、风险管理费的支付等相关事宜。

三、“被保险人”是指其财产或者人身受保险合同保障，享有保险金请求权的人，投保人可以为被保险人。本合同下的被保险人也包括与此工程项目有着相关的各自的权利、利益和责任的继承人、受让人。

四、“保险人”是指与投保人订立保险合同，并承担赔偿责任和风险管控的保险公司。

五、“风险管理人”是指由保险人委托提供风险管理服务的专业服务单位。

六、“风险管理项目经理”是指经保险人同意，风险管理人派到风险管理机构全面履行本协议的全权负责人。

七、“风险管理”是指对潜在的意外损失风险因素进行辨识、评估，并采取相应的措施进行处理，从而避免或减少事故发生的过程。

八、“工程风险管理的正常工作”是指双方在专用条件中约定，投保人委托的风险管理工作范围和内容。

第三章 建筑/安装工程一切险及第三者责任险

保险明细表

保险单号

投保人

被保险人

1. 业主：
2. 业主代表：
3. 共同投保人其他成员。

保险工程

保险期限

1. 建筑期：
2. 试车考核期：
3. 保证期。

保险金额

物质损失部分

（一）总保险金额（暂定）：人民币　元

工程项目分项金额详见附表

（二）特种危险（地震、海啸、洪水、风暴、暴雨）赔偿限额：总保险金额的 80%

第三者责任部分

每次事故赔偿限额：

其中

人身伤亡每人每次赔偿限额：人民币　元

累计事故赔偿限额：人民币　元

地域限制

物质损失部分

工程工地。

第三者责任部分

工程工地及附近

免赔额　　　　　物质损失部分

每次事故人民币　元，或损失金额的　%，两者以高者为准。

适用于由于地震、海啸、洪水、风暴、暴雨引起的损失。

每次事故人民币　元，或损失金额的　%，两者以高者为准。

适用于其他损失。

如果由于一次事故或者可归咎于同一原因引起的系列事故造成的损失，导致适用不止一个的不同免赔额时，在此同意只适用一个最高的免赔额。

第三者责任部分

每次事故人民币　元，或损失金额的　%，两者以高者为准。

适用于由于震动，移动和减弱支撑对第三者财产造成的损失。

每次事故人民币　元，或损失金额的　%，两者以高者为准。

适用于其他风险对第三者财产造成的损失。

保险费率　　　　%

保 险 费　　　　人民币　元

附加险条款　　　详见附件一

司法管辖　　　　中华人民共和国司法管辖

保险费支付　　　本保险单项下的保险费按下列条件分期缴付

分期数　缴付保险费金额　付费日期

保险条款

建筑工程一切险及第三者责任险条款

第一部分　物质损失

（一）责任范围

1. 在本保险期限内，若本保险单明细表中分项列明的保险财产在列明的工地范围内，因本保险单除外责任以外的任何自然灾害或意外事故造成的物质损坏或灭失（以下简称“损失”），本公司按本保险单的规定负责赔偿。

2. 对经本保险单列明的因发生上述损失所产生的有关费用，本公司亦可负责赔偿。

3. 本公司对每一保险项目的赔偿责任均不得超过本保险单明细表中对应列明的分项保险金额以及本保险单特别条款或批单中规定的其他适用的赔偿限额。但在任何情况下，本公司在本保险单项下承担的对物质损失的最高赔偿责任不得超过本保险单明细表中列明的总保险金额。

定义：

自然灾害：指地震、海啸、雷电、飓风、台风、龙卷风、风暴、暴雨、洪水、水灾、冻灾、冰雹、地崩、山崩、雪崩、火山爆发、地面下陷下沉及其他人力不可抗拒的破坏力强大的自然现象。

意外事故：指不可预料的以及被保险人无法控制并造成物质损失或人身伤亡的突发性事件，包括火灾和爆炸。

（二）除外责任

本公司对下列各项不负责赔偿：

1. 设计错误引起的损失和费用。

2. 自然磨损、内在或潜在缺陷、物质本身变化、自燃、自热、氧化、锈蚀、渗漏、鼠咬、虫蛀、大气（气候或气温）变化、正常水位变化或其他渐变原因造成的保险财产自身的损失和费用。

3. 因原材料缺陷或工艺不善引起的保险财产本身的损失以及为换置、修理或矫正这些缺点错误所支付的费用。

4. 非外力引起的机械或电气装置的本身损失，或施工用机具、设备、机械装置失灵造成的本身损失。

5. 维修保养或正常检修的费用。

6. 档案、文件、账簿、票据、现金、各种有价证券、图表资料及包装物料的损失；

7. 盘点时发现的短缺。

8. 领有公共运输行驶执照的，或已由其他保险予以保障的车辆、船舶和飞机的损失。

9. 除非另有约定，在被保险工程开始以前已经存在或形成的位于工地范围内或其周围的属于被保险人的财产的损失。

10. 除非另有约定，在本保险单保险期限终止以前，保险财产中已由工程所有人签发完工验收证书或验收合格或实际占有或使用或接收的部分。

第二部分　第三者责任险

（一）责任范围

1. 在本保险期限内，因发生与本保险单所承保工程直接相关的意外事故引起工地内及邻近区域的第三者人身伤亡、疾病或财产损失，依法应由被保险人承担的经济赔偿责任，本公司按下列条款的规定负责赔偿。

2. 对被保险人因上述原因而支付的诉讼费用以及事先经本公司书面同意而支付的其他费用，本公司亦负责赔偿。

3. 本公司对每次事故引起的赔偿金额以法院或政府有关部门根据现行法律裁定的应由被保险人偿付的金额为准。但在任何情况下，均不得超过本保险单明细表中对应列明的每次事故赔偿限额。在本保险期限内，本公司在本保险单项下对上述经济赔偿的最高赔偿责任不得超过本保险单明细表中列明的累计赔偿限额。

（二）除外责任

本公司对下列各项不负责赔偿：

1. 本保险单物质损失项下或本应在该项下予以负责的损失及各种费用。

2. 由于震动、移动或减弱支撑而造成的任何财产、土地、建筑物的损失及由此造成的任何人身伤害和物质损失。

3. 工程所有人、承包人或其他关系方或他们所雇用的在工地现场从事与工程有关工作的职员、工人以及他们的家庭成员的人身伤亡或疾病。

4. 工程所有人、承包人或其他关系方或他们所雇用的职员、工人所有的或由其照管、控制的财产发生的损失。

5. 领有公共运输行驶执照的车辆、船舶、飞机造成的事故。

6. 被保险人根据与他人的协议应支付的赔偿或其他款项，但即使没有这种协议，被保险人仍应承担的责任不在此限。

总除外责任

在本保险单项下，本公司对下列各项不负责赔偿：

1. 战争、类似战争行为、敌对行为、武装冲突、恐怖活动、谋反、政变引起的任何损失、费用和责任。

2. 政府命令或任何公共当局的没收、征用、销毁或毁坏。

3. 罢工、暴动、民众骚乱引起的任何损失、费用或责任。

4. 被保险人及其代表的故意行为或重大过失引起的任何损失、费用和责任。

5. 核裂变、核聚变、核武器、核材料、核辐射及放射性污染引起的任何损失、费用和责任。

6. 大气、土地、水污染及其他各种污染引起的任何损失、费用和责任。

7. 工程部分停工或全部停工引起的任何损失、费用和责任。

8. 罚金、延误、丧失合同及其他后果损失。

9. 保险单明细表或有关条款中规定的应由被保险人自行负担的免赔额。

保险金额

（一）本保险单明细表中列明的保险金额应不低于：

1. 建筑工程——保险工程建筑完成时的总价值，包括原材料费用、设备费用、建造费、安装费、运输费和保险费、关税、其他税项和费用，以及由工程所有人提供的原材料和设备的费用。

2. 施工用机器、装置和机械设备——重置同型号、同负载的新机器、装置和机械设备所需的费用。

3. 其他保险项目——由被保险人与本公司商定的金额。

（二）若被保险人是以保险工程合同规定的工程概算总造价投保，被保险人应：

1. 本保险项下工程造价中包括的各项费用因涨价或升值原因而超出原保险工程造价时，必须尽快以书面形式通知本公司，本公司据此调整保险金额。

2. 在保险期限内对相应的工程细节做出精确记录，并允许本公司在合理的时候对该项记录进行查验。

3. 若保险工程的建造期超过三年，必须从本保险单生效日起每隔十二个月向本公司申报当时的工程实际投入金额及调整后的工程总造价，本公司将据此调整保险费。

4. 在本保险单列明的保险期限届满后三个月内向本公司申报最终的工程总价值，本公司据此以多退少补的方式对预收保险费进行调整。

否则，针对以上各条，本公司将视为保险金额不足，一旦发生本保险责任范围内的损失时，本公司将根据本保险单总则中第(六)款的规定对各种损失按比例赔偿。

保险期限

(一) 建筑期物质损失及第三者责任保险：

1. 本公司的保险责任自被保险工程在工地动工或用于保险工程的材料、设备运抵工地之时起始，至工程所有人对部分或全部工程签发完工验收证书或验收合格，或工程所有人实际占有或使用或接收该部分或全部工程之时终止，以先发生者为准。但在任何情况下，建筑期保险期限的起始或终止不得超出本保险单明细表中列明的建筑期保险生效日或终止日。

2. 不论安装的被保险设备的有关合同中对试车和考核期如何规定，本公司仅在本保险单明细表中列明的试车和考核期限内对试车和考核所引发的损失、费用和责任负责赔偿；若保险设备本身是在本次安装前已被使用过的设备或转手设备，则自知其试车之时起，本公司对该项设备的保险责任即行终止。

3. 上述保险期限的展延，须事先获得本公司的书面同意，否则，从本保险单明细表中列明的建筑期保险期限终止日起至保证期终止日止期间内发生的任何损失、费用和责任，本公司不负责赔偿。

(二) 保证期物质损失保险：

保证期的保险期限与工程合同中规定的保证期一致，从工程所有人对部分或全部工程签发完工验收证书或验收合格，或工程所有人实际占有或使用或接收该部分或全部工程时起算，以先发生者为准。但在任何情况下，保证期的保险期限不得超出本保险单明细表中列明的保证期。

赔偿处理

(一) 对保险财产遭受的损失，本公司可以选择以支付赔款或以修复、重置受损项目的方式予以赔偿，但对保险财产在修复或重置过程中发生的任何变更、性能增加或改进所产生的额外费用，本公司不负责赔偿。

(二) 在发生本保险单物质损失项下的损失后，本公司按下列方式确定赔偿金额：

1. 可以修复的部分损失——以将保险财产修复至其基本恢复受损前状态的费用扣除残值后的金额为准。但若修复费用等于或超过保险财产损失前的价值时，则按下列第 2 项的规定处理。

2. 全部损失或推定全损——以保险财产损失前的实际价值扣除残值后的金额为准，但本公司有权不接受被保险人对受损财产的委付。

3. 发生损失后，被保险人为减少损失而采取必要措施所产生的合理费用，本公司可予以赔偿，但本项费用以保险财产的保险金额为限。

（三）本公司赔偿损失后，由本公司出具批单将保险金额从损失发生之日起相应减少，并且不退还保险金额减少部分的保险费。如被保险人要求恢复至原保险金额，应按约定的保险费率加缴恢复部分从损失发生之日起至保险期限终止之日止按日比例计算的保险费。

（四）在发生本保险单第三者责任项下的索赔时：

1. 未经本公司书面同意，被保险人或其代表对索赔方不得作出任何责任承诺或拒绝、出价、约定、付款或赔偿。在必要时，本公司有权以被保险人的名义接办对任何诉讼的抗辩或索赔的处理。

2. 本公司有权以被保险人的名义，为本公司的利益自付费用向任何责任方提出索赔的要求。未经本公司书面同意，被保险人不得接受责任方就有关损失作出的付款或赔偿安排或放弃对责任方的索赔权利，否则，由此引起的后果将由被保险人承担。

3. 在诉讼或处理索赔过程中，本公司有权自行处理任何诉讼或解决任何索赔案件，被保险人有义务向本公司提供一切所需的资料和协助。

（五）被保险人的索赔期限，从损失发生之日起，不得超过两年。

被保险人的义务

被保险及其代表应严格履行下列义务：

（一）在投保时，被保险人及其代表应对投保申请书中列明的事项以及本公司提出的其他事项作出真实、详尽的说明或描述。

（二）被保险人或其代表应根据本保险单明细表和批单中的规定按期缴付保险费。

（三）在本保险期限内，被保险人应采取一切合理的预防措施，包括认真考虑并付诸实施本公司代表提出的合理的防损建议，谨慎选用施工人员，遵守一切与施工有关的法规和安全操作规程，由此产生的一切费用，均由被保险人承担。

（四）在发生引起或可能引起本保险单项下索赔的事故时，被保险人或其代表应：

1. 立即通知本公司，并在七天或经本公司书面同意延长的期限内以书面报告提供事故发生的经过、原因和损失程度。

2. 采取一切必要措施防止损失的进一步扩大并将损失减少到最低程度。

3. 在本公司的代表或检验师进行勘查之前，保留事故现场及有关实物证据。

4. 在保险财产遭受盗窃或恶意破坏时，立即向公安部门报案。

5. 在预知可能引起诉讼时，立即以书面形式通知本公司，并在接到法院传票或其他法律文件后，立即将其送交本公司。

6. 根据本公司的要求提供作为索赔依据的所有证明文件、资料和单据。

（五）若在某一保险财产中发现的缺陷表明或预示类似缺陷亦存在于其他保险财产中时，被保险人应立即自付费用进行调查并纠正该缺陷。否则，由类似缺陷造成的一切损失应由被保险人自行承担。

总则

（一）保单效力

被保险人严格遵守和履行本保险单的各项规定，是本公司在本保险单项下承担赔偿责任的先决条件。

（二）保单无效

如果被保险人或其代表漏报、错报、虚报或隐瞒有关本保险的实质性内容，则本保险单无效。

（三）保单终止

除非经本公司书面同意，本保险单将在下列情况下自动终止：

1. 被保险人丧失保险利益。

2. 承保风险扩大。

本保险单终止后，本公司将按日比例退还被保险人本保险单项下未到期部分的保险费。

（四）权益丧失

如果任何索赔含有虚假成分，或被保险人或其代表在索赔时采取欺诈手段企图在本保险单项下获取利益，或任何损失是由被保险人或其代表的故意行为或纵容所致，被保险人将丧失其在本保险单项下的所有权益。对由此产生的包括本公司已支付的赔款在内的一切损失，应由被保险人负责赔偿。

（五）合理查验

本公司的代表有权在任何适当的时候对保险财产的风险情况进行现场查验。被保险人应提供一切便利及本公司要求用以评估有关风险的详情和资料。但上述查验并不构成本公司对被保险人的任何承诺。

（六）比例赔偿

在发生本保险物质损失项下的损失时，若受损保险财产的分项或总保险金额低于对应的应保险金额（见四，保险金额），其差额部分视为被保险人所自保，本公司则按本保险单明细表中列明的保险金额与应保险金额的比例负责赔偿。

（七）重复保险

本保险单负责赔偿损失、费用或责任时，若另有其他保障相同的保险存在，不论是否由被保险人或他人以其名义投保，也不论该保险赔偿与否，本公司仅负责按比例分摊赔偿的责任。

（八）权益转让

若本保险单项下负责的损失涉及其他责任方时，不论本公司是否已赔偿被保险人，被保险人应立即采取一切必要的措施行使或保留向该责任方索赔的权利。在本公司支付赔款后，被保险人应将向该责任方追偿的权利转让给本公司，移交一切必要的单证，并协助本公司向责任方追偿。

（九）争议处理

被保险人与本公司之间的一切有关本保险的争议应通过友好协商解决。如果协商不成，可申请仲裁或向法院提出诉讼。除事先另有协议外，仲裁或诉讼应在被告方所在地进行。

安装工程一切险及第三者责任险条款

第一部分　物质损失

（一）责任范围

1. 在本保险期限内，若本保险单明细表中分项列明的保险财产在列明的工地范围内，因本保险单除外责任以外的任何自然灾害或意外事故造成的物质损坏或灭失（以下简称“损失”），本公司按本保险单的规定负责赔偿。

2. 对经本保险单列明的因发生上述损失所产生的有关费用，本公司亦可负责赔偿。

3. 本公司对每一保险项目的赔偿责任均不得超过本保险单明细表中对应列明的分项保险金额以及本保险单特别条款或批单中规定的其他适用的赔偿限额。但在任何情况下，本公司在本保险单项下承担的对物质损失的最高赔偿责任不得超过本保险单明细表中列明的总保险金额。

定义：

自然灾害：指地震、海啸、雷电、飓风、台风、龙卷风、风暴、暴雨、洪水、水灾、冻灾、冰雹、地崩、山崩、雪崩、火山爆发、地面下陷下沉及其他人力不可抗拒的破坏力强大的自然现象。

意外事故：指不可预料的以及被保险人无法控制并造成物质损失或人身伤亡的突发性事件，包括火灾和爆炸。

（二）除外责任

本公司对下列各项不负责赔偿：

1. 因设计错误、铸造或原材料缺陷或工艺不善引起的保险财产本身的损失以及为换置、修理或矫正这些缺点错误所支付的费用。

2. 由于超负荷、超电压、碰线、电弧、漏电、短路、大气放电及其他电气原因造成电气设备或电气用具本身的损失。

3. 施工用机具、设备、机械装置失灵造成的本身损失。

4. 自然磨损、内在或潜在缺陷、物质本身变化、自燃、自热、氧化、锈蚀、渗漏、鼠咬、虫蛀、大气（气候或气温）变化、正常水位变化或其他渐变原因造成的被保险财产自身的损失和费用。

5. 维修保养或正常检修的费用。

6. 档案、文件、账簿、票据、现金、各种有价证券、图表资料及包装物料的损失。

7. 盘点时发现的短缺。

8. 领有公共运输行驶执照的，或已由其他保险予以保障的车辆、船舶和飞机的损失。

9. 除非另有约定，在被保险工程开始以前已经存在或形成的位于工地范围内或其周围的属于被保险人的财产的损失。

10. 除非另有约定，在本保险单保险期限终止以前，被保险财产中已由工程所有人签发完工验收证书或验收合格或实际占有或使用或接收的部分。

第二部分　第三者责任险

(一) 责任范围

1. 在本保险期限内，因发生与本保险单所承保工程直接相关的意外事故引起工地内及邻近区域的第三者人身伤亡、疾病或财产损失，依法应由被保险人承担的经济赔偿责任，本公司按下列条款的规定负责赔偿。

2. 对被保险人因上述原因而支付的诉讼费用以及事先经本公司书面同意而支付的其他费用，本公司亦负责赔偿。

3. 本公司对每次事故引起的赔偿金额以法院或政府有关部门根据现行法律裁定的应由被保险人偿付的金额为准。但在任何情况下，均不得超过本保险单明细表中对应列明的每次事故赔偿限额。在本保险期限内，本公司在本保险单项下对上述经济赔偿的最高赔偿责任不得超过本保险单明细表中列明的累计赔偿限额。

(二) 除外责任

本公司对下列各项不负责赔偿：

1. 本保险单物质损失项下或本应在该项下予以负责的损失及各种费用。

2. 工程所有人、承包人或其他关系方或他们所雇用的在工地现场从事与工程有关工作的职员、工人以及他们的家庭成员的人身伤亡或疾病。

3. 工程所有人、承包人或其他关系方或他们所雇用的职员、工人所有的或由其照管、控制的财产发生的损失。

4. 领有公共运输行驶执照的车辆、船舶、飞机造成的事故。

5. 被保险人根据与他人的协议应支付的赔偿或其他款项，但即使没有这种协议，被保险人仍应承担的责任不在此限。

总除外责任

在本保险单项下，本公司对下列各项不负责赔偿：

1. 战争、类似战争行为、敌对行为、武装冲突、恐怖活动、谋反、政变引起的任何损失、费用和责任。

2. 政府命令或任何公共当局的没收、征用、销毁或毁坏。

3. 罢工、暴动、民众骚乱引起的任何损失、费用或责任。

4. 被保险人及其代表的故意行为或重大过失引起的任何损失、费用和责任。

5. 核裂变、核聚变、核武器、核材料、核辐射及放射性污染引起的任何损失、费用和责任。

6. 大气、土地、水污染及其他各种污染引起的任何损失、费用和责任。

7. 工程部分停工或全部停工引起的任何损失、费用和责任。

8. 罚金、延误、丧失合同及其他后果损失。

9. 保险单明细表或有关条款中规定的应由被保险人自行负担的免赔额。

保险金额

(一) 本保险单明细表中列明的保险金额应不低于:

1. 安装工程——保险工程安装完成时的总价值,包括设备费用、原材料费用、安装费、建造费、运输费和保险费、关税、其他税项和费用,以及由工程所有人提供的原材料和设备的费用。

2. 施工用机器、装置和机械设备——重置同型号、同负载的新机器、装置和机械设备所需的费用。

3. 其他保险项目——由被保险人与本公司商定的金额。

(二) 若被保险人是以保险工程合同规定的工程概算总造价投保,被保险人应:

1. 在本保险项下工程造价中包括的各项费用因涨价或升值原因而超出原保险工程造价时,必须尽快以书面通知本公司,本公司据此调整保险金额。

2. 在保险期限内对相应的工程细节做出精确记录,并允许本公司在合理的时候对该项记录进行查验。

3. 若保险工程的安装期超过三年,必须从本保险单生效日起每隔十二个月向本公司申报当时的工程实际投入金额及调整后的工程总造价,本公司将据此调整保险费。

4. 在本保险单列明的保险期限届满后三个月内向本公司申报最终的工程总价值,本公司据此以多退少补的方式对预收保险费进行调整。

否则,针对以上各条,本公司将视为保险金额不足,一旦发生本保险责任范围内的损失时,本公司将根据本保险单总则中第(六)款的规定对各种损失按比例赔偿。

保险期限

(一) 安装期物质损失及第三者责任保险:

1. 本公司的保险责任自保险工程在工地动工或用于保险工程的材料、设备运抵工地之时起始,至工程所有人对部分或全部工程签发完工验收证书或验收合格,或工程所有人实际占有或使用接收该部分或全部工程之时终止,以先发生者为准。但在任何情况下,安装期保险期限的起始或终止不得超出本保险单明细表中列明的安装期保险生效日或终止日。

2. 不论安装的保险设备的有关合同中对试车和考核期如何规定，本公司仅在本保险单明细表中列明的试车和考核期限内对试车和考核所引发的损失、费用和责任负责赔偿；若被保险设备本身是在本次安装前已被使用过的设备或转手设备，则自其试车之时起，本公司对该项设备的保险责任即行终止。

3. 上述保险期限的展延，须事先获得本公司的书面同意，否则，从本保险单明细表中列明的安装期保险期限终止日起至保证期终止日止期间内发生的任何损失、费用和责任，本公司不负责赔偿。

（二）保证期物质损失保险：

保证期的保险期限与工程合同中规定的保证期一致，从工程所有人对部分或全部工程签发完工验收证书或验收合格，或工程所有人实际占有或使用或接收该部分或全部工程时起算，以先发生者为准。但在任何情况下，保证期的保险期限不得超出本保险单明细表中列明的保证期。

赔偿处理

（一）对保险财产遭受的损失，本公司可选择以支付赔款或以修复、重置受损项目的方式予以赔偿，但对保险财产在修复或重置过程中发生的任何变更、性能增加或改进所产生的额外费用，本公司不负责赔偿。

（二）在发生本保险单物质损失项下的损失后，本公司按下列方式确定赔偿金额：

1. 可以修复的部分损失——以将保险财产修复至其基本恢复受损前状态的费用扣除残值后的金额为准。但若修复费用等于或超过被保险财产损失前的价值时，则按下列第 2 项的规定处理。

2. 全部损失或推定全损——以保险财产损失前的实际价值扣除残值后的金额为准，但本公司有权不接受被保险从对受损财产的委付。

3. 任何属于成对或成套的设备项目，若发生损失，本公司的赔偿责任不超过该受损项目在所属整对或整套设备项目的保险金额中所占的比例。

4. 发生损失后，被保险人为减少损失而采取必要措施所产生的合理费用，本公司可予以赔偿，但本项费用以保险财产的保险金额为限。

（三）本公司赔偿损失后，由本公司出具批单将保险金额从损失发生之日起相应减少，并且不退还保险金额减少部分的保险费。如被保险人要求恢复至原保险金额，应按约定的保险费率加缴恢复部分从损失发生之日止按日比例计算的保险费。

（四）在发生本保险单第三者责任项下的索赔时：

1. 未经本公司书面同意，被保险人或其代表对索赔方不得作出任何责任承诺或拒绝、出价、约定、付款或赔偿。在必要时，本公司有权以被保险人的名义接办对任何诉讼的抗辩或索赔的处理。

2. 本公司有权以被保险人的名义，为本公司的利益自付费用向任何责任方提出索赔的要求。未经本公司书面同意，被保险人不得接受责任方就有关损失作出的付款或赔偿安排或放弃对责任方的索赔权利，否则，由此引起的后果将由被保险人承担。

3. 在诉讼或处理索赔过程中，本公司有权自行处理任何诉讼或解决任何索赔案件，被保险人有义务向本公司提供一切所需的资料和协助。

（五）被保险人的索赔期限，从损失发生之日起，不得超过两年。

被保险人的义务

被保险人及其代表应严格履行下列义务：

（一）在投保时，被保险人及其代表应对投保申请书中列明的事项以及本公司提出的其他事项做出真实、详尽的说明或描述。

（二）被保险人或其代表应根据本保险单明细表和批单中的规定按期缴付保险费。

（三）在本保险期限内，被保险人应采取一切合理的预防措施，包括认真考虑并付诸实施本公司代表提出的合理的防损建议，谨慎选用施工人员，遵守一切与施工有关的法规和安全操作规程，由此产生的一切费用，均由被保险人承担。

（四）在发生引起或可能引起本保险单项下索赔的事故时，被保险人或其代表应：

1. 立即通知本公司，并在七天或经本公司书面同意延长的期限内以书面报告提供事故发生的经过、原因和损失程度。

2. 采取一切必要措施防止损失的进一步扩大并将损失减少到最低程度。

3. 在本公司的代表或检验师进行勘查之前，保留事故现场及有关实物证据。

4. 在保险财产遭受盗窃或恶意破坏时，立即向公安部门报案。

5. 在预知可能引起诉讼时，立即以书面形式通知本公司，并在接到法院传票或其他法律文件后，立即将其送交本公司。

6. 根据本公司的要求提供作为索赔依据的所有证明文件、资料和单据。

（五）若在某一保险财产中发现的缺陷表明或预示类似缺陷亦存在于其他保险财产中时，被保险人应立即自付费用进行调查并纠正该缺陷。否则，由类似缺陷造成的一切损失应由被保险人自行承担。

总则

（一）保单效力

被保险人严格地遵守和履行本保险单的各项规定，是本公司在本保险单项下的承担赔偿责任的先决条件。

（二）保单无效

如果被保险人或其代表漏报、错报、虚报或隐瞒有关本保险的实质性内容，则本保险单无效。

（三）保单终止

除非经本公司书面同意，本保险单将在下列情况下自动终止：

1. 被保险人丧失保险利益。

2. 承保风险扩大。

本保险单终止后，本公司将按日比例退还被保险人本保险单项下未到期部分的保险费。

（四）权益丧失

如果任何索赔含有虚假成分，或被保险人或其代表在索赔时采取欺诈手段企图在本保险单项下获取利益，或任何损失是由被保险人或其代表的故意行为为或纵容所致，被保险人将丧失其在本保险单项下的所有权益。对由此产生的包括本公司已支付的赔款在内的一切损失，应由被保险人负责赔偿。

（五）合理查验

本公司的代表有权在任何适当的时候对保险财产的风险情况进行现场查验。被保险人应提供一切便利及本公司要求用以评估有关风险的详情和资料。但上述查验并不构成本公司对被保险人的任何承诺。

（六）比例赔偿

在发生本保险物质损失项下的损失时，若受损保险财产的分项或总保险金额低于对应的应保险金额（见四，保险金额），其差额部分视为被保险人所自保，本公司则按本保险单明细表中列明的保险金额与应保险金额的比例负责赔偿。

（七）重复保险

本保险单负责赔偿损失、费用或责任时，若另有其他保障相同的保险存在，不论是否由被保险人或他人以其名义投保，也不论该保险赔偿与否，本公司仅负责按比例分摊赔偿的责任。

（八）权益转让

若本保险单项下负责的损失涉及其他责任方时，不论本公司是否已赔偿被保险人，被保险人应立即采取一切必要的措施行使或保留向该责任方索赔的权利。在本公司支付赔款后，被保险人应将向该责任方追偿的权利转让给本公司，移交一切必要的单证，并协助本公司和责任方追偿。

（九）争议处理

被保险人与本公司之间的一切有关本保险的争议应通过友好协商解决。如果协商不成，可申请仲裁或向法院提出诉讼。除事先另有协议外，仲裁或诉讼应在被告方所在地进行。

第四章　建设从业人员工伤保险保险明细表

投　保　人：

被 保 险 人：

保 险 工 程：

保 险 期 限：

地 域 限 制:本工程工地

赔 偿 限 额:详见相关工伤保险待遇

工程总造价:人民币: 元

保 险 费 率:%

保 险 费:人民币 元

司 法 管 辖:中华人民共和国司法管辖

保险费支付:本保险单项下的保险费按下列条件分 期缴付

分期数 缴付保险费金额 付费日期

保险责任

上海市职工部分:

按照《上海市工伤保险实施办法》确定被保险人所属的上海市职工在本工程工地从事与本工程相关工作时的工伤保险责任。

详见附件二

外来从业人员部分:

按照《上海市外来从业人员综合保险暂行办法》确定被保险人所雇佣的外来从业人员在本工程工地从事与本工程工作时的工伤保险责任。

详见附件三

享受待遇

上海市职工部分:

因工死亡待遇:一次性赔付人民币30万元。

因工致残待遇:依据伤残鉴定等级,按死亡赔偿额人民币30万元的比例一次性赔付(具体比例见附表)。

上述一次性死亡、伤残赔偿金的申领不影响《上海市工伤保险实施办法》所规定的保险待遇。

伤残等级赔偿比例表

伤残等级	比 例	伤残等级	比 例
一级	100%	六级	40%
二级	80%	七级	30%
三级	70%	八级	20%
四级	60%	九级	10%
五级	50%	十级	5%

外来从业人员部分:

按照《上海市外来从业人员综合保险暂行办法》确定的保险待遇。

第五章 建设工程质量保险

保险明细表

投 保 人：

被保险人：

保险工程：

工程用途：

保险期限：　本保险期间从由政府质监机构签发保险标的物工程竣工验收备案表之日起逾一年起讫。保险标的不同部分保险期间分别为：

（一）保险标的物主体结构工程及地基基础工程保险期间为十年。

（二）保险标的物屋面防水工程、有防水要求的卫生间、房间和外墙面的防渗漏保险期间为五年。

（三）保险标的物供热与供冷系统，电气系统、给排水管道、设备安装和装修工程的保险期间为两年。

保险财产：　（一）保险标的物主体结构工程及地基基础工程

（二）保险标的物屋面防水工程、有防水要求的卫生间、房间和外墙面的防渗漏

（三）保险标的物供热与供冷系统、电气系统、给排水管道、设备安装和装修工程

保险金额：　人民币　（暂定）

免 赔 额：　无

保险费率：　%

保 险 费：　人民币　元

扩展条款：　足额保险条款

不计免赔特约条款

司法管辖：　中华人民共和国

保险费支付　本保险单项下的保险费按下列条件分　期缴付

分期数　　缴付保险费金额　　付费日期

特别约定：　1. 本合同中建设工程质量保险部分所定费率为意向性费率，最终费率的确定将根据风险管理机构的风险评估报告进行调整；

2. 竣工验收后三个月内投保人要向本公司申报最终的工程总价值，本公司将对保险费进行调整；

3. 本合同中建设工程质量保险部分为条件待定合同:合同生效附加风险管理机构风险评估报告和本公司保费调整确认书为生效条件。

保险条款

一、总则

第一条 为使建设工程的所有权人在建设工程发生质量事故时能获得及时的赔偿,特举办本保险。

第二条 建设工程的所有权人可以成为本保险的被保险人。建设工程指土木工程、建筑工程、线路管道和设备安装工程及装修工程。

二、保险责任

第三条 在本保险合同规定的保险期间内,保险单载明的建设工程的以下各部分出现质量缺陷,本公司按照本保险合同的规定,在保险单约定的赔偿限额内对建设工程本身的损失负责赔偿:

(一) 基础设施工程、房屋建筑的地基基础工程和主体结构工程。

(二) 屋面防水工程、有防水要求的卫生间、房间和外墙面的防渗漏。

(三) 供热与供冷系统。

(四) 电气管线、给排水管道、设备安装和装修工程。

第四条 发生保险事故后,被保险人为避免或者减少建设工程的损失所支付的必要、合理的费用,本公司负责赔偿。

第五条 发生保险事故后,被保险人支付的事先经本公司书面同意的仲裁或诉讼费用,本公司负责赔偿。

第六条 为查明和确定保险事故的性质、原因和建设工程的损失程度所须支付的必要、合理的费用,本公司负责赔偿。

三、除外责任

第七条 下列原因造成的任何损失和费用,本公司不负责赔偿:

(一) 地震及其他地质灾害或自然灾害。

(二) 竣工验收合格后,任何第三者的行为造成的建设工程的质量缺陷。

(三) 投保人不具备相应的资质等级或超越资质等级许可从事勘察、设计、施工活动。

(四) 投保人转包、违法分包或者以其他单位的名义承揽工程。

(五) 投保人、被保险人的故意行为。

(六) 房屋建筑使用者擅自变动房屋建筑主体和承重结构。

(七) 施工图设计文件未经审查或审查不合格,擅自施工的。

(八) 竣工验收合格后,由于意外事故造成的建设工程的质量缺陷。

第八条 下列损失本公司不负责赔偿:

(一) 除建设工程本身损失以外的任何人身伤亡、财产损失。

（二）建设工程在使用过程中的正常损耗。

（三）竣工验收时已发现的但并未经修复的质量缺陷。

（四）因不合理使用、装修、装饰、改进、改造、维修导致的损失和费用。

（五）竣工验收合格后添加的任何财产。

（六）竣工验收合格后发生的装修、装饰、改建、改造等费用。

（七）任何形式的精神赔偿。

（八）保险单约定的被保险人自行承担的损失。

（九）建设工程竣工检验合格前发生的损失和费用。

（十）因建设工程竣工合格前投入使用导致的、发生在保险期间的损失和费用。

（十一）保单明细表所列明的应由被保险人自担的免赔额。

第九条 其他不属于保险责任范围内的损失和费用，本公司不负责赔偿。

四、保险期间

第十条 本保险保险期间的开始之日为建设工程竣工验收合格满一年之日。

（一）基础设施工程、房屋建筑的地基基础工程和主体结构工程，保险期间为 10 年。

（二）屋面防水工程、有防水要求的卫生间、房间和外墙面的防渗漏，保险期间为 5 年。

（三）供热与供冷系统，保险期间为 2 个采暖期、供冷期。

（四）电气管线、给排水管道、设备安装和装修工程，保险期间为 2 年。

第十一条 建设工程分阶段竣工验收的，分别按照本条款第十条的规定确定保险期间。

第十二条 实际建设期间超过建设承包合同约定的建设期间 1 年以上的，本保险的保险期间为：按照本条款第十条、十一条的规定计算的期间减去实际建设期间超过建设承包合同约定的建设期间一年以上的部分。

五、赔偿限额、保险费

第十三条 本保险的赔偿限额分累计赔偿限额和每次事故赔偿限额。

本保险的累计赔偿限额由投保人投保时自行确定，但应不低于建设工程的工程造价。投保时不能确定工程造价的，在工程造价确定时，若累计赔偿限额低于工程造价，投保人应向本公司申报增加累计赔偿限额。

本保险的保险费为累计赔偿限额与费率的乘积。累计赔偿限额调整时，保险费也应相应调整。

第十四条 本公司对每次事故承担的本条款第三、四、五、六条赔偿金额不超过保险单约定的每次事故赔偿限额。

无论任何情况，本公司承担的总赔偿金额不超过保险单约定的累计赔偿限额。

六、赔偿处理

第十五条 发生保险事故后，被保险人向本公司申请索赔时，需提供：

（一）保险单、批单正本。

（二）建设工程所有权证书。

（三）竣工验收合格报告。

（四）具有相应资质的检测、检验机构出具的缺陷证明文件。

（五）损失清单。

（六）经法院或仲裁机关裁判的，应提供生效裁判文书。

（七）本公司要求的其他合理的索赔材料。

第十六条 本公司接到被保险人的索赔申请后，有权聘请专业公估机构、专业技术人员参与调查，处理保险事故的赔偿。

第十七条 建设工程发生保险责任范围内的质量问题，应当尽量修复，修理前被保险人须会同本公司检验，确定修理项目、方式和费用。否则，本公司有权重新核定或拒绝赔偿。

第十八条 发生本保险责任范围内的损失时，本公司按下列规定计算赔偿金额：

（一）若累计赔偿限额大于等于出险时建设工程的重置重建价，其赔偿金额在重置重建价范围内按实际损失计算，且不超过本保险的每次事故赔偿限额。

（二）若累计赔偿限额小于出险时建设工程的重置重建价，其赔偿金额按实际损失乘以累计赔偿限额与重置重建价的比例计算，且不超过本保险的每次事故赔偿限额。

第十九条 本公司赔偿损失后，本保险合同项下的累计赔偿限额相应减少。如被保险人要求恢复至原赔偿限额，应补交相应的保险费。

第二十条 本公司自向被保险人赔付之日起，取得在赔偿金额范围内代位行使被保险人向有关责任方请求赔偿的权利。在本公司向有关责任方行使代位请求赔偿权利时，被保险人应积极协助，并提供必要的文件和所知道的有关情况。

第二十一条 保险责任范围内的建设工程质量事故发生后，如被保险人有重复保险的情况，本公司仅负按比例赔偿的责任。

第二十二条 本公司受理报案、进行现场查勘、核损定价、参与案件诉讼、向被保险人提供建议等行为，均不构成本公司对赔偿责任的承诺。

第二十三条 被保险人向本公司请求赔偿的期限，自其知道或者应当知道保险事故发生之日起两年。但无论任何情况，在超出保险止期两年后提出的赔偿请求，本公司不予受理。

七、投保人、被保险人义务

第二十四条 订立本保险合同时，本公司可以就投保人、被保险人的有关情况提出书面询问，投保人、被保险人应当如实告知。

第二十五条 投保人故意隐瞒事实，不履行如实告知义务的，或者因过失未履行如实告知义务，足以影响本公司决定是否同意承保或者提高保险费率的，本公司有权解除保险合同。

第二十六条 投保人故意不履行如实告知义务的，本公司对于保险合同解除前发生的保险事故，不承担赔偿或者给付保险金的责任，并不退还保险费。

第二十七条 投保人因过失未履行如实告知义务，对保险事故的发生有严重影响的，本公司对于保险合同解除前发生的保险事故，不承担赔偿或者给付保险金的责任，但可以退还保险费。

第二十八条 被保险人或投保人应严格遵守《建筑法》和《建设工程质量管理条例》及相关法律法规的规定，并在竣工验收合格之日起一个月内向本公司提供竣工验收报告副本，并按照本条款第十三条的规定调整累计赔偿限额。

第二十九条 被保险人不得以任何形式放弃依法对第三者所享有的追偿权利。本公司对被保险人或投保人所放弃的权利部分不负责赔偿。

第三十条 投保人应按约定如期缴付保险费。

第三十一条 本公司有权在任何适当的时候对保险财产的风险情况进行现场查验。被保险人应提供一切便利及本公司要求的用以评估有关风险的详情和资料。但上述查验并不构成本公司对被保险人的任何承诺。

第三十二条 发生本保险责任范围内的事故时，被保险人应：

（一）尽力采取必要的措施，尽可能减少损失。

（二）立即通知本公司，并书面说明事故发生的原因、经过和损失程度。

第三十三条 被保险人如不履行第二十四条至第三十二条规定的各项义务之一的，本公司有权拒绝赔偿或自书面通知之日起解除保险合同。

八、保单变更

第三十四条 保险期间内，建设工程的所有权发生全部或部分转移时，投保人、被保险人应在上述转移完成之日起一个月内向本公司提出申请，本公司将出具批单变更保险单的被保险人。

九、争议处理

第三十五条 被保险人与本公司之间的一切有关本保险的争议应通过友好协商解决，如协商不成，可选择以下两种方式之一解决：

（一）提交________________仲裁委员会仲裁。

（二）向被告住所地人民法院起诉。

第三十六条 因本保险产生的争议适用中华人民共和国法律。

十、释义：

【建设工程】 是指建(构)筑物及其附属设施，而且必须是新建或改建并经过竣工验收合格的工程。

【建设工程质量】 是指在国家现行的有关法律、法规、技术标准、设计文件和合同中，对工程的安全、运用、经济、美观等特性的综合要求。

【建设工程质量缺陷】 是指建设工程不符合的国家或行业现行的有关技术标准(投保时)、设计文件以及合同中对质量的要求，但不包括设计文件以及合同中约定的、高于国家法律、法规、技术标准规定的要求的部分。

【工程造价】 指建设工程从筹建到竣工验收交付使用所需的全部费用。

十一、建设工程质量保险附加险条款

足额保险附加险

第一条 本保险为平安(上海)建设工程质量保险(以下简称:主险)的附加险,不能单独投保,只有在投保主险的基础上方可投保本附加险。

本附加险条款与主险条款不一致的,以本附加险条款为准;本附加险条款未规定的,适用主险条款的规定。

第二条 在被保险建设工程的工程造价确定后,若累计赔偿限额不低于建设工程的工程造价,如投保了本附加险,则视为本保险在任何情况下都为足额保险,在发生主险保险范围内的保险事故时,本公司的赔偿不再适用主险条款第十八条第二款关于比例赔偿的规定。

第三条 本附加险不设单独赔偿限额,投保本附加险并不导致赔偿限额的增加。

不计免赔附加险

第一条 本保险为平安(上海)建设工程质量保险(以下简称:主险)的附加险,不能单独投保,只有在投保主险的基础上方可投保本附加险。

本附加险条款与主险条款不一致的,以本附加险条款为准;本附加险条款未规定的,适用主险条款的规定。

第二条 投保本附加险后,本公司认定被保险建设工程的免赔额或免赔率为零。

第三条 本附加险不设单独赔偿限额,投保本附加险并不导致赔偿限额的增加。

十二、专业事故检验、鉴定机构名录

序号	工程类别	鉴定机构	地址及联系人
1	隧道		
2	水电站		
3	桥梁		
4	普通机械工业工程		
5	码头		
6	机场		
7	火电站、核电站		
8	化工石油工业工程		
9	高速公路		
10	房屋建筑		
11	非高速公路		
12	地铁、地下管道、地下厂房		

第六章 建设工程风险管理

鉴于投保人已经向保险人投保合同中所列明的险种，保险人为控制工程风险，防止和减少保险事故损失，降低保险赔付，进行建设工程风险管理。

一、风险管理范围

第一条 根据本保险合同的主要的承保风险，制定本风险管理工作范围。风险管理工作范围是保险人委托的风险管理机构就这些风险进行全过程的控制，采取必要的措施，避免或尽量减少损失的发生。

第二条 风险管理的风险包括以下几个方面：

1. 建筑工程质量风险：由于建筑工程主体结构及建筑性能因建设设计或施工原因出现承保范围内缺陷，并造成被保险人的经济损失的风险。

2. 建筑工程人身伤害风险：依据《上海市工伤保险实施办法》，被保险人雇员发生工伤事故的风险。

3. 建筑安装施工风险以及第三者责任风险：建筑工程在施工过程中因自然灾害或意外事故造成建筑工程本身或施工设备等物质损失的风险以及由于在施工过程中发生意外事故造成建筑工地或工地附近第三者的财产损失和人身伤害的风险。

二、风险管理内容

第三条 保险人应根据工程具体特点，以承保风险为主要项目编制风险管理实施方案和程序，并报投保人备案。

第四条 保险人应定期以书面形式向投保人报风险管理情况或者按工程的实施需要提供关键风险节点的专项报告。

第五条 加强风险的预控和预警工作。在项目实施过程中，要不断地收集和分析各种信息和动态，捕捉风险的前奏信号，一旦发生不符合相关规范的异常情况，立即提出相应的整改意见，并落实实施，同时向投保人提供书面报告。

第六条 在风险发生时，及时采取措施防止损失扩大。

第七条 在风险发生后，在确保工程安全和质量的前提下，迅速恢复生产，按原计划保证完成预定的目标，尽可能减少工程中断和成本超支，对已发生和还可能发生的风险进行有效的控制。

第八条 要对工程建设参与各方尤其是施工单位加强风险管理的教育，增强施工单位加强风险防范的意识。

三、保险人义务

第九条 保险人派出风险管理工作需要的风险管理机构及保险人员，问投保人报送委派的风险管理项目经理及其风险管理机构主要成员名单、风险管理规划，完成风险管理中约定的风险管理工作。

第十条 保险人使用投保人提供的设施和物品属投保人的财产。在风险管理工作完成或中止时，应将其设施和剩余的物品按协议约定的时间和方式移交给投保人。

第十一条 在合同期内或合同终止后，未征得有关方同意，不得泄露与本工程、本合同业务有关的保密资料。

四、投保人义务

第十二条 投保人在保险人开展风险管理业务之前应向保险人支付预付款。

第十三条 投保人应当负责工程建设的所有外部关系的协调，为风险管理工作提供外部条件。

外部条件包括：

第十四条 投保人应当在双方约定的时间内免费向保险人提供与工程有关的为风险管理工作所需要的工程资料，包括本工程的项目风险评估报告，本报告作为实施风险管理的前提和依据。

投保人应提供的工程资料及提供时间：

第十五条 投保人应当在________天内就保险人书面提交并要求作出决定的一切事宜作出书面答复。

第十六条 投保人应当授权一名熟悉工程情况、能在规定时间内作出决定的常驻代表，负责与保险人联系。更换常驻代表，要提前通知保险人。

投保人的常驻代表为：

第十七条 投保人应免费向保险人提供办公用房、通信设施、风险管理人员工地住房及协议专用条件约定的设施，对保险人自备的设施给予合理的经济补偿。

投保人免费向风险管理机构提供如下设施：

两间办公室、一间值班室、三台空调、一门电话、与风险管理人员数量匹配的办公桌椅和一个文件柜

第十八条 投保人必须采纳和实施保险人提出的合理的避免损失发生或减少损失的建议。由此发生的一切费用由投保人承担。

第十九条 投保人应承担由于风险评估的错误或遗漏造成的本保险合同责任范围内的损失。

第二十条 投保人应承担不采纳保险人提出的工程整改指令而造成的保险合同责任范围内的损失。

五、保险人权利

第二十一条 工程设计图纸的审核权。对工程设计中的技术问题，按照安全和优化的原则，向投保人提出书面审核意见和建议；如果拟提出的建议可能会提高工程造价，或延长工期，应当事先征得投保人的同意。当发现工程设计不符合国家颁布的建设工程质量标准或设计合同约定的质量标准时，保险人应当书面报告投保人并要求设计人更正。

第二十二条 工程上使用的材料和施工质量的检验权。对于不符合设计要求和协

议约定及国家质量标准的材料、构配件、设备，有权通知承包人停止使用；对于不符合规范和质量标准的工序、分部分项工程和不安全施工作业，有权通知承包人停工整改、返工。在风险管理过程中如发现工程承包人人员工作不力，风险管理机构可要求承包人调换有关人员。

第二十三条 保险人有权对在工程实施过程中不规范的行为予以制止，并对此提出整改指令，且应及时将此情况通报投保人。

六、投保人权利

第二十四条 投保人有权要求保险人提交风险管理专项报告。

七、风险管理费用

第二十五条 本工程风险管理费暂定为工程总造价的 %，金额为人民币 元

按照以下约定的时间和数额支付：

支付时间　　　　风险管理费金额

双方同意用人民币支付风险管理费。

第二十六条 如果投保人在规定的支付期限内未支付风险管理费用，自规定之日起，还应向保险人支付滞纳金。滞纳金从规定支付期限最后一日起计算。

第二十七条 由于建设单位或承包人的原因使风险管理工作受到阻碍或延误，以致发生了附加工作或延长了持续时间，则保险人应当将此情况与可能产生的影响及时通知委托人。完成风险管理业务的时间相应延长，并得到附加工作的报酬。

八、其他

第二十八条 在风险管理业务范围内，如需聘用专家咨询或协助，由保险人聘用的，其费用由保险人承担；由投保人聘用的，其费用由投保人承担。

第二十九条 保险人在风险管理过程中，不得泄露投保人申明的秘密，保险人亦不得泄露设计人、承包人等提供并申明的秘密。

第三十条 保险人对于由其编制的所有文件拥有版权，投保人仅有权为本工程使用或复制此类文件。

附件一：建筑安装工程一切险及第三者责任险附加险条款

下述特别条款适用于建筑安装工程一切险及第三者责任险的各个部分，若其与本保险单的其他规定相冲突，则以下列特别条款为准。

1. 保险金额及保险费调整条款

兹经双方同意，本保险单项下的保险金额是根据被保险人按初步预算确定的预计金额。待工程决算后，应予以调整保险金额和保险费。因此，被保险人应在保险单到期后六个月内，向保险人申报实际总金额，保险人将据此调整保险金额及保险费。

如调整后的实际保险金额不超过原保险金额的±5%，双方同意保险费不作调整。

2. 灭火费用条款

兹经双方同意，本保险单扩展承保在发生火灾时：

（1）所有的灭火费用；

（2）所有的清理水渍费用；

（3）所有的清场费用；

（4）设置临时隔离的费用。

保险人按被保险人实际支出的上述灭火费用予以赔偿，且该费用与受损保险财产的赔偿金额的总和不得超过本保险单明细表中第一部分项下列明的保险金额与分项金额。

在本保险单中，上述灭火费用将不被视为重置价值的一部分。

每次事故赔偿限额：损失金额的20%

累计赔偿限额：RMB 8 000 000.00

3. 罢工、暴乱、民众骚动条款

兹经双方同意，本保险扩展承保由于罢工、暴乱及民众骚动引起的损失。但本扩展条款仅负责由下列原因直接引起的保险财产的损失。

（一）任何个人伙同他人进行扰乱社会治安的活动（无论是否与罢工有关）；

（二）任何合法当局对该骚乱进行平息，或试图平息，或为减轻该骚乱造成的后果所采取的行动；

（三）任何罢工者为扩大罢工规模，或抵制厂方关闭工厂而采取的故意行为；

（四）任何合法当局为预防，或试图预防该故意行为，或为减轻该故意行为造成的后果所采取的行动。

双方进一步同意：

（一）除下述特别条件另有规定外，本保险单所有条款，除外责任及条件等均适用于本扩展条款。本保险单的责任范围亦将包括本扩展条款承保的损失。

（二）下述特别条件仅适用于本扩展条款。

1. 本保险单对以下原因造成的损失不予负责：

（1）全部停工或部分停工，或工程实施过程中的延迟、中断、停止；

（2）任何合法当局没收、征用保险财产造成被保险人永久或临时的权益丧失；

（3）任何人非法占有建筑物造成被保险人对该建筑物永久或临时的权益丧失。

但本公司对上述(2)及(3)项下被保险人的权益丧失之前，或临时丧失期间的保险财产的物质损失负责赔偿。

2. 本保险对下列原因引起的直接或间接损失不予负责：

（1）战争、入侵、外敌行为、敌对行为、类似战争行为（无论宣战与否）、内乱；

（2）兵变、民众骚动导致的全民起义、军队起义、暴动、叛乱、革命、军事行动或篡权行动；

（3）代表任何组织，或与之有关联的任何个人采取的旨在动用武力推翻或用恐怖及暴力行为影响政府的行动（合法的或事实上的）。

一旦发生诉讼，且本公司根据本特别条件申明损失不属本保险责任范围时，被保险人如有异议，则举证之责应由其承担。

3. 本公司可提前七天以书面通知形式注销本扩展条款，并将该注销通知以挂号信寄至被保险人最近提供的地址。届时，本公司按比例退还未到期部分的附加保费。

4. 交叉责任条款

兹经双方同意，本保险单第三者责任项下的保障范围将适用于本保险单明细表列明的所有被保险人，就如同每一被保险人均持有一份独立的保险单，但本公司对被保险人不承担以下赔偿责任：

（一）已在或可在本保险单物质损失部分投保的财产损失，包括因免赔额，或赔偿限额规定不予赔偿的损失；

（二）已在或应在劳工保险或雇主责任保险项下投保的被保险人的雇员的疾病或人身伤亡。

本公司对本保险单上列明的所有被保险人的每次事故或由于同一原因引起的一系列事故的全部责任，不得超过本保险单明细表上规定的每次事故赔偿限额。

5. 扩展保证期责任条款

兹经双方同意，本保险单扩展承保以下列明的保证期内因被保险的承包人为履行工程合同在进行维修保养的过程中所造成的保险工程的损失，以及在完工证书签出前的建筑或安装期内由于施工原因导致保证期内发生的保险工程的损失。

保证期限：工程完工后的 12 个月。

6. 特别费用扩展条款

兹经双方同意，本保险扩展承保下列特别费用，即：加班费、夜班费、节假日加班费以及快运费（不包括空运费）。但该特别费用须以本保单项下应予以赔偿的保险财产的损失为前提。且本条款项下特别费用的最高赔偿金额在保险期限内不超过以下列明的限额。若保险财产的保额不足，本条款项下特别费用的赔偿金额按相应比例减少。

最高赔偿限额：损失金额的 20%。

7. 地下电缆、管道及设施特别条款

兹经双方同意，本公司负责赔偿被保险人对原有的地下电缆、管道或其他地下设施造成的损失，但被保险人须在工程开工前，向有关当局了解这些电缆、管道及其他地下设施的确切位置，并采取必要措施防止损失发生。对图纸上正确标明位置的地下设施的损失赔偿应先扣除以下列明的免赔额：

（一）对图纸上正确标明位置的地下设施的损失赔偿应先扣除以下列明的免赔额 1；

（二）对图纸上错误标明位置的地下设施的损失赔偿应先扣除以下列明的免赔额 2。

任何损失赔偿仅限于地下电缆、管道及地下设施的修理费用，任何后果损失及罚金均不负赔偿责任。

累计赔偿限额:RMB 8 000 000.00

每次事故免赔额 1:RMB 50 000.00,或损失金额的 10%,以高者为准。

每次事故免赔额 2:RMB 20 000.00,或损失金额的 10%,以高者为准。

本保险单所载其他条件不变。

8. 震动、移动或减弱支撑条款

兹经双方同意,本保险单第三者责任项下扩展承保由于震动、移动或减弱支撑而造成的第三者财产损失和人身伤亡责任,但以下列条件为限:

(一) 第三者的财产、土地或建筑全部或部分倒塌。

(二) 被保险人在施工开始之前,第三者的财产、土地或建筑物处于完好状态并采取了必要的防护措施。

(三) 如经本公司要求,被保险人在施工开始之前应自负费用向本公司提供书面报告说明任何受到危及的第三者财产、土地或建筑物的情况。

无论如何本扩展条款责任以公共当局或保险人、被保险人共同认可的法定权威机构所认定的民事赔偿责任为准。

本公司对下列的损失或费用均不负赔偿责任:

(一) 因工程性质和施工方式而导致的可预知的第三者财产损失和人身伤亡责任。

(二) 既不影响第三者财产、土地或建筑物的稳定性,又不危及其拥有人的表面损坏。

(三) 在保险期内,被保险人为防止损失发生而采取预防或减少损失的费用。

每次事故赔偿限额:RMB 5 000 000.00。

累计赔偿限额:RMB 5 000 000.00。

免赔额:RMB 80 000.00,或损失金额的 10%,以高者为准。

本保险单所载其他条件不变。

9. 自动增值条款

在保险期限内,如果实际总保险金额超过保单总保险金额,那么保单总保险金额将随之自动增加,但增加的部分不得超过原保单总保险金额的 10%,并应支付相应的保险费。

10. 清理残骸费用条款

兹经双方同意,本公司负责赔偿被保险人因本保险单承保的风险造成保险财产的损失而发生的清除、拆除或支撑受损财产的费用(包括政府专门机构要求支付的费用)。

每次事故赔偿限额不得超过:损失金额的 20%。

累计赔偿限额:RMB 5 000 000.00。

本保险单所载其他条件不变。

11. 工地外储存特别条款

兹经双方同意，本保险扩展承保本保险单明细表中列明的工地外储存物，但该储存物的金额应包括在保险金额中。被保险人应根据本公司要求提供：

（一）工地外储存的地址：在上海市境内的任意地址。

（二）储存物的最高金额：RMB 8 000 000.00。

（三）储存期限：同施工期限。

被保险人应保证：

（一）上述工地外储存地点必须有安全警卫人员 24 小时值班。

（二）上述工地外储存地点必须符合储存物的存放要求。

每一储存点每次事故赔偿限额：RMB 5 000 000.00。

累计赔偿限额：RMB 8 000 000.00。

本保险单所载其他条件不变。

12. 内陆运输扩展条款

兹经双方同意，本公司负责赔偿被保险人的保险财产在上海市境内供货地点到本保险单中列明的工地除水运和空运以外的内陆运输途中因自然灾害或意外事故引起的损失。但被保险财产在运输时必须有合格的包装及装载。

本保险单所载其他条件不变。

每次运输最高保险金额：RMB 5 000 000.00。

13. 专业费用条款

兹经双方同意，本公司负责赔偿被保险人因本公司保单项下承保风险造成保险工程损失后，在重置过程中发生的必要的设计师、检验师及工程咨询人费用，但被保险人为了准备索赔，或估损所发生的任何费用除外，上述赔偿费用应以财产损失当时适用的有关行业管理部门制订的收费标准为准。

每次事故赔偿限额：损失金额的 20%。

累计赔偿限额：RMB 8 000 000.00。

14. 时间调整条款

兹经双方同意，本保险单项下被保险财产因在连续 72 小时内遭受暴风雨、台风、洪水或地震所致损失应视为一单独事件，并因此构成一次意外事故而扣除规定的免赔额。被保险人可自行决定 72 小时期限的起始时间，但若连续数个 72 小时期限时间内发生损失，任何两个或两个以上 72 小时期限不得重叠。

15. 自动恢复保险金额条款

兹经双方同意，在本公司对本保险单明细表中列明的被保险财产的损失予以赔偿后，原保险金额自动恢复。如果累计赔偿金额超过人民币 1 000 000.00 元，那么被保险人应按日比例缴付自损失发生之日起至保险终止之日止恢复保险金额部分的保险费。

本保险单所载其他条件不变。

16. 公共当局扩展条款

兹经双方同意,本保险扩展承保被保险人在重建或修复受损财产时,由于必须执行公共当局的有关法律、法令、法规产生的额外费用,但以下列规定为条件:

一、被保险人在下列情况下执行上述法律、法令、法规产生的额外费用,本公司不负责赔偿:

(一) 本条款生效之前发生的损失。

(二) 本保险责任范围以外的损失。

(三) 发生损失前被保险人已接到有关当局关于拆除、重建的通知。

(四) 未受损财产(但不包括被保险的地基)的修复、拆除、重建。

二、被保险人的重建、修复工作必须立即实施,并在损失发生之日起十二个月(或经本公司书面同意延长的期限)内完工;若根据有关法律、法令、法规及其附则,该受损财产必须在其他地点重建、修复时,本公司亦可赔偿,但本公司的赔偿责任不得因此增加。

三、若在本保险单下保险财产受损,但因保险单规定而使赔偿责任减少时,则本扩展条款责任也相应减少。

四、本公司对任何一项受损财产的赔偿金额不得超过该项目在保险单明细表中列明的保险金额。

17. 预付赔款条款

兹经双方同意,保险标的物因保险事故所致之毁损或灭失,经本公司理算后,其损失金额已确定部分的50%赔款,可以预付予被保险人,但该先行预付之赔款须于理算完成后由应赔付之金额中扣除。

18. 工程图纸、文件特别条款

兹经双方同意,本公司负责赔偿被保险人因本保险单项下承保的风险造成工程图纸及文件(包括计算机文档)的损失而产生的重新绘制,重新制作的费用。

本保险单所载其他条件不变。

每次事故赔偿限额:RMB 50 000.00。

19. 工程设计师责任扩展条款

兹经双方同意,本保险扩展承保保险财产由于设计的疏忽或过失而引发的工程质量事故造成下列损失或费用:

(一) 建设工程本身的物质损失。

(二) 第三者人身伤亡或财产损失。

但此项费用与上述第(一)、(二)项的每次索赔赔偿总金额不得超过下列赔偿限额。

每次事故赔偿限额:RMB 3 000 000.00。

其中每人每次赔偿限额 RMB 200 000.00。

累计赔偿限额:RMB 10 000 000.00。

每次事故免赔额:RMB 30 000.00,或损失金额的10%,两者以高者为准。

对于下列原因造成的损失、费用和责任,保险人不负责赔偿:

（一）业主提供的账册、文件或其他资料的损毁、灭失、盗窃、抢劫、丢失。

（二）他人冒用被保险人或与被保险人签订劳动合同的人员的名义设计的工程。

（三）被保险人将工程设计任务转让、委托给其他单位或个人完成的。

（四）被保险人承接超越国家规定的资质等级许可范围的工程设计业务。

（五）被保险人的注册人员超越国家规定的执业范围执行业务。

（六）未按国家规定的建设程序进行工程设计。

（七）业主提供的工程测量图、地质勘察等资料存在的错误。

（八）由于设计错误引起的停产、减产等间接经济损失。

（九）因被保险人延误交付设计文件所致的任何后果损失。

（十）未与被保险人签订劳动合同的人员签名出具的施工图纸引起的任何索赔。

（十一）被保险人或其雇员的人身伤亡及其所有或管理的财产的损失。

（十二）被保险人对业主的精神损害。

（十三）罚款、罚金、惩罚性赔款或违约金。

本保险单所载其他条件不变。

20. 错误和遗漏条款

本保险项下的赔偿责任不因被保险人非故意地疏忽或过失而延迟或遗漏向本公司申报所占用的场地、被保险财产价值的变更而受损拒付，但被保险人一旦明白其疏忽或遗漏应即向本公司申报上述情况，否则本公司不负赔偿责任。

本保险单所载其他条件不变。

21. 原有建筑物及周围财产条款

本保险单明细表物质损失项下根据本扩展条款规定承保被保险财产在建筑、安装过程中由于震动、移动或减弱支撑、地下水位降低、基础加固、隧道挖掘，以及其他涉及支撑因素或地下土的施工而造成以下列明的建筑物突然的、不可预料的物质损失。

作为本公司承担赔偿责任的先决条件，被保险人在工程开工前应向本公司提供书面报告以证实被保险工程开工前原有建筑及周围财产的状况良好，并已采取了必要的安全措施。

本公司不负责赔偿因工程设计错误造成下述建筑物的损失，以及既不损害建筑物的稳固又不危及使用者安全的裂缝损失。

工程建设期间，若需要采取进一步的安全措施，该项费用由被保险人自己承担。本条款承保的建筑物(或后附清单分类列明)：

略。

本条款的累计赔偿限额：RMB 8 000 000.00。

本条款每次事故赔偿限额：RMB 5 000 000.00。

本保险单所载其他条件不变。

22. 指定公估理算师条款

兹经双方同意，对于本项目保险项下发生损失事故，如果预计损失金额超过RMB 100万元(含)，且双方对于事故的保险责任和损失金额的认定不能达成协议，双方将通过协商同意的损失公估理算机构(中国境内注册的)协助认定责任和损失金额。

本保险单所载其他条件不变。

23. 工程交付使用部分扩展条款

兹经双方同意，本保险扩展承保本保险单明细表中物质损失项下被保险财产在保险期限内施工过程中造成已交付使用的部分的损失。

本保险单所载其他条件不变。

24. 财产险2000年问题除外责任条款

本条款"2000年问题"系指，因涉及2000年日期变更，或此前、期间、其后任何其他日期变更，包括闰年的计算，直接或间接引起计算机硬件设备、程序、软件、芯片、媒介物、集成电路及其他电子设备中的类似装置的故障，进而直接或间接引起和导致保险财产的损失或损坏问题。

本公司对由于下列原因，无论计算机设备是否属于被保险人所有，直接或间接导致、构成或引起保险财产损失或损坏由此产生的直接损失或间接损失不负赔偿责任：

(一) 不能正确识别日期。

(二) 由于不能正确识别日期，以读取、存储、保留、检索、操作、判别、处理任何数据或信息，或执行命令和指令。

(三) 在任何日期或该日期之后，由于编程输入任何计算机软件的操作命令引起的数据丢失或不能读取、储存、保留、检索、正确处理该类数据。

(四) 因涉及2000年日期变更，或任何其他日期变更，包括闰年的计算而不能正确进行计算、比较、识别、排序和数据处理。

(五) 因涉及2000年日期变更，或任何其他日期变更，包括闰年的计算，对包括计算机、硬件设备、程序、芯片、媒介物、集成电路及其他电子设备中的类似装置进行预防性的、治理性的或其他性质的更换、改变、修改。

本保单所载其他条件不变。

25. 责任险2000年问题除外责任条款

本条款"2000年问题"系指，因涉及2000年日期变更，或此前、期间、其后任何其他日期变更，包括闰年的计算，直接或间接引起计算机硬件设备、程序、软件、芯片、媒介物、集成电路及其他电子设备中的类似装置的故障，进而直接或间接引起和导致保险财产的损失或损坏问题。

本公司对由于下列原因，无论计算机设备是否属于被保险人所有，造成任何财产损失或人身伤亡，依法应由被保险人承担的赔偿责任和相关法律、检测、技术咨询等其他间接费用，不负赔偿责任：

(一) 不能正确识别日期。

（二）由于不能正确识别日期，以读取、存储、保留、检索、操作、判别、处理任何数据或信息，或执行命令和指令。

（三）在任何日期或该日期之后，由于编程输入任何计算机软件的操作命令引起的数据丢失或不能读取、储存、保留、检索、正确处理该类数据。

（四）因涉及 2000 年日期变更，或任何其他日期变更，包括闰年的计算而不能正确进行计算、比较、识别、排序和数据处理。

（五）因涉及 2000 年日期变更，或任何其他日期变更，包括闰年的计算，对包括计算机、硬件设备、程序、芯片、媒介物、集成电路及其他电子设备中的类似装置进行预防性的、治理性的或其他性质的更换、改变、修改。

26. 损失受益人条款

本保单项下的所有索赔的赔偿应直接赔付到明细表中列明的"业主"或者其指定的受益人处。

附件二：上海市工伤保险实施办法

上海市工伤保险实施办法

（2004 年 6 月 27 日上海市人民政府令第 29 号发布）

第一章　总则

第一条　（依据）

根据国务院《工伤保险条例》，结合本市实际情况，制定本办法。

第二条　（适用范围）

本办法适用于本市行政区域内的企业、事业单位、国家机关、社会团体和民办非企业单位、有雇工的个体工商户（以下统称用人单位）及其从业人员。

第三条　（征缴管理）

工伤保险费的征缴按照国务院《社会保险费征缴暂行条例》、《上海市城镇职工社会保险费征缴若干规定》的有关规定执行。

第四条　（公示与救治）

用人单位应当将参加工伤保险的有关情况在本单位内公示。

从业人员发生工伤时，用人单位应当采取措施使工伤人员得到及时救治。

第五条　（管理部门）

上海市劳动和社会保障局（以下简称市劳动保障局）是本市工伤保险的行政主管部门，负责本市工伤保险的统一管理。

区、县劳动和社会保障局（以下统称区、县劳动保障行政部门）负责本行政区域内工伤保险的具体管理工作。

市和区、县工伤保险经办机构（以下简称经办机构）具体承办工伤保险事务。

第六条　（监督）

市劳动保障局等部门制定工伤保险的政策、标准,应当征求工会组织、用人单位代表的意见。

工会组织依法维护工伤人员的合法权益,对用人单位的工伤保险工作实行监督。

第二章　工伤保险基金

第七条　(基金来源)

工伤保险基金由用人单位缴纳的工伤保险费、工伤保险基金的利息和依法纳入工伤保险基金的其他资金构成。

工伤保险基金在不足支付重大事故工伤保险待遇时,由市财政垫付。

第八条　(缴费原则)

用人单位应当按时缴纳工伤保险费。从业人员个人不缴纳工伤保险费。

工伤保险费根据以支定收、收支平衡的原则,确定费率。

第九条　(缴费基数)

用人单位缴纳工伤保险费的基数,按照本单位缴纳城镇养老保险费或者小城镇社会保险费的基数确定。

第十条　(费率)

用人单位缴纳工伤保险费实行基础费率,基础费率统一为缴费基数的0.5%。

对发生工伤事故的用人单位在基础费率的基础上,按照规定实行浮动费率。

浮动费率根据用人单位工伤保险费使用、工伤事故发生率等情况确定。浮动费率分为五档,每档幅度为缴费基数的0.5%,向上浮动后的最高费率(基础费率加浮动费率)不超过缴费基数的3%,向下逐档浮动后的最低费率不低于基础费率。浮动费率每年核定一次。

工伤保险费率浮动的具体办法由市劳动保障局会同财政、卫生、安全生产监管等部门拟订,报市政府批准后执行。

第十一条　(支付范围)

工伤保险基金用于本办法规定的工伤保险待遇、劳动能力鉴定以及法律、法规规定的用于工伤保险的其他费用的支付。

第十二条　(基金管理和监督)

工伤保险基金实行全市统筹,设立专户,专款专用,任何单位和个人不得擅自动用。

市劳动保障局依法对工伤保险费的征缴和工伤保险基金的支付情况进行监督检查。

市财政、审计部门依法对工伤保险基金的收支、管理情况进行监督。

第十三条　(经办机构经费)

经办机构开展工伤保险所需经费,由财政部门按规定核定,纳入预算管理。

第三章 工伤认定

第十四条 （认定工伤范围）

从业人员有下列情形之一的，应当认定为工伤：

（一）在工作时间和工作场所内，因工作原因受到事故伤害的。

（二）工作时间前后在工作场所内，从事与工作有关的预备性或者收尾性工作受到事故伤害的。

（三）在工作时间和工作场所内，因履行工作职责受到暴力等意外伤害的。

（四）患职业病的。

（五）因工外出期间，由于工作原因受到伤害或者发生事故下落不明的。

（六）在上下班途中，受到机动车事故伤害的。

（七）法律、行政法规规定应当认定为工伤的其他情形。

第十五条 （视同工伤范围）

从业人员有下列情形之一的，视同工伤：

（一）在工作时间和工作岗位，突发疾病死亡或者在 48 小时之内经抢救无效死亡的。

（二）在抢险救灾等维护国家利益、公共利益活动中受到伤害的。

（三）从业人员原在军队服役，因战、因公负伤致残，已取得革命伤残军人证，到用人单位后旧伤复发的。

从业人员有前款第（一）项、第（二）项情形的，按照本办法的有关规定享受工伤保险待遇；从业人员有前款第（三）项情形的，按照本办法的有关规定享受除一次性伤残补助金以外的工伤保险待遇。

第十六条 （工伤排除）

从业人员有下列情形之一的，不得认定为工伤或者视同工伤：

（一）因犯罪或者违反治安管理伤亡的。

（二）醉酒导致伤亡的。

（三）自残或者自杀的。

第十七条 （认定申请）

从业人员发生事故伤害或者按照职业病防治法规定被诊断、鉴定为职业病，所在单位应当自事故伤害发生之日或者被诊断、鉴定为职业病之日起 30 日内，向用人单位所在地的区、县劳动保障行政部门提出工伤认定申请。遇有特殊情况，经报区、县劳动保障行政部门同意，申请时限可以适当延长。

用人单位未按前款规定提出工伤认定申请的，从业人员或者其直系亲属、工会组织在事故伤害发生之日或者被诊断、鉴定为职业病之日起 1 年内，可以直接向用人单位所在地的区、县劳动保障行政部门提出工伤认定申请。

用人单位未在本条第一款规定的时限内提出工伤认定申请的，在此期间发生符合本办法规定的工伤待遇等有关费用由该用人单位负担。

第十八条 （工伤认定申请材料）

提出工伤认定申请应当提交下列材料：

（一）工伤认定申请表。

（二）与用人单位存在劳动关系（包括事实劳动关系）的证明材料。

（三）医疗诊断证明或者职业病诊断证明书（或者职业病诊断鉴定书）。

工伤认定申请表应当包括事故发生的时间、地点、原因以及从业人员伤害程度等基本情况。

提出工伤认定申请，除提交本条前款要求的材料外，还可以提交用人单位、相关行政机关或者人民法院已有的证明材料。

第十九条 （受理）

工伤认定申请人在本办法规定时限内提出工伤认定申请，并且提供的申请材料完整的，区、县劳动保障行政部门应当自收到工伤认定申请之日起10个工作日内发出受理通知书。不符合受理条件的，区、县劳动保障行政部门不予受理，并书面告知工伤认定申请人。

工伤认定申请人在本办法规定时限内提出工伤认定申请，但提供材料不完整的。区、县劳动保障行政部门应当自收到工伤认定申请之日起10个工作日内，一次性书面告知工伤认定申请人需要补正的全部材料。工伤认定申请人在30日内按照要求补正材料的，区、县劳动保障行政部门应当受理。

第二十条 （调查核实和举证责任）

区、县劳动保障行政部门受理工伤认定申请后，根据审核需要可以对事故伤害进行调查核实，用人单位、从业人员、工会组织、医疗机构以及有关部门应当予以协助。职业病诊断和诊断争议的鉴定，依照职业病防治法的有关规定执行。对依法取得职业病诊断证明书或者职业病诊断鉴定书的，区、县劳动保障行政部门不再进行调查核实。

区、县劳动保障行政部门进行工伤认定时，从业人员或者其直系亲属认为是工伤，用人单位不认为是工伤的，由用人单位承担举证责任。

第二十一条 （认定程序）

区、县劳动保障行政部门应当自受理工伤认定申请之日起60日内作出工伤认定决定，并在10个工作日内将工伤认定决定送达申请工伤认定的从业人员或者其直系亲属和该从业人员所在单位。

在工伤认定期间，安全生产监管、公安、卫生、民政等部门对相应事故尚未作出结论，且该结论可能影响工伤认定的，工伤认定程序可以中止。

第二十二条 （工伤认定决定载明事项）

工伤认定决定应当载明下列事项：

（一）用人单位和工伤人员的基本情况。

（二）受伤部位、事故时间和诊治时间或者职业病名称、伤害经过和核实情况，以及医疗救治基本情况和诊断结论。

（三）认定为工伤、视同工伤或者认定为不属于工伤、不视同工伤的依据。

（四）认定结论。

（五）不服认定决定申请行政复议的部门和期限。

（六）作出认定决定的时间。

工伤认定决定应加盖劳动保障行政部门工伤认定专用印章。

第二十三条 （告知义务）

区、县劳动保障行政部门在将工伤认定决定送达申请工伤认定的从业人员或者其直系亲属和该从业人员所在单位时，应当书面告知劳动能力鉴定的申请程序。

第四章　劳动能力鉴定

第二十四条 （劳动能力鉴定）

从业人员发生工伤，经治疗伤情相对稳定后存在残疾、影响劳动能力的，应当进行劳动功能障碍程度和生活自理障碍程度的劳动能力鉴定。

劳动功能障碍分为十个伤残等级，生活自理障碍分为三个等级。

劳动能力鉴定标准按照国家有关规定执行。

第二十五条 （鉴定机构）

市和区、县劳动能力鉴定委员会（以下简称鉴定委员会）由同级劳动保障、人事、卫生等部门以及工会组织、经办机构代表、用人单位代表组成。市和区、县鉴定委员会办公室设在同级劳动保障行政部门，负责鉴定委员会的日常工作。

市劳动能力鉴定中心受市鉴定委员会的委托，负责职业病人员的劳动能力鉴定及工伤人员的再次鉴定等具体事务。

区、县劳动能力鉴定委员会负责本行政区域内的工伤人员劳动能力鉴定。

鉴定委员会依法建立医疗卫生专家库，进行劳动能力鉴定。

第二十六条 （劳动能力鉴定申请材料）

工伤人员的劳动能力鉴定，可以由用人单位、工伤人员或者其直系亲属向鉴定委员会提出申请。

提出劳动能力鉴定申请的，应当提交下列材料：

（一）填写完整的劳动能力鉴定申请表。

（二）工伤认定决定。

（三）医疗保险契约定点医疗机构诊治工伤的有关资料。

第二十七条 （鉴定程序）

鉴定委员会收到劳动能力鉴定申请后，应当依法组成专家组，并由专家组提出鉴定意见。鉴定委员会根据专家组的鉴定意见，在收到劳动能力鉴定申请之日起 60 日内作出工伤人员劳动能力鉴定结论。必要时，作出劳动能力鉴定结论的时限可以延长 30 日。劳动能力鉴定结论应当及时送达申请劳动能力鉴定的用人单位、工伤人员或者其直系亲属。

鉴定委员会在送达劳动能力鉴定结论时，应当书面告知申请劳动能力鉴定的用人单位、工伤人员或者其直系亲属办理享受工伤保险待遇的手续，并提供工伤保险待遇申请表。

第二十八条 （再次鉴定）

申请劳动能力鉴定的用人单位、工伤人员或者其直系亲属对劳动能力鉴定结论或者职业病鉴定结论不服的，可以在收到该鉴定结论之日起 15 日内向市鉴定委员会提出再次鉴定申请。

对职业病鉴定结论不服的再次鉴定申请，市鉴定委员会应当另行组织专家组，进行再次鉴定。

市鉴定委员会作出的再次鉴定结论为最终结论。

第二十九条 （复查鉴定）

自劳动能力鉴定结论作出之日起 1 年后，工伤人员或者其直系亲属、用人单位或者经办机构认为伤残情况发生变化的，可以提出劳动能力复查鉴定申请。

第三十条 （鉴定费用）

工伤人员的初次劳动能力鉴定费用由工伤保险基金支付。

用人单位、工伤人员或者其直系亲属提出再次鉴定或者复查鉴定申请的，再次鉴定结论维持原鉴定结论，或者复查鉴定结论没有变化的，鉴定费用由提出再次鉴定或者复查鉴定申请的用人单位、工伤人员或者其直系亲属承担；再次鉴定结论或者复查鉴定结论有变化的，鉴定费用由工伤保险基金承担。

第五章　工伤保险待遇

第三十一条 （就医原则）

从业人员因工作遭受事故伤害或者患职业病进行治疗，享受工伤医疗待遇。

工伤人员治疗工伤应当在本市医疗保险契约定点医疗机构或者职业病定点医疗机构就医，情况紧急时可以先到就近的医疗机构急救，伤情稳定后应及时转往医疗保险契约定点医疗机构治疗。确需转往外省市治疗的，工伤人员应当到经办机构办理相关手续。

第三十二条 （医疗待遇）

治疗工伤所需医疗费用应当符合国家和本市的工伤保险诊疗项目目录、工伤保险药品目录、工伤保险住院服务标准。工伤医疗费用除按照本市规定由医疗保险基金承担的部分外，其余由工伤保险基金承担。

本市的工伤保险诊疗项目目录、工伤保险药品目录、工伤保险住院服务标准，按照本市有关基本医疗保险诊疗项目范围、用药范围以及医疗服务设施范围等规定执行。

工伤人员治疗非工伤引发的疾病，所需医疗费用不列入工伤保险基金支付范围。

第三十三条 （住院伙食费、交通食宿费标准）

工伤人员住院治疗工伤的，由所在单位按照本单位因公出差伙食补助标准的70%发给住院伙食补助费；经批准转往外省市就医的，所需交通、食宿费用由所在单位按照本单位从业人员因公出差标准报销。

第三十四条 （辅助器具）

工伤人员因日常生活或者就业需要，经鉴定委员会确认，可以安装假肢、矫形器、假眼、假牙和配置轮椅等辅助器具，所需费用按照国家和本市规定的标准和辅助器具项目从工伤保险基金支付。

第三十五条 （停工留薪期待遇）

从业人员因工作遭受事故伤害或者患职业病需要暂停工作接受工伤治疗的，在停工留薪期内，原工资福利待遇不变，由所在单位按月支付。

停工留薪期一般不超过12个月。伤情严重或者情况特殊，经鉴定委员会确认，可以适当延长，但延长不得超过12个月。工伤人员评定伤残等级后，停发原待遇，按照本办法的有关规定享受伤残待遇。工伤人员停工留薪期满后仍需治疗的，继续享受工伤医疗待遇。

生活不能自理的工伤人员在停工留薪期需要护理的，由所在单位负责。

第三十六条 （生活护理待遇）

工伤人员已经评定伤残等级并经鉴定委员会确认需要生活护理的，从工伤保险基金按月支付生活护理费。

生活护理费按照生活完全不能自理、生活大部分不能自理或者生活部分不能自理3个不同等级支付，其标准分别为上年度全市职工月平均工资的50%、40%或者30%。

第三十七条 （致残1～4级待遇）

工伤人员因工致残被鉴定为一级至四级伤残的，保留劳动关系，退出工作岗位，享受以下待遇：

（一）从工伤保险基金支付一次性伤残补助金。一级伤残的，为24个月的工伤人员负伤前一月本人缴费工资；二级伤残的，为22个月；三级伤残的，为20个月；四级伤残的，为18个月。

（二）从工伤保险基金按月支付伤残津贴。一级伤残的，为工伤人员负伤前一月本人缴费工资的90%；二级伤残的，为85%；三级伤残的，为80%；四级伤残的，为75%。

（三）工伤人员办理按月领取养老金手续后，停发伤残津贴，享受养老保险待遇。基本养老金低于伤残津贴的，由工伤保险基金补足差额。工伤人员到达法定退休年龄又不符合按月领取养老金条件的，由工伤保险基金继续支付伤残津贴。

（四）参加本市基本医疗保险的用人单位和工伤人员以伤残津贴为基数，按月缴纳基本医疗保险费，享受基本医疗保险待遇。工伤人员到达法定退休年龄后继续享受基本医疗保险待遇。

第三十八条 （致残5～6级待遇）

工伤人员因工致残被鉴定为五级、六级伤残的，享受以下待遇：

（一）从工伤保险基金支付一次性伤残补助金。五级伤残的，为16个月的工伤人员负伤前一月本人缴费工资；六级伤残的，为14个月。

（二）保留与用人单位劳动关系的，由用人单位安排适当工作。难以安排工作的，由用人单位按月发给伤残津贴。五级伤残的，为工伤人员负伤前一月本人缴费工资的70%；六级伤残的，为60%。并由用人单位和工伤人员继续按照规定缴纳各项社会保险费。伤残津贴实际金额低于本市职工最低月工资标准的，由用人单位补足差额。

经工伤人员本人提出，该工伤人员可以与用人单位解除或者终止劳动关系，由用人单位支付一次性工伤医疗补助金和伤残就业补助金。五级伤残的，两项补助金标准合计为30个月的上年度全市职工月平均工资；六级伤残的，为25个月。

因工伤人员退休或者死亡使劳动关系终止的，不享受本条第二款规定的待遇。

第三十九条 （致残7～10级待遇）

工伤人员因工致残被鉴定为七级至十级伤残的，享受以下待遇：

（一）从工伤保险基金支付一次性伤残补助金。七级伤残的，为12个月的工伤人员负伤前一月本人缴费工资；八级伤残的，为10个月；九级伤残的，为8个月；十级伤残的，为6个月。

（二）劳动合同期满终止，或者工伤人员本人提出解除劳动合同的，由用人单位支付一次性工伤医疗补助金和伤残就业补助金。七级伤残的，两项补助金标准合计为20个月的上年度全市职工月平均工资；八级伤残的，为15个月；九级伤残的，为10个月；十级伤残的，为5个月。

因工伤人员退休或者死亡使劳动关系终止的，不享受本条第一款第（二）项规定的待遇。

第四十条 （工伤复发）

工伤人员工伤复发，经鉴定委员会确认需要治疗的，享受本办法第三十一条至第三十六条规定的工伤保险待遇。

与用人单位解除或者终止劳动关系的工伤人员，并按照本办法规定享受一次性工伤医疗补助金和伤残就业补助金的，不再享受本办法第三十一条至第三十六条规定的待遇。

第四十一条 （因工死亡待遇）

从业人员因工死亡，其直系亲属按照下列规定从工伤保险基金领取丧葬补助金、供养亲属抚恤金和一次性工亡补助金：

（一）丧葬补助金为从业人员因工死亡时6个月的上年度全市职工月平均工资。

（二）供养亲属抚恤金按照从业人员本人因工死亡前一月缴费工资的一定比例发给其生前提供主要生活来源、无劳动能力的亲属。其中，配偶每月40%，其他亲属每人每月30%；孤寡老人或者孤儿每人每月在上述标准基础上增加10%。核定的各供养亲属的抚恤金之和不应高于从业人员因工死亡前一月的缴费工资。

（三）一次性工亡补助金标准为从业人员因工死亡时50个月的上年度全市职工月平均工资。

工伤人员在停工留薪期内因工伤导致死亡的，其直系亲属享受本条第一款规定的待遇。

一级至四级伤残的工伤人员在停工留薪期满后死亡的，其直系亲属可以享受本条第一款第(一)项、第(二)项规定的待遇；其中，在按月领取养老金以后死亡的，其直系亲属享受的由养老保险基金支付的丧葬补助金低于本条第一款第(一)项标准的，应当由工伤保险基金补足差额。

供养亲属的具体范围按照国家有关规定执行。

第四十二条 （关于缴费工资的特别规定）

本办法第三十七条第一款第(一)项和第(二)项、第三十八条第一款第(一)项、第三十九条第一款第(一)项以及第四十一条第一款第(二)项所规定的工伤人员或者因工死亡人员负伤前或者死亡前一月缴费工资，低于上年度全市职工月平均工资标准的，按照工伤人员或者因工死亡人员负伤前或者死亡时上年度全市职工月平均工资标准确定。

第四十三条 （待遇调整）

伤残津贴、供养亲属抚恤金、生活护理费的标准由市劳动保障局根据全市职工平均工资和居民消费价格指数变化等情况适时调整。调整办法由市劳动保障局拟订，报市政府批准后执行。

第四十四条 （与其他赔偿关系）

因机动车事故或者其他第三方民事侵权引起工伤，用人单位或者工伤保险基金按照本办法规定的工伤保险待遇先期支付的，工伤人员或者其直系亲属在获得机动车事故等民事赔偿后，应当予以相应偿还。

第四十五条 （因工外出发生事故或在抢险救灾中下落不明人员的待遇）

从业人员因工外出期间发生事故或者在抢险救灾中下落不明的，从事故发生当月起3个月内照发工资，从第4个月起停发工资，由工伤保险基金按照本办法第四十一条第一款第(二)项所规定的标准，向其供养亲属按月支付供养亲属抚恤金。生活有困难的，可以预支一次性工亡补助金的50%。从业人员被人民法院宣告死亡的，按照本办法第四十一条规定处理。

第四十六条 （待遇停止）

工伤人员有下列情形之一的，停止享受工伤保险待遇：

（一）丧失享受待遇条件的。

（二）拒不接受劳动能力鉴定的。

（三）拒绝治疗的。

（四）被判刑正在收监执行的。

第四十七条 （保险责任确定）

用人单位分立、合并、转让的，承继单位应当承担原用人单位的工伤保险责任。

用人单位实行承包经营的，工伤保险责任由从业人员劳动关系所在单位承担。

从业人员被借调期间受到工伤事故伤害的，由原用人单位承担工伤保险责任，但原用人单位与借调单位可以约定补偿办法。

企业破产的，在破产清算时优先拨付依法应由单位支付的工伤保险待遇费用。

第四十八条 （境外赔偿）

从业人员被派遣出境工作，依据前往国家或者地区的法律应当参加当地工伤保险的，参加当地工伤保险，其国内工伤保险关系中止；不能参加当地工伤保险的，其国内工伤保险关系不中止，按本办法规定享受工伤保险待遇。

第四十九条 （办理享受待遇的手续）

从业人员因工伤亡的，由工伤人员或者其直系亲属、用人单位到经办机构办理工伤保险待遇手续，并提供下列相应材料：

（一）填写完整的工伤保险待遇申请表。

（二）工伤医疗费用支付凭证。

（三）工伤人员与承担工伤责任用人单位存在劳动关系的证明材料。

（四）待遇享受人的身份证明及与因工死亡人员的供养关系证明。

（五）下落不明或者宣告死亡的证明材料。

（六）其他相关材料。

经办机构应当自接到享受工伤保险待遇申请之日起30日内，对工伤人员或者其供养亲属享受工伤保险待遇的条件进行审核。符合条件的，核定其待遇标准并按时足额支付；不符合条件的，应当书面告知。

第六章 特别规定

第五十条 （非全日制从业人员缴费）

招用非全日制从业人员的用人单位应当将应缴纳的工伤保险费在劳动报酬中支付给个人，由其本人按照本办法规定的工伤保险费缴费基数和费率自行缴费。

第五十一条 （非全日制从业人员工伤待遇）

非全日制从业人员因工作遭受事故伤害或者患职业病后，与用人单位的劳动关系按照《上海市劳动合同条例》的规定执行，享受下列工伤保险待遇：

（一）按照本办法规定由工伤保险基金支付的工伤保险待遇。

（二）由承担工伤责任的用人单位参照本办法规定支付停工留薪期待遇，并不得低于全市职工月最低工资标准。

（三）致残一级至四级的，由承担工伤责任的用人单位和工伤人员以享受的伤残津贴为基数，一次性缴纳基本医疗保险费至工伤人员到达法定退休年龄，享受基本医疗保险待遇。

（四）致残五级至十级的，由承担工伤责任的用人单位按照本办法规定的标准支付一次性工伤医疗补助金和伤残就业补助金。

第五十二条 （协保人员的工伤待遇）

用人单位使用经就业登记的协保人员的，协保人员的工资收入不计入用人单位工伤保险缴费基数。

协保人员发生工伤的，可以按照本办法规定享受工伤保险待遇，但经办机构按照规定核定用人单位下一年度的浮动费率。

第五十三条 （非正规就业劳动组织从业人员工伤待遇）

非正规就业劳动组织参照本办法规定的缴费基数和比例缴纳工伤保险费，在缴纳工伤保险费后，其按照规定在劳动保障部门进行登记的从业人员发生工伤的，可以享受本办法规定由工伤保险基金支付的工伤保险待遇。

第七章　法律责任

第五十四条 （劳动保障行政部门法律责任）

劳动保障行政部门工作人员有下列情形之一的，依法给予行政处分；情节严重，构成犯罪的，依法追究刑事责任：

（一）无正当理由不受理工伤认定申请，或者弄虚作假将不符合工伤条件的人员认定为工伤人员的。

（二）未妥善保管申请工伤认定的证据材料，致使有关证据灭失的。

（三）收受当事人财物的。

第五十五条 （有关单位和个人的法律责任）

单位或者个人违反规定挪用工伤保险基金，构成犯罪的，依法追究刑事责任；尚不构成犯罪的，依法给予行政处分或者纪律处分。被挪用的基金由市劳动保障局追回，并入工伤保险基金。

经办机构有下列行为之一的，由市劳动保障局责令改正，对直接负责的主管人员和其他责任人员依法给予纪律处分；情节严重，构成犯罪的，依法追究刑事责任；造成当事人经济损失的，由经办机构依法承担赔偿责任：

（一）未按规定保存用人单位缴费和工伤人员享受工伤保险待遇情况记录的。

（二）不按规定核定工伤保险待遇的。

（三）收受当事人财物的。

第五十六条 （骗取基金的法律责任）

用人单位、工伤人员或者其直系亲属骗取工伤保险待遇，医疗机构、辅助器具配置机构骗取工伤保险基金支出的，由市劳动保障局责令其限期退还，并处骗取金额1倍以上3倍以下的罚款；情节严重，构成犯罪的，依法追究刑事责任。

第五十七条 （鉴定机构法律责任）

从事劳动能力鉴定的组织或者个人有下列情形之一的，由市劳动保障局责令改正，并处2 000元以上1万元以下的罚款；情节严重，构成犯罪的，依法追究刑事责任：

（一）提供虚假鉴定意见的。

（二）提供虚假诊断证明的。

（三）收受当事人财物的。

第五十八条 （应参保未参保或者未按规定缴费的规定）

用人单位应当参加工伤保险而未参加或者未按规定缴纳工伤保险费的，由劳动保障行政部门责令改正，并按照国务院《社会保险费征缴暂行条例》、《上海市城镇职工社会保险费征缴若干规定》的有关规定处理。未参加工伤保险或者未按规定缴纳工伤保险费期间用人单位从业人员发生工伤的，该期间的工伤待遇由用人单位按照本办法规定的工伤保险待遇项目和标准支付费用。

第五十九条 （争议处理）

工伤人员与用人单位发生工伤待遇方面争议的，按照处理劳动争议的有关规定处理。

第六十条 （行政复议和行政诉讼）

有关单位和个人对劳动保障行政部门或者经办机构依照本办法规定作出的具体行政行为不服的，可以依法申请行政复议或者提起行政诉讼。

第八章 附则

第六十一条 （关于适用范围的特别规定）

国家对国家机关、社会团体、事业单位以及民办非企业单位的工伤保险另行作出规定的，按照国家规定进行调整。

第六十二条 （聘用退休人员规定）

用人单位聘用的退休人员发生工伤的，由用人单位参照本办法规定支付其工伤保险待遇。

第六十三条 （老工伤人员的规定）

本办法实施前已遭受事故伤害或者患职业病且由用人单位负责支付工伤保险待遇的工伤人员，其相关工伤保险待遇转由工伤保险基金承担支付的具体办法，由市劳动保障局另行拟订，报市政府批准后实施。

具体办法未实施之前，本条前款规定的工伤人员有关工伤保险待遇仍由用人单位按原办法支付。

第六十四条 （外来从业人员规定）

本市用人单位使用外来从业人员发生工伤的，按照《上海市外来从业人员综合保险暂行办法》有关工伤保险的规定执行。

第六十五条 （暂不参加的规定）

本市参加农村社会养老保险的用人单位及其从业人员暂不参加本办法规定的工伤保险。从业人员发生工伤的，由用人单位参照本办法规定支付其工伤保险待遇。

第六十六条 （实施日期）

本办法自 2004 年 7 月 1 日起施行。

2004 年 1 月 1 日起本市有关工伤认定、劳动能力鉴定以及工伤保险待遇的享受等事项，按照本办法的规定执行。

附件三：上海市外来从业人员综合保险暂行办法及其实施细则

上海市外来从业人员综合保险暂行办法

（2002 年 7 月 22 日　上海市人民政府令第 123 号）

第一条 （目的）

为了保障外来从业人员的合法权益，规范单位用工行为，维护本市劳动力市场秩序，根据本市实际，制订本办法。

第二条 （含义）

本办法所称的外来从业人员综合保险（以下简称综合保险）。

包括工伤（或者意外伤害）、住院医疗和老年补贴等三项保险待遇。

本办法所称外来从业人员，是指符合本市就业条件，在本市务工、经商但不具有本市常住户籍的外省、自治区、直辖市的人员。

第三条 （适用范围）

本市行政区域内，经批准使用外来从业人员的国家机关、社会团体、企业（包括外地施工企业）、事业单位、民办非企业单位、个体经济组织（以下统称用人单位）及其使用的外来从业人员和无单位的外来从业人员，适用本办法。

下列外来从业人员不适用本办法：

（一）从事家政服务的人员；

（二）从事农业劳动的人员；

（三）按照《引进人才实行〈上海市居住证〉制度暂行规定》引进的人员。

第四条 （管理部门）

市劳动和社会保障局是本市综合保险的行政主管部门，负责综合保险的统一管理。劳动保障行政部门所属的外来人员就业管理机构，负责综合保险的具体管理工作。

市公安、建设、财政、工商、卫生等部门按照各自职责，协同做好综合保险管理工作。

第五条 （缴费主体）

用人单位和无单位的外来从业人员依照本办法规定，缴纳综合保险费。

第六条 （登记手续）

用人单位应当自本办法施行之日起30日内，到外来人员就业管理机构办理综合保险登记手续。初次使用外来从业人员或者初次进入本市施工的用人单位，应当在获得批准使用外来从业人员之日起30日内，办理综合保险登记手续。

无单位的外来从业人员，应当在申领《上海市外来人员就业证》之日起5个工作日内，到外来人员就业管理机构办理综合保险登记手续。

综合保险的具体登记事项，由市劳动和社会保障局另行规定。

第七条 （注销与变更）

用人单位依法终止或者迁出本市，或者综合保险登记事项发生变更的，应当自有关情形发生之日起30日内，到原办理登记机构办理注销或者变更登记手续。

无单位的外来从业人员不在本市从业或者综合保险登记事项发生变更的，应当及时到原办理登记机构办理注销或者变更登记手续。

第八条 （缴费期限）

用人单位和无单位的外来从业人员应当自办理综合保险登记手续当月起，向市外来人员就业管理机构缴纳综合保险费。综合保险费的缴纳以三个月为一个周期，每次应当缴纳三个月的综合保险费。

第九条 （缴费基数和比例）

用人单位缴纳综合保险费的基数，为其使用外来从业人员的总人数乘以上年度全市职工月平均工资的60％。无单位的外来从业人员缴纳综合保险费的基数，为上年度全市职工月平均工资的60％。

用人单位和无单位的外来从业人员按照缴费基数12.5％的比例，缴纳综合保险费。其中，外地施工企业的缴费比例为7.5％。

第十条 （综合保险费的列支渠道）

用人单位缴纳的综合保险费，按照财政部门规定的渠道列支。

第十一条 （基金使用）

本市建立综合保险基金。综合保险基金主要用于综合保险待遇的支付及运营费。

综合保险基金不敷使用时，可以调整缴费比例。缴费比例的调整由市劳动和社会保障局提出，报市政府批准后执行。

第十二条 （基金管理）

综合保险基金实行集中管理、单独立户、专款专用，任何部门、单位和个人不得转借、挪用、侵占。

综合保险基金依法接受财政、审计、监察等部门的监督。

第十三条 （享受待遇）

依照本办法规定履行缴费义务的，按下列规定享受综合保险待遇：

（一）用人单位使用的外来从业人员，享受工伤、住院医疗和老年补贴三项待遇。

（二）无单位的外来从业人员，享受意外伤害、住院医疗和老年补贴三项待遇。

（三）外地施工企业的外来从业人员，享受工伤、住院医疗两项待遇。

第十四条 （工伤或意外伤害保险待遇）

用人单位使用的外来从业人员、无单位的外来从业人员在参加综合保险期间发生工伤事故（或者意外伤害）、患职业病的，经有关部门作出认定和劳动能力鉴定后，参照本市规定的工伤待遇标准，享受工伤（或者意外伤害）保险待遇。工伤（或者意外伤害）保险金一次性支付。

第十五条 （住院医疗待遇）

外来从业人员在参加综合保险期间因患病或者非因工负伤住院的，住院发生的医疗费用在起付标准以下的部分，由外来从业人员自负；起付标准以上的部分，由综合保险基金承担80%，外来从业人员承担20%。住院医疗费用的起付标准为上年度全市职工年平均工资的10%。

用人单位和无单位的外来从业人员缴费满三个月的，享受住院医疗待遇的最高额，为上年度全市职工年平均工资；连续缴费满六个月的，享受住院医疗待遇的最高额，为上年度全市职工年平均工资的2倍；连续缴费满九个月的，享受住院医疗待遇的最高额，为上年度全市职工年平均工资的3倍；连续缴费满一年以上的，享受住院医疗待遇的最高额，为上年度全市职工年平均工资的4倍。

第十六条 （老年补贴待遇）

用人单位和无单位的外来从业人员连续缴费满一年的，外来从业人员可以获得一份老年补贴凭证，其额度为本人实际缴费基数的5%。

外来从业人员在男年满60周岁、女年满50周岁时，可以凭老年补贴凭证一次性兑现老年补贴。

第十七条 （办理综合保险待遇的手续）

符合本办法第十四条、第十五条、第十六条规定条件的外来从业人员，可以凭本人身份证、《上海市外来人员就业证》、老年补贴凭证以及相关证明材料，办理享受工伤（或者意外伤害）、住院医疗或者老年补贴待遇的手续。

第十八条 （综合保险金的支付）

综合保险金由外来人员就业管理机构支付。

综合保险金也可以根据国家和本市的有关规定，并按照本办法规定的标准，委托保险公司支付和运作。

第十九条 （监督检查）

劳动保障行政部门所属的劳动监察机构负责对综合保险费的缴纳情况进行监督检查。

对未按规定缴纳综合保险费的用人单位和无单位的外来从业人员，劳动保障行政部门应当责令其限期补缴；逾期仍不缴纳的，从欠缴之日起，按日加收2‰的滞纳金。对逾期拒不缴纳综合保险费、滞纳金的，劳动保障行政部门可以申请人民法院依法强制征缴。

在补缴综合保险费之前，外来从业人员因工伤（或者意外伤害）、住院发生的费用，由用人单位按照本办法规定的标准承担或者由无单位的外来从业人员个人承担。

第二十条 （举报）

任何组织和个人对有关综合保险费征缴的违法行为，有权向劳动保障行政部门举报。劳动保障行政部门对举报应当及时调查，按照规定处理，并为举报人保密。

第二十一条 （争议处理）

外来从业人员与用人单位因缴纳综合保险费发生争议的，可以向劳务纠纷调解委员会申请调解，也可以直接向劳动争议仲裁委员会申请仲裁。对裁决不服的，可以依法向人民法院提起诉讼。

第二十二条 （实施细则）

本办法的实施细则，由市劳动和社会保障局制定。

第二十三条 （实施日期）

本办法自2002年9月1日起施行。

上海市劳动和社会保障局关于贯彻《上海市外来从业人员综合保险暂行办法》的实施细则

［沪劳保就发(2002)38号］

各委、办、局、控股(集团)公司，各区、县劳动和社会保障局，市社会保险事业基金结算管理中心，各区、县社会保险事业管理中心：

为贯彻实施《上海市外来从业人员综合保险暂行办法》(以下简称《办法》)，制定本实施细则。

一、适用范围

《办法》第三条“无单位的外来从业人员”是指在本市社区内有合法居住场所、合法务工经营场所，自主从事务工、经商活动的外来人员。

二、综合保险的登记

（一）用人单位应当自《办法》施行之日起30日内，持批准使用外来从业人员的文件、工商营业执照副本、企业法人代码证(或组织机构代码证)等材料，到下列外来人员就业管理机构办理综合保险登记手续：

1. 中央和部队在沪企业(单位)、特大型企业、市级国家机关、事业单位和社会团体，到市外地劳动力就业管理中心办理登记手续。

2. 区县属企业、私营企业、乡镇企业、个体工商户、外省市在沪单位、部分委托区县管理的市属企业(单位)，到生产经营所在地区县外地劳动力管理所办理登记手续。

3. 经批准进沪的外地施工企业到市建委经办机构办理登记手续。

（二）初次使用外来从业人员或者初次进入本市的外地施工企业，应当在获得批准使用外来从业人员之日起 30 日内，按上款规定到外来人员就业管理机构办理登记手续。

（三）无单位的外来从业人员，应当在申领《上海市外来人员就业证》（以下简称《就业证》）时，持本人身份证、合法务工经营场所及合法居住场所证明等材料，到就业所在地街道（乡镇）社会保障服务中心办理综合保险登记手续。

三、综合保险缴费卡的领取

（一）用人单位综合保险缴费卡按照以下程序领取：

1. 用人单位在办理综合保险登记手续时，应当在外来人员就业管理机构指导下填写综合保险缴费卡申请书。

2. 外来人员就业管理机构根据综合保险缴费卡申请书，发放领取综合保险缴费卡的通知单。

3. 用人单位收到领取综合保险缴费卡的通知单后，应当在规定的时间内到下列指定的社会保险经办机构领取综合保险缴费卡：

（1）在区县外地劳动力管理所登记的，到区县外地劳动力管理所所在的区县社会保险事业管理中心领取。

（2）在市外地劳动力就业管理中心登记的，到长宁区社会保险事业管理中心领取。

（3）在市建委经办机构登记的，到市建委经办机构所在的区县社会保险事业管理中心领取。

（二）无单位的外来从业人员进行综合保险登记后，在 5 日内到指定金融机构办理本人实名制存折，并将存折账号告知原登记的街道（乡镇）社会保障服务中心。存折作为无单位的外来从业人员的综合保险缴费卡。

四、综合保险的变更

（一）用人单位名称、地址等情况发生变化，应当按照《办法》第七条规定，并携带下列材料办理注销或者变更登记手续：

1. 单位营业执照副本或者其他证明材料。

2. 企业法人代码证或者组织机构代码证。

3. 批准使用外来从业人员的文件。

4. 综合保险缴费卡等。

（二）用人单位经批准使用的外来从业人员发生增减的，应当按照《办法》第七条规定，并携带下列材料变更登记手续：

1. 批准使用外来从业人员的文件。

2. 增减的外来从业人员的名单。

3. 增加的外来从业人员的证件照 2 张以及身份证复印件等。

（三）无单位的外来从业人员务工经营地址、内容等发生变更或者停止务工经营的，应当携带下列材料到原登记的街道(乡镇)社会保障服务中心办理变更或者注销手续：

1. 身份证；

2.《就业证》；

3. 综合保险缴费卡等。

五、综合保险费的缴纳

（一）用人单位或者无单位的外来从业人员办理综合保险登记或者变更手续后。按规定的日期将应当缴纳的综合保险费存入综合保险缴费卡。

用人单位缴纳综合保险费的外来从业人员人数按截止到上月 25 日的实际人数计算。

（二）市社会保险事业管理中心按照规定的扣款日期，每月 10 日前从综合保险缴费卡中划转综合保险费，并建立缴费记录。

综合保险缴费卡中费用不足的，市社会保险事业管理中心不予划转，并将扣款不成功的信息通知外来人员就业管理机构，由外来人员就业管理机构负责催款。

用人单位及无单位的外来从业人员 10 日前未缴费的，市社会保险事业管理中心于每月 15 日、20 日进行扣款，20 日扣款仍不成功的，将扣款不成功的信息通知外来人员就业管理机构，由外来人员就业管理机构移交劳动监察部门查处。

六、综合保险的运作

（一）市劳动和社会保障局委托商业保险公司支付和运作的，应当与商业保险公司签订综合保险协议；商业保险公司应当按规定支付综合保险金。

（二）市外地劳动力就业管理中心应当向商业保险公司提供用人单位和无单位的外来从业人员参加综合保险的基本情况。

（三）商业保险公司应当根据投保情况按下列规定提供保险凭证：

1. 向用人单位寄发保险凭证。其中工伤保险凭证、住院医疗凭证由用人单位持有，用人单位应当将投保情况告知外来从业人员；老年补贴保险凭证由用人单位转交外来从业人员持有。

2. 向街道(乡镇)社会保障服务中心寄发保险凭证，由街道(乡镇)社会保障服务中心转交无单位的外来从业人员持有。

（四）在参加综合保险期间，外来从业人员发生工伤事故(意外伤害)、患职业病或者住院医疗的，可以按照《办法》和本实施细则规定的标准和程序，向商业保险公司领取综合保险金。其中发生工伤事故或者患职业病的抢救医疗费先由用人单位垫付。

七、工伤保险的规定

（一）工伤认定

1. 外来从业人员在参加综合保险期间发生工伤事故或者患职业病的，用人单位应当立即向单位所在地的区县劳动和社会保障局所属的工伤认定机构和商业保险公司报告，并自事故伤害发生或者职业病确诊之日起 30 日内，向工伤认定机构提出工伤认定申请。

外来从业人员本人或者其家属也可以直接提出工伤认定申请，申请时效自事故伤害发生或者职业病确诊之日起 180 日内。

2. 提出工伤认定申请应当提交以下材料：

(1) 工伤认定申请书；

(2)《就业证》和保险凭证或者综合保险缴费卡；

(3) 指定医疗机构(以下简称医疗机构)的医疗诊断书或者职业病诊断书；

(4) 其他相关材料。

申请人所提供的材料不完整的，工伤认定机构应当告知申请人及时补充相关证明和说明材料。

3. 工伤认定机构受理工伤认定申请后，应当根据本市企业职工的工伤范围进行调查核实，并在 30 日内作出工伤认定决定，出具《工伤认定意见书》，书面告知申请人。《工伤认定意见书》同时抄送市外地劳动力就业管理中心。

对工伤认定有争议的，由用人单位承担举证责任。

(二) 工伤鉴定

外来从业人员因工负伤或者患职业病在规定的停工留薪期内治愈或者伤情处于相对稳定状态，用人单位应当根据医疗机构作出的医疗终结结论，按《上海市劳动能力鉴定办法》[沪劳保福发(2001)34 号]的规定，对其进行伤残程度的鉴定。

(三) 待遇标准

1. 外来从业人员被认定为因工负伤或者患职业病的，商业保险公司按照下列项目和标准一次性支付工伤保险待遇：

(1) 实际发生的符合国家和本市基本医疗保险规定的抢救医疗费用。

(2) 按照发生工伤的致残等级和年龄确定的伤残补助金、伤残津贴、生活护理费和旧伤复发医疗费。伤残补助金、伤残津贴、生活护理费和旧伤复发医疗费的具体标准见附表一。

(3) 经劳动能力鉴定机构认定应当安装假肢、矫型器、假眼、假牙和配置轮椅等辅助器具的费用。辅助器具的费用按使用期限和国产普及型价格确定。

2. 外来从业人员被认定为因工死亡的，商业保险公司按照下列项目和标准一次性支付工伤保险待遇：

(1) 实际发生的符合国家和本市基本医疗保险规定的抢救医疗费用。

(2) 丧葬补助金。标准为 6 个月的上年度全市职工月社会平均工资。

(3) 因工死亡补助金。标准为 50 个月的上年度全市职工月社会平均工资。

(4) 供养亲属抚恤金。抚恤金按以下公式计算：

$$抚恤金 = 死亡时上年度全市职工年社会平均工资的 30\% \times 12 年 \times 1 人$$

八、意外伤害的规定

（一）意外伤害认定

外来从业人员在参加综合保险期间发生意外伤害的，由商业保险公司认定意外伤害事故。

（二）意外伤害鉴定

外来从业人员发生意外伤害的，按《上海市劳动能力鉴定办法》[沪劳保福发(2001) 34 号]的规定，对其进行伤残程度的鉴定。

（三）待遇标准

外来从业人员在《就业证》载明的务工经营场所、正常的工作时间内，从事相关的劳动时，发生意外伤害的，商业保险公司应当按照工伤保险待遇标准一次性支付意外伤害保险金；发生其他意外伤害的，商业保险公司应当支付一次性意外伤害保险金，具体见附表二。

九、住院医疗保险的规定

在保险期间，外来从业人员因患病或者非因工负伤住院医疗的，发生的符合基本医疗保险规定的医疗费用，由商业保险公司按照《办法》第十五条的规定支付。

《办法》第十五条规定“上年度全市职工年平均工资”是指住院之日的上年度全市职工年平均工资。

十、老年补贴的规定

《办法》第十六条规定的老年补贴保险凭证的额度，为每一缴费月份的上年度全市职工月平均工资 60%的 5%之和。

十一、综合保险待遇的领取

（一）用人单位或者外来从业人员可以凭以下单证到商业保险公司申请领取综合保险金：

1. 发生工伤、患职业病的，由用人单位凭外来从业人员的《就业证》、保险凭证或者综合保险缴费卡、工伤事故认定书、身份证明、医疗费单据或者证明、伤残结论书等申请领取工伤保险金。

发生意外伤害的，由外来从业人员（委托人）凭《就业证》、保险凭证或者综合保险缴费卡、意外伤害认定书、身份证明、伤残结论书等申请意外伤害保险金。其中按规定申领抢救医疗费用的，还需提供医疗费单据或者证明。

2. 因病住院医疗的，由用人单位或者无单位的外来从业人员凭《就业证》、保险凭证或者综合保险缴费卡、身份证明、医疗费单据或者证明等申请领取住院医疗保险金。特殊情况下，用人单位也可以出具证明委托外来从业人员本人申领。

3. 到达《办法》第十六条规定年龄的，外来从业人员凭身份证明、保险凭证到户籍所在地的商业保险公司约定的机构领取老年补贴。

十二、其他

（一）已参加本市城镇社会保险的外来从业人员，可以不参加综合保险，但原批准的期限到期而需要继续在本市就业的，应当参加综合保险。

（二）工伤、意外伤害待遇以发生工伤、意外伤害或者职业病确诊之日计算。

（三）本实施细则自 2002 年 9 月 1 日起施行。市劳动和社会保障局以前有关规定与本实施细则不一致的，以本实施细则为准。

上海市劳动和社会保障局

二〇〇二年八月二十八日

附表一：

工伤保险四项待遇一次性支付表

单位：万元

级别 年龄	一级	二级	三级	四级	五级	六级	七级	八级	九级	十级
20 岁及其以下	44.6	40.2	35.9	25.8	16.1	12.7	4	3	2	1
21 岁	43.6	39.4	35.1	25.3	15.8	12.5				
22 岁	42.6	38.5	34.3	24.7	15.5	12.2				
23 岁	41.7	37.6	33.5	24.1	15.2	12.0				
24 岁	40.7	36.7	32.7	23.6	14.9	11.8				
25 岁	39.7	35.8	31.9	23.0	14.6	11.5				
26 岁	38.7	34.9	31.2	22.4	14.3	11.3				
27 岁	37.8	34.1	30.4	21.9	14.0	11.1				
28 岁	36.8	33.2	29.6	21.3	13.7	10.8				
29 岁	35.8	32.3	28.8	20.8	13.4	10.6				
30 岁	34.8	31.4	28.0	20.2	13.1	10.4				
31 岁	33.8	30.5	27.2	19.6	12.8	10.1				
32 岁	32.9	29.6	26.4	19.1	12.5	9.9				
33 岁	31.9	28.8	25.6	18.5	12.3	9.7				
34 岁	30.9	27.9	24.9	18.0	12.0	9.4				
35 岁	29.9	27.0	24.1	17.4	11.7	9.2				
36 岁	28.9	26.1	23.3	16.8	11.4	9.0				
37 岁	28.0	25.2	22.5	16.3	11.1	8.8				
38 岁	27.0	24.4	21.7	15.7	10.8	8.5				
39 岁	26.0	23.5	20.9	15.1	10.5	8.3				
40 岁	25.0	22.6	20.1	14.6	10.2	8.1				
41 岁	24.1	21.7	19.4	14.0	9.9	7.8				
42 岁	23.1	20.8	18.6	13.5	9.6	7.6				
43 岁	22.1	19.9	17.8	12.9	9.3	7.4				
44 岁	21.1	19.1	17.0	12.3	9.0	7.1				

45 岁	20.1	18.2	16.2	11.8	8.7	6.9
46 岁	19.2	17.3	15.4	11.2	8.4	6.7
47 岁	18.2	16.4	14.6	10.7	8.1	6.4
48 岁	17.2	15.5	13.9	10.1	7.8	6.2
49 岁	16.2	14.6	13.1	9.5	7.5	6.0
50 岁及其以上	15.2	13.8	12.3	9.0	7.2	5.7

附表二:

意外伤害一次性支付表

单位:万元

级别	死亡	一级	二级	三级	四级	五级	六级	七级	八级	九级	十级
标准	14.7	14.7	13.2	11.8	10.3	8.8	7.4	4	3	2	1

B.4 建设工程委托监理(含风险管理)合同示例

第一部分 建设工程委托监理合同

委托人__________与监理人__________经双方协商一致,签订本合同。

一、委托人委托监理人监理的工程(以下简称“本工程”)概况如下:

工程名称:

工程地点:

工程规模:

总投资:

二、本合同中的有关词语含义与本合同第二部分《标准条件》中赋予它们的定义相同。

三、下列文件均为本合同的组成部分:

(1) 监理投标书或中标通知书。

(2) 本合同标准条件。

(3) 本合同专用条件。

(4) 在实施过程中双方共同签署的补充与修正文件。

四、监理人向委托人承诺,按照本合同的规定,承担本合同专用条件中议定范围内的监理业务。

五、委托人向监理人承诺按照本合同注明的期限、方式、币种,向监理人支付报酬。

本合同自______年______月______日开始实施,至______年______月______日完成。

本合同一式______份,具有同等法律效力,双方各执______份。

委托人:(签章)　　　　　　监理人:(签章)

住所：	住所：
法定代表人：(签章)	法定代表人：(签章)
开户银行：	开户银行：
账号：	账号：
邮编：	邮编：
电话：	电话：

本合同签订于：________年________月________日

第二部分　标准条件

词语定义、适用范围和法规

第一条　下列名词和用语，除上下文另有规定外，有如下含义：

(1)“工程”是指委托人委托实施监理的工程。

(2)“委托人”是指承担直接投资责任和委托监理业务的一方以及其合法继承人。

(3)“监理人”是指承担监理业务和监理责任的一方，以及其合法继承人。

(4)“监理机构”是指监理人派驻本工程现场实施监理业务的组织。

(5)“总监理工程师”是指经委托人同意，监理人派到监理机构全面履行本合同的全权负责人。

(6)“承包人”是指除监理人以外，委托人就工程建设有关事宜签订合同的当事人。

(7)“工程监理的正常工作”是指双方在专用条件中约定，委托人委托的监理工作范围和内容。

(8)“工程监理的附加工作”是指：①委托人委托监理范围以外，通过双方书面协议另外增加的工作内容；②由于委托人或承包人原因，使监理工作受到阻碍或延误，因增加工作量或持续时间而增加的工作。

(9)“工程监理的额外工作”是指正常工作和附加工作以外，根据第三十八条规定监理人必须完成的工作，或非监理人自己的原因而暂停或终止监理业务，其善后工作及恢复监理业务的工作。

(10)“日”是指任何一天零时至第二天零时的时间段。

(11)“月”是指根据公历从一个月份中任何一天开始到下一个月相应日期的前一天的时间段。

第二条　建设工程委托监理合同适用的法律是指国家的法律、行政法规，以及专用条件中议定的部门规章或工程所在地的地方法规、地方规章。

第三条　本合同文件使用汉语语言文字书写、解释和说明。如专用条件约定使用两种以上(含两种)语言文字时，汉语应为解释和说明本合同的标准语言文字。

监理人义务

第四条　监理人按合同约定派出监理工作需要的监理机构及监理人员，向委托人报送委派的总监理工程师及其监理机构主要成员名单、监理规划，完成监理合同专用条件中约定的监理工程范围内的监理业务。在履行合同义务期间，应按合同约定定期向委托人报告监理工作。

第五条 监理人在履行本合同的义务期间，应认真、勤奋地工作，为委托人提供与其水平相适应的咨询意见，公正维护各方面的合法权益。

第六条 监理人使用委托人提供的设施和物品属委托人的财产。在监理工作完成或中止时，应将其设施和剩余的物品按合同约定的时间和方式移交给委托人。

第七条 在合同期内或合同终止后，未征得有关方同意，不得泄露与本工程、本合同业务有关的保密资料。

委托人义务

第八条 委托人在监理人开展监理业务之前应向监理人支付预付款。

第九条 委托人应当负责工程建设的所有外部关系的协调，为监理工作提供外部条件。根据需要，如将部分或全部协调工作委托监理人承担，则应在专用条件中明确委托的工作和相应的报酬。

第十条 委托人应当在双方约定的时间内免费向监理人提供与工程有关的为监理工作所需要的工程资料。

第十一条 委托人应当在专用条款约定的时间内就监理人书面提交并要求作出决定的一切事宜作出书面决定。

第十二条 委托人应当授权一名熟悉工程情况、能在规定时间内作出决定的常驻代表(在专用条款中约定)，负责与监理人联系。更换常驻代表，要提前通知监理人。

第十三条 委托人应当将授予监理人的监理权利，以及监理人主要成员的职能分工、监理权限及时书面通知已选定的承包合同的承包人，并在与第三人签订的合同中予以明确。

第十四条 委托人应在不影响监理人开展监理工作的时间内提供如下资料：

(1) 与本工程合作的原材料、构配件、机械设备等生产厂家名录。

(2) 提供与本工程有关的协作单位、配合单位的名录。

第十五条 委托人应免费向监理人提供办公用房、通信设施、监理人员工地住房及合同专用条件约定的设施，对监理人自备的设施给予合理的经济补偿(补偿金额＝设施在工程使用时间占折旧年限的比例×设施原值＋管理费)。

第十六条 根据情况需要，如果双方约定，由委托人免费向监理人提供其他人员，应在监理合同专用条件中予以明确。

监理人权利

第十七条 监理人在委托人委托的工程范围内，享有以下权利：

(1) 选择工程总承包人的建议权。

(2) 选择工程分包人的认可权。

(3) 对工程建设有关事项包括工程规模、设计标准、规划设计、生产工艺设计和使用功能要求，向委托人的建议权。

(4) 对工程设计中的技术问题，按照安全和优化的原则，向设计人提出建议；如果拟提出的建议可能会提高工程造价，或延长工期，应当事先征得委托人的同意。当发现工程设计不符合国家颁布的建设工程质量标准或设计合同约定的质量标准时，监理人应当书面报告委托人并要求设计人更正。

(5) 审批工程施工组织设计和技术方案，按照保质量、保工期和降低成本的原则，向承包人提出建议，并向委托人提出书面报告。

(6) 主持工程建设有关协作单位的组织协调，重要协调事项应当事先向委托人报告。

(7) 征得委托人同意，监理人有权发布开工令、停工令、复工令，但应当事先向委托人报告。如在紧急情况下未能事先报告时，则应在 24 小时内向委托人作出书面报告。

(8) 工程上使用的材料和施工质量的检验权。对于不符合设计要求和合同约定及国家质量标准的材料、构配件、设备，有权通知承包人停止使用；对于不符合规范和质量标准的工序、分部分项工程和不安全施工作业，有权通知承包人停工整改、返工。承包人得到监理机构复工令后才能复工。

(9) 工程施工进度的检查、监督权，以及工程实际竣工日期提前或超过工程施工合同规定的竣工期限的签认权。

(10) 在工程施工合同约定的工程价格范围内，工程款支付的审核和签认权，以及工程结算的复核确认权与否决权。未经总监理工程师签字确认，委托人不支付工程款。

第十八条 监理人在委托人授权下，可对任何承包人合同规定的义务提出变更。如果由此严重影响了工程费用、质量或进度，则这种变更须经委托人事先批准。在紧急情况下未能事先报委托人批准时，监理人所做的变更也应尽快通知委托人。在监理过程中如发现工程承包人人员工作不力，监理机构可要求承包人调换有关人员。

第十九条 在委托的工程范围内，委托人或承包人对对方的任何意见和要求(包括索赔要求)，均必须首先向监理机构提出，由监理机构研究处置意见，再同双方协商确定。当委托人和承包人发生争议时，监理机构应根据自己的职能，以独立的身份判断，公正地进行调解。当双方的争议由政府建设行政主管部门调解或仲裁机关仲裁时，应当提供作证的事实材料。

委托人权利

第二十条 委托人有选定工程总承包人，以及与其订立合同的权利。

第二十一条 委托人有对工程规模、设计标准、规划设计、生产工艺设计和设计使用功能要求的认定权，以及对工程设计变更的审批权。

第二十二条 监理人调换总监理工程师须事先经委托人同意。

第二十三条 委托人有权要求监理人提交监理工作月报及监理业务范围内的专项报告。

第二十四条 当委托人发现监理人员不按监理合同履行监理职责，或与承包人串通给委托人或工程造成损失的，委托人有权要求监理人更换监理人员，直到终止合同并要求监理人承担相应的赔偿责任或连带赔偿责任。

监理人责任

第二十五条 监理人的责任期即委托监理合同有效期。在监理过程中，如果因工程建设进度的推迟或延误而超过书面约定的日期，双方应进一步约定相应延长的合同期。

第二十六条 监理人在责任期内，应当履行约定的义务，如果因监理人过失而造成了委托人的经济损失，应当向委托人赔偿。累计赔偿总额(除本合同第二十四条规定以外)不应超过监理报酬总额(除去税金)。

第二十七条 监理人对承包人违反合同规定的质量要求和完工(交图、交货)时限，不承担责任。因不可抗力导致委托监理合同不能全部或部分履行，监理人不承担责任。但对违反第五条规定引起的与之有关的事宜，向委托人承担赔偿责任。

第二十八条 监理人向委托人提出赔偿要求不能成立时，监理人应当补偿由于该索赔所导致委托人的各种费用支出。

委托人责任

第二十九条 委托人应当履行委托监理合同约定的义务，如有违反则应当承担违约责任，赔偿给监理人造成的经济损失。

监理人处理委托业务时，因非监理人原因的事由受到损失的，可以向委托人要求补偿损失。

第三十条 委托人如果向监理人提出赔偿的要求不能成立，则应当补偿由该索赔所引起的监理人的各种费用支出。

合同生效、变更与终止

第三十一条 由于委托人或承包人的原因使监理工作受到阻碍或延误，以致发生了附加工作或延长了持续时间，则监理人应当将此情况与可能产生的影响及时通知委托人。完成监理业务的时间相应延长，并得到附加工作的报酬。

第三十二条 在委托监理合同签订后，实际情况发生变化，使得监理人不能全部或部分执行监理业务时，监理人应当立即通知委托人。该监理业务的完成时间应予延长。当恢复执行监理业务时，应当增加不超过 42 日的时间用于恢复执行监理业务，并按双方约定的数量支付监理报酬。

第三十三条 监理人向委托人办理完竣工验收或工程移交手续，承包人和委托人已签订工程保修责任书，监理人收到监理报酬尾款，本合同即终止。保修期间的责任，双方在专用条款中约定。

第三十四条 当事人一方要求变更或解除合同时，应当在 42 日前通知对方，因解除合同使一方遭受损失的，除依法可以免除责任的外，应由责任方负责赔偿。变更或解除合同的通知或协议必须采取书面形式，协议未达成之前，原合同仍然有效。

第三十五条 监理人在应当获得监理报酬之日起30日内仍未收到支付单据，而委托人又未对监理人提出任何书面解释时，或根据第三十三条及第三十四条已暂停执行监理业务时限超过六个月的，监理人可向委托人发出终止合同的通知，发出通知后14日内仍未得到委托人答复，可进一步发出终止合同的通知，如果第二份通知发出后42日内仍未得到委托人答复，可终止合同或自行暂停或继续暂停执行全部或部分监理业务。委托人承担违约责任。

第三十六条 监理人由于非自己的原因而暂停或终止执行监理业务，其善后工作以及恢复执行监理业务的工作，应当视为额外工作，有权得到额外的报酬。

第三十七条 当委托人认为监理人无正当理由而又未履行监理义务时，可向监理人发出指明其未履行义务的通知。若委托人发出通知后21日内没有收到答复，可在第一个通知发出后35日内发出终止委托监理合同的通知，合同即行终止。监理人承担违约责任。

第三十八条 合同协议的终止并不影响各方应有的权利和应当承担的责任。

监理报酬

第三十九条 正常的监理工作、附加工作和额外工作的报酬，按照监理合同专用条件中第四十条的方法计算，并按约定的时间和数额支付。

第四十条 如果委托人在规定的支付期限内未支付监理报酬，自规定之日起，还应向监理人支付滞纳金。滞纳金从规定支付期限最后一日起计算。

第四十一条 支付监理报酬所采取的货币币种、汇率由合同专用条件约定。

第四十二条 如果委托人对监理人提交的支付通知中报酬或部分报酬项目提出异议，应当在收到支付通知书24小时内向监理人发出表示异议的通知，但委托人不得拖延其他无异议报酬项目的支付。

其他

第四十三条 委托的建设工程监理所必要的监理人员出外考察、材料设备复试，其费用支出经委托人同意的，在预算范围内向委托人实报实销。

第四十四条 在监理业务范围内，如需聘用专家咨询或协助，由监理人聘用的，其费用由监理人承担；由委托人聘用的，其费用由委托人承担。

第四十五条 监理人在监理工作过程中提出的合理化建议，使委托人得到了经济效益，委托人应按专用条件中的约定给予经济奖励。

第四十六条 监理人驻地监理机构及其职员不得接受监理工程项目施工承包人的任何报酬或者经济利益。监理人不得参与可能与合同规定的与委托人的利益相冲突的任何活动。

第四十七条 监理人在监理过程中，不得泄露委托人申明的秘密，监理人亦不得泄露设计人、承包人等提供并申明的秘密。

第四十八条 监理人对于由其编制的所有文件拥有版权，委托人仅有权为本工程使用或复制此类文件。

争议的解决

第四十九条 因违反或终止合同而引起的对对方损失和损害的赔偿，双方应当协商解决，如未能达成一致，可提交主管部门协调，如仍未能达成一致时，根据双方约定提交仲裁机关仲裁，或向人民法院起诉。

第三部分 专用条件

第一条 下列名词和用语，除上下文另有规定外，有如下含义：

(1) "委托人"是指委托监理业务的一方以及其合法继承人。在这里，委托人由建设单位聘请，由建设单位授权管理监理人，并承担工程监理(含风险管理和安全管理)责任。

(2) "风险管理"是指对潜在的意外损失进行辨识、评估，并采取相应的措施进行处理，从而减少意外损失或进而利用风险。

第二条 监理范围和监理工作内容：

工程监理部分：

施工阶段

(1) 审查施工单位各项施工准备工作，协助建设单位下达开工通知书。

(2) 督促施工单位施工管理制度和质量安全文明施工保证体系的建立、健全与实施。

(3) 审查施工单位提交的施工组织设计、施工技术方案和施工进度计划，并督促其实施。

(4) 组织设计交底及图纸会审。

(5) 审核施工单位提出的分包工程项目及分包单位的资格。

(6) 协助编制用款计划，复核已完工程量，签署工程付款凭证，具备相应审价资质的，可审核施工预算和竣工结算。

(7) 审查工程使用的原材料、半成品、成品和设备的质量，必要时进行抽查和复验。

(8) 监督施工单位严格按现行规范、规程、标准和设计要求施工，控制工程质量。

(9) 抽查工程施工质量，对隐蔽工程进行复验签证，参与工程质量事故的分析及处理。

(10) 分阶段协调施工进度计划，及时提出调整意见，控制工程进度。

(11) 督促执行承包合同，协助处理合同纠纷和索赔事宜，协调建设单位与施工单位之间的争议。

(12) 督促施工单位检查安全生产、文明施工。

(13) 督促施工单位整理合同文件及施工技术档案资料。

(14) 组织施工单位对工程进行阶段验收及竣工初验，并督促整改。对工程施工质量提出评估意见，协助建设单位组织竣工验收。

保修阶段

（1）协助建设单位组织和参与联动调试和项目动用前的各项准备工作。

（2）保修期间如出现有工程质量问题，应参与调查研究、确定发生工程质量问题的责任，共同研究修补措施并督促实施。

风险管理部分：

（1）工程监理单位应根据工程具体特点，编制风险管理和安全管理实施方案和程序，并报建设单位和保险公司备案。

（2）工程监理单位应定期（一个月）以书面形式向建设单位和保险公司报风险管理情况或者按工程的实施阶段提供服务范围内的专项报告。

（3）加强风险的预控和预警工作。在项目实施过程中，要不断地收集和分析各种信息和动态，捕捉风险的前奏信号，以便更好地准备和采取有效的风险对策，以抗可能发生的风险，并且把相关的情况及时向保险公司反映。

（4）在风险发生时，及时采取措施控制风险发生的损失。

（5）在风险发生后，尽力保证工程的顺利实施，迅速恢复生产，按原计划保证完成预定的目标，防止工程中断和成本超支，抓住一切机会对已发生和还可能发生的风险进行良好的控制。

（6）要对工程建设参与各方尤其是施工单位加强风险管理的教育，刺激施工单位加强风险防范的意识。

外部条件包括：

委托人应提供的工程资料及提供时间：

第十一条 委托人应在________天内对监理人书面提交并要求作出决定的事宜作出书面答复。

第十二条 委托人的常驻代表为________________。

第十五条 委托人免费向监理机构提供如下设施：

监理人自备的、委托人给予补偿的设施如下：

补偿金额＝

第十六条 在监理期间，委托人免费向监理机构提供________名工作人员，由总监理工程师安排其工作，凡涉及服务时，此类职员只应从总监理工程师处接受指示。并免费提供________名服务人员。监理机构应与此类服务的提供者合作，但不对此类人员及其行为负责。

第十七条 监理人在委托人委托的工程范围内，享有以下权利：

（1）取消。

（2）对工程建设有关事项包括工程规模、设计标准、规划设计、生产工艺设计和使用功能要求，向建设单位的建议权。

(3) 如果拟提出的建议可能会提高工程造价,或延长工期,应当事先征得委托人和建设单位的同意。当发现工程设计不符合国家颁布的建设工程质量标准或设计合同约定的质量标准时,监理人应当书面报告委托人和建设单位并要求设计人更正。

(4) 审批工程施工组织设计和技术方案,按照保质量、保工期和降低成本的原则,向承包人提出建议,并向建设单位提出书面报告。

(5) 在工程施工合同约定的工程价格范围内,工程款支付的审核和签认权,以及工程结算的复核确认权与否决权。未经总监理工程师签字确认,建设单位不支付工程款。

第十九条 在委托的工程范围内,建设单位或承包人对对方的任何意见和要求(包括索赔要求),均必须首先向监理机构提出,由监理机构研究处置意见,再同双方协商确定。当建设单位和承包人发生争议时,监理机构应根据自己的职能,以独立的身份判断,公正地进行调解。当双方的争议由政府建设行政主管部门调解或仲裁机关仲裁时,应当提供作证的事实材料。

第二十条 取消。

第二十一条 取消。

第二十六条 监理人在责任期内如果失职,同意按以下办法承担责任,赔偿损失[累计赔偿额不超过监理报酬总数(扣税)]:

赔偿金=直接经济损失×报酬比率(扣除税金)

第三十一条 由于建设单位或承包人的原因使监理工作受到阻碍或延误,以致发生了附加工作或延长了持续时间,则监理人应当将此情况与可能产生的影响及时通知委托人。完成监理业务的时间相应延长,并得到附加工作的报酬。

第三十三条 由于建设单位或承包人的原因使监理工作受到阻碍或延误,以致发生了附加工作或延长了持续时间,则监理人应当将此情况与可能产生的影响及时通知委托人。完成监理业务的时间相应延长,并得到附加工作的报酬。

第三十九条 委托人同意按以下的计算方法、支付时间与金额,支付监理人的报酬:

委托人同意按以下的计算方法、支付时间与金额,支付附加工作报酬:(报酬=附加工作日数×合同报酬/监理服务日)

委托人同意按以下的计算方法、支付时间与金额,支付额外工作报酬:

第四十一条 双方同意用________支付报酬,按________汇率计付。

第四十五条 奖励办法:

奖励金额 = 工程费用节省额 × 报酬比率

第四十九条 本合同在履行过程中发生争议时,当事人双方应及时协商解决。协商不成时,双方同意由仲裁委员会仲裁(当事人双方不在本合同中约定仲裁机构,事后又未达成书面仲裁协议的,可向人民法院起诉)。

附加协议条款:

附录 C 建设工程风险管理案例

C.1 试点项目事故处理案例

泓邦国际大厦位于上海市虹口区峨眉路、塘沽路、汉阳路之间。经过反复论证，开发商决定该项目的建设参与上海建委组织进行的"建筑工程风险管理"试点，一方面希望通过进行风险管理的尝试，为类似项目的开发寻求一条有效的解决之路，另一方面也为"建筑工程风险管理"试点工作积累实践经验。

2005 年 2 月经过多次谈判，由建筑/安装工程一切险及第三者责任险、建设从业人员工伤保险、建设工程质量保险，"三险合一"的保险合同终于签订了，其中保险经纪公司承担《泓邦国际大厦风险评估报告》和《建设工程建设责任保险共投体素质评价报告》这两项报告撰写工作。

2005 年 6 月，泓邦国际大厦进入工期冲刺的时期，发生多次意外事故：2005 年 6 月 14 日下午溴化锂机组高温发生器在搬运过程中不幸发生倾覆事故，造成相关设备受损；2005 年 6 月 28 日傍晚地下一层配电室因遭受暴雨，发生配电设备进水事故；2005 年 7 月 21 日物业管理人员进入现场不慎踩进电缆沟导致骨折事故；2006 年 1 月 7 日前后上海出现罕见的连续低温，造成 19 楼消防喷淋支管冻裂，大量水流喷涌而出，沿着消防通道流入电梯井，造成运行中的电梯进水，电梯控制系统严重受损，电梯轿厢内的摄像监控设备、多媒体等设备受水淋而受损。

意外事故的发生，是不以人的主观意志所控制的，但也正是考验"风险管理制度"是否有效运行，各种风险管理职能部门是否快速反应、积极联动，保险公司所特有的损失补偿职能是否显示出"解危救难"功能的机会。

回顾上述案例，最典型的事故处理过程是 2005 年 6 月 14 日发生的溴化锂机组高温发生器倾覆事件。

2005 年 6 月 14 日事故发生后，各方都在第一时间赶到了事故现场，这对意外损失的控制和将来的理赔工作都是至关重要的，之后分头进行了有条不紊的工作：了解事故原因，对现场进行拍照确认，全面细致地进行取证，科学合理的分析事故的原因以及损失的范围，相互之间积极沟通和协商，确定损害事故的施救方案，尽量将损失控制在最小的范围内，避免因施救不及时造成损失的扩大。风险管理人员会同风险管理机构组织各方召开了事故原因调查分析会，对事故的经过、原因进行了调查、分析。保险公司理赔人员和业主及业主的保险经纪人召开了碰头会，对理赔的程序、需提供的资料等方面进行了明确，但在受损设备的检测环节，保险公司和受损设备的供应商之间产生了争论：保险公司提出委托同行业其他厂家对受损空调设备进行检测，但原供应商坚决反对，以保护企业的知识产权为由，拒绝同行业其他厂家对其受损空调设备进行检测。保险经纪人在矛盾的化解方面发挥了一定的作用，积极进行协调，组织双方就检测的细节进行了多次谈判，逐步确定了"由公估人进行损失鉴定、原生产厂家负责实施检测、三方共同监督等检测"的原则和步骤，使各方对检测程序、方法等重要问题达成一致意见。

2005 年 10 月 18 日，由保险经纪公司(代表业主)、保险公估公司和生产厂家的技术专家共同组成检测小组，对受损空调设备在烟台原生产厂内正式开始进行检测，具体内容包括"正压检漏及保压""负压捡漏及保压"等项目，至 2005 年 10 月 22 日结束，检测出受损设备内部已发生严重的损坏，从而得出该受损设备报废的结论，为理赔工作的进行打下坚实的基础，最终使业主的相关的损失得到充分的补偿。

另外几起意外损失事故也都得到了圆满处理，此处不一一列举。事故的妥善处理充分体现了"风险管理"的优势：事先的风险评估和风险防范措施、现场施工过程的风险监管措施以及事故发生后的损失补偿措施，各阶段环环相扣，相互衔接，形成了对工程建设的严密保障体系。

C.2 关于地下室施工对周围居民楼的影响风险管理

C.2.1 工程概况

某办公楼改进建工程，1 号楼由原五层仓库改建成七层办公楼，高 32 米，为框架剪力墙结构，大堂为 30 m×30 m 钢结构，外装饰采用悬挂式幕墙，1＃楼东侧地下二层为停车库。居民楼位于工程东侧 12 m 左右。

围护结构由同济大学建筑设计研究院设计，为防止对周围环境的影响基坑采用全逆作法施工。

1. 地下连续墙施工

9 月 26 日至 10 月 14 日为连续墙施工阶段，连续墙幅宽 5 m、厚 0.8 m、深 21 m，用成槽机分段开挖土方，放钢筋笼，浇 C30S8 水下混凝土并用水泥土搅拌桩加固内侧土体，上部用 0.8 m×1.2 m 圈梁把地下连续墙连成一体，整个施工过程对周围沉降基本无影响。

2. 基坑挖土施工

10 月 23 日至 11 月 25 日第一次为土方开挖施工阶段，在挖土前二周进行预降水，降水后基坑内水位保持在基坑开挖面下 1 m；计划开挖深为 11.25 m。为防止挖土对周围居民楼影响，1＃楼挖土施工分板块进行。10 月 23 日先挖第一、二分块首层土方(第二分块为靠近居民楼区域)，在靠近居民楼的地下连续墙 5 m 范围内挖深控制在 2.4 m 左右，坡脚挖深 4.00 m；11 月 19 日至 11 月 25 日先挖第三分块首层，挖深 4.00 m；随后开挖第一分块中层，挖深 5.70 m，为防止深挖对居民楼进一步造成影响，随即终止了继续施工。2005 年 4 月 1 日召开第二次挖土专题会，考虑到对居民楼影响，决定对第二、三分块预留土层进行开挖，从－4.00 m 挖至－5.70 m，然后浇中板混凝土，这样对居民楼无大影响，待挖第二批土(从－5.70 m 至－8.40 m)时按实际情况对居民楼进行风险评估，确定施工方案。4 月 21 日两台小型挖机进入挖土现场，但由于周围居民强行阻拦挖土施工无法进行。

3. 对居民楼沉降监测

居民楼沉降监测初始值测试于 2004 年 10 月 15 日。设计规定邻近建筑物沉降总变化量大于 10 mm 或连续 2 天下沉量 2 mm/d 则达到报警值；坑外水位累计下降 1 m 则达到报警值；路面沉降超过 50 mm 附近建筑物的倾斜超过 1/500 必须暂时停工，至 4 月 30 日近居民楼 W3 测试点地下水位累计变化为－0.81 m 没超过警戒值；4 月 30 日邻近居民楼沉降点 F1-F15 累计沉降不大于－4.8 mm；邻近点 F 补 1-F 补 2 累计沉降在－6.8 至－8.6 间均无超过警戒值。从目前土方开挖阶段的监测情况看居民楼周围的水位，沉降都没达到报警值。

C.2.2 风险管理机构对围护结构产生风险的分析、控制和报警

1. 风险源分析

我们把周围居民楼的沉降作为一个风险进行控制。目标值是建筑物沉降总变化量不大于 10 mm；坑外水位累计下降不超过 1 m。

据了解本工程周围原有不少暗浜，居民楼就建在暗浜上，其基础沉降特别敏感。居民楼中所用的建材质量低劣，又存在违章加层的现象。综上分析，即使施工在受控过程，变形在允许范围内，居民楼仍然有不均匀沉降、开裂甚至坍塌的可能。基坑继续开挖对居民楼产生影响的风险源主要有两方面，一是基坑挖土造成地下连续墙向坑内位移进而造成居民楼沉降与位移；二是基坑降水而使坑外地下水位变化，致使居民楼基础下土体固结而产生不均匀沉降。

2. 风险控制、报警

(1) 风险事前预控

首先审查施工方案，对七公司呈报的土方开挖及地下结构施工方案中存在的问题，下达 C1-20-2004 风险管理工作联系单，要求补专家意见和评审会的会议纪要；对监测单位审查其检测方案，确认观测项目、布点是否满足要求；对降水单位审查井点降水方案是否满足周边复杂条件，待挖土及监测方案全部达标后方同意施工。第二次挖土前召开专题会落实分层开挖措施。

(2) 加强风险管理事中控制

① 降水伊始，深井降水单位不重视测试记录，测试不能及时填写与上报。为此下达

C1-35-2004 风险管理工作联系单要求落实从降水开始至第一次挖土的沉降观察记录和深井降水记录，施工单位立即按要求补报，确保每天都有监测报告供分析研究。至 5 月 15 日共有完整测试记录 448 份。

② 10 月 23 日第一次挖土按施工方案，在邻近居民楼处的 5 m 范围内挖深控制在 2.4 m，其他挖深为 4.0 m，至 11 月 5 日挖土结束居民楼 15 个测试点累计沉降量均小于 1.9 mm，基坑外水位无变化。

③ 11 月 19 日至 11 月 25 日第二次挖土，挖深－5.7 m。本次降水和挖土将直接影响周围居民楼，为此于 11 月 19 日下达 C1-43-2004 风险管理工作联系单，要求水利部上海勘测设计研究院安全监测组增加监测密度，从两天一次改为一天一次；增加居民点的监测点 4 个；并要求参加工地例会，每周出具书面分析报告；当达到监测报警值时，及时报警。

④ 至 11 月 25 日居民楼沉降总变化量最大值为 2.1 mm，坑外水位累计下降为 0.70 m，检测值仍在受控范围。期间施工方对个别住户门窗变形进行上门修理，并做好思想工作，消除居民顾虑。

⑤ 2005 年 4 月 1 日召开第二次挖土专题会议，讨论施工方案，决定分两批施工，第一次从－4.00 m 挖至－5.7 m 浇中板，对周围居民楼无大影响，待从－5.70 m 挖至－8.40 m时先由建科院进行评估，后制定施工方案，4 月 21 日由于居民阻拦挖土暂停。

⑥ 经上级有关部门协商，居民危房在 8 月份进行动迁，预计 9 月份进行地下室第二次层挖土施工。

(3) 风险报警

当 W2 点(临 705 弄道边)水位下降累计达到 1 m 报警值，W3 点(近居民楼)0.78 m 接近报警值时，风险管理机构向施工方下达 C1-044-2004 风险管理工作联系单，要求暂停降水，停止降水后，坑外水位停止下降，三天后水位复原，沉降无大变化可继续挖土。

(4) 风险管理

① 11 月 19 日第二次挖土对周围建筑物影响较大时，要求监测小组负责人出席工地例会，向工地各方汇报周围居民楼沉降、裂缝情况，及对施工方提出挖土需采取措施的建议，以确保周边建筑、管线安全的前提下，保证进度按计划进行。

② 至 12 月 26 日 W3 累计水位变化为 0.73 m，居民楼测点沉降最大累计为－6.2 mm均在受控范围，共有监测资料为：邻近建筑物沉降观测 61 份、围护结构测斜 59 份、钢筋应力 43 份、位移 36 份、基坑外地下水位 62 份、基坑降水 32 份；因 W3 观测点(邻弄内道路)累计下降水位达到 1 m，及时发布报警 3 次，由于及时采取措施第四天就恢复原水位；提供阶段性报告 6 份。至 5 月 15 日沉降累计变化有增加但没达到警戒值，共有监测资料为：邻近建筑物沉降观测 100 份、围护结构测斜 83 份、钢筋应力 84 份、位移 49 份、基坑外地下水位 100 份、基坑降水 32 份。

这些资料为施工和控制居民楼沉降起了重要作用。

C.2.3 风险管理效果评估

设计规定邻近建筑物沉降连续 2 天下沉量为 2 mm，累计沉降达到 10 mm，坑外水位累计下降 1 m，则达到报警值；路面沉降超过 50 mm，附近建筑物的倾斜超过 1/500 必须暂时停工。从目前土方开挖情况看，12 月 26 日，居民楼沉降最大的两点，测点 F4 累计沉降量回升至－4.50 mm；F 补 3 累计沉降量为－6.2 mm。基坑外地下水位累计落差为 0.73 m，均没达到报警值，数据表明风险管理机构在编制风险管理实施细则、审查施工方案、加强测试报审、对土方开挖各过程的控制是严格的、有效的，发布报警、采取措施是及时的。对居民楼监测结果表明，第一、二、三分块第一次挖土，第一分块第二次挖土对居民楼的影响是有限的，在控制值以内，均没达到报警值。目前居民楼由于沉降产生的裂缝，尚未影响居民的正常生活和居住。但沉降值在不断增加，今后土方继续往－11.25 m 深度开挖期间，且需要作预降水施工，则将对居民楼累计沉降造成进一步影响，从现状和裂缝发展趋势分析，其沉降必将超过 10 mm，挖土期间的地下水位下降也有可能要超过 1 m，进而可能引发险情的发生。因此，要求在下次挖土前施工各方需进行充分的方案讨论，提出切实可行的预控措施和应急预案。

附录 D 建筑工程保险与风险管理的相关政策与法规

D.1 建设工程风险管理工作方案示例

1 总则

1.1 为了提高建设工程风险管理水平，规范建设工程风险管理行为，以避免或减少事故的发生，特制定本规定。

1.2 本规定适用于新建、扩建、改建建设工程设计、施工与交付过程中；

保险人对其委托的风险管理人的管理工作；

项目风险管理机构对建设工程风险的管理工作。

1.3 实施建设工程风险管理前，保险人必须与风险管理人签订书面建设工程委托风险管理合同，合同条款中应包括：

风险管理人对建设工程设计和施工质量及安全风险进行全面控制和管理的要求；

风险管理人的职责权限以及与建设单位、设计单位、监理单位、施工单位的关系的规定。

1.4 建设工程风险管理实行风险管理项目经理负责制。

2 定义

2.1 风险管理

对建设工程潜在的意外损失风险因素进行辨识、评估，并根据具体情况采取相应措施进行处理，从而避免或减少损失事故发生的过程。

2.2 保险人

与投保人（建设单位）订立保险合同，并承担赔偿或者给付保险金责任，并对保险建设工程进行风险管理的保险公司。

2.3 风险管理人

受保险人委托具体实施建设工程风险管理的具有相应资质的工程项目管理公司。

2.4 项目风险管理机构

风险管理人派驻建设工程项目、负责履行委托风险管理合同的组织机构。

2.5 风险管理工程师

取得风险管理工程师执业资格证书并注册的风险管理人员。

注:注册建筑师、结构工程师、监理工程师、质量工程师或安全工程师经风险管理专业培训合格者可视为具有风险管理工程师执业资格。

2.6 风险管理项目经理

由风险管理人法定代表人书面授权,全面负责委托风险管理合同的履行,主持项目风险管理机构工作的风险管理工程师。

2.7 专业风险管理工程师

根据项目风险管理岗位职责分工和风险管理项目经理的指令,负责实施某一专业或某一方面的风险管理工作,具有相应风险管理文件签发权的风险管理工程师。

2.8 风险管理实施方案

在风险管理工程师主持下编制、经风险管理人技术负责人批准,用来指导项目风险管理工作的指导性文件。

2.9 风险管理实施细则

根据风险管理规划,由专业风险管理工程师编写,并经风险管理项目经理批准,针对建设工程项目设计、施工中某一专业或某一方面风险管理工作的操作性文件。

2.10 施工单位

受建设单位委托承担建设工程项目施工及施工质量安全管理的具有相应资质的建筑公司。

2.11 监理单位

受建设单位委托承担对建设工程项目施工单位及施工质量安全监督管理的具有相应资质的监理公司。

2.12 风险管理例会

由项目风险管理机构主持的,在建设工程设计、施工过程中,针对风险管理等事宜定期召开的,由有关单位参加的会议。

3 项目风险管理机构对风险的管理

3.1 项目风险管理机构

3.1.1 风险管理人必须在建设工程现场建立项目风险管理机构。项目风险管理机构在完成委托风险管理合同约定的管理工作后方可撤离现场。

3.1.2 项目风险管理机构的组织形式或规模应根据委托风险管理合同规定的服务内容、限期、工程类别、技术复杂程序、工程环境及质量、安全风险影响程度确定。

3.1.3 项目风险管理机构的管理人员应专业配套,数量满足工程项目风险管理工作的需要。其中风险管理人员应包括风险管理项目经理和专业风险管理工程师。风险管理项目经理应有五年以上同类工程风险管理工作经验,专业风险管理工程师应有三年以上同类工程风险管理工作经验。

3.1.4 风险管理人应在委托风险管理合同签订后将项目风险管理机构的组织形

式、人员构成及对风险管理项目经理的任命书面通知保险人。项目风险管理机构需调整时，应征得保险人同意，并书面通知保险人。

一名风险管理项目经理只能担任一项委托风险管理建设工程项目的风险管理项目经理工作。

3.2 项目风险管理人员职责

3.2.1 风险管理项目经理应履行以下职责：

1. 确定项目风险管理机构人员的分工和岗位职责；

2. 主持风险因素辨识、衡量风险影响分析与评估、风险控制措施的策划；

3. 主持项目风险管理实施方案的编写、项目风险管理细则审批；并送保险人审定；

4. 负责项目风险管理机构的日常工作，检查和监督风险管理人员的工作，根据工程项目的情况调配或调换其工作；

5. 主持风险管理例会，签发项目风险管理的文件和指令；

6. 审定设计单位、施工单位、监理单位提交的设计交付、施工组织设计、专项施工技术方案、监理规划中有关风险管理的相关内容；

7. 主持或参与工程质量、安全验收及事故的调查，向保险人提出报告；

8. 组织编写并签发风险管理月报、风险管理阶段报告、专题报告和项目风险管理工作总结，并报保险人；

9. 主持整理建设工程项目的风险资料，负责向保险人移交。

3.2.2 专业风险管理工程师应履行以下职责：

1. 负责组织相关单位就本专业范围的风险因素辨识与衡量、风险影响分析与评估、风险控制措施的策划；

2. 负责编制本专业的风险管理细则；

3. 负责本专业风险管理工作的具体实施；

4. 定期向风险管理项目经理提交本专业风险管理工作实施情况报告，对重大问题及时向风险管理项目经理汇报和请示；

5. 审查设计单位、施工单位、监理单位提交的涉及本专业风险管理的计划、方案、申请，并向风险管理项目经理提出报告；

6. 负责与本专业风险管理有关的工程质量、安全设施的验收；

7. 根据本专业风险管理工作实施情况做好风险管理日记；

8. 负责本专业风险管理资料的收集、汇总及整理，参与编写风险管理月报。

3.3 风险管理实施方案

3.3.1 风险管理实施方案应针对建设工程的实际情况，明确项目风险管理机构的工作目标、确定具体的风险管理工作制度、程序、方法和措施，并具有可操作性。

3.3.2 风险管理实施方案应在签订委托风险管理合同及收到设计文件以及风险评估报告后由风险管理项目经理主持、专业风险管理工程师参加编制，完成后经风险管理人技术负责人审核批准后报送保险人审定。实施中需调整时，应由风险管理项目经理组织专业风险管理工程师研究修改，并报保险人审定。

3.3.3 风险管理实施方案应包括以下主要内容：

1. 工程项目概况；
2. 风险管理工作范围；
3. 风险管理工作内容；
4. 风险管理工作目标；
5. 风险管理工作依据；
6. 项目风险管理机构的组织形式；
7. 项目风险管理机构的人员配备计划；
8. 项目风险管理机构的人员岗位职责；
9. 风险管理工作程序和应急预案；
10. 风险管理工作方法及措施；
11. 风险管理工作制度；
12. 风险管理设施。

3.4 风险管理实施细则

3.4.1 风险管理机构应根据风险管理实施方案编制风险管理实施细则。风险管理细则应符合风险管理实施方案的要求，并应结合工程项目的专业特点，做到详细具体、具有可操作性。

3.4.2 风险管理实施细则应由专业风险管理工程师在与相应专业风险有关的设计、施工开始前编制完成，并经风险管理项目经理批准。在项目实施过程中风险管理实施细则应根据实际情况进行补充、修改和完善。

3.4.3 风险管理实施细则应包括下列主要内容：

1. 专业工程风险管理的特点；
2. 风险管理工作的流程；
3. 风险管理工作的控制重点及目标值；
4. 风险管理工作的方法及措施。

3.5 风险管理工作

3.5.1 风险管理工作程序应结合建设工程项目的风险特点，明确各专业风险管理工作内容、行为主体、考核标准、工作时限等要求，体现事前控制和主动控制的要求，注重风险管理工作的效果。当涉及相关单位的工作时，风险管理工作程序应符合项目保险合同、委托风险管理合同、委托设计合同、委托建设合同和建设工程施工承包合同的规定。在实施过程中，应根据实际情况的变化对风险管理工作程序进行调整和完善。

3.5.2 项目风险管理应以避免承保风险为重点，对设计质量、施工质量、施工安全、监理服务质量进行风险管理，如发现不符合现行质量、安全规范应及时提出整改意见，并督促贯彻实施。

3.5.3 建设工程质量风险管理工作

1. 督促检查施工单位、监理单位的管理制度和质量保证体系的建立、健全和实施；

2. 组织审查施工单位提交的施工组织设计（项目管理实施规划）、施工技术方案及施工图出图计划、监理规划，并督促检查其实施；

3. 参加施工图会审，根据工程实施进展情况，对施工图设计提出合理建议，当发现工程设计不符合国家颁发的建设工程质量标准或设计合同约定的质量标准时，以书面报告保险人，并要求设计单位更正；

4. 须对有关的更改设计、施工技术措施等内容的必要性和合理性进行审核并报业主审批；

5. 据设计要求和技术规范跟踪复核、协调、管理及验收施工单位的全部施工测量工作；

6. 材料控制主要包括下列内容：审查施工使用的原材料、半成品、成品、设备的质量及数量，进行独立平行抽查和复验，并将检查结果及监理意见提交给保险人；原材料和半成品抽检率不得低于规定的施工单位自检数的10%；确保所有设备、材料的质量达到技术规范要求，未经监理工程师签字认可的建筑材料、建筑构件和设备不得在工程上使用和安装，施工单位不得进行下一道工序的施工；复查施工单位与监理单位制定的主要设备、材料计划表，以避免采购时不必要的延误；

7. 监督施工单位严格按现行规范、规程、标准和设计要求施工，控制工程质量。在关键的施工工序上必须与监理单位一起进行旁站。

3.5.4 建设工程安全风险管理工作

1. 督促检查施工单位与监理单位编制安全生产管理方案和实施细则；

2. 督促和检查施工单位和监理单位制定安全生产责任制，建立、健全完善的安全生产保证体系，督促施工单位检查各分包企业的安全生产制度；

3. 审查施工单位与监理单位提交的施工组织设计、安全技术措施、高危作业安全施工及应急抢险方案，并督促其实施；

4. 督促施工单位与监理单位按照工程建设强制性标准和专项安全施工方案组织施工，制止违规施工作业；

5. 督促施工单位与监理单位依照安全生产的法规、规定、标准的要求，分析不同的施工阶段和不同的施工工序可能发生的安全隐患，制定相应的安全技术措施，并对措施的实施情况进行风险管理；

6. 对施工过程中的高危作业等进行巡视检查。发现严重违规施工和存在安全事故隐患的，下达工程暂停施工令并报告保险人；

7. 督促施工单位与监理单位进行安全自查工作，参加施工现场的安全生产检查；

8. 复核施工单位与监理单位施工机械、安全设计的验收手续，并签署意见。未经风险管理人员签署认可的不得投入使用；

9. 定期或不定期对施工单位及监理单位的安全用电、临时支撑和脚手架等管理情况进行专项检查。

3.5.5 建设工程发生事故时，风险管理机构应及时采取措施防止损失扩大，并对还可能发生的风险进行有效的控制。

3.5.6 在损失事故发生后，风险管理机构应积极配合保险人，协助事故原因的调查与分析并提供有关事故原因的原始材料。

4 保险人对项目风险管理机构的监督与管理

4.1 工程风险管理部门

4.1.1 保险人必须自行设立建设工程风险管理部门或委托具有相应风险管理资质(能力)的工程管理咨询服务单位作为其建设工程风险管理部门，负责对项目风险管理机构进行监督管理。部门内可根据需要设立综合管理和若干专业风险管理组，并建立相应的职责。

4.1.2 工程风险管理部门应按保险人建设工程风险的范围、规模，配备一定数量的、专业结构配套的工程风险管理人员。工程风险管理人员在教育、培训、技能和经验方面应满足相应的能力要求，其中设计、施工各专业的负责人必须由经风险管理培训合格的相应专业注册建筑师、结构工程师、监理工程师、安全工程师担任。

4.2 工程风险管理部门的职责

1. 根据候选风险管理人的资质、经验、业绩和提交的风险管理方案，确定项目风险管理人，并与之签订风险管理合同；

2. 确认项目风险管理机构的设立和人员构成；

3. 组织督促项目风险管理机构开展风险因素(包括工程的关键过程和重大危险源)的辨识与衡量、风险影响分析与评估、风险控制措施的策划活动；

4. 审定项目风险管理实施方案，必要时审定项目风险管理实施细则和工作程序；

5. 向每个建设工程项目现场指派出一名具有相应能力的管理人员为项目负责人，负责与项目风险管理机构的联系，并在委托风险管理合同约定的范围和时间内，就相关的问题作出决定；

6. 定期或不定期地组织各专业风险管理人员，对项目风险管理实施方案和实施细则及相关工作程序的实施情况与实施效果进行检查，对发现的问题提出整改要求，必要时报建设单位，并进行跟踪复查，需要时可聘请技术专家提供支持；

7. 定期组织项目管理机构做好对风险的预控和预警工作，不断收集和分析各种信息和动态，发现异常情况，立即提出整改意见，并落实实施，并向相关单位提出书面报告；

8. 对风险管理机构的风险管理业绩进行考核与评价。

4.3 工程风险管理部门的工作程序

4.3.1 工程风险管理部门应根据委托风险管理合同的规定，明确与项目管理机构的职责关系、工作接口，建立必要的工作程序，并根据实施情况及时调整和完善。

4.3.2 工作程序应按对项目风险管理机构实施监督管理工作开展的先后次序，明确在项目风险管理机构的建立，风险的辨识、评估、控制措施策划，风险控制措施的实施，风险控制过程与效果的监督检查，风险控制过程的改进，每个阶段应完成的工作内容、行为主体，工作时限、考核(检查)标准、处理方法及沟通方式。

4.3.3 编制设计项目风险管理与保险人对项目风险管理机构监督管理工作的基本表式，建立相应的管理记录。包括涉及报审、报检、申请、审批、通知、联系等管理活动与环节的记录表式。

4.4 风险管理人的选择标准

4.4.1 保险人风险管理人的方式可采用公开招标、邀请招标和直接委托等方式，保险人委托风险管理人应遵循国家、上海市相关法律和法规进行；

4.4.2 保险人委托的风险管理人应满足工程对风险管理人资质的要求，并具备风险管理的能力与经验；

4.4.3 保险人委托风险管理人应根据候选风险管理人综合素质的评分以及风险管理人提交的风险管理投标书内容的评分，得出综合评分，上述两个分项评分占比各为50%；

4.4.4 候选风险管理人的综合素质的确定由多项指标组成，这些指标分别为：

(1) 资质

(2) 工程经验

(3) 信用等级

(4) 以往工程项目风险管理工作的考评分数

4.4.5 保险人的风险管理部门根据上述指标进行分别评分，最高分为5分、最低分为1分。将上述分项评分取平均值，可以得出风险管理人的综合素质评分。

4.4.6 对于分项管理人提交的风险管理标书内容评分也有多项指标组成，这些指标分别为：

(1) 风险管理实施方案

(2) 服务承诺

(3) 风险管理费

4.4.7 保险人的风险管理部门根据上述指标进行分别评分，最高分为5分、最低分为1分可以得出风险管理投标书评分；

4.4.8 保险人根据风险管理人的综合评分，初步确定风险管理人，并与之详细商讨风险管理合同条款内容，最终签订风险管理合同。

4.5 风险管理人的考核

4.5.1 保险人应制定风险管理人考核制度，风险管理人的考核由保险人风险管理部门具体实施；

4.5.2 对于风险管理人的考核主要包括以下几个方面：

(1) 风险管理人编制的风险管理方案以及风险管理实施细则；

(2) 风险管理人对于项目关键过程、重大危险源的辨识和风险控制措施；

(3) 风险管理人对于上述内容在项目进行中的实施程度和相应效果；

(4) 根据项目风险管理的相关报告、方案、文件、指令和原始材料考核风险管理项目经理、专业风险管理工程师相应职责的履行情况和工作绩效；

(5) 对风险管理项目经理、专业风险管理工程师的工作进行现场抽查，确定风险管理方案的落实程度；

(6) 对于项目进行过程中发生的损失事故进行分析，评判风险管理机构的工作业绩；

(7) 对于发现风险管理机构在执行风险管理过程中措施不力或对于损失事故的发生具有管理责任的风险管理机构，保险人有权要求风险管理人立即更换风险管理项目经理，并对该风险管理机构的工作进行全面的整改，风险管理机构应将整改报告提交保险人审核。

4.5.3 在项目风险管理实施完毕后，保险人将风险管理机构的实际工作业绩进行评分，记入该风险管理人的业绩档案，作为今后选择风险管理人的评判依据之一。

D.2 上海市工伤保险条例

1 相关文件规定

上海市劳动和社会保障局、上海市统计局关于公布上海市 2003 年度职工平均工资和国有企业职工平均工资及增长率的通知[沪劳保综发(2004)12 号]

2003 年度全市职工平均工资为 22 160 元，月平均工资为 1 847 元，比上年增长 13.8%。

2 上海市工伤保险实施办法

《上海市工伤保险实施办法》已经 2004 年 1 月 5 日市政府第 28 次常务会议通过，现予发布，自 2004 年 7 月 1 日起施行。

第一章 总则

第一条 (依据)

根据国务院《工伤保险条例》，结合本市实际情况，制定本办法。

第二条 (适用范围)

本办法适用于本市行政区域内的企业、事业单位、国家机关、社会团体和民办非企业单位、有雇工的个体工商户(以下统称用人单位)及其从业人员。

第三条 （征缴管理）

工伤保险费的征缴按照国务院《社会保险费征缴暂行条例》《上海市城镇职工社会保险费征缴若干规定》的有关规定执行。

第四条 （公示与救治）

用人单位应当将参加工伤保险的有关情况在本单位内公示。

从业人员发生工伤时，用人单位应当采取措施使工伤人员得到及时救治。

第五条 （管理部门）

上海市劳动和社会保障局（以下简称市劳动保障局）是本市工伤保险的行政主管部门，负责本市工伤保险的统一管理。

区、县劳动和社会保障局（以下统称区、县劳动保障行政部门）负责本行政区域内工伤保险的具体管理工作。

市和区、县工伤保险经办机构（以下简称经办机构）具体承办工伤保险事务。

第六条 （监督）

市劳动保障局等部门制定工伤保险的政策、标准，应当征求工会组织、用人单位代表的意见。

工会组织依法维护工伤人员的合法权益，对用人单位的工伤保险工作实行监督。

第二章　工伤保险基金

第七条 （基金来源）

工伤保险基金由用人单位缴纳的工伤保险费、工伤保险基金的利息和依法纳入工伤保险基金的其他资金构成。

工伤保险基金在不足支付重大事故工伤保险待遇时，由市财政垫付。

第八条 （缴费原则）

用人单位应当按时缴纳工伤保险费。从业人员个人不缴纳工伤保险费。

工伤保险费根据以支定收、收支平衡的原则，确定费率。

第九条 （缴费基数）

用人单位缴纳工伤保险费的基数，按照本单位缴纳城镇养老保险费或者小城镇社会保险费的基数确定。

第十条 （费率）

用人单位缴纳工伤保险费实行基础费率，基础费率统一为缴费基数的0.5%。

对发生工伤事故的用人单位在基础费率的基础上，按照规定实行浮动费率。

浮动费率根据用人单位工伤保险费使用、工伤事故发生率等情况确定。浮动费率分为五档，每档幅度为缴费基数的0.5%，向上浮动后的最高费率（基础费率加浮动费率）不超过缴费基数的3%，向下逐档浮动后的最低费率不低于基础费率。浮动费率每年核定一次。

工伤保险费率浮动的具体办法由市劳动保障局会同财政、卫生、安全生产监管等部门拟订，报市政府批准后执行。

第十一条 （支付范围）

工伤保险基金用于本办法规定的工伤保险待遇、劳动能力鉴定以及法律、法规规定的用于工伤保险的其他费用的支付。

第十二条 （基金管理和监督）

工伤保险基金实行全市统筹，设立专户，专款专用，任何单位和个人不得擅自动用。

市劳动保障局依法对工伤保险费的征缴和工伤保险基金的支付情况进行监督检查。

市财政、审计部门依法对工伤保险基金的收支、管理情况进行监督。

第十三条 （经办机构经费）

经办机构开展工伤保险所需经费，由财政部门按规定核定，纳入预算管理。

第三章　工伤认定

第十四条 （认定工伤范围）

从业人员有下列情形之一的，应当认定为工伤：

（一）在工作时间和工作场所内，因工作原因受到事故伤害的；

（二）工作时间前后在工作场所内，从事与工作有关的预备性或者收尾性工作受到事故伤害的；

（三）在工作时间和工作场所内，因履行工作职责受到暴力等意外伤害的；

（四）患职业病的；

（五）因工外出期间，由于工作原因受到伤害或者发生事故下落不明的；

（六）在上下班途中，受到机动车事故伤害的；

（七）法律、行政法规规定应当认定为工伤的其他情形。

第十五条 （视同工伤范围）

从业人员有下列情形之一的，视同工伤：

（一）在工作时间和工作岗位，突发疾病死亡或者在48小时内经抢救无效死亡的；

（二）在抢险救灾等维护国家利益、公共利益活动中受到伤害的；

（三）从业人员原在军队服役，因战、因公负伤致残，已取得革命伤残军人证，到用人单位后旧伤复发的。

从业人员有前款第（一）项、第（二）项情形的，按照本办法的有关规定享受工伤保险待遇；从业人员有前款第（三）项情形的，按照本办法的有关规定享受除一次性伤残补助金以外的工伤保险待遇。

第十六条 （工伤排除）

从业人员有下列情形之一的，不得认定为工伤或者视同工伤：

（一）因犯罪或者违反治安管理伤亡的；

（二）醉酒导致伤亡的；

（三）自残或者自杀的。

第十七条 （认定申请）

从业人员发生事故伤害或者按照职业病防治法规定被诊断、鉴定为职业病，所在单位应当自事故伤害发生之日或者被诊断、鉴定为职业病之日起30日内，向用人单位所在地的区、县劳动保障行政部门提出工伤认定申请。遇有特殊情况，经报区、县劳动保障行政部门同意，申请时限可以适当延长。

用人单位未按前款规定提出工伤认定申请的，从业人员或者其直系亲属、工会组织在事故伤害发生之日或者被诊断、鉴定为职业病之日起1年内，可以直接向用人单位所在地的区、县劳动保障行政部门提出工伤认定申请。

用人单位未在本条第一款规定的时限内提出工伤认定申请的，在此期间发生符合本办法规定的工伤待遇等有关费用由该用人单位负担。

第十八条 （工伤认定申请材料）

提出工伤认定申请应当提交下列材料：

（一）工伤认定申请表；

（二）与用人单位存在劳动关系（包括事实劳动关系）的证明材料；

（三）医疗诊断证明或者职业病诊断证明书（或者职业病诊断鉴定书）。

工伤认定申请表应当包括事故发生的时间、地点、原因以及从业人员伤害程度等基本情况。

提出工伤认定申请，除提交本条前款要求的材料外，还可以提交用人单位、相关行政机关或者人民法院已有的证明材料。

第十九条 （受理）

工伤认定申请人在本办法规定时限内提出工伤认定申请，并且提供的申请材料完整的，区、县劳动保障行政部门应当自收到工伤认定申请之日起10个工作日内发出受理通知书。不符合受理条件的，区、县劳动保障行政部门不予受理，并书面告知工伤认定申请人。

工伤认定申请人在本办法规定时限内提出工伤认定申请，但提供材料不完整的，区、县劳动保障行政部门应当自收到工伤认定申请之日起10个工作日内，一次性书面告知工伤认定申请人需要补正的全部材料。工伤认定申请人在30日内按照要求补正材料的，区、县劳动保障行政部门应当受理。

第二十条 （调查核实和举证责任）

区、县劳动保障行政部门受理工伤认定申请后，根据审核需要可以对事故伤害进行调查核实，用人单位、从业人员、工会组织、医疗机构以及有关部门应当予以协助。职业病诊断和诊断争议的鉴定，依照职业病防治法的有关规定执行。对依法取得职业病诊断证明书或者职业病诊断鉴定书的，区、县劳动保障行政部门不再进行调查核实。

区、县劳动保障行政部门进行工伤认定时，从业人员或者其直系亲属认为是工伤，用人单位不认为是工伤的，由用人单位承担举证责任。

第二十一条 （认定程序）

区、县劳动保障行政部门应当自受理工伤认定申请之日起 60 日内作出工伤认定决定，并在 10 个工作日内将工伤认定决定送达申请工伤认定的从业人员或者其直系亲属和该从业人员所在单位。

在工伤认定期间，安全生产监管、公安、卫生、民政等部门对相应事故尚未作出结论，且该结论可能影响工伤认定的，工伤认定程序可以中止。

第二十二条 （工伤认定决定载明事项）

工伤认定决定应当载明下列事项：

（一）用人单位和工伤人员的基本情况；

（二）受伤部位、事故时间和诊治时间或者职业病名称、伤害经过和核实情况。以及医疗救治基本情况和诊断结论；

（三）认定为工伤、视同工伤或者认定为不属于工伤、不视同工伤的依据；

（四）认定结论；

（五）不服认定决定申请行政复议的部门和期限；

（六）作出认定决定的时间。

工伤认定决定应加盖劳动保障行政部门工伤认定专用印章。

第二十三条 （告知义务）

区、县劳动保障行政部门在将工伤认定决定送达申请工伤认定的从业人员或者其直系亲属和该从业人员所在单位时，应当书面告知劳动能力鉴定的申请程序。

第四章　劳动能力鉴定

第二十四条 （劳动能力鉴定）

从业人员发生工伤，经治疗伤情相对稳定后存在残疾、影响劳动能力的，应当进行劳动功能障碍程度和生活自理障碍程度的劳动能力鉴定。

劳动功能障碍分为十个伤残等级，生活自理障碍分为三个等级。

劳动能力鉴定标准按照国家有关规定执行。

第二十五条 （鉴定机构）

市和区、县劳动能力鉴定委员会（以下简称鉴定委员会）由同级劳动保障、人事、卫生等部门以及工会组织、经办机构代表、用人单位代表组成。市和区、县鉴定委员会办公室设在同级劳动保障行政部门，负责鉴定委员会的日常工作。

市劳动能力鉴定中心受市鉴定委员会的委托，负责职业病人员的劳动能力鉴定及工伤人员的再次鉴定等具体事务。

区、县劳动能力鉴定委员会负责本行政区域内的工伤人员劳动能力鉴定。

鉴定委员会依法建立医疗卫生专家库，进行劳动能力鉴定。

第二十六条 （劳动能力鉴定申请材料）

工伤人员的劳动能力鉴定，可以由用人单位、工伤人员或者其直系亲属向鉴定委员会提出申请。

提出劳动能力鉴定申请的，应当提交下列材料：

（一）填写完整的劳动能力鉴定申请表；

（二）工伤认定决定；

（三）医疗保险契约定点医疗机构诊治工伤的有关资料。

第二十七条 （鉴定程序）

鉴定委员会收到劳动能力鉴定申请后，应当依法组成专家组，并由专家组提出鉴定意见。鉴定委员会根据专家组的鉴定意见，在收到劳动能力鉴定申请之日起 60 日内作出工伤人员劳动能力鉴定结论。必要时，作出劳动能力鉴定结论的时限可以延长 30 日。劳动能力鉴定结论应当及时送达申请劳动能力鉴定的用人单位、工伤人员或者其直系亲属。

鉴定委员会在送达劳动能力鉴定结论时，应当书面告知申请劳动能力鉴定的用人单位、工伤人员或者其直系亲属办理享受工伤保险待遇的手续，并提供工伤保险待遇申请表。

第二十八条 （再次鉴定）

申请劳动能力鉴定的用人单位、工伤人员或者其直系亲属对劳动能力鉴定结论或者职业病鉴定结论不服的，可以在收到该鉴定结论之日起 15 日内向市鉴定委员会提出再次鉴定申请。

对职业病鉴定结论不服的再次鉴定申请，市鉴定委员会应当另行组织专家组，进行再次鉴定。

市鉴定委员会作出的再次鉴定结论为最终结论。

第二十九条 （复查鉴定）

自劳动能力鉴定结论作出之日起 1 年后，工伤人员或者其直系亲属、用人单位或者经办机构认为伤残情况发生变化的，可以提出劳动能力复查鉴定申请。

第三十条 （鉴定费用）

工伤人员的初次劳动能力鉴定费用由工伤保险基金支付。

用人单位、工伤人员或者其直系亲属提出再次鉴定或者复查鉴定申请的，再次鉴定结论维持原鉴定结论，或者复查鉴定结论没有变化的，鉴定费用由提出再次鉴定或者复查鉴定申请的用人单位、工伤人员或者其直系亲属承担；再次鉴定结论或者复查鉴定结论有变化的，鉴定费用由工伤保险基金承担。

第五章　工伤保险待遇

第三十一条　（就医原则）

从业人员因工作遭受事故伤害或者患职业病进行治疗，享受工伤医疗待遇。

工伤人员治疗工伤应当在本市医疗保险契约定点医疗机构或者职业病定点医疗机构就医，情况紧急时可以先到就近的医疗机构急救，伤情稳定后应及时转往医疗保险契约定点医疗机构治疗。确需转往外省市治疗的，工伤人员应当到经办机构办理相关手续。

第三十二条　（医疗待遇）

治疗工伤所需医疗费用应当符合国家和本市的工伤保险诊疗项目目录、工伤保险药品目录、工伤保险住院服务标准。工伤医疗费用除按照本市规定由医疗保险基金承担的部分外，其余由工伤保险基金承担。

本市的工伤保险诊疗项目目录、工伤保险药品目录、工伤保险住院服务标准，按照本市有关基本医疗保险诊疗项目范围、用药范围以及医疗服务设施范围等规定执行。

工伤人员治疗非工伤引发的疾病，所需医疗费用不列入工伤保险基金支付范围。

第三十三条　（住院伙食费、交通食宿费标准）

工伤人员住院治疗工伤的，由所在单位按照本单位因公出差伙食补助标准的70%发给住院伙食补助费；经批准转往外省市就医的，所需交通、食宿费用由所在单位按照本单位从业人员因公出差标准报销。

第三十四条　（辅助器具）

工伤人员因日常生活或者就业需要，经鉴定委员会确认，可以安装假肢、矫形器、假眼、假牙和配置轮椅等辅助器具，所需费用按照国家和本市规定的标准和辅助器具项目从工伤保险基金支付。

第三十五条　（停工留薪期待遇）

从业人员因工作遭受事故伤害或者患职业病需要暂停工作接受工伤治疗的，在停工留薪期内，原工资福利待遇不变，由所在单位按月支付。

停工留薪期一般不超过12个月。伤情严重或者情况特殊，经鉴定委员会确认，可以适当延长，但延长不得超过12个月。工伤人员评定伤残等级后，停发原待遇。按照本办法的有关规定享受伤残待遇。工伤人员停工留薪期满后仍需治疗的。继续享受工伤医疗待遇。

生活不能自理的工伤人员在停工留薪期需要护理的，由所在单位负责。

第三十六条　（生活护理待遇）

工伤人员已经评定伤残等级并经鉴定委员会确认需要生活护理的，从工伤保险基金按月支付生活护理费。

生活护理费按照生活完全不能自理、生活大部分不能自理或者生活部分不能自理3

个不同等级支付，其标准分别为上年度全市职工月平均工资的50%、40%或者30%。

第三十七条 （致残1～4级待遇）

工伤人员因工致残被鉴定为一级至四级伤残的，保留劳动关系，退出工作岗位，享受以下待遇：

（一）从工伤保险基金支付一次性伤残补助金。一级伤残的，为24个月的工伤人员负伤前一月本人缴费工资；二级伤残的，为22个月；三级伤残的，为20个月；四级伤残的，为18个月；

（二）从工伤保险基金按月支付伤残津贴。一级伤残的，为工伤人员负伤前一月本人缴费工资的90%；二级伤残的，为85%；三级伤残的，为80%；四级伤残的，为75%；

（三）工伤人员办理按月领取养老金手续后，停发伤残津贴，享受养老保险待遇。基本养老金低于伤残津贴的，由工伤保险基金补足差额。工伤人员到达法定退休年龄又不符合按月领取养老金条件的，由工伤保险基金继续支付伤残津贴；

（四）参加本市基本医疗保险的用人单位和工伤人员以伤残津贴为基数，按月缴纳基本医疗保险费，享受基本医疗保险待遇。工伤人员到达法定退休年龄后继续享受基本医疗保险待遇。

第三十八条 （致残5～6级待遇）

工伤人员因工致残被鉴定为五级、六级伤残的，享受以下待遇：

（一）从工伤保险基金支付一次性伤残补助金。五级伤残的，为16个月的工伤人员负伤前一月本人缴费工资；六级伤残的，为14个月；

（二）保留与用人单位劳动关系的，由用人单位安排适当工作。难以安排工作的，由用人单位按月发给伤残津贴。五级伤残的，为工伤人员负伤前一月本人缴费工资的70%；六级伤残的，为60%。并由用人单位和工伤人员继续按照规定缴纳各项社会保险费。伤残津贴实际金额低于本市职工最低月工资标准的，由用人单位补足差额。

经工伤人员本人提出，该工伤人员可以与用人单位解除或者终止劳动关系，由用人单位支付一次性工伤医疗补助金和伤残就业补助金。五级伤残的，两项补助金标准合计为30个月的上年度全市职工月平均工资；六级伤残的，为25个月。

因工伤人员退休或者死亡使劳动关系终止的，不享受本条第二款规定的待遇。

第三十九条 （致残7～10级待遇）

工伤人员因工致残被鉴定为七级至十级伤残的，享受以下待遇：

（一）从工伤保险基金支付一次性伤残补助金。七级伤残的，为12个月的工伤人员负伤前一月本人缴费工资；八级伤残的，为10个月；九级伤残的，为8个月；十级伤残的，为6个月；

（二）劳动合同期满终止，或者工伤人员本人提出解除劳动合同的，由用人单位支付一次性工伤医疗补助金和伤残就业补助金。七级伤残的，两项补助金标准合计为20个月的上年度全市职工月平均工资；八级伤残的，为15个月；九级伤残的，为10个月；十级伤残的，为 5 个月。

因工伤人员退休或者死亡使劳动关系终止的，不享受本条第一款第(二)项规定的待遇。

第四十条 （工伤复发）

工伤人员工伤复发，经鉴定委员会确认需要治疗的，享受本办法第三十一条至第三十六条规定的工伤保险待遇。

与用人单位解除或者终止劳动关系的工伤人员，并按照本办法规定享受一次性工伤医疗补助金和伤残就业补助金的，不再享受本办法第三十一条至第三十六条规定的待遇。

第四十一条 （因工死亡待遇）

从业人员因工死亡，其直系亲属按照下列规定从工伤保险基金领取丧葬补助金、供养亲属抚恤金和一次性工亡补助金：

（一）丧葬补助金为从业人员因工死亡时 6 个月的上年度全市职工月平均工资；

（二）供养亲属抚恤金按照从业人员本人因工死亡前一月缴费工资的一定比例发给其生前提供主要生活来源、无劳动能力的亲属。其中，配偶每月 40%，其他亲属每人每月 30%；孤寡老人或者孤儿每人每月在上述标准基础上增加 10%。核定的各供养亲属的抚恤金之和不应高于从业人员因工死亡前一月的缴费工资；

（三）一次性工亡补助金标准为从业人员因工死亡时 50 个月的上年度全市职工月平均工资。

工伤人员在停工留薪期内因工伤导致死亡的，其直系亲属享受本条第一款规定的待遇。

一级至四级伤残的工伤人员在停工留薪期满后死亡的，其直系亲属可以享受本条第一款第(一)项、第(二)项规定的待遇；其中，在按月领取养老金以后死亡的，其直系亲属享受的由养老保险基金支付的丧葬补助金低于本条第一款第(一)项标准的，应当由工伤保险基金补足差额。

供养亲属的具体范围按照国家有关规定执行。

第四十二条 （关于缴费工资的特别规定）

本办法第三十七条第一款第(一)项和第(二)项、第三十八条第一款第(一)项、第三十九条第一款第(一)项以及第四十一条第一款第(二)项所规定的工伤人员或者因工死亡人员负伤前或者死亡前一月缴费工资，低于上年度全市职工月平均工资标准的，按照工伤人员或者因工死亡人员负伤前或者死亡时上年度全市职工月平均工资标准确定。

第四十三条 （待遇调整）

伤残津贴、供养亲属抚恤金、生活护理费的标准由市劳动保障局根据全市职工平均工资和居民消费价格指数变化等情况适时调整。调整办法由市劳动保障局拟订，报市政府批准后执行。

第四十四条 （与其他赔偿关系）

因机动车事故或者其他第三方民事侵权引起工伤，用人单位或者工伤保险基金按照本办法规定的工伤保险待遇先期支付的，工伤人员或者其直系亲属在获得机动车事故等民事赔偿后，应当予以相应偿还。

第四十五条 （因工外出发生事故或在抢险救灾中下落不明人员的待遇）

从业人员因工外出期间发生事故或者在抢险救灾中下落不明的，从事故发生当月起3个月内照发工资，从第4个月起停发工资，由工伤保险基金按照本办法第四十一条第一款第（二）项所规定的标准，向其供养亲属按月支付供养亲属抚恤金。生活有困难的，可以预支一次性工亡补助金的50%。从业人员被人民法院宣告死亡的，按照本办法第四十一条规定处理。

第四十六条 （待遇停止）

工伤人员有下列情形之一的，停止享受工伤保险待遇：

（一）丧失享受待遇条件的；

（二）拒不接受劳动能力鉴定的；

（三）拒绝治疗的；

（四）被判刑正在收监执行的。

第四十七条 （保险责任确定）

用人单位分立、合并、转让的，承继单位应当承担原用人单位的工伤保险责任。

用人单位实行承包经营的，工伤保险责任由从业人员劳动关系所在单位承担。

从业人员被借调期间受到工伤事故伤害的，由原用人单位承担工伤保险责任，但原用人单位与借调单位可以约定补偿办法。

企业破产的，在破产清算时优先拨付依法应由单位支付的工伤保险待遇费用。

第四十八条 （境外赔偿）

从业人员被派遣出境工作，依据前往国家或者地区的法律应当参加当地工伤保险的，参加当地工伤保险，其国内工伤保险关系中止；不能参加当地工伤保险的，其国内工伤保险关系不中止，按本办法规定享受工伤保险待遇。

第四十九条 （办理享受待遇的手续）

从业人员因工伤亡的，由工伤人员或者其直系亲属、用人单位到经办机构办理工伤保险待遇手续，并提供下列相应材料：

（一）填写完整的工伤保险待遇申请表；

（二）工伤医疗费用支付凭证；

（三）工伤人员与承担工伤责任用人单位存在劳动关系的证明材料；

（四）待遇享受人的身份证明及与因工死亡人员的供养关系证明；

（五）下落不明或者宣告死亡的证明材料；

（六）其他相关材料。

经办机构应当自接到享受工伤保险待遇申请之日起 30 日内，对工伤人员或者其供养亲属享受工伤保险待遇的条件进行审核。符合条件的，核定其待遇标准并按时足额支付；不符合条件的，应当书面告知。

第六章　特别规定

第五十条　（非全日制从业人员缴费）

招用非全日制从业人员的用人单位应当将应缴纳的工伤保险费在劳动报酬中支付给个人，由其本人按照本办法规定的工伤保险费缴费基数和费率自行缴费。

第五十一条　（非全日制从业人员工伤待遇）

非全日制从业人员因工作遭受事故伤害或者患职业病后，与用人单位的劳动关系按照《上海市劳动合同条例》的规定执行，享受下列工伤保险待遇：

（一）按照本办法规定由工伤保险基金支付的工伤保险待遇；

（二）由承担工伤责任的用人单位参照本办法规定支付停工留薪期待遇，并不得低于全市职工月最低工资标准；

（三）致残一级至四级的，由承担工伤责任的用人单位和工伤人员以享受的伤残津贴为基数，一次性缴纳基本医疗保险费至工伤人员到达法定退休年龄，享受基本医疗保险待遇；

（四）致残五级至十级的，由承担工伤责任的用人单位按照本办法规定的标准支付一次性工伤医疗补助金和伤残就业补助金。

第五十二条　（协保人员的工伤待遇）

用人单位使用经就业登记的协保人员的，协保人员的工资收入不计入用人单位工伤保险缴费基数。

协保人员发生工伤的，可以按照本办法规定享受工伤保险待遇，但经办机构按照规定核定用人单位下一年度的浮动费率。

第五十三条　（非正规就业劳动组织从业人员工伤待遇）

非正规就业劳动组织参照本办法规定的缴费基数和比例缴纳工伤保险费，在缴纳工伤保险费后，其按照规定在劳动保障部门进行登记的从业人员发生工伤的，可以享受本办法规定由工伤保险基金支付的工伤保险待遇。

第七章　法律责任

第五十四条　（劳动保障行政部门法律责任）

劳动保障行政部门工作人员有下列情形之一的，依法给予行政处分；情节严重，构成犯罪的，依法追究刑事责任：

（一）无正当理由不受理工伤认定申请，或者弄虚作假将不符合工伤条件的人员认定为工伤人员的；

（二）未妥善保管申请工伤认定的证据材料，致使有关证据灭失的；

（三）收受当事人财物的。

第五十五条 （有关单位和个人的法律责任）

单位或者个人违反规定挪用工伤保险基金，构成犯罪的，依法追究刑事责任；尚不构成犯罪的，依法给予行政处分或者纪律处分。被挪用的基金由市劳动保障局追回，并入工伤保险基金。

经办机构有下列行为之一的，由市劳动保障局责令改正，对直接负责的主管人员和其他责任人员依法给予纪律处分；情节严重，构成犯罪的，依法追究刑事责任；造成当事人经济损失的，由经办机构依法承担赔偿责任：

（一）未按规定保存用人单位缴费和工伤人员享受工伤保险待遇情况记录的；

（二）不按规定核定工伤保险待遇的；

（三）收受当事人财物的。

第五十六条 （骗取基金的法律责任）

用人单位、工伤人员或者其直系亲属骗取工伤保险待遇，医疗机构、辅助器具配置机构骗取工伤保险基金支出的，由市劳动保障局责令其限期退还，并处骗取金额1倍以上3倍以下的罚款；情节严重，构成犯罪的，依法追究刑事责任。

第五十七条 （鉴定机构法律责任）

从事劳动能力鉴定的组织或者个人有下列情形之一的，由市劳动保障局责令改正，并处2 000元以上1万元以下的罚款；情节严重，构成犯罪的，依法追究刑事责任：

（一）提供虚假鉴定意见的；

（二）提供虚假诊断证明的；

（三）收受当事人财物的。

第五十八条 （应参保未参保或者未按规定缴费的规定）

用人单位应当参加工伤保险而未参加或者未按规定缴纳工伤保险费的，由劳动保障行政部门责令改正，并按照国务院《社会保险费征缴暂行条例》《上海市城镇职工社会保险费征缴若干规定》的有关规定处理。未参加工伤保险或者未按规定缴纳工伤保险费期间用人单位从业人员发生工伤的，该期间的工伤待遇由用人单位按照本办法规定的工伤保险待遇项目和标准支付费用。

第五十九条 （争议处理）

工伤人员与用人单位发生工伤待遇方面争议的，按照处理劳动争议的有关规定处理。

第六十条 （行政复议和行政诉讼）

有关单位和个人对劳动保障行政部门或者经办机构依照本办法规定作出的具体行政行为不服的，可以依法申请行政复议或者提起行政诉讼。

第八章 附则

第六十一条 （关于适用范围的特别规定）

国家对国家机关、社会团体、事业单位以及民办非企业单位的工伤保险另行作出规定的，按照国家规定进行调整。

第六十二条 （聘用退休人员规定）

用人单位聘用的退休人员发生工伤的，由用人单位参照本办法规定支付其工伤保险待遇。

第六十三条 （老工伤人员的规定）

本办法实施前已遭受事故伤害或者患职业病且由用人单位负责支付工伤保险待遇的工伤人员，其相关工伤保险待遇转由工伤保险基金承担支付的具体办法，由市劳动保障局另行拟订，报市政府批准后实施。

具体办法未实施之前，本条前款规定的工伤人员有关工伤保险待遇仍由用人单位按原办法支付。

第六十四条 （外来从业人员规定）

本市用人单位使用外来从业人员发生工伤的，按照《上海市外来从业人员综合保险暂行办法》有关工伤保险的规定执行。

第六十五条 （暂不参加的规定）

本市参加农村社会养老保险的用人单位及其从业人员暂不参加本办法规定的工伤保险。从业人员发生工伤的，由用人单位参照本办法规定支付其工伤保险待遇。

第六十六条 （实施日期）

本办法自 2004 年 7 月 1 日起施行。

2004 年 1 月 1 日起本市有关工伤认定、劳动能力鉴定以及工伤保险待遇的享受等事项，按照本办法的规定执行。

上海市劳动和社会保障局关于确定 2004 年度缴纳社会保险费工资基数的通知［沪劳保基发(2004)11 号］

各区、县人民政府，市政府委、办、局，控股（集团）公司，大专院校、科研单位，市社会保险事业基金结算管理中心，区、县社会保险事业管理中心：

为切实做好社会保险费征缴工作，现就确定 2004 年度缴纳社会保险费工资基数的有关问题通知如下，请按照执行。

一、2003 年职工工资性收入的申报

缴费单位应在办理职工本人签字确认 2003 年度工资性收入手续的前提下，于 2004 年 3 月底以前，向区、县社会保险事业管理中心（以下简称区、县社保中心）提交本单位按规定填报的上海市统计局《劳动情况》104 表、缴费个人确认表册以及市社会保险事业基金结算管理中心（以下简称市社保中心）发放的申报表，办理申报手续。

二、缴费基数的确定

1. 2004年个人缴费基数按职工本人2003年月平均工资性收入确定。个人缴费基数的上限和下限，根据本市公布的2003年度全市职工月平均工资的300%和60%相应确定，其数值根据全市职工月平均工资计算，按四舍五入原则先进到角再进到元。

2. 缴费单位按月缴纳社会保险费的基数按单位内缴费个人月缴费基数之和确定。

3. 首次参加工作和变动工作单位的缴费个人，按新进单位首月全月工资性收入确定月缴费基数。

三、几类人员的缴费基数

1. 本市城镇个体工商户业主及其帮工以及从事自由职业人员缴纳社会保险费基数按其上年度月平均工资性收入确定。个人缴费基数的上限和下限，按本通知第二条第一项的规定执行。本市城镇个体工商户月缴费基数按业主和帮工缴费基数之和确定。

2. 2004年缴纳小城镇社会保险费和外来从业人员综合保险费的基数为2003年度全市职工月平均工资的60%。

3. 实行统一结算管理的协保缴费专户尚未缴纳的社会保险费在2004年缴费年度内按本市公布的2003年度全市职工月平均工资比上年的增长幅度相应增长。

四、稽核与审计

1. 区、县社保中心应当对缴费单位申报并经职工本人确认的2003年度工资性收入与有关资料即时进行审核。缴费单位2003年度工资总额大于职工个人确认的工资性收入总和的，应查明原因，并对单位已申报的工资总额和职工个人工资性收入予以相应调整。

2. 对列入2003年专项审计的缴费单位，区、县社保中心应将该单位追缴调整后的工资总额与其申报的2003年工资总额进行对比审核，经审核后相应确定缴费基数。

3. 区、县社保中心应严格按国家统计局《关于工资总额组成的规定》[(1990)1号令]和相关的法规、规章以及市统计局统计指标解释口径，对缴费单位及缴费个人的2003年度工资总额进行审核，并据此核定其2004年度的缴费基数。市社保中心应组织专项稽核。市劳动保障局将通过抽样形式对单位申报2003年度工资总额和2004年缴费基数的情况组织专项审计。对严重瞒、漏报工资总额的缴费单位将根据国务院《社会保险费征缴暂行条例》的规定给予行政处罚。

4. 区、县社保中心在审核缴费单位和缴费个人2003年度工资总额的同时，对缴费单位的《社会保险登记证》进行年度验证。

本通知自发文之日起执行。调整后的各项缴费工资基数标准执行时间从2004年4月起至2005年3月止。

原规定与本通知不符的，按本通知执行。

上海市劳动和社会保障局

二〇〇四年三月二十五日

D.3 上海市外来人员综合保险条例

1. 上海市外来从业人员综合保险暂行办法[2002 年 7 月 22 日上海市人民政府第 123 号]

第九条 (缴费基数和比例)

用人单位缴纳综合保险费的基数,为其使用外来从业人员的总人数乘以上年度全市职工月平均工资的 60%。无单位的外来从业人员缴纳综合保险费的基数,为上年度全市职工月平均工资的 60%。用人单位和无单位的外来从业人员按照缴费基数12.5%的比例,缴纳综合保险费。其中,外地施工企业的缴费比例为 7.5%。

第十三条 (享受待遇)

依照本办法规定履行缴费义务的,按下列规定享受综合保险待遇:

(一) 用人单位使用的外来从业人员,享受工伤、住院医疗和老年补贴三项待遇;

(二) 无单位的外来从业人员,享受意外伤害、住院医疗和老年补贴三项待遇;

(三) 外地施工企业的外来从业人员,享受工伤、住院医疗两项待遇。

第十五条 (住院医疗待遇)

外来从业人员在参加综合保险期间因患病或者非因工负伤住院自负;起付标准以上的部分,由综合保险基金承担 80%,外来从业人员承担 20%。住院医疗费用的起付标准为上年度全市职工年平均工资的 10%。

用人单位和无单位的外来从业人员缴费满三个月的,享受住院医疗待遇的最高额,为上年度全市职工年平均工资;连续缴费满六个月的,享受住院医疗待遇的最高额,为上年度全市职工年平均工资的 2 倍;连续缴费满九个月的,享受住院医疗待遇的最高额,为上年度全市职工年平均工资的 3 倍;连续缴费满一年以上的,享受住院医疗待遇的最高额,为上年度全市职工年平均工资的 4 倍。

2.《关于贯彻〈上海市外来从业人员综合保险暂行办法〉的实施细则》[沪劳保就发〔2002〕38 号]

工伤的规定

(三) 待遇标准

1. 外来从业人员被认定为因工负伤或者患职业病的,商业保险公司按照下列项目和标准一次性支付工伤保险待遇:

(1) 实际发生的符合国家和本市基本医疗保险规定的抢救医疗费用。

(2) 按照发生工伤的致残等级和年龄确定的伤残补助金、伤残津贴、生活护理费和旧伤复发医疗费。伤残补助金、伤残津贴、生活护理费和旧伤复发医疗费的具体标准见附表一。

(3) 经劳动能力鉴定机构认定应当安装假肢、矫型器、假眼、假牙和配置轮椅等辅助器具的费用。辅助器具的费用按使用期限和国产普及型价格确定。

2. 外来从业人员被认定为因工死亡的，商业保险公司按照下列项目和标准一次性支付工伤保险待遇：

(1) 实际发生的符合国家和本市基本医疗保险规定的抢救医疗费用。

(2) 丧葬补助金。标准为 6 个月的上年度全市职工月社会平均工资。

(3) 因工死亡补助金。标准为 50 个月的上年度全市职工月社会平均工资。

(4) 供养亲属抚恤金。抚恤金按以下公式计算：

抚恤金 ＝ 死亡时上年度全市职工年社会平均工资的 30% × 12 年 × 1 人

八、意外伤害的规定

(三) 待遇标准

外来从业人员在《就业证》载明的务工经营场所、正常的工作时间内，从事相关的劳动时，发生意外伤害的，商业保险公司应当按照工伤保险待遇标准一次性支付意外伤害保险金；发生其他意外伤害的，商业保险公司应当支付一次性意外伤害保险金，具体见附表二。

附表一：

工伤保险四项待遇一次性支付表

单位:万元

级别	一级	二级	三级	四级	五级	六级	七级	八级	九级	十级
年龄 20 岁及其以下	44.6	40.2	35.9	25.8	16.1	12.7	4	3	2	1
21 岁	43.6	39.4	35.1	25;3	15.8	12.5				
22 岁	42.6	38.5	34.3	24.7	15.5	12.2				
23 岁	41.7	37.6	33.5	24.1	15.2	12.0				
24 岁	40.7	36.7	32.7	23.6	14.9	11.8				
25 岁	39.7	35.8	31.9	23.0	14.6	11.5				
26 岁	38.7	34.9	31.2	22.4	14.3	11.3				
27 岁	37.8	34.1	30.4	21.9	14.0	11.1				
28 岁	36.8	33.2	29.6	21.3	13.7	10.8				
29 岁	35.8	32.3	28.8	20.8	13.4	10.6				
30 岁	34.8	31.4	28.0	20.2	13.1	10.4				
31 岁	33.8	30.5	27.2	19.6	12.8	10.1				
32 岁	32.9	29.6	26.4	19.1	12.5	9.9				
33 岁	31.9	28.8	25.6	18.5	12.3	9.7				
34 岁	30.9	27.9	24.9	18.0	12.0	9.4				
35 岁	29.9	27.0	24.1	17.4	11.7	9.2				
36 岁	28.9	26.1	23.3	16.8	11.4	9.0				
37 岁	28.0	25.2	22.5	16.3	11.1	8.8				
38 岁	27.0	24.4	21.7	15.7	10.8	8.5				

39 岁	26.0	23.5	20.9	15.1	10.5	8.3
40 岁	25.0	22.6	20.1	14.6	10.2	8.1
41 岁	24.1	21.7	19.4	14.0	9.9	7.8
42 岁	23.1	20.8	18.6	13.5	9.6	7.6
43 岁	22.1	19.9	17.8	12.9	9.3	7.4
44 岁	21.1	19.1	17.0	12.3	9.0	7.1
45 岁	20.1	18.2	16.2	11.8	8.7	6.9
46 岁	19.2	17.3	15.4	11.2	8.4	6.7
47 岁	18.2	16.4	14.6	10.7	8.1	6.4
48 岁	17.2	15.5	13.9	10.1	7.8	6.2
49 岁	16.2	14.6	13.1	9.5	7.5	6.0
50 岁及其以上	15.2	13.8	12.3	9.0	7.2	5.7

附表二:

意外伤害一次性支付表

单位:万元

级别	死亡	一级	二级	三级	四级	五级	六级	七级	八级	九级	十级
标准	14.7	14.7	13.2	11.8	10.3	8.8	7.4	4	3	2	1

D.4 国家工伤保险条例

1.《工伤保险条例》(国务院令第 375 号)

第八条 工伤保险费根据以支定收、收支平衡的原则,确定费率。国家根据不同行业的工伤风险程度确定行业的差别费率,并根据工伤保险费使用、工伤发生率等情况在每个行业内确定若干费率档次。行业差别费率及行业内费率档次由国务院劳动保障行政部门会同国务院财政部门、卫生行政部门、安全生产监督管理部门制定,报国务院批准后公布施行。

统筹地区经办机构根据用人单位工伤保险费使用、工伤发生率等情况,适用所属行业内相应的费率档次确定单位缴费费率。

第三十七条 职工因工死亡,其直系亲属按照下列规定从工伤保险基金领取丧葬补助金、供养亲属抚恤金和一次性工亡补助金:

(一) 丧葬补助金为 6 个月的统筹地区上年度职工月平均工资;

(二) 供养亲属抚恤金按照职工本人工资的一定比例发给由因工死亡职工生前提供主要生活来源、无劳动能力的亲属。标准为:配偶每月 40%,其他亲属每人每月 30%,孤寡老人或者孤儿每人每月在上述标准的基础上增加 10%。核定的各供养亲属的抚恤金之和不应高于因工死亡职工生前的工资。供养亲属的具体范围由国务院劳动保障行政部门规定；

（三）一次性工亡补助金标准为48个月至60个月的统筹地区上年度职工月平均工资。具体标准由统筹地区的人民政府根据当地经济、社会发展状况规定，报省、自治区、直辖市人民政府备案。

2. 关于工伤保险费率问题的通知［劳社部发〔2003〕29号］

一、关于行业划分

根据不同行业的工伤风险程度，参照《国民经济行业分类》(GB/T 4754—2002)，将行业划分为三个类别：一类为风险较小行业，二类为中等风险行业，三类为风险较大行业。三类行业分别实行三种不同的工伤保险缴费率。统筹地区社会保险经办机构要根据用人单位的工商登记和主要经营生产业务等情况，分别确定各用人单位的行业风险类别。行业风险分类见附件。

二、关于费率确定

各省、自治区、直辖市工伤保险费平均缴费率原则上要控制在职工工资总额的1.0%左右。在这一总体水平下，各统筹地区三类行业的基准费率要分别控制在用人单位职工工资总额的0.5%左右、1.0%左右、2.0%左右。各统筹地区劳动保障部门要会同财政、卫生、安全监管部门，按照以支定收、收支平衡的原则，根据工伤保险费使用、工伤发生率、职业病危害程度等情况提出分类行业基准费率的具体标准，报统筹地区人民政府批准后实施。基准费率的具体标准可定期调整。

三、关于费率浮动

用人单位属一类行业的，按行业基准费率缴费，不实行费率浮动。用人单位属二、三类行业的，费率实行浮动。用人单位的初次缴费费率，按行业基准费率确定，以后由统筹地区社会保险经办机构根据用人单位工伤保险费使用、工伤发生率、职业病危害程度等因素，一至三年浮动一次。在行业基准费率的基础上，可上下各浮动两档：上浮第一档到本行业基准费率的120%，上浮第二档到本行业基准费率的150%，下浮第一档到本行业基准费率的80%，下浮第二档到本行业基准费率的50%。费率浮动的具体办法由各统筹地区劳动保障行政部门会同财政、卫生、安全监管部门制定。

附件：工伤保险行业风险分类表

劳动和社会保障部　财政部　卫生部　国家安全生产监督管理局

二〇〇三年十月二十九日

一、银行业，证券业，保险业，其他金融活动业，居民服务业，其他服务业，租赁业，商务服务业，住宿业，餐饮业，批发业，零售业，仓储业，邮政业，电信和其他传输服务业，计算机服务业，软件业，卫生，社会保障业，社会福利业，新闻出版业，广播、电视、电影和音像业，文化艺术业，教育，研究与试验发展，专业技术业，科技交流和推广服务业，城市公共交通业。

二、房地产业，体育，娱乐业，水利管理业，环境管理业，公共设施管理业，农副食品加工业，食品制造业，饮料制造业，烟草制品业，纺织业，纺织服装、鞋、帽制造业，皮革、毛皮、羽绒及其制品业，林业，农业，畜牧业，渔业、农、林、牧、渔服务业。木材加工及木、竹、藤、草制品业，家具制造业，造纸及纸制品业，印刷业和记录媒介的复制，文教体育用品制造业，化学纤维制造业，医药制造业，通用机械制造业，专用机械制造业，交通运输设备制造业，电气机械及器材制造业，仪器仪表及文化，办公用机械制造业，非金属矿物制品业，金属制品业，橡胶制品业，塑料制品业，通信设备，计算机及其他电子设备制造业，工艺品及其他制造业，废弃资源和废旧材料回收加工业，电力、热力的生产和供应业，燃气生产和供应业，水的生产和供应业，房屋和土木工程建筑业，建筑安装业，建筑装饰业，其他建筑业，地质勘察业，铁路运输业，道路运输业，水上运输业，航空运输业，管道运输业，装卸搬运和其他运输服务业。

三、石油加工，炼焦及核心燃料加工业，化学原料及化学制品制造业，黑色金属冶炼及压延加工业、有色金属冶炼及压延加工业、石油和天然气开采业，黑色金属矿采选业，有色金属矿采选业，非金属矿采选业，煤炭开采和洗选业，其他采矿业。

劳动和社会保障部关于农民工参加工伤保险有关问题的通知

各省、自治区、直辖市劳动和社会保障厅(局)：

为了维护农民工的工伤保险权益，改善农民工的就业环境，根据《工伤保险条例》规定，从农民工的实际情况出发，现就农民工参加工伤保险、依法享受工伤保险待遇有关问题通知如下：

一、各级劳动保障部门要统一思想，提高认识，高度重视农民工工伤保险权益维护工作。要从践行“三个代表”重要思想的高度，坚持以人为本，做好农民工参加工伤保险、依法享受工伤保险待遇的有关工作，把这项工作作为全面贯彻落实《工伤保险条例》，为农民工办实事的重要内容。

二、农民工参加工伤保险、依法享受工伤保险待遇是《工伤保险条例》赋予包括农民工在内的各类用人单位职工的基本权益，各类用人单位招用的农民工均有享受工伤保险待遇的权利。各地要将农民工参加工伤保险，作为今年工伤保险扩面的重要工作，明确任务，抓好落实。凡是与用人单位建立劳动关系的农民工，用人单位必须及时为他们办理参加工伤保险的手续。对用人单位为农民工先行办理工伤保险的，各地经办机构应予办理。今年重点推进建筑、矿山等工伤风险较大、职业危害较重行业的农民工参加工伤保险。

三、用人单位注册地与生产经营地不在同一统筹地区的，原则上在注册地参加工伤保险。未在注册地参加工伤保险的，在生产经营地参加工伤保险。农民工受到事故伤害或患职业病后，在参保地进行工伤认定、劳动能力鉴定，并按参保地的规定依法享受工伤保险待遇。用人单位在注册地和生产经营地均未参加工伤保险的，农民工受到事故伤害或者患职业病后，在生产经营地进行工伤认定、劳动能力鉴定，并按生产经营地的规定依法由用人单位支付工伤保险待遇。

四、对跨省流动的农民工，即户籍不在参加工伤保险统筹地区（生产经营地）所在省（自治区、直辖市）的农民工，1至4级伤残长期待遇的支付，可试行一次性支付和长期支付两种方式，供农民工选择。在农民工选择一次性或长期支付方式时，支付其工伤保险待遇的社会保险经办机构应向其说明情况。一次性享受工伤保险长期待遇的，需由农民工本人提出，与用人单位解除或者终止劳动关系，与统筹地区社会保险经办机构签订协议，终止工伤保险关系。1至4级伤残农民工一次性享受工伤保险长期待遇的具体办法和标准由省（自治区、直辖市）劳动保障行政部门制定，报省（自治区、直辖市）人民政府批准。

五、各级劳动保障部门要加大对农民工参加工伤保险的宣传和督促检查力度，积极为农民工提供咨询服务，促进农民工参加工伤保险。同时要认真做好工伤认定、劳动能力鉴定工作，对侵害农民工工伤保险权益的行为要严肃查处，切实保障农民工的合法权益。

D.5 建设部关于加强建筑意外伤害保险工作的指导意见

各省、自治区建设厅，直辖市建委，江苏省、山东省建管局，新疆生产建设兵团建设局，国务院有关部门建设司（局），中央管理的有关总公司：

自1997年我部《关于印发〈施工现场工伤保险试点工作研讨纪要〉的通知》（建监安〔1997〕17号）以来，特别是1998年3月1日《建筑法》颁布实施以来。上海、浙江、山东等24个省、自治区和直辖市积极开展了建筑意外伤害保险工作，积累了一定经验。但此项工作的发展很不平衡。为贯彻执行《建筑法》和《安全生产法》，进一步加强和规范建筑意外伤害保险工作，提出如下指导意见：

一、全面推行建筑意外伤害保险工作

根据《建筑法》第四十八条规定，建筑职工意外伤害保险是法定的强制性保险，也是保护建筑业从业人员合法权益，转移企业事故风险，增强企业预防和控制事故能力，促进企业安全生产的重要手段。2003年内，要实现在全国各地全面推行建筑意外伤害保险制度的目标。

各地区建设行政主管部门要依法加强对本地区建筑意外伤害保险工作的监督管理和指导，建立和完善有关规章制度，引导本地区建筑意外伤害保险工作有序健康发展。要切实把推行建筑意外伤害保险作为今年建筑安全生产工作的重点来抓。已经开展这项工作的地区，要继续加强和完善有关制度和措施，扩大覆盖面。尚未开展这项工作的地区，要认真借鉴兄弟省（区、市）的经验，抓紧制定有关管理办法，尽快启动这项工作。

二、关于建筑意外伤害保险的范围

建筑施工企业应当为施工现场从事施工作业和管理的人员，在施工活动过程中发生的人身意外伤亡事故提供保障，办理建筑意外伤害保险、支付保险费。范围应当覆盖工程项目。已在企业所在地参加工伤保险的人员，从事现场施工时仍可参加建筑意外伤害保险。

各地建设行政主管部门可根据本地区实际情况，规定建筑意外伤害保险的附加险要求。

三、关于建筑意外伤害保险的保险期限

保险期限应涵盖工程项目开工之日到工程竣工验收合格日。提前竣工的，保险责任自行终止。因延长工期的，应当办理保险顺延手续。

四、关于建筑意外伤害保险的保险金额

各地建设行政主管部门要结合本地区实际情况，确定合理的最低保险金额。最低保险金额要能够保障施工伤亡人员得到有效的经济补偿。施工企业办理建筑意外伤害保险时，投保的保险金额不得低于此标准。

五、关于建筑意外伤害保险的保险费

保险费应当列入建筑安装工程费用。保险费由施工企业支付，施工企业不得向职工摊派。

施工企业和保险公司双方应本着平等协商的原则，根据各类风险因素商定建筑意外伤害保险费率，提倡差别费率和浮动费率。差别费率可与工程规模、类型、工程项目风险程度和施工现场环境等因素挂钩。浮动费率可与施工企业安全生产业绩、安全生产管理状况等因素挂钩。对重视安全生产管理、安全业绩好的企业可采用下浮费率；对安全生产业绩差、安全管理不善的企业可采用上浮费率。通过浮动费率机制，激励投保企业安全生产的积极性。

六、关于建筑意外伤害保险的投保

施工企业应在工程项目开工前，办理完投保手续。鉴于工程建设项目施工工艺流程中各工种调动频繁、用工流动性大，投保应实行不记名和不计人数的方式。工程项目中有分包单位的由总承包施工企业统一办理，分包单位合理承担投保费用。业主直接发包的工程项目由承包企业直接办理。

各级建设行政主管部门要强化监督管理，把在建工程项目开工前是否投保建筑意外伤害保险情况作为审查企业安全生产条件的重要内容之一；未投保的工程项目，不予发放施工许可证。

投保人办理投保手续后，应将投保有关信息以布告形式张贴于施工现场，告之被保险人。

七、关于建筑意外伤害保险的索赔

建筑意外伤害保险应规范和简化索赔程序，搞好索赔服务。各地建设行政主管部门要积极创造条件，引导投保企业在发生意外事故后即向保险公司提出索赔，使施工伤亡人员能够得到及时、足额的赔付。各级建设行政主管部门应设置专门电话接受举报，凡被保险人发生意外伤害事故，企业和工程项目负责人隐瞒不报、不索赔的，要严肃查处。

八、关于建筑意外伤害保险的安全服务

施工企业应当选择能提供建筑安全生产风险管理、事故防范等安全服务和有保险能力的保险公司，以保证事故后能及时补偿与事故前能主动防范。目前还不能提供安全风险管理和事故预防的保险公司，应通过建筑安全服务中介组织向施工企业提供与建筑意外伤害保险相关的安全服务。建筑安全服务中介组织必须拥有一定数量、专业配套、具备建筑安全知识和管理经验的专业技术人员。

安全服务内容可包括施工现场风险评估、安全技术咨询、人员培训、防灾防损设备配置、安全技术研究等。施工企业在投保时可与保险机构商定具体服务内容。

各地建设行政主管部门应积极支持行业协会或者其他中介组织开展安全咨询服务工作，大力培育建筑安全中介服务市场。

九、关于建筑意外伤害保险行业自保

一些国家和地区结合建筑行业高风险特点，采取建筑意外伤害保险行业自保或企业联合自保形式，并取得一定成功经验。有条件的省(区、市)可根据本地的实际情况，研究探索建筑意外伤害保险行业自保。我部将根据各地研究和开展建筑意外伤害保险的实际情况，提出相应的意见。

参 考 文 献

REFERENCE

[1] 艾幼明. 责任保险与建筑安装工程保险[M]. 北京:中国商业出版社,1996.
[2] 陈保胜. 城市与建筑防灾[M]. 上海:同济大学出版社,2001.
[3] 陈宝智. 危险辨识控制及评价[M]. 成都:四川科学技术出版社,1996.
[4] 陈桂香,黄宏伟. 对地铁项目全寿命风险管理的研究[A]//2005 全国地铁与地下工程技术风险管理研讨会论文集[C]. 北京,2005:214-220.
[5] 陈桂香. 地铁工程项目的风险管理研究[D]. 上海:同济大学,2004.
[6] 陈龙,黄宏伟. 城市软土盾构隧道施工对环境影响风险分析与评估[J]. 现代隧道技术(sup.),2004:364-369.
[7] 陈龙,黄宏伟. 地下工程风险评价及决策方法研究(同济大学枫林节专题)[M]. 上海:同济大学出版社,2004:239-246.
[8] 陈龙. 城市软土盾构隧道施工期风险分析与评估研究[D]. 上海:同济大学,2004.
[9] 陈龙珠,梁发云,宋春雨,等. 防灾工程学导论[M]. 北京:中国建筑工业出版社,2005.
[10] 陈喜山. 系统安全工程学[M]. 北京:中国建材工业出版社,2006.
[11] 成虎. 工程项目管理[M]. 北京:中国建筑工业出版社,2001.
[12] 邓晓梅. 中国工程保证担保制度研究[M]. 北京:中国建筑工业出版社,2003.
[13] 狄赞荣. 施工机械概论[M]. 北京:人民交通出版社,1995.
[14] 方明山. 超大跨度缆索承重桥梁非线性空气静力稳定理论研究[D]. 上海:同济大学桥梁工程系,1999.
[15] 高冬光. 公路与桥梁水毁防治[M]. 北京:人民交通出版社,2002.
[16]《公路桥梁抗风设计指南》编写组. 公路桥梁抗风设计指南[M]. 北京:人民交通出版社,1996.
[17] 国际咨询工程师联合会. 职业责任保险入门[M]. 北京:中国计划出版社,2001.
[18] 郭家汉. 建设工程设计责任保险实务[M]. 北京:知识产权出版社,2003.
[19] 郭振华,熊华,苏燕. 工程项目保险[M]. 北京:经济科学出版社,2004.
[20] 郭振华,雄华,苏燕. 工程项目保险[M]. 北京:经济科学出版社,2004.
[21] 郭永基. 可靠性工程原理[M]. 北京:清华大学出版社,2002.
[22] 郭仲伟. 风险分析与决策[M]. 北京:机械工业出版社,1986.
[23] 胡湘洪. 质量、环境、职业健康安全综合管理体系的建立和审核[D]. 广州:华南理工大学,2001.
[24] 黄宏伟. 隧道与地下工程风险管理研究进展[A]//2005 全国地铁与地下工程技术风险管理研讨会论文集[C]. 北京,2005:16-26.
[25] 黄俊. 桥梁工程风险管理与保险研究[D]. 上海:同济大学桥梁工程系,2000.
[26] 建筑事故防范与处理课题组. 建筑事故防范与处理实用全书[M]. 北京:中国建材工业出版社,1998.

[27] 江见鲸,龚晓南,王元清,崔京浩.建筑工程事故分析与处理[M].北京:中国建筑工业出版社,2000.
[28] 交通部第二公路勘察设计院.路基[M].2版.北京:人民交通出版社,1996.
[29] 交通部第二公路勘察设计院.路面[M].2版.北京:人民交通出版社,1996.
[30] 雷胜强.国际工程风险管理与保险[M].北京:中国建筑工业出版社,2002.
[31] 李世蓉,邓铁军.工程建设项目管理[M].武汉:武汉理工大学出版社,2002.
[32] 李玉泉.保险法[M].北京:法律出版社,1997.
[33] 廖雄华.地铁与轻轨土建工程的风险和保险[R].上海:同济大学,2002.
[34] 卢有杰,卢家仪.项目风险管理[M].北京:清华大学出版社,1998.
[35] 罗福午.建筑工程质量缺陷事故分析及处理[M].武汉:武汉工业大学出版社,1999.
[36] 罗云,樊运晓,马晓春.风险分析与安全评价[M].北京:化学工业出版社,2004.
[37] 罗云.风险分析与安全评价[M].北京:化学工业出版社,2004.
[38] 马锋,索清辉,宋吉荣.效用理论在工程建设风险管理决策中的应用[J].四川建筑,2003,23(2).
[39] [美]克利福德·格雷,埃里克·拉森.项目管理教程[M].北京:人民邮电出版社,2003.
[40] [美]哈罗德·斯凯博.国际风险与保险[M].北京:机械工业出版社,1999.
[41] [美]塞缪尔·J·曼特尔.项目管理实践[M].北京:电子工业出版社,2002.
[42] [美]W. Ronald Hudson,[加]Ralph Haas,[美]Waheed Uddin.公共设施资产管理[M].广州:广东世界图书出版公司,2004.
[43] 钱冬升.科学地对待桥渡和桥梁[M].北京:中国铁道出版社,2003.
[44] 乔林.建筑工程施工风险与保险[M].上海:上海科学技术文献出版社,1998.
[45] 乔林,王绪瑾.财产保险[M].北京:中国人民大学出版社,2004.
[46] 邱菀华.现代项目风险管理方法与实践[M].北京:科学出版社,2003.
[47] 阮欣.桥梁工程风险评估体系及关键问题[D].上海:同济大学桥梁工程系,2006.
[48] 邵容光,夏淦.混凝土弯梁桥[M].北京:人民交通出版社,1996.
[49] 石礼安.地铁一号线工程[M].上海:上海科学技术出版社,1998.
[50] 沈斐敏.安全系统工程基础与实践[M].北京:煤炭工业出版社,1991.
[51] 苏权科等.桥梁施工违规纠正手册[M].北京:人民交通出版社,2004.
[52] 宋明哲.现代风险管理[M].北京:中国纺织出版社,2003.
[53] 孙连捷.安全科学技术百科全书[M].北京:中国劳动社会保障出版社,2003.
[54] 孙新利,陆长捷.工程可靠性教程[M].北京:国防工业出版社,2005.
[55] 陶树人.技术经济学[M].北京:经济管理出版社,1999.
[56] 涂春泰,殷海蒙.大型复杂可修系统的模糊可靠性分析[J].机械设计与研究学报,2002,18(3):13-14.
[57] 王和.工程保险(下册)[M].北京:中国金融出版社,2005.
[58] 王赫,全玉琬,贺玉仙.建筑工程质量事故分析[M].北京:中国建筑工业出版社,1996.
[59] 王家远,刘春乐.建设项目风险管理[M].北京:中国水利水电出版社,知识产权出版社,2004.
[60] 王卓甫.工程项目风险管理——理论、方法与应用[M].北京:中国水利水电出版社,2002.
[61] 吴宗之,高进东,魏利军.危险评价方法及其应用[M].北京:冶金工业出版社,2002.
[62] 项海帆等.现代桥梁抗风理论与实践[M].北京:人民交通出版社,2005.8.
[63] 许谨良.财产保险原理和实务[M].上海:上海财经大学出版社,2004.

[64] 许谨良. 保险学原理[M]. 上海财经大学出版社,1999.
[65] 杨凡. 建筑工程质量案例分析与处理[M]. 北京:科学出版社,2004.
[66] 杨卫涛. 职业健康安全管理体系中理论方法研究[D]. 天津:天津大学,2004.
[67] 杨咸启,常宗瑜. 机电工程控制基础[M]. 北京:国防工业出版社,2005.
[68] 叶爱君. 桥梁抗震[M]. 北京:人民交通出版社,2002.
[69] [英]罗吉·弗兰根,乔治·诺曼. 工程建设风险管理[M]. 北京:中国建筑工业出版社,2000.
[70] [英]克里斯·查普曼,斯蒂芬·沃德. 项目风险管理[M]. 北京:电子工业出版社,2003.
[71] 张洪涛. 保险学[M]. 中国人民大学出版社,2002.
[72] 张庆贺,朱合华,庄荣. 地铁与轻轨[M]. 北京:人民交通出版社,2002.
[73] 赵懿秋. 质量、环境、职业健康安全管理体系一体化研究[D]. 南京:南京理工大学,2003.
[74] 曾声奎. 系统可靠性设计分析教程[M]. 北京:北京航空航天大学出版社,2001.
[75] 中国建设监理协会. 建设工程质量控制[M]. 北京:中国建筑工业出版社,2003.
[76] 中国工程院土木水利与建筑工程学部. 我国大型建筑工程设计发展方向——论述与建议[M]. 北京:中国建筑工业出版社,2005.
[77] 周健,王亚飞,池永,廖雄华. 现代城市建设工程风险与保险[M]. 北京:人民交通出版社,2005.
[78] 周云. 土木工程防灾减灾学[M]. 广州:华南理工大学出版社,2002.
[79] 朱其雄. 实施质量、环境和职业健康安全整合管理体系企业的绩效评价研究[D]. 天津:天津大学,2004.
[80] H. W. 夫欣. 气动弹性力学原理[M]. 沈克扬,译. 上海:上海科技出版社,1974.
[81] W. Kent Muhlbauer. 管道风险管理手册[M]. 北京:中国石化出版社,2004.
[82] Chapman C B. A Risk Engineering Approach to project Risk Management[J]. Project Management, 1990. 18(1).
[83] Harold K. Strategic Planning For Project Management: Using a Project Management Maturity [M]. New York: John Wiley & Sons, 1999.
[84] Ktanarnoto & Henley. Probabihstic Risk Assessment and management for Engineers and Scientists[M]. IEEE. Press, 1996.
[85] K Y Shen. A Rview of Risk Decision Methodology[R]. Proceedings of 2001 CRIOCM International Research Symposium on Development of Construction management, 2001.
[86] Ming Lu and About Risk S M. Simplified CPM/PERT Simulation Model[J]. J. Contr. Engrg. Aad Mgmt., ASCE, 2000, 126(3):219-226.
[87] Mulholland B, Christian J. Risk Assessment in Construction Schedules[J]. Journal of Construction Engineering And Management, 1999, 125(1): 8-15.
[88] PMI. A Guide to the Project Management Body Knowledge[M]. Pennsylvania: Project Management Institute. Inc, 2000.
[89] Pransanta D, Tabucanon M T, Ogunlana S O. Planning for Project Control through Risk Analysis: A Petroleum Pipeline-laying Project[J]. Int. Journal of Project Management. 1994, 12(1): 22-33.
[90] Santoso, Ogunlana, minato. Perceptions of Risk Based on Level of Experience for High-Rise Building Design[J]. The International Journal of Construction Management, 2003,3(1).